中国科学院"丝路环境"专项（XDA20080000，XDA20010100）

"一带一路" 专题研究

共建绿色丝绸之路

科学路径与案例

刘卫东 等著

商务印书馆
创于1897　The Commercial Press

图书在版编目(CIP)数据

共建绿色丝绸之路:科学路径与案例/刘卫东等著.—北京:商务印书馆,2023

("一带一路"·专题研究系列)

ISBN 978-7-100-22407-9

Ⅰ.①共… Ⅱ.①刘… Ⅲ.①"一带一路"—生态环境保护—国际合作—研究 Ⅳ.①X171.4

中国国家版本馆 CIP 数据核字(2023)第 074691 号

共建绿色丝绸之路:科学路径与案例

刘卫东 等著

商 务 印 书 馆 出 版
(北京王府井大街36号 邮政编码100710)
商 务 印 书 馆 发 行
北京中科印刷有限公司印刷
ISBN 978-7-100-22407-9

审 图 号:GS京(2023)1162号

2023年7月第1版 开本 787×1092 1/16
2023年7月北京第1次印刷 印张 40½

定价:348.00元

学 术 顾 问

孙鸿烈   中国科学院院士、中国科学院原副院长、国际科学联合会原副主席

李文华   中国工程院院士、中国生态学会原理事长、联合国"人与生物圈计划"国际协调理事会原主席

秦大河   中国科学院院士、中国气象局原局长、"未来地球计划"中国委员会主席

陆大道   中国科学院院士、中国地理学会原理事长、国际区域研究协会副主席

姚檀栋   中国科学院院士、中国青藏高原研究会理事长

刘　健   联合国环境规划署科学司司长

《共建绿色丝绸之路：科学路径与案例》
执　笔　人

第一章　共建绿色丝绸之路的战略思考 ……………………………………
……………… 刘卫东、姚秋蕙、杨欣雨、杨静鎏、杨志成、冯靖翔

第二章　沿线地区资源环境承载重大问题研究 ……………………………
………… 封志明、杨艳昭、贾绍凤、甄霖、闫慧敏、严家宝、张超、杜文鹏

第三章　共同应对气候变化 …………… 韩梦瑶、李威龙、熊焦、张萌、刘卫东

第四章　咸海变化与保护 ………………… 陈曦、罗毅、李永平、黄粤、刘铁

第五章　哈萨克斯坦首都圈生态屏障建设 …………………………………
………… 王永东、雷加强、徐新文、艾柯代·艾斯凯尔、陈玉森、李辉亮、杜曼、
Abzhanov Talgat、Sarsekova Dani、Zhumabekova Zhazira、Rakhimzhanov Alimzhan

第六章　"一带一路"沿线国家减贫与可持续发展 ……… 高菠阳、孟越、孙潇雨

第七章　可持续生计提升案例 ………… 白云丽、付超、张艳艳、张林秀

第八章　丝路沿线国家生产网络及其资源环境效应 …………… 郑智、宋周莺

第九章　中国铁路"走出去"可持续发展研究 ………… 王姣娥、李永玲、熊韦、刘卫东

第十章　中巴经济走廊绿色发展 ……… 刘慧、胡志丁、邬明权、刘卫东、张芳芳、韩梦瑶

第十一章　"一带一路"建设与柬埔寨 …… 叶尔肯·吾扎提、盖瓦基拉温、郑智、刘卫东

第十二章　"一带一路"建设与老挝 …… 宋周莺、徐婧雅、李京栋、郑智、洪美芳、邬明权

第十三章　中国电建加纳水电站项目 ………………………………………
………… 韩笑、刘卫东、施国庆、李京东、Richard Twum Barimah Koranteng

第十四章　亚吉铁路可持续发展研究 ………………………………… 王成金

第十五章　埃塞俄比亚工业园区研究 ……… 翁凌飞、刘卫东、刘英、李阳

第十六章　魏桥集团几内亚铝土矿项目 ………………………………… 程汉、宋涛、孙曼

第十七章　中国土木尼日利亚互联互通项目 ………………… 刘志高、余金艳、贺婉钰

第十八章　中埃·泰达苏伊士经贸合作区 ………………… 孟广文、王淑芳、陈蒙、吴蝶

第十九章　中韩（盐城）产业园 ………………………… 陈伟、Jaecheon Lee、刘卫东

《共建绿色丝绸之路：科学路径与案例》
研 究 组

刘卫东，中国科学院地理科学与资源研究所 研究员、博导

封志明，中国科学院地理科学与资源研究所 研究员、博导

张林秀，中国科学院地理科学与资源研究所 研究员、博导

雷加强，中国科学院新疆生态与地理研究所 研究员、博导

陈　曦，中国科学院新疆生态与地理研究所 研究员、博导

王姣娥，中国科学院地理科学与资源研究所 研究员、博导

宋周莺，中国科学院地理科学与资源研究所 研究员、博导

刘　慧，中国科学院地理科学与资源研究所 研究员、博导

王成金，中国科学院地理科学与资源研究所 研究员、博导

孟广文，天津师范大学 教授、博导

高菠阳，中央财经大学 教授、博导

刘志高，中国科学院地理科学与资源研究所 副研究员

韩梦瑶，中国科学院地理科学与资源研究所 副研究员

韩　笑，河海大学 副教授（青年教授）

叶尔肯·吾扎提，中国科学院地理科学与资源研究所 副研究员

宋　涛，中国科学院地理科学与资源研究所 副研究员

陈　伟，中国科学院地理科学与资源研究所 副研究员

翁凌飞，重庆大学 副教授

杨艳昭，中国科学院地理科学与资源研究所 研究员、博导

贾绍凤，中国科学院地理科学与资源研究所 研究员、博导

甄　霖，中国科学院地理科学与资源研究所 研究员、博导

罗　毅，中国科学院地理科学与资源研究所 研究员、博导

余金艳，北京第二外国语学院 副教授

王永东，中国科学院新疆生态与地理研究所 研究员、博导

徐新文，中国科学院新疆生态与地理研究所 研究员、博导

邬明权，中国科学院空天信息创新研究院 研究员、博导

李永平，北京师范大学 教授、博导

施国庆，河海大学 教授、博导

闫慧敏，中国科学院地理科学与资源研究所 副研究员

黄　粤，中国科学院新疆生态与地理研究所 副研究员

刘　铁，中国科学院新疆生态与地理研究所 副研究员

杜　曼，中国科学院新疆生态与地理研究所 副研究员

白云丽，中国科学院地理科学与资源研究所 副研究员

程　汉，中国科学院地理科学与资源研究所 助理研究员

付　超，中国科学院地理科学与资源研究所 助理研究员

张艳艳，中国科学院地理科学与资源研究所 助理研究员

胡志丁，华东师范大学 研究员

王淑芳，天津师范大学 教授、博导

Abzhanov Talgat，哈萨克斯坦赛福林农业技术大学 教授

Sarsekov Dani，哈萨克斯坦赛福林农业技术大学 教授

Zhumabekova Zhazira，哈萨克斯坦赛福林农业技术大学 博士研究生

Rakhimzhanov Alimzhan，哈萨克斯坦林业研究所 研究员

盖瓦基拉温，柬埔寨反腐败委员会 主席助理

姚秋蕙，中国科学院地理科学与资源研究所 博士后

严家宝，中国科学院地理科学与资源研究所 博士后

郑　智，中国科学院地理科学与资源研究所 博士后

李永玲，中国科学院地理科学与资源研究所 博士后

李京栋，中国科学院地理科学与资源研究所 博士后

熊　韦，中国科学院地理科学与资源研究所 博士研究生

杨欣雨，中国科学院地理科学与资源研究所 博士研究生

杨静銮，中国科学院地理科学与资源研究所 博士研究生

孙　曼，中国科学院地理科学与资源研究所 博士研究生

杨志成，中国科学院地理科学与资源研究所 硕士研究生

冯靖翔，中国科学院地理科学与资源研究所 博士研究生

Jaecheon Lee，中国科学院地理科学与资源研究所 博士研究生

张芳芳，中国科学院地理科学与资源研究所 博士研究生

张　超，中国科学院地理科学与资源研究所 博士研究生

杜文鹏，中国科学院地理科学与资源研究所 博士研究生

李威龙，中国科学院地理科学与资源研究所 硕士研究生

熊　焦，中国科学院地理科学与资源研究所 硕士研究生

张　萌，中国科学院地理科学与资源研究所 博士研究生

徐婧雅，中国科学院地理科学与资源研究所 博士研究生

贺婉钰，中国科学院地理科学与资源研究所 硕士研究生

艾柯代·艾斯凯尔，中国科学院新疆生态与地理研究所 硕士研究生

陈玉森，中国科学院新疆生态与地理研究所 硕士研究生

李辉亮，中国科学院新疆生态与地理研究所 博士研究生

孟　越，中央财经大学 博士研究生

孙潇雨，中央财经大学 硕士研究生

刘　英，重庆大学 硕士研究生

李　阳，重庆大学 硕士研究生

孙　荟，重庆大学 博士研究生

窦文涛，重庆大学 硕士研究生

陈　蒙，天津师范大学 硕士研究生

吴　蝶，天津师范大学 硕士研究生

序

　　"一带一路"是中国国家主席习近平提出的新型国际合作倡议，为全球治理体系的完善和发展提供了新思维与新选择，成为沿线各国携手打造人类命运共同体的重要实践平台。气候和环境贯穿人类与人类文明的整个历程，是"一带一路"倡议重点关注的主题之一。由于沿线地区具有复杂多样的地理地质气候条件、差异巨大的社会经济发展格局、丰富的生物多样性以及独特但较为脆弱的生态系统，因而"一带一路"建设必须贯彻新发展理念，走生态文明之路。

　　当今气候变暖影响下的环境变化是人类普遍关注和共同应对的全球性挑战之一。以青藏高原为核心的"第三极"和以第三极及向西扩展的整个欧亚高地为核心的"泛第三极"由于气候变暖而正在引发重大环境变化，成为更具挑战性的气候环境问题。首先，这个地区的气候变化幅度远大于周边其他地区；其次，这个地区的环境脆弱，生态系统处于脆弱的平衡状态，气候变化引起的任何微小环境变化都可能引起区域性生态系统的崩溃；最重要的是，这个地区是连接亚欧大陆东西方文明的交汇之路，是 2 000 多年来人类命运共同体的连接纽带，与"一带一路"建设范围高度重合。所以，第三极和泛第三极气候环境变化同"一带一路"建设密切相关，深入研究泛第三极地区气候环境变化，解决重点地区、重点国家和重点工程相关的气候环境问题，将为打造绿色、健康、智力、和平的"一带一路"提供坚实的科技支持。

　　中国政府高度重视"一带一路"建设中的气候与环境问题，提出要将生态环境保护理念融入绿色丝绸之路建设中。2015 年 3 月，中国政府发布的《推动共建丝绸之路经济带和 21 世纪海上丝绸之路的愿景与行动》明确提出，"在投资贸易中突出生态文明理念，加强生态环境、生物多样性和应对气候变化合作，共建绿色丝绸之路"。2016 年 8 月，在推进"一带一路"建设工作座谈会上，习近平总书记强调，要建设绿色丝绸之路，提高风险防控能力。2017 年 5 月，《"一带一路"国际合作高峰论坛圆桌峰会联合公报》提出，要加强生态环境、生物多样性和应对气候变化合作，注重绿色发展和可持续发展，实现经济、社会、环境三大领域综合、平衡、可持续发展。2017 年 8 月，习近平总书记在致第二次青藏高原综合科学考察研究队的贺信中，特别强调了聚焦水、生态、人类活动研究和全球生态环境保护的重要性与紧迫性。

2009年以来，中国科学院组织开展了TPE国际计划，联合相关国际组织和国际计划，揭示了第三极地区气候环境变化及其影响，提出了适应气候环境变化的政策和发展战略建议，为各级政府制定长期发展规划提供了科技支撑。中国科学院深入开展了"一带一路"建设及相关规划的科技支撑研究，同时在丝绸之路沿线国家建设了15个海外研究中心和海外科教中心，成为与丝绸之路沿线国家开展深度科技合作的重要平台。2018年11月，中国科学院牵头成立了"一带一路"国际科学组织联盟（ANSO），初始成员包括近40个国家的国立科学机构和大学。2018年3月，中国科学院正式启动了"泛第三极环境变化与绿色丝绸之路建设"A类战略性先导科技专项（以下简称"丝路环境"专项）。"丝路环境"专项将聚焦水、生态和人类活动，揭示泛第三极地区气候环境变化规律和变化影响，阐明绿色丝绸之路建设的气候环境背景和挑战，提出绿色丝绸之路建设的科学支撑方案，为推动第三极和泛第三极地区可持续发展、推进国家和区域生态文明建设、促进全球生态环境保护做出贡献，为"一带一路"沿线国家生态文明建设提供有力支撑。

"丝路环境报告和专著"系列是"丝路环境"专项重要成果的表现形式之一，将系统展示第三极和泛第三极气候环境变化与绿色丝绸之路建设的研究成果，为绿色丝绸之路建设提供科技支撑。

中国科学院院长、党组书记

2019年3月

目　　录

序

第一章　共建绿色丝绸之路的战略思考 ······················· 1

　　第一节　政策背景 ······································· 2

　　第二节　研究进展 ······································· 8

　　第三节　西方媒体的主要关注点分析 ······················· 14

　　第四节　共建绿色丝绸之路的战略途径 ····················· 26

　　第五节　结论 ··· 38

第二章　沿线地区资源环境承载重大问题研究 ··················· 41

　　第一节　水资源承载力基本认识与重要问题 ··················· 42

　　第二节　土地资源承载力基本认识与重要问题 ················· 56

　　第三节　生态承载力基本认识与重要问题 ····················· 63

　　第四节　对策建议 ······································· 72

第三章　共同应对气候变化 ······························· 77

　　第一节　引言 ··· 77

　　第二节　国际合作平台与机制 ····························· 81

　　第三节　国际合作现状与进展 ····························· 88

　　第四节　典型合作案例 ··································· 93

　　第五节　存在问题与建议 ································· 97

　　第六节　结论 ··· 102

第四章　咸海变化与保护 ································· 104

　　第一节　咸海流域生态与环境变化 ························· 104

　　第二节　咸海水域与退缩区环境变化 ······················· 116

　　第三节　咸海变化成因分析 ······························· 123

　　第四节　咸海未来变化趋势 ······························· 130

第五节　咸海保护战略与风险管理 ･･･ 142

第六节　结论 ･･･ 147

第五章　哈萨克斯坦首都圈生态屏障建设 ･････････････････････････････････････ 151

第一节　引言 ･･･ 151

第二节　首都圈生态屏障建设背景、现状与挑战 ･･･････････････････････････････ 155

第三节　首都圈生态屏障建设技术研发与试验示范 ･････････････････････････････ 159

第四节　首都圈生态屏障工程宏观结构变化 ･･････････････････････････････････ 165

第五节　首都圈生态屏障生态服务功能评估 ･･････････････････････････････････ 168

第六节　结论与启示 ･･･ 175

第六章　"一带一路"沿线国家减贫与可持续发展 ･･････････････････････････････ 181

第一节　引言 ･･･ 182

第二节　共建"一带一路"国家的减贫进程 ･･････････････････････････････････ 183

第三节　"一带一路"倡议助力推进全球减贫进程 ･･････････････････････････････ 187

第四节　"一带一路"减贫合作 ･･･ 200

第五节　结论与启示 ･･･ 205

第七章　可持续生计提升案例 ･･･ 209

第一节　引言 ･･･ 210

第二节　"亚洲水塔"周边居民生计现状及影响因素 ･･･････････････････････････ 211

第三节　基于生态系统的方法简介 ･･･ 212

第四节　鲁帕湖流域居民可持续生计 ･･･ 214

第五节　金沙江流域居民可持续生计 ･･･ 225

第六节　结论 ･･･ 234

第八章　丝路沿线国家生产网络及其资源环境效应 ･････････････････････････････ 237

第一节　引言 ･･･ 238

第二节　研究方法与数据来源 ･･･ 239

第三节　丝路沿线国家生产网络格局及演变 ･･････････････････････････････････ 244

第四节　丝路沿线国家生产网络的资源环境效应 ･･････････････････････････････ 249

第五节　"一带一路"建设对丝路沿线国家碳排放的影响 ･･････････････････････ 255

第六节　结论与讨论 ･･･ 260

第九章　中国铁路"走出去"可持续发展研究 ･････････････････････････････････ 268

第一节　"一带一路"与中国海外铁路建设 ･･････････････････････････････････ 268

第二节　西方铁路"走出去"历程与模式 ････････････････････････････････････ 271

第三节　中国铁路"走出去"历程与空间特征 ･･･････････････････････････････ 279

　　第四节　中国铁路"走出去"可持续发展路径 ···················· 284

　　第五节　结论与启示 ·· 294

第十章　中巴经济走廊绿色发展 ···································· 300

　　第一节　中巴经济走廊概况 ······································ 301

　　第二节　巴基斯坦国家治理结构 ·································· 305

　　第三节　中巴经济走廊建设进展 ·································· 313

　　第四节　中巴经济走廊土地利用/土地覆被变化 ··············· 324

　　第五节　结论与启示 ·· 330

第十一章　"一带一路"建设与柬埔寨 ······························ 336

　　第一节　"一带一路"框架下的中柬合作 ······················ 336

　　第二节　中国-柬埔寨经贸联系 ·································· 339

　　第三节　典型合作项目 ·· 346

　　第四节　"一带一路"建设对柬埔寨社会经济与环境的影响 ········ 359

　　第五节　结论与讨论 ·· 366

第十二章　"一带一路"建设与老挝 ································ 368

　　第一节　中老合作历程 ·· 369

　　第二节　"一带一路"框架下的中老合作 ······················ 370

　　第三节　典型合作项目 ·· 377

　　第四节　"一带一路"建设对老挝的影响 ······················ 390

　　第五节　结论与讨论 ·· 399

第十三章　中国电建加纳水电站项目 ································ 402

　　第一节　加纳概况 ·· 403

　　第二节　布维水电站工程建设实践 ································ 411

　　第三节　布维水电站工程的效益及环境与社会管理 ·············· 417

　　第四节　新时期的工程建设实践与外部挑战 ···················· 424

　　第五节　结论与启示 ·· 428

第十四章　亚吉铁路可持续发展研究 ································ 433

　　第一节　埃塞俄比亚与吉布提国家概况 ························ 434

　　第二节　亚吉铁路建设过程与运营 ································ 442

　　第三节　亚吉铁路的社会经济效益 ································ 450

　　第四节　亚吉铁路发展展望 ······································ 456

　　第五节　结论与经验 ·· 465

第十五章 埃塞俄比亚工业园区研究·················· 469

第一节 埃塞俄比亚历史沿革·················· 470

第二节 埃塞俄比亚工业园发展历程·················· 477

第三节 埃塞俄比亚中国工业园建设概况·················· 486

第四节 埃塞俄比亚代表性工业园·················· 495

第五节 结论与启示·················· 500

第十六章 魏桥集团几内亚铝土矿项目·················· 505

第一节 几内亚概况·················· 506

第二节 项目建设过程与合作模式·················· 512

第三节 项目对当地社会经济文化的影响·················· 519

第四节 项目对当地生态环境的影响·················· 523

第五节 结论与启示·················· 531

第十七章 中国土木尼日利亚互联互通项目·················· 535

第一节 尼日利亚概况与治理结构·················· 536

第二节 尼日利亚经济与基础设施规划·················· 538

第三节 尼日利亚与中国共建"一带一路"概况·················· 543

第四节 中国土木在尼日利亚·················· 548

第五节 中国土木对尼日利亚现代化发展的贡献·················· 555

第六节 结论与启示·················· 558

第十八章 中埃·泰达苏伊士经贸合作区·················· 561

第一节 埃及概况与治理结构·················· 562

第二节 泰达合作区概况·················· 567

第三节 泰达合作区发展模式·················· 576

第四节 泰达合作区对当地的影响·················· 585

第五节 结论与启示·················· 590

第十九章 中韩（盐城）产业园·················· 598

第一节 中韩产业园与共建"一带一路"·················· 599

第二节 中韩（盐城）产业园发展过程·················· 612

第三节 中韩（盐城）产业园运营状况·················· 617

第四节 产业园在中韩合作中的作用·················· 620

第五节 结论与启示·················· 624

后记·················· 627

第一章 共建绿色丝绸之路的战略思考[①]

摘 要

绿色丝绸之路是中国与沿线国家共建"一带一路"的必然选择。早在"一带一路"倡议提出之初，中国政府就非常重视绿色发展理念，提出"加强生态环境、生物多样性和应对气候变化合作，共建绿色丝绸之路"。本章简要分析了绿色丝绸之路建设的政策背景及其发展过程，回顾了国内外绿色丝绸之路研究文献，评述了西方媒体对此议题的报道，而后提出了对绿色丝绸之路建设的一些战略思考，包括主要影响因素和重点工作领域。

中国政府推进绿色丝绸之路建设的决心和努力是巨大的，近十年来其建设成效也是显著的。本书的案例研究从多个侧面展示了这方面的建设成就。但是，绿色丝绸之路建设是一项复杂系统工程，绝非在国内搞生态文明建设那么容易，它涉及中国企业、东道国政府、当地社会、国际组织和非政府组织等多个利益相关者或围观者。不同的群体对于绿色的理解和认知是不同的，达成共识并不容易。本书认为，绿色丝绸之路建设的核心是解决人与自然和谐发展问题，没有发展的绿色不是大多数人所期望的绿色，本着"共商共建共享"的原则满足当地社会的真实需求才是根本出发点，但不否认国际社会的压力也起着不小的作用。

我们认为，绿色丝绸之路建设不仅仅是保护生态环境和生物多样性、应对气候变化等方面的具体行动，而且更是一种国际话语权——关于发展与环境关系的共识，关于环境标准的共识，关于发展观的共识。只有具体行动，可能"事倍功半"。争取话语权的工作比具体行动要复杂得多，需要大量相关学术研究的支撑，需要国际媒体发声的支撑，需要企业良好社会责任形象的支撑，当然也与国力息息相关。因此，加强学术研究和加强发展知识连通这些看似"软"的工作，才是绿色丝绸之路建设的"硬任务"，但尚未得到足够的重视。

本章认为，绿色丝绸之路建设需要考虑的主要影响因素，除了得到广泛关注的气候变

---

① 本章作者：刘卫东、姚秋蕙、杨欣雨、杨静銮、杨志成、冯靖翔。

化、生物多样性和企业社会责任外，还有环境标准、发展知识和生态文明科技创新，以及沿线国家差异巨大的自然本底条件。尽管国别研究及人地系统研究对于共建绿色丝绸之路极为重要，但是中国学术界对于这种"一带一路"建设急需的研究方向兴趣不高，其主要原因除了开展这种境外研究比较困难之外，还有资助体系和科研评价考核体系的问题。

本章提出的绿色丝绸之路建设重点工作领域包括：共建绿色能源体系，应对全球气候变化；加强生态环境治理合作，提高生态系统韧性；强化绿色金融政策，共筑绿色发展模式；推广可持续生计，实现绿色减贫；加强发展知识联通，因地制宜探索绿色现代化模式；建立生态环境风险预警体系，提高风险防范能力。

第一节　政策背景

绿色丝绸之路是共建"一带一路"的重点工作之一。中国国家主席习近平一直强调"一带一路"建设要践行绿色发展理念。早在 2015 年 3 月发布的《推动共建丝绸之路经济带和21 世纪海上丝绸之路的愿景与行动》（以下简称《愿景与行动》）就提出，"在投资贸易中突出生态文明理念，加强生态环境、生物多样性和应对气候变化合作，共建绿色丝绸之路"（表 1-1）。2016 年 6 月，习近平主席在乌兹别克斯坦最高会议立法院的演讲中提出，携手打造绿色丝绸之路、健康丝绸之路、智力丝绸之路、和平丝绸之路（表 1-2），并在同年 8 月举行的推进"一带一路"建设工作座谈会上强调聚焦这些目标。2017 年 5 月发布的《共建"一带一路"：理念、实践与中国的贡献》提出，用绿色发展理念指导"一带一路"合作。2019 年 4 月发布的《共建"一带一路"倡议：进展、贡献与展望》，将"绿色之路"作为七个主要展望之一（表 1-1）；同月，习近平主席在第二届"一带一路"国际合作高峰论坛开幕式上提出，把绿色作为共建"一带一路"的底色，实现高标准、可持续、惠民生的目标。2021 年 11 月在第三次"一带一路"建设座谈会上，习近平主席再次指出要以高标准、可持续、惠民生为目标，继续推动共建"一带一路"高质量发展（表 1-2）。

总体来说，共建绿色丝绸之路的相关政策规划不断完善、合作领域更加广泛、落实措施更加具体，而且有关部门根据国内外发展形势的变化不断更新解决方案。下面分三个方面阐述与绿色丝绸之路建设相关的政策趋势。

表 1-1　绿色丝绸之路建设的相关政策文件

政策文件	发布时间	发布部门	合作目标
《推动共建丝绸之路经济带和 21 世纪海上丝绸之路的愿景与行动》	2015 年 3 月	国家发展改革委、外交部、商务部	在投资贸易中突出生态文明理念，加强生态环境、生物多样性和应对气候变化合作，共建绿色丝绸之路
《关于推进绿色"一带一路"建设的指导意见》	2017 年 4 月	环境保护部、外交部、国家发展改革委、商务部	提升政策沟通、设施联通、贸易畅通、资金融通、民心相通的绿色化水平，将生态环保融入"一带一路"建设的各方面和全过程
《共建"一带一路"：理念、实践与中国的贡献》	2017 年 5 月	推进"一带一路"建设工作领导小组办公室	中国致力于建设"绿色丝绸之路"，用绿色发展理念指导"一带一路"合作
《"一带一路"生态环境保护合作规划》	2017 年 5 月	环境保护部	到 2025 年，推进生态文明和绿色发展理念融入"一带一路"建设，夯实生态环保合作基础，形成生态环保合作良好格局。到 2030 年，推动实现《2030 年可持续发展议程》环境目标，深化生态环保合作领域，全面提升生态环保合作水平
《共建"一带一路"倡议：进展、贡献与展望》	2019 年 4 月	推进"一带一路"建设工作领导小组办公室	共建和平之路、繁荣之路、开放之路、绿色之路、创新之路、文明之路、廉洁之路
《关于推进共建"一带一路"绿色发展的意见》	2022 年 3 月	国家发展改革委、外交部、生态环境部、商务部	到 2025 年，共建"一带一路"生态环保与气候变化国际交流合作不断深化，绿色丝绸之路理念得到各方认可，绿色基建、绿色能源、绿色交通、绿色金融等领域务实合作扎实推进，绿色示范项目引领作用更加明显，境外项目环境风险防范能力显著提升，共建"一带一路"绿色发展取得明显成效。到 2030 年，共建"一带一路"绿色发展理念更加深入人心，绿色发展伙伴关系更加紧密，"走出去"企业绿色发展能力显著增强，境外项目环境风险防控体系更加完善，共建"一带一路"绿色发展格局基本形成

资料来源：根据相关政策文件整理。

表 1-2 习近平主席关于绿色丝绸之路建设的相关论述

领导人论述	发布时间	主要观点
中美元首气候变化联合声明	2015 年 9 月	中国宣布拿出 200 亿元人民币建立"中国气候变化南南合作基金"，支持其他发展中国家应对气候变化
在联合国发展峰会上的讲话	2015 年 9 月	中国将设立"南南合作援助基金"，首期提供 20 亿美元，支持发展中国家落实 2015 年后发展议程
在乌兹别克斯坦最高会议立法院的演讲	2016 年 6 月	着力深化环保合作，践行绿色发展理念，加大生态环境保护力度，携手打造"绿色丝绸之路"
在推进"一带一路"建设工作座谈会上的讲话	2016 年 8 月	聚焦携手打造绿色丝绸之路、健康丝绸之路、智力丝绸之路、和平丝绸之路
在"一带一路"国际合作高峰论坛开幕式上的演讲	2017 年 5 月	要践行绿色发展的新理念，倡导绿色、低碳、循环、可持续的生产生活方式，加强生态环保合作，建设生态文明，共同实现 2030 年可持续发展目标
在推进"一带一路"建设工作五周年座谈会上的讲话	2018 年 8 月	推动共建"一带一路"向高质量发展转变，是下一阶段推进共建"一带一路"工作的基本要求。要规范企业投资经营行为，合法合规经营，注意保护环境，履行社会责任，成为共建"一带一路"的形象大使
在第二届"一带一路"国际合作高峰论坛开幕式上的主旨演讲	2019 年 4 月	要坚持开放、绿色、廉洁理念，把绿色作为底色，推动绿色基础设施建设、绿色投资、绿色金融，保护好我们赖以生存的共同家园
在第七十五届联合国大会一般性辩论上的讲话	2020 年 9 月	中国将提高国家自主贡献力度，采取更加有力的政策和措施，二氧化碳排放力争于 2030 年前达到峰值，努力争取 2060 年前实现碳中和
在气候雄心峰会上的讲话	2020 年 12 月	到 2030 年，中国单位国内生产总值二氧化碳排放将比 2005 年下降 65% 以上，非化石能源占一次能源消费比重将达到 25% 左右，森林蓄积量将比 2005 年增加 60 亿立方米，风电、太阳能发电总装机容量将达到 12 亿千瓦以上
在博鳌亚洲论坛 2021 年年会开幕式上的主旨演讲	2021 年 4 月	我们将建设更紧密的绿色发展伙伴关系
在第七十六届联合国大会一般性辩论上的讲话	2021 年 9 月	提出全球发展倡议，推动构建全球发展伙伴关系，实现更加强劲、绿色、健康的全球发展。中国将大力支持发展中国家能源绿色低碳发展，不再新建境外煤电项目

续表

领导人论述	发布时间	主要观点
在第三次"一带一路"建设座谈会上的讲话	2021年11月	以高标准、可持续、惠民生为目标，继续推动共建"一带一路"高质量发展。要支持发展中国家能源绿色低碳发展，推进绿色低碳发展信息共享和能力建设，深化生态环境和气候治理合作
在全球发展高层对话会上的讲话	2022年6月	中国将同各方携手推进重点领域合作，包括推进清洁能源伙伴关系、促进陆地与海洋生态保护和可持续利用等等

资料来源：根据人民网、新华网、外交部相关资料整理。

一、对接《2030年可持续发展议程》，积极推进应对气候变化等国际合作

在"一带一路"倡议发展初期，加强生态环境、生物多样性和应对气候变化合作是《愿景与行动》中提出的涉及绿色丝绸之路建设的主要合作领域。2015年9月第七十届联合国大会通过了《2030年可持续发展议程》，2016年4月各国在联合国总部签署《巴黎协定》。绿色丝绸之路建设由此成为将共建"一带一路"与2030年议程目标融合的重要途径，推动各国全面履行《联合国气候变化框架公约》及其《巴黎协定》，建立公平合理、合作共赢的全球环境治理体系。

一方面，中国实施积极应对气候变化国家战略，加快发展方式绿色低碳转型，提高国家自主贡献力度。2016年9月发布了《中国落实2030年可持续发展议程国别方案》，此后每年发布《中国落实2030年可持续发展议程进展报告》。"十三五"时期，中国原煤占能源生产的比重从2015年的72.2%下降至2020年的67.6%，非化石能源生产比重从14.5%提高到19.6%；可再生能源发电稳居全球首位，装机总规模占全球的比重达到42.4%。2020年，单位国内生产总值（GDP）二氧化碳排放比2015年下降了18.8%，超额完成向国际社会承诺的应对气候变化相关目标。[①] 2020年9月，习近平主席在第七十五届联合国大会上宣布，中国力争2030年前实现碳达峰、2060年前实现碳中和；同年12月，在气候雄心峰会上进一步宣布，到2030年，中国单位GDP二氧化碳排放比2005年下降65%以上，非化石能源占一次能源消费比重达到25%左右，森林蓄积量比2005年增加60亿立方米，风电、太阳能发电总装机容量达到12亿千瓦以上。这些承诺是中国坚定实施积极的应对气候变化

① 中国国际发展知识中心：《中国落实2030年可持续发展议程进展报告（2021）》，2021年。

国家战略的体现，所取得的成就展现了中国推动构建人类命运共同体的负责任的大国形象，也提升了中国在全球环境治理体系中的话语权和影响力。

另一方面，中国积极推动生态文明领域国际合作，共建绿色丝绸之路成为推动全球绿色发展合作的重要平台。习近平主席在 2015 年 9 月访美期间，宣布中国出资 200 亿元人民币建立"中国气候变化南南合作基金"，支持其他发展中国家应对气候变化；2019 年 4 月，在第二届"一带一路"国际合作高峰论坛开幕式上提出，实施"一带一路"应对气候变化南南合作计划。2015 年以来，中国与 35 个发展中国家签署了 39 份应对气候变化合作文件，提供低碳节能物资和技术设备。非洲的气候遥感卫星、东南亚的低碳示范区、小岛国的节能灯等，都是中国应对气候变化南南合作的实际成果。在生物多样性保护方面，2021 年在云南昆明举行的联合国《生物多样性公约》第十五次缔约方大会（COP15）第一阶段会议通过了《昆明宣言》，确保制定、通过和实施一个有效的"2020 年后全球生物多样性框架"；随后在加拿大蒙特利尔举行的 COP15 下半场，参与各方最终签署了《昆明-蒙特利尔全球生物多样性框架》（昆蒙框架）。

总体来说，中国在共同但有区别的责任原则、公平原则和各自能力原则的基础上，积极参与全球环境治理，成为全球生态文明建设的参与者、贡献者和引领者。目前，中国已经与联合国环境规划署签署了《关于建设绿色"一带一路"的谅解备忘录》，建设了"一带一路"绿色发展国际联盟和"一带一路"生态环保大数据服务平台，制定了《"一带一路"绿色投资原则》，实施了"绿色丝路使者计划"等。2021 年 6 月，中国和 28 个国家在"一带一路"亚太区域国际合作高级别会议上联合发起"一带一路"绿色发展伙伴关系倡议，呼吁各方合作努力，实现绿色可持续复苏，推进疫情后低碳、抗风险的包容性增长。

二、将绿色发展理念融入重点合作领域，提升环境风险防范能力

随着"一带一路"建设的推进，境外投资经营活动中涉及的环境问题逐渐受到关注，甚至被一些西方媒体用以批评"一带一路"倡议，恶意指责中国在"一带一路"沿线国家的基础设施、煤电、水电等建设以及矿产开发、海洋渔业等活动，导致温室气体排放增加，对生态环境、物种多样性、水资源造成破坏等（具体见本章第三节）。2018 年 8 月，习近平主席在推进"一带一路"建设工作五周年座谈会上的讲话中指出，要规范企业投资经营行为，合法合规经营，注意保护环境，履行社会责任，成为共建"一带一路"的形象大使。为了推动共建"一带一路"向高质量发展转变，使"一带一路"合作项目符合各国的绿色发展目标，需要进一步将绿色发展理念融入"一带一路"建设的重点合作领域。

为推动落实"绿色丝绸之路"的建设，原环境保护部等部门在 2017 年发布了《关于推进绿色"一带一路"建设的指导意见》和《"一带一路"生态环境保护合作规划》，强调将推

进生态文明和绿色发展理念融入政策沟通、设施联通、贸易畅通、资金融通、民心相通等"一带一路"建设的各方面和全过程。2022 年 3 月，国家发展改革委等部门联合发布《关于推进共建"一带一路"绿色发展的意见》等文件，提出加强绿色基础设施互联互通、绿色能源、绿色交通、绿色产业、绿色贸易、绿色金融、绿色科技、绿色标准、应对气候变化等九个重点领域的务实合作，强调统筹推进境外项目绿色发展，包括规范企业境外环境行为、促进煤电等项目绿色低碳发展，还强调完善境外项目环境风险防控等支撑保障体系。

2018 年进入推动"一带一路"高质量发展的新阶段之后，绿色基建、绿色能源、绿色交通、绿色金融等领域成为"绿色丝绸之路"建设的合作重点，包括引导企业在基础设施建设期和运行期实施切实可行的生态环境保护措施，推动能源国际合作绿色低碳转型发展，推动国际海运和国际航空低碳发展，鼓励企业参与境外铁路电气化升级改造项目，鼓励金融机构落实《"一带一路"绿色投资原则》等，并强调提升境外项目的环境风险防范能力。

三、参与全球能源绿色低碳转型，支持发展中国家能源绿色低碳发展

2020 年以来，受新冠疫情和国际局势演变的影响，世界各国落实 2030 年议程目标的进程受阻，全球能源安全面临严峻挑战。根据国际能源署发布的《2021 世界能源展望》报告，为实现到 21 世纪末将气温上升幅度控制在 1.5℃以内的目标，世界各国需在四个关键领域采取行动，即大规模推动清洁电气化、提升能源效率、大量减少甲烷排放以及推进清洁能源技术创新；到 2030 年，全球在清洁能源项目和基础设施方面的年投资额需要达到近 4 万亿美元，其中 70％将由新兴市场和发展中经济体承担。[①] 为推动经济绿色复苏、保障能源安全以及落实 2030 年议程目标，在全球能源结构加快绿色低碳转型的大趋势下，各国都在积极发展可再生清洁能源，加快化石能源清洁替代。例如，七国集团在 2021 年峰会上提出，从 2022 年开始将不再对煤炭发电项目投入新的资金，同时增加对可再生清洁能源的支持，2030 年实现完全脱碳的电力系统；在 2022 年峰会上则提出与发展中国家建立公正能源转型伙伴关系（JETP），推动各国向清洁能源转型。

在此背景下，2021 年 9 月，习近平主席在第七十六届联合国大会上首次提出"全球发展倡议"，推动构建全球发展伙伴关系，实现更加强劲、绿色、健康的全球发展，并宣布中国将大力支持发展中国家能源绿色低碳发展，不再新建境外煤电项目。2021 年 11 月，习近平主席在第三次"一带一路"建设座谈会上的讲话中指出，要支持发展中国家能源绿色低碳发展，推进绿色低碳发展信息共享和能力建设，深化生态环境和气候治理合作。2022 年 6

---

① International Energy Agency. *Energy Efficiency* 2021. Paris：IEA Publications，2021.

月，习近平主席在全球发展高层对话会上的讲话中，对全球发展倡议进行深入阐述，并提出将推动建立全球清洁能源伙伴关系。

在这一阶段，绿色丝绸之路建设与中国实现碳达峰、碳中和目标的总体布局紧密结合。2021 年发布的《关于完整准确全面贯彻新发展理念做好碳达峰碳中和工作的意见》和《2030 年前碳达峰行动方案》，都将推进绿色"一带一路"建设列为任务之一。在推动全球经济绿色复苏的背景下，打造"一带一路"能源合作伙伴关系、支持共建"一带一路"国家开展清洁能源开发利用、推动新能源等绿色低碳技术和产品走出去，成为推进绿色"一带一路"建设的重点合作领域。2021 年 10 月，第二届"一带一路"能源部长会议发布《"一带一路"绿色能源合作青岛倡议》，呼吁各方采取一致行动，支持发展中国家能源绿色低碳发展。2022 年 9 月发布的《全球清洁能源合作伙伴关系》概念文件提出，各国将扩大清洁能源投资、深化清洁能源合作、推动清洁能源产业融合、引领能源结构转型以及挖掘能源技术创新潜力。目前中国已经在"一带一路"沿线建设了一批清洁能源合作项目，如几内亚卡雷塔水电站、匈牙利考波什堡光伏电站、黑山莫茹拉风电站、阿联酋迪拜光热光伏混合发电站、巴基斯坦卡洛特水电站和真纳光伏园一期等。

2022 年 10 月，习近平总书记在中共二十大报告中提出，推动绿色发展，促进人与自然和谐共生。面对新的国内外发展形势，绿色"一带一路"建设将继续通过推进应对气候变化等国际合作、将绿色发展理念融入重点合作领域、积极参与全球能源结构绿色低碳转型，分享中国的生态文明理念，让绿色切实成为共建"一带一路"的底色，推动中国成为全球生态文明建设的参与者、贡献者和引领者。

第二节　研究进展

一、中文文献的计量学分析

1. 发文数量分析

在中国知网（CNKI）以"一带一路"作为检索关键词，以核心期刊、CSSCI 和 CSCD 期刊为对象进行检索。结果显示，2019 年 1 月 1 日—2022 年 9 月 30 日共有 7 469 篇涉及"一带一路"主题词的论文［之前的发文情况见《"一带一路"建设案例研究：包容性全球化的视角》（刘卫东等，2021）］。图 1-1 给出各年发文数量的分布情况。可以看出，2019 年 1 月 1 日—2022 年 9 月 30 日中国学者在 CNKI 上的发文数量呈现先上升后下降的趋势。2019 年发文数量为 1 987 篇，2020 年达到峰值 2 433 篇，此后两年发文数量有所下降，截至 2022

年 9 月 30 日，发文数量为 1 132 篇，显示出"一带一路"研究趋冷态势。

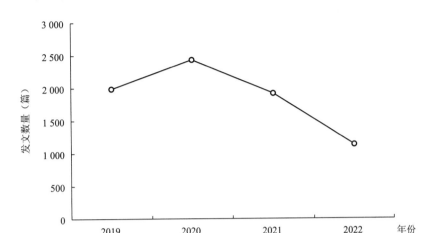

图 1-1　2019 年 1 月 1 日—2022 年 9 月 30 日"一带一路"主题词中文文献发文数量

资料来源：中国知网。

2. 关键词共现分析

关键词共现可以有效地反映学科领域的研究热点。将"一带一路"和"一带一路"倡议等无法体现具体研究方向的关键词以及与细分主体无关的词删除，并将诸如"一带一路"沿线国家与沿线国家这一相关同义词进行合并，运用 CiteSpace 软件对 2019 年 1 月 1 日—2022 年 9 月 30 日的文献进行关键词共现分析，结果显示，出现频次最高的 20 个关键词如表 1-3 所示。其中，出现频次最高的关键词包括中国、全球治理、国际合作、东盟、全球化等。

表 1-3　2019 年 1 月 1 日—2022 年 9 月 30 日"一带一路"中文文献出现频次前 20 的关键词

序号	关键词	频次	序号	关键词	频次
1	中国	166	11	影响因素	59
2	全球治理	116	12	引力模型	55
3	国际合作	70	13	新时代	55
4	东盟	69	14	贸易潜力	54
5	全球化	65	15	双循环	54
6	国际化	64	16	互联互通	54
7	中欧班列	63	17	跨境电商	50
8	沿线国家	60	18	经济增长	50
9	数字经济	59	19	国际传播	49
10	对外开放	59	20	对外贸易	49

资料来源：根据中国知网数据分析得到。

特定时期关键词的爆发往往与研究人员特别关注的某一潜在话题息息相关，因此，突发性检测可用于探索新兴趋势和转瞬的潮流。从结果来看，早期研究"一带一路"的中国学者多集中于对战略构想、宗教、互联互通、亚投行等的宏观研究（图1-2）。随着研究内容的不断深入，研究主题也不断细化，自2019年起，跨境电商、数字经济、中欧班列等先后成为热点研究主题；2020年之后，中国学者高度重视新冠疫情对"一带一路"的影响，并对在此背景下的营商环境、多边主义、中介效应等问题进行了探索。

关键词	首次出现	强度	起始	结束	2014—2022
沿线国家	2014	18.01	2014	2016	
战略构想	2014	11.08	2014	2015	
伊斯兰教	2014	9.15	2014	2016	
互联互通	2014	6.91	2014	2015	
亚投行	2015	25.99	2015	2016	
新常态	2015	21.12	2015	2016	
穆斯林	2015	9.01	2015	2016	
研讨会	2015	8.48	2015	2016	
经济外交	2015	6.92	2015	2016	
战略	2015	6.65	2015	2016	
高职院校	2017	9.31	2019	2022	
跨境电商	2017	7.34	2019	2022	
数字经济	2018	19.61	2020	2022	
双重差分	2018	10.68	2020	2022	
中欧班列	2016	10.51	2020	2022	
中介效应	2020	9.01	2020	2022	
新冠疫情	2020	8.60	2020	2022	
影响因素	2017	8.16	2020	2022	
营商环境	2019	7.87	2020	2022	
多边主义	2020	6.96	2020	2022	

图1-2　2014年1月1日—2022年9月30日"一带一路"中文文献前20个关键词的突现情况

资料来源：根据中国知网数据计算并绘制。

3. "绿色"主题研究占比分析

在以"一带一路"为关键词检索的基础上（期限同上），将"绿色"作为第二关键词进行全文检索，共有1 876篇研究文献，约占同期"一带一路"研究文献的25.12%。分年份来看，"绿色"主题研究的发文数量呈现出先上升后下降的趋势，从2019年的406篇上升至2020年的555篇，2021年数量略有下降，为536篇，截至2022年9月30日发文数量为380篇（图1-3）。但"绿色"主题占比持续上升，从2019年的22.81%上升至2022年的33.57%，说明"绿色"主题越来越引起学者关注，气候变化、生态环境等问题已成为"一带一路"研究和全球治理的重要议题，也是影响"一带一路"沿线地区经济社会、安全稳定和未来发展的核心要素（于宏源、汪万发，2021）。

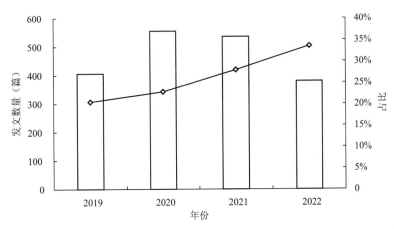

图 1-3　2019 年 1 月 1 日—2022 年 9 月 30 日 "一带一路"研究中 "绿色"主题词发文数量及占比

资料来源：根据中国知网数据计算并绘制。

　　具体来看，研究内容主要从绿色能源、绿色基建、绿色园区、绿色金融、绿色合作五个方面展开。当今世界正处于第三次能源转型期，正在从石油、煤炭等传统能源向光伏、风能等新能源转型。"一带一路"能源合作将绿色作为主基调，支持发展中国家能源绿色低碳发展，推进绿色低碳发展信息共享和能力建设，深化生态环境和气候治理合作（季志业等，2022），以期为应对气候变化做出积极贡献。

　　基础设施建设是共建 "一带一路"的优先方向，但其建造过程对生态环境影响较大，运营中也可能产生大量碳排放。基础设施建设运营绿色化是共建绿色 "一带一路"的重要内容（吴浩、欧阳骞，2022），越来越多的国家在基础设施建设领域积极践行碳中和发展目标，加强对零碳和负碳技术的研发部署，推动储能技术创新，强化碳捕获、碳封存等技术手段在对外承包工程项目中的应用（李雪亚、路红艳，2022；吴泽林、王健，2022），推动可持续和绿色转型。

　　境外园区是共建 "一带一路"产业投资的重要载体，绿色园区既指以绿色项目为主要产业、集群式孵化低碳项目，也指园区在建造、运营和维护中注重保护环境、减少污染（翟东升、蔡达，2022）。

　　随着全球环境保护意识的增强，绿色金融成为 "一带一路"国家金融业发展的重点和主要方向（刘世伟，2021）。与传统金融将管控信用风险作为首要原则不同，绿色金融将环境效益放在首位，引导资金流向节约资源技术开发和生态环境保护的产业（杨达，2021），强调金融活动与环境保护、生态平衡的协调发展。

　　中国已经在 "一带一路"绿色发展建设方面取得显著成效，先后与联合国环境规划署签署《关于建设绿色 "一带一路"的谅解备忘录》，与沿线国家及国际组织签署 50 多份生态环境保护合作文件，与沿线 28 个国家发起"一带一路"绿色发展伙伴关系倡议等，在可再生能源、节能环保、传统能源及产业生态改造等领域与沿线国家展开密切合作。

二、英文文献的计量学分析

在 Web of Science（WoS）核心合集数据库中，以"一带一路"各种表达词汇为关键词①进行检索，时间范围限定为 2013 年 9 月 7 日—2022 年 9 月 30 日，检索发现 3 099 篇"一带一路"相关论文。这些论文的主要研究类别集中在环境领域，包括环境科学（占 21.30%）、环境研究（占 10.29%）、绿色可持续科学与技术（占 9.16%）、公共环境与职业卫生（占 6.71%）四大研究类别（表 1-4），这表明，在"一带一路"倡议涉及国家和项目数量不断扩大的背景下，其实际和潜在的环境影响成为学者们关注的热点问题。

表 1-4   2013 年 9 月 7 日—2022 年 9 月 30 日"一带一路"论文主要研究类别

序号	WoS 研究类别	数量（篇）	占比（%）
1	环境科学（Environmental Sciences）	660	21.30
2	经济学（Economics）	362	11.68
3	国际关系（International Relations）	336	10.84
4	环境研究（Environmental Studies）	319	10.29
5	绿色可持续科学与技术（Green Sustainable Science Technology）	284	9.16
6	区域研究（Area Studies）	277	8.94
7	交通运输（Transportation）	252	8.13
8	公共环境与职业卫生（Public Environmental Occupational Health）	208	6.71
9	地球学，跨学科（Geosciences Multidisciplinary）	201	6.49
10	地理学（Geography）	148	4.78
11	政治学（Political Science）	146	4.71
12	自然地理学（Geography Physical）	133	4.29
13	交叉社会科学（Social Sciences Interdisciplinary）	110	3.55
14	管理学（Management）	105	3.39
15	商科（Business）	88	2.84

资料来源：WoS 核心合集检索结果。

---

①   检索关键词包括："Belt and Road" OR "One Belt One Road" OR "OBOR" OR "Belt and Road Initiative" OR "Belt & Road" OR "Silk Road Economic Belt" OR "Maritime Silk Road" OR "New Silk Road" OR "Asian Infrastructure Investment Bank" OR "Silk Road Fund"。

由于"一带一路"沿线地区面临贫困驱动的环境退化和气候变化的双重挑战（Zhou et al.，2018），"一带一路"环境影响的研究往往与经济发展有关，因此，"一带一路"的环境影响可以分为：①直接环境影响，如重大基础设施建设导致的生态环境破坏、资源能源消耗；②间接环境影响，如经济增长带来的资源过度开发、环境污染和传统能源大量消耗等问题（Ascensão et al.，2018；Battamo et al.，2021）。在《巴黎协定》和联合国 2030 可持续发展目标推进的背景下，近年来许多"一带一路"研究集中在中国对外直接投资、国际贸易等"走出去"行为对沿线地区能源消耗、碳排放、可再生能源利用等方面影响的定量测度。对 2019—2022 年①"一带一路"环境领域论文的标题进行分析，经济表现和环境影响的相关词汇属于高频关键词，并且具有较强的联系（表 1-5，图 1-4）。然而，这种对环境影响的测度建立在并未达成共识的"绿色"定义上。例如，有学者对于"水电"是不是绿色提出质疑，并抹黑中国企业在"一带一路"沿线承建的水电项目（Harlan，2020）。

表 1-5　2019—2022 年"一带一路"环境领域四大类别论文标题关键词词频分析

序号	关键词	计数	序号	关键词	计数
1	能源消耗（energy consumption）	99	11	金融发展（financial development）	34
2	影响（impact）	96	12	气候变化（climate change）	31
3	碳排放（carbon emission）	91	13	城市化（urbanization）	29
4	经济增长（economic growth）	82	14	排放（emission）	26
5	对外直接投资（foreign direct investment）	57	15	面板数据（panel data）	26
6	国际贸易（international trade）	55	16	二氧化碳排放（carbon dioxide emission）	23
7	国家（country）	44	17	可持续发展（sustainable development）	22
8	增长（growth）	37	18	格局（pattern）	21
9	模型（model）	37	19	污染（pollution）	19
10	可再生能源（renewable energy）	36	20	决定因素（determinant）	19

资料来源：WoS 核心合集检索结果。

除了环境影响的定量测度，"一带一路"的环境问题离不开对环境治理的探讨。环境治理对环境影响具有重要的调节作用，其治理机制是协调和实施绿色"一带一路"的必要的"软设施"（Hughes et al.，2020）。尽管中国政府出台了许多政策文件防控"一带一路"项目的环境风险，仍遭到一些学者的批判。例如，有学者认为"一带一路"的绿色发展政策和指导方针是倡导性的，是在法律上不具约束力的非正式文件，没有提供硬性的监管规定（Wang，2019）。在缺乏硬性监管的情况下，一方面，企业可能将低效或资源密集型的行业

———————————

① 具体检索时间范围是 2019 年 9 月 30 日—2022 年 9 月 30 日。

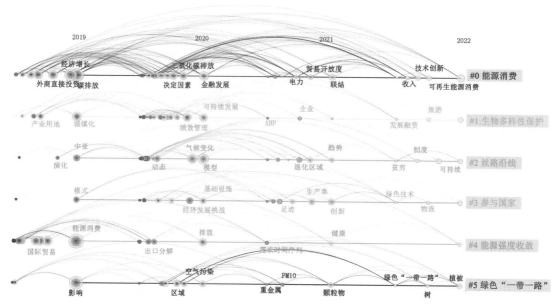

图 1-4　2019—2022 年"一带一路"环境领域四大类别论文标题关键词聚类分析

资料来源：Wos 核心合集检索结果。

和技术迁移到"一带一路"沿线国家（Tracy et al.，2017）；另一方面，"一带一路"沿线的低收入国家可能将国家经济发展置于环境保护之上，并制定薄弱的环境标准以吸引外国直接投资，出现"污染避风港效应"和"逐底竞争"（Gamso，2018；Masood，2019）。这些观点隐含了如下这种假设，即中国和东道国政府的环境治理意愿与能力缺失，而且中国和东道国的企业自律不可信，进而成为西方国家应该介入的理由（Coenen et al.，2021；Harlan，2020；Hughes et al.，2020）。

第三节　西方媒体的主要关注点分析

一、西方媒体相关报道概况

Factiva 数据库是道琼斯公司旗下著名的全球新闻与商业内容提供商，是用于媒体研究的主流数据库之一，收录了来自 200 个国家与地区、32 种语言、超过 33 000 个来源的新闻和企业数据，涵盖了从传统行业到新兴行业的诸多领域。

为了研究资源、环境、生态议题下西方媒体对于"一带一路"的主要关注点，本研究采用 Factiva 进行数据采集。以"Belt and Road"为检索关键字，以 2013 年 9 月 7 日—2022 年 9 月 30 日为时间范围，筛选来自英国、美国、加拿大、澳大利亚、新西兰及其他西方国家的主要新闻和商业资讯来源，以自然环境、自然灾害、气象为新闻主题，除去篇幅冗长、专注于经济的企业与工业新闻，以英语作为新闻语言进行检索，共得到 692 篇相关报道。为了保证数据的准确性，通过人工解读的方法，剔除了其中的重复报道、基于中方视角的外宣报道以及侧重于经济、政治、军事等其他领域的综合分析文章，仅筛选出全文围绕资源、环境、生态议题展开讨论的报道，共 248 篇。

西方媒体相关报道的年际数量变化情况如图 1-5 所示。可以看出，西方媒体对于"一带一路"资源、环境、生态议题的关注可以分为两个阶段，即从 2013 年"一带一路"倡议提出至 2016 年的萌芽期以及 2017 年至今的发展期。就萌芽期而言，西方媒体对于"一带一路"的关注主要集中于基础设施建设、投资、贸易等方面，资源、环境、生物多样性保护等议题则只是被一笔带过。2017 年以后，相关媒体报道呈现出了数量快速增长、话题不断发散、讨论愈发激烈的态势，越来越多的报道开始将环保议题融入政治、经济、军事等领域，从更加挑剔的角度对"一带一路"的资源、环境、生态影响进行评价。

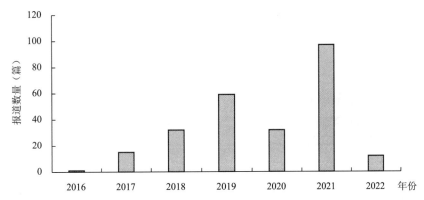

图 1-5　2016—2022 年西方媒体关于"一带一路"报道（资源、环境、生态议题）的数量变化

资料来源：Factiva 数据库（https://snapshot-factiva-com. virtual. anu. edu. au/Pages/Index）。

从进行相关报道的主要西方媒体来看（图 1-6），对"一带一路"的资源、环境、生态问题最为关心的是英国的《金融时报》，相关报道多达 41 篇；其后则是法新社（21 篇）、《澳大利亚人报》（20 篇）、《华盛顿邮报》（18 篇）、《卫报》（17 篇）、《每日电讯报》（英国）（14 篇）。此外，《泰晤士报》《独立报》《纽约时报》《华尔街日报》《德国之声英文版》《每日邮报》等也都是"一带一路"相关问题的主要关注者。

从媒体的国别/地区分布来看（图 1-7），英国是西方英文媒体中相关报道的主要贡献者，报道数多达 107 篇；其后为美国（42 篇）、澳大利亚（40 篇）、法国（21 篇）、德国

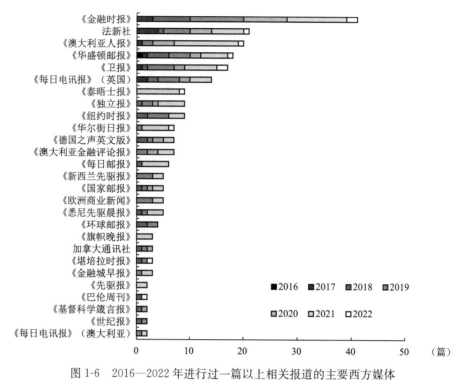

图 1-6　2016—2022 年进行过一篇以上相关报道的主要西方媒体

资料来源：Factiva 数据库（https://snapshot-factiva-com.virtual.anu.edu.au/Pages/Index）。

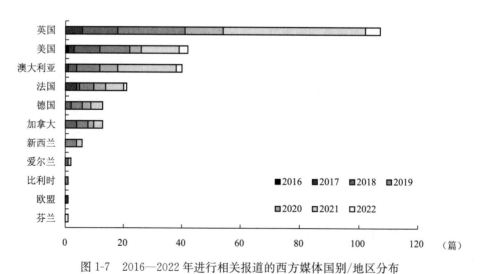

图 1-7　2016—2022 年进行相关报道的西方媒体国别/地区分布

资料来源：Factiva 数据库（https://snapshot-factiva-com.virtual.anu.edu.au/Pages/Index）。

（13 篇）、加拿大（13 篇）等。可见，欧美主要国家尤其关注"一带一路"资源、环境、生态议题。

此外，从年份分布上也可以看出，不同媒体对于相同话题的报道具有一定的倾向性。例如，《澳大利亚人报》等澳大利亚媒体在 2021 年发布了相较其他年份更多的报道。这与近年来中国在太平洋岛屿国家投资基础设施建设、帮助他们应对全球气候变暖、海平面上升等环境问题有关，澳大利亚担心失去其在太平洋岛屿国家之间的领导力与话语权。

二、基于 LDA 模型与文本情感分析的主题提取

1. 研究方法

为了进一步挖掘西方媒体对于"一带一路"资源、环境、生态议题的关注点，需要对收集到的数据进行文本预处理与算法分析。首先，导入专门用于文本分析与语言学研究的工具引擎 Sketch Engine，使用其生态环保主题的语料库 EcoLexicon English（Environment）中词频最高的 1 000 个单词，并筛选出其中信息密度较高、不容易产生语义混淆的 240 个具象名词，构建本研究的语料库，用以从 248 篇高度相关的媒体报道中进一步筛选出直接与资源、环境、生态议题有关的句子，排除不相关语句对于分析结果的干扰。只有包含至少一个语料库中单词的句子可以进入下一步的分析。考虑到英语单词随着数量、人称、时态等改变形态的特性，使用 Python 中的 TextBlob 文本处理库对新闻报道中的单词进行了词干化处理。

其次，为了提升主题提取的准确性，针对分析数据建立专用的停用词表，以剔除生成主题关键词中的无关词汇，保证主题的可读性。本研究的停用词表是以 CSDN 上常用的 891 词英文停用词表为基础，加入与"一带一路"联系密切的人名、地名、专有名词和其他无意义词汇，并停用一系列政治、经济、军事领域词汇以及无区分度的环保相关单词，经过实验中模型的多轮迭代不断完善而成的。

最后，使用 Python 中的 Gensim 自然语言处理库，对经过预处理的文本进行 LDA（Latent Dirichlet Allocation，隐含狄利克雷分布）主题提取。LDA 模型是一种目前广泛应用于文本主题提取的经典统计语言模型，用于推测文章的主题分布并予以聚类。为了确定每个年份最终的主题数量，本研究选用困惑度（perplexity）指标帮助判断，以能够使全年文章困惑度局部最低的值为主题数，并将每个主题的主题词数统一设置为 10 个。当模型迭代次数为 30 次时，主题提取与主题聚类的效果较好，能够呈现出西方媒体对于"一带一路"相关议题的关注点。

此外，为了识别出新闻报道的批评点，还需要引入文本情感分析手段，判别文本中一个句子的情感极性是否为消极，即该句子是否含有批判意味。同样使用 TextBlob 文本处理库对经过预处理的文本进行文本情感分析，整合所有情感极性小于 0 的句子，并同样进行

LDA 主题提取即可。

2. 研究结果

根据上述方法，对 2017 年 1 月 1 日—2022 年 9 月 30 日主要西方媒体针对"一带一路"的资源、环境、生态问题相关报道进行 LDA 主题提取，得到的结果如表 1-6 所示。

表 1-6　西方媒体相关报道 LDA 主题提取结果

年份	主题	主题词
2017	美国宣布退出《巴黎协定》	climate, leaders, relations, pressure, Obama, telegraph, retreat, leadership, continue, fight
	传统能源与资源消耗——耗水煤业改天然气	coal, energy, climate, companies, gas, world's, water, biggest, power, conversion
	清洁能源	energy, gas, renewable, climate, coal, water, billion, solar, deal, power
	中国开始引领世界应对气候变化	climate, carbon, emission, leadership, agreement, air, clean, largest, committed, accord
2018	煤电建设与生态环境破坏——肯尼亚拉姆燃煤电站	water, power, plant, climate, coal, forest, species, plants, electricity, Kenya
	野生动物保护	species, ban, biodiversity, wild, sea, plan, animals, overlap, leader, writing
	清洁能源（LNG）贸易	gas, LNG, coal, energy, dam, biggest, winter, reduce, industry, forest
	传统能源与温室气体排放	coal, energy, climate, power, air, emissions, coal-fired, fossil, natural, plants
	国际环保合作	climate, energy, coal, agreement, emissions, action, renewable, McKenna, gas, bank
	水电建设与生态破坏——印尼巴丹托鲁水电站	arctic, water, species, access, dam, orangutan, habitat, climate, forest, impact
2019	传统能源与环境影响评估	climate, carbon, coal, power, energy, emissions, concrete, plant, billion, impact
	气候变化与生物入侵风险	climate, species, energy, emissions, carbon, power, invasive, oil, land, funding

续表

年份	主题	主题词
2019	冰上"一带一路"与北极战略博弈	arctic, gas, energy, natural, Putin, climate, sea, animal, NSR, OPEC
	水电建设与生态环境破坏	dam, dams, death, Toru, Batang, forest, Mekong, rights, amazon, Sumatra
	冰上"一带一路"与北极资源争夺	arctic, climate, ice, sea, gas, warming, melting, resources, species, oil
	基础设施建设与传统能源污染排放	coal, climate, energy, carbon, emissions, world's, power, construction, plants, concrete
	太平洋岛国面临气候威胁	climate, pacific, coal, air, energy, levels, species, plants, fund, carbon
	清洁能源	climate, river, ice, energy, air, carbon, wind, Alaska, brown, solar
2020	水电建设与资源掠夺、生态破坏——湄公河上游大坝与下游航道疏浚	water, river, major, biodiversity, species, nature, agreement, impact, ecosystem, Mekong
	境外煤电建设项目	climate, leaders, companies, billion, private, water, biodiversity, data, nature, pollution
	传统能源温室效应	coal, gas, emissions, energy, climate, carbon, greenhouse, power, world's, largest
	清洁能源	climate, energy, gas, natural, wind, power, plant, MW, sea, electricity
	传统能源污染排放	coal, energy, carbon, climate, emissions, power, world's, oil, plants, demand
	煤铁贸易与环保压力	coal, plants, power, climate, energy, plan, ore, emissions, increase, iron
2021	《生物多样性公约》第十五次缔约方大会、第二十六届联合国气候变化大会	climate, coal, energy, emissions, carbon, power, gas, summit, world's, COP
	海洋渔业与生态保护	fish, fishing, water, energy, climate, protect, Johnson, emissions, biodiversity, fund

续表

年份	主题	主题词
2021	传统能源与空气污染	climate, carbon, air, emissions, world's, energy, oil, pollution, gas, coal
	清洁能源与金属矿产（钴、锂）	water, solar, energy, wind, land, climate, air, cobalt, pollution, earth
	水生态环境问题——海洋温度升高、水体污染、水资源短缺等	energy, water, coal, climate, power, river, clean, electricity, carbon, meet
	水电建设与生态破坏——湄公河上游大坝	climate, coal, water, carbon, emissions, power, river, Mekong, energy, tax
	清洁能源	energy, climate, oil, clean, gas, coal, emissions, transition, carbon, power
	国际能源战略博弈	coal, climate, power, leaders, energy, carbon, plants, emissions, summit, world's
2022	水电建设——印尼卡扬水电站	industrial, electricity, park, energy, dam, start, hectares, Kayan, coal, river
	传统能源污染排放	gas, energy, coal, climate, power, emissions, oil, coal-fired, domestic, quoted
	太平洋岛国面临气候威胁	climate, islands, pacific, sea, threat, prime, crisis, water, rise, species
	中国不再新建境外煤电项目	coal, power, plants, guidelines, energy, gigawatts, emissions, cancelled, CREA, financing
	中澳太平洋岛国战略博弈	climate, pacific, action, Wong, carbon, pledges, pics, levels, world's, visit
	清洁能源	coal, power, electricity, energy, carbon, wind, climate, nuclear, plants, gas
	急需下一代核电技术——福岛事件后核电发展受阻、煤电污染增加	nuclear, power, energy, carbon, Fukushima, climate, electricity, dioxide, air, coal

资料来源：Factiva 数据库和 Sketch Engine 语料库。

同样，对 2017 年 1 月 1 日—2022 年 9 月 30 日主要西方媒体针对"一带一路"的资源、环境、生态问题相关报道中情感极性为消极的句子进行 LDA 主题提取，得到的结果如表 1-7 所示。

表 1-7　西方媒体相关报道消极 LDA 主题提取结果

年份	主题	主题词
2017	传统能源与资源消耗——耗水煤业改天然气	coal, water, solar, heavily, yellow, river, rights, panda, Haverman, energy
	传统能源与空气污染	climate, energy, emissions, carbon, smog, gas, solar, leadership, decision, coal
2018	传统能源与空气污染	coal, climate, energy, air, heavily, pollution, fuels, coal-fired, carbon, dangerous
	能源供应的现状与未来方向	coal, gas, climate, water, hit, digital, communities, forest, LNG, supply
	水电建设与生态破坏——印尼巴丹托鲁水电站	water, access, dam, data, forest, species, oil, population, impossible, forests
	国际环保合作	climate, emissions, carbon, reduce, energy, gas, species, agreement, provinces, developing
2019	毁林采金、盗猎野生动物等非法行为	climate, mining, illegal, species, carbon, gold, concrete, defence, forests, Peru
	水电建设与生态破坏	water, vortex, illegal, Toru, Batang, rights, air, dam, orangutan, polar
	气候目标与减排责任	climate, energy, devastating, planet, fund, accountable, targets, compared, chairman, levels
	全球气候变暖	air, climate, ice, sea, species, arctic, warming, entire, rain, led
	冰上"一带一路"与北极资源争夺	coal, emissions, arctic, plants, resources, climate, carbon, cold, gas, costs
	冰上"一带一路"与北极战略博弈	climate, issues, energy, arctic, air, coal, growing, capital, NSR, resources
	境外煤电项目建设	plant, Lamu, climate, critics, emissions, impact, sanctions, developing, power, energy

续表

年份	主题	主题词
2020	中国投资绿色转向	energy, climate, coal, largest, world's, negative, study, worst, united, solar
	生物多样性保护	climate, wildlife, demand, emissions, gas, river, species, country's, illegal, ministry
	环保与发展权衡问题	coal, carbon, gas, polluting, plants, pollution, biggest, fossil, wrong, emissions
	清洁能源	energy, power, coal, wind, plants, renewables, time, climate, commitment, flooding
2021	《生物多样性公约》第十五次缔约方大会、第二十六届联合国气候变化大会	climate, coal, summit, COP, water, action, crisis, nuclear, issues, officials
	国际能源战略博弈——G7反制"一带一路"	climate, coal, summit, carbon, developing, united, plan, gas, emissions, power
	水生态环境问题——海洋温度升高、水体污染、水资源短缺等	water, climate, coal, river, air, levels, emissions, data, carbon, target
	清洁能源转型	energy, climate, coal, carbon, gas, electricity, oil, leaders, transition, emissions
	国际能源战略博弈——得克萨斯州寒潮、电网建设与煤炭供应	climate, power, plants, Texas, grid, cold, coal, energy, weather, emissions
2022	生物多样性保护	climate, led, rhino, industrial, sea, river, species, animals, rise, levels
	急需下一代核电技术——福岛事件后核电发展受阻、煤电污染增加	nuclear, waste, climate, carbon, reactors, technologies, energy, cost, country's, emissions
	煤电建设与生态环境污染——土耳其 Hunutlu 火力发电站	Hunutlu, pacific, climate, water, cooling, brand, coal-fired, summer, Bölükbaşı, plant
	国际能源战略博弈	coal, gas, country's, compared, forced, contribution, resources, future, sea, bay

资料来源：Factiva 数据库和 Sketch Engine 语料库。

从表 1-6 和表 1-7 可见，作为西方政府对外战略的喉舌，以英文媒体为代表的西方主流媒体对中国一贯持有警惕、质疑、批评的态度，从主观角度长期对中国的"一带一路"倡议进行污名化传播。其中，资源、环境与生态保护是西方媒体对中国"一带一路"倡议展开批评的一个重要议题，其主要围绕中方在境外的基建项目展开，具体主题包括物种保护、碳排放、环境污染、能源战略博弈等。在西方媒体的叙事中，中国被建构为"要经济不要环保"的"他者"形象。长期以来，信奉新自由主义的西方国家与坚持政府宏观调控与市场经济相结合的中国形成了不同的问题看待方式，在时空尺度、人类行为上形成了不同的看法。西方着眼于当下，关心小尺度、小叙事；而中国偏好于面向未来的愿景，从更大尺度上出发，规划"百年大计"，在朝着目标努力的过程中不计较一时的得与失。西方相信"放任事物使其最好发展"，而中国相信"规划事物使其更好发展"。

在 2017 年美国宣布退出《巴黎协定》时，虽然并不被看好，但是不少媒体已经将中国视为应对全球气候变化的领导者，期望中国发挥其国际影响力；同时，中国在"一带一路"沿线国家的煤电建设项目所导致的大量排放和环境污染也招致了西方媒体的批评。[①] 自 2018 年开始，野生动物保护逐渐成为西方媒体眼中"一带一路"的热点话题。例如，《纽约时报》凭想象认为，一旦中国批准圈养虎骨和犀牛角的贸易合法化，凭借其在"一带一路"倡议国家中的影响力，偷猎行为可能会急剧上升，进而导致生物灭绝灾难的发生。[②]《金融时报》认为，中国在印尼承建的水电站项目将导致一种新发现的大猩猩濒危物种走向灭绝，并将中国污蔑为一个为了自身的政治和经济影响力而野蛮推进生态毁灭项目的形象。[③] 除此之外，西方媒体还担忧随着中医药被指定为中国"一带一路"倡议的重点行业，对野生动物配料的需求会得到扩大，进而造成种群威胁。[④]

此外，随着中国政府从 2019 年开始降低对清洁能源的补贴和投资，国外媒体开始质疑中国的环保意志，批评之声逐渐增多。有的媒体认为中国政府取消对风能和太阳能的补贴是已经实现"绿色飞跃"、产业成熟的结果；但也有媒体认为中国将稳定经济视为最高政治优先事项，中国的清洁能源产业还有很长的路要走。同时，西方媒体开始批评中国向"一带一

---

①　如：Trump unwittingly turns "America first" into "China first"；The president pulls back from the world，leaving the most populous nation to fill the void，2017；Focus，EU-China united on climate，divided on trade，2017；US backsliding on Paris deal a gift for China，2017；Where Donald Trump sees a "bad deal" in tackling climate change，China sees an opportunity to shape a new world order，2017；China sees an opportunity to lead as Trump withdraws from Paris. But will it？2017.

②　China's mixed messages on the global trade in endangered-animal parts，2018.

③　Extinction Rebellion has put the climate problem back to front，2019.

④　Experts warn of new threat to wildlife，2019；Extinction/Chinese medicine：diseconomies of scales，2019.

路"沿线国家输送煤炭产业，包括投资非洲的煤矿和在沿线国家修建煤电项目等。[①] 独立研究机构能源与清洁空气研究中心（CREA）认为，随着越来越多的国家宣布碳淘汰计划，中国融资承建煤电厂中只有 1/4 会落地。[②] 此外，七国集团在 2021 年峰会上提出的"绿色工业革命"因被视作对抗中国"一带一路"倡议的"马歇尔计划"而得到了广泛报道，该计划旨在通过支持亚非拉发展中国家发展清洁能源，来降低中国的政治影响力。[③] 在习近平主席做出共建绿色"一带一路"的要求和停止在境外新建煤电项目的承诺后，西方媒体做了不少正面报道。[④]

3. 基于 Word2vec 的主题演化分析

在 LDA 主题提取的基础上，为了反映出不同年份各个主题之间的演化关系，本研究采用 Word2vec 词向量表示方法，将各个主题下的主题词进行了向量空间映射，得到每个主题词组合的向量集合，并通过语义相似度计算，得到向量集合之间的余弦相似度。利用 Hichart 工具，以桑基图的形式进行可视化，呈现主题的演化趋势。余弦相似度越大，桑基图上的线条越粗，表明主题之间的相关程度越高，主题演化的趋势越显著。

由于在最初的数据来源环节选取的新闻报道皆以自然环境、自然灾害、气象为主题，又经过了人工筛选，最终用于分析的文本主题高度集中，各个主题之间的余弦相似度也都较高。为了能够更加清晰地展现不同年份各个主题之间的分裂、融合、延续等演化特征，本研究利用相邻年份之间所有主题相似度的平均值来评价主题间的演化关系。若相邻年份某对主题之间的相似度高于两年之间所有主题相似度的平均值，便可认为该对主题的关系较为密切，发生了主题的演化。同时，在桑基图上省去所有低于平均值的主题相似关系，并将高于平均值的相似度均减去其所属相邻年份区间的平均值，以强化主题间相似度的视觉对比关系。得到的 2017—2022 年西方媒体相关报道主题演化趋势图如图 1-8 和图 1-9 所示。

从 2017—2019 年的演化趋势图可以看出，西方媒体对于资源、环境、生态议题下中国"一带一路"倡议的关注点从三个方向开始，即中国如何在美国退出《巴黎协定》后引领世界应对气候变化、传统能源以及清洁能源。前者逐渐延伸为"一带一路"上的国际环保合作，后两者则逐渐交叉，演化为煤电建设、清洁能源（LNG）贸易与温室气体排放；水电

---

① "Two-headed beast"：China's coal addiction erodes climate goals，2020；Asia's developing economies shun coal，2020；China's foreign coal push risks global climate goals，2020.

② China's foreign coal push risks global climate goals，2020.

③ G7 set to agree "green belt and road" plan to counter China's influence，2021；Leaders sign up to fund "green industrial revolution"，2021；China challenged with green plan to help developing nations build back，2021；G7 climate decisions are among most important in human history—Attenborough，2021；G7 unveil West's rival to China's Belt and Road scheme with ＄40 trillion green investment，2021；Johnson presses world leaders to sign climate "Marshall plan"，2021.

④ Environment boss "a CCP adviser"，2021；China's ban on coal projects abroad puts partners in a vise，2021；China's pledge to kick the coal habit comes at a critical moment for the planet，2021；Xi's call to seed green energy，2021.

建设对生态、环境的影响也从 2018 年开始进入西方媒体的视野。

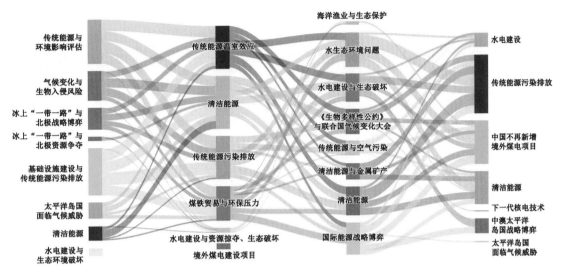

图 1-8 2017—2019 年西方媒体相关报道主题演化趋势

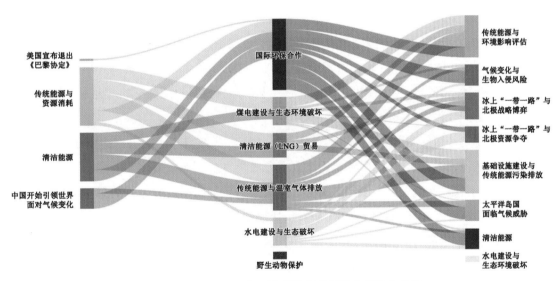

图 1-9 2019—2022 年西方媒体相关报道主题演化趋势

到了 2019 年，国际环保合作分裂为多个话题，其中相当重要的两支为生物入侵风险和太平洋岛国面临气候威胁，而在这两者中国际合作均扮演着非常重要的角色。同时，传统能源与环境影响评估、基础设施建设与传统能源污染排放在 2019 年吸引了舆论的主要关注，即"一带一路"沿线国家建设项目中的燃煤发电厂、公路和水库对生态、环境造成的影响。这种对具体项目的关注一直持续到 2022 年。同样吸引西方媒体锲而不舍关注的还有对于清洁能源话题的讨论，2017—2022 年贯穿始终。2020 年出现的煤铁贸易与环保压力主题代表着关于煤、石油、天然气领域能源战略的独特脉络，在 2021 年演化为国际能源战略博弈，又在 2022 年分化为中国不再修建煤电和中澳太平洋岛国战略博弈。

此外，"一带一路"生态环保舆论主题的演化还有一个鲜明的特点，即国际会议与协议总能吸引到当年舆论的兴趣，包括 2017 年美国宣布退出《巴黎协定》、2021 年的第二十六届联合国气候变化大会和在昆明举行的《生物多样性公约》第十五次缔约方大会。

第四节 共建绿色丝绸之路的战略途径

一、主要影响因素

1. 自然本底条件

自然本底条件无疑是绿色丝绸之路建设最重要的影响因素之一。自然基础影响着一个区域人类活动的可能形式及其特征；人类活动则会改变自然系统，产生符合人们预期或令人反感的结果。而不同属性的人们对于变化结果的认知可能不大相同，进而产生对发展的不同理解和感受。因而，无论是从因地制宜地选择发展方式的角度、还是从资源环境可持续的角度，共建"一带一路"必须考虑沿线地区的自然基础条件及其不同类型的人地系统，尤其是那些影响重大的建设项目。

随着共建"一带一路"国家数量的不断增加（截至 2023 年 1 月，已经达到 151 个），科学而深入地认识沿线地区的自然本底条件愈来愈成为一件困难而耗时的工作。目前，共建"一带一路"国家已经涵盖除西欧和北美外的绝大部分世界区域，从亚欧大陆延伸至非洲大陆，再到南美洲和大洋洲，包含了几乎所有自然地理类型，人地系统复杂多样。我们在《共建绿色丝绸之路：资源环境基础与社会经济背景》（刘卫东等，2019）中曾指出，沿线地区就是地球"缩影"，除了"多样"和"差异"外找不到其他词汇可以来描述其地理特征。如果一定要用简单的词汇来概括沿线地区的自然本底条件，那就是"干旱"和"高海拔"两个词占据突出位置。亚欧大陆有横穿大陆的高原和高山（即以青藏高原为核心的"泛第三极地区"），有以沙漠为主的阿拉伯半岛，有以沙漠、戈壁和干旱草原为主的大陆内部区域；非洲以干旱和高原为突出特点，如撒哈拉沙漠和纳米比亚沙漠，以及埃塞俄比亚高原、东非高原和南非高原等；而南美洲则以高山（如安第斯山）和湿润高原（如巴西高原和巴塔戈尼亚高原）为主要特征。当然，沿线也有自然条件较好的大平原，如中国东部平原、印度恒河平原、欧洲平原、巴西亚马孙平原、阿根廷拉普拉塔平原等。这种宏观地理条件在很大程度上影响着"一带一路"沿线地区的人口分布、经贸交往和地缘政治。

对于共建"一带一路"国家较为细致可靠的自然地理划分，仍有待进一步深入的工作。吴绍洪等（2018）对传统意义上的沿线国家［即64＋1国（刘卫东等，2019）］进行了自然地理划分，共划分九个区域，包括中东欧寒冷湿润区、蒙俄寒冷干旱区、中亚西亚干旱区、东南亚温暖湿润区、孟印缅温暖湿润区、中国东部季风区、中国西北干旱区、青藏高原区和巴基斯坦干旱区。封志明等（2019）根据地形、气候、水文、地被等指标，评价了沿线地区的人居环境适应性，发现人居环境较为适宜地区占沿线土地面积的比例为45％，但集聚了90％以上的人口，主要分布在中国中东部地区、中南半岛、印度半岛和欧洲大平原；临界适宜地区占18.25％，相应的人口比例为8.46％；不适宜地区占36.96％，相应的人口比例只有0.59％，主要是亚欧大陆的内陆地区。

在亚欧大陆内部（含中国西北干旱区）、阿拉伯半岛和非洲大部分区域，以及中国中东部地区、东南亚和南亚地区，水是影响发展的最重要因素。"有水无水"或"水多水少"，都会影响地区的发展和生态安全。在中亚、西亚、中国西北和巴基斯坦这几个干旱区，水就是"生命线"，而咸海危机正在酿成生态灾难（见本书第四章）。在南亚和东南亚地区以及中国东部地区，洪涝则是经常性威胁。此外，沿线地区也是地震、地质和气象灾害的多发区，自然灾害风险大（见《共建绿色丝绸之路：资源环境基础与社会经济背景》第八章）。

总的来看，自然本底的复杂性决定了沿线地区人地系统的多样性，进而影响着不同区域建设绿色丝绸之路的不同路径和模式。尽管包括自然本底条件在内的国别及人地系统的深入研究对于共建绿色丝绸之路极为重要，但是中国学术界对于这种"一带一路"建设急需的研究方向兴趣不高，其主要原因除了开展这种境外研究比较困难之外，还有资助体系和科研评价考核体系的问题。

2. 全球气候变化

气候变化是国际社会关注的焦点问题之一，围绕应对气候变化开展的研究、研讨、磋商、斗争如火如荼。"一带一路"建设显然无法回避气候变化问题，而西方媒体和智库对"一带一路"建设的负面讨论也主要集中于应对气候变化方面，包括温室气体排放、清洁能源等（详见本章第三节）。事实上，如本章第一节所述，中国政府早在"一带一路"倡议提出之初，就非常重视气候变化，在第一份官方文件《愿景与行动》中已明确提出加强应对气候变化的合作。

气候变化既是一个科学问题，也是一个国际政治问题。从科学角度看，尽管仍存有少量质疑的声音，但科学界已基本达成共识，即全球气候正在变暖，其主因是人类排放的温室气体，特别是二氧化碳。政府间气候变化专门委员会（IPCC）在第五次评估报告中指出，有95％的把握认为近百年来的气候变化是人类造成的，而且1950年以来的升温是千年以来所未见的。而第六次评估报告则重点关注气候变化、生态系统和人类社会之间的相互作用，更加重视气候变化的风险及应对气候变化的解决方案，并再次强调了将升温控制在1.5℃以内的必要性。从国际政治的角度看，气候变化涉及不同国家的责任问题，既有历史的也有当前的，还涉及发展问题。2015年12月，第二十一届联合国气候变化大会通过的《巴黎协定》，实际上就是国际政治斗争的结果，坚持了区分发达国家和发展中国家不同的责任，而美国则退出了该协定。《巴黎协定》旨在对2020年后全球应对气候变化的行动做出统一安排，其长期目标是将全球平均气温较前工业化时期上升幅度控制在2℃以内，并努力将升温幅度限制在1.5℃以内。

根据IPCC的评估，升温不仅仅对气候系统本身产生影响，还对陆地生态系统、海洋、海岸带、岛屿、生物多样性、淡水系统、冰冻圈等诸多方面产生影响。其负面影响包括极端天气和相应灾害的增加，海平面上升进而影响到海岸带和岛屿，冰川加速融化并威胁到水资源系统，以及温度和水分要素变化带来脆弱生态系统的恶化等。如果这些变化进一步成为无可避免的事实，将给人类的生存与发展带来严重威胁。这种可能的负面情景正在逐步深入人心，并在各种政府及非政府组织的努力下，让越来越多的人对于导致温室气体增加的经济行为产生厌恶和抵制。减排已经成为国际社会的重要话题。在《巴黎协定》框架下，目前世界上大多数国家已经做出了自主减排贡献的承诺。

中国一直是应对气候变化的积极参与者。从《京都议定书》到《巴黎协定》，中国承诺在2030年前实现碳达峰。2020年9月，在第七十五届联合国大会上，中国进一步提出努力争取2060年前实现碳中和。而且，正如本章第一节所总结的，中国政府在推进"一带一路"建设过程中一直非常重视应对气候变化的合作并出台了一系列政策措施。但是，应对气候变化是一个复杂问题，既是一个历史过程，也涉及发展权问题，还与当地的自然条件和经济基础有关。就发展路径而言，不可能在短期内实现"掉头式"转型，而应该遵循"不破不立"的原则。不过，国际社会特别是西方发达国家出于各种目的显然希望看到一个立即发生的转型。因而，中国在推动共建"一带一路"过程中面临着巨大压力，需要在当地需求与国际社会期待之间找到平衡，否则难以真正体现"共商共建共享"的原则。急刹车式全面停建海外煤电项目就是一个例子。毫无疑问，这个承诺获得了西方社会的掌声，但是也不可避免地给一些急需廉价而可靠电力供应的地区带来困难。而一些欧盟国家在2022年俄乌冲突导致的天然气危机中重启煤电，不能不说是一个极大的讽刺了。

3. 生物多样性

生物多样性是健康的地球和人类发展的基础，也是国际社会关注的焦点问题之一。生物多样性在以人类历史上前所未有的速度恶化。大约100万种物种已濒临灭绝。若不采取行动，全球物种灭绝的速度将进一步加快，而现在的灭绝速度已比过去1 000万年的平均水平快几十甚至几百倍。生物多样性的重要性不言而喻，而保护生物多样性已经成为国际社会的共识。在"一带一路"建设之初，中国政府就十分重视生物多样性保护（见本章第一节）。在《生物多样性公约》COP15第二阶段会议上，在主席国中国代表团的努力下通过了《昆蒙框架》，设立了4项长期目标和23项行动目标，为今后至2030年乃至更长一段时间的全球生物多样性治理擘画了新的蓝图。

与全球一样，"一带一路"沿线地区也面临着严峻的生物多样性保护问题。以传统的64国为例，这一地区是全球生物多样性最丰富的地区之一，包含四大植物地理分区，即泛北极植物区、东亚植物区、地中海植物区和古热带植物区，占世界的1/2；四大动物地理分区，即古北界、东洋界、中国—日本界和撒哈拉—阿拉伯界，占世界的4/11。在全球34个生物多样性热点中，沿线地区占11个（详见《共建绿色丝绸之路：资源环境基础与社会经济背景》第六章）。尽管存在一定差异性，但是沿线地区生态系统总体呈现退化趋势。在各类生态系统中，森林、高山生态系统、内陆淡水和湿地、沿海系统受到的威胁最大。特别是，1990—2015年，东南亚的森林覆盖率下降了12.9个百分点；在马来西亚和印度尼西亚的低地森林中，如果森林按目前的速度继续减少，预计今后几十年中有29%的鸟类和24%的哺乳动物可能会灭绝。"一带一路"建设，尤其是铁路、公路、水电、油气管线等基础设施建设以及各种采掘业，如果没有采取科学合理的保护措施，可能会加剧现有生物多样性减少和生态系统退化的趋势，带来严重的生态问题和社会后果。

生物多样性保护是共建绿色丝绸之路的必然组成部分。《昆蒙框架》指出，要在2050年之前大幅度增加生态系统的完整性、连通性和复原力；制止已知受威胁物种的人为灭绝，所有的物种灭绝率和风险减少10倍，本地野生物种的数量增加到健康和有复原力的水平；野生和驯化物种种群内的遗传多样性得以保持，从而保护它们的适应潜力。在"一带一路"建设中，应着力杜绝重大工程建设对所在国的敏感生态系统和受威胁物种的影响，制订有效的规避或替代方案。例如，开展深入且权威的工程影响评估，提高受威胁生物物种保护工作的优先级，慎重引入外来物种，以及开展更加深入的沿线生物多样性的科学研究。

4. 环境标准

在建设和发展过程中保护好生态环境，已经是共建"一带一路"国家以及第三方的共识。在中国政府出台的各种"一带一路"相关文件中，绿色丝绸之路可能是被强调最多的内容之一，特别是生态环境保护、应对气候变化和生物多样性保护。但是，在如何保护生态环境、如何处理好发展与保护生态环境之间的关系上，受不同文化传统、发展阶段和治理结构的影响，沿线国家存在不同看法，一些沿线国家与西方国家之间也存在分歧。在具体操作层面上，这种分歧主要体现为环境标准的差异。西方发达国家在自己实现工业化之后，逐渐采取了越来越严格的环境标准，并把污染企业转移到发展中国家。时至今日，西方国家已经习惯于拿着这把基于高收入水平的"环境标尺"来检视其他国家，包括"一带一路"建设，并对不满足这把尺子标准的项目进行批评。而广大发展中国家既要环境也要发展。在一些情况下，遵循"共商共建共享"原则的"一带一路"建设项目，在环境标准上可能与西方标准不一致，从而招致西方媒体的指责和抹黑。因此，在一定程度上，环境标准是绿色丝绸之路建设的核心问题，而这个标准应该是大多数国家认可的标准，不是少数国家的标准。但是，想实现这样的标准建设并不容易，作为"一带一路"倡议发起国的中国将始终面临着西方国家的压力。

近年来，中国政府越来越重视规则、标准方面的"软联通"，积极引入和吸收国际环境标准，包括绿色基础设施建设、绿色建筑、绿色能源等。在某些情况下，还需要帮助当地政府制定环境标准，如缅甸莱比塘铜矿的例子（刘卫东等，2020）。但是，进一步加强"一带一路"环境标准的"软联通"也面临不少困难与挑战。一是一些国家环境标准比较宽松，甚至没有制定环境标准，而另外一些国家已经采纳了发达国家的环境标准，因而让沿线国家达成环境标准共识难度大、需要相当长的时间磋商和协调。二是一些国家存在环境治理能力弱、环保政策多变、环保法治不健全等问题，而在另外一些国家环境国际非政府组织非常活跃，民间环保力量很强，这给"一带一路"环境标准的"软联通"带来很大的不确定性，也给企业践行环境责任带来很大挑战。三是"一带一路"环境标准的"软联通"一定会遭到西方发达国家的检视和干扰，相关的协调工作困难大，中国需要在满足当地需求与遵循所谓的"国际标准"之间进行权衡。完全采纳西方标准，实际上是剥夺了一些国家的发展权，偏离了"一带一路"建设的初衷。四是中国自己的环境标准国际化程度不够，也缺少对国际环境标准的系统规范研究。

5. 发展知识

经济发展及发展知识是绿色丝绸之路建设的基础；没有发展的绿色并不是绝大多数人期望的绿色。绿色丝绸之路建设的目的是实现发展与环境的协调统一，既不能把环境绩效作为唯一的目标，也不能只追求经济增长，而这取决于如何构建新的发展知识。"二战"后，大量发展中国家一直在基于西方发达国家经验的发展经济学知识指导下，去努力实现工业化和现代化，但是几乎没有成功的案例。战后成功实现现代化的国家，要么是西欧发达国家周边原本经济发展就比较好的国家，要么是在冷战时期得到美国大力帮助的"前线"国家，如日本、韩国、新加坡等。很多发达国家都经历了相当长时期的环境恶化过程，例如英国的伦敦"雾"、美国洛杉矶的光化学污染、日本的"水俣病"曾引起世界关注。在极端主义者的语境下，环境与发展经常被作为对立面来看待。热衷于环境保护的人士基本上不关心发展问题。破除这种强调对立的发展观，学习新的发展知识，对于沿线国家共建"一带一路"至关重要。

中国在改革开放之后，凭借把马克思主义基本原理、西方现代化经验和中国具体实际及中华优秀传统文化进行有机结合，成功地实现了世界上人口规模最大的现代化。其中，共同富裕、人与自然和谐共生、精神与物质相协调是突出特征。特别是，在中共十八大之后，中国努力践行习近平生态文明思想，在取得经济持续增长的同时，用最大的努力和最短的时间彻底扭转了生态环境恶化的趋势。例如，北京的大气治理，被联合国环境规划署誉为"北京奇迹"。因此，正如中共二十大报告指出的，中国式现代化为人类实现现代化提供了新的选择，拓展了发展中国家走向现代化的途径。只有把中国现代化经验凝结成为新时代的发展知识，才能让"一带一路"沿线国家学习"真经"，从而找到他们自己的现代化之路。在这方面，"一带一路"建设存在很大的短板。中国政府及学术界尚没有重视国际发展研究，特别是将中国式现代化经验转化为新的发展知识。

6. 企业社会/环境责任

企业是"一带一路"建设主体；落实好企业社会/环境责任是绿色丝绸之路建设的关键。企业社会责任强调企业在追求股东利益最大化之外，对社区、员工、消费者、环境等其他利益相关者负责，在满足资本需求的同时考虑当地居民的生活需要，与包容性全球化理念契合（计启迪，2022）。随着全球经济一体化和可持续发展理念的逐步树立，国际社会越来越重视企业社会责任，所涉及的环境保护、劳工、人权和反腐败等问题成为受到普遍关注的话题。已有的企业社会责任规范多由发达国家基于本国的经济发展水平、政治制度、技术能力等背景制定，又随着发达国家跨国公司对外投资的过程在发展中国家得以应用和实施。对于来自新兴经济体的跨国公司而言，主动适应和参与建构企业社会责任规范，有利于企业更好地融入当地社会，提升海外投资的竞争力。

企业在境外项目建设中履行企业社会责任的效果，不仅影响着项目能否开展以及项目实施进度，也影响着绿色丝绸之路的建设水平和社会接受程度。"一带一路"沿线地区的自然本底条件较弱，面临着自然灾害频发、生物多样性保护和减排压力大等问题，企业在投资过程中需要更加重视遵守当地的生态环保法律法规和规则标准，以及当地民众对绿色发展和生态环保诉求。随着"一带一路"建设的推进，中国企业在海外投资经营活动中，由于经验不足导致的企业社会责任落实不规范问题时有发生，影响到项目进展，特别是矿产开发、海洋渔业、煤电、水电等资源类项目，以及铁路、通信、建筑、电网、路桥等本地影响范围较广的基础设施类项目。

目前，不同性质、不同规模的中国企业在履行企业社会责任方面的意愿和能力差异较大，对企业社会责任相关风险的判断和应对能力欠缺，且缺少与当地民众、非政府组织、媒体的沟通经验。共建"一带一路"国家已达到 151 个，由于资源禀赋和环境条件、经济发展水平、体制结构、法律制度、社会文化的不同，各国的企业社会责任规范与实践存在差异，因此，企业在海外投资时还面临适应和参与建构当地的企业社会责任规范的挑战。只有在这些方面加强监督和约束，提高企业的履行意识和实践能力，重视所在地区的收益和获得感，才能使企业成为绿色丝绸之路的形象大使，推动高质量共建"一带一路"。

7. 生态文明科技创新

生态文明科技是绿色丝绸之路建设的重要支撑。科学技术进步是人类解决发展过程中环境问题的根本途径，更是绿色丝绸之路建设的根本途径。无论是解决荒漠化、水资源短缺、土地退化等问题，还是减少排放和治理环境污染，抑或是应对气候变化和防灾减灾，都离不开新的科学技术的应用。可以说，没有生态文明科技的研发、创新、推广和本地化示范，绿色丝绸之路建设难以取得真正的成功。所谓生态文明科技，这里指涉及生态保护、环境治理、减污降碳、节能节水、灾害防治、物种保护等领域的应用基础研究及其技术研发，也包括相关领域的观测、检测和预警技术。

大多数沿线国家的科技创新能力整体不高，生态文明科技水平与发达国家存在较大差距，应对气候变化、实现可持续发展的能力较弱。另外，大部分沿线国家研发投入少、科研资金紧张、科研队伍缺乏稳定性，大多依赖于世界银行、亚洲开发银行、联合国粮农组织和环境规划署等国际组织或发达国家、新兴经济体的援助。因而，绿色丝绸之路建设亟须生态文明科技创新方面的合作，以帮助沿线国家提高绿色发展和生态文明建设能力。近年来，中国积极推动与沿线国家在节水、荒漠化、防灾减灾、土地退化、环境污染、可持续生计等领域的科技合作，推进相关技术的落地转移转化，但是这些工作远远不能满足共建绿色丝绸之路的需要。

中国需要大幅增加对生态文明科技合作的支持力度，特别是科技援助，才能有效推动绿色丝绸之路建设。很多沿线国家亟须这方面的合作及援助。例如，"一带一路"沿线 40 多个国家存在不同程度的荒漠化问题，但极度缺乏荒漠化防治技术的研发与应用。2005 年由非洲萨赫勒—撒哈拉国家共同体成员国发起的非洲"绿色长城"计划，在成立之初便面临缺乏成套的技术模式与系统解决方案问题，不能实现植树造林、生态恢复减贫和带动地区经济发展的目标。哈萨克斯坦的首都圈生态屏障建设在初期也面临低温、大风、盐渍化土地等技术瓶颈（见本书第五章）。类似的例子还有中亚地区的节水灌溉问题（见本书第四章）。

二、重点工作领域

绿色丝绸之路建设是一项系统工程。2019 年，习近平主席在第二届"一带一路"国际合作高峰论坛开幕式上提出，把绿色作为共建"一带一路"的底色。这表明，绿色应该渗透到"一带一路"建设的方方面面，而各种建设活动都要体现生态文明思想。根据建设进展和国内外学术界与媒体的关注热点，以及上述对主要影响因素的分析，我们认为今后一个时期绿色丝绸之路建设应该重点关注以下工作领域。

1. 共建绿色能源体系，应对全球气候变化

深化与沿线国家能源合作框架建设。中国在清洁能源技术、装备、制造等环节处于全球领先水平，在沿线国家清洁能源项目的投资建设与当地的资源禀赋和发展需求有较高的契合度。以"一带一路"能源合作伙伴关系为依托，促进沿线国别经济政策及发展规划的有效对接，搭建双多边绿色能源创新合作平台，加强绿色、先进、适用技术在"一带一路"沿线发展中国家转移转化，有助于推动中国与沿线各国能源务实合作、共同应对气候变化（见本书第三章）。

完善绿色能源投融资合作机制。中国可再生能源发电的技术日益成熟，装备制造成本不断降低。随着中国能源企业在海外合作水平不断升级，充分开发绿色信贷、绿色债券、绿色保险、绿色基金、绿色指数产品、绿色资产抵押支持证券等绿色金融工具，降低绿色项目的融资成本，拓展中国海外可再生能源等绿色项目的建设模式，打造多元化、一站式海外绿色能源投融资综合服务体系，是海外能源项目顺利落地并网的重要保障。

建立可再生能源项目信息管理平台。在经济存在巨大不确定性的时期，及时有效的可再生能源项目信息管理平台有助于推进海外能源项目的协调管理、优化能源领域的投资建设、规避东道国政策体系变动影响。随着中国在全球事务中受到的关注与日俱增，稳步推进可再生能源示范项目建设落地，逐步完善可再生能源项目信息管理平台，不仅契合当地的资源禀赋和发展需求，同时助力推动"一带一路"沿线国家绿色发展转型进程。

加快构建对外能源合作话语体系。能源话语作为国家话语的重要组成部分，也是国际受众了解中国能源发展的重要窗口。长期以来，西方发达国家掌握着国际舆论的主导权，致使"中国能源威胁论""境外资源掠夺论"等负面认知盛行，一定程度上影响了中国的国际形象。加快构建具有中国特色的对外能源合作话语体系，凸显中国在绿色能源合作领域的国际贡献，有助于提升中国在能源领域的国际影响力，为中国能源企业"走出去"保驾护航。

2. 加强生态环境治理合作，提高生态系统韧性

重视沿线地区国别地理研究。应改革相关资助机制和科研绩效考核体系，鼓励科研人员积极走出去，到沿线地区开展自然基础条件、社会经济发展、社会治理结构、宗教文化、典型建设案例等研究，剖析沿线重点区域的人地系统特点，理解当地人地系统演化规律和机制，识别人地关系脆弱区域（生态脆弱区），为共建绿色丝绸之路提供坚实的科学基础。当然，到国外去做研究，人生地不熟，而且可能还有语言障碍，不如在国内做研究"舒坦"，也不如在国内做研究发文章快。因而，没有资助体系和考核指挥棒的改革，很难预期会有很多科研人员"知难而进"。另外，资助机构也还没有充分认识到沿线国别地理研究的重要性与必要性，在资源分配上不愿意投向这种论文，特别是英文论文产出少、产出慢的方向上。然而，没有这类研究，绿色丝绸之路建设又从何而谈呢？本书即是在这个方向上的一点点努力。

加强关键领域的科技援助和科技合作，推动关键区的生态治理示范。沿线大部分地区科研实力较弱，依靠自己的科研力量来解决发展中的生态环境问题难度大、耗时长。科技部门和"一带一路"建设主管机构应该把生态环境领域的科技援助和科技合作放到一个更高的位置上，把对外援助的增量部分重点投向促进"软联通"的领域（包括科技合作），帮助当地通过生态文明科技创新和适用技术推广，早日实现可持续发展目标，同时也为"一带一路"建设项目打造更有韧性的生态系统。重点合作方向包括但不限于荒漠化治理（如本书第五章）、节水与水资源管理（如本书第四章）、水环境治理、生态环境修复、灾害监测与预警等。应考虑在东南亚、南亚、中亚、西亚以及非洲的典型区域，与当地共建生态环境治理示范区。

强化企业社会责任，进一步重视环境保护，提升建设项目的绿色化程度。必须压实企业主体责任，切实认真遵守当地环境法律法规，在建设项目开始之前做好环境影响评估工作，在建设过程中保护好生态环境，在建设完成后按规定做好生态环境恢复工作。在这方面，中国政府颁布的多个有关绿色丝绸之路建设的文件，都提出了重点要求，这里就不一一赘述了。应该说，目前绝大多数中国企业在海外建设经营过程中都愿意、也都能够遵守当地的环境法律法规。但是，很多情况下，中国建设项目还有一双"国际眼睛"在盯着，特别是西方媒体、环保领域的非政府组织（NGO）以及个别学者。学会与国际媒体和NGO打交道，也是中国企业需要不断去努力学习的方面。

传播和推广生态文明理念，推动形成生态环境共识。如前所述，环境标准和发展知识这两方面都是绿色丝绸之路建设的关键点。在生态环境问题上，确实存在多种价值观，也有一些极端主义者。解决发展与环境的关系，而不是将两者对立起来，才是绿色丝绸之路建设的意义所在。应该积极总结中国生态文明建设的经验，将其转化为发展知识，并让沿线国家和地区学习这些"真经"，才能让各方在生态环境保护的意义和方向上达成共识，从而避免极端主义者的干扰。

3. 强化绿色金融政策，共筑绿色发展模式

绿色金融是共建绿色丝绸之路的重点合作领域之一。绿色金融是指为支持环境改善、应对气候变化和资源节约高效利用的经济活动，即对环保、节能、清洁能源、绿色交通、绿色建筑等领域的项目投融资、项目运营、风险管理等所提供的金融服务。[①] 中国在2016年担

---

① 2016年七部委联合印发《关于构建绿色金融体系的指导意见》，对绿色金融给出了明确定义。

任二十国集团（G20）主席国期间，首次把绿色金融议题引入二十国集团议程，成立绿色金融研究小组，发布《二十国集团绿色金融综合报告》。2018年发布的《"一带一路"绿色投资原则》，提出了七项原则，包括将可持续发展纳入公司治理，了解环境、社会和治理（ESG）风险，公开环境信息，加强与利益相关者的沟通，利用绿色金融工具，采用绿色供应链管理和通过集体行动进行能力建设。2022年发布的《关于推进共建"一带一路"绿色发展的意见》指出，"在联合国、二十国集团等多边合作框架下，推广与绿色投融资相关的自愿准则和最佳经验，促进绿色金融领域的能力建设；用好国际金融机构贷款，撬动民间绿色投资；鼓励金融机构落实《'一带一路'绿色投资原则》。"

加强绿色金融领域合作，首先需要积极开展国际合作与交流，共享绿色发展经验。利用《"一带一路"绿色投资原则》、"一带一路"能源合作伙伴关系网络、G20、央行与监管机构绿色金融网络（NGFS）、可持续金融国际平台（IPSF）等多边平台，交流绿色理念、环评政策、执行标准、产品创新、信息披露等先进经验，开展绿色金融投融资领域合作，推进绿色金融市场双向开放和标准接轨，主动引领绿色金融国际议题，积极参与绿色金融国际标准制定。

其次，需要完善绿色金融支撑绿色丝绸之路建设的相关制度和政策。目前国内绿色金融的顶层设计与制度安排已经逐步清晰，中国人民银行确立了"三大功能""五大支柱"的绿色金融发展政策思路。[①] 2021年印发的《关于完整准确全面贯彻新发展理念做好碳达峰碳中和工作的意见》和《2030年前碳达峰行动方案》等纲领性文件也为金融机构开展绿色金融指明了方向。"一带一路"沿线很多地区生态环境复杂脆弱，一些项目所在国的环境保护机制不健全或缺乏相应的环境和社会影响评价政策与标准。针对"一带一路"境外项目的特殊性，需要研究制定基于沿线国家需求的绿色投融资指南，完善绿色金融标准、统计制度、信息披露、评估认证、激励约束等制度安排和政策体系，加强境外项目的环境和社会风险全流程管理，引导企业开展绿色环保项目、主动承担环境社会责任。

此外，需要鼓励金融机构和社会资本参与绿色项目投资，支持绿色金融相关产品与服务的创新，推动清洁能源、绿色交通、绿色农业等产业发展和生态环保合作项目落地。应发挥国家开发银行、中国进出口银行等政策性金融机构的引导作用，带动社会资金参与，利用丝路基金、南南合作援助基金、中国-东盟合作基金、中国-中东欧投资合作基金等国际合作资金，探索设立"一带一路"绿色发展基金等，形成"一带一路"绿色项目资金的多渠道投入体系和长效机制。同时，改善绿色信贷、绿色债券、绿色保险、绿色基金、绿色信托、绿色

---

① 人民网："绿色金融'三大功能''五大支柱'助力碳达峰碳中和"，2021年，http://finance.people.com.cn/n1/2021/0307/c1004-32044837.html。

PPP、绿色租赁、碳金融等产品组合结构，拓宽绿色项目的融资渠道，降低融资成本和项目风险。通过鼓励产品创新、完善发行制度、规范交易流程、提升市场透明度、强化监管和信息披露要求等措施，以及应用大数据、云计算、人工智能、区块链等金融科技手段，解决绿色投融资所面临的期限错配、信息不对称、缺乏环境风险分析能力等挑战。

4. 推广可持续生计，实现绿色减贫

摆脱贫困、共享发展繁荣一直是人类社会的共同期盼，也是世界各国政府和国际社会长期追求的共同目标和使命。消除贫困和"零饥饿"是联合国 2030 年可持续发展目标的首要目标，也是实现可持续生计与生态环境治理的根本宗旨。在全球气候变化和生态系统退化的背景下，各国迫切需要基于生态系统的方法来寻求民众生计的可持续发展。

可持续生计是指个人或家庭所拥有和获得的、能用于谋生和改善长远生活状况的资产、能力和有收入活动的集合（见本书第七章）。推广可持续生计是共建"一带一路"国家减贫理念和实践的主旋律。"一带一路"倡议以政策沟通、设施联通、贸易畅通、资金融通、民心相通为抓手，通过基础设施、产业合作、农业合作、民生项目、教育合作和减贫经验分享等多种途径，帮助沿线国家"多维减贫"，实现可持续生计。例如，中国-坦桑尼亚农业合作减贫示范项目、中国-老挝减贫示范合作项目等，都是中国与共建"一带一路"国家减贫合作的经典案例。

在推广可持续生计的同时，绿色减贫在全球环境持续恶化的背景下也成为共建"一带一路"帮助沿线国家减贫的必由之路。本书第七章运用农村地区可持续生计分析框架对尼泊尔鲁帕湖流域 240 户和中国云南金沙江流域 109 户农户进行了研究。结果表明，在丝路沿线环境、经济最为脆弱的"亚洲水塔"地区，基于生态系统保护的社区综合治理途径和参与式育种、社区种子银行的干预措施，对保护生态系统，尤其是农业生物多样性，进而增加山区农户收入，丰富其饮食多样性以减少饥饿和营养不良有明显的积极作用。

在"一带一路"建设过程中，援助内容改革迫在眉睫。应对援助项目进行深入且全面的环境影响评估，杜绝在援助项目进行的同时破坏当地自然环境。通过基于生态系统保护的社区综合治理途径和参与式育种、社区种子银行等干预措施，推动绿色减贫。另外，在援助方式上，从输血式援助向造血式援助转变，通过基础设施、产业合作、农业合作、民生项目、教育合作和减贫经验分享等多种途径，实现多维减贫。

5. 加强发展知识联通，因地制宜探索绿色现代化模式

"一带一路"倡议取得大量务实成果和早期收获，特别是在基础设施等硬联通建设方面取得显著成效。但是，中国与"一带一路"沿线国家之间不仅需要基础设施的"硬联通"，更需要发展知识的"软联通"，携手探索包容性全球化道路，打造新型国际发展合作模式。所谓发展知识联通，指发展背景、发展道路和发展理论及其具体行动的交流互鉴。中国式现代化的成功推进和拓展，为发展中国家走向现代化提供了有益启示。中国式现代化的成功实践表明，现代化不是西方的专利，每个国家都能找到一条适合本国国情的现代化道路，也能实现跨越式发展。通过改善发展知识的有效供给，重视各国发展知识的联通，帮助沿线国家学习中国式现代化的真谛，找到适合自己的发展道路，并鼓励和引导沿线国家与中国进行制度安排和规则标准对接，加快发展战略协同推进。唯有如此，才能实现"一带一路"建设的高质量发展。

首先，为沿线国家提供新发展知识的前提是更加深入地认识中国式现代化道路特征，这就需要尽快全面开展对中国式现代化的系统研究。中国式现代化，是中国共产党领导的社会主义现代化，既有各国现代化的共同特征，更有基于自己国情的中国特色。需要重点阐释中国式现代化背后的一般规律和普遍价值，为沿线国家走向现代化提供理论知识和思想资源。其次，有组织地开展"一带一路"沿线国家的发展知识交流与互鉴，帮助沿线国家提高治理能力现代化水平，分享创新社会治理体系经验。通过发展知识援助项目，将中国鲜活有效的发展知识创造性地分享给沿线国家，支持沿线国家自主选择现代化模式和治国理政模式。此外，应同沿线国家一道，积极开展发展战略和规划的联合研究，研究既适合东道国国情，又有利于"一带一路"高质量发展的现代化道路，逐步形成安全、开放、公平、廉洁的经济社会发展环境。

探索绿色现代化模式，以绿色"一带一路"推进全球生态文明建设。中国式现代化道路着眼于解决资源消耗、环境污染、生态破坏等问题，探索绿色可持续的现代化发展模式，是人与自然和谐共生的现代化。"一带一路"是全球生态文明建设的重要地带和优先领域，也是打造全球绿色现代化力量的重要纽带。坚持以绿色发展理念为引领，加强发展知识联通，推动沿线国家跨越传统发展路径，处理好经济发展和环境保护关系，谋求绿色现代化模式。帮助沿线国家实施可持续发展战略，打造节约资源和保护环境的空间格局、产业结构、生产方式、生活方式，统筹污染治理、生态保护、应对气候变化，促进生态环境持续改善，走以生态优先、绿色发展为导向的高质量发展新路，积极推动全球可持续发展。

6. 建立生态环境风险预警体系，提高风险防范能力

"一带一路"建设生态环境风险是不能小视的；重大生态环境问题，不但会带来经济损失，更会导致道德危机，危及国家形象。2021 年，习近平主席在第三次"一带一路"建设工作座谈会上要求，探索建立境外项目风险的全天候预警评估综合服务平台，及时预警、定期评估。考虑到沿线很多国家科研条件较差，为提高生态环境风险防范能力，首先，应该采取援助或合作的方式，与沿线国家共建生态环境观测和灾害监测等基础设施，提升其科研设施水平，及时掌握关键要素及生态系统的变化趋势。其次，应借助联合国平台（如联合国教科文组织的开放科学平台），整合各方面力量，打造基础数据共享平台。在这方面，位于中国科学院的"可持续发展大数据国际研究中心"做出了有益的尝试。最后，在观测系统和数据共享的基础上，打造集监测-研究-预警-服务于一体的风险防控平台，对沿线关键区域的生态系统风险进行动态评估。当然，形成这样的生态环境风险防范能力，需要长期扎实的科学研究和数据积累，也需要结合深入的国别地理研究。

第五节　结　论

　　绿色丝绸之路是中国与沿线国家共建"一带一路"的必然选择。一方面，中国自身践行生态文明思想，取得了举世瞩目的新型现代化成就。只有在沿线地区推广生态文明思想，坚持绿色发展理念，才能知行合一，推动打造人类命运共同体。另一方面，过去半个世纪以来，国际发展环境发生了重要变化，生态环保的理念、应对气候变化的共识以及保护生物多样性的紧迫性已经深入人心，成为国际组织、西方媒体和 NGO 乃至学术界都关注的热点议题。四十多年前，发达国家的企业走向全球时，曾有过将发展中国家作为"污染天堂"的劣迹。而"一带一路"建设绝不可能重复那样的轨迹；那不符合"天下大同"的中国文化理念。

　　在这个大背景下，中国政府在提出"一带一路"倡议之初，就非常重视绿色发展理念，在《愿景与行动》中提出，"加强生态环境、生物多样性和应对气候变化合作，共建绿色丝绸之路"。之后，连续出台了关于绿色"一带一路"、"一带一路"生态环境保护和"一带一路"绿色发展的文件，让绿色发展理念融入"一带一路"建设的方方面面（表1-1）。中国国家主席习近平也多次反复强调"一带一路"建设要贯彻新发展理念，要把绿色作为"一带一路"的底色。显然，中国希望成为全球生态文明建设的重要参与者、贡献者和引领者。近十年来，绿色丝绸之路建设的成效也是显著的。本书的案例研究从多个侧面展示了这方面的建设成就。

　　毫无疑问，中国政府推进绿色丝绸之路建设的决心和努力是巨大的。但是，这项工作绝非在国内搞生态文明建设那么简单，它涉及东道国、国际组织和 NGO 等多个利益相关者或围观者，还涉及中国自身并没有深入了解的当地地理国情。众口难调，在陌生环境下要满足所有利益相关者和围观者的"口味"更是一件艰难的工作。而这其中的关键突破点就是环境标准和共识，以及对于新发展知识的学习和理解。绿色丝绸之路建设决不能只强调环境绩效、不考虑发展。如前所述，没有发展的绿色不是大多数人所期望的绿色。本着"共商共建共享"的原则，当地社会的真实需求才是绿色丝绸之路建设的根本出发点，但是国际社会的压力也是中国政府躲不开的和不得不考虑的。

近年来，西方媒体和学术界对"一带一路"建设的关注度始终保持着一定的热度。其中，西方媒体主要关注传统能源（特别是煤电）与温室气体排放、水电建设与生态环境、气候变化与生物多样性、岛屿国家的气候变化威胁、清洁能源贸易等议题；而学术界则把大量精力放到"一带一路"建设的环境影响及其测度和环境治理等方面。总的来看，无论是西方媒体还是学术界，都倾向于从小尺度和短周期的视角来看待和分析现象，往往是"只见树木不见森林"。尽管"挑剔"一向是他们的传统，但是大量不够全面的分析和报道还是给"一带一路"建设带来某种干扰和影响。

基于上述认识，我们认为绿色丝绸之路建设不仅仅是保护生态环境和生物多样性、应对气候变化等方面的具体行动，而且更是一种国际话语权——是关于发展与环境关系的共识，是环境标准的共识，是新发展观的共识。如果把工作重心只放到具体行动上，将可能"事倍功半"。而争取话语权的工作比具体行动要复杂得多，需要大量相关学术研究的支撑，也需要国际媒体发声的支撑，还需要企业良好社会责任形象的支撑，当然也与国力息息相关。正因如此，加强学术研究和加强发展知识连通这些看似"软"的工作，才是绿色丝绸之路建设的"硬任务"，而这一点并没有得到决策部门足够的重视。

<h2 style="text-align:center">参 考 文 献</h2>

Ascensão, F., Fahrig, L., Clevenger, A. P., et al. Environmental challenges for the Belt and Road Initiative. *Nature Sustainability*, 2018, 1 (5): Article 5. https://doi.org/10.1038/s41893-018-0059-3.

Battamo, A. Y., Varis, O., Sun, P., et al. Mapping socio-ecological resilience along the seven economic corridors of the Belt and Road Initiative. *Journal of Cleaner Production*, 2021, 309: 127341. https://doi.org/10.1016/j.jclepro.2021.127341.

Coenen, J., Bager, S., Meyfroidt, P., et al. Environmental governance of China's Belt and Road Initiative. *Environmental Policy and Governance*, 2021, 31 (1): 3-17. https://doi.org/10.1002/eet.1901.

Gamso, J. Environmental policy impacts of trade with China and the moderating effect of governance. *Environmental Policy and Governance*, 2018, 28 (6): 395-405. https://doi.org/10.1002/eet.1807.

Harlan, T. Green development or greenwashing? A political ecology perspective on China's Green Belt and Road. *Eurasian Geography and Economics*, 2020. https://www.tandfonline.com/doi/abs/10.1080/15387216.2020.1795700.

Hughes, A. C., Lechner, A. M., Chitov, A., et al. Horizon scan of the Belt and Road Initiative. *Trends in Ecology & Evolution*, 2020, 35 (7): 583-593. https://doi.org/10.1016/j.tree.2020.02.005.

Masood, E. How China is redrawing the map of world science? *Nature*, 2019, 569 (7754): 20-24. https://doi.org/10.1038/d41586-019-01124-7.

Tracy, E. F., Shvarts, E., Simonov, E., et al. China's new Eurasian ambitions: The environmental risks of the Silk Road Economic Belt. *Eurasian Geography and Economics*, 2017, 58 (1): 56-88. https://doi.org/10.1080/15387216.2017.1295876.

Wang, H. China's approach to the Belt and Road Initiative: scope, character and sustainability. *Journal of International Economic Law*, 2019, 22 (1): 29-55. https://doi.org/10.1093/jiel/jgy048.

Zhou，L.，Gilbert，S.，Wang，Y.，et al. *Moving the Green Belt and Road Initiative：From Words to Actions*，2018. https：//www.wri.org/research/moving-green-belt-and-road-initiative-words-actions.

封志明等："自然条件与自然资源"，载刘卫东等著：《共建绿色丝绸之路：资源环境基础与社会经济背景》，商务印书馆，2019 年。

计启迪："全球生产网络与地方战略耦合的社会壁垒研究——以莱比塘铜矿为例"（博士论文），中国科学院大学，2022 年。

季志业、桑百川、翟崑等："'一带一路'九周年：形势、进展与展望"，《国际经济合作》，2022 年第 5 期。

李雪亚、路红艳："全球基建新动向对我国对外承包工程行业的影响及应对"，《国际经济合作》，2022 年第 3 期。

刘世伟："金融机构助力'一带一路'绿色发展"，《中国金融》，2021 年第 22 期。

刘卫东等：《"一带一路"建设案例研究：包容性全球化的视角》，商务印书馆，2021 年。

刘卫东等：《共建绿色丝绸之路：资源环境基础与社会经济背景》，商务印书馆，2019 年。

吴浩、欧阳骞："高质量共建'一带一路'的理念与路径探析——基于全球治理视角"，《江西社会科学》，2022 年第 7 期。

吴绍洪、刘路路、刘燕华等："'一带一路'陆域地理格局与环境变化风险"，《地理学报》，2018 年第 7 期。

吴泽林、王健："美欧全球基础设施投资计划及其对中国的影响"，《现代国际关系》，2022 年第 3 期。

杨达："绿色'一带一路'治理体系探索与深化方位透视"，《政治经济学评论》，2021 年第 5 期。

于宏源、汪万发："绿色'一带一路'建设：进展、挑战与深化路径"，《国际问题研究》，2021 年第 2 期。

翟东升、蔡达："绿色'一带一路'建设：进展、挑战与展望"，《宏观经济管理》，2022 年第 8 期。

第二章 沿线地区资源环境承载重大问题研究[①]

摘　　要

　　丝绸之路建设旨在促进经济要素有序自由流动、资源高效配置和市场深度融合，推动沿线国家实现经济政策协调，开展更大范围、更深层次的区域合作，共同打造开放、包容、均衡、普惠的经济合作框架。然而，丝路沿线国家分布在不同的地理区域，自然条件与自然资源基础差异显著。同时，沿线国家多为发展中国家，经济发展与居民生活对自然资源依赖性强（Chen et al.，2018；Guo，2018）。因此，在促进沿线国家经济发展的同时如何兼顾资源开发利用与生态保护，进而促进沿线国家可持续发展是需要考虑的关键问题。

　　本章基于水、土和生态等重要自然资源的供给与消耗之间的平衡关系分析，考虑国际贸易背景下资源流动的影响，从水资源承载力、土地资源承载力和生态承载力三个方面，定量分析了沿线国家的资源环境承载力，揭示了沿线国家资源环境承载力的时空格局，探讨了沿线地区资源环境面临的重要问题，提出了相应的适应性策略与建议。

　　丝路沿线水资源整体处于盈余状态，但水资源时空分布不均、用水效率低、农业耗水大，水资源短缺问题普遍存在，很多地区水资源已经存在不同程度的超载。西亚、中亚和非洲地区资源性缺水突出，水资源超载严重；南亚地区人口密度高、灌溉农业密集、用水效率低，水资源已处于临界超载状态。在人口持续增长和气候变化的影响下，丝路沿线仍将面临巨大的水资源压力。

　　丝路沿线国家食物产量向好发展，土地资源承载力逐渐增强，整体处于人粮平衡状态，但部分国家人口超载严重，多集中于西亚及中东地区。动物性食物需求的快速增加可能对未来土地资源形成较大压力，贸易是缓解丝路沿线国家土地资源压力的有效手段，但仍有近40％国家通过贸易难以实现人地平衡，需要通过多种途径缓解土地资源承载压力。

[①] 本章作者：封志明、杨艳昭、贾绍凤、甄霖、闫慧敏、严家宝、张超、杜文鹏。

丝路沿线生态资源整体能够实现自给自足，但由于生态资源供需不匹配现象的存在，近40％国家生态资源无法实现自给自足。得益于国际贸易，部分沿线国家通过进口生态资源使其并未因无法自给自足而过度开发生态资源，生态系统依旧维持盈余状态。但人口保持较高增速且消费水平不断提高，也导致沿线大多数国家生态承载压力显著增加。

第一节　水资源承载力基本认识与重要问题

水资源作为基础性的自然资源和战略性的经济资源，对经济社会建设有着根本性的影响。丝路沿线国家淡水资源严重短缺，人均水资源量不足世界平均水平的 2/3，并且用水效率低、农业耗水量大等问题突出。随着人口增长、城市化、社会经济发展、地缘政治、气候变化等的影响，水资源安全问题成为丝路沿线国家发展的核心问题。

本节首先对丝路沿线地区全域和分区水资源与用水变化状况进行分析和评价；在此基础上，对丝路沿线地区现状和未来不同情景下水资源承载力及承载状态进行评价；然后，对沿线地区重要的跨境流域水资源问题现状和进展进行探讨；最后，对丝路沿线地区水资源重要问题进行总结。

一、水资源变化

1. 丝路沿线降水呈微弱增长趋势，东南亚、南亚呈显著增长趋势，中亚略有减少，但减少趋势不显著

根据 MSWEP 降水数据（Beck et al.，2017），1979—2016 年，丝路沿线平均降水量为 626 毫米，年降水量呈微弱增长趋势（1.65±0.39 毫米/年）。不同分区降水变化存在显著差异（表 2-1），七个大区中，除中亚外，其他六个区年降水量均呈增长趋势，其中东南亚、南亚、中东欧和中蒙俄的降水增长趋势显著。东南亚和南亚的年降水增长趋势最明显，分别为 9.67±3.16 毫米/年和 5.86±1.55 毫米/年。中亚的年降水略呈减少趋势（−0.02±0.56 毫米/年），减少趋势不显著。

表 2-1　丝路沿线不同分区降水变化趋势

地区	年降水趋势（毫米/年）
东南亚	9.67±3.16*
非洲	0.08±0.11

续表

地区	年降水趋势（毫米/年）
南亚	5.85±1.55 *
西亚	0.37±0.44
中东欧	2.23±1.00 *
中蒙俄	0.82±0.29 *
中亚	−0.02±0.56
全域	1.65±0.39 *

* 趋势统计显著（$p<0.05$）。

从主要国家看，菲律宾、孟加拉国、尼泊尔、斯里兰卡、印度尼西亚降水均呈显著增长趋势，降水增长率分别为 28.70±6.11 毫米/年、28.04±5.55 毫米/年、19.42±4.11 毫米/年、18.14±4.67 毫米/年和 14.17±5.66 毫米/年。马尔代夫、吉尔吉斯斯坦降水显著减少，减少速率分别为−11.08±4.65 毫米/年和−6.23±2.45 毫米/年。

2. 丝路沿线水资源量略有增长，东南亚、南亚和中东欧增长较多，中亚、西亚略有下降

受降水增多的影响，丝路沿线水资源量略有增长，1981—1990 年平均水资源量为 14.96 万亿立方米，增长到 1991—2000 年的 15.17 万亿立方米，再到 2001—2010 年的 15.59 万亿立方米，水资源量共增长约 4%。从七个大区看（图 2-1），从 1981—1990 年到 2001—2010 年，中蒙俄水资源量先减少后增加，东南亚、南亚和中东欧水资源量均呈增长趋势，西亚基本持平，中亚和非洲水资源量先增加后减少。

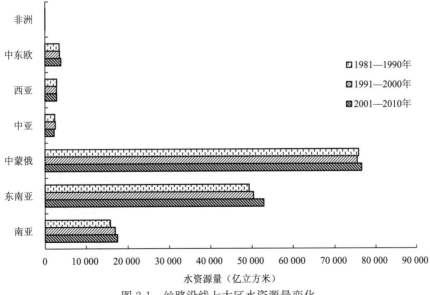

图 2-1　丝路沿线七大区水资源量变化

二、用水变化

随着人口增长、城市化进程加快、社会经济不断发展以及气候变化的不断影响，丝路沿线国家用水结构发生变化，用水矛盾突出。

1. 全域用水总量显著增长，东南亚、西亚用水增幅较大，中东欧用水减少

分别对 1981—1990 年、1991—2000 年和 2001—2010 年三个时段的平均用水量进行估算。总用水量，1981—1990 年平均值为 2.15 万亿立方米，2001—2010 年增长到 2.79 万亿立方米，增长了 30%。从七个大区看（图 2-2），南亚、东南亚、西亚、中蒙俄、非洲总用水量增加，中东欧总用水量减少，中亚则是先增加后减少。东南亚用水增长率高达 92%，由 0.19 万亿立方米增长到 0.36 万亿立方米。西亚和南亚的用水增长率也分别达到 55% 和 39%。中东欧用水减少 28%，由 0.12 万亿立方米减少到 0.08 万亿立方米。

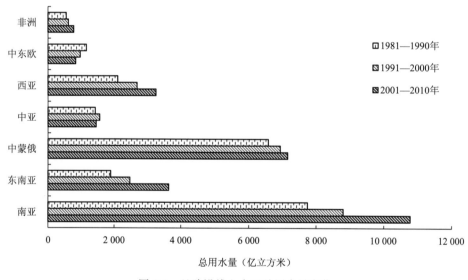

图 2-2 丝路沿线七大区总用水量变化

从农业用水看（图 2-3），1981—1990 年平均值为 1.78 万亿立方米，2001—2010 年增长到 2.19 万亿立方米，增长了 23%。南亚、东南亚、西亚、非洲农业用水增加，中蒙俄和中东欧农业用水减少。东南亚、西亚和非洲农业用水涨幅较大，分别增长了 71%、47% 和 43%。中东欧农业用水降幅显著，农业用水减少了 70%。中蒙俄农业用水减少了 11%，中亚农业用水减少 2%。

工业用水角度（图 2-4），1981—1990 年平均值为 2 245 亿立方米，2001—2010 年增长到 3 495 亿立方米，增长了 56%。除中东欧呈减少趋势外，其他六个大区工业用水均呈增长

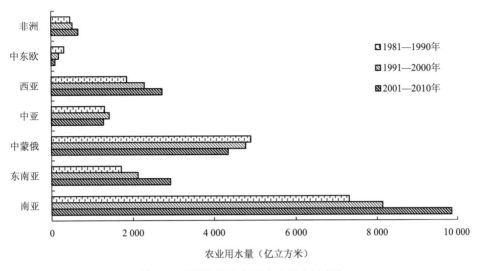

图 2-3　丝路沿线七大区农业用水量变化

趋势。东南亚工业用水增长了 449％，由 1981—1990 年的平均 72 亿立方米增长到 2001—2010 年的平均 398 亿立方米。西亚工业用水增长了 194％，由 1981—1990 年的平均 83 亿立方米增长到 2001—2010 年的平均 244 亿立方米。中东欧工业用水减少了 11％。

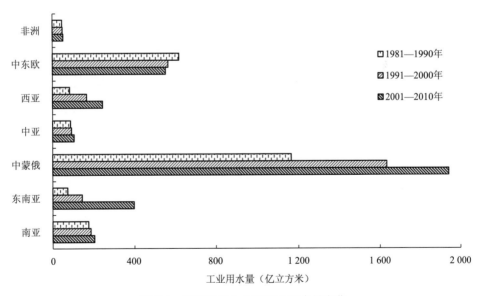

图 2-4　丝路沿线七大区工业用水量变化

从生活用水看（图 2-5），1981—1990 年平均值为 1 383 亿立方米，2001—2010 年增长到 2 522 亿立方米，增长了 82％。除中东欧生活用水减少外，其他六个大区生活用水均有不同程度的增长。东南亚、南亚生活用水增幅较大，分别增长了 172％和 167％。中蒙俄生活用水从 1981—1990 年到 1991—2000 年基本持平，但 1990—2000 年到 2000—2010 年增速较快。

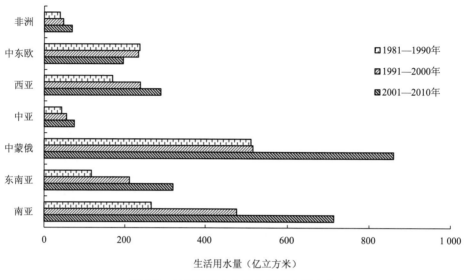

图 2-5　丝路沿线七大区生活用水量变化

从行业用水比重看（图 2-6），南亚、中亚的农业用水比重最高，占比约 90％；中蒙俄农业用水占比在 65％左右；中东欧农业用水占比最少，低于 20％。中东欧工业用水占比最高，达到 65％以上；中蒙俄次之，工业用水约占 15％；南亚工业用水占比最少，不足 3％。从用水占比变化看，大部分地区农业用水占比均呈下降趋势，大部分地区工业用水占比和生活用水占比呈增长趋势。

2. 丝路沿线用水量最多的国家为印度、中国、巴基斯坦；印度和巴基斯坦用水持续增长，用水高峰尚未到来；中国已达用水高峰，用水缓慢下降

全球前十大用水量的国家中，有八个国家位于丝路沿线，根据用水量的多少，依次为印度、中国、巴基斯坦、印度尼西亚、伊朗、越南、菲律宾和埃及。

印度 1990 年总用水量 5 180 亿立方米，其中农业用水 4 840 亿立方米，占总用水量的 93.4％，灌溉面积 4 514.4 万公顷；工业用水 170 亿立方米，占总用水量的 3％；城市生活用水 140 亿立方米，占总用水量的 3％，人均用水量 611 立方米。到 2010 年，印度总用水量达到 7 610 亿立方米，其中农业用水 6 849 亿立方米，占总用水量的 90％；工业用水 228 亿立方米，占总用水量的 3％；生活用水 533 亿立方米，占总用水量的 7％。2010 年总供水量 7 610 亿立方米，其中地表水供水 3 960 亿立方米，占总供水量的 52％；地下水供水 2 510

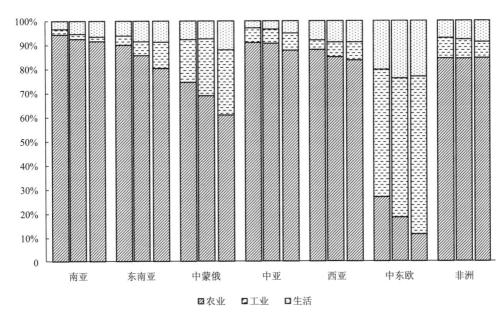

图 2-6　丝路沿线七大区行业用水比重变化

亿立方米，占总供水量的 33%；其他水源供水量1 140 亿立方米，占总供水量的 15%。随着人口激增、工业经济飞速发展，印度的用水需求量近年来大增。根据印度中央水委员会的数据，到 2050 年，印度总用水量将增加到 1.18 万亿立方米。

巴基斯坦 2014 年总用水量 1 835 亿立方米，其中地表水供水 1 070 亿立方米，地下水供水 755 亿立方米。农业用水占 94.0%，生活用水占 5.3%，工业用水占 0.8%。农业用水中大部分用水为农业灌溉用水。作为以农业经济为主的国家，农业产值占国内生产总值的 25%。在人口增长压力下，为满足粮食需求，需要更多的粮食产量，然而巴基斯坦 92% 的地区都是干旱和半干旱地区，这将会给供水带来巨大压力。根据预测，到 2040 年，巴基斯坦将成为水资源最紧张的国家之一。

中国用水大致经历了三个阶段（图 2-7）：1949 年新中国成立到 20 世纪 80 年代初，用水快速增长阶段；20 世纪 80 年代初到 2010 年左右，用水缓慢增长阶段；2010 年至今，用水微增长至负增长阶段。新中国成立初期，全国总供水量仅 1 031 亿立方米，到 1980 年为 4 406 亿立方米，年均增长率高达 4.6%；到 2010 年为 6 022 亿立方米，1980—2010 年年均增长率为 1%。随着一系列政策措施的出台和用水效率的进一步提高，我国用水总量于 2013 年达到峰值 6 183.4 亿立方米，之后缓慢回落。农业用水在波动中有所下降，工业用水在 2011 年达到峰值 1 462 亿立方米后持续回落，工业用水占比开始缓慢回落。随着人口的增长，生活用水持续增加，生活用水比重也在持续增长。

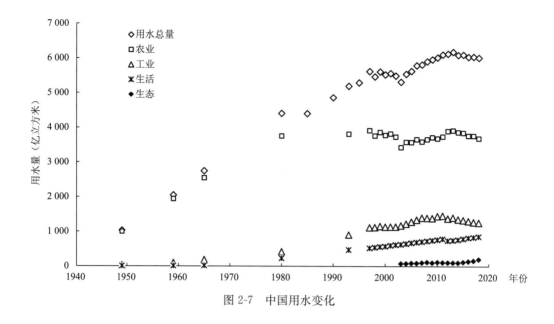

图 2-7　中国用水变化

三、水资源承载力

水资源承载力是以水量约束来研究水资源对经济社会发展的支撑能力，即在保证生态环境需水前提下，水资源能否满足经济社会发展用水需求。

1. 现状条件下丝路沿线可承载人口 67 亿人，36 个国家已经出现不同程度的超载，主要分布在西亚、中亚和非洲地区

不考虑粮食约束，假设水资源可利用量基本维持在现状水平，生活福利水平使用人均 GDP 表示，用水效率水平使用千美元 GDP 用水量表示。现状条件下，沿线国家水资源承载力约为 67 亿人，是 2015 年实际人口的 1.5 倍，处于盈余状态（图 2-8）。沿线国家中，有 36 个国家处于不同程度的超载，其中有 26 个国家水资源严重超载，超载和临界超载国家分别为 2 个和 8 个。水资源超载的国家主要分布在西亚、中亚和非洲地区，水资源处于富富有余/盈余状态的国家主要分布在东南亚和中东欧；水资源超载最为严重的国家为巴林、卡塔尔、土库曼斯坦、科威特等；水资源承载最为盈余的国家为马尔代夫、不丹、老挝等。

分区看（表 2-2），非洲、西亚、中亚水资源承载状态为严重超载，南亚处于临界超载状态，中东欧处于盈余状态，中蒙俄和东南亚处于富富有余状态。中蒙俄现状条件下承载人口最多，为 34.18 亿人；其次为东南亚和南亚，分别为 15.59 亿人和 13.47 亿人。

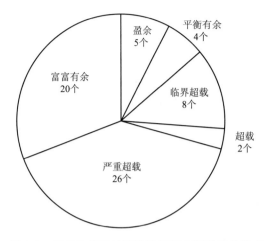

图 2-8　现状条件下丝路沿线国家水资源承载状态

表 2-2　丝路沿线不同分区现状条件水资源承载力与承载状态

地区	承载力（亿人）	承载状态
东南亚	15.59	富富有余
非洲	0.07	严重超载
南亚	13.47	临界超载
西亚	0.77	严重超载
中东欧	2.55	盈余
中蒙俄	34.18	富富有余
中亚	0.16	严重超载
全域	66.79	盈余

2. 不同用水效率情景下，丝路沿线未来可承载人口 72 亿～140 亿人；西亚、中亚水资源承载力最弱，在高用水效率水平下仍有 18 个国家处于严重超载状态

沿线国家整体看，未来低、中、高用水效率情景下，水资源承载力为 72 亿～140 亿人。高用水效率水平下，全域水资源承载状态由盈余转为富富有余状态（图 2-9）。沿线国家中，低、中、高用水效率水平下，严重超载的国家分别为 25 个、21 个和 18 个，富富有余的国家分别为 20 个、27 个和 33 个。水资源承载状态一直严重超载的 18 个国家是巴林、卡塔尔、土库曼斯坦、科威特、阿曼、阿联酋、约旦、沙特阿拉伯、叙利亚、伊拉克、也门、乌兹别克斯坦、巴基斯坦、埃及、巴勒斯坦、伊朗、以色列、阿塞拜疆，主要分布在西亚和中亚地区。由于这些地方属于资源型缺水，水资源承载能力受到限制。

分区看（表 2-3），不同用水效率水平下，非洲、中亚水资源承载状态均为严重超载。

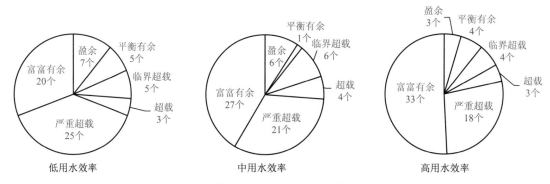

图 2-9　不同情景下丝路沿线国家水资源承载状态

西亚在高用水效率水平下，水资源承载状态由严重超载转为超载状态。南亚在高用水效率水平下，水资源承载状态由临界超载转为平衡有余状态。中、高用水效率水平下，中东欧由盈余转为富富有余状态。中蒙俄、东南亚和南亚承载人口最多，低用水效率水平下，分别承载37.47亿人、16.55亿人和13.94亿人；中用水效率水平下，分别承载54.61亿人、21.74亿人和16.86亿人；高用水效率水平下，分别承载80.62亿人、29.73亿人和21.62亿人。

表 2-3　丝路沿线不同分区未来情景下水资源承载力与承载状态

地区	低用水效率		中用水效率		高用水效率	
	承载力（亿人）	承载状态	承载力（亿人）	承载状态	承载力（亿人）	承载状态
东南亚	16.55	富富有余	21.74	富富有余	29.73	富富有余
非洲	0.07	严重超载	0.10	严重超载	0.14	严重超载
南亚	13.94	临界超载	16.86	临界超载	21.62	平衡有余
西亚	0.85	严重超载	1.24	严重超载	1.85	超载
中东欧	2.81	盈余	4.19	富富有余	6.30	富富有余
中蒙俄	37.47	富富有余	54.61	富富有余	80.62	富富有余
中亚	0.17	严重超载	0.22	严重超载	0.30	严重超载
全域	71.79	盈余	98.87	富富有余	140.42	富富有余

四、跨境河流水资源合作开发

跨境河流是指跨越两个或两个以上国家的流域或分水岭，它包括涉及不同国家同一水道中相互关联的河流、湖泊、含水层、冰川、蓄水池和运河。根据联合国环境规划署的报告（UNEP-DHI and UNEP，2016），世界上跨境流域共有 286 个，共享这些流域的国家有 151 个。丝路沿线国家涉及的跨境流域有 111 个，约有 19 亿人生活在这些流域中。跨境水资源的合理利用、有效保护和协调管理等，直接维系着地区和全球的供水安全、粮食安全及社会稳定（严家宝等，2021）。

1. 南亚、中亚地区水资源跨境合作有待加强

南亚的印度河、恒河与雅鲁藏布江三条国际性河流的流域范围涉及中国、印度、巴基斯坦、尼泊尔、孟加拉国和不丹。南亚人口密度远远高于世界平均水平，而就水资源而言却并不贫乏，喜马拉雅山脉的融雪成为印度河、恒河与雅鲁藏布江最稳定的水源（图 2-10）。因而，南亚地区水资源潜力巨大（常青，1993）。

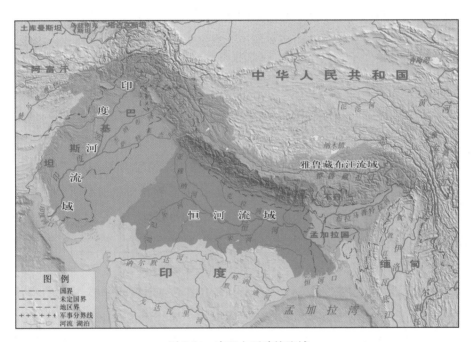

图 2-10　南亚主要跨境流域

南亚是世界上最容易受洪水侵袭的地区，经常发生洪水和干旱等极端气候事件，容易引发跨境自然灾害。各国之间展开密切合作和交流，有助于规避灾害造成的损失。印度和尼泊尔已经开展了洪水预警合作项目，使下游地区的人们能够在洪水到来之前有足够的时间转移到安全的地方。另外，区域范围的干旱预报工作也在逐步推进中，其中一项重要内容就是各相关国家进行合作，建立干旱监测预警系统。

在水资源共享方面，南亚地区是世界上整体性最差的区域之一。若对水资源共享事宜处理不当，会加剧国与国之间的不信任，各国之间的彼此不信任经常导致合作受阻。

作为重要的上游国家，中国一直努力寻求与下游各国的合作。2002 年 4 月，中印签订《关于中方向印方提供雅鲁藏布江-布拉马普特拉河汛期水文资料的实施方案》，每年 6 月 1 日到 10 月 15 日，中方向印度提供雅鲁藏布江上的奴各沙、羊村、奴下等三个报汛站的水文信息。2006 年《中印联合声明》提出：双方同意建立专家级机制，探讨就双方同意的跨境河流的水文报汛、应急事件处理等情况进行交流与合作。2012 年夏季，中国、不丹和巴基斯坦向印方提供雅鲁藏布江关键的水文信息，实现四国雅鲁藏布江水文信息的共享。这有助于改善下游汛期防洪现状，减少洪灾伤亡和经济损失。中国共享了五条区域性国际河流的水位信息，以有效警戒雅鲁藏布江的水患，有利于四国在南亚实现雅鲁藏布江等国际河流的流域资源开发和保护。2013 年，中印双方签署《关于加强跨境河流合作的安全谅解备忘录》，中国将向印度提供的汛期水文资料延长到五个月。2014 年 6 月，中印双方在两国领导人的见证下再次签署《共享雅鲁藏布江水文信息的备忘录》。

中亚地处亚欧大陆腹地，包括哈萨克斯坦、吉尔吉斯斯坦、塔吉克斯坦、土库曼斯坦和乌兹别克斯坦五国。地区内气候干燥，地貌形态以沙漠和草原为主，其中沙漠面积超过 100 万平方千米，占总面积的 1/4 以上，是一个水资源严重不足的地区（图 2-11）。该地区以农业为主（尤其是灌溉农业），对水资源依赖程度大。地区内主要河流都为跨境河流，主要有阿姆河及其支流苏尔汉河、卡菲尔尼干河、瓦赫什河、泽拉夫尚河，锡尔河及其支流纳伦河、卡拉河、奇尔奇克河、楚河、塔拉斯河。位于上游的吉尔吉斯斯坦和塔吉克斯坦水资源丰富，但由于地形原因耕地较少，且国力较弱；而位于下游的乌兹别克斯坦、哈萨克斯坦、土库曼斯坦境内产生的径流量少，但对跨境河流开发利用强度大，并拥有丰富的油气资源，国力较强。地区内跨境河流开发利用的利益平衡是影响中亚国家关系的重要因素。

干旱区脆弱的生态环境使得水资源对干旱区来说有着特殊的意义。农业是中亚五国的基础性产业。该地区以灌溉农业为主，土库曼斯坦和乌兹别克斯坦的全部、哈萨克斯坦的南部及北部的一部分，以及吉尔吉斯斯坦、塔吉克斯坦的一部分地区农业都必须依靠引水灌溉。中亚地区灌溉农业产值占 GDP 的 50%，而干旱区以水定地的农业发展模式说明水资源是干旱区农业发展的关键。工业方面，不少冶金企业和采掘、选矿、火力发电等也都是高耗水行业。此外，水电开发也是中亚跨境河流利用的重要方面。

中亚跨境河流水资源总量较为丰富，但分布极为不均。上游国家水量丰沛，但利用量少；下游国家境内产生的径流量少，但因其灌溉农业规模大，用水量大。苏联时期，在强有力的中央政府统筹下，资源禀赋不同的上下游国家之间进行了水与能源的交易，区域利益尚能大体平衡。自苏联解体后，上下游国家各自为政，缺乏合作，经常因水量分配的矛盾、上游发电与下游灌溉的矛盾、水质污染的矛盾而发生水争端（斯拉木，2014）。

中亚国家在跨境河流共同管理上做出了一些努力，包括召开峰会、签订协议、设立专门的管理机构等，国际社会也积极介入，然而成效甚微，关键问题在于缺乏深层的政治互信，因此难以将协议付诸实施（付颖昕，2009）。

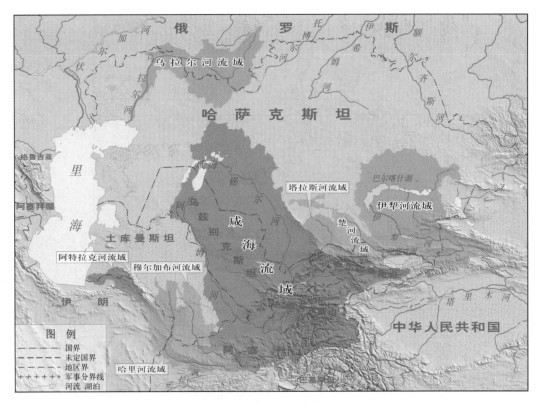

图 2-11　中亚主要跨境流域

虽然跨境河流各流域国之间存在政治分歧和经济发展不对称的问题，但在地区开展水资源相关的合作是有益的和必要的。

2. 澜沧江-湄公河新型跨境合作进入新阶段

澜沧江-湄公河是东南亚最重要的一条国际河流。该河流源于中国青海唐古拉山，全长4 880 千米，流经中国、缅甸、老挝、泰国、柬埔寨、越南六个国家，最后在越南胡志明市附近注入太平洋（图 2-12）。澜沧江-湄公河多数河段河槽深切，多峡谷，水能资源丰富，适宜建坝。

沿岸国已经建立了多种形式的合作。1995 年 4 月 5 日，下湄公河国家（老挝、柬埔寨、泰国、缅甸）在泰国清莱签署了《湄公河流域可持续发展合作协定》，成立了湄公河委员会。1996 年，中国和缅甸成为湄公河委员会的对话伙伴国。2002 年 4 月，中国水利部与湄公河委员会签署了《关于中国水利部向湄公河委员会秘书处提供澜沧江-湄公河汛期水文资料的协议》，2008 年 8 月又续签了该协议。2016 年 3 月，应越南请求，中国启动澜沧江梯级水电站水量应急调度，缓解湄公河流域严重旱情。

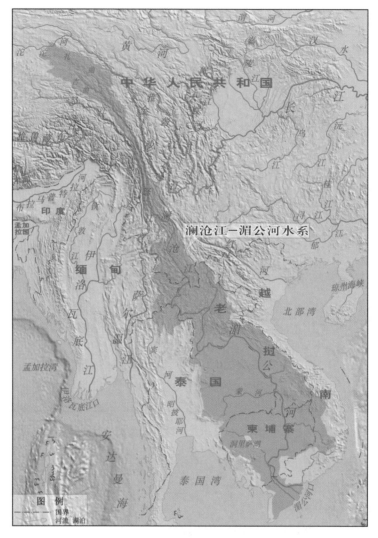

图 2-12　澜沧江-湄公河水系

近年来，澜湄合作加快推进。2016 年 3 月 23 日，澜沧江-湄公河合作首次领导人会议在海南三亚举行，中国、柬埔寨、老挝、缅甸、泰国、越南六国领导人秉持"同饮一江水，命运紧相连"的精神，宣布正式启动这一新型次区域合作机制。2018 年 1 月，澜湄合作第二次领导人会议决定，将每年 3 月 23 日这一周确定为"澜湄周"。澜湄合作启动以来，一直将水资源合作作为优先方向。六国机制化举办澜湄水资源合作部长级会议和论坛，成立了澜湄水资源合作联合工作组，设立了澜湄水资源合作中心，积极推进水资源领域协商对话、经验交流和项目合作。中国作为上游国家，充分发挥澜沧江水利工程调丰补枯作用，尽最大努力保障合理下泄流量，多次应湄公河国家需求提供应急补水。2020 年，澜湄六国在北京共同启动澜湄水资源合作信息共享平台网站，进一步加强六国在水资源数据、信息、知识、经验和技术等方面的共享，以帮助下游国家应对洪旱灾害。2021 年 12 月，第二届澜湄水资源合作论坛以线上视频方式举行。论坛发布了《第二届澜湄水资源合作论坛北京倡议》，根据倡议，中方将全力保障下游国家水资源供应，及时提供澜沧江水文信息，与湄公河国家共同实施"澜湄甘泉行动计划""澜湄兴水惠民行动""典型小流域综合治理示范"等务实合作项目，携手应对气候变化挑战，提升各国水资源管理能力。

五、小结

丝路沿线国家社会经济发展水平不同，地理空间范围广，自然环境差异大，水资源问题复杂多样。基于水资源供给与水资源利用平衡关系的沿线国家水资源承载力评价表现出来的重要问题主要体现在以下四个方面：

（1）水资源时空分布极不均衡。丝路沿线水资源时空分布不均，南亚和东南亚水资源丰富，干旱半干旱地区的中亚、西亚和非洲水资源极其匮乏。中蒙俄、南亚、西亚、中亚和非洲均存在水资源分布不均的问题。水资源在时间上分布也极为不均，很多南亚国家如孟加拉国、巴基斯坦等，降水季节变化较大，雨季降水丰富，旱季降水稀少。

（2）多数地区存在水资源短缺问题，水资源存在不同程度超载。西亚、中亚水资源普遍较低，水资源短缺严重。南亚地区虽水资源总量处于丝路沿线区域的中等水平，但南亚国家平均人口密度较高，使得人均水资源量较为不足，低于世界平均水平和丝路沿线国家平均水平。从用水结构来看，丝路沿线国家以农业用水为主，在经济发展状况和技术条件的限制下，较为落后的灌溉设施使得农业用水利用率低，进一步加剧了这些地区的水资源短缺问题。

（3）干旱和洪涝灾害频发。洪灾在丝路沿线大部分区域均存在，在南亚和东南亚尤为突出；东亚、西亚、中亚、中欧、非洲和东非地区干旱灾害较为严重。丝路沿线地区干旱和洪涝事件频发且呈上升趋势，南亚是世界上最易受洪水侵袭的地区，经常发生洪水和干旱等极端天气事件。沿线多数国家经济欠发达，抗灾能力弱，自然灾害是丝路地区可持续发展的重大威胁。

（4）跨境水资源安全问题严峻，区域跨境水资源合作有待加强。丝路沿线跨境流域众多，影响世界近 1/3 的人口。由于民族、文化、信仰、经济发展水平差异，流域国家跨境水资源合作薄弱，跨境争端时有发生，以南亚、中亚地区较为突出，区域、次区域的跨境水资源合作有待进一步加强。

第二节　土地资源承载力基本认识与重要问题

土地资源是食物生产的基础性支撑资源之一，是人类赖以生存与发展的基础（封志明，等，2017）。丝路沿线国家作为全球主要的人口集聚区和食物生产-消费区，较大的人口规模及快速发展的社会经济所带来的食物需求总量及膳食营养结构变化，正在对区域食物生产、贸易及土地资源形成新的压力（张超等，2021）。

本节首先从供给端出发，对丝路沿线地区食物生产与营养素供给状况进行分析和评价；然后面向需求端，对丝路沿线地区食物消费与营养素需求水平进行分析；在此基础上，从人量关系出发，对丝路沿线地区不同尺度的土地资源承载力及承载状态进行评价，并探讨国际贸易对丝路沿线地区土地资源承载力的影响；最后，对丝路沿线地区土地资源承载力提升面临的重要问题给予总结。

一、食物生产与营养素供给

1. 丝路沿线国家食物生产向好发展，副食增长显著，主食增长相对缓慢

2000—2018 年，丝路沿线国家谷物、肉、蛋奶等食物生产规模整体在逐渐扩大（图 2-13）。其中，坚果和油料等副食增长幅度居前列；谷物增长约 49％，相对较为缓慢；肉类和蛋类增幅居中，分别增长了 62％和 68％。

2. 丝路沿线国家热量供给总量持续增加，植物性食物在热量供给中占据绝对主导地位且无明显变化

2000—2018 年，丝路沿线国家热量供给从 2 909.58×10¹² 卡增至 4 379.04×10¹² 卡，与2000 年相比，增长了 50.50％（图 2-14）。其中，植物性食物是热量的主要来源，2000—2018 年供给热量比例虽略有下降，但仍维持在 87％左右的较高水平，其中，谷物的占比在62％左右。

二、食物消费与营养素需求

1. 丝路沿线国家食物消费以植物性食物为主，主要食物消费水平与全球水平相当

2018 年，丝路沿线国家谷物、蔬菜、水果年均消费量分别约为 170 千克/人、131 千克/人和 75 千克/人，相当于全球水平的 95％左右。同期，奶类、肉类消费量分别达到了 110 千

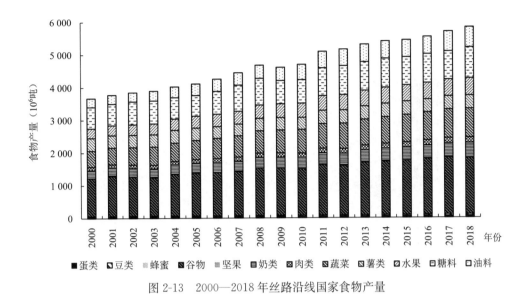

图 2-13 2000—2018 年丝路沿线国家食物产量

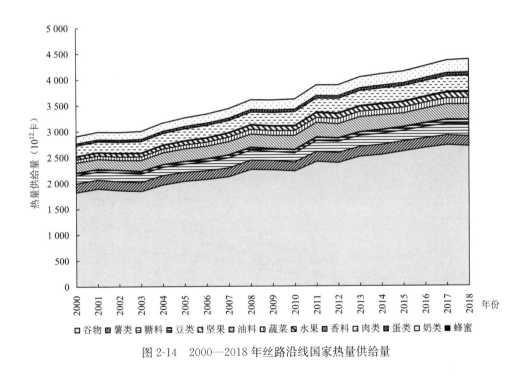

图 2-14 2000—2018 年丝路沿线国家热量供给量

克/人和 46 千克/人，相当于全球水平的 108％和 139％。蛋类消费量不足 9 千克/人，相当于全球的 90％（图 2-15）。从增长幅度来看，2000—2018 年，谷物消费量增长不明显，仅增长了约 7％。肉类和蛋类分别增长了约 26％和 32％，奶类仅增长不足 1％。糖料、坚果、蔬菜增幅较大，介于 25％～45％。

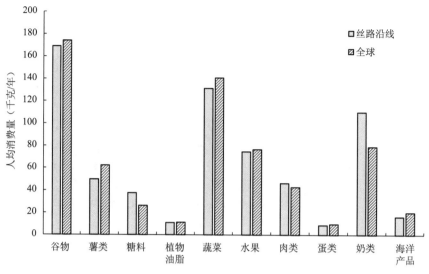

图 2-15　2018 年丝路沿线与全球主要食物消费量对比

2. 丝路沿线国家营养素摄入水平逐渐增加，热量、蛋白质和脂肪的摄入量已略高于全球平均水平

2000—2018 年，丝路沿线国家热量、蛋白质和脂肪摄入量分别增加了 10.37%、12.69% 和 29.28%，增幅均高于全球同期水平（图 2-16）。2018 年，丝路沿线热量、蛋白质和脂肪的摄入量约为 2 949 卡/天、86 克/天和 90 克/天，摄入水平已略高于全球水平。

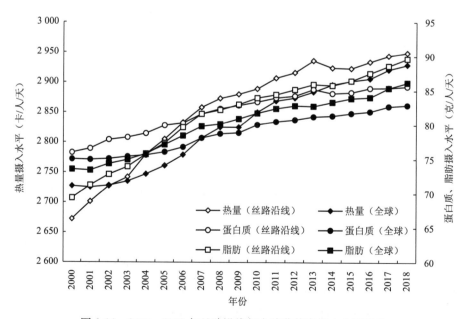

图 2-16　2000—2018 年丝路沿线与全球营养素摄入水平对比

3. 丝路沿线国家动物性蛋白质供给比增长明显，膳食营养质量逐渐改善

2000—2018 年，丝路沿线国家植物性食物供热比基本维持在 80％的水平，植物性食物供脂肪比基本维持在 50％的水平，动物性食物的蛋白质供给比从 40％增至 55％，动物性食物在蛋白质供给中的比例上升，膳食营养质量逐渐改善（图 2-17）。

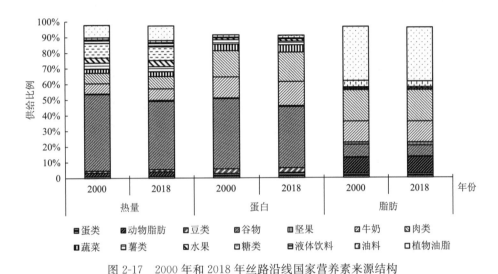

图 2-17　2000 年和 2018 年丝路沿线国家营养素来源结构

三、基于粮食供需平衡的土地资源承载力

1. 丝路沿线土地资源承载力整体稳定提升，可载人口增至 45 亿人，人粮关系趋好

2000—2018 年，丝路沿线基于粮食供需的土地资源承载力从 30.42 亿人增至 45.34 亿人，基于粮食供需平衡的土地资源承载力整体在增强（图 2-18）。从地均水平看，2000—2018 年，丝路沿线国家单位面积土地资源承载力均值由 444.73 人/平方千米增至 655.20 人/平方千米，地均土地资源承载力在增强。2000—2018 年，丝路沿线总人口从 39.12 亿人增至 47.39 亿人，增幅低于谷物供给增长幅度，沿线土地资源承载指数整体呈下降趋势，人粮关系由土地超载转变为人粮平衡，人粮关系在向好发展。

2. 丝路沿线土地资源承载力地区间差异显著，中蒙俄地区承载人口总量最高，东南亚单位面积土地资源承载力最强

丝路沿线不同地区土地资源承载力差异显著。从总量看，中蒙俄和南亚地区土地资源承载力较高，2018 年可载人口分别为 18.93 亿人和 11.65 亿人（图 2-19）。从地均水平来看，东南亚地区每平方千米承载人口超 900 人，承载力较强；中蒙俄、中东欧、南亚地区承载力居中；中亚地区土地资源密度不足丝路沿线土地资源承载密度的 1/3，在各区域中最低（图 2-20）。

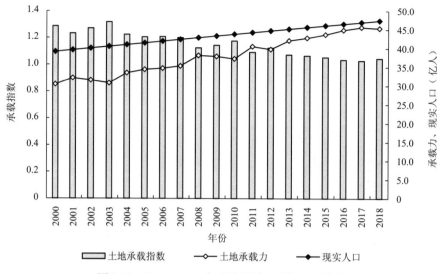

图 2-18   2000—2018 年丝路沿线土地资源承载力

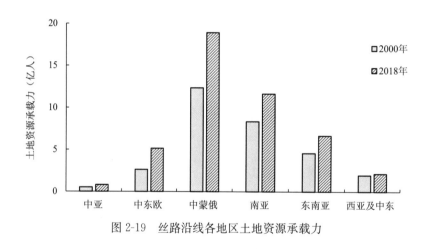

图 2-19   丝路沿线各地区土地资源承载力

3. 2000—2018 年，丝路沿线国家土地资源承载力整体在提升，约半数国家土地资源压力较大

丝路沿线国家土地资源承载力空间差异较大，与 2000 年相比，2018 年丝路沿线国家土地资源承载力整体在提升。其中，南亚和东南亚等地区耕地资源禀赋较好、水热条件组合较优的国家，土地资源承载力提升显著，西亚及中东地区的国家，或受水资源限制，或粮食生产稳定性较差，土地资源承载力或改善不明显，或有所下降。

丝路沿线国家单位面积土地资源承载力国别差异显著。2018 年，孟加拉国、越南、埃及等 15 个国家土地资源承载力在每平方千米 800 人以上，处于较高水平，位居丝路沿线国家前列；马尔代夫、卡塔尔、阿联酋等国家受自然条件的影响，单位面积土地资源承载力不足百人，相对处于较低水平。

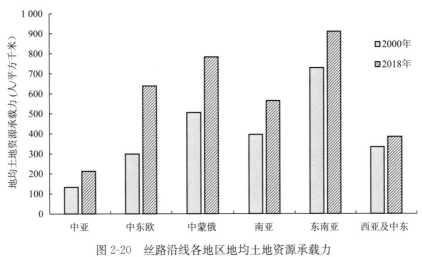

图 2-20 丝路沿线各地区地均土地资源承载力

2018 年，丝路沿线国家处于耕地盈余、人粮平衡和人口超载状态的国家分别有 22 个、9 个和 32 个，半数以上国家表现出人口超载的特征（表 2-4）。其中，马尔代夫、卡塔尔、阿联酋、科威特、文莱等国自身谷物产量有限，土地资源超载严重，可载人口远低于现实人口，谷物供应缺口较大；罗马尼亚、乌克兰、匈牙利、保加利亚、立陶宛、塞尔维亚、哈萨

表 2-4 2018 年基于粮食供需平衡的丝路沿线国家土地资源承载状态

类型	承载状态	国家名称
土地盈余	富富有余	罗马尼亚、乌克兰、匈牙利、保加利亚、立陶宛、塞尔维亚、哈萨克斯坦、拉脱维亚、摩尔多瓦、克罗地亚
	盈余	俄罗斯、斯洛伐克、爱沙尼亚、波兰、柬埔寨、捷克、老挝、白俄罗斯、泰国、缅甸、越南、波黑
人地平衡	平衡有余	中国、土耳其
	临界超载	孟加拉国、尼泊尔、印度尼西亚、阿塞拜疆、斯洛文尼亚、北马其顿、吉尔吉斯斯坦
人口超载	超载	菲律宾、伊朗、印度、阿尔巴尼亚、巴基斯坦、土库曼斯坦、斯里兰卡、乌兹别克斯坦、埃及、不丹、蒙古、塔吉克斯坦、东帝汶、亚美尼亚、阿富汗、叙利亚、格鲁吉亚、马来西亚、伊拉克
	严重超载	沙特阿拉伯、黎巴嫩、以色列、也门、阿曼、黑山、巴勒斯坦、约旦、文莱、科威特、阿联酋、卡塔尔、马尔代夫

克斯坦、拉脱维亚、摩尔多瓦、克罗地亚等国谷物供应充裕，可载人口两倍以上于现实人口，耕地资源压力较小，存在一定数量的谷物盈余。

四、国际贸易对土地资源承载力的影响

当前，国际贸易已经成为一国或地区食物供应的重要组成部分，谷物作为基础性食物和热量供应的主要来源，在全球食物贸易中占据重要地位（Zhang et al.，2021）。2000—2018年，丝路沿线国家谷物进口量从 0.94 亿吨增长至 1.9 亿吨，增长了 111.62%。随着谷物进口量的增加，考虑谷物进口补充后，2000 年丝路沿线国家人口承载力增加了 2.46 亿人，2018 年增加了 5.21 亿人。考虑到净进口补充后，2000 年可载人口增加了 1.17 亿人，而2018 年则减少了 0.92 亿人。

就国别承载力来看，2018 年，考虑谷物进口后，丝路沿线半数以上国家人口承载力增加，其中，中国、埃及、印度尼西亚等 12 个国家增加量超过千万人；与此同时，俄罗斯、乌克兰、印度等谷物净出口国，承载人口则有一定程度下降。从承载状态看，国际贸易成为粮食短缺国家提高土地资源承载力的重要路径，埃及、伊朗、以色列等国土地资源承载力由超载转入平衡有余，马来西亚、蒙古、塔吉克斯坦等国由超载转入临界超载的紧平衡状态，土地资源承载力不同程度地得到了提升。

五、小结

绿色丝绸之路沿线国家土地资源生产能力差异显著，居民食物消费结构与水平不同，导致土地资源供需不匹配，土地资源承载力存在的问题多样。基于人粮供需平衡关系的沿线国家土地资源承载力评价所表现出来的重要问题主要体现在以下三个方面：

（1）动物性食物消费量增速和消费水平高于全球水平，未来可能对土地资源形成较大压力。2000 年以来，丝路沿线国家膳食消费质量明显改善，营养素摄入量增速高于全球增速，以肉类和奶类为代表的动物性食物增速和消费水平均高于全球一般水平，动物性食物蛋白质供给比已达到 55% 的水平。与此同时，快速增长的食物消费需求，尤其是动物性食物消费快速增加，在未来将对土地资源产生较大压力。

（2）土地资源承载力地域特征显著，西亚及中东地区多数国家土地超载问题严重。2000年以来，丝路沿线国土面积广阔、耕地面积大且水热条件配合好的国家土地资源承载力较高且改善明显。相反，水土资源制约性强的西亚及中东国家土地资源承载力不高且部分国家有所下降，面临较为严重的区域性土地资源超载问题。事实上，这类国家面向食物生产的土地

资源开发利用限制性条件多,依靠自身食物生产实现人地关系改善难度大,未来随着人口增加,对域外食物的需求进一步增长的可能性较大,对国际贸易市场依赖性将进一步增强。由此引发的粮食安全等问题需引起重点关注。

(3) 食物贸易是缓解丝路沿线国家土地资源超载有效手段之一。2000 年以来,丝路沿线国家进口谷物增长了 1 倍有余,通过食物贸易近 25% 的国家土地资源承载力压力减小,土地资源由人口超载进入人地平衡或土地盈余状态,国际贸易已经成为这一区域调剂食物余缺、缓解土地资源超载压力的重要途径和有效手段之一。但仍有近四成国家通过贸易难以实现人地平衡,需要通过多种途径缓解土地资源承载压力。

第三节　生态承载力基本认识与重要问题

丝路沿线总体上位于全球气候变化敏感地带与生态环境脆弱区,生态系统易破坏难恢复;同时,丝路沿线国家多为发展中国家,经济发展与居民生活对生态资源依赖性强。因此,在促进沿线国家经济发展的同时如何兼顾生态脆弱区生态保护,进而促进沿线国家生态系统可持续发展是丝路沿线发展面临的关键问题。

本节首先对丝路沿线国家生态资源自给自足程度的时空格局进行评估,揭示了沿线国家生态资源供给与需求之间的空间匹配关系;在此基础上,开展丝路沿线国家生态承载压力时空格局的评估,揭示了沿线国家生态系统可持续发展状态;然后分析沿线国家生态资源的对外依存度,探讨国际贸易对生态资源供需关系的影响;最后,对丝路沿线地区生态承载力提升面临的关键问题进行总结。

一、生态资源供给与需求

生态资源自给自足程度是指在不依赖外部生态资源供给情况下(封闭系统),区域生态系统可持续供给的最大生态资源规模对当前社会系统生态资源需求规模的满足程度。通过对丝路沿线国家生态资源自给自足程度时空格局的评估,可以从本质上揭示沿线国家生态资源供给与需求之间的空间匹配关系。

1. 生态资源自给自足程度空间格局

丝路沿线生态资源供给水平可以满足 1.5 个社会系统的需求,但有近 40% 国家的生态资源无法实现自给自足,即区域生态资源供给与需求空间不匹配现象严重。2018 年,丝路沿线生态资源自给自足程度为 154.62%,表明沿线生态资源供给水平可以满足 1.5 个社会系统的生态资源需求。中东欧、东南亚、中亚和中蒙俄地区生态资源自给自足程度均超过100％，生态资源可以实现自给自足。而南亚地区和西亚及中东地区生态资源自给自足程度分别为78.94％和60.51％，生态资源无法实现自给自足。

从丝路沿线国家来看，有25个国家生态资源无法实现自给自足，有40个国家生态资源可以实现自给自足。在25个生态资源无法实现自给自足的国家中，有60％的国家分布在西亚及中东地区，有20％的国家分布在南亚地区，其余国家分别是东南亚的新加坡、中蒙俄的中国以及中亚的乌兹别克斯坦、塔吉克斯坦、土库曼斯坦。生态资源可以实现自给自足的国家主要分布在中东欧和东南亚地区，分别占自给自足国家数量的47.5％和25.0％。

从丝路沿线国家生态资源自给自足程度现状评价结果来看：虽然全域生态资源供给水平可以满足1.5个社会系统的生态资源需求，但有近40％的国家生态资源无法实现自给自足。俄罗斯生态资源自给自足程度高达963.08％，而巴林、卡塔尔、阿联酋、约旦、科威特、沙特阿拉伯等西亚及中东国家生态资源自给自足程度不足10％。这表明丝路沿线生态资源供给与需求空间不匹配现象严重，需要通过区域内部国家间生态资源合理流动改变生态资源供需关系的空间格局。

2. 生态资源自给自足程度时间演变

2000—2018年，由于生态资源供给水平的增速低于社会系统需求水平的增速，生态资源自给自足程度从194.42％显著下降到154.62％。2000—2018年，丝路沿线生态资源自给自足程度从194.42％显著下降到154.62％。生态资源自给自足程度下降的直接原因是生态资源供给水平的增速低于社会系统需求水平的增速，其背后的主要动因是全域人口增长与经济发展水平提高（图2-21）。除中东欧地区外，其他区域生态资源自给自足程度均呈显著下降态势。2000—2018年，中东欧地区生态资源自给自足程度从192.89％显著增加到253.89％，这主要是由于中东欧地区人口处于负增长状态导致社会系统对生态资源的需求水平降低，又辅之全球暖湿化使得中高纬度地区生态系统生产力保持增长态势。

2000—2018年，丝路沿线有22个国家生态资源自给自足程度处于增加态势，其中有15个国家生态资源自给自足程度处于显著增加态势；生态资源自给自足程度显著增加国家集中分布于中东欧地区（约86.70％）。相对应地，有43个国家生态资源自给自足程度呈现下降态势，其中有39个国家生态资源自给自足程度呈现显著下降态势；接近85％的生态资源自给自足程度显著下降的国家分布在西亚及中东、东南亚和南亚地区。2000—2018年，中国、印度、土库曼斯坦、塔吉克斯坦生态资源自给自足程度从高于100％下降到不足100％，生态资源从可以自给自足转变为无法自给自足。

结合丝路沿线国家未来人口与经济发展预测数据来看，到2060年沿线国家人口较2016年将增加3.30亿～18.30亿人，经济总量将增加3.0～6.4倍（姜彤等，2018）；以发展中国家为主的丝路沿线地区经济增长将带动居民消耗水平提高，必将使其成为未来生态资源需求增长的热点区域（Du et al.，2022a）。再结合近20年丝路沿线生态资源自给自足程度下降40％的评价结果来看，丝路沿线国家未来需要考虑如何应对人口增长与经济发展水平提高带来的生态资源无法自给自足的风险。

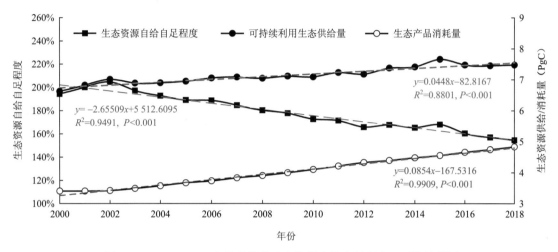

图 2-21　2000—2018 年丝路沿线生态资源自给自足程度、可持续利用

生态资源供给量与生态产品消耗量变化趋势

二、生态承载压力

生态承载压力是指扣除外部生态资源供给情况下，区域农林牧生产活动开发利用本地生态资源给区域生态系统带来的压力，是评价区域生态系统可持续发展程度的重要依据。通过对丝路沿线国家生态承载压力时空格局的评估，可以揭示沿线国家生态系统可持续发展状态。

1. 生态承载压力空间格局

丝路沿线农林牧生产活动消耗掉生态资源供给量的60％，生态资源禀赋是导致沿线国家生态承载压力存在差异的主导因素，生态资源禀赋相近的国家，社会经济发展对生态资源依赖程度越高，生态承载压力越大。2018年，丝路沿线生态承载压力指数为0.60，表明全域农林牧生产活动消耗的本地生态资源量仅占可持续利用生态资源供给量的60％，全域生态系统处于盈余状态。除南亚地区外，其他区域生态承载压力指数均小于1.00，区域生态系统处于盈余状态，生态系统可持续性未受到威胁。而南亚地区生态承载压力指数为1.16，是六个区域中唯一生态系统处于超载状态的区域，生态系统可持续性受到威胁。

2018 年，丝路沿线有 49 个国家生态承载压力指数小于 1.00，生态系统处于盈余状态；有 16 个国家生态承载压力指数大于 1.00，生态系统处于超载状态。49 个生态系统处于盈余状态的国家包括了全部的东南亚国家、中蒙俄国家以及除捷克外的中东欧国家。在 16 个生态系统处于超载状态的国家中，有 50% 的国家分布在西亚及中东地区，其余国家主要分布在南亚地区（25%）和中亚地区（19%）；捷克是中东欧地区唯一生态系统处于超载状态的国家。

生态资源禀赋是导致沿线国家生态承载压力存在差异的主导因素，生态承载压力指数与人均生态资源占有量呈显著负相关关系。以荒漠生态系统为主的西亚及中东国家地均可利用生态资源供给量不足 20gC/m²，成为沿线生态超载国家的集中分布区（图 2-22）。生态资源禀赋相近的前提下，对生态资源的依赖程度也会导致沿线国家生态承载压力的差异。分别以人均生态资源占有量 0.50MgC、1.00MgC、3.00MgC、5.00MgC、8.00MgC、10.00MgC 为中心，上下浮动 50% 设置 6 个生态资源禀赋梯度；除 0.50～1.50MgC 生态资源禀赋梯

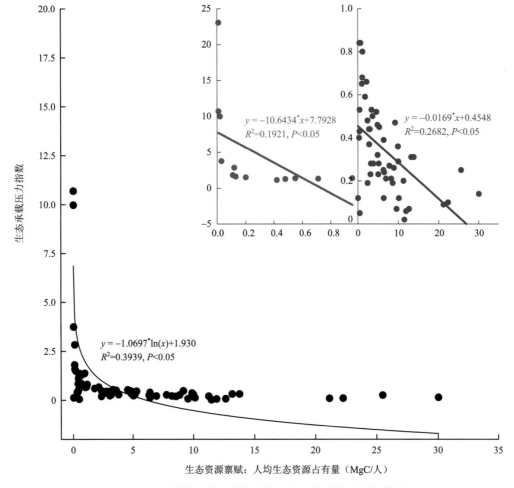

图 2-22　丝路沿线国家生态资源禀赋与生态承载压力指数关系

度，各梯度生态承载压力指数均与人均生态资源消耗量呈显著正相关（图 2-23）。因此，生态资源禀赋越相近的国家，居民生产生活与经济发展对生态资源依赖程度越高，生态承载压力越大（Du et al.，2022b）。

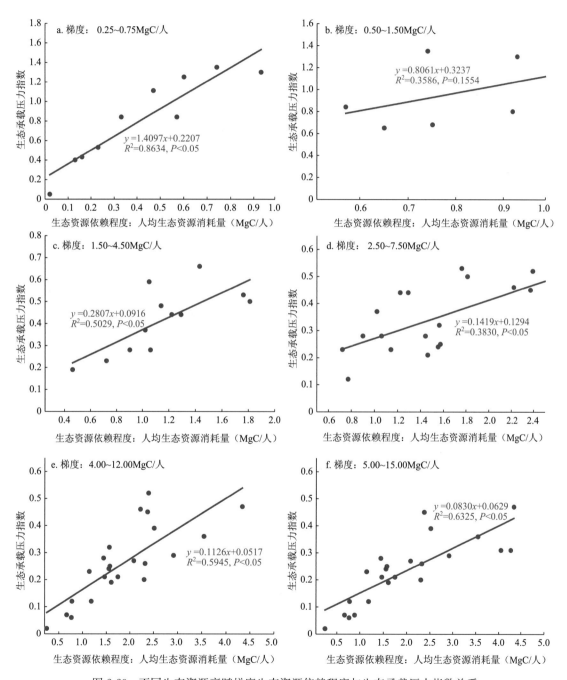

图 2-23　不同生态资源禀赋梯度生态资源依赖程度与生态承载压力指数关系

2. 生态承载压力时间演变

2000—2018 年，持续增强的农林牧生产活动强度导致生态系统压力呈显著增加态势，生态资源禀赋条件良好但经济相对落后的大多数南亚与东南亚国家，增势最为突出。2000—2018 年，丝路沿线生态承载压力指数从 0.49 增加到 0.60，这主要是由于生态资源供给水平增速低于生态资源开发强度增速导致的（图 2-24）。除西亚及中东地区外，其他区域生态承载压力指数均呈显著增加态势；2000—2018 年，东南亚、中亚、南亚、中东欧和中蒙俄地区生态承载压力指数增速依次为 0.0146/年、0.0101/年、0.0059/年、0.0067/年和 0.0015/年，东南亚和中亚地区生态承载压力指数增加速率远高于其他区域。西亚及中东地区生态承载压力呈现显著下降态势；生态承载压力指数从 2000 年的 0.95 下降到 2018 年的 0.80，这主要是由于生态资源开发强度下降导致的。

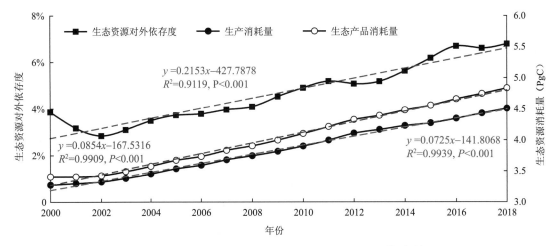

图 2-24　2000—2018 年丝路沿线生态承载压力、可持续利用
生态资源供给量与生产消耗量变化趋势

2000—2018 年，丝路沿线有 52 个国家生态承载压力指数处于增加态势，其中，有 39 个国家生态承载压力指数处于显著增加态势，遍布丝路沿线所有区域；相对应地，有 13 个国家生态承载压力指数处于下降态势，其中，有 7 个国家生态承载压力指数处于显著下降态势，分别是西亚及中东地区的伊朗、格鲁吉亚、沙特阿拉伯和卡塔尔，中东欧地区的阿尔巴尼亚、北马其顿，南亚地区的马尔代夫。2000—2018 年，沙特阿拉伯、卡塔尔、伊朗生态承载压力指数从高于 1.00 下降到不足 1.00，生态系统从超载状态转变为盈余状态；而印度、捷克、土库曼斯坦、乌兹别克斯坦、塔吉克斯坦生态承载压力指数从不足 1.00 增加到大于 1.00，生态系统从盈余状态转变为超载状态。

三、生态资源对外依存度

生态资源对外依存度是指在区域当前生态资源开发强度下（区域农林牧生产活动利用本地生态资源生产生态产品的强度），区域社会系统生态资源需求对异地生态资源的依赖程度。通过对丝路沿线国家生态资源对外依存度时空格局的评估，从本质上反映的是国际贸易带来生态资源流动从而给区域生态资源供需关系带来的改变。

1. 生态资源对外依存度空间格局

丝路沿线有 45 个需要依赖进口才能满足生态产品需求的国家，其中近半数国家分布在西亚及中东地区；丝路沿线有 20 个国家本国生态产品可以满足其需求，其中 70% 的国家分布在中东欧地区。2018 年，丝路沿线生态资源对外依存度为 6.79%，表明全域农林牧生产活动产出生态产品的量不能满足其社会系统对生态产品的需求量，全域 6.79% 的生态产品需求需要通过进口其他区域生态产品才能得以满足。西亚及中东、中蒙俄、南亚和中亚地区均需要依靠进口生态产品才能满足社会系统对生态产品的需求；其中，西亚及中东地区生态资源对外依存度超过 50%，表明其主要依靠进口来满足社会系统对生态产品的需求。中东欧和东南亚地区农林牧生产活动产出生态产品不仅能满足本区域的生态产品需求，还可以通过出口支撑其他区域社会系统对生态产品的需求。

2018 年，丝路沿线有 45 个国家的生态资源对外依存度大于 0，需要依赖进口才能满足社会系统对生态产品的需求；有 20 个国家的生态资源对外依存度小于 0，本地生产活动产出的生态产品可以满足社会系统对生态产品的需求。在 45 个需要依赖进口才能满足生态产品需求的国家中，42.22% 的国家分布在西亚及中东地区，而主要依赖进口满足社会系统生态产品需求（生态资源对外依存度超过 50%）的国家也集中分布于此。在 20 个本地农林牧生产活动产出生态产品可以满足社会系统需求的国家中，70% 的国家分布在中东欧地区，20% 的国家分布在东南亚地区，南亚和西亚及中东地区不存在本地生产的生态产品可以满足本地生态产品需求的国家。

从丝路沿线国家生态资源对外依存度现状评价结果来看，有 45 个国家通过进口生态资源满足社会系统对生态资源的需求，表明了国际贸易背景下生态资源流动对于保障居民福祉的重要性。特别地，对于以荒漠生态系统为主的西亚及中东国家而言，生态资源对外依存度超过 50%，表明其社会系统需求的生态资源主要来源于异地。另外，对于生态资源禀赋良好的中东欧国家而言，生态资源对外依存度多为负值，表明其多为生态资源净出口国；这是由于中东欧国家懂得通过贸易出口将自身的资源优势转换为经济优势，故虽产业结构大多落后于西欧国家，经济仍保持相对较高的水平。

2. 生态资源对外依存度时间演变

2000—2018 年，丝路沿线有 35 个国家生态资源对外依存度处于显著增加态势，对外依存度显著增加国家集中分布于西亚及中东地区（48.57%）、南亚地区（20%）和东南亚地区（17.14%）；稳定的国际贸易环境对保障丝路沿线国家生态资源安全供给和生态可持续发展至关重要。2000—2018 年，丝路沿线生态资源对外依存度从 3.87% 显著增加到 6.79%，这主要是由于生态产品生产增速低于需求增速导致的（图 2-25）。南亚、西亚及中东、中蒙俄和中亚地区生态资源对外依存度均呈显著增加态势，其原因均为生态产品生产增速低于需求增速；从线性拟合结果来看，生态资源对外依存度分别以 0.28%/年、1.00%/年、0.70%/年和 0.63%/年的速度增加，西亚及中东地区增速最快，南亚地区增速最慢。而东南亚和中东欧地区生态资源对外依存度总体处于下降态势，但成因却不相同：东南亚地区是由于生态产品生产增速高于需求增速导致的，而中东欧地区是由于生态产品需求量下降而生产量增加导致的。

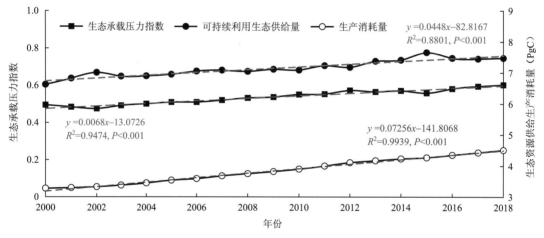

图 2-25　2000—2018 年丝路沿线生态资源对外依存度、生产消耗量
与生态产品消耗量变化趋势

2000—2018 年，丝路沿线有 39 个国家生态资源对外依存度处于增加态势，其中，有 35 个国家生态资源对外依存度处于显著增加态势；生态资源对外依存度显著增加国家集中分布于西亚及中东地区（48.57%）、南亚地区（20.00%）和东南亚地区（17.14%）。相对应地，丝路沿线有 26 个国家生态资源对外依存度处于下降态势，其中，有 22 个国家生态资源对外依存度处于显著下降态势；生态资源对外依存度显著下降国家集中分布在中东欧地区（72.73%）。2000—2018 年，白俄罗斯、俄罗斯、克罗地亚、波兰等国的生态资源对外依存度由正转负，从需要依赖进口生态产品满足社会系统需求，转变为出口生态产品支撑其他国

家生态产品的需求；而缅甸和越南的生态资源对外依存度由负转正，从出口生态产品支撑其他国家生态产品需求，转变为需要依赖进口生态产品满足社会系统需求。

结合丝路沿线国家生态资源自给自足程度和生态承载压力现状评价结果来看，丝路沿线有 25 个国家生态资源无法实现自给自足，仅 16 个国家生态系统处于超载状态；生态资源无法自给自足但却不超载的国家均为生态资源净进口国（对外依存度大于 0），这正是得益于国际贸易，让生态匮乏国家可以通过进口生态资源满足社会需求，进而使得本地生态资源开发强度在生态系统可持续供给阈值范围内。其中，最典型的国家是新加坡。新加坡生态资源自给自足程度低于 10%，由于社会系统需求的生态资源超过 90% 源于进口，使得生态系统处于盈余状态，并享有"花园之城"的美誉（Du et al.，2022c）。

四、小结

丝路沿线国家生态系统本底条件存在差异，社会经济发展水平不同，人口空间分布不均，导致生态资源供需不匹配，生态承载力存在的问题多种多样。基于生态资源供给与消耗之间的平衡关系的绿色丝绸之路沿线国家生态承载力评价结果所表现出来的重要问题，主要体现在以下三个方面：

（1）丝路沿线全域生态资源供给水平可以满足 1.5 个社会系统的生态资源需求，但有近 40% 的国家生态资源无法实现自给自足，表明丝路沿线国家之间生态资源供需空间不匹配现象严重。结合未来人口与经济发展预测结果以及生态资源自给自足程度演变态势来看，丝路沿线全域未来有可能出现整体生态资源无法实现自给自足的现象，丝路建设需要考虑防范人口与经济发展水平变化带来的全局性风险。

（2）丝路沿线国家大多为发展中国家，人口保持较高增速且消费水平不断提高，需要通过增强生态资源开发强度来满足日益增加的需求，进而导致生态承载压力显著增加。对于生态资源禀赋条件良好但经济相对落后的南亚与东南亚国家，以生态资源为原材料的基础加工型产业是驱动其经济发展的重要因素，生态承载压力增加态势最为明显。丝路建设需要重点关注经济欠发达国家经济发展过程中是否存在生态超载风险。

（3）丝路沿线国家中，有 45 个国家依赖进口生态资源满足社会系统需求，有 9 个国家依赖进口生态资源扭转了生态系统超载现象，表明国际贸易背景下生态资源流动对于保障居民福祉和生态系统可持续发展的重要性。新冠疫情暴发加剧了国际贸易的不稳定性并加速了去全球化进程；丝路建设需要重点关注生态资源匮乏的进口依赖性国家的居民福祉和生态系统可持续性。

第四节　对策建议

丝路沿线资源环境问题多样，且具有明显的地域特点，本节基于沿线国家水资源、土地资源和生态承载力的研究，面向水资源、土地资源和生态环境存在的重要问题，提出沿线国家水土资源和生态环境可持续发展的对策建议。

一、水资源承载力提升策略

丝路沿线国家经济发展不均衡，总体发展水平偏低，人口密度相对较高，平均水资源偏低，水资源问题突出。基于丝路沿线国家水资源承载力研究，面向丝路沿线水资源问题，提出如下建议：

（1）制定国家、流域和区域水资源开发利用与保护规划，重视水资源安全问题。丝路沿线国家经济发展水平和用水结构差异较大，跨境流域覆盖人口众多，水资源安全问题突出。因此，应根据不同国家、不同流域和不同区域制定水资源开发利用与保护规划。加强国际合作，尤其涉及跨境河流的国家，应加强次区域的对话与协商，落实合作开发与互利共享机制。

（2）修建水利工程设施，提高水资源调蓄能力。丝路沿线地区中，很多南亚国家，如孟加拉国、巴基斯坦、缅甸等，降水季节变化较大，水资源在时间上分布极为不均，雨季降水丰富，旱季降水稀少，雨季大量洪水资源因无法调蓄而浪费。修建水利工程可以用于供水、防洪和发电，也可应对气候变化背景下的干旱与洪涝灾害。

（3）建立水资源补充体系，开发利用非常规水源。丝路沿线水资源承载能力较弱的国家主要分布在西亚、中亚和非洲，这些国家多数以资源性缺水为主，应积极开发利用非常规水源，主要包括雨水收集、海水淡化、中水回用等。

（4）倡导绿色发展理念，提高水资源利用效率。丝路沿线国家中，中亚和南亚水资源利用效率较低。修建水资源开发利用设施，保障用水安全；重视节水宣传，增强节水意识；发展节水工程与技术，提高水资源利用效率。主要途径包括对老旧供水设施进行改造、加快建设和完善灌溉设施与系统、发展节水灌溉、发展工业废水净化处理与再利用技术等。

二、土地资源承载力增强策略

当前，全球食物安全正面临气候变化、膳食营养结构转变及地区冲突等多重挑战。丝路沿线地区以发展中国家为主，是全球主要的人口集聚区，满足基本膳食营养和适应不断变化的食物消费结构，给土地资源带来多重压力。基于丝路沿线国家土地资源承载力研究，为维护丝路沿线地区食物安全及土地资源可持续利用，提出如下建议：

（1）着力提高土地资源的生产能力，保障食物供给安全。丝路沿线尤其是土地资源超载国家，应该重点提升食物生产能力，将食物生产放置于政策优先位置。加强沿线国家之间的农业技术合作，改善农业基础设施，实现土地资源利用潜力提升和绿色转型，可持续扩大食物生产规模（李富佳等，2016；张超等，2022）。对于水土资源限制性强的西亚及中东地区国家，可通过发展节水农业，改善食物生产条件。同时，需要关注农业种植结构"非粮化"、食物利用"饲料化""能源化"等问题，保障基础性食物的稳定供给。

（2）关注居民膳食营养水平的变化，多方促进膳食消费的可持续。丝路沿线国家膳食营养水平逐渐高于全球水平，膳食营养水平整体改善的同时，宜有侧重地关注部分区域的营养过剩等问题，面向土地资源承载力和资源环境可持续利用目标，协同制定有针对性的膳食营养政策，促进膳食消费向可持续消费转型（Willett et al.，2019）。

（3）共同维护全球食物贸易体系稳定，积极推动贸易自由化和投资便利化，共建多边合作机制，稳定食物贸易供应链（Fan et al.，2021）。对于土地超载严重且食物进口量大的国家而言，需要关注进口伙伴食物生产及出口政策，实施"多元化"进口战略，丰富食物进口渠道，降低对单一国家依赖程度，保障食物进口渠道畅通稳定。通过提高国内食物供应以及稳定外部供应，实现食物供给水平稳定，将土地资源压力维持在合理范围，促进实现土地资源的可持续利用。

三、生态承载力协调发展策略

基于对丝路沿线国家生态承载力的基本认识，从国际贸易自由化和生产消费模式调整两个角度提出沿线国家生态承载力协调发展策略：

（1）建立包容开发的全球生态资源贸易网络，应对贸易壁垒、全球贸易萎缩等问题给生态系统可持续性带来的风险。

丝路沿线国家生态承载力评价结果充分反映了国际贸易通过促进生态资源在全球范围内流动与配置，来解决区域间人口、经济与资源不匹配的问题——生态资源匮乏国家通过进口生态资源兼顾了生态保护与居民福祉，生态资源充裕国家通过出口生态资源将资源优势转化为经济优势。现阶段，国家之间贸易摩擦不断，贸易壁垒严重与贸易关税高，是导致生态资源匮乏且经济落后国家无法通过进口生态资源来完全解决生态资源供需矛盾的主要原因之一。因此，未来需要增强国际贸易网络的包容开放性（打破贸易壁垒、降低贸易关税等），制定向生态资源匮乏且经济落后国家倾斜的贸易优惠政策，降低其进口生态资源的经济成本，使得更多国家可以通过进口生态资源来实现生态系统可持续发展（Yan et al.，2022）。

　　新冠疫情暴发充分暴露了国际贸易不稳定对资源进口型国家资源安全造成的风险（Barlow et al.，2021）——新冠疫情导致 2020 年全球贸易量下降 13％，导致全球面临严重粮食不安全威胁的人数翻了一番（Vidya and Prabheesh，2020；Paslakis et al.，2021）。更糟糕的是，参考 2008 年全球金融危机对全球贸易的影响，新冠疫情暴发很有可能会加速去全球化进程（Li et al.，2021）。对于丝路沿线 45 个需要依靠进口生态资源满足社会需求的国家，特别是那些生态资源无法实现自给自足的国家而言，去全球化背景下生态资源贸易量萎缩，会使其无法维持当前居民消费水平，进而威胁到居民基本福祉（Du et al.，2022c）。虽然未来去全球化导致的贸易萎缩是威胁其生态系统可持续性的关键因素，但贸易自由化仍被视为资源匮乏国家维持可持续发展与保障人类生活基本福祉的关键策略（Mosnier et al.，2014；Baldos and Hertel，2015）。未来需要构建更加自由的生态资源流动国际贸易网络，增加生态资源进口型国家的生态资源来源渠道，有助于缓解部分生态资源出口国实施限制性贸易政策给生态系统可持续性与社会系统生态资源需求带来的威胁。

　　（2）以构建的国际贸易网络为纽带，促进沿线国家在技术、资金、教育等领域的合作交流，通过降低沿线国家经济发展对生态资源的依赖程度，从根本上提升生态系统可持续发展水平。

　　从全球尺度来看，国际贸易并没有降低生态系统压力，只是使生态系统压力在空间上发生转移，降低生态系统压力根本上还要从降低生态资源需求入手。丝路沿线国家大多为发展中国家，生态资源在带动经济发展中起着重要作用（Schandl et al，2009；Haberl et al.，2012）。通过产业升级等途径加速发展中国家资源代谢转型进程，才能降低沿线国家经济发展对生态资源的依赖程度，进而降低社会系统对生态资源的需求水平。

　　丝路沿线国家共建的国际贸易网络不能仅停留在促进沿线国家生态资源流通层面，更重要的是，要通过技术转移和产业园区建设促进技术流动，通过扩大海外金融合作和海外融资促进资金流动，通过培训、研讨会、留学交流等促进教育文化合作。这些措施将促进沿线国家生态资源生产和消费方式的调整与转变，进而促进沿线国家资源代谢转型进程，最终在不威胁居民福祉的前提下，降低社会系统生态资源需求水平，从根本上推动沿线国家生态系统可持续发展进程（Yan et al.，2022）。

参 考 文 献

Baldos, U. L. C., Hertel, T. W. The role of international trade in managing food security risks from climate change. *Food Security*, 2015, 7 (2): 275-290.

Barlow, P., van Schalkwyk, M. C. I., McKee, M., et al. COVID-19 and the collapse of global trade: building an effective public health response. *The Lancet Planetary Health*, 2021, 5 (2): e102-e107.

Beck, H. E., van Dijk, A. I. J. M., Levizzani, V., et al. MSWEP: 3-hourly 0.25° global gridded precipitation (1979-2015) by merging gauge, satellite, and reanalysis data. *Hydrology and Earth System Sciences*, 2017, 21 (1): 589-615.

Chen, D., Yu, Q., Hu, Q., et al. Cultivated land change in the Belt and Road Initiative region. *Journal of Geographical Sciences*, 2018, 28 (11): 1580-1594.

Du, W., Yan, H., Feng, Z., et al. Assessing the ecological carrying capacity of countries along the Belt and Road. *Journal of Resources and Ecology*, 2022a, 13 (2): 338-346.

Du, W., Yan, H., Feng, Z., et al. Spatio-temporal pattern of ecosystem pressure in countries along the Belt and Road: combining remote sensing data and statistical data. *Chinese Geographical Science*, 2022b, 32 (5): 745-758.

Du, W., Yan, H., Feng, Z., et al. The external dependence of ecological products: spatial-temporal features and future predictions. *Journal of Environmental Management*, 2022c, 304: 114190.

Fan, S., Teng, P., Chew, P., et al. Food system resilience and COVID-19 — lessons from the Asian experience. *Global Food Security*, 2021, 28: 100501.

Guo, H. D. Steps to the digital Silk Road. *Nature*, 2018, 554 (7690): 25-27.

Haberl, H., Steinberger, J. K., Plutzar, C., et al. Natural and socioeconomic determinants of the embodied human appropriation of net primary production and its relation to other resource use indicators. *Ecological Indicators*, 2012, 23: 222-231.

Li, X., Shen, C., Cai, H., et al. Are we in a de-globalization process? The evidence from global trade during 2007-2017. *Global Challenges*, 2021: 2000096.

Mosnier, A., Obersteiner, M., Havlik, P., et al. Global food markets, trade and the cost of climate change adaptation. *Food Security*, 2014, 6 (1): 29-44.

Paslakis, G., Dimitropoulos, G., Katzman, D. K. A call to action to address COVID-19 — induced global food insecurity to prevent hunger, malnutrition, and eating pathology. *Nutrition Reviews*, 2021, 79 (1): 114-116.

Schandl, H., Fischer-Kowalski, M., Grunbuhel, C., et al. Socio-metabolic transitions in developing Asia. *Technological Forecasting and Social Change*, 2009, 76 (2): 267-281.

UNEP-DHI, UNEP. Transboundary River Basins: Status and Trends. Nairobi, 2016.

Vidya, C. T., Prabheesh, K. P. Implications of COVID-19 pandemic on the global trade networks. *Emerging Markets Finance and Trade*, 2020, 56 (10): 2408-2421.

Willett, W., Rockstrom, J., Loken, B., et al. Food in the Anthropocene: the EAT-Lancet commission on healthy diets from sustainable food systems. *Lancet*, 2019, 393 (10170): 447-492.

Yan, H., Du, W., Feng, Z., et al. Exploring adaptive approaches for social-ecological sustainability in the Belt and Road countries: from the perspective of ecological resource flow. *Journal of Environmental Management*, 2022, 311: 114898.

Zhang，C.，Yang，Y.，Feng，Z.，et al. Risk of global external cereals supply under the background of the COVID-19 pandemic：based on the perspective of trade network. *Foods*，2021，10：1168. https：//doi. org/10.3390/foods10061168.

常青："南亚国际河流及其水资源开发"，《环境科学进展》，1993 年第 4 期。

封志明、杨艳昭、闫慧敏等："百年来的资源环境承载力研究：从理论到实践"，《资源科学》，2017 年第 3 期。

付颖昕："中亚的跨境河流与国家关系"（博士论文），兰州大学，2009 年。

姜彤、王艳君、袁佳双等："'一带一路'沿线国家 2020—2060 年人口经济发展情景预测"，《气候变化研究进展》，2018 年第 2 期。

李富佳、董锁成、原琳娜等："'一带一路'农业战略格局及对策"，《中国科学院院刊》，2016 年第 6 期。

苏来曼·斯拉木、泰来提·木明："中亚水资源冲突与合作现状"，《欧亚经济》，2014 年第 3 期。

严家宝、贾绍凤、吕爱锋等：《中国国际河流水资源评价与机器学习应用》，湖北科学技术出版社，2021 年。

张超、杨艳昭、封志明等："'一带一路'沿线国家粮食消费时空格局"，《自然资源学报》，2021 年第 6 期。

张超、杨艳昭、封志明等："基于人粮关系的'一带一路'沿线国家土地资源承载力时空格局研究"，《自然资源学报》，2022 年第 3 期。

第三章　共同应对气候变化①

摘　　要

"一带一路"倡议提出以来，中国与沿线国家在应对气候变化领域的合作不断拓展，规模不断扩大，质量不断提升。一方面，中国在应对气候变化的顶层设计、政策推动、具体措施和国际合作等方面均取得了显著成就；另一方面，"一带一路"沿线地区可再生能源开发规模、低碳技术合作水平不断提升，多边开发性金融机构逐渐形成了信贷、债券、股权投资、保险等多元化、创新性融资模式。总体来看，共建"一带一路"国家占全球碳排放总量的比重整体趋于稳定。根据各国自主贡献目标，现有目标距离实现2℃/1.5℃温升目标仍有较大差距，"一带一路"国家低碳减排目标的落实对于共同应对气候变化至关重要。值得注意的是，"一带一路"沿线大多为新兴市场国家，经济增长迅速，经济生产方式粗放，然而沿线国家大多缺少资金、技术、人才储备等支持，减缓与适应气候变化能力不足。基于各国不同的资源禀赋与合作框架，越来越多的中国企业参与海外能源项目建设，参与模式逐渐从工程总承包（EPC）拓展为中方企业主导的建设-拥有-运营—移交（BOOT）等。结合《关于推进绿色"一带一路"建设的指导意见》《"一带一路"生态环境保护合作规划》《关于推进共建"一带一路"绿色发展的意见》等，努力寻求与共建"一带一路"国家应对气候变化"最大公约数"，有助于推动"一带一路"沿线国家共同应对气候变化及全球可持续发展目标落实。

第一节　引　言

在"一带一路"倡议提出之初，应对气候变化即是其重要组成。与"一带一路"倡

---

① 本章作者：韩梦瑶、李威龙、熊焦、张萌、刘卫东。

议相关的一系列文件中均包含关于应对气候变化的表述（表 3-1）。总体来看，"一带一路"沿线陆域环境变化显著，普遍受到气候变化的严重冲击，未来灾害风险突出。沿线大多为新兴市场国家，经济增长迅速，发展需求逐渐增大。与此同时，沿线国家经济生产方式粗放，缺乏足够的资金和技术应对气候变化，减缓与适应气候变化能力不足。对"一带一路"沿线国家而言，应对气候变化既是共同面临的时代课题，也是开展国际合作的重要内容。通过加强绿色交通、绿色建筑、清洁能源等领域的合作，使用低碳、节能、环保材料与技术工艺，倡导绿色、低碳、循环、可持续的生产生活方式等，"一带一路"倡议有助于为沿线国家提供应对气候变化的平台，推动中国与沿线国家共同实现 2030 年可持续发展目标。

表 3-1 "一带一路"倡议与应对气候变化

名称	发布时间	发布部门	关于应对气候变化的主要论述
《推动共建丝绸之路经济带和 21 世纪海上丝绸之路的愿景与行动》	2015 年 3 月	国家发展改革委、外交部、商务部	强化基础设施绿色低碳化建设和运营管理，在建设中充分考虑气候变化影响。 在投资贸易中突出生态文明理念，加强生态环境、生物多样性和应对气候变化合作，共建绿色丝绸之路
《关于推进绿色"一带一路"建设的指导意见》	2017 年 4 月	环境保护部、外交部、国家发展改革委、商务部	推进绿色基础设施建设，强化生态环境质量保障。制定基础设施建设的环保标准和规范，加大对"一带一路"沿线重大基础设施建设项目的生态环保服务与支持，推广绿色交通、绿色建筑、清洁能源等行业的节能环保标准和实践，推动水、大气、土壤、生物多样性等领域环境保护，促进环境基础设施建设，提升绿色化、低碳化建设和运营水平
《共建"一带一路"：理念、实践与中国的贡献》	2017 年 5 月	推进"一带一路"建设工作领导小组办公室	应对气候变化。中国为全球气候治理积极贡献中国智慧和方案，与各国一道推动达成《巴黎协定》，为协定提早生效做出重要贡献。积极开展气候变化南南合作，向"一带一路"沿线国家提供节能低碳和可再生能源物资，开展太阳能、风能、沼气、水电、清洁炉灶等项目合作，实施提高能效、节能环保等对话交流和应对气候变化培训

续表

名称	发布时间	发布部门	关于应对气候变化的主要论述
《"一带一路"生态环境保护合作规划》	2017 年 5 月	环境保护部	落实基础设施建设标准规范的生态环保要求，推广绿色交通、绿色建筑、绿色能源等行业的环保标准和实践，提升基础设施运营、管理和维护过程中的绿色化、低碳化水平。 引导企业开发使用低碳、节能、环保的材料与技术工艺，推进循环利用，减少在生产、服务和产品使用过程中污染物的产生和排放
《推动"一带一路"能源合作愿景与行动》	2017 年 5 月	国家发展和改革委员会、国家能源局	落实《2030 年可持续发展议程》和气候变化《巴黎协定》，推动实现各国人人能够享有负担得起、可靠和可持续的现代能源服务，促进各国清洁能源投资和开发利用，积极开展能效领域的国际合作
《共建"一带一路"倡议：进展、贡献与展望》	2019 年 4 月	推进"一带一路"建设工作领导小组办公室	中国坚持《巴黎协定》，积极倡导并推动将绿色生态理念贯穿于共建"一带一路"倡议。 绿色之路。共建"一带一路"倡议践行绿色发展理念，倡导绿色、低碳、循环、可持续的生产生活方式，致力于加强生态环保合作，防范生态环境风险，增进沿线各国政府、企业和公众的绿色共识及相互理解与支持，共同实现2030 年可持续发展目标
《关于推进共建"一带一路"绿色发展的意见》	2022 年 3 月	国家发展改革委、外交部、生态环境部、商务部	加强应对气候变化合作。推动各方全面履行《联合国气候变化框架公约》及其《巴黎协定》，积极寻求与共建"一带一路"国家应对气候变化"最大公约数"，加强与有关国家对话交流合作，推动建立公平合理、合作共赢的全球气候治理体系。继续实施"一带一路"应对气候变化南南合作计划，推进低碳示范区建设和减缓、适应气候变化项目实施，提供绿色低碳和节能环保等应对气候变化相关物资援助，帮助共建"一带一路"国家提升应对气候变化能力

资料来源：根据相关政策文件整理。

自 2013 年以来，沿线国家的碳排放问题一直受到全世界的高度关注。2017 年，联合国气候变化大会第二十三次缔约方大会（COP23）于德国波恩举办，中国代表团在会场设立"中国角"并举办了"一带一路"绿色发展与气候治理系列边会。该系列边会邀请了气候变化、能源、金融等领域专家和发展中国家政府代表，共同探讨气候变化相关的资金、技术、合作方式与机制等问题。2018 年，联合国气候变化大会第二十四次缔约方大会（COP24）于波兰卡托维兹召开，全球约 200 个国家和地区的代表商讨落实《巴黎协定》实施细则。大会期间，中国代表团在会场举行多场中国角边会，主题涉及低碳发展、碳市场、南南合作、气候投融资、绿色"一带一路"等领域。2019 年 12 月，联合国气候变化大会第二十五次缔约方大会（COP25）召开，科技部社发司和 21 世纪议程管理中心联合主办《第四次气候变化国家评估报告》中国角边会，在国际平台系统展示"一带一路"沿线地区气候变化评估相关进展。

从碳排放总量来看，共建"一带一路"国家占全球碳排放总量的比重整体趋于稳定。2013—2018 年，"一带一路"共建国家的碳排放总量从 96.08 亿吨增长至 102.55 亿吨，年均增长率约 1.32%（World Bank，2022）。从碳排放占比来看，共建"一带一路"国家占全球碳排放总量的比重从 29.01% 变为 29.91%，整体呈现平稳态势。从碳排放增长速度看，也门、马耳他、乌克兰、刚果（金）等地区的碳排放总量呈下降趋势，年均降速分别为 18.97%、8.14%、7.24%、4.66%；老挝、塔吉克斯坦、柬埔寨、缅甸等的碳排放总量呈上升趋势，年均增速分别为 36.01%、22.09%、20.50%、19.35%。结合碳排放与经济发展的相对关系，共建"一带一路"国家的碳排放强度从 0.60 千克/美元下降至 0.56 千克/美元，年均下降速率为 1.54%。从全球尺度看，共建"一带一路"国家的碳排放强度大多高于全球平均水平，碳排放强度年均下降速率慢于全球平均水平（2.38%）。

根据共建"一带一路"国家提出的国家自主贡献目标，超过 30% 的减缓目标为有条件的减缓目标（如阿富汗、亚美尼亚等），另有近一半的国家提出的减缓目标包括有条件（conditional）与无条件（unconditional）两种类型（如孟加拉国自主贡献目标包括无条件的 5% 及有条件的 10%）。虽然自主贡献目标将显著减少全球温室气体排放，但是当下的自主贡献目标距离实现 2℃/1.5℃温升目标仍有较大差距（刘卫东等，2023）。在此背景下，共建"一带一路"国家减缓目标的落实和减排力度的大幅提升，势必依赖于国际社会资金、技术、能力建设等多方面的支持，这也凸显了共建绿色丝绸之路、开展应对气候变化国际合作的重要性与急迫性。

值得注意的是，"一带一路"倡议提出以来，国外学者的研究普遍夸大"一带一路"建设的影响，尤其在环境方面（Ascensão et al.，2018；Saud et al.，2019；Rauf et al.，2020）。然而，"一带一路"沿线存在的碳泄漏等问题却少有提及（姚秋蕙等，2018；Han et al.，2020）。事实上，从投资角度看，2019 年中国对丝路沿线国家的直接投资总额为 219 亿美元，仅占这些国家吸引外资的一小部分。相比于一些国外学者对于"一带一路"将引起沿线国家碳排放增加的担心和指责，"一带一路"建设在总体上事实并没有对沿线国家碳排放总量带来显著影响，反而有助于沿线国家降低碳排放强度（见本书第八章）。近年来，中国在"一带一路"绿色发展建设方面取得显著成效，先后与联合国环境规划署签署《关于建设绿色"一带一路"的谅解备忘录》，与沿线国家及国际组织签署 50 多份生态环境保护合作文件，与沿线 28 个国家发起"一带一路"绿色发展伙伴关系倡议等，在可再生能源、节能环保、传统能源及产业生态改造等领域与沿线国家展开密切合作。同时，中国在"一带一路"产能国际合作中持续开展低污染、低能耗的高技术示范项目建设，取得积极成果。

第二节　国际合作平台与机制

一、双多边国际合作平台

"一带一路"倡议实施以来，已经初步形成了一系列的多边合作平台与机制。随着该倡议的不断推进，共建"一带一路"国家已由亚欧大陆延伸至非洲、拉美、南太等区域。结合《联合国气候变化框架公约》以及联合国气候变化大会、亚太经合组织领导人非正式会议、G20 峰会、上合组织峰会、"一带一路"国际合作高峰论坛、金砖国家领导人会晤等多边平台，中国积极参与气候变化议题，推进气候谈判与合作。沿线地区应对气候变化的多边合作机制与平台包括但不限于以下所列：

联合国气候变化大会。联合国气候变化大会是全球规模最大、最重要的国际社会应对气候变化的多边会议。1992 年，联合国在巴西里约热内卢地球问题首脑会议上通过了《联合国气候变化框架公约》，并成立了该公约的协调机构，即如今的公约秘书处。自 1994 年公约生效以来，联合国每年都会召集全球几乎所有的国家参加气候变化大会，并于 1995 年起每年在世界不同地区轮换举行。大会期间，各国就原始公约的各种延伸问题进行谈判，以确立具有法律约束力的排放限制。其中，在 1997 年《京都议定书》和 2015 年《巴黎协定》中，世界各国同意加紧努力，将全球升温限制在比工业化前水平高 1.5℃ 以内，并促进气候行动融资。

"一带一路"国际合作高峰论坛。2017 年 5 月，第一届"一带一路"国际合作高峰论坛在北京举行，28 个国家的元首和政府首脑出席该论坛。"一带一路"国际合作高峰论坛圆桌峰会联合公报明确提出，"……在气候变化问题上立即采取行动，鼓励《巴黎协定》所有批约方全面落实协定"。2019 年 4 月，第二届"一带一路"国际高峰论坛在北京举办，并首次设立了绿色之路分论坛。绿色之路分论坛以"建设绿色'一带一路'，携手实现 2030 年可持续发展议程"为主题，旨在推动共建"一带一路"国家和地区落实可持续发展目标；同时发布了《"一带一路"绿色高效制冷行动倡议》《"一带一路"绿色照明行动倡议》和《"一带一路"绿色"走出去"倡议》，呼吁沿线国家在制冷、节能等领域共同应对气候变化。

南南合作平台。南南合作是发展中国家间的经济技术合作，是促进发展中国家多边合作的重要组成部分。1955 年的万隆会议是南南合作的开端，并将每年的 9 月 12 日定为"联合国南南合作日"。2014 年 11 月，南南合作可持续发展高级论坛在南非约翰内斯堡召开。在南南合作框架下，中国于 2015 年宣布出资 200 亿元人民币建立气候变化南南合作基金，2016 年启动应对气候变化南南合作"十百千"项目，在发展中国家开展 10 个低碳示范区、100 个减缓和适应气候变化项目及 1 000 个应对气候变化培训名额的合作项目，以帮助广大发展中国家应对气候变化。在历年联合国气候变化大会，中国代表团的中国角边会均设立"应对气候变化南南合作高级别论坛"，用于探讨发展中国家应对气候变化问题。

G20 峰会。G20 是国际经济合作论坛，于 1999 年 12 月 16 日在德国柏林成立。作为国际经济合作主要论坛，G20 长期以来在推动气候变化国际合作领域发挥了重要作用。2016 年初，中国作为 G20 轮值主席国，在杭州举办第十一次峰会，倡议建立了绿色金融政策研究组，并在 G20 杭州峰会公报中明确提出扩大绿色投融资，开展国际合作以推动跨境绿色债券投资。2018 年，G20 布宜诺斯艾利斯峰会期间，中国、法国及联合国共同举行了气候变化问题三方会议并发表新闻公报，提出支持多边主义，合作应对气候变化，为随后举行的卡托维兹大会达成《巴黎协定》实施细则积累了条件。

金砖国家领导人会晤。第一届金砖国家领导人会晤于 2009 年 6 月举办，金砖国家领导人在俄罗斯举行首次会晤，正式启动了金砖国家之间的合作机制，并就国际金融机构改革、粮食安全、能源安全、气候变化等问题交换了看法。2018 年发布的《金砖国家领导人布宜诺斯艾利斯非正式会晤新闻公报》中强调，金砖国家会全面落实基于《联合国气候变化框架公约》的"共同但有区别的责任"和各自能力等原则的《巴黎协定》，敦促发达国家为发展中国家提供资金、技术和能力建设支持，增强发展中国家减缓和适应气候变化的能力。

亚太气候变化适应论坛。亚太气候变化适应论坛是亚太气候变化适应网络（APAN）举办的旗舰活动，每届论坛轮流在亚太地区的不同国家举办。APAN 由联合国环境规划署（UNEP）于 2009 年启动和建设，是亚太地区第一个气候变化适应网络，旨在为该区域的气候变化适应参与者提供设计和执行适应措施的知识，帮助掌握相关技术和建设融资能力，并通过建设气候变化弹性和可持续的人力、生态与经济系统，将气候变化适应融入政府政策、战略和规划当中。

博鳌亚洲论坛。博鳌亚洲论坛，又称亚洲论坛，由 25 个亚洲国家和澳大利亚发起，于 2001 年 2 月在海南宣布成立。2008 年 4 月，博鳌亚洲论坛 2008 年年会举行"气候变化：改变我们的生活、改变我们的经济"分论坛。2016 年 3 月，博鳌亚洲论坛 2016 年年会于海南举办，并设立"全球气候治理的新格局"分论坛。2019 年 9 月，博鳌亚洲论坛在北京举行《"一带一路"绿色发展案例研究报告》发布会，选取了来自十多个国家的成功案例，总结了"一带一路"绿色发展的经验，从中国企业角度分析"一带一路"可再生能源合作的机遇和挑战。

东盟峰会。东盟首脑会议是东盟最高决策机构，会议每年举行两次，主席由成员国轮流担任。自 1967 年成立以来，东盟已举行了 23 届首脑会议，就东盟发展的重大问题和发展方向做出决策。2010 年 4 月，第十六届东盟首脑会议在越南首都河内举行，会议通过了《东盟经济复苏和可持续发展联合声明以及东盟应对气候变化联合声明》，东盟各国领导人发表了《东盟气候变化声明》，重申了东盟在气候变化问题上的共同立场。2018 年 11 月，《中国—东盟战略伙伴关系 2030 年愿景》发布，强调中国与东盟国家在环保、水资源管理、可持续发展、气候变化合作等领域的合作。2019 年 11 月，东盟峰会于泰国曼谷举办，东盟与中国就"一带一路"倡议与《东盟互联互通总体规划 2025》的对接合作达成共识，并积极评价各方在救灾能力建设方面的进展。

中国-阿拉伯国家合作论坛。中国-阿拉伯国家合作论坛又称中阿合作论坛，由中阿双方共同宣布成立。2016 年 5 月，第七届合作论坛于卡塔尔多哈举行，会议围绕"共建'一带一路'，深化中阿战略合作"议题，规划了中阿双方 18 大类 36 个领域的合作。第八届中阿合作论坛部长级会议于 2018 年 7 月在北京开幕，习近平主席进一步强化"一带一路"建设。会议期间，中阿双方签署了《中阿合作共建"一带一路"行动宣言》，并提出顺应全球能源革命、绿色低碳产业蓬勃发展，加强和平利用核能、太阳能、风能、水电等领域合作，共同构建油气牵引、核能跟进、清洁能源提速的中阿能源合作格局。

另外，上海合作组织（以下简称"上合组织"）、亚洲相互协作与信任措施会议、亚欧会议、澜沧江-湄公河合作机制、中非合作论坛、中国-拉美和加勒比国家共同体论坛等也均是"一带一路"沿线的重要多边合作机制与平台，对于沿线国家共同应对气候变化具有重要意义。基于已有的国际合作机制与平台，中国生态环境部和中外合作伙伴共同发起成立"一带一路"绿色发展国际联盟，下设"全球气候治理和绿色转型伙伴关系"等 10 个专题伙伴关系，旨在推动将应对气候变化和绿色转型理念融入"一带一路"建设。2016 年，国家发展改革委国际合作中心牵头发起成立丝路国际产能合作促进中心，服务于"一带一路"国际产能合作，服务国际产能合作企业联盟，为企业提供国际化、专业化、市场化的服务。此外，中国政府依托现有的双边、多边合作机制，举办了一系列以绿色"一带一路"建设为主题的对话交流活动，包括在陕西西安举办的欧亚经济论坛生态与环保合作分会，在宁夏银川举办的"中国-阿拉伯国家环境合作论坛：绿色丝路与中阿环境合作伙伴关系"，在广西南宁举办的"中国-东盟环境合作论坛：环境可持续发展政策对话与研修"等。

二、能源合作平台与机制

能源是支撑社会经济发展的重要物质基础，以能源合作为基础"一带一路"沿线国家在能源领域逐渐形成了一系列多边合作机制。分地区来看，中国与东南亚地区主要以中国-东盟清洁能源能力建设计划以及湄公河区域合作为主，与中东、中亚、蒙俄地区等化石资源较丰富国家主要开展油气合作，与中东欧地区的能源合作主要集中于清洁能源及能效提升等领域。2017 年 5 月，中国国家发展改革委与国家能源局共同发布《推动丝绸之路经济带和 21 世纪海上丝绸之路能源合作愿景与行动》，对于推动各国能源务实合作具有重要意义。2019 年 4 月，中国与沿线国家共同成立了"一带一路"能源合作伙伴关系，发布了《"一带一路"能源合作伙伴关系合作原则与务实行动》，并强调促进各国在清洁能源、能效领域的合作以应对气候变化。"一带一路"能源领域多边合作机制见表 3-2。

表 3-2 "一带一路"能源领域多边合作平台

名称	主要领域及合作成果	成员国
"一带一路"能源合作伙伴关系	发布《"一带一路"能源合作伙伴关系合作原则与务实行动》《"一带一路"能源合作伙伴关系部长宣言》等	截至 2019 年 4 月，成员国总数已经达到 30 个，包括阿富汗、阿尔及利亚、阿塞拜疆、玻利维亚、柬埔寨、佛得角、乍得、中国、东帝汶、赤道几内亚、冈比亚、匈牙利、伊拉克、科威特、吉尔吉斯斯坦、老挝、马耳他、蒙古、缅甸、尼泊尔、尼日尔、巴基斯坦、刚果（布）、塞尔维亚、苏丹、苏里南、塔吉克斯坦、汤加、土耳其和委内瑞拉
二十国集团（G20）能源合作	发布《G20 能源可及性行动计划：能源可及自愿合作》《加强亚太地区能源可及性：关键挑战和 G20 自愿合作行动计划》等	中国、阿根廷、澳大利亚、巴西、加拿大、法国、德国、印度、印度尼西亚、意大利、日本、韩国、墨西哥、俄罗斯、沙特阿拉伯、南非、土耳其、英国、美国以及欧盟等二十方组成
上海合作组织能源俱乐部	上合组织框架下的非政府协商性机构，旨在协调改善能源安全、协调能源战略、促进能源生产、运输、消费协作等问题	包括中国、俄罗斯、哈萨克斯坦、塔吉克斯坦、蒙古、印度、巴基斯坦、阿富汗、伊朗、白俄罗斯、土耳其和斯里兰卡等
亚太经合组织可持续能源中心	设立了"APEC 可持续城市合作网络（CNSC）"和"亚太地区清洁煤技术转移（CCT）"，连续举办四届"亚太能源可持续发展高端论坛"	亚太经济合作组织成员

续表

名称	主要领域及合作成果	成员国
东亚峰会清洁能源论坛	致力于分享清洁能源发展的成果和经验，探讨清洁能源发展的未来	包括13个成员国，即本区域13个国家（东盟十国及中日韩），以及5个观察员，即5个域外国家（美国、澳大利亚、新西兰、俄罗斯、印度），还有潜在的成员国蒙古、东帝汶以及潜在的观察员巴基斯坦、欧盟
联合国亚洲及太平洋经济社会委员会	联合国亚洲及太平洋经济社会委员会下设能源委员会，首次会议于2017年1月于泰国曼谷召开，2017年5月决定成立能源互联互通专家工作组	截至2020年6月，包括62个成员（53个正式成员和9个准成员）
中国-东盟清洁能源能力建设计划	2017年7月在第三届东亚峰会清洁能源论坛期间举行了启动仪式，推进"中国-东盟清洁能源能力建设计划"交流项目	包括中国及东盟成员国
大湄公河次区域能源合作	通过加强各成员国间的经济联系，促进次区域的区域能源合作	包括中国、缅甸、老挝、泰国、柬埔寨和越南等
中国-阿盟清洁培训中心	2018年7月，中国国家能源局和阿拉伯联盟秘书处在北京签署《关于成立中阿清洁能源培训中心的协议》，旨在加强双方在清洁能源领域的交流与合作	包括中国及阿盟成员国
中国-中东欧能源项目对话与合作中心	统筹"16＋1"内部及对外能源合作，推动中国-中东欧具体合作项目，发布《中国-中东欧能源合作联合研究部长声明》《中国-中东欧能源合作白皮书》	包括中国、阿尔巴尼亚、爱沙尼亚、保加利亚、波黑、波兰、捷克、黑山、克罗地亚、罗马尼亚、拉脱维亚、立陶宛、北马其顿、塞尔维亚、斯洛伐克、斯洛文尼亚、匈牙利等
中国-欧盟能源合作平台	发布《关于落实中欧能源合作的联合声明》《中欧领导人气候变化和清洁能源联合声明》《中欧能源合作路线图》等	包括中国及欧盟成员国
中国-非洲能源合作中心	提高非洲能源基础设施的整体水平，为当地提供安全可靠廉价的能源供应	包括中国及非洲国家

资料来源：根据一带一路能源合作网（http://obor.nea.gov.cn/index.html）相关资料整理。

三、应对气候变化合作基金

资金融通是"一带一路"建设的重要支撑。以"一带一路"沿线国家为主体形成的多边开发性金融机构有助于为"一带一路"提供信贷、债券、股权投资、保险等多元化、创新性融资模式。其中，亚洲基础设施投资银行（以下简称"亚投行"）、金砖国家新开发银行、上合组织银联体、中国-东盟银联体、中国-中东欧银联体、中国-阿拉伯国家银联体等多边开发性金融机构稳步推进，并在应对气候变化领域开展了不同程度的合作，成为推动"一带一路"金融国际合作的重要力量。与此同时，沿线国家多为发展中国家，基础设施等重大项目面临着资金短缺等问题，迫切需要国际社会支持来促进低碳建设和经济发展（Liu et al.，2020）。自"一带一路"倡议提出以来，中国同"一带一路"沿线国家和组织开展了多种形式的金融合作，并成立了以亚投行为代表的多边开发性金融机构。与此同时，中国国家开发银行、中国进出口银行等政策性银行和多家国有商业银行也逐渐成为"一带一路"绿色投融资的主体。"一带一路"应对气候变化的主要基金保障见表3-3。

表 3-3   "一带一路"应对气候变化合作基金

名称	提出时间	与气候变化相关措施及进展
亚洲区域合作专项资金	2004 年	主要用于基础设施项目的前期研究、技术交流，旨在推动与加强中国政府和亚洲国家及机构之间的交流与合作，落实上合组织峰会和总理会议、博鳌亚洲论坛年会等亚洲区域合作会议提出的倡议与合作举措
中国-东盟投资合作基金	2010 年 4 月	通过投资东盟地区的基础设施、能源和自然资源领域，促进中国与东盟国家企业间的经济合作
中国-东盟海上合作基金	2011 年 11 月	设立 30 亿元人民币中国-东盟海上合作基金，推动双方在海洋科研与环保、互联互通、航行安全与搜救以及打击海上跨国犯罪等领域的合作
中国-中东欧投资合作基金	2012 年 4 月	支持中东欧 16 个国家基础设施、电信、能源、制造、教育及医疗等领域的发展，在绿色金融、促进经济文化交流、支持中国和中东欧企业的进出口贸易、创新金融合作模式
中俄战略投资基金	2012 年 6 月	由中投公司和俄罗斯直接投资基金于 2012 年设立，双方各出资 10 亿美元，并计划向中国和其他国际投资者募集 10 亿～20 亿美元资金，主要投资俄罗斯和独联体国家的商业项目以及与俄有关的中国项目

续表

名称	提出时间	与气候变化相关措施及进展
非洲共同增长基金	2014 年 5 月	基金将在未来 10 年向非洲的主权担保和非主权担保项目提供联合融资，以支持非洲基础设施及工业化建设
中国-欧亚经济合作基金	2014 年 9 月	总规模 50 亿美元，首期规模 10 亿美元，主要投资行业包括能源资源及其加工、农业开发、物流、基础设施建设、信息技术、制造业等欧亚地区优先发展产业
丝路基金	2014 年 12 月	通过多元化投融资方式，重点支持"一带一路"框架下的基础设施、资源开发、产业合作和金融合作等领域诸多项目，目前累计签约项目 20 余个，承诺投资金额超过 80 亿美元，投资地域覆盖俄、蒙、中亚、南亚、东南亚、西亚北非及欧洲等国家和地区
绿丝路基金	2015 年 3 月	由亿利资源集团、泛海集团、正泰集团、汇源集团、中国平安银行、均瑶集团、中（国）新（加坡）天津生态城管委会联合发起，首期募资 300 亿元人民币，致力于丝绸之路经济带生态改善和光伏能源发展
中拉产能合作投资基金	2015 年 6 月	2015 年 12 月完成了首单投放，为中国三峡集团巴西伊利亚和朱比亚两电站 30 年特许运营权项目提供了 6 亿美元的项目出资，占股 33%
气候变化南南合作基金	2015 年 9 月	出资 200 亿元人民币，在发展中国家建设 10 个低碳示范区、组织实施 100 个左右减缓和适应气候变化的项目、为发展中国家提供 1 000 个培训名额等
中哈产能合作基金	2015 年 12 月	丝路基金成立以来设立的首个专项基金，以股权、债权等多种方式支持中哈产能合作及相关领域的项目投资
中国-阿联酋共同投资基金	2015 年 12 月	总规模 100 亿美元，一期规模 40 亿美元，双方各出资 50%，投资方向为传统能源、基础设施建设和高端制造业、清洁能源及其他高增长行业
中非产能合作基金	2015 年 12 月	截至 2017 年 4 月底，基金共备案项目近 60 个，立项项目 11 个，在产能合作、资源能源、基础设施、通信等领域储备了一批预期经济效益良好、示范作用显著的投资项目
澜沧江-湄公河合作专项基金	2016 年 3 月	共同推进澜湄合作，重点在水资源、产能、农业、人力资源、卫生医疗等领域开展合作，为推进南南合作和落实联合国《2030 年可持续发展议程》做出贡献
"一带一路"绿色投资基金	2020 年 4 月	由光大集团牵头，以股权投资为主，重点投向环境治理、可再生能源、可持续交通、先进制造等领域，解决"一带一路"沿线国家绿色股权投资不足、合作机制缺失等问题

第三节　国际合作现状与进展

借助已有的国际合作机制，中国逐步为其他发展中国家在应对气候变化方面提供可行的技术、资金等方面的支持，开展针对性的政策、管理、技术、意识提升等能力建设的合作。中国在清洁能源合作、绿色资金保障、产业技术转移、气候变化培训、防灾减灾合作等方面与"一带一路"沿线国家开展了广泛的合作（柴麒敏等，2019；丁金光、张超，2018；祁悦等，2017）。研究表明，尽管短期内中国投资可能导致东南亚及周边地区、印度和中东欧的碳排放量小幅增加，但长期结果显示，其对各区域特别是对东南亚及周边地区和中东-中亚地区的碳排放量下降均有促进作用（李侠祥等，2020）。通过"一带一路"建设与南南合作的融合，"一带一路"沿线国家的气候变化合作有助于为全球气候变化治理提供更为广阔的平台。具体来看，中国与"一带一路"沿线国家应对气候变化相关合作成效主要包括但不限于如下方面：

一、双多边能源合作

"一带一路"倡议提出以来，中国与沿线国家的能源合作领域不断拓展，规模不断扩大，质量不断提升。截至 2018 年 8 月，中国与有关国家新建双边能源合作机制 24 项，占到现有双边合作机制总数的近一半；签署能源领域合作文件 100 余份，合作步伐显著加快；中国新建和新加入多边合作机制 10 项；与俄罗斯、巴基斯坦、蒙古等开展能源领域联合规划研究，对接彼此发展需求，挖掘合作潜力。2018 年 10 月，中国出口信用保险公司和国家能源局签署了《关于协同推进"一带一路"能源合作的框架协议》。2019 年 4 月，中国与 30 余个成员国建立了"一带一路"能源合作伙伴关系，发布了《"一带一路"能源合作伙伴关系合作原则与务实行动》，并每两年举办一次"一带一路"能源部长会议，成为"一带一路"能源合作的重要组成。结合能源领域的双多边合作机制，中国与"一带一路"沿线地区的能源合作取得了一系列成效。具体包括：

中国清洁能源投资规模不断扩大。"一带一路"国家具有较高的水电、风电及太阳能开发水平，大幅领先于其他国家（Chen et al.，2019；Schwerhoff and Sy，2016）。中国在沿线国家清洁能源项目的投资建设与当地的资源禀赋和发展需求有较高的契合度。基于国际能源署（IEA）数据，[①] 中国在可再生能源和新能源方面的投资占全世界的 1/3 以上，技术处于世界领先水平。《"一带一路"后中国企业风电、光伏海外股权投资趋势分析》提出，"一带一路"倡议提出以来，中国企业在沿线国家的可再生能源投资达到近 12.60 吉瓦。以中巴经济走廊为例，中国参与建设的代表性可再生能源电站包括卡洛特水电项目、中兴能源太阳能项目、三峡风电项目等，总装机量近 4 268 兆瓦，占比达到 34.18%，对于绿色丝绸之路建设具有重要示范作用（韩梦瑶等，2021；Han et al.，2022）。

沿线地区清洁能源项目逐渐落地并网。作为"一带一路"建设的旗舰项目之一，巴基斯坦旁遮普省光伏电站是中巴经济走廊第一个实现融资关闭、第一个实现并网发电、第一个获取巴方支付电费的清洁能源项目。在风电领域，位于巴基斯坦信德省地区的萨察尔风电项目是中巴能源合作的 14 个优先实施的项目之一，也是"一带一路"第一个完成贷款签约的新能源项目。在传统能源出口国阿联酋，晶科能源建立了总规模 1 177 兆瓦的光伏项目，是全球装机容量最大的太阳能独立发电地面电站。在肯尼亚，国机集团与通用电气（GE）公司签署战略合作备忘录，将凯佩托 102 兆瓦风电项目作为长期合作的试点工程，用于缓解肯尼亚的能源短缺问题。中国企业在沿线国家的清洁能源合作为缓解当地电力缺口、推动当地经济低碳转型、控制温室气体排放做出了重要贡献。

沿线地区清洁煤电技术不断完善。自 2016 年以来，包括美国有线电视新闻网（CNN）等在内的多家西方媒体以及绿色和平等国际组织多次质疑甚至抹黑中国煤电建设以及跨境投资，使得"一带一路"沿线地区的煤电项目面临较高的气候政治风险。事实上，中国超超临界机组投运十多年以来，容量、参数、效率、煤耗和超低排放改造均达到世界领先及先进水平，成为世界上蒸汽参数最高和供电煤耗最低的国家。与此同时，新建燃煤火电机组通过与生物质混烧、二氧化碳捕集等技术的结合，有助于替代现有的一批小型、低效、排污严重的小火电项目，具有显著的环境效益。由中国神华与印尼国家电力公司下属子公司合资建设 2 300 兆瓦爪哇 7 号超超临界燃煤发电机组项目，等效可用系数始终保持在 95% 以上低成本燃煤发电，实现了连续四年无非停，工程投产后氮氧化物排放浓度控制在 30 毫克/立方米以下，烟气除尘效率达 99.50%，二氧化硫排放浓度小于 423 毫克/平方米，远低于平均排放标准。

沿线地区可再生能源合作水平不断提升。随着中国可再生能源发电技术已经成熟，装备制造成本不断降低。目前多个可再生能源企业在海外开展了可再生能源投资并购、基地建设等工作，合作水平不断升级。2018 年 1 月，由中老两国科技部支持的中国-老挝可再生能源开发与利用联合实验室在老挝首都万象落成，旨在落实"中国-东盟科技伙伴计划"，向老方

---

① https://www.iea.org/.

提供可再生能源实验示范设备并培养专业化人才。东北亚联网力求将蒙古、中国东北和华北以及俄罗斯远东地区的可再生能源基地与中国华北、日韩等负荷中心连接起来，以实现地区可再生能源的大规模开发利用。随着可再生能源技术的发展和发电成本的降低，中国与沿线国家和地区在可再生能源、能效提升以及可持续发展领域方面的合作仍有巨大潜力。

二、绿色融投资体系

应对气候变化领域的绿色基金体系逐渐健全。在"一带一路"倡议下，沿线国家的绿色金融机制建设已经初见成效。其中，《"一带一路"绿色投资原则》为"一带一路"沿线的投融资主体提供政策指引。在"一带一路"资金支持方面，结合现有的政府间合作平台以及各类基金，"一带一路"沿线地区设立了丝路基金、中国-东盟投资合作资金、"21世纪海上丝路"产业基金、"澜湄合作"专项基金等一系列专项投资基金。此外，中国与现有多边开发机构合作并设立了中国-东盟合作基金、中国-中东欧投资合作基金、亚洲区域合作专项资金、中哈产能合作基金、澜沧江-湄公河合作专项基金、中非产能合作基金等一系列区域性及双多边专项基金。上述区域性及双多边专项基金在应对气候变化领域开展项目合作、提出应对措施并取得了不同进展。此外，作为第二届"一带一路"国际合作高峰论坛成果，中国光大集团与有关国家金融机构联合发起成立"一带一路"绿色投资基金，旨在解决沿线国家绿色股权投资不足、合作机制缺失等问题，促进沿线国家绿色金融多边合作。

多边开发性金融机构、政策性银行及国有商业银行提供绿色资金支持。以亚投行和丝路基金为代表的新兴多边金融机构，为"一带一路"提供信贷、债券、股权投资、保险等多元化、创新性融资模式。通过商业贷款（单个银行授信/银团贷款）、优惠买方信贷、援外贷款、出口信用保险、设立国别/产业基金等，政策性银行可以为境内外企业、大型项目等提供低成本融资支持。国内商业银行海外分支机构众多，融资模式主要为银行授信（表内授信和表外授信）、银团贷款、发行境内外债券、跨境金融综合服务等。此外，中国信保等融资辅助机构为海外项目提供海外投资担保和出口信用保险等服务。"一带一路"国际合作高峰论坛期间，国家开发银行、中国进出口银行提出提供合计3 800亿元等值人民币专项贷款，用于支持"一带一路"建设。中国国内金融机构尤其是商业银行绿色金融发展迅速，通过绿色信贷、绿色债券等多种手段和工具来推动"一带一路"的绿色投资。

三、绿色产业与技术合作

绿色产业技术转移转化逐渐推进。2013年成立的中国科学院绿色技术卓越中心主要围绕矿产、煤炭、油气、生物质等战略领域，开展与发展中国家特别是"一带一路"沿线国家在绿色技术方面的科技、人才及平台合作。自中心成立以来，在缅甸建成了亚洲最大的湿法炼铜工业化装置（5万吨/年）并实现稳定运行，与蒙古合作的大型铜冶炼尾气资源化利用技术解决了铜、铝等战略金属冶炼过程中尾气处理难题。同时，该中心开展广泛的科研领域国际合作，推进中-缅-蒙绿色矿产国际联合实验室、中-泰-马-柬可再生能源国际联合实验室等国际联合实验室/中心的建设，并获得了泰国最大石油公司 PTTGC、泰国最大气体公司 SCG、万宝矿产（缅甸）公司、马来西亚创新中心、沙特阿美石油公司（ARAMCO）、中石化沙特公司等相关国家企业的大力支持。

多边技术转移及创新合作中心陆续投入运行。中国-东盟创新中心于 2013 年 10 月在昆明成立，致力于促进中国与东盟各国企业的孵化、创新与发展，推动区域科技创新与交流合作。中国-南亚技术转移中心成立于 2014 年 6 月，旨在挖掘中国及南亚各国企业的合作需求，组织企业开展交流对接、适用技术培训、先进技术示范，与阿富汗信息与通信技术研究院、斯里兰卡国家工业技术研究院签署关于开展技术转移合作的协议。中国-阿拉伯国家技术转移中心于 2015 年在宁夏成立，重点推动中国与阿拉伯国家深入开展科技交流合作的重要平台，开展北斗卫星、旱作节水、防沙治沙等专项技术转化应用和技术转移专业经理人培育。中国-中亚科技合作中心为国家国际科技合作基地（国际创新园类），由新疆维吾尔自治区科技厅牵头成立，致力于推进双边和多边的国际交流与科技合作。2019 年 11 月，中国-老挝太阳能科技创新与合作中心在老挝揭牌，中国-老挝太阳能科技创新与合作中心太阳能发电示范项目向老挝科技部新能源与材料研究所正式移交，标志着中国-老挝太阳能科技创新与合作中心建设（一期）项目顺利实施完成。

四、南南合作援助及培训

多次提供应对气候变化的南南合作援助物资。截至 2017 年，中国政府和巴基斯坦、缅甸、蒙古、埃及、尼泊尔、孟加拉国等 28 个国家签订了 32 份物资赠送谅解备忘录，提供 LED 路灯 1.38 万套、节能空调 2 万余套、太阳能光伏发电系统 1 万余套、清洁炉灶 1 万台和气象卫星收集处理系统 1 套。截至 2018 年底，中国为阿尔及利亚、印度尼西亚、巴基斯坦、老挝、缅甸和萨摩亚 6 国援建了 40 个地震台站、7 个数据中心和 17 套流动地震观测设备，培训技术人员上百人。

多次举办减缓及适应气候变化研修班。在应对气候变化领域，中国国家发展改革委、中国气象局、中国环境科学研究院等机构组织了一系列应对气候变化培训班。其中，2017 年 4 月，中国国家发展改革委应对气候变化司主办、国际合作中心承办"一带一路"国家应对气候变化培训班，是国家发展改革委首次组织针对"一带一路"国家的应对气候变化培训班，来自阿联酋、埃塞俄比亚、巴基斯坦、菲律宾、格鲁吉亚、斯里兰卡、柬埔寨、老挝、缅甸、塔吉克斯坦、泰国、哈萨克斯坦、马来西亚等 18 个国家的 30 位气候变化领域的官员、专家参加培训。2017 年 8 月，中国气象局气象干部培训学院承办的国家发展改革委 2017 年应对气候变化南南合作培训班由中国气候变化南南合作基金支持，是落实中国应对气候变化南南合作"十百千"项目的具体行动，共有蒙古、乌兹别克斯坦、巴基斯坦、斯里兰卡、马尔代夫和亚美尼亚等国家 29 名国际学员参加培训。2018 年 5 月，中国科学院主办"一带一路"气候环境变化培训班，吸引了来自塔吉克斯坦、巴基斯坦、乌兹别克斯坦、泰国、印度等沿线国家的 19 名青年科研人员、博士生和硕士生参加。2019 年 9 月，由生态环境部应对气候变化司主办、对外合作与交流中心承办的"一带一路"应对气候变化与绿色低碳发展政策与行动培训班在京成功举办，来自马达加斯加、津巴布韦、肯尼亚、哈萨克斯坦等 11 个发展中国家的 21 名国际学员参加培训。

五、防灾减灾国际合作

逐渐形成应对气候变化的灾害预警及科技联盟。中国气象局与国家航天局、亚太空间合作组织签署风云气象卫星应用合作意向书和协定，建立风云卫星国际用户防灾减灾应急保障机制，与"一带一路"沿线对接风云二号卫星服务需求，力求提供精准的气候灾害预警服务，促进"一带一路"沿线地区的应急防灾减灾救灾能力的提高。2018 年 12 月，由自然资源部国家海洋环境预报中心研发的"海上丝绸之路"海洋环境预报保障系统投入业务化试运行，通过中国海洋预报网"海上丝路"专题频道，中英文发布"海上丝路"沿线海洋环境预报产品。2019 年 5 月，"一带一路"防灾减灾与可持续发展国际学术大会在北京举办，成立以"一带一路"自然灾害风险防范与综合减灾为核心的国际减灾科学联盟，旨在科学应对"一带一路"沿线国家共同面对的减灾需求。为推进海洋预报减灾领域的国际合作，中国承建了南海区域海啸预警中心并于 2019 年 11 月正式运行，为中国、文莱、柬埔寨、印度尼西亚、马来西亚、菲律宾、新加坡、泰国、越南等国提供全天候地震海啸监测预警服务。

多次向沿线国家提供防灾减灾技术及物资援助。中国多次参与联合国、世界卫生组织等的人道主义行动，派遣援外医疗队及国家救援队赴尼泊尔、马尔代夫、密克罗尼西亚联邦、瓦努阿图、斐济、泰国、缅甸等国家开展救援，主要包括：2014 年，马尔代夫水荒，中国援潜救生船赴马累市提供供水援助；2014 年底，马来西亚遭遇严重水灾，中国红十字会向马来西亚红新月会移交了 10 万美元紧急赈灾援助款，以支援马方抗击水灾；2015 年，针对东南亚遭受严重的洪水灾害，长江委专家等在内的中国水利专家组向泰国、缅甸等国提供防洪技术援助；2015 年以来，受强厄尔尼诺现象影响，澜沧江-湄公河流域各国遭受不同程度旱灾，中国实施湄公河应急补水，帮助柬埔寨、老挝、缅甸、泰国、越南等国家应对干旱灾害；2016 年，斐济遭受"温斯顿"台风袭击，中国红十字会向斐济红十字会提供 10 万美元紧急人道主义援助；2016 年受"厄尔尼诺"影响非洲遭受严重旱灾，习近平主席在中非合作论坛约翰内斯堡峰会上宣布向受灾国家提供紧急粮食援助；2017 年 9 月，飓风"厄玛"袭击安提瓜和巴布达，中国政府帮助安提瓜和巴布达重建 250 栋建筑；2018 年 7 月，老挝南部阿速坡省水坝溃堤，中国人民解放军医疗队派出医疗防疫分队 32 人紧急奔赴灾区救援；2018 年，阿富汗遭受严重旱灾，中国政府向阿富汗政府提供紧急粮食援助；2019 年 3 月，强热带气旋"伊代"（IDAI）在非洲东南部地区肆虐，中国政府派遣中国救援队赴莫桑比克实施国际救援，为灾区人民提供人员搜救和医疗、防疫、物资等支持帮助。

第四节　典型合作案例

一、希腊风电与中企开展深度合作：奥卡尼斯风电场

希腊是欧盟重要成员国和巴尔干地区重要国家。受债务危机影响，尤其是希腊信用评级的下调，使得希腊国内外投资大幅下降，经济发展陷入停滞状态，支柱产业贡献额大幅缩水，失业率大幅上升，工业、制造业均面临困境。债务危机同样让希腊的可再生能源市场发展步入沉寂，但近年来随着国内经济改革的落实、国际援助的增加，希腊开始走向复苏，也连带让政府重拾推动再生能源发展的动力。

在最新递交的国家自主贡献（Nationally Determined Contributions，NDCs）文件中，欧盟要求各成员国到 2030 年可再生能源至少占终端能源消费的 32％，并于 2050 年实现碳中和。[①] 截至目前，希腊的主要电力来源是传统的褐煤，希腊的发电方式面临来自欧盟的巨大压力，能源结构转型迫在眉睫。希腊政府提出要在 2028 年前全面退出煤电，到 2030 年将可再生能源发电总量占全国发电总量的比例提高到 35％。绿色能源转型是希腊复苏计划的四大支柱之一，希腊拟在绿色能源领域至少投入 100 亿欧元。希腊政府表示，为了达成能源转型的目标，将更加重视风电等可再生能源的发展，不断增加可再生能源装机规模，提升可再生能源发电占比。

中国风电技术发展迅猛，已经从引进国外技术消化吸收，发展到目前的独立自主生产，

---

① https://www4.unfccc.int/sites/NDCStaging/Pages/All.aspx.

风电产业走到了国际前沿。2020年，中国风电累计装机量已达2.81亿千瓦，多年位居世界首位。中国风电在长期发展中形成的完善产业链，包括项目前期规划设计、建设以及全生命周期运维及服务能力，是中国风电企业在市场上的核心优势，中国风电在国际市场上具有较强的竞争力。

2017年，国家能源集团收购了希腊能源巨头科佩鲁佐斯位于色雷斯地区的4座风电场75%的股权，成为第一家在希腊经营风电的中国企业。这4座风电场在兴建时正逢希腊主权债务危机，资金难以为继。中国国家能源集团的介入，不仅使风电项目获得大量资金，而且带来了先进风电技术，完善了希腊可再生能源结构，推动希腊实现绿色能源转型的进程。科佩鲁佐斯集团董事长兼首席执行官迪米崔奥斯·科佩鲁佐斯表示，在中企介入下，对希腊经济前景以及希腊清洁能源产业充满信心，相信科佩鲁佐斯集团与中国国家能源投资集团的合作将能为希腊能源产业的发展注入新动能，同时也将推进希腊与中国在更多经贸项目上的合作。

2019年11月，国家能源集团与科佩鲁佐斯集团在雅典完成色雷斯风电项目股权交割的全部工作，标志着国家能源集团在欧洲的首个实体运营项目正式落地。国家能源集团希腊色雷斯风电项目4座风电场位于希腊东北部色雷斯地区的亚里山德鲁波利斯市郊外，总装机容量78.2兆瓦，2020年4月5—7日，4座风电场三日发电量分别达172万度、178万度、182万度，单日可利用小时分别达21.99小时、22.76小时、23.31小时，连创日发电量历史新高。[1] 2020年4月，奥卡尼斯风电场现金充裕，经股东同意减资120万欧元，其中，国家能源集团欧洲子公司获得90万欧元，合作方希腊科佩鲁佐斯集团获得30万欧元，提高了股东的收益率。

希腊北部色雷斯地区风能资源丰富，国家能源集团收购的4座风电场每年可生产的1.8亿千瓦时电力，可减少二氧化碳排放约16万吨、节约燃煤5.5万吨，为节能减排做出重要贡献。此外，国家能源集团在色雷斯地区投资的风电场预计每年完税340万欧元，每年将收入的2%捐赠给地方政府用于当地市政建设。另外，国家能源集团将收入的1%捐给当地村民用于支付电费，在建设期提供约200个工作岗位，在运营期又为当地居民提供了约20个固定工作岗位和大量临时工作岗位。[2] 中国-中东欧国家合作丰富了中欧全面战略伙伴关系内涵。这一系列举措不仅对希腊实现绿色能源转型、促进经济绿色发展起到了非常积极的作用，同时对改善希腊民生、提高人民福祉做出重要贡献。

---

① https://www.ceic.com.

② 同①。

二、丝路基金推进可再生能源转型：沙特国际电力和水务公司新能源平台

丝路基金是由中国外汇储备、中国投资有限责任公司、中国进出口银行、国家开发银行共同出资，依照《中华人民共和国公司法》，按照市场化、国际化、专业化原则设立的中长期开发投资基金。丝路基金是中国为推进"一带一路"建设专门设立的中长期开发投资机构，重点是在"一带一路"发展进程中寻找投资机会并提供相应的投融资服务，为沿线国家基础设施建设、资源开发、产业合作、金融合作等有关项目提供投融资支持。丝路基金总规模为 400 亿美元，截至目前，约 70％ 的承诺投资额投向了"一带一路"相关国家和地区的基础设施项目，在推动能源转型、实现可持续发展等方面发挥了特殊作用。

沙特国际电力和水务公司（ACWA Power）作为沙特政府基金和私人共同投资的企业，是沙特电力和海水淡化项目的领先开发商，由其投资、开发、拥有并运行的项目遍布西亚、北非、南部非洲和东南亚等地区。近年来丝路基金与沙特国际电力和水务公司高质量共建"一带一路"成果丰硕，助力"一带一路"地区实现低碳能源转型。2019 年 6 月，丝路基金同沙特国际电力和水务公司签署了《新能源平台项目股权购买协议》，共建新能源平台。根据协议，丝路基金将入股沙特国际电力和水务公司旗下新能源平台公司（ACWA Power Renewable Energy Holding Ltd.，以下简称"新能源平台"）并持 49％ 股权。① 新能源平台的资产大多在沙特之外的第三国市场，丝路基金入股新能源平台既有利于沙特国际电力和水务公司在"一带一路"沿线市场的开发，又有利于丝路基金发挥对项目投融资的支持作用。交易落实后，丝路基金进一步增持在"一带一路"国家数个重要可再生能源项目的股权。新能源平台专注于挖掘与支持新兴市场可再生能源项目高速增长潜力，该公司现已持有沙特国际电力和水务公司旗下位于阿联酋、南非、约旦、埃及和摩洛哥的光热发电（CSP）、光伏发电（PV）与风能发电资产，资产总装机容量已达 1 668 兆瓦。

其中，沙特国际电力和水务公司在埃及建立总容量为 120 兆瓦的光伏发电站，并计划在埃及南部的卢克索建设新的光伏电站。该公司在埃及南部的代鲁特（Dairut）建设价值 23 亿美元的项目，计划装机量为 2 250 兆瓦。新能源平台于 2018 年 11 月在沙特阿拉伯开展塞卡凯（Sakaka）太阳能光伏设施项目，2019 年 2 月投建巴林首个大规模太阳能光伏设施项目，并选址阿斯卡（Askar）堆填区发展可再生能源。此外，该平台于 2019 年 2 月与阿曼（Oman）签订协议，开发总值 27.55 亿元人民币的伊布里（Ibri）太阳能项目。Ibri Ⅱ 是该国最大的太阳能发电厂，该发电厂可为 3.3 万户家庭提供电力，每年可为阿曼减少 34 万吨

---

① http://www.silkroadfund.com.cn/cnwap/25394/25396/40992/index.html.

二氧化碳排放。此外，约旦马夫拉克（Mafraq）及里沙（Risha）的太阳能项目、巴林首个大规模太阳能光伏设施项目等均有新能源平台的投资。

除共建新能源平台外，丝路基金与沙特国际电力和水务公司早年已合作发展多个大型项目。如迪拜 700 兆瓦光热项目，该项目由丝路基金、沙特国际电力和水务公司和迪拜水电局（DEWA）共同投资。项目完全投产后可使 32 万户家庭用上清洁电力，每年可减少 160 万吨碳排放，效益高于预期目标。此外，该项目的建设在一定程度上改变了园区地貌。土地的平整、装置的植入起到了固沙作用，不仅使周边的沙尘天气有所减少，也为植被的生长创造了条件。由于集热镜的反射，镜下太阳能辐照减弱，镜面清洗时有水渗入沙中，使得沙漠中长出了绿草。丝路基金与境内外投资商的投融资合作，面向"一带一路"可再生能源项目的融资需求，一定程度上促进了沿线国家经济的绿色可持续发展。

三、尼泊尔水电开发：上马相迪 A 水电站的 BOOT 模式

尼泊尔位于喜马拉雅山脉南麓，北邻中国，其他三面与印度接壤。境内主要为山区，水能资源丰富，约占世界水电蕴藏量的 2.3%。尼泊尔政府计划 2022/2023 年将人均用电量从目前不到 200 千瓦时增加到 700 千瓦时。考虑到其在创收方面的巨大潜力，几乎所有地方政府都将水电开发作为最高优先事项。水电站的修建，不仅能扩大当地居民就业，同时为本国的人民生产生活提供能源，促进经济的恢复和发展。根据电力发展部数据，尼泊尔 129 个项目总发电能力已达到 2 150 兆瓦，每个项目发电能力均超过 1 兆瓦。其中，私营部门贡献为1 452 兆瓦。

中国电建在尼泊尔历史悠久，最早在 1969—1971 年承建了由中国援助尼泊尔的逊科西水电站，自 1987 年独立开发该国市场以来，共完建包括巴格马蒂灌溉项目、唐神公路、加德满都太阳能路灯项目、普瓦克拉水电站等 10 余个工程。截至 2022 年，中国已为尼泊尔建设了包括费鲁、上马相迪 A、塔莫、拉苏瓦·布特克西、上塔马克西等大大小小数个水电站。其中，上塔马克西水电站是尼泊尔迄今为止装机容量最大的水电站，总装机 456 兆瓦，总投资达到 840 亿卢比（约合 72 亿元人民币），由中国电建所属水电十一局牵头与水电六局组成联营体施工建设。上述水电站为改善当地居民生活质量、摆脱用电紧缺以及加快推进工业化和经济发展发挥了不可估量的推动作用，被尼泊尔的政府要员和媒体多次提及。

在电建参与的多个水电项目中，上马相迪 A 水电站是尼泊尔首个由中国企业集开发、建设、运营于一体的项目，也是该国水电建设史上首个提前实现发电的水电站。由中国电建集团采用建设-拥有-运营-移交（Build-Own-Operate-Transfer，BOOT）模式投资开发，总投资额约 1.659 亿美元，特许期 35 年（含建设期）。该项目坐落于尼泊尔西部马相迪河上，

距离尼泊尔首都加德满都约 180 千米，是一座径流式水电站。电站总装机容量 2×2.5 万千瓦，工程采用低坝挡水、长隧洞引水的开发方式，主要建筑物由长 94 米、高 23 米的砼闸坝，总长 5.3 千米、直径 6 米的引水发电隧洞，地面发电厂房，约 20 千米的 132 千伏输电线路等组成。电站投产发电后每年将为尼泊尔提供约 3.17 亿度的合同电量。

2022 年 4 月，电建海投公司承建的上马相迪 A 水电站一号水轮发电机组一次并网成功，运行过程中，各部摆度振动、温度等参数全部合格，设备运转无异常，标志着电站 2022 年一号机组扩大性 C 级检修圆满完成。尼泊尔上马相迪 A 水电站自 2017 年正式进入商业运营至今，已累计发电 17.7 亿千瓦时，电站发电机组年利用小时高达 7 000 小时，为尼泊尔的社会经济发展注入了强大动力。2022 年 6 月，尼泊尔总理奥利主持尼泊尔投资局会议并在会上宣布正式批准与中国联合开发的三个水电站中的最后一个，即下玛囊马相迪水电开发项目。这笔总投资约 12 亿美元的水电项目已进入具体实施阶段。

在尼泊尔，中国电建不仅为当地建设精品工程，同时积极履行社会责任，包括铺设道路、解决当地居民出行困难，关爱儿童成长、定期为当地学校捐赠学习用品等。2015 年尼泊尔 8.1 级大地震后，驰援震后重建，为附近受灾的村子捐赠价值 10 万元的救援物资，帮助受灾居民渡过难关，最大限度地保障了尼泊尔人民的生命和财产安全。水电站的顺利投入使用，有效弥补了尼泊尔的电力缺口，对尼泊尔促进能源结构调整，促进国家工业化和农业现代化，推动社会经济快速发展具有重要影响。

第五节　存在问题与建议

一、存在问题

"一带一路"沿线国家大多是发展中国家，该区域的绿色可持续发展关乎全球应对气候变化成效。在绿色"一带一路"建设中，需要多方面协调处理好沿线国家多元的双边、多边环保合作机制。建设绿色丝绸之路已成为落实联合国《2030 年可持续发展议程》的重要路径，发展绿色经济、实现绿色可持续发展已成为各国共识。结合"一带一路"现有的政府间合作平台及亚投行、丝路基金、中国气候变化南南合作基金等渠道，有效结合政府援助、国际贸易和投融资等手段，广泛动员政府、企业、社会组织和国际机构等各利益相关方共同参与绿色"一带一路"建设，有助于推动沿线各国人民共享"一带一路"低碳共同体的共建成果，分享经济社会低碳转型的绿色效益。结合绿色"一带一路"建设及全球气候治理体系建设，中国致力于通过国际合作推动绿色"一带一路"建设，构建"一带一路"气候治理体系，促进全球低碳、可持续发展目标的达成。

值得注意的是，"一带一路"可再生能源项目的推进也遇到了诸多困难。首先，项目交割会遇到资金筹集、能源政策等多方面的重重考验，例如奥卡尼斯风电场交割过程中，曾遇到融资担保替换、欧盟第三能源包法案、资金短缺等多种阻碍；其次，项目投融资存在一定程度的债务问题，例如丝路基金等海外投资在监管方面存在不足，部分东道国存在一定程度的腐败现象，对我国企业进入有着一定的制约；再次，新能源开发体系不够健全完善，从用地踏勘、建设施工到并网验收，每个阶段都需要满足各部门如环评水保、土地评估等各项要求和意见，国际项目手续流程复杂；最后，可再生能源项目的营收受到自然天气和灾害的影响较大，例如上马相迪 A 水电站在施工时曾历经 2015 年 "4·25" 8.1 级地震、"5·12" 7.5 级地震，在 2017 年首个商业运营年还经历了尼泊尔国家电网累累溃网、汛期洪水侵袭、漂浮物堵塞、进场道路塌方中断等重重考验。此外，国内外疫情对可再生能源项目的运营、人员的工作和管理也会造成不利影响。

为了解决以上问题，中国企业采取了多种手段。针对项目交割困难，国家能源集团在交割前签署了股权收购协议第二份补充协议，经过数轮艰苦谈判，有效地规避了风险，按时完成了交割。针对潜在的投融资腐败问题，丝路基金在对外交易文件中设置反腐败条款，要求交易合作伙伴提供相应的陈述保证，将合规与"反腐败"要求设置为出资的前置程序，促进海外投资的廉洁健康。针对自然灾害，提前制订应急预案，及时采取应急措施快速反应进行灾后修复工作。如中国电建成都院在洪灾发生后承担了上马相迪 A 水电站的厂房尾水渠改造、厂坝路修复、闸坝及泄水建筑物修复等设计工作，第一时间指派项目部组织相关专业人员开展现场查勘和收资，完成汛后修复设计报告。针对疫情风险，应对项目所在地进行必要的防疫物资支援，对公司人员和电站生产进行严格的防疫管理。如为了防止风电供应受到疫情影响，国家能源集团制订物资运输方案，向希腊的子公司捐赠了约 100 万元的防疫物资，通过对子公司和人员的严格经营管理来保证稳定生产。

丰富的风、光资源是发展清洁能源的地理基础，资金投入和技术研发是发展清洁能源的重要保障。通过国别合作，"一带一路"能够充分发挥国家的比较优势，为各国实现绿色能源转型做出贡献。中国-中东欧国家、中国-阿拉伯国家等国别合作，借助中国风电、光伏产业技术先进、配套完善等优势，从资金、技术等多个层面对"一带一路"国家的清洁能源项目进行协助，对合作国家丰富的风光资源进行开发，为当地带来了新的经济创收和就业机会。上述互补互利合作不仅促进了双方国家的能源革命、低碳经济转型，而且推动了新时代中欧、中阿等全面战略伙伴关系的发展，有助于发挥别国的资源禀赋优势和中国的产业优势，推进"一带一路"沿线国家在清洁能源领域的深度合作。

通过气候投融资机制运作，"一带一路"能够吸引资金流向环境保护和气候变化治理项目，有效降低沿线国家的碳排放。可再生能源项目的环境效益可观，但投资规模大，建设和回报周期长，部分"一带一路"沿线国家碍于社会经济条件和基础设施建设能力薄弱，对可再生能源项目的投资十分乏力。通过中国丝路基金与沙特国际电力和水务公司等企业的投融资合作，有助于为受资金掣肘的可再生能源项目注入活力。"一带一路"沿线国家蕴含着丰富的水电、风电、光伏等清洁能源，丝路基金对"一带一路"沿线金融机构等国际投资的吸引则是能源利用的重要保障。通过新能源平台的构建，丝路基金与各国资本共同投资建设可再生能源项目，不仅满足了当地的电力和就业需求，同时对推动低碳转型、应对气候变化产生了实质性的影响。以沙特国际电力和水务公司新能源平台为代表的清洁能源投融资机制，是"一带一路"国际投资者在气候领域的合作方向，不仅可以解决资金的要素约束，保证项目落地，同时可以建立统一互通的投融资合作平台，优化"一带一路"项目投融资环境，为各国的环境可持续发展和碳减排承诺履行做出长足贡献。

对于水电等大型基础设施建设，"一带一路"能够增强可再生能源项目的融资能力，实现大型可再生能源项目的建设运营。从工程总承包（EPC）拓展为中方企业主导的建设-拥有-运营-移交（BOOT）等模式，中国企业可以拥有更大的项目自主权，在相对更长的规定期限内同时拥有经营权和所有权（刘卫东等，2021；刘卫东、姚秋蕙，2020）。同时，通过将项目作为资产抵押可以实现二次融资，增加中国企业的经济收益，但一定程度上也增加了中国企业的金融风险。面对"一带一路"项目的地缘政治风险、投融资风险，结合中国丰富的项目建设、运营等管理经验，弥补沿线国家基建能力的不足，降低资金筹集的财政压力。以尼泊尔上马相迪 A 水电站为例的 BOOT 等模式，不仅提供了必需的大量电力和就业岗位，为中国与合作国家带来互惠互利的经济效益，同时可以推动双方国家工业进程的绿色低碳发展。

近两年，世界政治经济形势日趋复杂，国际动荡冲突不断，对能源市场造成了冲击，全球的能源供需严重失衡。2022 年，俄乌冲突爆发以来，由于西方国家对俄制裁，导致欧洲爆发能源危机，德国、奥地利、法国、荷兰等发达国家纷纷开始重启煤电。与此同时，中国等发展中国家也面临较大的能源安全问题，部分欠发达国家同样保有发展煤电的意愿。在能源安全的背景下，综合考虑发展中国家高速发展对于电力的需求以及清洁能源发电的间歇性和波动性，煤电项目仍然是包括中国在内的发展中国家能源安全稳定供应的"压舱石"。中国在海外仍然有较多在建煤电项目，在当下复杂多变、以低碳转型为目标的大环境中有序地退出煤电，确保相关企业的利益不受损失，是"一带一路"能源转型过程中亟待关注的问题之一。对于发展中国家，应摒弃完全废弃煤电项目、盲目极端减排的观点，在实现可再生能源转型过程中确保煤电项目平稳退出、国民经济稳定发展。与此同时，作为"一带一路"发展的重要契机，可再生能源项目对两国的能源转型、低碳经济发展都将产生深刻影响。在积极履行国际责任的过程中，中国广泛开展清洁能源合作，有助于吸引境内外投资向可再生能源倾斜，对于与沿线国家共同应对气候变化、推进可再生能源转型具有重要意义。

二、政策启示与建议

切实推动应对气候变化南南合作。"一带一路"沿线大多数国家为发展中国家，自主减排压力大，推进"一带一路"沿线国家在应对气候变化领域的合作对于绿色丝绸之路建设具有重要意义。截至 2019 年 12 月，中国已与其他发展中国家签署 30 多份气候变化南南合作谅解备忘录。继续推进应对气候变化南南合作计划，加强气候变化培训，通过低碳节能环保物资赠送、低碳示范区建设和能力建设活动等有助于提升沿线国家减缓和适应气候变化水平。在气候变化南南合作和"一带一路"倡议框架下，广大发展中国家可以进一步加强能源技术设施的合作，推广绿色交通、绿色建筑、绿色能源等领域合作，推动沿线国家自主贡献的落实、整体气候环境的改善和竞争力提升，与沿线国家共享低碳转型的绿色效益。

推动清洁能源产业及技术合作。"一带一路"沿线国家清洁能源等绿色产业发展潜力巨大，沿线国家通过开展绿色产业经贸合作，加强清洁能源等领域投资建设，稳步推进可再生能源示范项目建设落地，共同建立代表性的绿色项目库，不仅契合当地的资源禀赋和发展需求，同时有助于推进"一带一路"沿线国家绿色转型。目前，"一带一路"沿线各国巨大的基础设施建设需求为清洁能源和绿色产业发展提供了广阔市场。结合多种绿色金融工具，引导资金向绿色产业配置，绿色金融机制及绿色产业发展有助于推动"一带一路"沿线国家绿色转型，对于《巴黎协定》2℃/1.5℃温升目标的达成具有重要意义。

推动绿色产业及技术转移转化。推动中国能源、技术、标准对外输出，在人才、资本、技术、经验方面的全方位合作是建设绿色"一带一路"的主要机制之一。从各国实际出发，"一带一路"建设亟待与沿线发展中国家合作，形成绿色发展与技术标准。通过在东盟、中亚、南亚、中东欧、阿拉伯、非洲等国家建立环保技术和产业合作示范基地，推动和支持环保工业园区、循环经济工业园区、主要工业行业、环保企业，有助于推动双多边绿色技术合作。通过发挥环保科技产业园区先行先试的示范作用，可以推行中国绿色产业园区模式，加强绿色、先进、适用技术在"一带一路"沿线发展中国家转移转化，将绿色合作模式推广到"一带一路"沿线国家，促进低碳发展。

统筹绿色投融资合作体系。通过统筹绿色投融资合作机制，引导资本向绿色环保产业配置，可以有效地支持和引领"一带一路"绿色、协调、可持续发展。以沿线国家为主的多边开发性金融机构、政策性银行及中国多家国有商业银行，为沿线国家的绿色项目提供了一系列的融投资保障。在构建绿色"一带一路"的金融支持体系过程中，充分发挥国家开发银行、中国进出口银行等金融机构的引导作用，优化对绿色产业的资产配置。充分利用绿色信贷、绿色债券、绿色保险、绿色基金、绿色指数产品、绿色资产抵押支持证券等绿色金融工具，推动建立多元化、一站式海外绿色融投资综合服务体系。

提高重大项目应对气候变化能力。基础设施互联互通作为"一带一路"倡议的重要组成部分，将在国际产能转移、提升沿线国家经济发展水平、促进国际合作等方面发挥重要的作用。作为当前中国推进与沿线国家合作的重点，基础设施绿色化是绿色"一带一路"建设的必经之路。沿线地区高温热浪、强降雨等极端事件出现频率显著上升，气候变化灾难可能会给"一带一路"项目的安全性、稳定性、可靠性和耐久性带来较大威胁。沿线国家进行产能与基础设施合作时，需要结合产业转型、技术升级、提高环保标准、增进绿色管理与监督力度等方式实现绿色化的目标。与此同时，在"一带一路"建设重大项目设计和运行阶段加强对气候风险的考虑，综合评估气候变化对重大工程设施本身、重要辅助设备及所依托的环境产生的影响，尽可能降低未来的风险。

完善气候变化风险预估技术体系。在防灾减灾领域，由自然资源部国家海洋环境预报中心研发的"海上丝绸之路"海洋环境预报保障系统于 2018 年 12 月试运行，中国承建的南海区域海啸预警中心于 2019 年 11 月正式运行，用于提升"一带一路"沿线国家气候灾害预警预报和减灾防灾能力水平。与此同时，通过共建"一带一路"应对气候变化适用技术信息平台，有助于为沿线国家应对气候变化适应能力提供适宜解决方案。在气候变化科技支撑领域，结合以"一带一路"自然灾害风险防范与综合减灾为核心的国际减灾科学联盟，中国可以与沿线国家共同召开防灾减灾大会，联合研发气候和灾害预测预估等共性技术，完善气候变化风险预估技术体系，不断提升应对气候变化决策咨询的科技支撑。

推进应对气候变化援助及培训。气候变化南南合作基金设立于 2015 年，主要用以支持发展中国家实现低碳、气候适应型发展，包括物资供应、项目建设、技术合作以及人员培训等。通过"一带一路"倡议与应对气候变化南南合作结合，中国气候变化南南合作基金可以有侧重地在"一带一路"沿线国家组织实施应对气候变化"十百千"项目，共同建设低碳示范区，开展减缓和适应气候变化的项目合作，提供节能低碳和可再生能源物资，援助 LED 节能灯、LED 路灯、节能空调、太阳能户用光伏发电系统等。借助气候变化南南合作基金，进一步开展沿线国家应对气候变化领域官员和技术人员培训，有助于提高应对气候变化援助及培训的规模和水平，加强沿线国家减缓及适应气候变化能力。

第六节   结 论

随着碳排放的增多，全球变暖等气候变化逐渐成为各国关注的问题。面对资源约束趋紧、生物多样性锐减、污染破坏严重等环境问题，世界各国开始提倡碳中和理念，采用可再生能源发展低碳经济。在全球环境治理的大背景下，中国积极应对气候变化，参与国际责任，制定了一系列相关政策，如《"一带一路"生态环境保护合作规划》《2030 年前碳达峰行动方案》《关于推进共建"一带一路"绿色发展的意见》等，多次重申对"一带一路"绿色发展的要求。2022 年 10 月，习近平总书记在中共二十大报告中提出"积极稳妥推进碳达峰碳中和，立足我国能源资源禀赋，坚持先立后破，有计划分步骤实施碳达峰行动，深入推进能源革命，加强煤炭清洁高效利用，加快规划建设新型能源体系，积极参与应对气候变化全球治理"。"一带一路"倡议在"双碳"目标背景下，采用了低碳投融资、区域经贸合作等多种途径来应对气候变化，推动可持续低碳转型。

随着"一带一路"倡议的不断推进，"一带一路"建设逐渐从大写意向工笔画转变，迈向高质量发展新阶段。中国提出的"一带一路"倡议得到了国际社会的高度关注和积极响应，并逐渐形成与沿线国家一同推进绿色"一带一路"建设的国际合作模式。总体来看，"一带一路"沿线应对气候变化合作潜力巨大，而"一带一路"倡议为沿线国家应对气候变化挑战带来新的契机。结合"一带一路"建设现有的政府间合作平台及亚投行、丝路基金、中国气候变化南南合作基金等渠道，辅助政府援助、国际贸易和投资等手段，"一带一路"建设有助于提升发展中国家在气候变化治理中的话语权，为应对气候变化的南南合作树立典范，推动全球气候治理进程。尽管逆全球化现象不断涌现，发展绿色低碳经济、实现可持续发展已成为各国共识。"一带一路"沿线地区的绿色可持续发展关乎全球应对气候变化成效，绿色"一带一路"建设的国家合作方案落实有助于推进沿线国家携手应对气候变化合作，为构建人类命运共同体做出更大贡献。

参 考 文 献

Ascensão, F., Fahrig, L., Clevenger, A. P., et al. Environmental challenges for the Belt and Road Initiative. *Nature Sustainability*, 2018, 1 (5): 206-209.

Chen, S., Lu, X., Mao, Y. F., et al. The potential of photovoltaics to power the Belt and Road Initiative. *Joule*, 2019: 3.

Han, M. Y., Lao, J. M., Yao, Q. H., et al. Carbon inequality and economic development across the Belt and Road regions. *Journal of Environmental Management*, 2020: 262.

Han，M. Y.，Tang，J.，Lashari，A. K.，et al. Unveiling China's overseas photovoltaic power stations in Pakistan under low-carbon transition. *Land*，2022，11（10）：1719.

Liu，W. D.，Zhang，Y. J.，Xiong，W. Financing the Belt and Road Initiative. *Eurasian Geography and Economics*，2020：61.

Rauf，A.，Liu，X. X.，Amin，W.，et al. Does sustainable growth，energy consumption and environment challenges matter for Belt and Road Initiative feat? A novel empirical investigation. *Journal of Cleaner Production*，2020，262：121344.

Saud，S.，Chen，S. S.，Haseeb，A.，et al. The nexus between financial development，income level，and environment in central and eastern European countries：a perspective on belt and road initiative. *Environmental Science and Pollution Research*，2019，26（16）：16053-16075.

Schwerhoff，G.，Sy，M. Financing renewable energy in Africa — key challenge of the sustainable development goals. *Renewable & Sustainable Energy Reviews*，2016：75.

World Bank. World Bank Open Data. 2022. https://data. worldbank. org/.

柴麒敏、祁悦、傅莎：“推动'一带一路'沿线地区共建低碳共同体”，《中国发展观察》，2019 年第 9 期。

丁金光、张超：“'一带一路'建设与国际气候治理”，《现代国际关系》，2018 年第 9 期。

韩梦瑶、刘卫东、刘慧：“中国跨境风电项目的建设模式、梯度转移及减排潜力研究”，《世界地理研究》，2021 年第 3 期。

李侠祥、刘昌新、王芳等：“中国投资对'一带一路'地区经济增长和碳排放强度的影响”，《地球科学进展》，2020 年第 6 期。

刘卫东等：《“一带一路”建设案例研究：包容性全球化的视角》，商务印书馆，2021 年。

刘卫东等：《“一带一路”沿线地区的气候变化》，商务印书馆，2023 年。

刘卫东、姚秋蕙：“'一带一路'建设模式研究：基于制度与文化视角”，《地理学报》，2020 年第 6 期。

祁悦、樊星、杨晋希等：“'一带一路'沿线国家开展国际气候合作的展望及建议”，《中国经贸导刊（理论版）》，2017 年第 17 期。

姚秋蕙、韩梦瑶、刘卫东：“'一带一路'沿线地区隐含碳流动研究”，《地理学报》，2018 年第 11 期。

第四章　咸海变化与保护[①]

摘　　要

咸海流域已出现生态灾难，其背后既有人为原因，也有全球气候变化的影响。咸海流域涉及国家众多，各地区自然禀赋差异较大，发展策略截然不同，水资源分配矛盾大，造成了流域、国家和湖区等不同尺度上生态服务功能减退，盐尘暴频发，人类健康受到威胁。咸海生态保护研究，一方面符合联合国 2030 年可持续发展目标，另一方面也是绿色丝绸之路建设的战略需求，响应了上合组织成员国领导人共同签署的《上海合作组织成员国元首理事会撒马尔罕宣言》中关于维护国际粮食安全、能源安全、应对气候变化多元化的声明，可以为推动"一带一路"建设高质量发展和相关国际科技合作提供重要的经验和科技支撑。

本章阐明了咸海流域气候环境和生态系统历史变化趋势，解析了影响生态环境变化的自然和人为的主控因素，揭示了生态-社会复杂系统的演化机理和管理的综合风险，预测了气候变化和人类活动影响下生态服务功能未来变化趋势，建议了区域治理的保护战略和管理策略，提出了解决实际问题的中国技术和中国方案。另外，通过新疆棉花覆膜滴灌技术在乌兹别克斯坦的本地化应用示范，证实了中国经验和中国技术的可行性。

第一节　咸海流域生态与环境变化

咸海位于中亚西缘、哈萨克斯坦和乌兹别克斯坦交界处，是亚欧大陆典型的内陆湖，其水源主要来自帕米尔高原西南坡的阿姆河及发源于天山西部的锡尔河，咸海是上述两条河流的尾闾湖。咸海流域面积 125 万平方千米，横跨中亚五国和阿富汗、伊朗共计七个国家，是

---

① 本章作者：陈曦、罗毅、李永平、黄粤、刘铁。

丝绸之路经济带建设的关键区域。该地区属于典型的干旱半干旱大陆性气候，与中国西北地区同属温带大陆性气候，夏季高温少雨，冬季寒冷干燥，年降水量 140 毫米（Chen et al.，2021；图 4-1）。

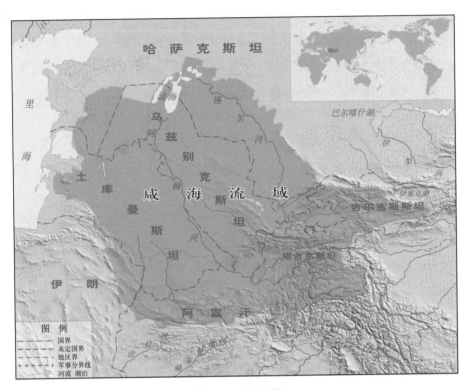

图 4-1　咸海流域

资料来源：Chen et al.（2021）。

中亚境内孕育着大量的冰川和永久性积雪，是中亚地区重要水塔，也是河流与湖泊入湖径流的主要补给水源之一。该区域河流湖泊水体丰富，除了阿姆河、锡尔河等世界级大河外，众多径流在平原和山区形成了近万个大大小小的湖泊，其中 100 平方千米以上的湖泊30 多个，湖泊总面积超过 88 000 平方千米，是全球干旱地区湖泊分布最为密集的地区之一。生态环境良好时，湖区提供了大量的渔业资源和畜牧产品，但随着近年来中亚国家生态环境持续恶化，产生了众多生态和环境问题。

苏联解体前，咸海流域用水统一调配与管理，上游产水可基本保证下游农业用水，上游短缺的能源也基本可得到下游丰富化石能源的补偿和满足。苏联解体后，下游国家出于自身利益考虑，不再补偿上游区域短缺的能源，上游国家被迫通过增加夏季水库蓄水来保证冬季发电用水，夏季减少向下游供水，影响下游农业生产；而上游非生长季的放水，又常会引发下游的洪涝灾害。同时，人口和社会经济发展导致用水需求进一步增加，上下游国家的水权争夺愈演愈烈，导致了咸海生态危机（Micklin，1988）。

作为区域内重要水汽平衡调节的环节，咸海的急剧萎缩导致了一系列的生态、环境和社会经济问题，造成全球重大的生态灾难"咸海危机"，并引起国际社会高度关注。2017 年，联合国秘书长安东尼奥·古特雷斯在访问中亚国家时专程前往咸海考察，明确指出：咸海危机需要国际组织共同合作解决。2020 年，中国国家主席习近平明确强调，要"在保持健康良性发展势头的基础上，推动共建'一带一路'向高质量发展转变"，并对共同参与咸海生态治理做出重要批示。咸海生态问题已成为绿色丝绸之路建设和我国倡导的上合组织重点支持解决的区域重大生态难题。2022 年 9 月 13 日，习近平主席在乌兹别克斯坦访问时倡议："共同实现高质量发展。双方还要扩大减贫扶贫合作，让中乌互利合作更多更好惠及两国人民。"

作为全球干旱区典型区域和人类活动对生态系统影响最严重的区域之一，研究咸海萎缩问题对探究全球干旱区内陆河水文过程变化规律和下游湖泊变化对流域生态系统影响及其效应具有重要的科学价值。同时，咸海地处丝绸之路经济带的核心区域，对建设绿色丝绸之路和实现可持续发展目标具有重大意义。因此，咸海萎缩成因及生态效应研究一方面是提出咸海治理合理方的前提，另一方面也符合联合国 2030 年可持续发展目标和国家"绿色丝绸之路建设的战略"需求，可成为"一带一路"建设和开展国际科技合作的重要案例。因此，本研究从背景分析、变化归因、趋势分析和风险管理的角度出发，最终提出咸海保护方案。

一、咸海生态危机与其流域特征和历史格局密切相关

1. 咸海生态危机的首要因素是自然禀赋空间分布不均，尤其是水资源产流区和水资源耗散区经济结构矛盾较大

中亚大湖流域，咸海流域最大，深处亚欧大陆腹地（Beek and Flörke，2011）。[①] 整体地势东高西低，东部为天山山脉及帕米尔高原山地，西部及西北部是卡拉库姆沙漠和克孜勒库姆沙漠。塔吉克斯坦境内的帕米尔高原海拔 4 000～7 500 米，是该地区海拔最高区域，平原、盆地海拔 200～400 米（胡汝骥等，2014）。中亚五国以草原、荒漠为主，降水多发生在冬春季节。该地区降水空间分布差异大，区域年均降水量约 236 毫米，山区年降水量可达 1 000 毫米以上，平原、荒漠地区年降水量低于 100 毫米。受西伯利亚高压影响，该区域呈典型的温带大陆性气候，多年平均气温约 11℃，年蒸发量高达 1 700 毫米。

咸海流域是个复杂的跨国流域，发源于帕米尔高原和天山山脉的阿姆河与锡尔河将咸海流域划分为两个子流域。其中，阿姆河流域面积 86 万平方千米，跨塔吉克斯坦、乌兹别克

---

① 咸海流域还包括阿富汗、伊朗部分地区，因所占比重小且缺乏数据，不列入本章研究范围。

斯坦、土库曼斯坦三个国家；锡尔河流域面积 55 万平方千米，跨吉尔吉斯斯坦、哈萨克斯坦、乌兹别克斯坦、塔吉克斯坦四国。山区降水和冰雪融水是咸海流域河流的主要补给水源，总年均地表径流量约 1 165 亿立方米，阿姆河和锡尔河分别为 793 亿立方米和 372 亿立方米（邓铭江等，2010）。

咸海流域北部的尾闾湖——咸海，由于咸海流域大规模水土开发和引水灌溉改变了水资源的时空分布，破坏了流域水量平衡，致使逐渐萎缩和干涸。咸海的萎缩与干涸始于 20 世纪 60 年代，当时的入湖水量 433 亿立方米，到 20 世纪 80 年代，入湖水量迅速降至 20 亿～40 亿立方米，水面面积萎缩至 3.38 万平方千米。1987 年，咸海分成了南咸海和北咸海两片水域。锡尔河流域的水量主要注入北咸海，阿姆河流域的水量主要注入南咸海。目前咸海已萎缩 90% 以上，约 7 000 平方千米的湖底大部分裸露，造成了严重的生态环境问题。

2. 跨境水资源分配受到国家历史定位的严重影响，导致目前经济转型困难，国家间高依存度和相对独立政策之间矛盾严重

咸海流域总人口 5 233.1 万人，其中农村人口占 64.5%，约 60% 的人口分布在乌兹别克斯坦。中亚五国拥有丰富的农业资源，光照充足，年均日照时长 2 000～3 000 小时，有利于农作物生长和养分积累（李莉等，2014）；农业用地面积约 280 万平方千米（其中 90% 为牧场，10% 为耕地），占中亚土地面积的 70%（Hamidov et al.，2016）。咸海流域每年 90% 的地表径流量用于绿洲农业灌溉，由于大规模水土开发，目前阿姆河已无地表径流注入咸海南部，锡尔河每年流入咸海北部的水量为 30 亿～80 亿立方米。

3. 苏联时期政策和顶层设计对中亚国家社会经济各方面影响深刻

农业资源空间配置不均衡限制了中亚五国的农业发展，如吉尔吉斯斯坦、塔吉克斯坦占有最多的水资源，哈萨克斯坦土地资源丰富，乌兹别克斯坦、土库曼斯坦在土壤、地形、劳动力等方面占优势。苏联时期，在计划经济体系下，中亚五国社会经济相互依赖，农业是各国的主要经济部门，占国内生产总值的 10%～45%，雇佣 25%～50% 的劳动力。迄今，农业仍是中亚五国国内生产总值的重要组成部分：哈萨克斯坦 5.2%，乌兹别克斯坦 18.5%，土库曼斯坦 7.5%，吉尔吉斯斯坦 20.8%，塔吉克斯坦 23.3%。哈萨克斯坦为五国中面积最大的国家，占中亚面积的 68%，农作物以旱作小麦为主，苏联政府在哈萨克斯坦开展大开荒运动，把哈萨克斯坦建成苏联最重要的商品粮基地，苏联小麦总收购量的 20% 由哈萨克斯坦提供（章莹、张保国，1989）；乌兹别克斯坦为人口大国，占中亚人口的 45%，农作物以棉花、小麦为主，是苏联重要的棉花生产基地，棉花产量占全苏联棉花产量的 67%；土库曼斯坦沙漠广布，卡拉库姆运河的开凿使得灌溉面积迅速扩张，成为苏联仅次于乌兹别克斯坦的棉花产区；塔吉克斯坦农业以棉花生产为主；吉尔吉斯斯坦畜牧业占主要地位。中亚五国独立后，调整了各自的农业产业结构，哈萨克斯坦减少了粮食产量，乌兹别克斯坦、土库曼斯坦、塔吉克斯坦减少了棉花产量而相应增加了粮食产量。

4. 咸海流域各国经济发展差距较大，属于资源导向型经济结构

区域人均国内生产总值约 2 662 美元。其中，哈萨克斯坦、土库曼斯坦由于化石能源丰富，人均国内生产总值较高，分别是 7 715 美元和 6 389 美元，吉尔吉斯斯坦、塔吉克斯坦国土面积较小，人均国内生产总值较低，分别是 1 120 美元和 919 美元。但吉尔吉斯斯坦和塔吉克斯坦处于亚洲水塔部分，是下游三国的产流区，水资源禀赋特别丰富，产水量占咸海流域水资源总量的 80.4%（阿布都米吉提·阿布力克木等，2019）。而依据苏联解体前制订的水量分配方案，位于流域下游的哈萨克斯坦、乌兹别克斯坦和土库曼斯坦的分水比例占咸海流域水量的 82%（田向荣等，2017）。苏联解体后，中亚五国仍然沿用苏联时期的分水比例，但由于苏联时期的水资源统一管理体系撤销，上下游国家各自为政，缺乏合作，所以，经常因水量分配、上游发电与下游灌溉、水质污染等矛盾而引发争端。

5. 近期咸海流域的四个发展阶段

20 世纪 60 年代以来，咸海流域大规模水土开发，水库、引水干渠等大型水利工程建设，以及超大型农业灌溉系统发展，导致引水量激增和咸海入湖水量骤减。

（1）农业大开发阶段（1971—1980 年）。这一时期苏联在流域内进行大规模土地开垦，主要采用漫灌种植高耗水的棉花。期间修建了大型水库和干渠等水利灌溉工程，这些工程渗漏较为严重，农业用水效率较低，大量水资源在引用的途中被消耗，咸海入湖水量逐年减少，咸海生态危机开始显现（邓铭江、龙爱华，2011）。

（2）水土开发达到峰值且相对稳定阶段（1981—1990 年）。这一时期农业开发规模达到顶峰并相对稳定，咸海入湖水量进一步减少。由于农业需水量极大，流域下游农业用水优先予以满足，上游发电需求缺口靠下游免费的化石能源进行补偿，大量农业灌溉回归水排入绿洲外围的咸水洼地，无法重复利用或回归锡尔河，造成严重的水资源浪费。流入咸海的水量极低，甚至有些年份出现断流。

（3）苏联解体后经济发展滞缓阶段（1991—2005 年）。苏联解体后新诞生的中亚国家在这一时期政治局势不稳，社会经济出现停滞甚至倒退。棉花生产远大于解体后国家的实际需求，农用地面积缩小，在种植结构上，受迫于人口增长导致的粮食安全压力，粮食作物种植面积占比增加。在水和能源关系方面，下游区域不再免费向上游补给能源，上游吉尔吉斯斯坦和塔吉克斯坦产生能源危机，电力需求无法满足，尤其是用电高峰期的冬季（李湘权等，2010）。为了在冬季生产更多电力，增加夏季上游水库蓄水，并在冬季下泄发电，给下游造成了夏季农业用水短缺与冬季洪涝风险。长期的漫灌造成下游农田土壤盐渍化严重，肥力下降，同时大量农药、有机质和盐分进入锡尔河与阿姆河，导致下游水质恶化。到 2004 年，咸海的面积只剩下原来的 25%（Micklin，2010）。沙、盐尘暴发生频次增加，威胁居民健康，咸海危机进一步发展。

（4）经济复苏阶段（2006—2015 年）。进入 21 世纪，中亚五国中化石能源丰富、工业基础相对较好的哈萨克斯坦和土库曼斯坦经济发展速度增快，逐渐拉开与农业产值占比极高的乌兹别克斯坦、塔吉克斯坦、吉尔吉斯斯坦的经济差距。受农业用地私有化及农产品出口前景的改善，下游农民生产积极性提高，加上农耕技术的进步，农业生产力有所提升。相对较富裕的哈萨克斯坦在锡尔河中游修建大型水库防洪、调节灌溉，缓解自身在水资源竞争中的劣势；同时，为保护咸海在该国境内部分的生态，在北咸海修建科卡拉尔水坝，水坝将咸海南北两湖分离，北咸海水面开始扩大，水位开始回升，维持北咸海水位在 42 米左右（Micklin，2010），但间接导致南咸海加速干涸。上游的吉尔吉斯斯坦与中下游的乌兹别克斯坦等由于未改变原用水方式，在人口增加与气候变化的压力下，用水矛盾趋于升级。

在水资源管理方面相关国家组织也进行了各种尝试，从苏联、苏联解体后的中亚各独立国家，到联合国、世界银行、亚投行等国际组织，都努力采取各种措施来恢复咸海水位、修复生态环境、建设水利设施，对咸海地区的生态难民进行人道主义援助。但如 1998 年斯德哥尔摩会议所指出的，尽管咸海地区已经得到了国际社会的大力援助，但情况并没有得到根本改善。国际社会对于完全恢复咸海的态度也并不乐观。联合国教科文组织发布的《关于咸海流域的 2000 年展望》认为，中亚正处于一个转折点，它面临严重的经济、社会和环境危机；对 2025 年展望抱有较高期望，但这一愿景还面临诸多挑战，如资金、跨国界水资源的分配、不断增加的人口用水需求、政治方面的议题等，这些因素都使恢复咸海的任务面临重重困难。

拯救咸海国际基金会与国家间水协调委员会发挥了重要作用。前者通过建构机制、筹集资金与推进项目等方式积极推动咸海治理；后者则在稳定中亚国家间水资源关系方面做出了重要贡献。例如，乌兹别克斯坦水资源一体化管理体系逐渐取代传统的、以国家为中心的水资源管理模式，水用户协会也为该国农业灌溉用水合理分配做出贡献；南哈萨克斯坦通过灌溉管理权转让和 WUAs 对水资源管理制度进行改革。

针对水资源利用中出现的生态与环境问题，一些学者在灌区尺度上对土壤次生盐渍化开展研究，认为过高灌溉定额和不完善的排水系统是土壤次生盐渍化的主导因素（Kulmatov et al.，2015）。此外，各国科学家针对咸海流域的粮食安全、生态耗水（Thevs et al.，2015）和水资源跨界合作利用（Teasley，2011）等方面开展了很多研究。目前咸海流域各国的水资源一体化管理，会提高局部水资源利用效率，但针对全流域的水资源需要更高级别的一体化宏观管理视角和具体技术解决方案，才能有效解决咸海流域用水矛盾。

二、咸海流域气候要素变化显著影响水文循环要素

咸海流域的气候变化和水文循环研究能够加深对该地区水循环及水循环组分变量的深入

认识，尤其是不同时期的气候变化。气温数据显示长期以来大气升温显著，在1901—2016年和1950—2016年两个时间段，速率分别为0.15℃/10年和0.31℃/10年，该结论与中亚干旱区的变暖趋势一致。2003—2016年，咸海流域的增温速率从1950—2016年的0.31℃/10年降低到0.08℃/10年。这与全球增温停滞吻合。而降水在1901—2016年呈现正的变化趋势，变化率为0.28~0.4毫米/年（图4-2），这与中亚干旱区降水增加一致，2003—2016年降水增加率增加更为显著（约0.38毫米/年）。咸海流域显著增温和降水增加，对应的蒸散发自20世纪50年代以来增率为0.4~0.7毫米/年，2003—2016年呈现出显著增加趋势（2.11~2.47毫米/年）。

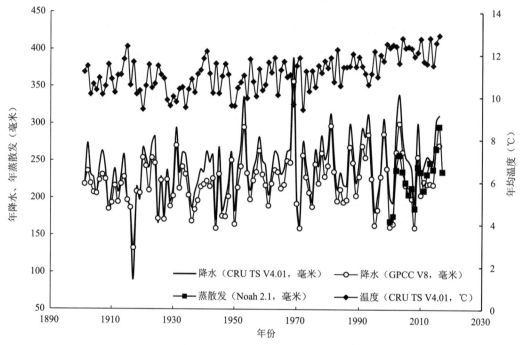

图4-2　不同时间段不同数据产品的温度、降水和蒸散发时间变化

资料来源：气温数据来自CRU TS V4.01；降水数据来自CRU TS V4.01，GPCC V8，TRMM 3B43；
蒸散发数据来自ET-Zhang，Noah 2.1，GLEAM 3.3a。

中亚主要大湖流域相比较时，咸海流域的增温速率相对较低（表4-1），其中伊塞克湖流域增温速率最大（0.12℃/10年），巴尔喀什湖流域降水增加速率最大（0.037毫米/月），而塔里木河流域蒸散发增加速率最大（0.019毫米/月）。

表 4-1 2003—2016 年中亚大湖流域水文气象变量长期趋势

	T（℃/10 年）	P（毫米/月）	ET（毫米/月）
咸海	0.06＊＊	0.009	0.008＊＊
巴尔喀什湖	0.08＊＊	0.037＊＊	0.01＊＊
伊塞克湖	0.12＊＊	0.018＊	0.012＊＊
塔里木河	0.1＊＊	−0.007	0.019＊＊
CASNW	0.09＊＊	0.016＊	0.015＊＊

注：＊和＊＊分别表示 95％和 99％显著性水平。

资料来源：Hu et al.（2021）。

三、咸海流域生态系统恶化风险持续增加

过去的 50 年里该地区的气候条件发生了巨大变化，加剧了水资源赤字，国家内运河等水工建筑物改变了河流联通方式，多种因素综合作用下，导致区域内生态系统有较大改变，流域生态系统服务价值变化剧烈。

1. 咸海流域土地利用变化显著，生态服务价值不断下降

1995—2025 年，研究区覆盖类型占比最大的为裸地，约占研究区总面积的 44.6％，其次是草地和耕地（分别为 33.0％和 17.3％）。在所有土地利用类型中，草地增加最多；城镇用地面积增加速度最快；耕地面积整体呈增加趋势。与此相反的是水体面积大幅减少，1995—2025 年减少 39.9％，年均减少 10.7×10⁴公顷（表 4-2）。

表 4-2 1995—2025 年咸海流域各土地利用面积变化

		耕地	林地	草地	湿地	城镇建设用地	裸地	水体	总和
面积 （10⁴公顷）	1995	2 968.61	182.30	5 644.28	7.56	12.07	7 676.81	640.56	17 132.19
	2005	2 991.08	179.57	5 690.24	7.59	33.36	7 758.07	472.29	17 132.19
	2015	2 989.51	169.94	5 706.75	7.56	59.52	7 817.68	381.25	17 132.19
	2025	2 980.85	182.21	5 741.17	7.52	78.07	7 757.36	385.00	17 132.19
变化率 （％）	1995—2005	0.76	−1.50	0.81	0.33	176.31	1.06	−26.27	——
	2005—2015	−0.05	−5.36	0.29	−0.44	78.39	0.77	−19.28	——
	2015—2025	−0.29	7.22	0.60	−0.42	31.17	−0.77	0.98	——
	1995—2025	0.41	−0.05	1.69	−0.54	84.53	1.04	−66.38	——

资料来源：Chen et al.（2021）。

　　1995 年咸海流域的生态服务价值总量约 4 925.5 亿美元（表 4-3），草地贡献率最高（47.78％）（图 4-3a），其次是耕地和水体（分别为 33.52％和 16.98％）。1995—2005 年，咸海流域生态系统服务价值减少了 118.8 亿美元，这主要是由于水体生态系统服务价值的减少抵消了耕地、草地和城镇建设用地增加的生态系统服务价值。2005—2015 年，区域生态系统服务价值进一步下降 177.0 亿美元；同样，水体的服务价值下降是区域服务价值下降的主要原因。2015—2025 年，区域服务价值增加 50.0 亿美元，主要是由于水体、林地和城镇建设用地服务价值的持续增加。土地利用方面（图 4-3b），增长最快的是城镇建设用地（＋608.85％），1995—2025 年流域内面积增加最多的是草地，水体覆盖面积减少最多（－42.42％)也给生态系统服务价值造成 402.8 亿美元的损失。

表 4-3　1995—2025 年咸海流域生态系统服务价值

| | 生态系统服务价值（十亿美元） | | | | 变化率（%） | | | |
	1995	2005	2015	2025	1995—2005	2005—2015	2015—2025	1995—2025
耕地	165.10	166.73	166.68	168.24	0.99	−0.03	0.94	1.90
林地	5.77	5.67	5.36	5.02	−1.66	−5.52	−6.23	−12.87
草地	235.37	235.58	237.72	243.48	0.09	0.91	2.42	3.45
湿地	1.93	1.95	1.95	1.94	0.98	−0.13	−0.46	0.39
城镇	0.73	1.47	3.27	5.91	100.77	121.87	80.99	706.21
裸地	0.00	0.00	0.00	0.00	0.00	0.00	0.00	0.00
水体	83.65	69.27	48.00	43.37	−17.19	30.71	−9.64	−48.16
总和	492.55	480.67	462.97	467.97	−2.41	−3.68	−1.08	−4.99

资料来源：Chen et al.（2021）。

　　进一步对咸海流域上、中、下游的生态服务价值变化进行分析可见，上游的服务价值波动最小，整体减少 19.0 亿美元；中游的服务价值持续增加，累计增加 68.1 亿美元（仅湿地生态服务价值略有下降）；下游的各项服务价值均持续下降，累计减少 277.9 亿美元，主要是由于水体服务价值的变化引起。

　　咸海流域最重要的生态系统功能是生物多样性、粮食生产和水调节，生物多样性和粮食生产对区域生态系统服务价值的相对贡献一直在增加，这弥补了水调节方面的损失。1995—2025 年，除水调节、废物处理以及休闲、文化和旅游的服务价值分别下降 31.21％、9.96％和 5.17％外，大部分生态系统服务价值呈增加态势（表 4-4）。

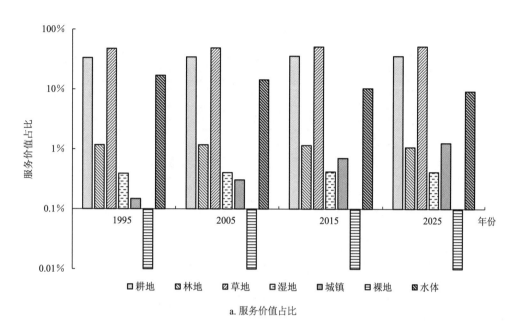

a. 服务价值占比

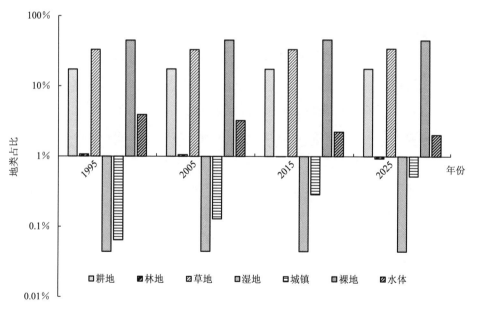

b. 面积占比

图 4-3　不同土地利用类型服务价值占比及面积占比

资料来源：Chen et al.（2021）。

表 4-4　1995—2025 年咸海流域不同生态系统功能价值评估

服务类型	子类型	生态服务价值（百万美元）			
		1995 年	2005 年	2015 年	2025 年
供给服务	粮食生产	137.51	138.39	138.43	138.68
	原材料供给	9.92	9.99	9.98	10.00
调节服务	大气调节	0.51	0.51	0.51	0.52
	气候调节	15.11	15.41	15.63	15.79
	水调节	75.95	60.38	51.88	52.24
支持服务	土壤保持	22.09	22.25	22.24	22.21
	废物处理	22.35	20.92	20.08	20.12
	生物多样性	175.57	176.93	177.22	178.12
文化服务	休闲、文化和旅游	30.02	27.68	27.14	28.47
总和		489.01	472.47	463.11	466.14

资料来源：Chen et al.（2021）。

2. 生态环境改变严重影响生态环境质量

咸海萎缩的生态效应体现在对局地气候的调节作用的改变，土壤盐渍化的增加和盐尘暴频发。咸海萎缩后导致夏季更短更干旱，冬季更长更寒冷，且降水减少；各土地覆盖类型区域与咸海的地表温差均呈现上升趋势，咸海的区域温度调节功能逐渐减弱。20 世纪 50 年代—2002 年，人类活动的灌溉用水使咸海局地蒸散发增加从而导致气温下降 0.6℃的变冷效应。咸海萎缩后，咸海流域夏季更加炎热，冬季更加寒冷，生长季节缩短，湿度降低。1980—2015 年，咸海萎缩造成咸海及其周边约 300 千米范围内日均温上升 1.04℃；导致咸海东侧约 400 千米范围内夏季降水减少 2.33 毫米。1970 年哈拉孜木地区 86% 的土壤未盐碱化或轻微盐碱化，1990 年未盐碱化土壤减少到 68%（沙多拉依夫，1992）。

水位下降与面积萎缩导致咸海的萎缩留下大量荒漠，使该地区的植被和土壤发生重大变化，从而成为盐碱尘暴的策源地，裸露的海底盐分在风力作用下，每年被吹走 $75 \times 10^6 \sim 100 \times 10^6$ 吨，咸海的古海岸到努库斯之间的地区，每年沉落的盐尘高达 $150 \sim 1\,000$ 千克/公顷（热皮库夫，1990）；通过沙尘和降雨每年落向地面的盐碱达 $450 \sim 600$ 千克/公顷（吉力力·阿不都外力，2015）。

过去 50 年咸海含盐度的提高，几乎导致繁殖于南咸海水域的鱼类和水生生物群体全部消失，咸海地区动植物数量锐减，物种多样性受到严重破坏，12 种哺乳动物、26 种鸟类和11 种植物已濒临灭绝。

3. 流域极端气候频发，灾害风险不断增加

极端气候灾害对人类社会和自然生态系统有严重的影响（任国玉等，2010）。中亚大陆生态系统脆弱，极易受到极端气候灾害的影响（曹嘉涵，2015）。进入 21 世纪以来，以升温为主要特征的气候变化使极端气候发生的强度和频率也在不断加剧，例如干旱、洪水、电力生产增加和粮食减产等（Sun et al.，2019）。灾害事件的生态环境风险不仅与灾害事件发生的可能性有关，还与人口财产的暴露性以及社会处理灾害的能力相联系（Carrao et al.，2016；Lyu et al.，2019）。

（1）气候极值的时间序列趋势表明极端事件将广泛且频发

对气候极值指标的分析表明：①极端高温事件主要出现在中亚地区的西南部，极端低温事件主要集中于东部和北部部分地区，表明中亚地区年最高和最低温度时间趋势变化不明显。②极端降雨最严重的地区为东部山区，连续干旱天数最严重的地区位于中亚南部。中亚地区呈现干旱的趋势，主要表现为显著减少的日最大降水量、湿润天数和湿润天数降水量，以及增加的持续干旱天数出现在中亚的大部分区域。③中亚地区大部分站点（除部分东部地区外）显示出显著的变暖趋势，更长的温暖天数和更短的寒冷天数出现在中亚大部分区域。

（2）生态环境灾害风险评估表明中亚山区是生态环境灾害高风险区

通过分析区域内的灾害性、暴露性和脆弱性，综合评价区域历史和未来生态环境风险。暴露性指受体暴露在灾害事件的程度，与人口、财产、土地利用和地形地势等物理特征有关。脆弱性指受体处理灾害事件的能力，与社会、经济和水资源状况等特征有关。随着气象极值灾害重现期的增加，中亚各国的生态环境风险评估值呈增加趋势，但各国的增加趋势不同。灾害性、暴露性和脆弱性三者之间存在明显的交互作用，面对不同程度的灾害事件，各国的生态环境风险水平存在明显的差异性。

从时间维度看，随着中亚地区社会经济的发展，使得应对极端灾害事件的能力增强，中亚地区生态环境风险水平呈现出 2010 年＜2015 年＜1990 年＜2000 年；从空间维度看，中亚地区生态环境风险水平呈现出土库曼斯坦＜哈萨克斯坦＜乌兹别克斯坦＜塔吉克斯坦＜吉尔吉斯斯坦。吉尔吉斯斯坦的楚河州以及乌兹别克斯坦的锡尔河州和塔什干州的生态环境风险评估值较高，主要是由于这些地区较高的人口密度和城镇集中导致的高暴露性，同时社会经济发展水平导致脆弱性评估值较低。哈萨克斯坦的阿特劳州和土库曼斯坦的列巴普州的生态环境风险水平最低，主要由于人口财产的暴露性不高，且社会经济发展较好，抗脆弱性能力较强。

考虑集合多种典型浓度排放路径（RCPs）和共享社会经济路径（SSPs），预估气候变化和人类活动影响下中亚五国未来时期（2020—2050 年）的生态环境系统风险水平，结果表明：在 RCP2.6 下，在国家尺度上，塔吉克斯坦＞乌兹别克斯坦＞土库曼斯坦＞吉尔吉斯

斯坦＞哈萨克斯坦；在年际尺度上，2020s＞2030s＞2040s＞2050s；在人类活动影响上，SSP3＞SSP2＞SSP4＞SSP5＞SSP1。总体而言，①中亚地区南部的生态环境风险水平要高于北部，尤其是东南部塔吉克斯坦和乌兹别克斯坦部分地区；②不同社会经济情景结果表明，区域竞争路径（SPP3）下中亚的生态环境风险水平最高，可持续路径（SSP1）下中亚的生态环境风险水平最低。因此，在实现发展目标的同时需要中亚各国降低化石燃料的使用，使各国社会经济呈现开放、平等、全球化的发展。

（3）气候变化情景下干旱灾害有扩大和持续的趋势

咸海流域1940—2020年总共发生干旱75次，其中锡尔河下游次数最多，阿姆河中游右岸最少。咸海流域年均干旱历时和年均干旱强度分别为2.35个月和2.65。分区域看，阿姆河流域共发生干旱69次，年均干旱历时和年均干旱强度分别为2.20个月和2.59；锡尔河流域共发生干旱83次，年均干旱历时和年均干旱强度分别为2.56个月和2.74。最大干旱历时和最大干旱强度分别为7.57个月和8.54。各区域的最大干旱历时和最大干旱强度空间差异均较为显著，阿姆河上、下游与阿姆河中游右岸的最大干旱历时相差4个月，阿姆河上游与下游的最大干旱强度相差2.81。阿姆河流域上、中游干旱发生概率差异不大，下游有明显上升，下游比上、中游干旱发生概率高8.3%～12.0%；锡尔河流域上、中、下游的概率依次递增，上游最低0.579，下游最高0.718。由此可见，咸海流域下游的干旱风险要显著高于中、上游地区。

通过对比历史时期和未来不同情景下咸海流域各区域发生干旱概率，求得干旱风险概率评价，结果表明：①历史时期内，咸海流域上游的干旱风险处于较低水平，风险为0.483～0.604，但未来30年有增加趋势；②咸海流域中游，阿姆河、锡尔河两大流域的干旱风险存在差异，其中阿姆河流域略低，风险为0.498～0.600，锡尔河流域略高（主要体现在费尔干纳盆地），风险为0.552～0.646；③咸海流域下游的干旱风险均处于高水平，尤其体现在锡尔河流域的下游，除RCP8.5情景下略低（风险约0.543），其余情景下风险为0.623～0.632；④对比咸海流域未来时期各情景和历史时期的干旱风险结果，基准情景和RCP4.5情景下干旱风险显著上升，相比历史时期分别增长9.9%和7.2%，RCP8.5情景下干旱风险概率相比历史时期增幅较小，约2.2%。

第二节　咸海水域与退缩区环境变化

咸海是发源于帕米尔高原的阿姆河和发源于西天山的锡尔河的共同尾闾湖泊（图4-4）；曾以超6.8万平方千米的面积位居世界第四大湖。咸海区域属沙漠-大陆性气候，西岸地势陡峭，位于乌斯秋尔特高原东缘，湖面与高原高差约 150 米。咸海西南部为卡拉库姆沙漠，东北部为克孜勒库姆沙漠，地势相对平坦。咸海自身水文、水质和植被状态直接影响了咸海退缩区的环境变化。

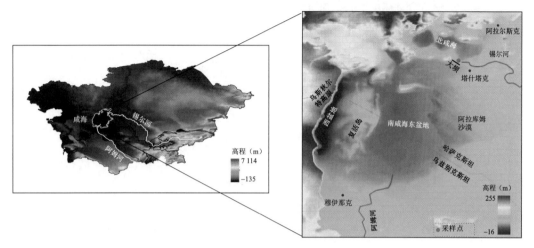

图 4-4　咸海流域及水系分布

一、咸海水面与水量持续萎缩

20 世纪 60 年代以前，咸海是全球第四大湖泊，面积超过 6.8 万平方千米，最深 69 米，湖岸线长度超过 4 400 千米。咸海南北长约 426 千米，东西宽 284 千米，最大深度 68 米，平均深度 16 米，湖床高程范围 13～54 米，为宽浅型湖泊，湖盆库容-水面-水文曲线如图 4-5，湖泊水面面积对水位变化敏感。

1960 年以前，咸海长期保持相对稳定状态，1900—1960 年平均水面高程与面积分别为 53.8 米、68.58×10³ 平方千米，水量在 1960 年之前维持在 10 310 亿～10 830 亿立方米，1960 年之后持续下降与减小，至 2020 年降为 6.69×10³ 平方千米（751 亿立方米）左右，共萎缩了 61.81×10³ 平方千米（90.2%），面积年平均变化率达到 −1.52%/年，体积年平均变化率为 −170.7 亿立方米/年（图 4-6）。

二、咸海水质持续恶化

咸海盐度是其生态环境恶化的一个重要指标，北咸海盐度在其水体恢复后，呈现出逐渐好转的趋势，而南咸海则表现出一直恶化的趋势。1940—1960 年，咸海水体盐度变化不大，约 11 克/升；1960—1986 年，咸海水体盐度由 10 克/升逐渐升高至 25 克/升。1989 年，分开后的咸海，南咸海水体盐度增加趋势变大，并在 2020 年达到 270 克/升；北咸海水体盐度降低并较稳定，2013 年平均盐度 5.3 克/升，最高盐度达到 9.9 克/升，2019 年水体平均盐度 5.83 克/升，均低于 1960 年的盐度水平（图 4-7）。

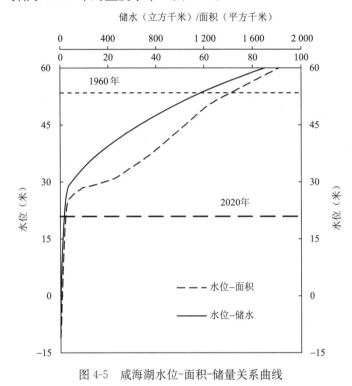

图 4-5　咸海湖水位-面积-储量关系曲线

资料来源：CAWater Info（http://www.cawater-info.net/aral/data/tabs_e.htm）。

三、咸海退缩区植被持续变差

在调节陆地碳平衡、气候系统以及改善生态环境的过程中，植被发挥了重要作用，是陆地生态系统最重要的成员之一，植被的生长变化反映了气候、水文土壤等一系列环境因子的变化。多种植被指数可以揭示地表植被生长的空间格局和异质性，开展湖滨植被特征量化研究，能有效认识湖泊退缩对湖滨区域植被影响的发生范围、作用强度，为咸海荒漠盐/沙尘源区的地表特征及准确位置提供信息，也有助于调查水资源及其他自然资源的分布状况，有助于区域植被的恢复重建。

1977—2018 年，咸海缓冲区生长季 NDVI 最大值范围在 0.09～0.19，且随时间推移呈波动下降趋势（图 4-8），不同时间段的变化速率不同。其中，1977—1987 年 NDVI 呈上升

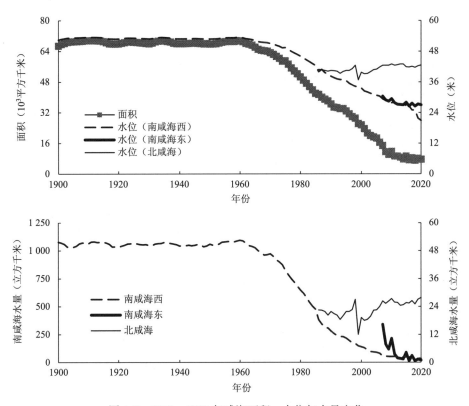

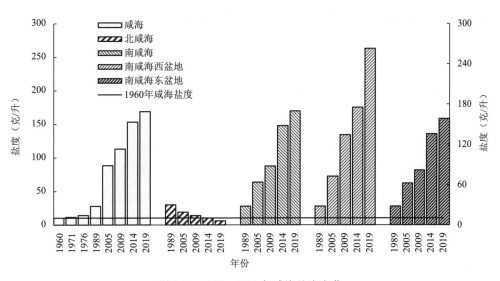

图 4-6　1900—2020 年咸海面积、水位与水量变化

资料来源：CAWater Info（http：//www. cawater-info. net/aral/data/tabs_e. htm）。

图 4-7　1960—2019 年咸海盐度变化

资料来源：CAWater Info（http：//www. cawater-info. net/aral/data/tabs _ e. htm）。

趋势，1987—1992年快速下降后缓慢上升，2007—2017年再次下降，到2017年NDVI降至最低，2018年稍有增加。总体上，1977—2018年咸海3千米缓冲区内生长季NDVI平均趋势率为$-0.173\times10^{-2}a^{-1}$，表明咸海距湖面3千米缓冲区内植被生长状况不佳且随时间的推移变差。

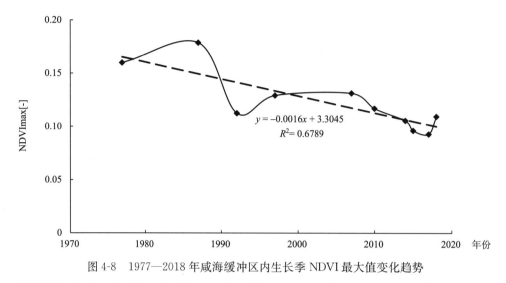

图4-8　1977—2018年咸海缓冲区内生长季NDVI最大值变化趋势

资料来源：Landsat-4/5/7/8 16-day datasets（https://www.usgs.gov/core-science-systems/nli/landsat/）。

四、咸海退缩区成为影响亚欧大陆的盐尘暴策源地

咸海60 000平方千米面积的水域发生干涸后，堆积巨厚盐层及其他沉积物的湖床完全暴露在地表（Issanova and Abuduwaili，2017）。每年有成千上万吨混合多种化学物质及农药的盐尘及细沙颗粒从干涸湖床吹走，借助西风气流带，盐沙尘颗粒进入大气上层形成大气气溶胶，进一步扩大环境危害和影响。盐/沙尘活动作为一种地表的天气现象，它的形成与地表环境密切相关。土地覆被类型直接决定了盐/沙尘的来源，陆地表层土壤湿度和植被覆盖的变化影响地表起沙的临界风速，决定了土壤侵蚀量、大气中沙尘含量、沙尘天气发生频次和规模（吉力力·阿不都外力，2012）。盐/沙尘暴的形成主要受沙源、风力和不稳定的大气层结构状态等多种因素的控制，可分为天气和气候条件（主要是大风和少量降水）、土壤状态（包括土壤矿物成分、粒径分布特征、土壤物理硬度和含水量等）、地表粗糙元（非侵蚀性土壤团粒和植被覆盖度）、地形地貌（坡度和坡向）以及土壤的利用和管理等方面。

咸海湖盆的风蚀风险空间分布状况表明（图4-9），咸海东部早期干涸湖床风蚀风险最为严重，且风蚀高发区的范围较大，风蚀可能性最高可达93%；其次是中部原湖心岛

（82%）以及南部阿姆河入湖的冲积扇地带（67%）。

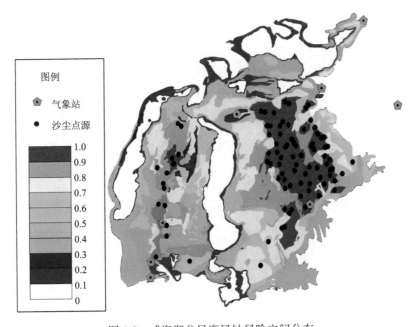

图 4-9 咸海湖盆尺度风蚀风险空间分布

资料来源：中亚大湖区课题之子课题（XDA20060301）研究成果，基于风力侵蚀风险模型，

通过空间插值和重采样，进行风蚀风险系数计算并进行可视化所得。

2009 年、2014 年、2015 年和 2017 年咸海地区发生沙尘事件的天数均大于 30 天（图 4-10）。以 4 月最为明显，4 月发生沙尘事件的天数达到近 100 次，其次是 3 月和 5 月，8 月发生沙尘事件的天数最少。

中亚干旱区干涸湖床在区域粉尘循环方面贡献了较大分量的全球粉尘（吉力力·阿不都外力、马龙，2015）。盐尘造成的危害远大于普通粉尘，政府间气候变化专门委员会（IPCC）认为尘埃是全球大气气溶胶的主要成分（Vijayakumar et al.，2016），盐尘气溶胶在大气中含量很少，仅占 10% 左右，但其对地球系统、全球气候系统和环境变化具有一系列重要影响，所涉及的时间尺度从几分钟延伸至几千年。咸海干涸湖床是气溶胶光学厚度的高值区，主要分布在东北和西南方向（图 4-11），这与上述气团轨迹的分析结果相同。春季盛行东北、西南风，朝四周延伸六条潜在扩散途径。其中，20% 的携沙气团向西南方向扩散，61% 的携沙气团向蒙古方向扩散，主要影响哈萨克斯坦，15% 的气团向西北方向扩散。在离开咸海湖盆 7 天之内，携沙气流可经过中国东北地区，最远可达朝鲜半岛，这与轨迹密度分析的结果类似。

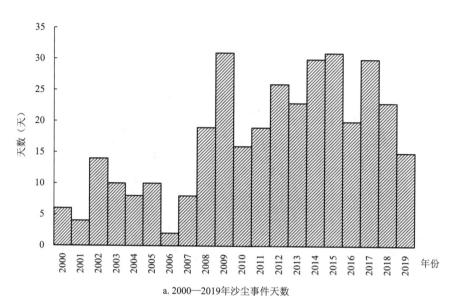

a. 2000—2019年沙尘事件天数

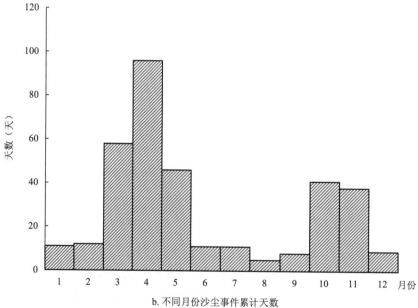

b. 不同月份沙尘事件累计天数

图 4-10   2000—2019 年沙尘事件天数和不同月份沙尘事件累计天数

资料来源：数据来自增强沙尘指数（EDI），提取自 MODIS Aqua and Terra（MOD09GA）

（https：//ladsweb. modaps. eosdis. nasa. gov/search/）。

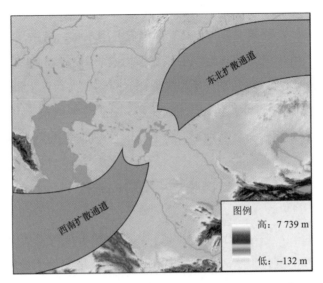

图 4-11 咸海粉尘潜在扩散通道

第三节 咸海变化成因分析

一、人类活动是影响咸海入湖水量变化的关键因子

水资源-社会经济-生态系统是一个复杂的巨系统,每个子系统中又包含众多组分,各个组分与系统之间存在着多层次、非线性等特征,给咸海流域水资源和生态系统管理带来严峻考验。针对以上问题,在流域尺度上,耦合多种多元分析技术(逐步聚类分析、贝叶斯最小二乘支持向量机、贝叶斯神经网络),构建了咸海流域的水资源-社会经济-生态系统关联模型,剖析了水资源-社会经济-生态系统的内在演变规律和耦合机制,识别了影响入咸海流量的关键社会经济、水文、生态、气象因子。

结果表明:①人类活动因子对入咸海水量变化的影响最显著,总贡献率为 51.5%,其次是水文气象和生态因子,总贡献率分别为 43.6% 和 1.0%;所识别出的关键影响因子中,上游来水量的贡献率最大(31.8%),然后依次是乌兹别克斯坦农业用水(21.3%)、水库截留量(16.7%)和蒸散发(11.4%)。②两因子交互作用对入咸海水量变化的总贡献率为3.8%,乌兹别克斯坦农业用水、上游来水量、水库截留、降水、归一化植被指数和植被覆盖度之间交互作用较为显著,其中乌兹别克斯坦农业用水与上游来水量的交互作用贡献率最高。③苏联解体前乌兹别克斯坦农业用水、哈萨克斯坦农业用水、塔吉克斯坦农业用水、水库蓄水以及蒸散发量对锡尔河入湖水量影响较大，其贡献率分别为 31.2%、23.8%、14.4%、10.6% 和 7.5%；蒸散发量与哈萨克斯坦农业用水量、蒸散发量与塔吉克斯坦农业用水量之间存在交互作用；苏联解体后乌兹别克斯坦农业用水、上游来水、哈萨克斯坦农业用水、塔吉克斯坦农业用水、乌兹别克斯坦工业用水对锡尔河入湖水量影响较大，其贡献率分别为 21.4%、19.1%、16.1%、14.2% 和 9.4%；塔吉克斯坦农业用水与哈萨克斯坦农业用水、乌兹别克斯坦农业用水、乌兹别克斯坦工业用水之间的交互作用明显。

二、人类活动严重影响咸海流域碳收支平衡转向碳汇

20 世纪 70 年代至 2015 年，中亚五国土地利用与土地覆被转变（LULCC）主要体现在各国耕地、草地和水体的变化上（表 4-5），五国共同特点是建设用地增加；除土库曼斯坦外，其他四国共同特点是水体减少；除哈萨克斯坦和吉尔吉斯斯坦外，其他三国的农用地显著增加；而作为中亚水塔的吉尔吉斯斯坦和塔吉克斯坦的冰川与永久积雪出现了大面积的萎缩。

表 4-5　20 世纪 70 年代至 2015 年中亚五国土地利用与土地覆被转移矩阵　　单位：平方千米

	水浇地	旱地	林地	草地	水体	建设用地	未利用地	总计 （20 世纪 70 年代）
水浇地	133 266	0	227	29 436	792	8 574	451	172 745
旱地	0	176 051	580	91 432	355	709	435	269 562
林地	2 769	0	23 195	12 200	83	37	150	38 433
草地	69 148	0	14 491	1 765 227	19 276	5 728	70 364	1 944 234
水体	1 642	0	477	39 186	81 262	139	57 334	180 038
建设用地	3 352	0	39	2 796	623	11 430	56	18 296
未利用地	10 490	0	123	553 964	22 692	927	796 634	1 384 830
总计（2015）	220 667	176 051	39 130	2 494 240	125 084	27 544	925 424	4 008 138

资料来源：陈曦："中亚区域生态系统评估报告"，2019 年内罗毕 UNEP 大会。

人类活动对生态系统碳库的影响程度远超自然因素，以 LULCC 和土地管理为主要表征的人类活动导致的碳释放是大气中 CO_2 浓度不断升高的关键原因。耕地变化、林业活动和放牧是亚欧内陆主要的土地利用及其变化形式，分别对亚欧内陆的碳储量造成了不同程度的影响。1979—2015 年，人类活动主要包括耕地变化、林业活动和放牧，导致中亚内陆碳储量的减少和增加（图 4-12）。其中，耕地变化和林业活动有利于碳储量的增加，但放牧活动

会导致大量的碳排放，碳排放量随时间总体呈下降趋势。耕地变化和林业活动引起的年净碳储量年净增量呈现上升趋势，耕地变化引起的碳储量年净增量变化不大。在整个研究期间，人类活动导致的碳储量净增量2000年前后最大。

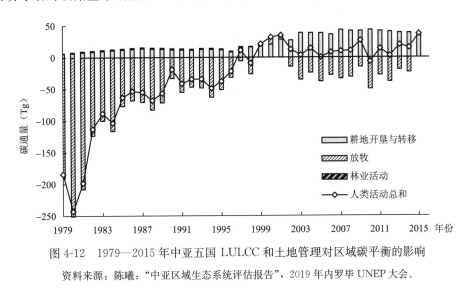

图 4-12　1979—2015 年中亚五国 LULCC 和土地管理对区域碳平衡的影响

资料来源：陈曦："中亚区域生态系统评估报告"，2019 年内罗毕 UNEP 大会。

1979—2015 年中亚五国土地开发与耕地转移、林业活动和放牧等土地利用活动累计碳排放为 1 117.8Tg（1Tg=10^{12} g）（图 4-13），其中土地开发与耕地转移和林业活动分别累积固碳为 834.2Tg 和 32.8Tg，而放牧为碳源过程，累积释放碳 1 984.8Tg。但苏联解体后（1992—2015 年）中亚五国土地开发与耕地转移、林业活动和放牧等土地利用活动累计固碳为 178.2Tg，总体表现为碳汇过程，其中土地开发和耕地转移以及林业活动分别累积固碳为 696.7Tg 和 10.7Tg，而放牧仍为碳源过程，但碳排放强度大为减弱，累积释放碳 529.2Tg。

对于中亚干旱区，因为受到水分胁迫的影响，其生态系统较为脆弱，人类活动对其生态系统的碳-水循环和生态系统结构与功能的影响更为关键。科学的土地利用规划与合理的土地开发模式，包括合理的森林生态系统和草地生态系统的管理利用方式以及农田生态系统耕作管理方式，是保证该区域生态系统可持续发展的基本保障。

三、气候变化对咸海水量的影响

从长期来看，咸海的退缩是整个咸海流域气候、水资源与社会经济系统变化共同影响的结果，除了以耕地开垦为主的人类活动对咸海水量的影响外，气候变化对咸海水量的影响也不能忽略。博尔特尼克（Bortnik，1999）认为 1960 年气候变化造成水位下降 2.3 米，贝克等（Beek et al.，2011）和斯莫尔等（Small et al.，2001）的研究认为气候变化对咸海退缩的贡献率可达到 14% 左右。从水量平衡上来看，咸海水量主要由入湖径流量、湖面蒸发量及降水量所决定，其中湖区的气候变化直接影响湖面蒸散发及降水量变化，入湖径流量受气候变化的影响主要体现在山区产流对气候变化的响应。

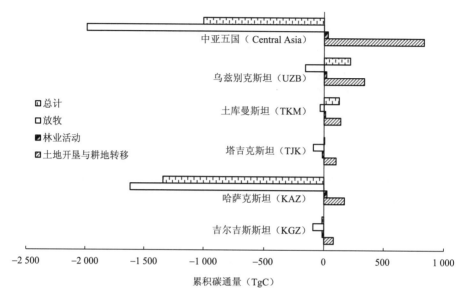

图 4-13　1979—2015 年中亚五国 LULCC 和土地管理对区域碳平衡的累计影响

资料来源：陈曦："中亚区域生态系统评估报告"，2019 年内罗毕 UNEP 大会。

1. 气候变化对咸海湖面降水与蒸散的影响

地面气象观测站与再分析气象数据显示（图 4-14），1960—2019 年，咸海湖区多年平均降水量为 130.88 毫米，变化速率约 3.3 毫米/10 年，总体小幅增加，在 1981 年出现最大值，为 235.04 毫米，其余年份年降水量均小于 200 毫米。由于咸海面积持续萎缩，直接补给到湖泊水体的降水量也随之减少，由 1960 年的 94.1 亿立方米减少至 2019 年的 8.3 亿立方米。

1990—2015 年，由于咸海持续萎缩，导致水面面积锐减，水面蒸发随之减少（图 4-15）。水体蒸发总量由 1960 年的 711.3 亿立方米/年减小至 2019 年的 87.8 亿立方米/年。从蒸发强度看，20 世纪 60 年代咸海蒸发量为 1 036 毫米/年，90 年代蒸发量为 1 182 毫米/年，2010—2019 年为 1 255 毫米/年，蒸发强度呈增加趋势。

2. 气候变化对咸海入湖径流的影响

咸海的水源主要为阿姆河和锡尔河流域的山区产水，山区产水量经河道传输、蒸散和绿洲取水用水之后进入咸海湖区，从整个水分传输系统来看，咸海的水量由山区来水和绿洲用水共同决定。其中，山区产水由降雨、融雪和融冰产流补给，这一部分主要由气象条件决定。

从水资源总量来看（图 4-16），19 世纪 50 年代以来，阿姆河和锡尔河径流总体变化不

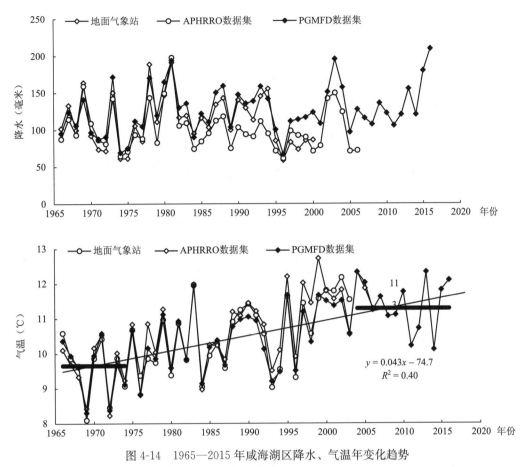

图 4-14　1965—2015 年咸海湖区降水、气温年变化趋势

资料来源：地面气象站数据来自美国国家冰雪数据中心（http://dx. doi. org/10. 7265/N5NK3BZ8），APHRO 数据集来自 Asian Precipitation — Highly Resolved Observational Data Integration Towards Evaluation of Water Resources（APHRODITE）的 APHRO-V1101 数据（http://www. chikyu. ac. jp/precip/products/index. html），PGMFD 数据集来自普林斯顿大学。

显著，阿姆河入湖流量总体大于锡尔河，具有阶段性的变化差异。20 世纪 50—80 年代，阿姆河上游的来水量有减少趋势，80—90 年代则有增长趋势，2000 年以后有减少趋势。阿姆河年均入湖流量 145.3 亿立方米/年，年际变化较大，呈现波动减少趋势，2001 年为最低值 4 立方米；锡尔河年均入湖流量 47.9 亿立方米/年，呈现波动趋势但相对稳定，径流量在 2001 年之后有所回升，1990—2001 年年均入流量 45.8 亿立方米/年，2002—2013 年年均入流量 66.4 亿立方米/年。而入湖流量的重要水源是来自西天山和帕米尔高原的山区产流。1960—2015 年，咸海流域上游山区降水以 5.2 毫米/10 年的速率减少，气温则以 0.20℃/10 年左右的速率持续升高。降水减少是咸海上游流域径流减少的主导因素。气候变化引起咸海的山区来水量减少，在一定程度上引起入湖径流量的减少。

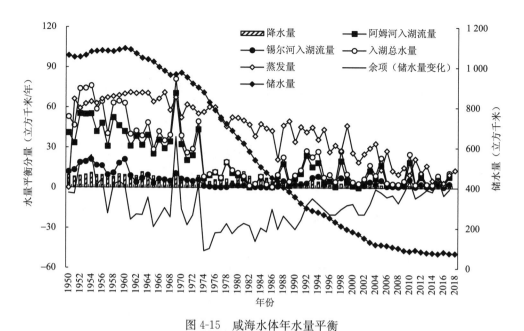

图 4-15 咸海水体年水量平衡

资料来源：CAWater Info (http://www.cawater-info.net/aral/data/tabs_e.htm)。

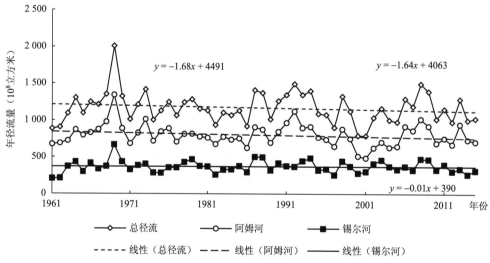

图 4-16 1961—2015 年阿姆河与锡尔河径流量及总径流年际变化趋势

资料来源：中亚大湖区课题之子课题（XDA20060301）研究成果，由 PRES 水文模型模拟获取。

1990—2015 年，阿姆河上游出山口（Termez 站）径流量呈小幅减少趋势，中游入口 Kerki 站和下游入口 Tuyamuyun 站径流量则呈波动减少趋势，与阿姆河入湖站点变化趋势一致，两站点径流量与南咸海入湖水量的相关系数分别为 0.86 和 0.93（图 4-17）。锡尔河三角洲入口 Kazalinsk 站和北咸海入湖流量变化一致。

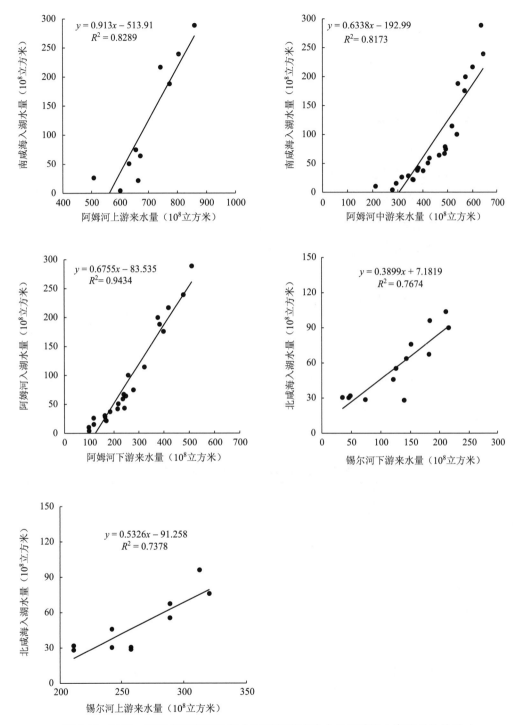

图 4-17 1990—2015 年阿姆河与锡尔河关键节点来水量和咸海入湖流量的关系

资料来源：CAWater Info (http://www.cawater-info.net/aral/data/tabs_e.htm)。

第四节 咸海未来变化趋势

一、不同气候变化情景下咸海变化趋势

1. 咸海流域未来气候变化趋势

基于 CMIP5 的近 50 个气候模式结果，选取 RCP2.6、RCP4.5 和 RCP8.5 三种排放情景数据，未来气候情景下，阿姆河与锡尔河流域气温均呈显著上升趋势，三种情景的气温均高于历史时期。其中，阿姆河流域升温幅度略高于锡尔河流域，在三种情景下近期（2021—2050 年）相对于 1966—1995 年升高 1.8～2.2℃；远期（2066—2095 年）相对于历史时期升高 2.2～6.0℃，随排放情景的增大，温度升高幅度明显增大。未来降水相对于历史时期总体变化较小，随着排放情景的增大，降水变化并未表现出太大差异，变化幅度为 −1.7%～4.8%，远小于年际变化幅度（表 4-6）。阿姆河流域在 RCP2.6 情景下呈增加趋势，RCP4.5 和 RCP8.5 情景下呈先增后减趋势，远期相对于历史时期分别增加 0.9% 和减小 1.7%；锡尔河流域，降水呈先减后增或逐渐增大趋势，远期相对历史时期增加 3.0%～4.8%。

表 4-6 阿姆河与锡尔河流域未来温度和降水预估变化

流域	温度相对于历史变化（℃）						降水相对于历史变化（%）					
	RCP2.6		RCP4.5		RCP8.5		RCP2.6		RCP4.5		RCP8.5	
	2021—2050	2066—2095	2021—2050	2066—2095	2021—2050	2066—2095	2021—2050	2066—2095	2021—2050	2066—2095	2021—2050	2066—2095
阿姆河	2.0	2.4	1.8	3.4	2.2	6.0	0.9	2.2	1.7	0.9	1.9	−1.7
锡尔河	2.0	2.2	1.8	2.9	2.0	5.6	−0.1	3.0	2.2	4.8	2.6	4.5

2. 未来咸海上游来水量预估

将选取的气候模式数据结合水文模型进行数值模拟，结果显示，阿姆河与锡尔河未来年径流量受气候变化影响发生了以波动为主的年际变化，变化趋势不是很显著，但在流域间存在一定差异。

阿姆河流域在三种排放情景下年径流量均呈先增多后减少趋势，且随着排放情景的升高，未来减少的幅度越大。阿姆河近期（2021—2050 年）径流量相对于历史时期（1966—1995 年）增加了 1.0%～2.2%，远期（2066—2095 年）径流量相对于历史时期减少了

$0.6\%\sim5.2\%$。

锡尔河流域在 RCP2.6 情景下年径流量呈先减少后增多趋势，而在 RCP4.5 和 RCP8.5 情景下均呈现持续减少趋势。锡尔河近期径流量分别相对于历史时期减少了 $0.5\%\sim3.6\%$，远期径流量相对于历史时期减少了 $-0.8\%\sim5.2\%$；整个咸海上游近期径流量分别相对于历史时期变化了 $-0.4\%\sim1.4\%$，远期径流量相对于历史时期减少了 $0.6\%\sim5.2\%$。

综上，未来气候变化情景下，相对于 1965—1995 年，2021—2050 年咸海上游河流流量预计变化为 -6 亿~12 亿立方米；2066—2095 年，年均径流量减少预计为 8 亿~53 亿立方米。在高排放情景下，未来径流量减少较多，未来上游来水量的减少会引起咸海入湖流量的减少。

3. 未来湖区气候变化及蒸散量和需水量变化

咸海湖区未来气温表现为持续升高趋势（表 4-7），在三种排放情景下，相对于历史时期（1966—1995 年），近期（2021—2050 年）温度升高 $1.9\sim2.4$℃，远期（2066—2095 年）温度升高 $2.2\sim6.2$℃，随着排放情景的升高，温度升高幅度增大；咸海湖区未来降水基本不变，相对于历史时期，未来近期和远期降水仅有 5 毫米微弱增加。

表 4-7　未来不同气候情景下湖区不同时期气候特征

	历史（1961—2015）		近期（2021—2050）		远期（2066—2095）	
	气温（℃）	降水（毫米）	气温（℃）	降水（毫米）	气温（℃）	降水（毫米）
RCP2.6			12.4 ± 0.2	131 ± 5.0	12.6 ± 0.2	131 ± 5.0
RCP4.5	10.4 ± 0.9	126 ± 31.5	12.3 ± 0.3	132 ± 3.7	13.6 ± 0.2	131 ± 3.7
RCP8.5			12.8 ± 0.5	131 ± 3.7	16.6 ± 0.8	129 ± 5.0

资料来源：CMIP5 的气候模式 bcc-csm1-1、IPSL-CM5A-LR、EC-EARTH、CanESM2、inmcm4、MRI-CGCM3、FIO-ESM 的平均值。

随着温度的升高，其蒸散强度增加，维持水位需水量增大（图 4-18），近期增幅为 $3.4\%\sim4.7\%$，远期增幅一般为 $3.9\%\sim6.0\%$，RCP8.5 情景下增幅可达 10%。未来气候变化情景下，湖区降水量有 5 毫米微弱增加，因气温持续上升，相对历史时期，湖区蒸散发在近期、远期增加 37~66 毫米，若为维持水面面积稳定，输入径流需要比历史时期分别增加 $3.33\%\sim6.97\%$；由于未来上游山区来水减少 $0.6\%\sim5.2\%$，因此，未来的咸海恢复和治理应考虑气候变化的影响。

二、不同人类活动情景下咸海变化趋势

干旱区普遍存在的社会经济用水和生态环境用水之间的矛盾，引起生态环境质量下降其

至恶化，咸海生态危机成为世界关注点。构成咸海流域的两大流域——阿姆河流域和锡尔河流域水资源时空分布不均，且受气候变化影响，全球升温加剧了该区域水资源供给和利用的不确定性。利用贝叶斯概率网络分析锡尔河与阿姆河水资源利用的主要影响因素和贡献，利用动力学 SD 模型分析咸海流域内中亚五国的社会经济发展状况、社会经济用水量、社会经济用水和种植业水分利用效率，并多情景模拟咸海流域社会经济用水的特征与趋势，量化不合理用水而导致咸海生态危机的跨界内陆河流域"水-能源-食物-生态"纽带中的因果关系。

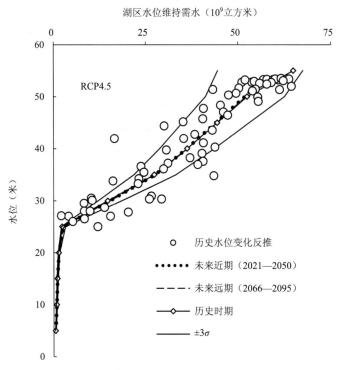

图 4-18　RCP4.5 情景下未来时期湖区不同水位维持所需水量

资料来源：中亚大湖区课题之子课题（XDA20060301）研究成果，由 PRES 模型模拟计算获得。

1. 咸海流域用水影响因素与用水模式优化分析

治理和管理咸海生态危机要遵循可持续发展的理念，建立协调的"水-能源-食物-生态"纽带关系。咸海流域的社会经济发展高度依赖水资源，优化分配社会经济用水与生态用水是建立协调的纽带关系的关键所在。经过苏联的改造，上游的水电开发、下游的大规模农业开发与化石能源开采极大地提升了资源利用程度，使得流域内社会经济用水与上下游间能源关系和食物需求量及其结构高度相关（Smajgl et al.，2016），且干旱区对纽带关系变化的敏感性远高于其他区域（Conway and John，2015）。因此，分析近 50 年咸海流域用水状况，为锡尔河与阿姆河水资源管理和决策分别提供科技支持，辅助评估多种方案情景下社会经济与生态环境所受到的影响。

（1）锡尔河流域水电开发严重制约咸海入湖水量

苏联解体前，咸海入湖水量对径流量、上游水库蓄水、下游灌溉定额、下游农业用水敏感性较大，但其敏感程度有减弱的特征。苏联解体后，咸海入湖水量对径流量、流入洼地水量、夏季上游放水量、上游水库蓄水量、下游农业用水量等因素的敏感性较大，并呈现加大的趋势（表4-8）。新建水库使适应径流量变化的能力增强，苏联解体后，中亚国家对水权的争夺加剧，导致流入洼地的水量增多，从而严重影响咸海的入湖水量。这也说明下游国家对灌溉回归水、丰水期的富余水利用不合理，争夺水权使得现有国家对咸海生态用水的考虑在减弱。虽然流入洼地的水形成的新湿地、湖泊也具有一定的生态服务价值，但这无益于缓解咸海生态危机。上游冬季化石能源缺口使得上游水库夏季放水量减少对咸海入湖水量的影响增强，且大于上游从下游进口天然气量的增幅，这与上游试图加大水力发电以弥补由于人口增加带来的更大的能源缺口有关。一个显著变化表现在上游的水力发电不再试图依赖下游化石能源，增加水力发电以保证自身能源安全乃至跻身区域能源出口者行列成为新的目标（Micklin，2010）。实际上这种策略的产生，对水电资源丰富、化石能源短缺而人口高速增长的国家而言，是易于预知的。

表4-8 基于信念方差比率的锡尔河流域历史时期主要用水对咸海入湖水量贡献分析

	1970—1980年	1980—1991年	1991—2005年	2005—2015年
径流量	36.0	15.7	3.8	12.7
流入洼地水量	1.6	6.7	35.2	24.7
人均预期寿命	0.2	0.1	0.1	0.4
沙盐尘暴频率	0.7	2.4	3.6	1.6
上游从下游进口天然气量	0.7	2.4	6.6	1.7
上游生活用水量	2.6	1.0	1.2	0.7
上游水库夏季放水量	2.6	1.9	16.9	15.2
上游水库蓄水量	25.0	9.5	22.6	25.8
下游灌溉面积	28.0	6.5	8.7	3.3
下游棉花种植面积	4.2	2.3	1.2	0.9
下游农业用水量	38.3	13.1	6.6	40.7
下游牲畜用水量	1.2	0.4	0.7	1.1
下游作物面积	6.5	3.8	0.6	6.2

资料来源：施海洋等（2020）。

（2）阿姆河流域社会经济用水亟待提高用水效率以增加咸海入湖水量

相较锡尔河流域，阿姆河流域流入咸海水量受水库运行、向洼地排水量的影响更小，这可能与建于阿姆河支流瓦赫什河上的诺依克水库对总径流量截留的占比小于建于锡尔河主要支流纳伦河的托克托古尔水库有关（瓦赫什河约占阿姆河总径流量的28%，纳伦河约占锡尔河总径流量的60%）。对历史时期咸海入湖水量进行敏感性分析，四个时期咸海入湖水量均对径流量敏感程度最高；在早期农业开发阶段，咸海入湖水量对中下游农业开发相关变量敏感程度较高（表4-9）。

表 4-9　基于信念方差比率的对阿姆河流域历史时期主要用水对咸海入湖水量影响分析

不同时段要素敏感度（VB）%	1970—1980 年	1980—1991 年	1991—2005 年	2005—2015 年
径流量	28.7	28.3	18.4	23.1
塔吉克斯坦水库需水量	5.1	1.9	7.4	5.9
塔吉克斯坦水库夏季放水量	0.5	1.3	3.1	2.8
乌兹别克斯坦下游流入洼地水量	0.3	0.6	0.6	2.3
乌兹别克斯坦中游棉花种植面积	10.6	0.2	0.6	0.9
乌兹别克斯坦中游总作物面积	16.5	2.4	3.1	1.9
乌兹别克斯坦中游农业用水	14.3	5.2	3.6	1.9
乌兹别克斯坦中游流入洼地水量	18.9	3.2	6.8	1.7
土库曼斯坦总用水量	2.4	2.0	3.2	1.5
土库曼斯坦流入洼地水量	3.3	2.3	5.6	0.3
乌兹别克斯坦下游农业用水	15.3	3.1	2.9	3.5

资料来源：施海洋等（2020）。

苏联时期，锡尔河流域流入咸海水量对农业开发增长的灌溉用水、上游水库建设的蓄水过程和径流量等较敏感；苏联解体后，流入咸海水量对下游国家不合理使用的灌溉用水及上游水库蓄水量等节点高度敏感。阿姆河流域在苏联解体前后咸海入湖水量均对径流量敏感程度最高；苏联解体前，在农业开发阶段，咸海入湖水量对中下游农业开发相关变量敏感程度较高，但在苏联解体后敏感程度降低。

2. 咸海流域社会经济用水与预测分析

（1）咸海流域社会经济在独立后稳步发展

近60年，咸海流域人口总体呈快速增长趋势（图4-19a）。1960—2016年，咸海流域人口由1 424.4万人增长至5 233.1万人，年均增长率23.5‰。2016年，乌兹别克斯坦、塔吉克斯坦、土库曼斯坦、哈萨克斯坦、吉尔吉斯斯坦分别占咸海流域人口的60.3%、16.3%、

9.9％、6.8％、6.6％。咸海流域以农村人口为主，其中塔吉克斯坦、吉尔吉斯斯坦农村人口占比均为 74％，其余三国农村人口比例相对较低，但也在 50％～65％。1960—2016 年，咸海流域农作物种植面积由 571.2 万公顷增长至 776.5 万公顷，增幅 35％（图 4-19b）。以苏联解体为界，苏联解体后农作物种植面积急剧下降，2000 年以后略有回升。除农作物种植面积变化外，1960—2016 年咸海流域的种植结构也发生了显著变化。咸海流域的牲畜量 1960—1992 年增加 38.6％，1992—1997 年减少 25％，1997—2016 年增加 128％（图 4-19c）。尽管各国各阶段时间节点不同，咸海流域内各国 GDP（工业产值加农业产值）均经历了增长、下滑、恢复三个阶段（图 4-19d）。就整个流域而言，1960—1988 年 GDP 增长 328.5％，1988—1996 年 GDP 下滑 35％，1996 年起 GDP 恢复增长，1996—2016 年 GDP 增长 328％（年均增长率 7.5％）。

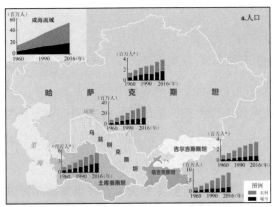
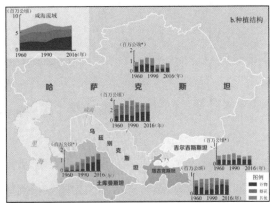
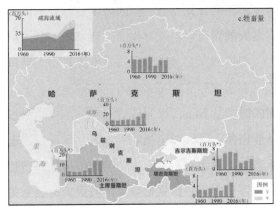
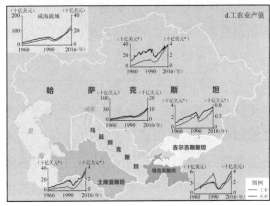

图 4-19 1960—2016 年咸海流域以及各国人口、种植结构、牲畜量和工农业产值变化

注：加 * 表示只包括该国处于咸海流域部分的数据，并非全国数据。

资料来源：刘爽等（2021）。

（2）咸海流域社会经济用水逐步增加，用水效率依然较低

本研究从模拟的咸海流域社会经济用水量、灌溉定额、农业用水效益、工业用水效益四个方面（图 4-20）对 1960—2016 年咸海流域社会经济用水总量、用水结构、用水效益进行分析。1960—1994 年咸海流域社会经济用水量上升趋势明显，1994 年以后无明显变化趋势，至 2016 年咸海流域社会经济用水量为 910 亿立方米。哈萨克斯坦、乌兹别克斯坦 1960—1994 年社会经济用水量持续增加，1995—2016 年社会经济用水量减少（主要是农业用水量减少）。整个流域和流域内各国的用水结构相似，农业用水占比从 1960 年的 94％降至 2016 年的 86.9％，生活用水占比从 1960 年的 3.4％增至 2016 年的 5.9％，工业用水占比在苏联解体时期随经济下滑一度减少，但总体呈上升趋势。

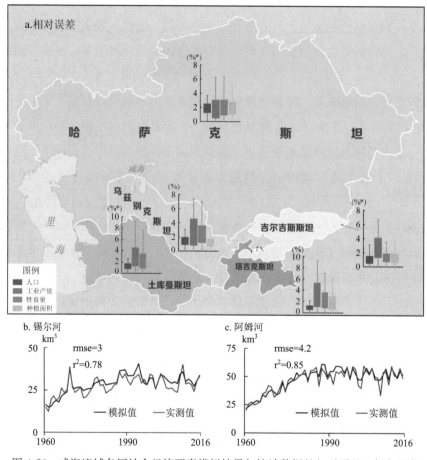

图 4-20　咸海流域各国社会经济要素模拟结果与统计数据的相对误差、锡尔河与
阿姆河子流域用水量模拟值及观测值对比

注：a 图中加 * 表示只包括该国处于咸海流域部分的数据，并非全国数据。

资料来源：刘爽等（2021）。

就整个咸海流域而言（图 4-21），1960—2000 年灌溉定额呈增加趋势，2000—2016 年灌溉定额开始减少。1960—2016 年土库曼斯坦（13 621 立方米/公顷）和乌兹别克斯坦（13 132 立方米/公顷）的灌溉定额明显高于塔吉克斯坦（6 712 立方米/公顷）、吉尔吉斯斯坦（6 8342 立方米/公顷）、哈萨克斯坦（64 572 立方米/公顷）。基本都在苏联解体前增加，解体后减少。

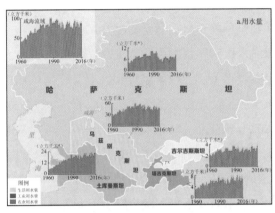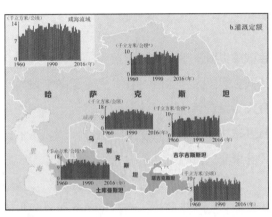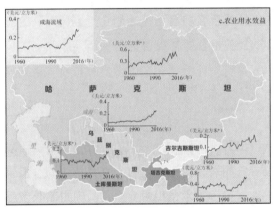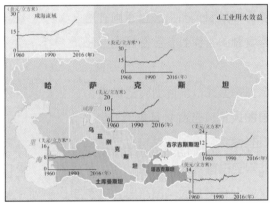

图 4-21 1960—2016 年咸海流域社会经济用水、灌溉定额、
农业用水效益和工业用水效益分析

注：加 * 表示只包括该国处于咸海流域部分的数据，并非全国数据。

资料来源：刘爽等（2021）。

咸海流域各国的用水效益（工业用水效益加农业用水效益）总体处于较低水平（0.9～5.0 美元/立方米，2016 年），同时期，世界平均用水效益约 10 美元/立方米，发达的北美地区用水效益约 40 美元/立方米，发展滞后的非洲撒哈拉地区用水效益约 5 美元/立方米，与咸海流域相邻的中国用水效益 15 美元/立方米，俄罗斯 27.7 美元/立方米。从用水效益的分析结果可知，咸海流域的用水效益有很大提升潜力，用水效率亟待提高，应合理调整产业结构，增加用水效益较高的工业用水所占比重，同时注重提高农业用水效益。

（3）社会经济用水与入湖水量的关系

在建立1960—2016年咸海流域社会经济及水土资源利用空间数据集的基础上，充分考虑工业、农业、人口等社会经济部门和要素，以州为统计对象，以流域内各国为分析单元，首次对咸海流域进行了全流域、长时序的社会经济用水时空变化分析，结果显示（图4-22）：

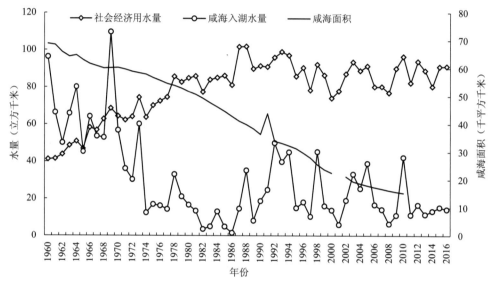

图4-22　1960—2016年咸海流域社会经济用水量变化与咸海面积、入湖水量对比

资料来源：刘爽等（2021）。

①1991年苏联解体前后，咸海流域的中亚国家普遍经济下滑，具体表现为工业产值下降、牲畜量减少、农作物种植面积缩减、种植结构变化（谷物面积增加、棉花面积缩减）。

②1960—1994年咸海流域水资源大规模开发时期，社会经济用水量大幅增长（增幅135%），同时期，两河入湖水量急剧减少（减少72%），咸海补给水量大幅减少。咸海流域社会经济用水主要部门为农业，占该流域社会经济用水量的85%，农业用水占比呈逐渐下降趋势。虽然生活和工业用水占比小，但总体呈上升趋势，由1960年的7%增长至2016年的15%。

③咸海流域各国用水效益普遍较低，其中用水效益最高的哈萨克斯坦也明显低于周边国家（中国、俄罗斯）。工业用水效益是农业用水效益的数十倍，因此调整产业结构，提高工业占比，将水资源从用水效益较低的农业部门转移到工业部门，有利于提高总体用水效益。

三、咸海流域生态系统服务未来有持续恶化趋势

在评价气候变化和人类活动对流域生态系统服务变化时，区域土壤保持功能、产水服务、防风固沙、固碳释氧、农产物供给、生物多样性等服务功能都考虑到评估要素中。

1. 物质量有持续减少趋势

物质供给功能中，未来咸海流域耕地和草地的平均物质产品量呈现减少趋势（图4-23，表4-10），耕地、草地、林地、水体的平均物质产品量呈现减少趋势。整体而言，未来两种排放情景下咸海流域的物质产品均呈现量减少趋势。RCP4.5情景下的物质产品量在2030年和2050年较历史时期分别减少12.07吨/平方千米和13.47吨/平方千米；RCP8.5情景下的物质产品量在2030年和2050年较历史时期分别减少30.23吨/平方千米和25.65吨/平方千米。

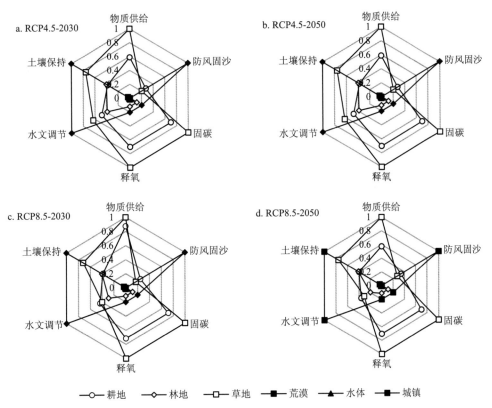

图4-23 未来情景下咸海流域不同土地利用类型生态服务物质量

资料来源：Li et al.（2020）；卢佳琦（2022）；Ma et al.（2020）；马骁飞（2021）。

表 4-10　未来情景下咸海流域生态服务物质量　　　　　　单位：亿吨

时间	情景	物质供给	防风固沙	固碳	释氧	水文调节	土壤保持
2030	RCP4.5	1.32	35.45	12.61	8.45	2 550.23	30.89
	RCP8.5	1.26	36.05	9.95	7.46	2 576.50	30.48
2050	RCP4.5	1.37	35.65	11.34	8.28	2 544.42	30.75
	RCP8.5	1.15	36.40	9.43	7.89	2 702.40	30.68

资料来源：Li et al.（2020）；卢佳琦（2022）；Ma et al.（2020）；马骁飞（2021）。

固碳释氧功能上，未来咸海流域除城镇的固碳量出现增加趋势外，其余五种土地利用类型的固碳量均呈现减少趋势。在未来（2006—2050 年）两种排放路径（RCP4.5 和 RCP8.5）下咸海流域的平均固碳量低于历史时期，未来两种排放路径下固碳量呈现缓慢下降趋势，减少速率分别为 0.24 吨/平方千米·年（RCP4.5）和 0.13 吨/平方千米·年（RCP8.5）。

防风固沙功能上，未来咸海流域荒漠、草地、耕地和林地的防风固沙量均出现增加趋势。整体来看，RCP4.5 情景下区域平均防风固沙量在 2030 年和 2050 年分别较历史时期增加 78.29 吨/平方千米·年和 80.47 吨/平方千米·年；RCP8.5 情景下防风固沙量在 2030 年和 2050 年分别较历史时期增加 84.48 吨/平方千米·年和 89.26 吨/平方千米·年。

产水服务功能上，未来两种排放路径下（RCP4.5 和 RCP8.5）咸海流域的产水量呈增加趋势。2050 年两种排放路径下的产水量分别较历史时期增加 26.53 毫米和 50.22 毫米，RCP8.5 情景较 RCP4.5 情景的产水量多 23.69 毫米。从增加趋势上看，RCP8.5 情景下产水量增加速率（0.59 毫米/年）大于 RCP4.5 情景水量增加速率（1.12 毫米/年）。

土壤保持功能上，未来咸海流域除耕地和裸地的土壤保持量呈现增加趋势外，其余四种土地利用类型的土壤保持量均呈现减少趋势。未来两种排放情景下土壤保持量分别较历史时期（2005 年）减少 40.32 吨/平方千米和 72.31 吨/平方千米。

2. 价值量受未来气候与人类活动影响波动较大

物质供给功能中，未来咸海流域物质产品价值量在不同情景下都呈现减少趋势（图 4-24）。RCP4.5 情景下的供给价值量在 2030 年和 2050 年分别较历史时期（2005 年）减少 3.14 亿美元和 3.85 亿美元；RCP8.5 情景下的物质产品价值量在 2030 年和 2050 年分别较历史时期增加 5.33 亿美元和 6.46 亿美元。其中，耕地和草地贡献量最高，林地次之（表 4-11）。

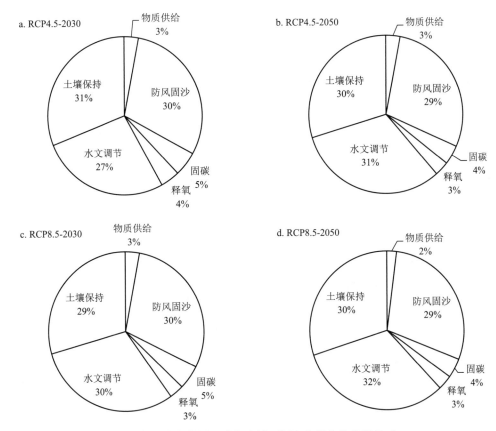

图 4-24 未来情景下咸海流域不同生态服务价值量构成

资料来源：卢佳琦（2022）；马晓飞（2021）。

表 4-11 未来情景下咸海流域生态系统服务价值量评估 单位：亿美元

时间	情景	物质供给	防风固沙	固碳	释氧	水文调节	土壤保持
2005	无	15.69	106.98	41.27	30.95	81.21	125.90
2030	RCP4.5	12.55	120.54	21.81	14.62	101.08	126.41
	RCP8.5	10.36	122.58	17.21	12.91	102.12	124.73
2050	RCP4.5	11.84	121.22	19.62	14.33	100.85	125.83
	RCP8.5	9.23	123.77	16.31	13.65	107.11	125.55

资料来源：卢佳琦（2022）；马晓飞（2021）。

固碳释氧功能上，未来咸海流域固碳释氧价值量都在减少。RCP4.5 情景下的固碳价值量在 2030 年和 2050 年分别较历史时期（2005 年）减少 19.45 亿美元和 21.65 亿美元；RCP8.5 情景下的固碳价值量在 2030 年和 2050 年分别较历史时期减少 24.05 亿美元和 24.95 亿美元。RCP4.5 情景下的释氧价值量在 2030 年和 2050 年分别较历史时期（2005

年）减少 16.33 亿美元和 16.62 亿美元；RCP8.5 情景下的释氧价值量在 2030 年和 2050 年分别较历史时期减少 16.33 亿美元和 17.29 亿美元。

防风固沙功能上，未来咸海流域防风固沙价值量在不同情景下都呈现增加趋势。RCP4.5 情景下的固沙价值量在 2030 年和 2050 年分别较历史时期（2005 年）增加 13.56 亿美元和 14.24 亿美元；RCP8.5 情景下的固沙价值量在 2030 年和 2050 年分别较历史时期增加 15.60 亿美元和 16.79 亿美元。其中，荒漠贡献量最高，草地和耕地次之。

水文调节服务上，未来咸海流域产水价值量在不同情景下都呈现增加趋势。RCP4.5 情景下的产水价值量在 2030 年和 2050 年分别较历史时期（2005 年）增加 19.86 亿美元和 19.63 亿美元；RCP8.5 情景下的产水价值量在 2030 年和 2050 年分别较历史时期增加 20.90 亿美元和 25.89 亿美元。其中，荒漠贡献量最高，草地和耕地次之。

土壤保持服务上，未来咸海流域土壤保持价值量荒漠和草地贡献量最高，林地、耕地次之。除了在 2030 年 RCP4.5 情景下增加 0.51 亿美元外，其他不同情景下都呈现减少趋势。RCP4.5 情景下的土壤保持价值量在 2050 年较历史时期（2005 年）减少 0.10 亿美元；RCP8.5 情景下的土壤保持价值量在 2030 年和 2050 年分别较历史时期（2005 年）减少 1.17 亿美元和 0.35 亿美元。

未来在 RCP4.5 情景下，2030 年和 2050 年总价值分别为 397.07 亿美元、393.67 亿美元；在 RCP8.5 情景下，2030 年和 2050 年总价值分别为 389.91 亿美元、395.62 亿美元。RCP4.5 和 RCP8.5 情景下价值量均低于历史时期，在 RCP8.5 情景下，六类生态系统服务价值量综合排序为：水文调节＞土壤保持＞防风固沙＞固碳＞释氧＞物质供给。

第五节　咸海保护战略与风险管理

一、加强咸海流域生态环境监测、评估与预警研究

从 20 世纪 60 年代开始，伴随着咸海流域的土地开发，对河流水资源的观测工作就在不断进行中。始于 20 世纪 80 年代的咸海湖面萎缩，使观测研究成为理解咸海变化趋势及其环境影响的重要手段。在苏联时期，由于野外条件和时代条件的限制，观测站点稀疏，观测内容和手段单一；在苏联解体之后，中亚的观测网络由于政治动荡和缺乏资金，在一致性和规模上发生了很大衰退。随着国际合作的加强，尤其是在"一带一路"倡议的指导下，中国加快了在海外野外观测站点的建设，先后在中亚的哈萨克斯坦、塔吉克斯坦、吉尔吉斯斯坦和乌兹别克斯坦设立了 80 余个生态、水文、气象、遥感站，已经基本形成中亚地区生态环境

要素监测网络，对一些无资料的地区进行了空白填补，对一些缺少资料的地区则进行了观测频率加密或观测内容的完善。

在中亚水资源研究中，遥感监测技术发挥着越来越重要的作用。遥感监测避免了传统地面观测分布网密度较低等限制，使得大面积监测成为可能，尤其是高山冰川等观测资料缺乏地带。在可预见的未来，随着不断发展的遥感技术，时空分辨率更高，遥感在中亚干旱区水资源上的应用会更加深入，多时相、多种数据源结合的方式转变，不同数据源带来的不确定性将逐渐改善，并为其他模型提供数据基础。

水资源量的计算是咸海流域生态治理的核心和基础。目前，遥感技术和水文模型的集成使得研究中亚地区的地下水、土壤水含量以及冰川消融量等重要陆面水资源成为可能，也成为水文模型各项参数的主要数据源，应用于水文模型建模、模拟和率定，进一步提高未来水文模拟效果。在大区域乃至全球尺度上全方位应用物理模型成为可能，并实现对水文过程的快速甚至实时高精度模拟，为中亚地区山区-绿洲、地表水-地下水转换关系机理研究提供了契机。同时，随着对陆面水文过程与大气、生态系统、人类活动等要素的互动作用的理解深化，模型将充分耦合这些要素的动态过程，成为探查中亚水资源时空分布和过程对气候变化响应的有力工具。

二、推进农业现代化与水资源一体化优化配置

对咸海的治理，很大程度上需要推进中亚农业的现代化。流域总引用水量长期超过其承载力是咸海危机产生的根源。长期以来，咸海流域农业用水占社会经济总用水量的 90% 以上。因此，除了通过农业节水并适当减少灌溉面积之外，中亚各国矿产、能源资源丰富，苏联时期也具有一定的工业基础，控制人口过快增长，加快工业化和城镇化建设，转变经济增长方式，调整产业结构，提高水资源的利用效率和效益，是解决咸海危机、保障流域经济社会可持续发展的根本途径。在农业用水方面，大面积采用喷灌、滴灌和膜下灌溉等高效节水技术，改良盐碱地及低产田，缩减高耗水作物的种植面积，提高水资源的利用效率和效益；在工业用水方面，建立严格的节约用水制度，推广水的重复使用和循环使用的经验。据初步测算，咸海地区农业用水减少 12%，即可增加约 100 亿立方米的生态和工业用水。乌兹别克斯坦农业和水资源部表示，滴灌技术可以节省 65% 的棉花种植用水、54% 的园艺和蔬菜种植用水，而且农作物的产量也显著提升。

根据中国新疆地区的发展经验，滴灌技术的引进可以有效缓解中亚地区水资源缺乏的状况。中国自主研发的"膜下滴灌技术"在滴灌、节水方面具有世界领先地位，截至目前已经和塔吉克斯坦、乌兹别克斯坦等多个国家签订了合作协议。中国也在加大农业技术走出去力

度，于 2014 年确定了吉尔吉斯斯坦援外农业高科技示范中心、中吉联合育种试验项目、吉尔吉斯斯坦农业生产资料与农业机械设备销售体系建设三个重点项目。2015 年，国家外国专家局批准了"中国与中亚国家的节水农业合作与发展研究（中哈塔三国）"项目。各合作项目通过调研、考察、科学研究、学术交流及培训等途径，推动中亚国家现代节水农业应用技术水平提升和农业生产发展。中国与中亚的农业合作，既推动了中亚国家农业的现代化，促进了节水农业的发展，又助力了中国节水灌溉技术的国际推广，在促进与邻国农业合作的基础上，为中国农业的发展带来了巨大商机，有助于中国的节水技术走向世界。

2021 年 9 月 26 日，中国科学院新疆生态与地理研究所在乌兹别克斯坦卡什卡河州卡桑县古瓦剌克乡的棉花覆膜滴灌技术示范推广基地举办测产现场会。测产结果显示，古瓦剌克乡 105 亩棉花实收测产平均亩产达 404.06 千克，相比同地区大水漫灌地增幅达 140%，同时节水 50% 以上。中国科学院新疆生态与地理研究所采用的该项技术在卡什卡河州的成功示范极大提高了当地的棉花种植水平，这对乌兹别克斯坦正在推行的棉花覆膜滴灌技术具有重要借鉴意义。

三、进行咸海流域荒漠化防控，开展咸海流域生态治理工程

咸海流域荒漠化土地的治理要在联合国 2030 年可持续发展目标的框架下，权衡社会、经济和自然系统之间的利益与矛盾，遵循绿色发展和生态文明建设的理念。通过提高用水效率、优化灌溉制度、调整产业结构，实现咸海流域生态保护与高质量发展。同时，还要遵循地理单元完整性、防治策略一致性、可持续发展原则，自上而下地提出和落实咸海干涸湖盆生态环境综合治理区划方案。

因此，咸海保护方案和技术对策要建立在多源（如自然、社会、经济等）、多尺度（如种群、群落、生态系统、景观、区域等）、多要素（如水、土、气、生，以及社会经济要素等）和多过程（如生态、水文、养分循环、能量循环等）大数据云平台的基础上。宏观上掌握沙化、盐渍化和盐尘土地发展趋势及其驱动要素，确定生态保护、资源配置、方法导向的着力点；以"生态优先，绿色发展"为导向，对影响土地荒漠化的水、土、气、生等关键要素进行较为全面的刻画，充分发掘咸海流域自然本底的生态恢复潜力。结合遥感数据、长期气象水文观测数据、流域水资源利用和社会经济发展数据、情景模拟的模型对比等，整合人工智能数据挖掘技术、计算机数值模拟分析大数据资源和咸海流域土地荒漠化防控的决策支持系统，积极开展沙化和盐渍化土地植被恢复重建观测、研发植被恢复重建关键技术并开展恢复重建试验示范工作。

四、开展咸海治理的风险综合管理

1. 阿姆河灌区农业水-土地资源风险管理

中亚农业水资源灌溉效率普遍低于 50%，灌溉水量的不合理调配以及输、配水管理技术落后。实行节水灌溉，高效利用水资源并合理规划土地资源是实现干旱区农业可持续发展和保障粮食安全的必由之路。因此，本研究开发了可能性-弹性模糊机会约束方法，构建了水和土地资源关联系统管理模型，考虑了四种农作物（棉花、谷类、蔬菜和其他类），综合考虑了水资源约束、土地资源约束、电力资源约束、灌溉需水量约束、粮食安全保障约束和污染物排放约束等，以达到系统收益最大化。

研究结果表明：①系统收益范围为 5.6 亿～11.5 亿美元，总灌溉面积范围为 565 千～1 108千公顷，系统收益与总灌溉面积会随着水资源利用量和电力供应量的增加而增加，但系统风险水平也会随之上升；②由于棉花和谷类作物耗水量较大且种植规模大，二者受灌溉效率及可用水资源影响最大，对水资源短缺的风险响应较明显，此外，由于蔬菜的利润高、需水量较低，在满足最低粮食需求后，水资源和土地资源将优先分配给蔬菜作物；③在极端水资源短缺情况下，改善灌溉方式（如增加滴灌和喷灌）更有助于提高单位配水收益，当灌溉效率提高到 61% 时，系统应对风险能力最强，更能得到较好的水资源和土地资源的权衡。

2. 阿姆河灌区农业水资源-盐度协同管理

农业灌溉对于咸海流域的粮食生产和经济发展至关重要，咸海流域农业灌溉正面临严重的水资源短缺和土壤盐渍化问题，已威胁到当地的生产与粮食安全。土壤盐渍化现象导致作物产量大幅下降，有 15%～20% 的土地已完全丧失耕种能力。为了降低盐渍化，灌区在播种前使用大量水资源开展盐分淋洗活动（其耗水量高达年总消耗量的 25%～30%），进一步加剧了当地的水资源短缺。基于随机模糊分式规划方法，构建了阿姆河灌区农业水资源-盐度协同管理模型，研究探讨了与不同水资源可利用量、电力供应和灌溉效率有关的情景，制订最优灌溉方案。

研究结果表明：①灌溉效率的提高能够显著提升单位配水收益，减少水资源消耗，当农业灌溉效率提高 9% 时，单位配水收益将提高 60%；②对比不同灌溉效率、水资源可利用量、电力供应量的结果发现，灌溉效率是影响配水模式的最主要因素，当滴灌比例提高到 12%（对应灌溉效率 0.72）时，最适合灌区农业发展和应对水资源短缺风险；③淋盐配水方案与作物本身水盐特性及当地盐碱化程度密切相关，耐盐耐旱作物的种植将有助于减少水资源浪费，应对缺水风险；④极度缺水条件下，提高灌溉效率（如扩大滴灌比例）可以有效缓解低耐盐性作物的减产风险，减轻当地盐渍化程度。以上发现将有助于决策者科学应对当地农业发展中存在的水土资源短缺与土地盐渍化问题，为制订多情景下咸海流域的农业高效益可持续的灌溉管理方案提供新的科学手段与技术支持。

3. 阿姆河流域水资源-粮食-生态协同管理

水权交易通过市场导向鼓励低效益用户可以向高效益用户转让多余水权，从而获得额外的水权交易收益，促使各用户提高水资源利用率。特别是在干旱或半干旱地区，剩余的水资源可以通过交易制度释放出来，从而缓解粮食危机与生态系统退化问题。因此，本研究基于水权交易机制开发了双层机会约束规划方法，构建了两层决策者的阿姆河流域水资源-粮食-生态协同管理模型，上层决策者侧重于流域经济收益管理，下层决策者侧重于水资源配置总量控制，明确水资源可获得量不确定条件下的各用户水资源最佳分配量、粮食最佳生产量以及阿姆河生态用水最佳配置量。

研究结果表明：①与非交易模式相比，引入水权交易可有效提高系统收益（提高3.9%～20.4%），在阿姆河流域引入水权交易机制，可以更有效提高用水效率，降低缺水风险；②在水权交易过程中，当粮食需求量提高10.5%时，阿姆河生态配水量将减少0.9%～2.7%，量化分析了粮食与生态用水的竞争关系，从不同用户来看，畜牧业与工业倾向于购入水资源，而饲料作物与市政部门则倾向于出售水资源。

4. 咸海流域水-粮食-能源关联系统协同管理

作为典型的农业区，中亚平均每年约有90%的地表水资源被用于农业灌溉，以满足日益增长的经济发展与粮食需求。同时，为了解决电力缺口问题，中亚各国制订了大规模的水能开发计划，水库电站的拦蓄调节也导致大量水资源被占用，从而影响到下游地区的生活生产活动。任一系统要素的变化都将带来不同的系统响应，从而引发流域关联系统的联合风险。本研究开发了基于Copula随机分式规划方法的咸海流域水资源-粮食-能源关联系统协同管理模型，平衡经济生产与资源保护的矛盾，量化水资源关联系统中水-土地-能源多维不确定性，实现系统边际效益最优，获得最优配水方案。

研究结果表明：①水资源极度短缺的情况下，到2035年水电发电量将减少11.9%，农业种植面积将增加12.4%，同时单位用水效益将提高2.3%；②农业配水将随着时间的推移不断减少，但规划末期仍为咸海流域第一耗水大户（从2021年的69.1%减少到2035年的53.9%）；③在五个国家中，乌兹别克斯坦配水量占据主导地位，到2050年，该国水资源量将平均减少16.3%；④为确保粮食供应安全，应对缺水危机，咸海流域粮食生产中小麦种植的份额预计平均增长16.4%。

5. 咸海流域水-粮食-生态-能源风险管理

在水资源-粮食-能源关联系统中，水资源的抽取、输送、分配和处理都需要能源，能源的生产、加工过程中又需要消耗水资源。农业生产和粮食种植过程中又同时消耗大量水资源和能源。本研究针对咸海流域水资源短缺、能源供给失衡、粮食危机以及生态退化问题，构建了咸海流域水-粮食-生态-能源风险管理模型，模型包含两层决策者，上层以系统收益最大化为目标，下层以粮食产量最大化、电力生产最大化以及生态配水量最大化为目标，以平衡不同部门间配水矛盾问题，保障流域能源供应与粮食安全，缓解咸海流域生态退化问题。

研究结果发现：①咸海流域的主要用水者是农业，畜牧业和工业，分别占 63.3%～66.7%，19.0%～19.8% 和 10.1%～14.4%；②尽管农业仍然是咸海流域最大的水资源用户，但与目前的用水分配结构相比，农业用水分配将减少近 17%，这表明水-粮食-生态-能源风险管理模型可以有效地优化水资源分配结构，并且减轻不同用户之间对水资源的竞争；③与传统的单层模型相比，水-粮食-生态-能源风险管理模型的粮食产量将增加 2.0%～3.6%，生态水分配将增加 0.9%～3.0%，发电量将增加 5.4%～8.0%，显示了本模型的优越性。

第六节 结 论

本研究针对咸海流域面临的水资源短缺、生态退化、能源开发、粮食安全、社会经济发展等风险问题，利用多种风险分析方法（可能性-弹性模糊机会约束方法、分式机会约束规划方法、双层随机规划方法、Copula 随机分式规划、分散式双层机会约束规划方法），构建了不同尺度的（灌区、流域和国家）多系统风险管理模型，探究了包括农业灌溉效率、水资源可利用量、用电量、风险规避态度等因素的咸海流域风险管理方案。研究结果表明：

（1）需调整农业种植结构以提高抵御水资源短缺风险的能力。在满足最低粮食需求后，限制棉花和谷类等耗水量较大且种植规模大的作物的种植面积，提高蔬菜瓜果等利润高、需水量较低作物面积。

（2）提高灌溉效率（如扩大滴灌比例）可以有效缓解低耐盐性作物的减产风险，减轻当地盐渍化程度。改善灌溉方式（如增加滴灌和喷灌）更有助于提高单位配水收益；当灌溉效率提高到 61% 时，系统应对风险能力最强，从而获得较好的水资源和土地资源的权衡。

（3）当农业灌溉效率提高 9% 时，单位配水收益将提高 60%。当滴灌比例提高到 12%（对应灌溉效率 0.72）时，最适合灌区农业发展和应对水资源短缺风险。

（4）与非交易模式相比，引入水权交易可有效提高系统收益（提高 3.9%～20.4%），降低缺水风险。

（5）在水权交易过程中，当粮食需求量提高 10.5% 时，阿姆河生态配水量将减少 0.9%～2.7%，从不同用户来看，畜牧业与工业倾向于购入水资源，而饲料作物与市政部门则倾向于出售水资源。

（6）农业配水仍为咸海流域第一耗水大户（从 2021 年的 69.1％ 减少到 2035 年的 53.9％）；此外，在五个国家中，乌兹别克斯坦配水量占据主导地位，到 2050 年，该国水资源量将平均减少 16.3％。

本研究已识别出人类活动因子对入咸海水量的变化有显著的负面影响，特别是农业用水效率和水库蓄水。因此，未来可通过普及高效的节水灌溉技术、提高水资源利用效率和减少水库截留的方式增加阿姆河入咸海水量，从而逐步缓解咸海生态危机。基于已识别出的致使咸海萎缩的关键因子，以恢复咸海入湖水量为目标，考虑气候变化的影响，对上游来水量、农业用水、水库截留进行多情景设计，提出了未来使咸海水量恢复的途径。研究结果表明：①通过提高农业灌溉技术，降低灌溉定额，减少水库截留措施，2020—2050 年阿姆河入湖水量呈现上升趋势，至 2050 年末，阿姆河入咸海水量有望恢复至接近 1970—1980 年平均值（13.5 立方米）；②当乌兹别克斯坦、哈萨克斯坦、塔吉克斯坦的农业用水每年减少 4％，乌兹别克斯坦工业用水每年减少 2％，上游来水量在 RCP8.5 情景下，2030 年锡尔河入湖水量可以恢复到 20 世纪 70 年代的水平，2050 年可以恢复到 20 世纪 60 年代的水平。入咸海水量的多情景集合预测结果可为入咸海水量的恢复提供科学的理论依据和政策建议，有助于减少由于咸海萎缩带来的生态环境问题。

在咸海流域，区域合作十分关键。中亚国家在苏联统一管辖下资源协调配置、发展水平较高。而苏联解体后，中亚各国社会经济发展均存在短板。区域地缘的改变和政治权力的分离程度对于水资源利用的空间格局产生了巨大影响。受迫于流域内人口增长等带来的压力，仅凭流域内国家的调整来应对咸海危机并不现实。对流域的整体可持续发展而言，除了内部的协调与优化（包括节水灌溉、提升区域合作程度等），针对"水-能源-食物-生态"纽带关系中矛盾突出的部分，加强与外部的合作也十分重要。在有效的合作机制平台下，如"一带一路"、上合组织等，加强与外部能源大国俄罗斯和工业大国中国的合作，通过增强水电利用能力、提高灌溉系统效率、促进产业结构升级等，有望逐步实现更稳定与和谐的纽带关系。

参 考 文 献

Beek，T. A. D.，Flörke，F. V. M. Modelling the impact of global change on the hydrological system of the Aral Sea Basin，2011，36（13）：684-695. DOI：10.1016/j.pce.2011.03.004.

Bortnik，V. N. Alteration of water level and salinity of the Aral Sea. In Glantz，M.，*Creeping environmental problems and sustainable development in the Aral Sea Basin*. Cambridge：Cambridge University Press，1999：47-65.

Carrao，H.，Naumann，G.，Barbosa，P. Mapping global patterns of drought risk：an empirical framework based on sub-national estimates of hazard，exposure and vulnerability. *Global Environmental Change*，2016，39：108-124.

Chen, C., Chen, X., Qian, J., et al. Spatiotemporal changes, trade-offs, and synergistic relationships in eco-system services provided by the Aral Sea Basin. *PeerJ*, 2021, 9: e12623. http://doi.org/10.7717/peerj.12623.

Conway, T. M., John, S. G. Biogeochemical cycling of cadmium isotopes along a high-resolution section through the North Atlantic Ocean. *Geochimica Et Cosmochimica Acta*, 2015, 148: 269-283.

Hamidov, A., Helming, K., Balla, D. Impact of agricultural land use in Central Asia: a review. *Agronomy for Sustainable Development*, 2016, 36 (1): 6. DOI: 10.1007/s13593-015-0337-7.

Hu, Z., Zhang, Z., Sang, Y., et al. Temporal and spatial variations in the terrestrial water storage across Central Asia based on multiple satellite datasets and global hydrological models. *Journal of Hydrology*, 2021, 596: 126013.

Issanova, G., Abuduwaili, J. *Aeolian Processes as Dust Storms in the Deserts of Central Asia*. Springer Nature, 2017.

Karthe, D., Abdullaev, I., Boldgiv, B., et al. Water in Central Asia: an integrated assessment for science-based management. *Environmental Earth Sciences*, 2017, 76 (20). https://doi.org/10.1007/s12665-017-6994-x.

Kulmatov, R., Rasulov, A., Kulmatova, D., et al. The modern problems of sustainable use and management of irrigated lands on the example of the Bukhara region (Uzbekistan). *College Composition & Communication*, 2015, 7: 956-971.

Li, J. Y., Chen, H. X., Zhang, C. Impacts of climate change on key soil ecosystem services and interactions in Central Asia. *Ecological Indicators*, 2020, 116 (106490): 1-24. DOI: 10.1016/j.ecolind.2020.106490.

Liu, Y. R., Li, Y. P., Ma, Y., et al. Development of a Bayesian-Copula-based frequency analysis method for hydrological risk assessment — the Naryn River in Central Asia. *Journal of Hydrology*, 2020, 580: 124349.

Liu, Y. R., Li, Y. P., Ma, Y., et al. Analyzing extreme precipitation and temperature in Central Asia as well as quantifying their main and interactive effects under multiple uncertainties. *Journal of Hydrology*, 2022, 607: 127469.

Liu, Y. R., Li, Y. P., Yang, X., et al. Development of an integrated multivariate trend-frequency analysis method: spatial-temporal characteristics of climate extremes under global warming for Central Asia. *Environmental Research*, 2021, 195: 110859.

Lyu, H. M., Shen, S. L., Zhou, A., et al. 2019. Perspectives for flood risk assessment and management for mega-city metro system. *Tunnelling and Underground Space Technology*, 2019, 84: 31-44.

Ma, X., Zhu, J., Yan, W., et al. Assessment of soil conservation services of four river basins in Central Asia under global warming scenarios. *Geoderma*, 2020, 375: 114533. https://doi.org/10.1016/j.geoderma.2020.114533.

Micklin, P. Desiccation of the Aral Sea: a water management disaster in the Soviet Union. *Science*, 1988, 241 (4870): 1170-1176.

Micklin, P. The past, present, and future Aral Sea. *Lakes & Reservoirs Research & Management*, 2010, 15 (3): 193-213.

Smajgl, A, Ward, J., Pluschke, L. The water-food-energy Nexus — realizing a new paradigm. *Journal of Hydrology*, 2016: 533-540.

Small, I., Van Der Meer, J., Upshur, R. E. G. Acting on an environmental health disaster: the case of the Aral Sea. *Environmental Health Perspectives*, 2001, 109: 547-549.

Sun, J., Li, Y. P., Suo, C., et al. Impacts of irrigation efficiency on agricultural water-land nexus system management under multiple uncertainties — a case study in Amu Darya River basin, Central Asia. *Agricultural Water Management*, 2019, 216: 76-88.

Teasley, R. L. Evaluating water resource management in transboundary river basins using cooperative game theory: the Rio Grande/Bravo Basin. Dissertations & Theses-Gradworks, 2011.

Thevs, N., Ovezmuradov, K., Zanjani, L. V., et al. Water consumption of agriculture and natural ecosystems at the Amu Darya in Lebap Province, Turkmenistan. *Environmental Earth Sciences*, 2015, 73 (2): 731-741.

Vijayakumar K, Devara, P. C. S., Rao, S. V. B., et al. Dust aerosol characterization and transport features based on combined ground-based, satellite and model-simulated data. *Aeolian Res*, 2016, 21: 75-85.

Yang, X., Li, Y. P., Liu, Y. R., et al. A MCMC-based maximum entropy Copula method for bivariate drought risk analysis of the Amu Darya River Basin. *Journal of Hydrology*, 2020, 590: 125502.

Yang, X., Li, Y. P., Huang, G. H., et al. Development of a multi-GCMs Bayesian Copula method for assessing multivariate drought risk under climate change: a case study of the Aral Sea Basin. *CATENA*, 2022, 212: 106048.

阿布都米吉提·阿布力克木、葛拥晓、王亚俊等："咸海的过去、现在与未来"，《干旱区研究》，2019 年第 1 期。

曹嘉涵："中亚气候变化风险及环境安全影响"，《绿叶》，2015 年第 7 期。

邓铭江、龙爱华："咸海流域水文水资源演变与咸海生态危机出路分析"，《冰川冻土》，2011 年第 6 期。

邓铭江、龙爱华、李湘权等："中亚五国跨界水资源开发利用与合作及其问题分析"，《地球科学进展》，2010 年第 12 期。

胡汝骥、姜逢清、王亚俊等："中亚（五国）干旱生态地理环境特征"，《干旱区研究》，2014 年第 1 期。

吉力力·阿不都外力：《干旱区湖泊与盐尘暴》，中国环境科学出版社，2012 年。

吉力力·阿不都外力、马龙：《中亚环境概论》，气象出版社，2015 年。

李莉、周宏飞、包安明："中亚地区气候生产潜力时空变化特征"，《自然资源学报》，2014 年第 2 期。

李湘权、邓铭江、龙爱华等："吉尔吉斯斯坦水资源及其开发利用"，《地球科学进展》，2010 年第 12 期。

刘爽、白洁、罗格平等："咸海流域社会经济用水分析与预测"，《地理学报》，2021 年第 5 期。

卢佳琦："咸海流域主要生态系统服务时空特征分析"（硕士论文），中国科学院大学，2022 年。

马晓飞："气候变化背景下中亚干旱地区沙漠化演变特征与生态系统服务评估"（博士论文），中国科学院大学，2021 年。

热皮库夫：《咸海的命运》，乌兹别克斯坦科学出版社，1990 年。

任国玉、封国林、严中伟："中国极端气候变化观测研究回顾与展望"，《气候与环境研究》，2010 年第 4 期。

沙多拉依夫：《咸海地区生态危机的社会后果：乌兹别克斯坦人口和劳动资源》，塔什干大学出版社，1992 年。

施海洋、罗格平、郑宏伟等："锡尔河流域用水分析：基于'水-能源-食物-生态'纽带因果关系和贝叶斯网络"，《地理学报》，2020 年第 5 期。

田向荣、王国义、樊彦芳："咸海流域跨界水合作历史、形势及思考"，《边界与海洋研究》，2017 年第 6 期。

章莹、张保国："发展新疆与苏联科技合作的浅见"，《新疆社会科学》，1989 年第 6 期。

第五章　哈萨克斯坦首都圈生态屏障建设[①]

摘　　要

绿色丝绸之路建设是共建"一带一路"高质量发展的重要内容以及推动构建人类命运共同体的重要实践。然而，在气候变化和人类活动作用下，"一带一路"沿线地区土地退化、土地荒漠化与干旱问题越发突出，严重危及人居环境、生态环境安全、区域发展和百姓生计，直接制约绿色丝绸之路建设。受哈萨克斯坦有关部门的委托，以本章主要作者为核心的研究团队，针对其首都圈生态屏障建设的技术瓶颈，围绕大风、干旱、低温、盐碱、积水等特殊环境条件，开展了高抗逆性植物种选育、微地形改造造林、植物种配置与林带结构优化等技术试验，筛选出抗寒旱、耐盐碱的灌木造林树种，研发形成了低温苗木雪藏假植、低洼地积水微地形改造造林、砾质荒漠坡地免灌造林、干旱坡地造林、盐碱地土壤改良造林等困难立地造林关键技术，建成了试验示范区。在此基础上，评估了生态屏障工程固碳、水资源供给、土壤保持、防风等生态服务功能。研究成果为绿色丝绸之路建设提供了实践案例，为"一带一路"沿线国家实现联合国 2030 年可持续发展目标提供了经验和示范。

第一节　引言

一、荒漠化防治是绿色丝绸之路建设的重要议题

绿色"一带一路"是"中国理念、世界共享"的重要载体。推进绿色"一带一路"建

①　本章作者：王永东、雷加强、徐新文、艾柯代·艾斯凯尔、陈玉森、李辉亮、杜曼、Abzhanov Talgat、Sarsekova Dani、Zhumabekova Zhazira、Rakhimzhanov Alimzhan。

设，分享生态文明和绿色发展理念，是中国参与全球环境治理的重要实践，是服务打造人类命运共同体的重要举措（姚檀栋等，2017；郭华东、肖函，2016；崔鹏等，2018）。中国作为"一带一路"建设的倡导者，在《关于推进绿色"一带一路"建设的指导意见》与《"一带一路"防治荒漠化共同行动倡议》中明确指出：呼吁围绕生态文明建设、可持续发展目标以及相关环保要求，加强与沿线国家或地区生态环保战略和规划对接，构建合作交流体系，共同开展沿线国家交通干线、城镇（绿洲）综合生态防护体系建设，提升生态环境风险防范能力，为"一带一路"建设提供生态环境安全保障。特别强调在加强基础设施建设的同时，应重视荒漠化问题，并加强这方面的沟通协商与合作。因此，重视荒漠化问题，推动生态防护体系建设，加强生态环境保护，已成为"一带一路"建设的重要议题。2015 年联合国《2030 年可持续发展议程》的启动，为中国深入实施"一带一路"倡议，加强区域绿色合作，应对全球及区域可持续发展面对的威胁和挑战提供了重要机遇。

"一带一路"沿线区域拥有丰富的矿产资源、能源资源、生物资源、土地资源等，是地球上最重要的资源宝库之一。然而，"一带一路"倡议重点建设的六大经济走廊中，有四个存在不同程度的荒漠化问题。"一带一路"沿线的 60 多个国家都是《联合国防治荒漠化公约》缔约方，其中 40 多个国家遭受着不同类型的荒漠化、土地退化和干旱危害，是世界上荒漠化问题最严重的区域之一。沿线大部分国家和地区处于气候及地质变化的敏感地带，裸地及人工活动强度较大的面积明显高于全球平均水平，而森林、草地和灌木丛所占比例明显低于全球平均水平，自然环境十分复杂。区域生态系统脆弱性及荒漠化问题已对粮食安全、生态安全、能源安全、国家安全构成严重威胁，不仅影响了本国经济建设和社会发展，导致生态恶化，引发贫困，而且危及绿色丝绸之路的建设。

中亚地区是共建"一带一路"的关键区域，也是生态环境脆弱、荒漠化问题最为突出的地区（雷加强等，2021）。中亚五国总面积近 400 万平方千米，跨越 35°N～55°N、50°E～85°E，位居亚欧大陆腹地，远离海洋，属于典型的大陆性干旱气候（陈曦等，2013）。该地区全年降水稀少，太阳辐射强烈，日照时间长，蒸散发量大，水资源短缺，植被覆盖度低，极端气候频发，3/4 以上区域为半沙漠、沙漠的自然景观（吉力力·阿不都外力，2015），生态系统十分脆弱。自 20 世纪 40 年代尤其是 60 年代以来，由于人口快速增长、过量灌溉用水、乱砍滥伐森林、超载放牧、草场退化，人类活动日益影响和改变着中亚土地利用结构、布局、方式与强度，因而中亚生态环境发生了显著变化，部分区域生态环境出现了明显退化甚至恶化（Lubin，1999；Sandholt et al.，2002；Gleick，1995）。再加上气候变化的强烈影响和人口数量的不断膨胀，直接引起城市化、工业化进程的加快，对生态资源产生的压力空前增大（姚俊强等，2014），导致亚洲中部出现植被严重退化，生态环境持续恶化，土地荒漠化发展和程度不断加快加深等问题（舒拉、张丽萍，2015）。因此，生态环境问题已经使中亚成为全球生态问题突出地区之一，严重制约了中亚各国经济与社会发展，并引起国际社会广泛关注（Cihlar et al.，1997）。

面对人类生存环境的不断恶化，各个国家、各个地区从不同的角度采取不同的措施开展了治理（朱教君，2013）。生态屏障作为一种耦合了人与自然关系的复合生态系统，其内部具有良好的自我维持和调控能力，不仅是干旱地区抵御荒漠化等自然灾害的重要措施，同时对相邻环境和大空间尺度内的生境具有保护作用，在改善城市小气候、维持碳氧平衡、缓解温室效应、防止和降低污染以及对区域的生态安全与可持续发展等方面，发挥着重要的保障作用（孙龙等，2008），为人类生存发展提供着良好的生态服务功能（潘开文等，2004；钟祥浩等，2006）。因此，全球都将生态安全作为国家安全的重要组成部分，与国防安全、金融安全等具有同等重要的战略地位（陈国阶，2002），是 21 世纪人类社会可持续发展面临的一个主要任务（陈星、周成虎，2005）。

二、中国的生态建设技术为绿色丝绸之路建设提供重要支撑

生态屏障建设是一项系统工程，其采取的主要措施是合理增加植被覆盖率，改善陆地生态系统的结构，恢复并提高其生态功能，进而保护能够提供服务的自然生态系统或人工生态系统，防止其受到外界的干扰而服务功能减弱（王晓峰等，2016）。生态建设作为一类置身于现实世界中的实验，与传统实验室中进行的实验依然存在显著区别。"基于自然"是建设林业生态工程的主要原则，但其还需要很多先进的理念和技术作为支撑。近年来，中国已经建立了不同类型的生态屏障，初步构建起中国的生态安全屏障体系，研发了生态屏障树种筛选、结构布局及建设技术，显著提升了生态系统的质量和稳定性，土地流失和土地荒漠化得到有效逆转，生态环境得到一定的改善（陈宜瑜，2011；张燕婷，2014；孙鸿烈等，2012）。例如"三北"防护林、天然林资源保护工程、退耕还林还草工程等，改变了当地生态系统格局与过程（钟祥浩、刘淑珍，2010），在提供一定的生态系统服务的同时（覃云斌等，2013；李双成，2014；Ouyang et al.，2016），也促进了区域生态系统功能的恢复提升（Feng et al.，2013；Jia et al.，2014），提前实现了联合国提出的到 2030 年实现土地退化零增长目标。因此，中国目前已有的工程案例与成功经验能够为"一带一路"沿线地区的荒漠化治理提供技术支撑。

1. 困难立地造林技术已日臻成熟

困难立地是当今世界最突出的造林困难地带和生态治理重点地区，被称为地球的"生态癌症"。由于以自然恢复为主的治理模式已难以达到理想效果，先进的工程治理技术结合植被恢复措施，必然大大提高困难立地类型的生态恢复及其治理成效（党小虎等，2010）。中

国在长期的困难立地植被恢复与造林技术研究方面已日臻成熟。在中国典型的生态恢复极困难地区，如西部荒漠化与沙化、西南干旱河谷，南方岩溶地区石漠化，以及地震重灾区山体崩塌滑坡等区域（刘彬，2008），困难立地造林不仅实现了宏观与微观相结合，试验与研究相结合，单项技术研究与综合技术研究相结合，而且形成了多学科协作，在不同层面上进行系统研究，使困难立地造林实用技术的配套性、可操作性和科学性得到较大提高，提升了生态系统服务功能。

2. 规模化绿化工程模式已成体系

1978 年始，我国施行"三北"防护林建设以来，就开展了多项规模化造林绿化生态工程（刘国彬等，2017），特别是 1998 年以来，开展了天然林资源保护工程、退耕还林工程、"三北"及长江流域防护林工程、京津风沙源治理工程、塔里木沙漠公路防护林生态工程、库布齐沙漠植被恢复工程等。在长期的规模化造林绿化工作中，创建了防沙治沙、盐碱地改良、石漠化治理等技术体系和沙产业、盐土农业等发展模式，不仅对土壤侵蚀控制、荒漠化治理及区域生态建设等均起到了良好作用，而且充分发挥了森林的生态系统功能，改善生态环境现状，促进了我国生态文明建设（杨帆，2015）。

3. 生态屏障可持续管护经验丰富

生态屏障可持续管护是生态建设的重要环节，而管护的主要需求是取得其效益。中国在生态屏障可持续方面经验丰富，针对不同区域生态屏障，按照阶段经营与管护要求，提出了幼林期以除草、松土、灌溉、施肥、间作、定株、修枝为基本内容的抚育技术，成熟期以间伐为主要内容的抚育间伐技术、修枝技术，以及其他有利于组成、结构处于最佳防护状态的技术措施，更新期以择伐和渐伐为主要方式的主伐技术以及与之相应的天然更新、人工促进天然更新和人工更新等更新技术，直到采伐更新的全过程所采取的系列定向培育与管护技术，或其他有利于林木更新并尽量维持防护效益不间断的主伐更新方式（姜凤岐等，2003）。

4. 哈萨克斯坦首都圈生态屏障国际合作是绿色丝绸之路建设的重要实践

哈萨克斯坦共和国是一个位于中亚的内陆国家，不仅是中国的友好邻邦，也是中国建设丝绸之路经济带的重要合作对象。哈萨克斯坦新首都阿斯塔纳气候干燥，大风、沙尘频繁。经过近 20 年的不懈努力，目前该国已经在阿斯塔纳周边荒漠草原地带营造了近 10 万公顷的生态屏障，创造了人类改造自然的伟大壮举，为城市生态环境改善发挥了重要作用。虽然哈萨克斯坦科技人员经过多年的技术探索创新，形成了从土地翻整、苗木培育、造林技术到维护管理等在该地区开展植树造林技术体系和施工工艺，但在亚寒带中纬度地区大范围地将草原变成森林毕竟没有成功的经验可以借鉴，生态屏障的建设和持续利用仍面临诸多技术理论问题需要开发研究。

加强绿色、先进、适用技术在"一带一路"沿线发展中国家转移转化，促进先进生态环保技术的联合研发、推广和应用，是中国作为"一带一路"倡议者共建绿色丝绸之路的庄严承诺。基于中国科学院新疆生态与地理研究所在干旱区生态建设方面拥有先进的技术和经验，哈萨克斯坦驻华使馆来函照会该所，转达了哈萨克斯坦环境与水资源部的邀请，希望共同合作解决生态屏障建设中的瓶颈问题。研究所积极回复，愿意会同哈萨克斯坦相关单位共同开展合作研究，推动哈萨克斯坦首都圈生态屏障高质量建设。2017 年底，中哈双方在"重点地区和重要工程的环境问题与灾害风险防控"项目支持下，针对哈萨克斯坦首都圈生态屏障建设技术需求，在联合考察基础上，以"障碍因子识别-关键技术研发-技术优化集成-试验示范推广-生态功能评估"为研究思路，优选中国成熟的生态屏障建设技术，研发集成适用于当地环境的生态防护林建设技术体系，建成试验基地与示范区，培训当地技术人员，推动中国先进的生态技术和产品"走出去"，为哈萨克斯坦首都圈生态屏障建设提供技术保障和支撑，成为"丝绸之路经济带"生态建设的典范。

第二节　首都圈生态屏障建设背景、现状与挑战

一、建设背景

哈萨克斯坦首都阿斯塔纳（地理坐标为 $51.1°N$、$71.5°E$），位于亚寒带中纬度地区广阔的哈萨克斯坦中北部半沙漠草原，占地面积约 952 平方千米，海拔约 347 米；距离哈萨克斯坦东南部原首都、最大城市阿拉木图 980 千米左右，伊希姆河在城南蜿蜒而过后注入北冰洋，是哈萨克斯坦第一、二产业的主要生产基地之一以及全国铁路交通枢纽。

阿斯塔纳属于极端大陆性气候区，冬冷夏热，夏季最高温度可达 35℃，由于受西伯利亚冷空气的影响，冬季温度则可低至 −52℃，且冬季从 11 月起一直持续到次年 3 月，因此被称为世界第二冷城市。阿斯塔纳大风、沙尘暴频繁。西南风占主导地位，在寒冷季节平均风速 5.2 米/秒；在温暖的季节，东北风平均风速 7～12 米/秒，相对湿度小于 20%。通常强烈的大风会引起沙尘暴，有的年份甚至会超过 20 天。在冬季，风速增加高达 25%，直接导致暴风雪的发生。2—3 月，暴风雪天数最多。此时，风速通常超过 15 米/秒，在某些情况下达到飓风（超过 30 米/秒），严重影响居民的正常生活，城市生态环境受到严峻考验。严酷的低温也给哈萨克斯坦首都阿斯塔纳居民的生产生活和生态建设带来了极大的不便，直接带来的负面影响是困扰寒地人居环境发展，不仅影响首都经济社会发展，也严重降低了严寒地区人居环境的吸引力。

因此，1996 年哈萨克斯坦政府在《关于将国家机关迁往阿克莫拉市（现阿斯塔纳市）

政府决议》（No. 39-8/81）中就部署了首都圈生态屏障建设项目。2008 年，哈萨克斯坦首任总统纳扎尔巴耶夫更是强调，哈萨克斯坦所有的城市周边都应该种植树木，形成绿化带，并责成阿斯塔纳的环城绿化带要与绍尔坦德区的林带连接起来；哈萨克斯坦 2050 战略总统国情咨文中强调"将阿斯塔纳作为创立和发展城市重要集群的核心城市之一，确保人口密集区、交通、能源的可持续发展，建立知识型经济，提高科研实力"。综上所述，哈萨克斯坦首都圈生态屏障建设已成为关系哈萨克斯坦首都人民生活水平提高、社会经济发展和生态环境改善的重要保障基础之一，也是发展城市集群，达到国家发展目标，共同推动绿色发展的国家企盼。

二、建设现状

1. 建设目标与实施规模

保护森林和在无林地区进行植树造林历来都是哈萨克斯坦的基本国策之一。哈萨克斯坦政府是根据 1996 年 No. 39-8/81 决议部署，决定沿首都城市外环植树造林，建设保护区。从 1997 年建设之初以环城公路为基础，由环城道路至城市边界预先营造防护林，年栽种面积 2500 公顷。1997—2007 年植树造林面积已超过最初的设计，达到了 3.5 万公顷。截至 2017 年，生态屏障建设项目已完成造林面积 7.8 万公顷，每年约 5 000 公顷的建设规模，2020 年绿带完成初步建设，植树面积达到约 10 万公顷，之后持续以每年 5 000 公顷面积并向卡拉干达、巴甫洛达尔等其他方向延伸，最终与休钦斯克—博洛沃方向（西北方向）的国家公园自然森林连成一体（Мухамадиев，2017），到 2030 年前绿带建设工程将全部完成。生态屏障建设的最终目的是阻挡冬季冷空气和夏季干燥空气，使首都城市减少气候的不利影响，在城市内部创造较为温和的微气候环境，为新首都建成持续稳定的生态安全体系。

2. 树种选择与结构模式

按照哈萨克斯坦首都圈生态屏障建设前期规划，现有的生态屏障建设布局以带状林为主，采取行间混交模式，一带六行共 24 米，带间间距为 12 米。林带株行距为 1 米×4 米，乔灌木相结合，乔木在中间，灌木在乔木两侧，呈"山"字形景观。用于生态屏障建设的乔灌木，针叶林占 4.0%，硬阔叶林占 37.9%，软阔叶林占 25.5%，其他乔木占 13.1%，灌木占 19.5%（Мыкитанов，2011）。主要种植的乔木包括欧洲赤松（*Pinus sylvestris*）、梣叶槭（*Acer negundo*）、榆树（*Ulmus pumila*）、苹果（*Malus pumila*）、沙枣（*Elaeagnus angustifolia*）、白蜡树（*Fraxinus chinensis*）、锦鸡儿（*Caragana sinica*）、白桦（*Betula platyphylla*）、沙棘（*Hippophae rhamnoides*）、黑茶藨子（*Ribes nigrum*）、悬钩子属（*Rubus*）等。另外，为了更好地抵御强风与冷空气，生态屏障建设工程拟在带间继续开展造林，最终改变现有的带状林结构，形成庞大的环首都圈片状林。

三、面临的挑战

阿斯塔纳成为哈萨克斯坦"永久性首都"以来发展迅速，已经成为中亚新兴大都市，也是绿色丝绸之路建设的重要节点城市。尽管哈萨克斯坦首都圈生态屏障建设已取得重大进展，生态屏障功能已有所改善，但是生态屏障始终未能成环。究其原因，生态屏障建设技术仍然面临以下挑战：

1. 气候环境恶劣，低温、大风、沙尘暴频发

哈萨克斯坦首都阿斯塔纳属于极端大陆性气候区，冬冷夏热，年降水量 114～490 毫米，多年降水平均值 299.55 毫米，多年潜在蒸散量均值 721.23 毫米（图 5-1、图 5-2）。阿斯塔纳夏季的高温又会伴随 4—9 月的干旱（40～80 天），大气干旱引起的低空气湿度和高温导致土壤中的水分贮量降低到植物无法吸收的水平。因此，在炎热的夏季，大气和土壤干旱导致土壤缺乏水分，幼苗多死于根茎烧伤。

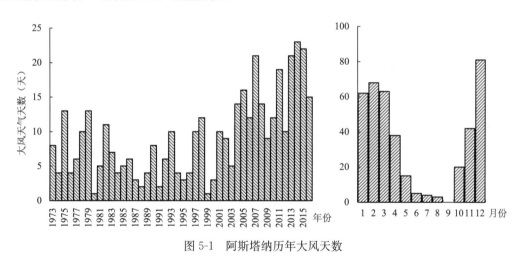

图 5-1 阿斯塔纳历年大风天数

资料来源：闫晋升（2021）。

2. 盐渍化土地面积大，生态屏障建设区类型复杂

哈萨克斯坦首都属亚寒带强风区荒漠草原，土壤类型以栗钙土为主，夹石、碱化、石灰性等劣质土明显。其中，盐渍化土地是最为严重的生态屏障障碍区。中度盐渍化建设区，面积为 2 283 公顷，占总绿带面积的 7%；土壤盐碱程度较重地区，面积为 1 912 公顷，占总绿带面积的 6%；重度盐渍化建设区面积达 9 221 公顷，包括重度盐渍化土、重度碱化土、草甸-沼泽土等劣质土壤，占总绿带面积的 50%。在这类土壤上种植人工林基本是不可能的，

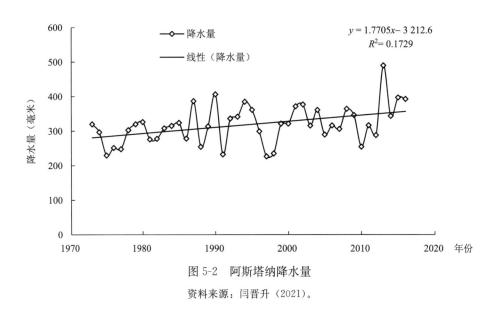

图 5-2   阿斯塔纳降水量

资料来源：闫晋升（2021）。

盐分含量达 2.5％以上，土壤剖面分布钙积层，土壤黏重且积排水不畅，约 50％的绿带区域，始终未能直接种植造林成功，致使生态屏障无法形成完整的防护体系，从而影响阿斯塔纳生态屏障防护效益和生态功能的有效发挥。

3. 树种单一，初植密度过大，林木虫害发生严重

基于阿斯塔纳人工林调查及健康评价，当前阿斯塔纳人工林优质健康（Ⅰ）样地占比 7.41％；良好健康（Ⅱ）样地占比 11.11％；一般健康（Ⅲ）样地占比 44.44％；亚健康（Ⅳ）样地占比 29.63％；不健康（Ⅴ）样地占比 7.41％。总体来说，阿斯塔纳人工林健康状况较好，处于Ⅰ、Ⅱ、Ⅲ级的样地占比 62.96％（闫晋升，2021）。但是，建设树种单一，初植密度过大，营造的林木生长速度缓慢，断行少容现象也逐渐显现。直接突出的问题就是幼林郁闭早，林木过早衰退，生态效益差。另外，生态屏障建设区病虫害严重，仅 2018 年与 2019 年生态屏障病虫害发生总面积分别为7 234.93公顷和5 638.7公顷。最后，抚育管护措施的缺乏不仅影响生态屏障林分的稳定性，而且也缩短了生态屏障的有效防护年限，出现林带生态和防护效益降低、土壤植被水分承载力降低等一系列问题。

4. 春季低洼地积水严重，影响生态屏障建设进度

阿斯塔纳的 2/3 属微波状分水岭界平原，整个城市的地形特点是没有明显的斜坡和明显的地形地势。阿斯塔纳冬季积雪平均高度 10～45 厘米，供水量可达 80～90 毫米，土壤冻结的平均深度则达到 0.8～1.3 米。到春季融雪时，土壤还没有完全融化，因此不能容纳全部的雪水，雪水由于地表径流集中在低洼地，极易形成湖泊或沼泽，对生态屏障建设区种植造成影响。

第三节　首都圈生态屏障建设技术研发与试验示范

一、生态屏障建设区立地类型划分

从地貌学角度来看，阿斯塔纳市位于哈萨克斯坦中部丘陵地带，可以划分为三个区：丘陵地（北部和东北部）、伊希姆河漫滩地（河上阶地）、伊希姆河河漫滩阶地。不同的地形塑造了不同的土壤类型，不同的土壤类型孕育着各异的植被特点。地下水矿化度加深是土壤盐渍化的根源，尤其是伊希姆河漫滩地及其阶地。暗栗钙土呈带状分布。此外，草甸-栗钙土、草甸土、盐碱土分布广泛，所有土壤类型都呈现出斑点式的马赛克状，导致地貌、湿润和盐渍化程度不一。依据土壤盐分、pH 土壤质地、土壤肥力等因素，分为适宜土壤、限制性土壤、有条件的土壤和不适宜土壤四大立地类型区，并在此基础上提出了适宜植物种与造林技术（表 5-1）。

表 5-1　阿斯塔纳生态屏障建设区立地类型划分

立地类型区	土壤特征	造林技术	适宜树种	面积占比（%）
森林植物适宜土壤	轻微盐渍化	规模化机械造林	针叶林、小阔叶林、硬叶林	37
限制森林植物适宜土壤	中度盐渍化	树种筛选＋土壤改良＋规模化机械造林	适宜种植耐旱、耐盐的乔木和灌木，如金叶榆、枫树、西伯利亚苹果树、梨树、金银花（塔塔尔）	7
有条件的森林植物适宜土壤	土壤盐碱程度较深	树种筛选＋土壤改良＋人工/机械种植	适宜种植耐盐碱、耐旱植物，如胡颓子（狭叶的）、西伯利亚苹果树、西伯利亚槐	6
不适宜土壤	重度盐碱地、积水低洼地	树种筛选＋微地形改造＋土壤改良＋人工种植	柽柳、盐穗木、盐爪爪	50

二、生态屏障建设技术研发

1. 生态屏障适宜种的引种与筛选

植物引种指人类为了一定的目的将植物（种子或营养体）从野生环境引入栽培环境种植或将栽培植物从一个地方引入另一个地方种植的活动。植物引种驯化是人类不断改造野生植物使之符合人类需要的工作。人类的需求变化驱动了植物引种驯化的发展，而科技的发展使之成为可能。现有的哈萨克斯坦首都圈生态屏障建设，用于首都圈生态屏障建设树种却比较单一，生物多样性降低，容易引发病虫害从而能造成生态屏障建设工作的加大。基于哈萨克斯坦气候环境条件，针对阿斯塔纳首都圈低温、盐碱、干旱等不同的生态问题，根据不同的生态位，筛选引入中国抗逆性适宜植物 32 种，其中乔木 14 种、灌木 17 种、藤本 1 种。

从中国引入的植物种，分别在林业委员会苗圃种源基地与赛福林农业技术大学试验地建立了引种筛选基地。从引种植物生长状况来看，紫穗槐、大叶白蜡、紫丁香、大叶榆、金叶榆、榆叶梅、爆竹柳等植物平均株高达 100 厘米以上，其中大叶榆、爆竹柳的平均株高分别达 167.5 厘米和 168.9 厘米，其余 11 种植物平均株高 40～100 厘米。紫穗槐、大叶榆、榆叶梅和爆竹柳等引种植物的平均冠幅可达 100 厘米以上，分别为 143.4 厘米、138.7 厘米、172.4 厘米和 139.9 厘米，白刺、黑加仑、大叶白蜡、暴马丁香、紫丁香、金叶榆、胡杨平均冠幅 50～100 厘米，其余植物的冠幅均低于 50 厘米，密胡杨和柽柳冠幅最小，分别为 10.1 厘米和 26.2 厘米。

植物适应性评估一般选择方法包括资料分析法、调查法和引种试验法。实际上，树种选择常常采用多种方法的综合，即通过查考文献、生态生理试验、野外栽培试验、必要的种源试验、建立试验性人工林等步骤，慎重进行（Al-Homaid et al.，1990；Bendali et al.，1990；Lam，1998）。中国科学工作者在早期多采用一般选择方法进行引种适应性评价，往往在试验的基础上进行直观比较和人为的综合评判（田胜尼，2004）。

在从中国引入哈萨克斯坦的 32 种植物中，现保存有 20 种植物，分别隶属豆科、蒺藜科、茶藨子科、紫葳科、无患子科、哈萨克、榆科、蔷薇科、杨柳科、柽柳科 10 科。现存植物的成活率差异明显，以四季丁香成活率最高，可达 98.2%，山楂成活率最低，仅 16.8%。成活率较高（达 85% 以上）的植物有 5 种，分别为紫穗槐、梓树、紫丁香、四季丁香、金叶榆；成活率 60%～85% 的植物有 7 种；成活率在 20% 以下的有 3 种，分别为红叶海棠、山楂和密胡杨。综合引种植物的成活率和生长状况，初步筛选出适应性较好的哈萨克斯坦首都圈生态屏障建设植物种 12 种（表 5-2）。

2. 生态屏障建设技术研发与优化

针对哈萨克斯坦首都圈生态屏障建设面临的苗木保存、植物种单一、生长不良、林带体系尚未形成等问题，通过现场调查和诊断，以解决大风、低温、盐碱、积水等对造林的影响为目标指向，开展了植物种选育、微地形改造、防护林带优化等试验，形成了系列单项技术。

表 5-2　引种植物成活率与适应性

序号	引种植物	成活率（%）	适应性	序号	引种植物	成活率（%）	适应性
1	紫穗槐	87.0	√	11	大叶榆	42.5	
2	白刺	60.5	√	12	金叶榆	90.0	√
3	黑加仑	79.7	√	13	红叶海棠	19.1	
4	梓树	89.6	√	14	山楂	16.8	
5	文冠果	63.6	√	15	重瓣榆叶梅	55.1	
6	大叶白蜡	59.0		16	密胡杨	18.1	
7	小叶白蜡	63.0	√	17	胡杨	54.8	
8	暴马丁香	57.8		18	旱柳	81.5	√
9	紫丁香	85.0	√	19	细穗柽柳	72.5	√
10	四季丁香	98.2	√	20	刚毛柽柳	84.7	√

（1）苗木雪藏低温保护技术

春季苗木起苗后，如果不能及时栽植，应进行贮藏，以免苗木失水风干。哈萨克斯坦苗木雪藏技术，是利用雪藏低温，延缓种子与实生苗提前萌发，适应春季植树造林的措施之一。哈萨克斯坦首都圈冬季寒冷，积雪多，春季升温较快，融雪迅速。为了解决定植苗木春季由于气温快速上升而出现萌动发芽难题，利用哈萨克斯坦雪藏低温优势，应将种子或者实生苗在萌动之前进行雪藏保护。

具体方法：①选择地势较高、排水良好的平坦地堆积积雪，底部积雪 20 厘米以上；②将实生苗捆扎后放置积雪上，用积雪埋没压实；③在雪堆上覆盖植物秸秆，后期种植期延迟，也可在秸秆上面再次覆盖 15～20 厘米厚的土层；④雪藏期平均温度 -0.8℃左右，贮藏至 6 月上旬。

种子与实生苗的雪藏处理，不仅使得春季苗木萌发状态延缓，延长种植期，增强幼苗抗低温抗霜冻的能力，提高苗木的质量，有利于苗木的均衡生长和管理；另外，苗木雪藏种植期的延长，还可以错开首都 5 月中下旬极端低温（倒春寒）影响，按照建设进度提供充足的苗木，保证生态屏障建设的进度实施。

（2）重盐碱地造林技术

位于首都圈周边的部分地带，土壤质地砾质混合，植物根系难以下扎，植物存活率低，生长受阻。冬季易堆积积雪，春季融雪水和夏季降雨形成的地表径流汇聚于此，加之土壤透水性差，形成短期积水；随着气温升高，土壤水分强烈蒸发，土壤表层干燥，盐分聚集。另外，荒漠草原区大多地势低平，土体又普遍存在钙结层，春季积雪融化后造成局部排水不畅，土壤表层积水；再加上蒸发作用，夏季返盐，土壤板结、盐碱化严重，常规造林效果极差。

解决方案：①开沟排水，降低地下水位。利用地势开沟，将积水排出。②微地形改造，设置梯形垄。每三个相邻的梯形垄为一个种植带，每两个种植带之间间距4米，能够改变盐分分布范围，使种植植物根系分布于盐碱化程度较轻的土体内，创造低盐微域小环境。③利用磷石膏对亚寒带荒漠草原重盐渍地的土壤进行改良。在每个梯形垄的上面挖两行种植穴，将挖出的土壤和磷石膏按照5∶1～7∶1的质量比混合，得到改良土，既能够缓解土壤碱化程度，又能够补充土壤钙离子，控制土壤中钠离子吸附比重，减缓植物盐害；在垄侧种植耐盐碱植物。④在种植穴内和种植带间种植植物。将改良土回填到种植穴内后压实，每个种植带内，中间的梯形垄种植耐盐抗逆性乔木，两侧的梯形垄种植耐盐抗逆性灌木。每个种植穴种植1株，每两个种植带间的区域种植高富盐盐生草木。⑤树种搭配：沙枣＋榆树＋榆树＋沙枣，株间距4米，行间距6米；沙枣＋榆树＋沙枣，株间距4米，行间距6米；黑加仑＋沙枣＋榆树＋沙枣＋黑加仑株，株间距4米，行间距6米（黑加仑株间距2米）。

（3）砾质坡地造林技术

哈萨克斯坦首都周边砾质土壤，粗颗粒，难以挖坑种植，植物根系也难以下扎，再加上土层薄，蓄水能力非常差，造成种植后苗木多形成"小老头树"的技术瓶颈。

具体办法：①机械开沟（使用开沟机或者挖掘机，沟深100厘米，宽60厘米）打破砾质硬层。②过筛：采用长轴4厘米左右的菱形钢筛，将开沟出来的砾质土过筛，细颗粒留在沟内，粗颗粒堆积在沟两侧，作为起垄用。③客土：对于粗砾质土，就可以考虑客土，将周边低地的优质土挖过来，填入沟中，一般可以考虑填充4/5即可。④施加有机肥，进行混合后即可以进行植树；或者可以在基底层施加有机肥，然后进行种植。⑤树种选择：沙枣、榆树、复叶槭、柽柳、黑加仑等，可以选择2～3年的稍大苗木植入，待存活后再进行正常的管理。⑥树种搭配：黑加仑＋沙枣＋榆树＋沙枣＋黑加仑，株间距4米，行间距6米［黑加仑（灌木类）株间距2米］；沙枣＋复叶槭＋复叶槭＋沙枣；沙棘＋复叶槭＋复叶槭＋沙棘；白蜡＋复叶槭＋复叶槭＋白蜡；沙枣＋樟子松＋杨树＋樟子松；樟子松＋白桦＋白桦＋樟子松；黑加仑＋复叶槭＋白桦＋复叶槭＋黑加仑；沙枣＋复叶槭＋榆树；其他灌木类：接骨木、花楸、柽柳、忍冬等也可以考虑。

（4）干旱坡地造林技术

首都圈周边部分缓倾斜坡地，由于风吹坡地造成积雪少，土壤里积雪水分来源少，夏季干旱缺水，导致已种植的柳树生长2～3年后缺水干旱死亡。

具体办法：①坡地沿等高线开沟造林，沟宽40～60厘米，深40～50厘米，挖土堆放在低侧成垄，用于截留水分和积雪。②营造带林，3～4行即可，株间距3～4米，行间隔4～6

米，林带间隔 20～30 米。③树种选择榆树（*Ulmuspumila L.*）、复叶槭（*Acer negundo L.*）、沙枣、黑加仑（*Ribesnigrum L.*）、酸枣［*Ziziphus jujuba Mill. var. spinosa (Bunge) Hu ex H. F. Chow*］。④树种配置：榆树＋复叶槭＋榆树；沙枣＋榆树＋沙枣；黑加仑＋沙枣＋沙枣＋黑加仑；酸枣＋榆树＋榆树＋酸枣。初植后管理：利用春季积水造林，造林后及时补灌一次水即可，对于没有成活的树木给予及时补植。

（5）低洼地微地形改造造林技术

首都圈周边低洼地，原生植物主要有芦苇、柳树等，对于低洼地的生态建设和生态防护主要秉持的原则应该是生态保育为主，以原生植物的利用为主，避免过多的工程行为，维护生态环境，为野生动物提供良好的栖息地。

该区整体地形较低，为区域汇水中心，有常年的积水小型湖塘，春季地表汇集融雪水。通透性差，再加上春季低温，不利于植物的存活和生长。土壤渗透性也较差，土壤通气性差。

鉴于对方要求进行湿地生态恢复，可以采用以下技术措施：①利用地势，在最低洼处营造一个积水塘或者人工小湖。②积水塘或者人工小湖周边开沟起垄，在湿地上建立局部干地。③在干垄上栽种耐湿，耐低温物种。④选择物种：以灌木类为主，兼用乔木和多年生草本植物（物种：柽柳、沙枣、柳树等）。⑤树种搭配：柽柳＋柽柳＋柳树；柽柳＋柳树＋沙枣；柳树＋柳树＋沙枣。

（6）林带结构配置优化技术

针对亚寒带强风荒漠草原区的特殊气候因素，冬季漫长而严寒，暖季短促，气温年较差特别大，降水稀少，大风天气频繁。经过联合调查发现，哈萨克斯坦首都圈生态屏障中营造的林带造林株距小，现有的营建防护林方法面临初植密度大、结构配置技术不当等技术缺陷；易对生态屏障造成以下影响：①影响林带内林木的生长速度；②林木易于过早地衰退；③林带易发生病虫害；④缩短生态屏障的有效防护年限；⑤降低生态屏障的生态和防护效益。因此，以区域水资源平衡、生态需水量理论为基础，将防护物种低密度种植技术与当地林水关系优化协调，实现生态屏障防护效益与林带可持续发展，是解决哈萨克斯坦首都圈生态屏障可持续的关键技术。

以城市防护效益与区域生态效益为核心，依据不同植物的生物生态学特性，建立由不同乔灌树种组成的种植带，利用带状行间混交种植技术，林带布局方案合理优化，形成荒漠草原区的人工防护林。具体实施：①降低初值密度：基于土壤条件及当地降雨量资料，在采取带状防护林基础上，将原有方案的株间距由 1 米改为 2 米，行间距保持 4 米。②采用乔、灌结合带状混交造林。一带六行，中间两行种植沙枣，沙枣两侧种植复叶槭，复叶槭两侧种植黑加仑树种，形成乔木在中间、灌木在两侧的乔灌树种"山"字形结合模式。③林带之间间隔 12 米，这样不仅可以保证树木根系的充分扩展，吸取足够的水分，而且可以促进植物快速生长，快速达到防护效果。

三、哈萨克斯坦首都圈生态屏障技术优化集成与示范

1. 生态屏障技术优化集成

哈萨克斯坦经过近 20 年的不懈努力，目前已经在阿斯塔纳周边荒漠草原地带营造了近 10 万公顷的生态屏障，创造了人类改造自然的伟大壮举，为阿斯塔纳周边的生态环境改善发挥了重要作用。尽管哈萨克斯坦造林局经过多年的探索创新，形成了从土地翻整、苗木培育、造林技术到维护管理等方面在该地区开展植树造林技术体系和施工技术，但亚寒带荒漠草原区大范围植树造林毕竟没有成功的经验可以借鉴，生态屏障的建设和持续利用仍将面临诸多技术理论问题需要开发研究。因此，本章基于哈萨克斯坦首都圈气候环境背景，结合中国成熟的生态屏障建设技术，识别哈萨克斯坦首都圈生态屏障建设技术难题，通过技术研发与优化，形成亚寒带荒漠草原区生态屏障建设技术体系（表 5-3）。

表 5-3　哈萨克斯坦首都圈生态屏障技术优化集成

存在的问题	造成的影响	技术研发优化
生态屏障植物种单一	林地病虫害严重	引种、筛选与适应性评估
土壤存在石膏层	机械规模化种植成活率低	提前翻耕，连续深翻打破石膏层
盐渍化严重	无法形成完整的防护体系；防护功能不能有效发挥	利用磷石膏开展土壤改良；筛选耐盐耐寒耐旱植物种；微地形改造技术
初植密度大	林木的生长速度受阻	适宜初植密度；林带结构配置优化技术
春季低温	苗木死亡	低温雪藏技术
植物生长慢	苗木根系风干或枯萎	保水剂或者泥浆蘸根
林木过早衰退	缩短生态屏障的有效防护年限	抚育间伐技术

2. 生态屏障试验示范

基于系列技术研发、植物种选育等，提出了哈萨克斯坦首都圈生态屏障"调整密度-改良土壤-林种优选-布局优化"的林带优化模式，建成 23 公顷生态屏障试验示范基地。

（1）平均株高。调查统计发现，样地一同年（引种年限）引进的黑加仑、沙枣、椿叶槭的平均株高达 95 厘米以上，沙枣的平均株高最高，达 106 厘米，黑加仑的平均株高最低，

为 96.1 厘米；样地二同年引进的桠叶槭、沙枣、苹果的平均株高为 60～67 厘米，其中桠叶槭和沙枣平均株高基本一样，约 67 厘米，苹果平均株高最低，为 60 厘米。

（2）平均冠幅。植物冠幅是影响林带有效防护范围的重要指标之一。通过对引种植物的调查发现，样地一的三种植物平均冠幅为 66～118 厘米，其中，沙枣平均冠幅最大，可达 117.6 厘米，桠叶槭平均冠幅最小，为 65.7 厘米；样地二同年引进的桠叶槭、沙枣、苹果平均冠幅为 36～65 厘米，其中，沙枣和苹果树平均冠幅较大，分别是 65.3 厘米和 58.5 厘米，桠叶槭平均冠幅最小，为 35.8 厘米。

（3）不同植物、样地长势差异。示范区和对照区的树种皆为同年引种树种，以冠幅、株高表征不同植物生长状况，两个样地植物种长势差异较大。就同种树种来看，示范区的黑加仑和沙枣长势远远好于对照区。

第四节　首都圈生态屏障工程宏观结构变化

1997 年阿斯塔纳成为哈萨克斯坦首都后飞速发展，从人口不到 30 万的小城镇成为如今人口超百万的大都市，发展速度位于哈萨克斯坦乃至中亚首位（艾柯代·艾斯凯尔等，2021）。阿斯塔纳城市的快速发展势必会使城市土地利用覆被发生巨大变化，从而影响城市生态服务功能变化。而作为城市生态系统重要组成的生态屏障工程，其面积的时空变化以及与其他土地利用类型之间的面积转化，已被确定为造成生态系统服务功能下降的主要驱动因素之一（Singh et al.，2014）。

一、生态屏障时间变化

根据研究区 24 年（1994—2018 年）的土地利用类型面积变化可知（图 5-3），首都圈生态屏障面积持续增加，从 1994 年的 108.73 平方千米增加到 2018 年的 879.70 平方千米，增长了 709.07%，年增长率达 28.36%。除了生态屏障面积，城市建设用地面积也在持续增加，从 1994 年的 57.16 平方千米增加到 2018 年的 128.31 平方千米，增长了 124.48%。水体面积呈现先减少后增大的波动变化趋势。其他植被面积和裸地面积都有所下降，但由图 5-4 可以发现，其他植被和裸地面积所占研究区总面积的比重较大，说明阿斯塔纳周边荒地等后备资源丰富（艾柯代·艾斯凯尔，2021）。

整体来看，1994—2000 年，生态屏障工程面积和建设用地相对面积变化量最大，生态屏障面积从 108.72 平方千米增加到 2000 年的 226.95 平方千米，增长率为 108.75%，动态

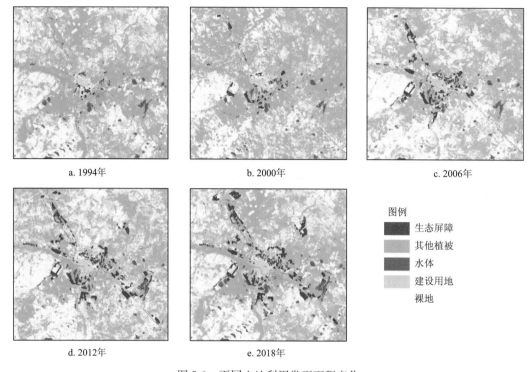

a. 1994年　　　　　　　b. 2000年　　　　　　　c. 2006年

d. 2012年　　　　　　　e. 2018年

图例

■ 生态屏障

■ 其他植被

■ 水体

　建设用地

　裸地

图 5-3　不同土地利用类型面积变化

度是 18.12%。而城市建设用地从 1994 年的 57.16 平方千米增加到 2000 年的 128.61 平方千米，面积增加了 125.00%。与此同时，水体和裸地面积在减少。2000—2006 年，生态屏障面积继续呈增长趋势，其相对面积变化量和动态度都达到了研究时域内的最大值。但在这六年间，生态屏障周边其他植被面积从 10 544.86 平方千米减少到 8 101.85 平方千米，面积变化量和动态度也达到了研究时域内的最小值，说明该时段林带建设很大程度上是在破坏其他原有植被基础上完成的。而在 2006—2012 年，面积变化量相对最大的还是生态屏障面积，其次是建设用地，在此时期，裸地和水体面积极大减少，分别减少了 184.17 平方千米和 71.32 平方千米。2012—2018 年，生态屏障面积变化量显著上升，面积增长率为 12.19%，动态度仅 2.03%。但此时期，水体面积大幅增加，从 2012 年的 222.40 平方千米增加到 2018 年的 384.58 平方千米，面积同比增长 72.92%，说明此时期水体得到了有效保护和恢复。

从土地利用变化量和动态度可以明显发现，1994—2018 年，阿斯塔纳土地利用变化剧烈，这很大程度上可能与哈萨克斯坦在 1997 年将首都从阿拉木图迁至阿斯塔纳有关。1997 年阿斯塔纳成为首都后，政府大力建设城市基础设施和周边绿化带，使林带面积和城市建设用地面积迅速增长，由此造成 1994—2006 年生态屏障和城市建设用地面积变化剧烈。

二、生态屏障空间格局变化

为了探究不同时期生态屏障林地面积增长的来源以及与其他土地利用类型之间的转换关系，基于研究区五个时期的土地利用类型图，得到阿斯塔纳 1994—2000 年、2000—2006 年、2006—2012 年、2012—2018 年以及 1994—2018 年五个时间段的土地利用转移矩阵，并用 Python 将转移量可视化。

根据阿斯塔纳 1994—2018 年土地利用覆被变化可以发现（图 5-4），生态屏障面积主要以城市主城区为中心，沿西北—东南方向向四周增长，而生态屏障面积的增加是其他地物面积转化得到的。

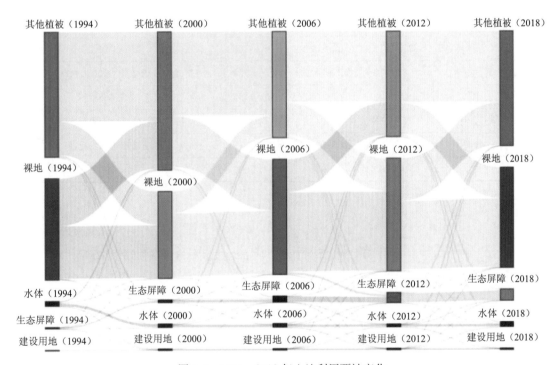

图 5-4　1994—2018 年土地利用覆被变化

由图 5-4 可知，其他植被用地和裸地不仅是研究区面积与转移量最大的土地利用类型，也是其他土地利用类型的主要转移来源（表 5-4）。根据前文分析，1994—2000 年，生态屏障面积和建设用地面积大幅增加，水体面积减少。建设用地和生态屏障面积的增加主要依赖裸地和其他植被用地的转换；其中，有 123.2 平方千米的其他植被用地转换成了林地，9.38 平方千米裸地转变成了林地，56.72 平方千米裸地转换成了建设用地，而裸地也是其他植被和城市建设用地的主要面积增长来源。2000—2006 年，生态屏障面积变化量达到近 24 年的最大值，而其他植被和建设用地面积在减少，生态屏障面积变化剧烈，主要是由于164.72平方千米的其他植被和100.56平方千米的裸地转换成了林地，而林地被其他用地类型占用的面积相对较少，由此导致2000—2006年林带面积净增长114.32％。2006—2012年，生态屏障面积持续增加，水体面积减少，建设用地面积增加。在此时期，生态屏障面积持续增长，最主要的转移来源是裸地。2012—2018年，各土地利用类型面积变化率都较前三个时期有所下降，此时期各土地利用类型之间的转移与2006—2012年相似，处在一个动态平衡的状态。此外，根据林地、建设用地与裸地以及其他植被用地之间的土地转移关系可以发现，建设用地和林地面积增加主要依赖对裸地和其他植被用地的转移利用。

表5-4　2012—2018年土地类型转换面积　　　　单位：平方千米

土地类型		2018年					合计
		生态屏障	其他植被	水体	建设用地	裸地	
2012年	生态屏障	737.7813	34.7400	0.0405	0.4887	11.0763	784.1300
	其他植被	98.9910	5 433.4431	131.0157	3.6891	2 381.2506	8 048.3900
	水体	0.0027	17.4087	199.6452	0.2682	5.0688	222.3900
	建设用地	0.0135	4.3146	0.3330	114.0984	15.0642	133.8200
	裸地	42.9174	3 268.0287	53.5419	9.7704	5 235.5673	8 609.8300
合计		879.7100	8 757.9400	384.5800	128.3100	7 648.0300	17 798.5600

第五节　首都圈生态屏障生态服务功能评估

土地退化是《联合国防治荒漠化公约》（UNCCD）与联合国环境规划署（UNEP）认定的全球发展和环境问题（Mccammon，1992；UNEP，2008）。过去30年，全球有30％的土地经历了土地退化，其中有33％的草地、25％的耕地、23％的林地，近15亿人遭受土地退化的影响，每年土地退化的成本约3 000亿美元（Nkonya，2016），这将严重影响生态系统和人类福祉，即人类直接或间接地从生态系统中获得的各种惠益。早在2000年，联合国发起并开展了千年生态系统评估（Millennium Ecosystem Assessment，2005），定量评估过去50年全球生态系统状况、服务功能、驱动力，并对今后50年的生态系统变化做了情景分析，首次提出包括生态系统支持服务、供给服务、调节服务、文化服务等生态系统评估框架和指标体系及方法。开展陆地生态系统服务研究，是生态系统恢复、生态功能区划和建立生态补偿机制、保障国家生态安全的重大战略需求。而对生态系统服务变化进行量化并对其影响因素进行分析，有助于决策者制定切实可行的生态系统服务管理政策（Chen et al.，2020）。

一、生态屏障固碳功能

阿斯塔纳总固碳量在持续增加，总量从 1994 年的 3 713.5 万吨到 2018 年的 6 000.3 万吨，增加了 61.58%（图 5-5）。其中，生态屏障建设工程固碳量在 1994 年、2000 年、2006 年、2012 年、2018 年分别为 362.1 万吨、755.8 万吨、1 609.4 万吨、2 611.1 万吨、2 929.4万吨。1994—2018 年，生态屏障的固碳量增加了 709.1%，呈现持续增长趋势，而裸地和其他植被用地的固碳量有所减少，其中其他植被固碳量减少量较大，约为 267.6 万吨。这说明阿斯塔纳 1994—2018 年总固碳量增加的最大贡献者是生态屏障工程。

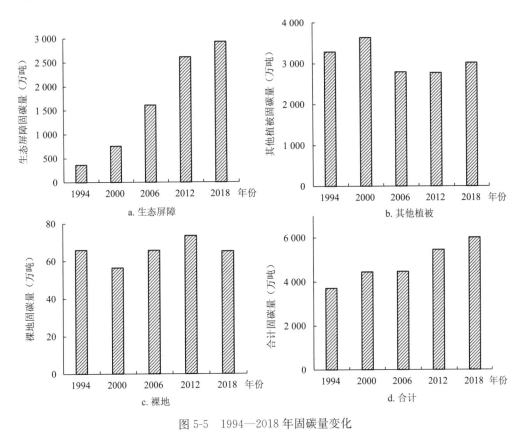

图 5-5　1994—2018 年固碳量变化

不同时期，不同土地类型的固碳贡献率基本保持不变（图 5-6）。固碳量贡献率大小为：其他植被＞林地＞裸地；不同地物类型的碳存储能力有所不同，单位面积固碳量取决于地物的碳密度。阿斯塔纳不同地物类型中，林地碳密度最大；其次是其他植被和裸地。因此，单位面积固碳量最大的也是生态屏障，为 33.32 吨/平方千米；其次是其他植被和裸地，分别是 3.45 吨/平方千米和 0.09 吨/平方千米。由此可以发现，林地虽然不是阿斯塔纳最大的固碳贡献者，但因其强大的固碳能力，平均固碳量远远大于其他植被和裸地。

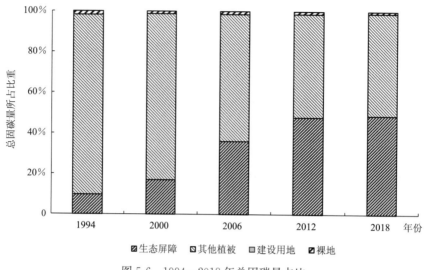

图 5-6　1994—2018 年总固碳量占比

二、生态屏障水源供给功能

水源供给是森林生态系统的重要生态功能之一，水源供给量越多，说明水资源供给服务越强。阿斯塔纳 1994—2018 年单位面积产水量为 129.424～230.925 毫米，水源供给量为 23.035 亿～41.101 亿立方米。其中，1994—2012 年，产水量和水源供给量持续减少，到 2018 年开始增加。根据 InVest 模型计算产水量可知，降水量和蒸散发是本模型影响产水量和水源供给量的重要因素。由表 5-5 可以看出，1994—2012 年，降水量呈现减少趋势，实际蒸散发呈现波动上升趋势，由此导致产水量和水源供给量呈现减少趋势。

表 5-5　1994—2018 年研究区水源供给输出数据

年份	平均降水量（毫米）	平均潜在蒸散发（毫米）	实际蒸散发（毫米）	产水量（毫米）	水源供给量（亿立方米）
1994	341.838	771.957	169.129	172.709	30.739
2000	333.192	737.815	165.009	168.183	29.934
2006	338.243	788.445	170.778	167.465	29.806
2012	310.779	881.792	181.354	129.424	23.035
2018	400.655	725.192	169.730	230.925	41.101

不同土地利用类型下的产水量存在显著差异。根据图 5-7 可知，生态屏障林带水源供给量呈现显著增加趋势，从 1994 年的 0.143 亿立方米增加到 2018 年的 1.613 亿立方米，增加了 1.470 亿立方米；其他植被的水源供给量变化与阿斯塔纳总的水源供给量变化趋势一致，呈现先减小后增加的趋势；建设用地和裸地的水源供给量也呈现波动变化，其中，建设用地水源供给量呈"增-减-增"趋势，而裸地水源供给量呈现"减-增-减-增"趋势。

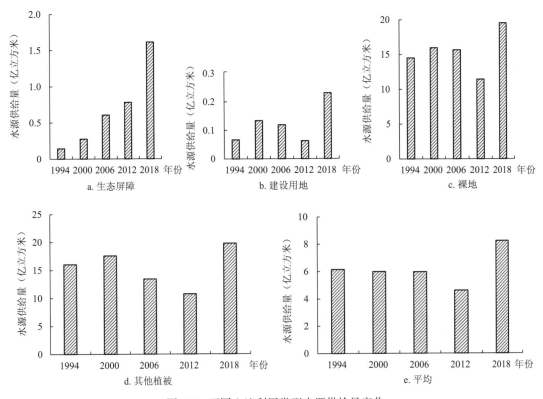

图 5-7　不同土地利用类型水源供给量变化

三、生态屏障土壤保持功能

植被具有较好的土壤保持功能。1994—2018 年，阿斯塔纳单位面积土壤保持量为 188.39～323.16 吨，土壤保持总量为 $3.35 \times 10^6 \sim 6.34 \times 10^6$ 吨。其中，1994—2012 年，平均土壤保持量持续减少，到 2018 年开始增加。由表 5-6 可以看出，1994—2012 年，平均潜在土壤流失量和平均实际土壤流失量呈下降趋势，由此导致土壤保持量的减少，因此可以推测，阿斯塔纳在 1994—2012 年土壤保持量减少，并不是其土壤保持能力下降导致，而是土壤流失量减少引起。

不同土地利用类型下的土壤保持量存在显著差异。根据图 5-8 可知，生态屏障工程总土壤保持量呈现显著增强趋势，总的土壤保持量从 1994 年的 3.23 万吨增加到 2018 年的 28.15 万吨，增加了 24.92 万吨；其他植被的土壤保持量变化与阿斯塔纳总的土壤保持量变化趋势一致，呈现先减小后增大的趋势；建设用地和裸地的土壤保持量呈现波动变化。其中，建设用地土壤保持量呈"增-减-增"趋势，而裸地的土壤保持量呈现"减-增-减-增"的趋势。

表 5-6　1994—2018 年研究区土壤保持输出数据

年份	潜在土壤侵蚀总量（10^6 吨）	平均潜在土壤流失量（吨/平方千米）	实际土壤侵蚀总量（10^3 吨）	平均实际土壤侵蚀总量（吨/平方千米）	土壤保持总量（10^6 吨）	平均土壤保持量（吨/平方千米）
1994	5.76	323.78	11.48	0.65	5.75	323.16
2000	4.76	267.33	9.02	0.51	4.75	266.79
2006	3.70	208.00	6.92	0.39	3.69	207.57
2012	3.36	188.78	6.10	0.34	3.35	188.39
2018	6.35	356.65	12.34	0.69	6.34	355.95

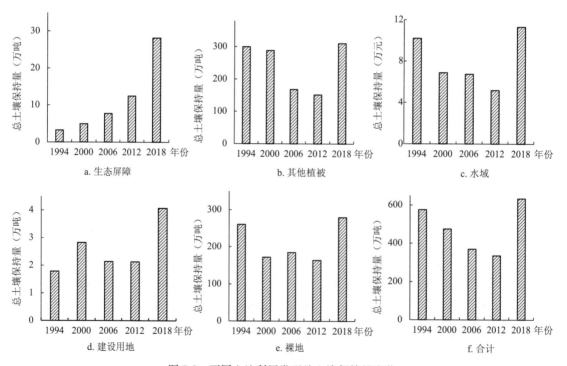

图 5-8　不同土地利用类型总土壤保持量变化

四、生态屏障防风功能

植被作为粗糙元，可以通过增加地表粗糙度来降低近地表风速。阿斯塔纳常年刮风，冬季多暴风雪，影响人们正常的生产生活。而人工林可降低近地表风速，减少暴风雪对城市的影响。此外，根据前文该工程的空间分布情况以及实地调查可知，生态屏障林带空间分布是以城市为中心，沿着交通干线向四周扩散。林带与林带之间多种有平均株高 0.85 米、最大株高 1.3 米的樟子松等乔木树苗，因此，生态屏障在降低近地表风速的同时，也在保护林带周围植被和基础设施（Li et al.，2022）。

生态屏障林带配置多为六行多带，林带内树种配置为矩形配置，株行距为 1×4 米。树种配置主要是灌乔混交林，其次是纯乔林，林带间距为 12～24 米。设计两种风洞模型，分别是六行两带的纯乔木模型和六行两带的灌乔混交林（灌-灌-乔-乔-灌-灌）。

根据图 5-9 乔灌混交林防风效应等值线图可知，在相同风速，不同带间距下也存在相似性：在垂直高度＜1.5H，水平范围第一条林带林前至第二条林带林后 8H 范围内，防风效应（SE）值＞50%；在垂直高度＜1.15H 的带间距 2H～6H 内，防风效应值＞75%。同风速不同带间距乔灌混交林防风效应等值线图的不同之处在于，随着带间距的增加，防风效应值＞75%区域的水平范围随之缩小。

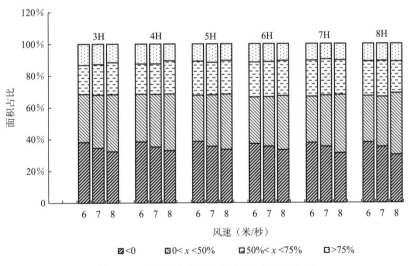

图 5-9　乔灌混交林不同防风效应面积占比

为了进一步研究风速、带间距和防风效应之间的关系，计算了不同风速、带间距下，防风效应值范围的相对面积。从图 5-9 可以得出，同一风速下，不同带间距林带的相对面积变化不显著；而同一带间距、不同风速下，随着风速的增加，减速区的相对面积减小，加速区中，0＜SE＜50％的区域面积增加，50％＜SE＜75％和SE＜75％区域面积变化不明显。因此，生态屏障现有的林带配置均具有较好的防护效益。乔灌混交林对带间 2H～6H 范围的地表具有较强的防护效果，防风效应值＞75％。

五、生态屏障土壤肥力

土壤是生态系统进行物质交换和能量循环以及植物赖以生存的重要基础（李银霞等，2020；张保华等，2006），是森林涵养水源的主要载体，在调节气候、降低洪涝灾害、防治水土流失等方面具有重要作用（宋小帅等，2015；潘春翔等，2012）。不同树种人工林对于土壤的元素需求与吸收不同，养分归还速率不同，从而导致土壤的养分元素含量存在差异性。不同地区不同气候类型的人工林生态系统，土壤元素及生态化学计量特征表现出显著的差异性，这种差异来源于区域气候、植被生物学特性和人工林经营方式（李茜，2018；俞月凤等，2014；Achat et al.，2013）。因此，认知该地区的土壤理化性质，探究阿斯塔纳荒漠草原生态系统造林在土壤演变中起到的作用及贡献，可揭示人工林生长过程中的养分限制与养分循环机制，为哈萨克斯坦荒漠草原地区的生态恢复和造林工程提供技术支撑。

为了阐明亚寒带荒漠草原不同树种人工林间土壤养分含量及生态化学计量特征的差异，揭示阿斯塔纳不同林龄樟子松人工林对土壤粒度组成的影响，基于野外采样与室内分析相结合，分析了不同林龄条件下土壤养分含量及其生态化学计量特征以及不同林龄樟子松土壤粒度与分形维数之间的关系。相关研究表明（表5-7）：首都圈土壤粒度组成以粉粒为主，砂粒次之，黏粒最少，樟子松人工林的种植能够显著提升土壤表层细颗粒物质含量。土壤分形维数变化为 2.059～2.569，人工林生长过程中分形维数呈现先增加后降低的趋势，并在种植年限为 15 年时达到最大。土壤分形维数与黏粒、粉粒具有正相关性；土壤分形维数与

表 5-7　土壤生态化学计量特征

土层	林龄	C∶N	C∶P	N∶P
0～20 厘米	12a	12.55±0.35B	57.74±6.02B	4.11±0.37B
	15a	13.50±0.60B	49.81±3.09B	3.69±0.19BC
	16a	13.84±1.81B	41.12±4.29B	2.98±0.08C
	天然林	18.45±0.76A	98.74±13.07A	5.39±0.93A
	CK	12.09±0.32B	33.30±2.87C	2.75±0.18C

续表

土层	林龄	C∶N	C∶P	N∶P
20～40厘米	12a	12.14±0.34A	49.20±6.33A	4.04±0.41A
	15a	11.67±2.36A	36.36±11.47AB	3.05±0.33B
	16a	10.60±0.43A	27.63±4.61BC	2.59±0.34B
	天然林	11.80±0.57A	11.32±3.30BC	0.97±0.32C
	CK	12.05±2.87A	21.20±7.63C	1.70±0.26C
40～60厘米	12a	10.58±1.71A	28.13±1.99A	2.77±0.70A
	15a	11.64±1.44A	36.04±6.66A	2.90±0.36A
	16a	10.66±1.48A	16.52±5.06B	1.55±0.41B
	天然林	10.59±1.22A	10.00±2.21B	0.98±0.30B
	CK	10.22±1.83A	12.88±6.69B	1.3±0.63B

土壤有机质、全氮含量呈极显著正相关关系，土壤分形维数可以用来评价土壤的养分状况。土壤养分含量受树种的影响，但不同树种间生态化学计量特征差异不显著。种植人工林后，不同树种人工林土壤有机碳与全氮含量均显著增加，针叶林与阔叶林土壤表层有机C、全N含量差异显著。土壤C、N、P含量呈极显著正相关关系，C含量是C∶N、C∶P的控制因子，N含量是N∶P的控制因子。研究区种植人工林后，虽然土壤养分含量显著增加，但是总体含量仍小于全球平均水平，当地土壤养分仍处于匮乏状态（娄泊远，2021）。

第六节　结论与启示

一、结论

生态环境保护和绿色发展合作，是"一带一路"倡议的重要主题。加强哈萨克斯坦首都圈生态屏障建设，分享中国成熟的生态建设技术与经验，促进中国生态建设技术在"一带一路"沿线发展中国家转移转化，实现哈萨克斯坦首都圈经济发展与环境保护的双赢，为"一带一路"沿线国家走经济、社会、环境协调发展之路提供了示范，不仅是落实联合国《2030年可持续发展议程》的重要体现，而且也是推动构建人类命运共同体、践行绿色丝路建设的重要实践。

哈萨克斯坦首都圈生态屏障建设，既是对大自然的一次挑战，也是科学技术在实践过程中的具体应用与实践。哈萨克斯坦首都圈生态屏障建设国际合作取得如下成效：①识别了首都圈生态屏障建设低温、大风、盐碱及积水等障碍因子，划分了四类立地类型；②引种中国抗逆性植物，建立了中国荒漠植物筛选及繁育资源圃，筛选出了适应性较好的哈萨克斯坦首都圈生态屏障建设植物种，丰富了首都圈生态屏障建设树种；③优化集成哈萨克斯坦首都圈困难立地技术体系，提出了哈萨克斯坦首都圈生态屏障林带优化模式；④建成了首都圈生态屏障试验示范基地，编制了适用于哈萨克斯坦首都圈的亚寒带荒漠草原区生态屏障建设技术规程，成为"一带一路"沿线哈萨克斯坦首都圈绿色发展的示范样板；⑤综合评估了哈萨克斯坦首都圈生态屏障主要生态服务功能，生态屏障工程的建设使哈萨克斯坦阿斯塔纳首都圈生态系统固碳、水土保持、防风功能及土壤肥力得到明显提升，阿斯塔纳城市人居环境得到持续改善。

二、启示

生态安全包括人类生存安全和可持续发展两部分，涉及自然、经济和社会三方面。哈萨克斯坦生态安全屏障的保护与建设对首都阿斯塔纳资源环境和生态系统稳定性都起到至关重要的作用。然而不管功能多么完善的生态安全屏障，都需要进行长期的建设和维护且任务艰巨。因此，针对哈萨克斯坦首都圈生态屏障建设及可持续发展方面，应该聚焦于以下几点：

1. 研发困难立地造林技术，提出生态屏障可持续管护措施

亚寒带荒漠草原区建设大型的林业生态工程，其成活率及可持续性与植被建设的技术含量紧密相关。在生态屏障建设过程中，缺乏适宜的防护林建设技术体系与成熟的建设模式，人工林建设未遵从植被发育规律，树种结构单一，没有真正解决大面积造林关键问题，导致生态、经济、社会效益不显著。因此，应针对哈萨克斯坦首都圈生态屏障建设面临的不同困难立地条件，通过现场调查和诊断，建立分区分类造林障碍因子清单，研发与推广各种实用保墒、抗旱节水、维护管理等技术，提出基于生态屏障可持续的成熟林间伐、皆伐等维护管理可持续措施，使生态屏障工程稳定持续发挥效益。

2. 建立生态屏障监测体系，强化生态屏障可持续基础研究

在现有生态屏障建设基础上，建立健全生态屏障监测体系，强化对植物生长、土壤水分、地下水水位、生物多样性、防风效益等方面的连续监测，综合分析生态屏障功能动态变化过程（孙鸿烈等，2012）。特别是在土壤水分植被承载力方面，开展土壤水分动态、植物生长及耗水量等监测，聚焦生态屏障水分供给与植物供耗特征和林带水量平衡，通过现有生态屏障体系结构特征调查，揭示生态屏障主要植物耗水特征，估算整个生态屏障的年蒸腾耗水量和确保生态屏障工程功效发挥的最小耗水量显得尤为重要。其次，研究土壤水分植被承载力与气候变化引起的区域生态风险，定量识别气候变化与生态工程对荒漠草原植被系统的影响，辨识气候变化与生态工程对生态系统结构变化，实现现有防护林的更新改造和密度调控技术，以有效解决荒漠草原区水资源的可持续利用及脆弱人居环境的保护问题，构筑与土壤水分植被承载力相适应的荒漠草原首都圈生态安全屏障。

3. 评估生态屏障综合成效，科学回答未来规划与建设方案

生态工程是一种主体多元、机理复杂的领域。其研究应进一步强调多学科的交叉结合，以生态系统理论、利益相关者理论、系统与工程理论、地域系统理论等生态、经济、工程、地理学理论为支撑，采用适用于复杂系统研究的方法进行综合集成研究。对生态脆弱区和已经改造过的地区进行动态实时监测，建立权威的评价监督机构，制定系统的评价模式（曹永强、刘明阳，2019）。要特别注意到，生态屏障成效评估效果不是静态的，需要达到的是动态的平衡，即人与生态环境的平衡、景观与景观的平衡。

依据哈萨克斯坦首都圈生态屏障建设规划，2020 年哈萨克斯坦首都圈生态屏障工程达 10 万公顷，2030 年将达到 30 万公顷。工程生态成效及其存在问题的快速、科学评估，对于调整今后生态工程布局、治理重点，有针对性地制订新规划及滚动实施，都具有极其重要的作用。因此，将来需要完善的工作包括：及时梳理亚寒带荒漠草原区生态屏障建设工程存在的问题，构建适宜于亚寒带荒漠草原地区的生态屏障建设工程效应指标体系，评估现有工程的生态成效，全面回答生态屏障建设工程规划之初设定目标；在此基础上，结合生态屏障建设工程的科学性和空间针对性，提出未来生态屏障建设重点区域与治理区域，构建生态屏障建设工程未来有效实施和科学管理完善的重要内容。

综上，生态屏障建设的目的不但要与其所在区域自然环境相协调，而且要与其所在区域人文环境相和谐，能够给人类生存和发展提供可持续的物质与环境服务，并对相邻环境乃至更大尺度环境的安全起到保障作用。但是在"一带一路"绿色发展倡议下，国际合作所申请到的生态建设类项目，由于涉及植物引种、筛选、示范区建设和监测评价等，在短期内很难看到实际效果与影响。因此，为了获得效益评价数据及持续示范效果，后续的监测、维护与管理中，仍然需要长期深入研究。

参 考 文 献

Achat, D. L., Bakker, M. R., Zeller, B., et al. Phosphorus status of soils from contrasting forested ecosystems in southwestern Siberia: effects of microbiological and physicochemical properties. *Biogeosciences*, 2013, 10 (2): 733-752.

Al-Homaid, N., Sadiq, M., Khan, M. H. Some desert plants of Saudi Arabia and their relation to soil characteristics. *Journal of Arid Environments*, 1990, 18 (1): 43-49.

Bendali, F., Floret, C., Le Floc'h, E., et al. The Dynamics of vegetation and sand mobility in arid regions of

Tunisia. *Journal of Arid Environments*，1990，18（1）：21-32.

Chen，W.，Zhao，H.，Li，J.，et al. Land use transitions and the associated impacts on ecosystem services in the middle reaches of the Yangtze River Economic Belt in China based on the geo-informatic Tupu method. *Science of the Total Environment*，2020，701：123-129.

Cihlar，J.，Ly，H.，Li，Z. et al. Multi-temporal，Multi-channel AVHRR data sets for land biosphere studies—artifacts and corrections. *Remote Sensing of Environment*，1997，60：35-57.

Feng，X.，Fu，B.，Lu，N.，et al. How ecological restoration alters ecosystem services：an analysis of carbon sequestration in China's Loess Plateau. *Scientific Reports*，2013，3：2846.

Gleick，P. H. Water and conflict：fresh water resources and international security. In Lynn-Jones，S.，Miller，S.，eds. *Global Dangers：Changing Dimensions of International Security*. Cambridge，Massachusetts London：The MIT Press，1995：61-85.

Jia，X.，Fu，B.，Feng，X.，et al. The tradeoff and synergy between ecosystem services in the grain foe green areas in Northern Shaanxi，China. *Ecological Indicators*，2014，43：103-113.

Lam，C. D. Fixation of shifting sand dunes by Casuarina equisetifolia in Vietnam. *Bois et Forets des Tropiques*，1998：35-41.

Li，H. L.，Wang，Y. D.，Li，S. Y. er al. Shelter efficiency of various shelterbelt configurations：a wind tunnel study. *Atmosphere*，2022，13：1022.

Lubin，N. Report of the Farghana Valley Working Group of the Center for Preventive Action，Calming the Ferghana Valley Development and Dialogue in the Heart of Central Asia. New York：The Century Foundation Press，1999：35-64.

Mccammon，A. L. T. United Nations Conference on Environment and Development，held in Rio de Janeiro，Brazil，during 3-14 June 1992，and the 92 Global Forum，Rio de Janeiro，Brazil，1-14 June 1992. *Environmental Conservation*，1992，19（4）：372-373.

Millennium Ecosystem Assessment. Ecosystems and Human Well-being：Volume 2 Scenarios：Findings of the Scenarios Working Group. Washington DC：Island Press，2005.

Nkonya，E.，Mirzabaev，A.，Von Braun，J. *Economics of Land Degradation and Improvement*. Springer International Publishing，2016.

Ouyang，Z.，Zheng，H.，Xiao，Y.，et al. Improvements in ecosystem services from investments in natural capital. *Science*，2016，352（6292）：1455-1459.

Sandholt，I.，Rasmussen，K.，Andersen，J. A simple interpretation of the surface temperature/vegetation index space for assessment of surface moisture status. *International Journal of Remote Sensing*，2002，79（2）：213-224.

Singh，R. B.，Kumar，A.，Kumar，R. *Ecosystem Services in Changing Environment*. Springer Japan，2014.

Tilman，G. D. Plant Dominance along an Experimental Naturient Gradient. *Ecology*，1984，65（5）：1445-1453.

UNEP. UNEP 2007 Annual Report. Environmental Policy Collection，2008.

Мыкитанов，Ж. К.，Рахимов，Г. А. Создание зеленой зоны города Астаны—прорывной проект искусственного лесоразведения в Қазахстане. Вестник ҚазНУ. *Серия биологическая*，2011，№ 4（50）．

Мухамадиев，Н. С.，Ашикбаев，Ж. Н. Состояние и перспективы защиты зеленой зоны. Астаны от насекомых-вредителей. *Вестник Алтайского государственного аграрного университета*，2017，№ 4（150）．

Площадь зеленого пояса. Астаны достигла 78 тысяч гектаров. http://24. kz/ru/news/social/item/185029-

ploshchad-zelenogo-poyasa-astany-dostigla-78-tysyach-gektarov. Назарбаев: B 2017 году астанинский лес соединится с национальным парком Боровое.

艾柯代·艾斯凯尔："哈萨克斯坦首都圈绿环工程——主要生态服务功能评估"（博士论文），中国科学院大学，2021年。

艾柯代·艾斯凯尔、Talgat Abzhanov、王永东等："1973—2015年阿斯塔纳气温变化与城市热岛效应"，《干旱区地理》，2021年第2期。

曹永强、刘明阳："基于CiteSpaceV的国内生态工程研究文献可视化分析"，《生态学报》，2019年第11期。

陈国阶："对建设长江上游生态屏障的探讨"，《山地学报》，2002年第5期。

陈曦、姜逢清、王亚俊等："亚洲中部干旱区生态地理格局研究"，《干旱区研究》，2013年第3期。

陈星、周成虎："生态安全：国内外研究综述"，《地理科学进展》，2005年第6期。

陈宜瑜：《中国生态系统服务与管理战略》，中国环境科学出版社，2011年。

崔鹏、邹强、陈曦等："'一带一路'自然灾害风险与综合减灾"，《中国科学院院刊》，2018年第Z2期。

党小虎、刘国彬、薛萐等："中国黄土丘陵区水土保持与生态恢复模式"，《农业生态学报》，2010年第9期。

郭华东、肖函："'一带一路'的空间观测与'数字丝路'构建"，《中国科学院院刊》，2016年第5期。

吉力力·阿不都外力：《亚洲中部干旱区生态系统评估与管理丛书·中亚环境概论》，气象出版社，2015年。

姜凤岐、朱教君、曾德慧等：《防护林经营学》，中国林业出版社，2003年。

雷加强、葛咏、高鑫等："生态问题与灾害风险：绿色'一带一路'建设的挑战与应对"，《中国科学院院刊》，2021年第2期。

李茜："子午岭林区不同天然次生林生态系统C、N、P化学计量特征及其季节变化"（博士论文），中国科学院大学（中国科学院教育部水土保持与生态环境研究中心），2018年。

李双成：《生态系统服务地理学》，科学出版社，2014年。

李银霞、虞敏、曹广超："祁连山南坡不同土地利用类型土壤物理特性及其持水能力研究"，《宁夏大学学报（自然科学版）》，2020年第2期。

刘彬、吴福忠、张健等："岷江干旱河谷山地森林交错带震后生态恢复的关键科学技术问题"，《生态学报》，2008年第12期。

刘国彬、上官周平、姚文艺等："黄土高原生态工程的生态成效"，《中国科学院院刊》，2017年第1期。

娄泊远："努尔苏丹荒漠草原人工林建设对土壤理化性质的影响"，《中国科学院大学》，2021年。

潘春翔、李裕元、彭亿等："湖南乌云界自然保护区典型生态系统的土壤持水性能"，《生态学报》，2012年第2期。

潘开文、吴宁、潘开忠等："关于建设长江上游生态屏障的若干问题的讨论"，《生态学报》，2004年第3期。

覃云斌、信忠保、易扬等："京津风沙源治理工程区沙尘暴时空变化及其与植被恢复关系"，《农业工程学报》，2013年第24期。

舒拉、张丽萍："中亚干旱区主要生态环境问题及治理"，《草食家畜》，2015年第2期。

宋小帅、康峰峰、韩海荣等："辽河源典型森林类型的土壤水文效应"，《水土保持通报》，2015年第2期。

孙龙、李俊涛、刘强："中国城郊防护林研究进展"，《防护林科技》，2008年第6期。

孙鸿烈、郑度、姚檀栋等："青藏高原国家生态安全屏障保护与建设"，《地理学报》，2012年第1期。

田胜尼、刘登义、彭少麟等："5种豆科植物对铜尾矿的适应性研究"，《环境科学》，2004年第3期。

王晓峰、尹礼唱、张园等："关于生态屏障若干问题的探讨"，《生态环境学报》，2016年第12期。

闫晋升："哈萨克斯坦首都努尔苏丹人工林健康评价"（博士论文），中国科学院大学，2021年。

杨帆："我国六大林业工程建设地理地带适宜性评估"（博士论文），兰州交通大学，2015 年。

姚俊强、刘志辉、杨青等："近 130 年来中亚干旱区典型流域气温变化及其影响因子"，《地理学报》，2014 年第 3 期。

姚檀栋、陈发虎、崔鹏等："从青藏高原到第三极和泛第三极"，《中国科学院院刊》，2017 年第 9 期。

俞月凤、彭晚霞、宋同清等："喀斯特峰丛洼地不同森林类型植物和土壤 C、N、P 化学计量特征"，《应用生态学报》，2014 年第 4 期。

张保华、何毓蓉、程根伟："贡嘎山东坡林地土壤低吸力段持水特性及其影响因素分析"，《西部林业科学》，2006 年第 1 期。

张燕婷："北方防沙带土地利用格局演变特征及防风固沙功能变化评估研究"（博士论文），江西财经大学，2014 年。

钟祥浩、刘淑珍："科学构建中国山地生态安全屏障体系确保国家生态环境安全"，《2010 中国环境科学学会学术年会论文集（第一卷）》，中国环境科学学会，2010 年。

朱教君："防护林学研究现状与展望"，《植物生态学报》，2013 年第 9 期。

第六章 "一带一路"沿线国家减贫与可持续发展[①]

摘　要

　　摆脱贫困、共享发展繁荣一直是人类社会的共同期盼，也是世界各国政府与国际社会长期追求的共同目标和使命。自2013年"一带一路"倡议提出以来，高质量共建"一带一路"硕果惠及世界，"一带一路"已成为"减贫之路""增长之路"，为人类走向共同繁荣做出了积极贡献。世界银行研究报告显示，到2030年，共建"一带一路"有望帮助全球760万人摆脱极端贫困、3 200万人摆脱中度贫困。

　　"一带一路"国家在全球减贫进程中占据重要地位。2022年，按1.9美元每人每天标准，"一带一路"沿线国家共有极端贫困人口1.2亿人，占全球的21%；共建"一带一路"国家共有极端贫困人口4.7亿人，占全球的78%，平均贫困发生率为10.4%，比全球平均水平高出2.5个百分点，对全球减贫进程具有重要影响。"一带一路"倡议以政策沟通、设施联通、贸易畅通、资金融通、民心相通这"五通"为抓手，通过基础设施、产业合作、农业合作、民生项目、教育合作和减贫经验分享等多种途径，有效助力推进全球减贫进程，形成推动全球可持续发展合作新格局。

　　多年来，中国脱贫攻坚的成功实践，为全球发展中国家消除贫困、脱贫攻坚提供了案例示范。在消除自身贫困的同时，中国还积极推动建立了以合作共赢为核心的新型国际减贫交流合作关系，通过共建"一带一路"等方式，为全球减贫事业贡献中国智慧、中国力量、中国样本、中国方案。其中，中国-坦桑尼亚农业合作减贫示范项目、中国-老挝减贫示范合作项目等，都是中国与共建"一带一路"国家减贫合作的经典案例。

　　展望未来，当前共建"一带一路"国家减贫与可持续发展进程仍面临多重风险和挑战。

[①] 本章作者：高菠阳、孟越、孙潇雨。

积极践行"一带一路"倡议将是推动疫后经济恢复、推进减贫工作不断进展的必由之路。"一带一路"国家应持续深化多边合作，进一步提升教育、医疗、基础设施等建设水平，统筹应对气候变化和生态系统退化，持续推进减贫进程，着力提升贫困地区和贫困人口的生产生活条件，携手构建没有贫困、共同发展的人类命运共同体。

第一节　引言

摆脱贫困、共享发展繁荣一直是人类社会的共同期盼，也是世界各国政府与国际社会长期追求的共同目标和使命。2015 年，第七十届联合国大会通过了《2030 年可持续发展议程》，将 2030 年在全世界消除一切形式的贫困作为首要目标。当前，世纪疫情与百年变局交织，全球减贫与发展面临挑战。联合国《2022 年可持续发展目标报告》指出，新冠疫情逆转了全球 20 年来的减贫成果，2020 年有 7 100 多万人重新陷入极端贫困，预计 2030 年极端贫困发生率为 6%，消除极端贫困的目标或将难以实现。消除贫困依然是当今世界面临的巨大挑战。

自 2013 年"一带一路"倡议提出以来，高质量共建"一带一路"硕果惠及世界，"一带一路"已成为"减贫之路"和"增长之路"。2017 年，在第一届"一带一路"国际合作高峰论坛上签署的《"一带一路"国际合作高峰论坛圆桌峰会联合公报》指出："各国特别是发展中国家仍然面临消除贫困、促进包容持续经济增长、实现可持续发展等共同挑战"。"一带一路"倡议将进一步加强中国和这些国家在减贫方面的合作与交流。2019 年 4 月，在第二届"一带一路"国际合作高峰论坛期间，习近平主席在谈到推动共建"一带一路"高质量发展时，提出了"高标准、惠民生、可持续"的建设目标。其中，"惠民生"包含"一个思想"和"三个重点"，即以人民为中心的发展思想和消除贫困、增加就业、改善民生的三个重点。2021 年 4 月 20 日，在博鳌亚洲论坛 2021 年年会上，习近平主席强调，将本着开放包容精神，同愿意参与的各相关方共同努力，把"一带一路"建成"减贫之路"和"增长之路"，为人类走向共同繁荣做出积极贡献。这不仅契合了国际社会对消除贫困的迫切期待，顺应了各国人民对美好生活的共同向往，也表达了推动构建没有贫困、共同发展的人类命运共同体的核心理念。世界银行研究报告显示，到 2030 年，共建"一带一路"有望帮助全球 760 万人摆脱极端贫困、3 200 万人摆脱中度贫困。

"一带一路"倡议以"五通"为抓手，以点带面，从线到片，逐步形成推动全球减贫和可持续发展的合作新格局。通过政策沟通，与共建国家就面向可持续发展的战略措施进行充分交流对接，以共商、共建、共享为理念，共同为务实合作的深入开展提供政策支持；通过设施联通，提升共建国家的基础设施投资和建设水平，为贫困人口创造就业机会，推进基本公共服务均等化水平不断提高，有效改善多维贫困状况；通过贸易畅通，拓展与共建国家的经济贸易交往领域，扩大相互投资规模，带动经济发展、就业增长和家庭收入增加；通过资金融通，探索多元化的资金支持体系，构建多层次、多种类的金融服务体系，实现对共建国家合作项目长期、稳定、低成本、可持续、风险可控的金融支持；通过民心相通，广泛开展文化交流、学术往来、人才交流合作、志愿者服务等，传承和弘扬丝绸之路友好合作精神，为深化双多边合作奠定坚实的民意基础。

第二节　共建"一带一路"国家的减贫进程

本节数据主要来源于联合国《2022 年可持续发展目标报告》数据库与《2021 年全球多维贫困指数》数据库。其中，对极端贫困（绝对贫困）的数据分析来源于《2022 年可持续发展目标报告》，该报告跟踪全球各区域、国家在实现 17 个可持续发展指标方面取得的进展，已收录共建"一带一路"国家共计 147 个（未收录库克群岛与巴勒斯坦），其中 119 个国家 2010—2022 年数据完整，其余 28 个国家近年数据缺失；已收录"一带一路"沿线国家共计 65 个（含中国），使用 51 个国家数据进行分析（其中 49 个国家 2010—2022 年数据完整，哈萨克斯坦数据更新至 2017 年，不丹数据更新至 2021 年），剩余 14 个国家数据缺失。多维贫困分析数据来源于由联合国开发计划署和牛津大学贫困与人类发展计划联合发布的《2021 年全球多维贫困指数》数据库，已收录共建"一带一路"国家 60 个，"一带一路"沿线国家 24 个（未收录中国）。

一、共建"一带一路"国家在全球减贫进程中占据重要地位

截至目前，全球已有 140 多个国家加入共建"一带一路"倡议，覆盖世界 2/3 的人口。2022 年，按 1.9 美元每人每天标准[①]，"一带一路"沿线国家共有贫困人口 1.2 亿人，占全球极端贫困人口的 21%，平均贫困发生率为 2.8%，比全球贫困发生率低 5.1 个百分点；共建"一带一路"国家中，共有贫困人口 4.7 亿人，占全球极端贫困人口的 78%，平均贫困

---

① 自世界银行在《1990 年世界发展报告》中提出每人每天 1 美元的贫困线标准以来，一直使用购买力平价（PPP）推导国际贫困线并估算全球贫困人口。2022 年 5 月 9 日，世界银行宣布将全球贫困线由 1.9 美元上调至 2.15 美元并已于 2022 年秋开始执行。其中，1.9 美元是 2011 年 PPP 标准，2.15 美元是 2017 年 PPP 标准。由于世界银行目前尚未发布 2020—2021 年 2.15 美元标准下贫困发生率等数据，故采用联合国可持续发展报告数据库中 1.9 美元标准下的数据开展研究。

发生率为 10.4%，比全球贫困发生率高 2.5 个百分点，对全球减贫进程具有重要影响。

从多维贫困角度看，2022 年"一带一路"沿线国家多维贫困人口共计 5.58 亿人，占全球多维贫困人口的 43%，多维贫困发生率为 23.4%，低于全球平均水平 3.9 个百分点，多维贫困指数平均值为 0.06。共建"一带一路"国家多维贫困人口共计 5.4 亿人，占全球多维贫困人口的 41%，多维贫困发生率为 28.6%，高于全球平均水平 1.3 个百分点，多维贫困指数平均值为 0.14。总的来看，共建"一带一路"国家仍存在经济发展水平相对较低、贫困人口基数较大、贫困问题持续时间长、基础设施发展滞后、社会财富分配不均等问题，且行之有效的贫困治理方案少，贫困治理任重道远。

二、共建"一带一路"国家减贫取得积极成效

共建"一带一路"国家减贫成效显著。自 2013 年"一带一路"倡议提出后，按 1.9 美元标准，共建"一带一路"国家极端贫困发生率由 12.2% 降至 2022 年的 10.4%，降低了 1.8 个百分点（图 6-1）。极端贫困人口由 4.91 亿人下降至 2019 年的 4.42 亿人。受新冠疫情影响，2022 年极端贫困人口增加至 4.70 亿人，较 2013 年减少了 2 100 万人。

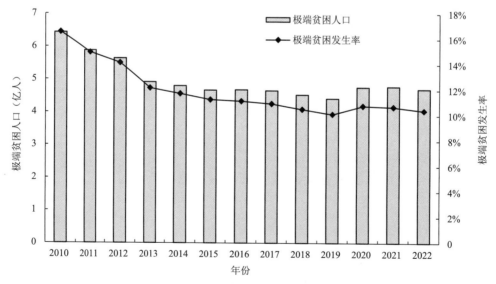

图 6-1　2010—2022 年共建"一带一路"国家极端贫困人口与极端贫困发生率

资料来源：联合国《2022 年可持续发展目标报告》数据库。

"一带一路"沿线国家极端贫困发生率由 2013 年的 8.5% 下降至 2022 年的 2.8%，显著降低 5.7 个百分点（图 6-2）。极端贫困人口由 3.5 亿人减少至 1.2 亿人，有 2.2 亿人摆脱贫困，是全球减贫速度最快、贡献最大的区域之一。新冠疫情的发生对"一带一路"沿线国家

减贫进程造成了负面影响,约有 5 000 万人口返贫。自 2021 年来,"一带一路"沿线国家采取积极的疫情应对措施,有部分国家已经恢复至新冠疫情前的水平。

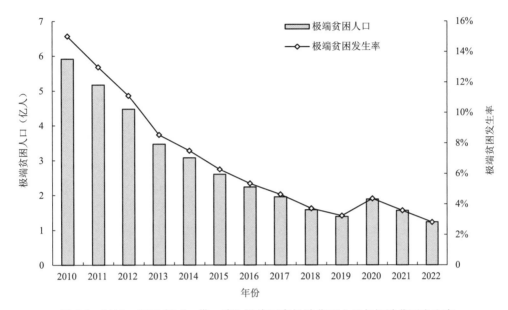

图 6-2 2010—2022 年"一带一路"沿线国家极端贫困人口与极端贫困发生率

资料来源:联合国《2022 年可持续发展目标报告》数据库。

从区域分布上看,南亚、东亚与太平洋地区减贫成效显著。按 1.9 美元标准,2013—2022 年,南亚、东亚与太平洋地区、撒哈拉以南非洲地区、欧洲与中亚地区、中东与北非地区的极端贫困发生率分别降低 5.7%、3.3%、2.5%、1.6% 和 0.9%;拉丁美洲和加勒比海地区的极端贫困发生率增加 4.0%(图 6-3)。从极端贫困人口数量看,东亚与太平洋地区的极端贫困人口下降最多,减少 5 708 万人;南亚、欧洲与中亚地区的极端贫困人口分别减少 2 651 万人和 422 万人;中东与北非地区、拉丁美洲和加勒比海地区、撒哈拉以南非洲地区分别增加 199 万人、1 322 万人和 5 156 万人。

三、共建"一带一路"国家减贫凸显"两个转变"

近年来,共建"一带一路"国家减贫理念和实践凸显了"两个转变":一是由落实联合国"千年发展目标"转向落实《2030 年可持续发展议程》,在更高的标准上推进减贫,在更大的范围内提升人民福祉;二是由关注"收入贫困"转向"多维减贫",综合提升生产生活条件、教育、医疗等保障水平。

2015 年召开的第七十届联合国大会通过了"2030 年可持续发展目标",成为指导国际发

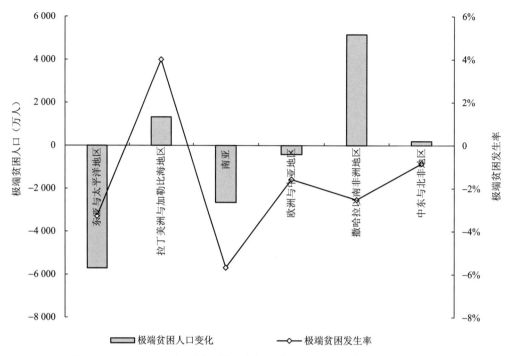

图 6-3 2013—2022 年不同区域国家极端贫困人口与极端贫困发生率变化

资料来源：联合国《2022 年可持续发展目标报告》数据库。

展合作的纲领性文件，涉及 17 项目标和 169 项子目标。"2030 年可持续发展目标"是对"千年发展目标"的深化，提出了更高的标准和要求。例如，"千年发展目标"在论及"环境可持续性"时，其具体目标是"到 2015 年，将无法持续获得安全饮用水和基本卫生设施的人口比例减半"，而"可持续发展目标"要求"保障所有人能获得持续的饮水与卫生设施"。"千年发展目标"的"受教育"目标是"普及初等教育"，而"2030 年可持续发展目标"则涉及"优质教育""终身学习机会"等更高人力资源开发要求。"2030 年可持续发展目标"较"千年发展目标"更加广泛，新增了部分发展目标。例如，"2030 年可持续发展目标"涉及"减贫制度与条件"的目标属于新增内容，旨在关注为人类减贫与发展提供必需的基础条件和环境，表明人们对贫困与反贫困问题认识的深化。联合国"2030 年可持续发展目标"是对终结贫困、保护地球并确保全人类共享和平与繁荣的强劲呼吁，成为国际发展合作的政策指南与重要支撑。在此背景下，共建"一带一路"国家多维贫困状况也得到较大程度改善，健康、教育和生活水平等得到显著提升（图 6-4）。

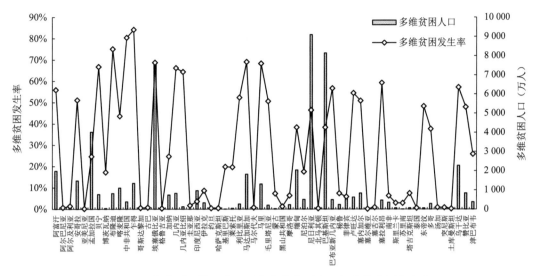

图 6-4　共建"一带一路"国家多维贫困人口与多维贫困发生率

资料来源：《2021 年全球多维贫困报告》数据库。

第三节　"一带一路"倡议助力推进全球减贫进程

一、"一带一路"基础设施项目助力减贫

基础设施投资是推动社会经济发展、推进减贫进程的重要影响因素。基础设施能够有效改善区域互联互通条件，有助于形成统一市场并带来新的投资，为贫困人口创造就业机会。尤其是当基础设施形成网络效应时，对经济社会等领域的发展将具有明显的促进作用。与此同时，对安全用水、用电和能源等领域的基础设施投资，将直接增加贫困家庭获得基本公共服务的机会，从而改善贫困人口福祉。

充足的基础设施服务供应是全球经济发展和减贫的必要条件，然而许多国家当前仍然面临基础设施发展滞后制约经济社会发展的问题。究其原因，主要在于基础设施的投资规模大、周期长，需要有较高风险承受力且对资本回报有着较长期限展望的资本，即"耐心资本"的投资。然而，多数发达经济体更倾向投资于金融市场等回报率高、回报速度快的领域，鲜少面向发展中国家进行基础设施投资。为了帮助改善更多国家基础设施建设条件，实现"互联互通"，在"一带一路"倡议背景下，中国大量输出投资期限在 10 年以上并主要集中于其他国家基础设施项目或实业项目的"耐心资本"。

近年来，中国在共建"一带一路"国家基础设施领域的投资不断增加。根据商务部、国家统计局和国家外汇管理局联合发布的《2020年度中国对外直接投资统计公报》，2020年中国在"一带一路"沿线国家的直接投资流量高达225.4亿美元，较2019年增长20.6%。其中，基础设施类投资占的比重也从2013年之前的23.3%上升至35.0%，创造了新的"一带一路"投资纪录。我国对外承包工程新签项目也主要集中于基础设施领域，2020年我国承揽的项目超过5 500个，总金额超过2 000亿美元。经过近十年的实践，中国与各国开展了许多共建项目，有些项目已经建设完成，如蒙内铁路、亚吉铁路、蒙古新机场高速公路、以色列海法新港、中老铁路、卡拉奇核电站、佩列沙茨跨海大桥等；有些正在紧锣密鼓地进行中，如雅万高铁、匈塞铁路、中泰铁路等（表6-1）。

表6-1　"一带一路"沿线国家基础设施领域的部分典型项目及其效应

项目名称	项目简介	项目规模与贡献
蒙内铁路	连接东非第一大港口蒙巴萨港和肯尼亚首都内罗毕，全长约480千米，是一条采用中国标准、中国技术、中国装备建造的现代化铁路，也是肯尼亚独立以来建设的首条铁路	据肯尼亚官方统计，该铁路创造了约7万个就业岗位，降低了当地物流成本的10%～40%，有效推动了沿线城市的工业发展。蒙内铁路的开通，使当地经济进入良性循环，至少帮助肯尼亚的GDP提升了1.5%
帕德玛大桥及河道整治工程	位于孟加拉国帕德玛主桥上下游、帕德玛河两岸。孟加拉国帕德玛大桥铁路连接线项目起于孟加拉国首都达卡站，经帕德玛大桥至杰索尔终点站，全长约7.7千米，连接首都达卡和南部21个地区。工程疏浚量近1亿立方米，河岸防护段长13千米	通车后，将孟加拉国南部21个区与首都达卡相连，让帕德玛河两岸的居民告别靠摆渡往来的历史，原本七八个小时的过河通行时间缩短至十分钟
中老铁路	连接云南昆明和老挝万象的中老铁路是首条以中方为主投资建设、全线采用中国技术标准、使用中国装备并与中国铁路网直接连通的国际铁路	开通8个月已累计发送旅客554万人次，累计发送货物600万吨，其中跨境货物106万吨
巴基斯坦卡洛特水电站	由中国三峡集团为主投资开发的中巴经济走廊首个水电投资项目，采用了大量中国设备，还引入了中国的管理经验和技术标准	总投资约17.4亿美元，总装机72万千瓦，投产后预计每年可节约标准煤约140万吨，减少二氧化碳排放350万吨
安哥拉比耶省城市供水项目	由中国中铁所属中铁四局市政公司承建，运营维保期3年，是安哥拉一项重点民生工程	运营后大大提高了比耶省3个城市的供水能力，解决了沃加市、库恩巴市和尼亚雷阿市3个城市约7万人的饮水不足和饮水安全问题，对提升当地居民生活质量和城市形象，促进当地社会经济的发展具有重要意义

"一带一路"基础设施建设通过满足居民对交通、水、卫生、电力、通信等生活基本服务的需求，提升贫困地区生产生活水平，有效推动各国减贫事业进程。中国援建的尼日利亚拉伊铁路项目和"中欧陆海快线"项目为当地创造工作岗位 4 000 多个，带动了建材、工程建造等配套产业发展，每年直接经济贡献将近 3 亿欧元。肯尼亚的蒙内铁路开通后物流成本降低了 40%，极大地带动了肯尼亚和东非区域经济发展，有利于当地贫困率的降低。由中国承建的斯里兰卡普特拉姆燃煤电站是该国发电量最大的电站，建成投运后极大地缓解了电力紧缺状况，有力促进了经济发展和民生改善。中老铁路于 2021 年 12 月建成通车，带动沿线土地升值和旅游、农业等资源开发利用，为铁路沿线 200 多万民众就业创业创造了前所未有的条件，有力促进了老挝全国脱贫事业发展。巴基斯坦卡洛特电站建设完工使更多的人用上了电。新冠疫情期间，"一带一路"许多基础设施和民生项目在抗疫过程中发挥了重要作用，中欧班列将防疫物资安全、快速运抵沿线国家和地区，成为亚欧大陆之间的"生命之路"。

自 2013 年"一带一路"倡议提出以来，"一带一路"沿线国家及共建"一带一路"国家基础设施建设发展显著，基础设施项目和基础服务覆盖率不断增加。根据联合国《2022 年可持续发展目标报告》数据，"一带一路"沿线国家清洁饮用水人口比例从 2013 年的 89.9% 上升至 2020 年的 93.1%，用电人口比例由 2013 年的 90.2% 上升到 2019 年的 97.1%，获得清洁燃料的人口比例从 2013 年的 56.3% 上升至 2019 年的 67.4%，使用互联网的人口比例从 2013 年的 30.2% 上升至 2020 年的 59.8%，物联网指数从 2012 年的 3.0 增加到 2018 年的 3.1，各项指标都有了显著提升，尤其是在互联网联通方面，覆盖比例增长

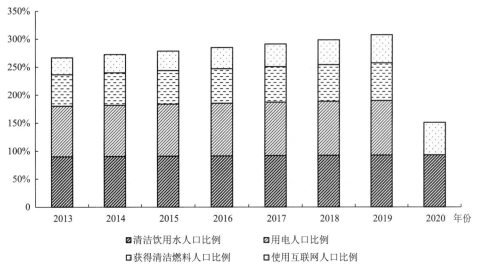

图 6-5 2013—2020 年"一带一路"沿线国家各类基础服务覆盖率指标变化

资料来源：联合国《2022 年可持续发展目标报告》数据库。

了近 30.0%（图 6-5）。与全球同期数据相比，除使用互联网的人口比例外，沿线国家绝大多数指标均优于全球平均水平，且发展迅速，进步明显。从共建"一带一路"国家来看，清洁饮用水人口比例从 2013 年的 84.5% 上升至 2020 年的 87.8%，用电人口比例由 2013 年的 83.2% 上升到 2019 年的 86.3%，获得清洁燃料的人口比例从 2013 年的 55.0% 上升至 2019 年的 59.6%，使用互联网的人口比例从 2013 年的 33.4% 上升至 2020 年的 57.7%，物联网指数从 2012 年的 2.95 增加到 2018 年的 2.96（图 6-6）。"一带一路"国家在推进基础设施建设方面也取得了较为显著的进展，清洁水电的覆盖率均超过 80%，超半数的人民可获得清洁燃料、接入互联网。与全球同期数据相比，参与共建"一带一路"的国家在基建方面的表现大体上略高于全球平均水平。推进基础设施互联互通建设，有效加强了各国和地区之间的联系，促进了经济社会发展，使资源要素流通更加顺畅、利用更加集约，极大地改善了贫困人口的均等化服务水平，从多个维度推动了减贫进程。

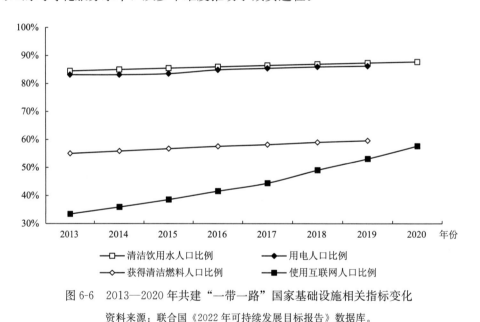

图 6-6   2013—2020 年共建"一带一路"国家基础设施相关指标变化

资料来源：联合国《2022 年可持续发展目标报告》数据库。

二、"一带一路"产业合作项目助力减贫

产业合作是推动"一带一路"沿线国家和地区合作共赢的现实纽带，也是促进"一带一路"沿线国家减贫的重要途径。自 2013 年"一带一路"倡议提出以来，中国与沿线国家在农牧渔业、轻工业、机械及装备制造业能源产业以及高技术产业等多个领域开展合作，规模日益扩大，形式日益丰富。"一带一路"的影响力和感召力不断扩大，沿线国家和地区也希

望通过参与"一带一路"建设来拉动自身经济发展。

近年来，中国通过增加对外产业投资，不断加强与"一带一路"沿线国家的产业合作，旨在通过合作有力拉动当地经济社会快速发展，提高人民物质生活水平。"一带一路"沿线区域国家多为新兴经济体，相较成熟经济体而言，投资经营风险普遍较高，面临包括政局不稳、政权更迭导致政策稳定性和连续性较差等政治风险，暴力恐怖主义、民族分裂主义、宗教极端主义等传统与非传统安全风险，以及由劳工等社会问题引发的生产中断风险等，使经济发展与就业遭遇巨大挑战。

在"一带一路"倡议下，中国逐年增加对外产业投资，与沿线国家、共建国家不断加强产业合作。根据商务部、国家统计局和国家外汇管理局联合发布的《2020 年度中国对外直接投资统计公报》，2013—2020 年中资企业在"一带一路"沿线国家投资流量逐年增加。从投资规模看，2020 年中资企业在"一带一路"沿线国家直接投资流量为 225.4 亿美元，较 2019 年增长 20.6％（图 6-7）。在对外投资流量占比中，2020 年面向"一带一路"沿线国家投资占比达 14.7％，较 2019 年提升 1.1 个百分点。从投资存量看，截至 2020 年末，中资企业在"一带一路"沿线国家的投资存量达 2 007.9 亿美元，占中国对外投资存量总量的 7.78％。2021 年，中国对"一带一路"沿线国家非金融类直接投资达到 203 亿美元，约占全国总量的 17.9％。

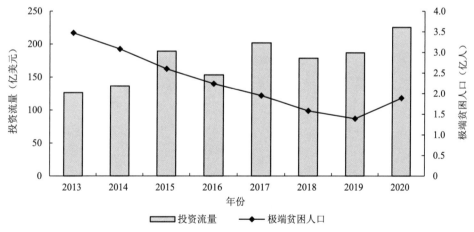

图 6-7 中资企业在"一带一路"沿线国家投资流量与沿线国家极端贫困人口

资料来源：《2020 年度中国对外直接投资统计公报》。

民营企业作为海外产业投资的重要力量，建设了一批境外产业园区，有效带动了当地经济社会发展，增加就业机会，助力减贫进程。根据中国科学院计算机网络信息中心的中国境外产业园区信息数据集，目前中国的境外产业园区共 182 个，其中农业产业园区 54 个，轻工业园区 31 个，重工业园区 21 个，高新技术园区 13 个，物流合作园区 11 个，综合产业园区 52 个。园区主要集中分布在亚洲、欧洲和非洲（图 6-8）。其中，农业产业园区在欧洲分布最多，高达 28 个；轻工业园区在亚洲分布最多，高达 14 个；重工业园区在亚洲最多，共计 12 个；高新技术园区分布在欧洲最多，共计 7 个；综合产业园区在亚洲最多，共计 28个。其中，工业类产业园区大部分建设在新兴经济体、发展中国家与最不发达国家，其中新兴经济体最多，高达 81 个。

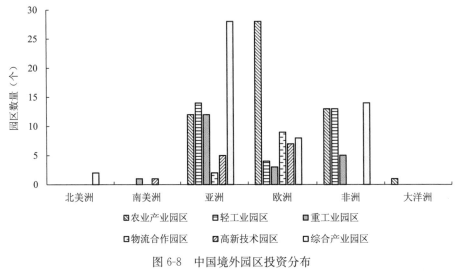

图 6-8　中国境外园区投资分布

资料来源：中国科学院计算机网络信息中心。

　　"一带一路"产业园区为沿线国家创造了大量就业岗位，促进当地经济发展，提高了人民生活水平，加快了减贫进程。"一带一路"官方数据库数据显示，埃塞俄比亚杜卡姆市的东方工业园，业务包括服装制造、钢材轧制、水泥生产、木材加工、汽车组装、家纺日化、食品制作、制药等，迄今已经为埃塞俄比亚当地人创造了大约 1.5 万个就业机会，员工们的生活普遍得到改善。目前，除了东方工业园，中方参与投资或建设的工业园在埃塞俄比亚已有 10 多个。这些工业园对扩大当地就业、助力经济转型等发挥着巨大作用。埃塞俄比亚政府计划以工业园建设为依托，将本国打造成非洲的制造业中心，通过改变经济结构，以合理的产业板块布局实现经济振兴。此外，缅甸莱比塘铜矿项目作为万宝矿产公司投资开发的大型资源类项目，总投资超过 10 亿美元，生产周期约 30 年，是"一带一路"标志性示范项目之一。围绕铜矿项目打造出一个高度有机融合的项目经济生态圈，与所在社区和村民们共同分享项目发展的红利，极大地促进了当地经济发展，成为推动当地减贫发展的重要动力。该项目截至 2018 年，雇佣缅甸籍合同工 4 038 人，为缅甸政府创造 2 亿多美元产品分成收益以及 0.2 亿美元税收。境外产业园区作为中国海外产业投资的平台，为当地产业发展和就业做出了显著贡献，不少地方实现一人就业带动全家脱贫。

三、"一带一路"农业合作项目助力减贫

　　农业发展合作是全球减贫事业中的关键环节，关系到全球粮食安全与营养健康问题。先进的农业发展和充足的粮食供应，能为居民营养摄入和健康状况提供保障，可以有效助力推进减贫进程。贫困问题突出的国家，几乎都不具备发达的农业发展条件，因此，农业发展合作作为现代农业国际援助的重要手段，对于国际减贫的意义重大。根据联合国《世界粮食安全和营养状况》数据，2021年全球面临重度和中度粮食不安全的人口占全球总人口近30%，并且其中大部分位于"一带一路"沿线国家。因此，农业发展合作对于"一带一路"国家的减贫事业至关重要。

　　"一带一路"倡议通过加强农业合作、畅通粮食贸易、促进粮食安全等有力措施，推动了沿线国家农业发展。首先，"一带一路"农业发展合作有效带动了地区产业发展、就业增长。根据国家发展改革委"一带一路"建设促进中心公布的数据，截至2021年12月，与中国签署农业、渔业合作文件的国家已经达到86个，其中超过50%的国家已建立长期工作机制，中国对"一带一路"沿线国家投资的农业发展合作项目总数共计已经超过820个（表6-2）。这些投资有效带动了就业，增强了贫困人口应对粮食等危机的能力。其次，中国与"一带一路"沿线国家的农产品贸易规模持续攀升，占比超过中国农产品贸易总额的1/3。根据国务院新闻办发布的2021年全年进出口数据，2021年中国自"一带一路"沿线国家进口农产品3 265.5亿元，同比增长26.1%。再次，中国向"一带一路"国家提供了广泛的人才支持与农业技术援助。截至2021年底，已经向40多个国家及地区输送约1 100名专家与技术人才。通过大力开展农业发展合作，积极进行技术推广与人才交流，"一带一路"国家的农业问题得到显著改善。最后，中国对"一带一路"沿线国家的农业等物资援助，有效提升了区域粮食生产稳定性和抗风险能力。如2020年为应对新冠疫情和蝗虫灾害，中国向巴基斯坦、埃塞俄比亚、肯尼亚、乌干达等"一带一路"沿线发展中国家援助农药400多吨、背负式喷雾机2 000余台、手持喷雾机3 500余台，以及防护服、面罩和手套各4 000套。

　　在此背景下，"一带一路"沿线国家与共建"一带一路"国家的粮食安全基本保持稳定，营养健康水平不断提高。根据联合国《2022年可持续发展目标报告》数据，"一带一路"沿线国家的食物不足发生率从2013年的8.8%降低到2018年的8.5%，五岁以下儿童发育迟缓患病率由2015年的26.2%下降到2019年的25.2%，新生儿死亡率和五岁以下儿童死亡率分别从2013年的1.7%和3.0%下降至2020年的1.3%和2.2%，由熟练卫生人员接生的婴儿比例从2013年的90.5%升高至2019年的94.7%，全民健康服务覆盖指数（取值范围

表 6-2　"一带一路"国家典型农业合作发展项目

项目名称	项目简介	项目规模与贡献
中塔农业示范园区	塔吉克斯坦-中国农业合作示范园，简称"中塔农业示范园区"，是新疆利华棉业股份有限公司启动的农业投资项目，也是首批境外农业合作示范区建设试点之一。公司计划投资 12 亿美元，分三期投资完成中塔农业合作示范园建设项目，建成集农产品的种植、加工、仓储、销售为一体的农业产业示范基地	吸引了中泰（丹加拉）新丝路纺织产业有限公司、中泰（哈特隆）新丝路农业产业有限公司、金丰面粉加工有限公司和泰康油脂有限公司等企业入区，示范区原计划投资 3.3 亿美元，目前已完成投资 3.8 亿美元
中苏农业合作开发区	中苏农业合作开发区以苏丹加达里夫州法乌镇拉哈德灌区为中心区域，按照"一区多园"的总体空间布局，重点开发建设从良种繁育、种植养殖基地到农产品加工、物流、贸易全产业链的自由贸易平台	项目已经辐射带动整个拉哈德灌区 220 万亩的农业产业发展，初步建成涵盖科研、种植、加工、深加工等全产业业态的中苏农业合作示范区
"为非洲和亚洲资源贫瘠地区培育绿色超级稻"项目	项目于 2008 年启动，由中国农业科学院主导、作物科学研究所黎志康研究员牵头，联合国内外 58 家（国外 26 家和国内 32 家）水稻研究单位，利用先进的育种技术，培育出一大批高产、优质、多抗的绿色超级稻新品种，在 18 个非洲和亚洲目标国家与地区试种、审定、推广，对目标国家粮食安全做出了重大贡献	项目共在亚洲和非洲 18 个目标国家审定品种 78 个，目前这些品种正在各个目标国家稳步推广应用。根据各个目标国参加单位反馈的推广面积和绿色超级稻种子的生产数量，推算绿色超级稻品种在亚洲和非洲目标国家的累计种植面积达到 612 万公顷，使 160 万小农户受益。在菲律宾望天田和灌溉生态系统种植新培育的绿色超级稻品种比当地主栽水稻品种平均每公顷增产 0.89～1.83 吨，平均每公顷增收 230.9 美元
中国援助布隆迪农业示范中心	自 2020 年 9 月中国援布农业示范中心投入使用以来，中国专家组与布方工作组密切配合，杂交水稻等农业试验、农技推广工作陆续开展	在布班扎省、布琼布拉农村省、锡比托克省等地，中国专家组建设的 9 个示范村都种上了杂交水稻。在稻瘟病严重的 11 个山区，中国专家组在 13 个示范村精心选育抗稻瘟病新品种，累计发展优质水稻 3 000 公顷
中国援助卢旺达农业技术示范中心	2011 年在卢旺达南方省胡耶市成立中国援助卢旺达农业技术示范中心，其中"菌草项目"得到大力推广与发展，食用菌产业在帮助卢旺达农户摆脱贫困中发挥了重要作用	食用菌产业现在成了卢旺达农业经济主要推广项目，当地有近 90 家菌草生产公司、合作社等，参与菌菇种植的农民超过 3 万人，菌草项目延续并拓展了福建农林大学长期向当地传授的菌草技术，10 年来累计开设 57 期农业技术培训班，培养了超过 2 000 名农业人才

资料来源：国务院官方网站公布信息（https://www.gov.cn/index.htm）。

0～100）从 2015 年的 63.1 增加至 2019 年的 68.3（图 6-9）；共建"一带一路"国家食物不足发生率也基本稳定在 8.2％～8.7％，五岁以下儿童发育迟缓患病率由 2015 年的 22.8％下降到 2019 年的 22.0％，新生儿死亡率和五岁以下儿童死亡率分别从 2013 年的 1.6％和 3.5％下降至 2020 年的 1.3％和 2.9％，由熟练卫生人员接生的婴儿比例从 2013 年的 85.6％升高至 2019 年的 92.9％，全民健康服务覆盖指数从 2015 年的 61.9 增加至 2019 年的 65.8（图 6-10）。总体来看，粮食不足、营养不良等问题得到有效改善。

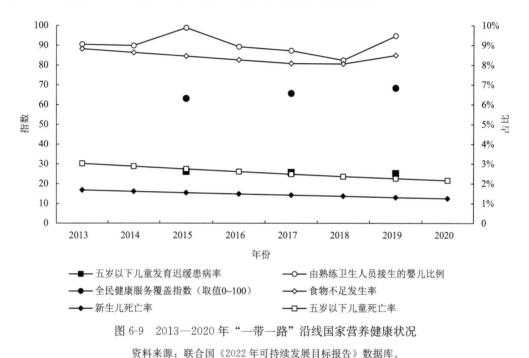

图 6-9　2013—2020 年"一带一路"沿线国家营养健康状况

资料来源：联合国《2022 年可持续发展目标报告》数据库。

四、"一带一路"民生项目助力减贫

在"一带一路"倡议"惠民生"目标引领下，一批民生项目在沿线国家和地区稳步推进，帮助当地民众增加收入，改善生活（表 6-3）。联合国成立 70 周年系列峰会期间，习近平主席宣布五年内向发展中国家提供"6 个 100"项目支持，其中包括"惠民生"的 100 个减贫项目、100 所医院和诊所、100 所学校和职业培训中心等。首届"一带一路"国际合作高峰论坛上，习近平主席宣布未来三年内提供 600 亿元人民币援助，实施 100 个"爱心助困"、100 个"康复助医"、100 个"幸福家园"项目等。这些"小而美"民生项目，有效提升了相关国家民众的谋生技能、生产生活条件，以小产业带动减贫事业发展。

在"一带一路"倡议下，中企援建的"小而美"惠民项目不断惠及沿线国家和人民。

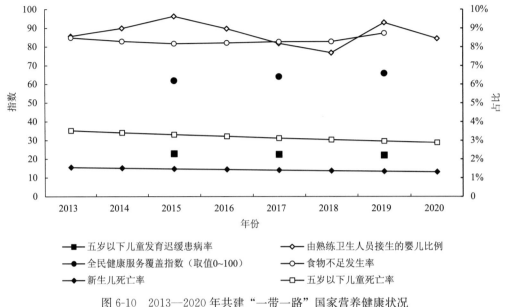

图 6-10　2013—2020 年共建"一带一路"国家营养健康状况

资料来源：联合国《2022 年可持续发展目标报告》数据库。

2022 年，中国中铁资源集团在刚果（金）卢阿拉巴省基桑福村建造的第八口饮用水井竣工。这些水井为 3 000 人提供了清洁饮用水。在水井建成前，当地人要步行超过 15 千米到河边取水。此外，中铁资源集团还将建造更多小学、健康中心、体育设施和其他项目，助力这些非洲村落的可持续发展。同时，中国金诚信矿业管理股份有限公司在赞比亚和刚果（金）雇佣了 4 500 多名当地人。过去 22 年来，该公司一直参与援助非洲村落的项目，向当地学校捐款，疫情期间捐赠防疫物资并援助修路。此外，中国近年来持续向非洲提供实物援助，并持之以恒地向非洲人民传授或转让技术。中国积极开展抗疫国际合作，毫无保留地与各国分享防控诊疗经验，进行药物、疫苗研发等防疫合作。据外交部官方网站公布数据显示，中国已向非洲 27 国提供 1.9 亿剂新冠疫苗，在非洲本地化合作生产年产能达到约 4 亿剂。

表 6-3　"一带一路"国家典型民生项目

项目名称	项目简介	项目规模与贡献
诺联互联网中心	是中国人周涛在肯尼亚创立的非洲诺联网络科技公司的一部分业务，旨在为内罗毕郊区中低收入家庭的孩子提供远程教育服务	2018 年，诺联公司与中国电信合作，结合 Wi-Fi 技术和城域光纤网，开始为当地居民提供性价比高的无线宽带网络服务。在推出不同优惠套餐的同时，公司还开办诺联学校，通过网络平台，免费为当地 5～15 岁孩子提供远程教育。截至目前，诺联公司已在吉素来 44 区和金曼门区发展了 6.5 万名宽带注册用户

续表

项目名称	项目简介	项目规模与贡献
中铁二院承担施工图设计的援塞内加尔妇幼医院	由中国援建、中国中铁旗下全资子公司中铁一局总承包并建造,中铁二院设计的医院,被塞内加尔卫生部指定作为新冠隔离治疗定点医院,成为塞内加尔版的"火神山"医院	医院综合楼整体建筑面积 3 720 平方米,拥有床位 84 张,3 间手术室,投入使用后,极大缓解了塞内加尔首都达喀尔及周边地区妇女、儿童的就医问题。妇幼医院因其合理的设计布局、先进的医疗条件和设备以及良好的就医环境,被当地政府指定为定点救治医院,在抗击疫情中发挥积极作用
穆特拉新城"海绵城市"	是中科"一带一路"合作的重点民生项目。其中 8 个街区的配套基础设施由中国能建葛洲坝集团承建。如今,配套的雨水收集系统建设正在中外员工的共同努力下全速推进	穆特拉新城配套的雨水收集系统建设是科威特政府在本国城市化建设中的首次实践。项目建成后能解决科威特 40 万居民的住房问题

资料来源:国务院官方网站公布信息(https://www.gov.cn/index.htm)。

五、"一带一路"教育合作与减贫经验分享

"一带一路"合作秉持"扶贫先扶智"的理念,不断加强文化教育建设,为全球减贫提供内生动力。教育是发展之本,也是阻断贫困代际传递的重要手段。2016 年教育部牵头制定了《推进共建"一带一路"教育行动》,以基础性、支撑性、引领性三方面政策举措为框架,积极推进与沿线国家的教育政策沟通、教育合作渠道畅通、语言互通、民心相通、学历学位认证标准连通。2016—2019 年,教育部陆续与 18 个省市签署了《推进共建"一带一路"教育行动国际合作备忘录》。部省(区、市)协同不断推进,留学工作呈现双向互动良好局面;合作办学"请进来"与"走出去"均呈快速上升态势;国别与区域研究基地、非通用语种和汉语推广基地有效促进了政策沟通和民心相通;多类型、多层面教育共同体建设扩大了国际"朋友圈"和中国教育影响力。根据教育部 2020 年官方公布数据显示,据不完全统计,截至 2020 年,中国共有 44 所高等学校赴"一带一路"沿线地区举办 28 个境外办学机构、47 个项目,涵盖 23 个"一带一路"沿线国家;与 188 个国家和地区建立教育合作与交流关系,与 46 个重要国际组织经常性开展教育合作与交流,与 51 个国家和地区签署学历学位互认协议。

教育一直是"一带一路"国际发展援助的重点关注领域。作为社会发展的基础,教育问题是大部分发展中国家在现代化过程中遇到的关键问题。对教育领域提供国际援助,是将先

进的教育理念、教育方法和教育技术带入受援国。这既是关乎人才发展的国家重大战略性问题，又是解决受援国经济社会发展所遇人才缺失现象的发展性问题，还是涉及提高社会福利的社会公共服务领域的人道主义问题。近年来，随着中国"一带一路"倡议成为广泛的国际共识，以"一带一路"助力国际教育，不仅为国际教育援助注入新动能，也丰富了国际教育援助的内容，拓展了国际教育援助的新领域，开拓了国际教育援助的新模式（表6-4）。

表6-4　"一带一路"国家典型教育合作项目

项目名称	项目简介	项目规模与贡献
中国援助乌干达"万村通"卫星数字电视项目	2015年中非合作论坛约翰内斯堡峰会上提出的中非人文领域合作举措之一，旨在为非洲国家的一万个村落接入卫星数字电视信号。这一项目由四达时代集团承建。2019年1月，四达时代圆满完成了"万村通"乌干达项目一期500个村落的建设工作。2021年8月，"万村通"乌干达项目二期正式启动	项目共覆盖18 000户家庭和包括学校、社区中心、教堂与卫生中心在内的2 700个公共区域，受益人群近百万。"万村通"项目作为一扇窗口，帮助乌干达偏远地区的家庭了解农业、科技与公共卫生等方面的信息，项目的施工还带动了乌干达当地就业，为乌干达培训了近2 000名相关的年轻技术人才，产生了广泛积极的社会效益
支持发展中国家基础教育	中国在尼泊尔、亚美尼亚、莫桑比克、纳米比亚、秘鲁、乌拉圭等国修建了一批中小学校，并提供计算机、实验室设备、文体用品等教学物资。向南苏丹提供教育技术援助，为南苏丹小学量身打造英语、数学、科学三科教材，编印130万册教材，15万名师生受益。为北马其顿27所学校提供远程教育设备	改善发展中国家的基础教学环境，提升了当地特别是山区、农村的教育水平，促进了教育资源均衡发展
海外"鲁班工坊"	在吉布提、埃及、泰国等国设立"鲁班工坊"，由中国职业教育学校对口建设，为当地青年提供实用技术培训	以鲁班命名的鲁班工坊，如今已经在亚非欧的19个国家落地生根，成为中国职业教育"走出去"的国家名片，参与"一带一路"国家建设发展

资料来源：国务院官方网站公布信息（https://www.gov.cn/index.htm）。

在此背景下，"一带一路"沿线国家的教育普及程度进一步提高。根据联合国《2022年可持续发展目标报告》数据，全球85.0%以上的人口都已接受过中等及以上水平的教育。2020年沿线国家的小学净入学率为94.8%，中等教育完成率也由2013年的78.9%上升至2020年的85.9%，整体来看，初级教育已经基本普及，中等教育在十年来也有了大幅度的跃升（图6-11）。共建"一带一路"国家的教育发展也表现出相同态势，小学净入学率由2013年的93.1%提升至2020年的93.6%，中等教育完成率由2013年的70.9%上升至2020

年的 75.5%，教育普及度也有了较大的提升。2020 年全球整体小学净入学率为 90.2%，中等教育完成率为 67.5%，对比同时期全球平均数据可见，共建"一带一路"国家和"一带一路"沿线国家的小学和中等教育的普及率都要高于全球整体水平。

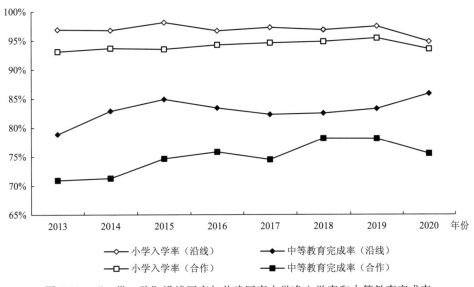

图 6-11 "一带一路"沿线国家与共建国家小学净入学率和中等教育完成率

资料来源：联合国《2022 年可持续发展目标报告》数据库。

此外，中国也积极与"一带一路"国家共享减贫经验，贡献中国样本和中国方案。第一，中国积极开展国际减贫交流与合作，不断创新交流机制，形成了覆盖全球、亚洲、非洲和拉美地区的高级别国际减贫会议和专题研讨交流活动。包括举办面向全球的"减贫与发展高层论坛"以及区域性的"中国-东盟社会发展与减贫论坛""中非合作论坛——减贫与发展会议""中拉减贫与发展论坛"等。此外，中国还积极开展国家间基层人员减贫交流活动。开创"东盟＋3 村干部交流项目""中非青年减贫与发展交流项目"两个面向基层和青年的区域减贫交流活动。第二，针对发展中国家减贫需求，以分享中国减贫政策与经验为基础，以提升减贫与发展能力为目标，广泛开展国际减贫培训工作。截至 2021 年 9 月，共举办 166 期国际减贫研修班，对来自 136 个国家（地区）的 4 528 名政府官员与扶贫工作者进行专题减贫培训，有力促进了中国扶贫开发成就和经验以及中国减贫智慧和方案的宣传与推广，大大增强了发展中国家的扶贫开发能力。第三，积极开展双边、多边减贫合作，拓展与非洲、亚洲及拉美国家的合作关系。自 2005 年以来，分别与坦桑尼亚、毛里求斯、老挝、莫桑比克、哥伦比亚等国家有关部门签署了双边合作协议，探索借鉴中国扶贫经验和模式推动国际减贫的有效做法，包括东亚减贫示范合作技术援助项目、中非合作项目、亚洲区域合作专项资金项目、澜沧江-湄公河合作项目等，为更加有效地促进各国之间交流分享减贫经验做出了积极贡献。

一直以来，中国与"一带一路"国家坚持相互尊重、共同发展，树立命运共同体崇高目标，通过搭建平台、组织培训、智库交流等多种形式，积极与共建"一带一路"国家开展减贫经验交流研讨，为世界发展与合作树立了典范。中国减贫能取得较大的成功，主要在于立足本国国情，深刻把握中国贫困特点和贫困治理规律，坚持以人民为中心的发展思想，坚持发挥中国特色社会主义制度集中力量办大事的政治优势，坚持精准扶贫方略，一定程度上拓展了人类反贫困思路，为推动"一带一路"国家减贫，中国提出了可借鉴的有效经验。未来，"一带一路"不同国家和地区间将进一步共享减贫经验，携手推进国际减贫进程，构建远离贫困的人类命运共同体。

第四节　"一带一路"减贫合作

一、为全球减贫提供中国样本与中国方案

2020 年底，中国向全世界庄严宣告——经过全党全国各族人民共同努力，中国脱贫攻坚战取得了全面胜利，提前 10 年实现联合国《2030 年可持续发展议程》减贫目标。脱贫攻坚使得现行标准下 9 899 万农村贫困人口全部脱贫，832 个贫困县全部摘帽，12.8 万个贫困村全部出列，区域性整体贫困得到了解决，完成了消除绝对贫困的艰巨历史任务。自此，中国也进入了巩固拓展脱贫攻坚成果同乡村振兴有效衔接的新阶段，接续推进脱贫地区发展和群众生活改善。中国脱贫攻坚的成功实践，形成了具有中国特色的中国道路、中国样本和中国方案，是对人类文明和全球反贫困事业的重大贡献，为全球发展中国家消除贫困、脱贫攻坚提供了案例示范，为广大发展中国家的减贫工作提供了可以借鉴的宝贵经验。

将脱贫攻坚纳入国家战略布局中，摆在治国理政的重要位置。中共十八大以来，以习近平同志为核心的党中央把脱贫攻坚纳入"五位一体"总体布局和"四个全面"战略布局进行部署，摆在治国理政的重要位置，提出"以脱贫攻坚统揽经济社会发展全局"的重要理念。同时，中共中央还提出"六个精准""五个一批"等重要思想，是针对扶贫工作中存在的各类问题整体性的解决方案。

做到精准扶贫、精准脱贫基本方略的精准实施。在以习近平同志为核心的党中央坚强指挥下，精准扶贫的方略解决了"扶持谁""谁来扶""怎么扶""如何退""如何稳"等关键问题。坚持从实际出发，增强扶贫工作的针对性、有效性，因村因户因人施策，对症下药，保证扶贫工作扶到点上、扶到根上，开辟了具有中国特色的脱贫道路。

坚持并不断完善精准扶贫工作机制，优化扶贫资源配置。形成了五级政府抓扶贫的工作机制：中央统筹，省负总责，市、县抓落实，党政一把手负总责。中央统筹，重在做好顶层设计，为有利于脱贫的政策、资金创造条件；省负总责，重在把中共中央大政方针转化为实施方案，发挥指导监督作用；市、县抓落实，从实际出发，推动各项脱贫帮扶政策措施落地；强化县级党委作为全县脱贫攻坚总指挥部的关键作用，贫困县党委和政府对脱贫攻坚负主体责任；党政一把手是脱贫工作的第一责任人。

凝聚多方力量，通过党政主导、群众主体、社会参与完成脱贫攻坚战任务。一是各级政府明确自身脱贫攻坚的责任，树立危机意识、紧迫意识，充分发挥基层政府的积极性和主动性；二是搭建社会力量参与扶贫的平台，发挥社会组织的桥梁作用和监督作用，调动社会资源参与脱贫攻坚；三是让贫困群众理解精准扶贫，坚持参与式扶贫方法，使贫困群众参与到帮扶项目的各个环节，增强对帮扶项目的拥有感以及效益的获得感。

采取多元化的扶贫措施，充分发挥相互间的协同效应、叠加效应和乘数效应。中国坚持实施"五个一批"以及其他多渠道多元化扶贫措施，坚持因地制宜，做好产业扶贫、劳务输出扶贫、健康扶贫、教育扶贫、资产收益扶贫、生态保护扶贫、社会保障兜底扶贫等多样化扶贫方略的统筹部署，从多维度保护贫困人口，提升扶贫效应，不断推进精准扶贫工作。

此外，中国在消除自身绝对贫困、为全球减贫进程做出突出贡献的同时，也不忘积极参与国际减贫合作，积极推动建立以合作共赢为核心的新型国际减贫交流合作关系，以实际行动支持国际减贫事业。通过共建"一带一路"等方式，为全球减贫事业贡献出中国智慧、中国力量、中国方案、中国样本。中国也积极倡议筹建亚洲基础设施投资银行、金砖国家新开发银行，设立南南合作援助基金、中国-联合国和平与发展基金、丝路基金，全面落实习近平主席在南南合作圆桌会上提出的"100个减贫项目"，切实推进"东亚减贫合作倡议""中非减贫惠民合作计划"框架下的合作。

二、中国与共建"一带一路"国家减贫合作典型案例

1. 中国-坦桑尼亚农业合作减贫示范项目

坦桑尼亚是东非第三大经济体，重点产业包括农业、矿业、建筑业和旅游业。2000—2007年，坦桑尼亚经济快速发展，年均GDP增长率约6.6%，按1.9美元标准的贫困发生率由84.0%降至56.2%。但总体上，贫困发生率的降低主要集中于城市人口，经济增长对于农村贫困人口减少的带动效应较弱。究其原因，主要在于农业是坦桑尼亚的基础产业，贡献了约30%的GDP，近80%的人口生计依赖于农业，但非洲小农生产体系中"低投入、低产出"的粗放经营模式，导致农业生产效率偏低，行业带动效应弱，发展能力不足。21世

纪初，坦桑尼亚农户农作方式粗放，机械化水平较低，农业技术能力较弱。坦桑尼亚农业投入预算只占 6%，尚未达到非洲农业综合发展项目（CAADP）规定的 10% 的目标。全国粮食作物的单产水平大约为中国的 22%，80% 的农户靠自留种播种，全国灌溉面积占可耕地总面积的 1.1%，个别地区仍然在采用"刀耕火种"的传统农业生产方式。

如何通过国际合作，推动当地农业发展方式进步，从根本上摆脱贫困落后与粮食不安全问题，成为关键问题。在此背景下，由中国国际扶贫中心与坦桑尼亚总统府计划委员会共同领导，以坦桑尼亚莫罗戈罗省佩雅佩雅村和狮子阱村（Mtego Wa Simba）等为示范村，建立合作机制，成立中坦村级减贫学习中心，构建大学—政府—农户联结机制，开展"千户万亩玉米增产示范工程"，通过农业技术示范、制度示范等方式，传播中国减贫理念和农业技术，带动当地增产增收，提升了地区自主发展能力，实现了减贫和可持续发展目标。该项目是中国援助"一带一路"合作国家农业增产减贫的典型案例，也入选了联合国南南合作最佳案例。

第一，技术示范——开展"千户万亩玉米增产示范工程"。2018 年 3 月，中国农业大学与坦桑尼亚莫罗戈罗省政府、苏科因农业大学联合开展该项工程。基于中国农业大学前期在坦的工作经验，力争在坦桑尼亚莫罗戈罗省的 10 个县共同实现 1 000 户 10 000 亩的玉米增产。该工程也是中国农业发展经验——"政府支持农业发展"和"劳动密集型农业技术"——在共建"一带一路"国家中的成功运用和实践，有效改变了当地农户粗放传统、广种薄收的种植方式，实现了玉米产量的大幅度增加。

该项示范工程使得当地的玉米产量翻倍增长，中国的种植技术在当地逐渐传播开来。2001 年，中国农业大学研究团队初次来到坦桑尼亚时，发现当地玉米的"秃尖率"较低，土地肥力供给充足，然而田地的种植密度严重不足，每英亩只有 6 000～9 000 株，玉米的平均产量只能达到每英亩 300～500 公斤，而同一时期中国的玉米亩产已经达到了数百公斤乃至上千公斤。为了改变当地农户粗放的耕种方式，提高玉米产量，中国农业大学研究团队根据中国农业发展中精耕细作的经验，充分考虑了当地农民没有财力承担化肥与农业机械的状况，设计了以合理密植为核心，辅以间苗补苗、中耕除草保墒、培土等只需要劳力投入的一整套劳动密集型玉米密植方案。为了让农民更直观地掌握科学的种植方法和技术，研究团队设计出"播种绳"——每隔 30 厘米系一条彩带，用以标记田地播种的株距和行距，有效提高了玉米的种植密度，极大地方便了后续的除草工作。

研究初期，当地的农民对新技术的接受程度很低，佩雅佩雅村只有一个人愿意尝试。在中国农业大学团队的指导下，实验的农户勘查土壤状态，挑选相对优质的种子，合理地株距行距种植，定期锄草和浇水，在当年就将玉米的产量提升了一倍。产量的大幅度提升使得越来越多的人愿意尝试中国的种植技术，中国的种植经验也逐渐在当地被认可和传播。2018

年，经过研究团队努力，已经有 75% 的农户采用中国技术在种植玉米，产量也提高了 50%～180%。截至 2021 年 6 月，千户万亩玉米增产示范项目在所有十个计划村庄都在有效运作，覆盖了 1 432 名目标农民（占计划的 2 000 名农民的 72%），耕地 1 432 英亩（580 公顷）（相当于总目标 1 800 英亩，即 729 公顷），中国的耕种技术的推广和增产效果显著。在新冠疫情的背景下，中国对坦桑尼亚还开展了"一粒豆大营养"的援助项目，在玉米地里套种大豆，以提高农田的肥力，改善当地人的营养。

目前，该项目的省级联合学习中心主要依托中国农业大学和坦桑尼亚苏科因大学联合建立的"南南合作学习中心"，为农户开展示范玉米、鸽子豆等经济作物的种植技术，如密植、间套作、加强田间管理等技术，有效提高当地主粮的产量和农业收入。

第二，制度示范——探索构建"政府-科研机构-农户"联结机制。2014 年 2 月，中国科学技术部在中坦科技合作协议下启动了发展中国家科技援助项目，在坦建设了中坦农业发展联合研究中心，组建了中国农业大学、苏科因农业大学、莫罗戈罗省政府联合研究团队，开展村级减贫中心建设、农业生产技术示范推广、管理实施小组能力建设等项目。研究团队多次组织培训、交流和参观活动，构建政府-科研机构-农户联结机制。通过分享中国地方政府下乡的工作方式，支持当地地方政府、大学和研究机构与当地农村社区三者之间建立有机联系，从而完整呈现了中国劳动密集型、低资本投入的农业技术方案。

在提高玉米产量之外，项目有效强化了当地社区的自主发展能力，促进四级政府、包括大学在内的研究机构和目标农民之间的有效互动，创造针对具体情况的社区发展解决方案，提高玉米生产率、农民收入、粮食安全水平和农民生活水平。在项目运行的同时，在莫罗戈罗地区建立并运行了公共管理系统（MPMS），并对一系列激励措施提供支持，以提高当地农业工作人员的工作绩效。结果显示，基于绩效的公共管理系统有效加强了各主要利益相关者之间的联系，即大学、政府（中央和地方）、研究机构、农民和地方社区之间的合作伙伴关系。在当地开展的各种能力建设活动，例如培训、通过微信进行有效沟通，都使得地方政府和地方议会支持其管辖地区农业发展的能力得到了提高，提高了坦桑尼亚优先商品价值链的生产力，特别是玉米作物的生产力。总的来说，项目已经建立了一支由利益相关者组成的高效的管理团队，通过有效利用现有的中央和地方政府结构、制度与程序，确保所有四级政府在有基于绩效的公共管理系统的基础上积极履职，确保了项目干预措施的可持续性和农民参与的积极性。

2. 中国-老挝减贫示范合作项目

中国援老挝减贫示范合作项目是"东亚减贫示范合作技术援助项目"中最具代表性的项目之一。"东亚减贫示范合作技术援助项目"响应了中国在东盟与中日韩 10＋3 领导人会议中提出的"东亚减贫合作倡议"，由中国国际扶贫中心与四川、广西、云南等地的扶贫部门和单位设计并实施，这也是我国开展的首个村级减贫对外援助减贫项目。该项目在 2017—2020 年的三年时间里，选取老挝、柬埔寨、缅甸为试点国家，并在每个国家分别选取两个项目村，援助方面包括农村基础设施建设、公共服务、农户生计改善、能力建设和技术援助五个部分，惠及六个项目村共 2 600 余户、1 200 余人。

老挝是东南亚最贫困的国家之一，2019 年，老挝全国贫困户共计 62 384 户，占总户数的 5.16%，老挝政府也一直将农村发展和扶贫作为政府的战略优先工作。中国援助老挝减贫示范合作项目地点位于老挝万象市三通县版索村和琅勃拉邦省琅勃拉邦县象龙村。针对老挝的可持续生计、基础设施建设程度较低等问题，中国将对老挝援助减贫的合作重点集中在交通、水电等基础设施建设以及民生项目上，不只是简单地送钱送物，而是参考中国"整村推进"和"精准扶贫"的工作经验，在项目村开展更有效的"造血型"扶贫，让当地农民有能力扩大再生产。

老挝减贫示范合作项目在基础设施建设、可持续生计、能力建设和技术援助方面都取得了丰硕成果。在基础设施和公共服务设施的建设上，中国在贫穷落后的村庄中建设了道路、饮水工程、医务所、学校师生宿舍、篮球场等，提升基础设施和公共服务设施的建设水平。在农户生计改善方面，中国帮助当地农民组建了织布、大棚蔬菜、养鸡、养牛和旅游民宿等生产小组，设立网络宣传部门，打造织布产品商标，建立起统一营销和成员自主营销相结合的模式，使得当地村民不用外出务工，在家就可以获得稳定的收入，大大提高了可持续生计水平。在能力建设和技术援助方面，中国多次派遣专家组前往老挝项目村进行调研并进行指导，因地制宜地设计出适合当地的脱贫、建设方案，为农作物的种植、织布产业的发展等提供技术援助和支持。

在中国团队的指导和帮助下，中老减贫示范合作项目取得了显著的成效，当地人民的生活水平得到了显著的提升。以版索村为例，在中老国家联合项目办的指导下，版索村村民根据本村实际情况、产业前景和自身能力等，将织布作为村主要产业发展项目之一，成立了产业项目管理委员会、项目监督委员会和发展资金管理小组，有效解决了过去版索村家庭单独生产规模小、市场价格不稳定、生产资金严重不足等问题，未来将朝向"统一品牌、统一技术、统一标准、统一销售"的方向努力，预计户均年纯收入能达到 8 720 元，村集体年收入织布机租金 1 040 元。在另一个项目村象龙村，完成了包括道路、医院、学校、饮水工程在内的八项基础设施和公共服务建设工作。在完成设施建设工作后，中国着力推进农户生计项目发展，包括织布、养牛、养鸡、大棚蔬菜、露天蔬菜种植、旅游示范等项目，村民的收入和生活水平都得到了大幅度提升，象龙村也即将摘掉贫困的帽子。

第五节 结论与启示

共建"一带一路"追求的是发展,崇尚的是共赢,传递的是希望。自 2013 年"一带一路"倡议提出以来,共建"一带一路"逐步走深走实,取得了许多实打实、沉甸甸的重要成果,成为深受欢迎的国际公共产品和国际合作平台。近十年来,"一带一路"合作不断取得新成效、新进展,贸易畅通不断深化,投资合作持续提升,合作项目落地见效,机制平台建立健全。通过"一带一路"倡议,中国与沿线国家投资贸易规模持续增长,直接带动了相关国家产品对中国的出口,促进了各国经济贸易发展;"互联互通"使许多发展中国家获得了中国企业的大量基础设施投资和建设,有效改善了人民生产生活条件;在许多国家,中国企业建设了境外经贸合作区、边境和跨境经济合作区,为当地人民提供了新的就业机会,一人就业带动全家脱贫;中国的农业技术在共建"一带一路"国家得到较为普遍的推广,大幅提升了相关国家的粮食产量,有效应对了粮食危机和营养健康问题。在此基础上,共建"一带一路"对于维护地区和世界和平、完善全球治理体系等方面也都具有十分重要的积极意义,为推动构建人类命运共同体贡献了重要力量。

值得注意的是,当前共建"一带一路"国家减贫与可持续发展进程仍面临多重风险与挑战。首先,受新冠疫情、地区冲突等多重因素影响,过去 20 年来的减贫进程被逆转。当前,部分"一带一路"国家仍面临贫困面广、贫困程度深、贫困发生率高、贫困差异性大等问题。全球经济下行趋势明显,失业率高企,给各国发展带来不确定性,经济、社会、文化、科技、教育等领域的不平等现象进一步加剧,大量新增贫困人口更多出现在原本贫困发生率就已经很高的国家和地区,减贫面临严峻挑战。第二,各地区和国家因经济发展基础、增长速度和发展模式呈现区域差异性而面临不同的减贫困境。其中,亚洲国家经济贸易受到严重影响,因疫情而中断和调整的全球产业链分工,在很大程度上可能影响以经济增长和产业为依托的亚洲国家发展的减贫路径;非洲国家依靠国际援助缓解贫困的模式显得捉襟见肘;部分发达国家贫困人口数量上升,且受制于防疫和经济恢复,难有余力帮助其他发展中国家开展减贫工作,进而影响依靠国际援助缓解贫困的国家和地区的减贫进展;拉美和加勒比地区依靠社会支出带动减贫,疫情阻碍经济发展使政府收入减少、支出增加,给减贫工作带来重重障碍。第三,地区冲突不断加剧。全球范围内,由冲突引起的危机和人员流动仍在继续,被迫流亡的脆弱群体与日俱增。战争不仅带来了直接的人员伤亡、难民的救助、基础设施的损害等问题,也使得冲突地区的经济发展停滞不前、社会秩序严重破坏、贫困人口数量激增,同时恐怖活动外溢还可能牵连周边地区,进一步加剧地区贫困。第四,粮食危机问题凸显。冲突与不安全因素、极端天气和经济冲击，包括与新冠病毒相关的疫情影响，再次构成了严重粮食不安全的三个主要驱动因素。使全球当前面临严重的粮食危机，贫困人口受到的影响更为严重。第五，生态环境问题制约减贫进程。近年来，生态系统和人类的可持续发展事业受到严重的威胁。全球气候变暖加速，气候极端性增强、生物多样性不断减少。全球大部分贫困人口生活在生态环境较为脆弱的地区，尤其主要分布在农村地区以及生态高度退化地区。生态环境问题不仅对贫困地区产业发展带来严重影响，减少了大量就业岗位，带来直接的收入损失，同时也会严重威胁人类的健康，制约贫困群体持续脱贫。

"一带一路"倡议与减少贫困、提升民生福祉紧密相关，有助于实现联合国《2030年可持续发展议程》，也为各国制定可持续发展政策提供了思路和启示。当前全球面临经济社会发展领域的严峻形势，积极践行"一带一路"倡议将是推动疫后经济恢复、推进减贫工作不断进展的必由之路。在此背景下，面向共建"一带一路"国家提出如下建议：

第一，持续深化多边合作。不同国家和地区减贫阶段、减贫模式和面临挑战各不相同，差异化的减贫战略为"一带一路"国家减贫工作提供了多样化方案，有助于协力共同消除贫困。为更高效解决贫困问题，各国需深化多边合作，加强政策沟通，各国携手制定短期与长期战略目标和实施路径。在贸易、公共卫生、基础设施建设、信息技术的广泛应用等领域持续开展合作，加强融资服务，推进双边和多边规划合作，促进政策沟通，加强人才培训。不同国家和地区间应共享减贫经验，携手推进国际减贫进程，构建远离贫困的人类命运共同体。

第二，进一步加强基础设施建设。各国应从水资源、能源、互联网和交通基础设施等多方面逐步构建基础设施网络。加强顶层设计和规划引导，不断提高基础设施质量水平与抗风险能力，扩大覆盖范围，提升其服务经济和民生的能力，提高广大民众和偏远地区在基础设施服务方面的可获得性。推进高质量跨国基础设施建设，为打破有关国家的基础设施瓶颈、改善区域贸易投资环境、增强发展内生动力做出积极贡献。加快调整能源结构，坚持能源清洁低碳的发展方向，大力发展水能、风能、太阳能等可再生能源，消除能源贫困。加大资金、政策支持力度，促进科技创新能力，不断升级清洁能源装备和技术。进一步加强基础设施国际交流与合作，促进发达国家通过经验分享、技术交流、项目对接等方式为发展中国家提供支持。推动基础设施转型升级，有相应条件的国家应提高新型数字基础设施覆盖率，实现互联互通。

第三，着力提升贫困地区和贫困人口教育水平。教育减贫具有基础性和先导性作用，是阻断贫困代际传递的重要途径。教育水平低下和技能掌握不充分将阻碍个人发展，减缓减贫速度。应进一步加强和完善各国教育基础设施配备、促进妇女与女童教育的发展、开展职业教育以直接促进就业、成立相应基金会、提供适当教育补助、部分地区推广远程学习方案等，确保高质量教育的权利、减少文盲和促进社会整体教育水平的发展，从而改善包括农村地区在内的贫困人口教育水平。同时，政策制定者与教育者也需考虑环境的特殊性，因地制宜。各国尤其是发展中国家财政性教育经费应不断增加，促进形成层次完整、类别齐全的教育体系，建立覆盖各级各类教育的家庭经济困难学生资助体系，改善教育公平状况，积极开展国际教育交流合作，发展公平、包容、有质量的教育。

第四，推进医疗体系持续改善。拓展公共卫生服务，将人民健康放在优先发展的战略地位。各国应将"大卫生、大健康"理念融入经济社会发展各项政策措施，包括增加医疗卫生资源、提升服务质量、完善医疗机构经营机制、创新技术发展与合作、积极推进妇幼健康服务保障工程、促成建成全民医保制度等。重视医疗卫生公共资源的城乡差距，提高农村医疗财政投入，提升农民的医疗保险待遇标准。积极开展多边务实合作，全面推进营养健康水平提升。

第五，统筹应对气候变化和生态系统退化。高度重视应对气候变化和生态文明建设，将节约资源和保护环境作为重中之重。农业发展能够缓解贫困，促进和维持经济的包容性发展，农民也最易受到气候变化和生态系统退化的双重影响，因此需统筹应对气候变化和生态系统退化等危机。注重以可持续的方式管理和恢复生态系统。例如，在政府的主导下进行综合考虑生态整体性的城市设计。建立激励机制，鼓励农民和农业综合企业参与生态项目。资助气候适应型和可持续项目，降低中小企业获得绿色融资的难度。建立强大的多边体系，协同推动经济高质量发展和生态环境高水平保护，促进区域绿色发展格局加速形成。积极参与全球气候环境治理，推进国际合作，落实气候变化《巴黎协定》，为全球应对气候变化和绿色低碳发展贡献力量。值得注意的是，通过控制碳排放应对气候变化不能剥夺落后国家和地区的发展权，重视由国际贸易产生的碳排放转移问题，帮助落后国家和地区提高能源利用效率，碳排放权适度向落后国家和地区倾斜，通过合理的转移支付，补偿落后国家的减排成本。

"一带一路"倡议是推动构建人类命运共同体的有效实践，减贫国际合作是践行联合国《2030年可持续发展议程》、构建人类命运共同体的重要组成部分，也是高质量共建"一带一路"的显著标志。通过"一带一路"倡议的实施，中国将继续深化国际减贫合作，积极构建全球减贫合作联盟，为各国在减贫问题上提供国际合作平台，构建平等均衡的全球发展伙伴关系，携手推进全球减贫进程，携手构建没有贫困、共同发展的人类命运共同体。

参 考 文 献

Food and Agriculture Organization of the United Nations. The State of Food Security and Nutrition in the World 2021，2021.

International Poverty Reduction Center in China，Central University of Finance and Economics，China Agriculture Press. 2021 Annual Report of International Poverty Reduction，2021.

The United Nations Development Programme Human Development Report Office. Global Multidimensional Poverty Index 2022，2022.

United Nations. Sustainable Development Report 2022，2022.

陈红娜：“‘一带一路’产能合作面临的新形势及应对”，《重庆理工大学学报（社会科学）》，2021 年第 3 期。

陈洁：“一‘路’相随——万宝矿产‘一带一路’民心相通故事”，《中国有色金属》，2019 年第 17 期。

胡必亮：“‘一带一路’五周年：实践与思考”，《中国科学院院刊》，2018 年第 9 期。

胡必亮：“‘一带一路’如何推动构建人类命运共同体”，2022 年，http://www. rmlt. com. cn/2022/1103/659443. shtml。

胡必亮、张怡玲：“减贫之路：‘一带一路’的繁荣之道”，2021 年，http://www. rmhb. com. cn/zt/ydyl/202112/t20211230_800271529. html。

李祜梅、邬明权、牛铮等：“1992—2018 年中国境外产业园区信息数据集”，《中国科学数据（中英文网络版）》，2019 年第 4 期。

刘卫东：“‘一带一路’战略的科学内涵与科学问题”，《地理科学进展》，2015 年第 5 期。

刘卫东：“‘一带一路’：引领包容性全球化”，《中国科学院院刊》，2017 年第 4 期。

刘卫东等：《“一带一路”建设案例研究：包容性全球化的视角》，商务印书馆，2021 年。

刘卫东、宋周莺、刘志高：“以‘丝路精神’推动世界和平与发展——学习习近平总书记关于‘一带一路’建设的思想”，《紫光阁》，2017 年第 7 期。

路孚特：“‘一带一路’倡议背后的数字”，2020 年。

王悦：“‘一带一路’背景下中国与沿线国家贸易和直接投资发展研究”，《现代管理科学》，2019 年第 7 期。

翟东升：“将‘一带一路’建设成为‘减贫之路’”，《红旗文稿》，2022 年第 17 期。

郑雪平：“‘一带一路’高质量建设驱动合作国家减贫研究”，《社会科学》，2021 年第 9 期。

中非减贫与发展伙伴联盟：《中非减贫与发展合作案例集 2022》，2022 年。

中国国际扶贫中心、中国互联网新闻中心、世界银行等：《全球减贫案例集 2021》，知识产权出版社，2021 年。

中国国际扶贫中心、中央财经大学：《国际减贫年度报告 2021》，中国农业出版社，2021 年。

中央财经大学绿色金融研究院：《中国“一带一路”投资报告 2022》，2022 年。

第七章　可持续生计提升案例[①]

摘　要

消除贫困和"零饥饿"是联合国2030年可持续发展目标的前两个目标，也是实现可持续生计与生态环境治理的根本宗旨。在全球气候变化、生态系统退化和新冠疫情叠加影响的背景下，各国迫切需要基于生态系统的方法寻求生计的可持续发展。本章以丝路沿线环境–经济最为脆弱的"亚洲水塔"地区（拥有丰富的冰川、冻土、湖泊资源的青藏高原及其周边地区）为例，在概述其周边居民生计现状及主要驱动因素的基础上，重点介绍课题组与合作者在尼泊尔鲁帕湖流域和中国云南省金沙江流域开展的，基于生态系统的方法实现可持续生计与生态环境保护双赢的案例，并梳理出案例中促使该方法发挥作用的重要机制。

研究发现，该区域极端贫困发生率高于全球平均水平，且区域、国别差异显著；粮食供给能力不足，食物不安全比例居高不下；农业是该地区重要的生计途径，易受气候变化影响，生产经营风险大；消除贫困和"零饥饿"发展目标进程缓慢，甚至出现倒退；自然条件有限、气候变化与极端天气频发，叠加生态系统退化、基础设施与基本公共服务不完善、不均衡，是制约其消除贫困和减少饥饿的重要因素。运用农村地区可持续生计分析框架及鲁帕湖流域240户和金沙江流域109户农户调查数据的定量研究结果表明，基于生态系统保护的社区综合治理途径和参与式育种、社区种子银行等干预措施，对保护生态系统，尤其是农业生物多样性，进而增加山区农户收入、丰富其饮食多样性以减少饥饿和营养不良有明显的积极作用。对上述干预措施作用机制的分析表明，自然资本是家庭生计的基本因素，而人力资本是影响家庭可持续生计的关键要素；多样化的生产活动提高了家庭生计和适应变化的能力；社区参与、包容以及利益攸关方之间的合作是成功实施干预措施的重要保障。

[①]　本章作者：白云丽、付超、张艳艳、张林秀。

第一节   引言

消除贫困和"零饥饿"是联合国 2030 年可持续发展目标的前两个目标，也是实现可持续生计与生态环境治理的根本宗旨。近几十年全球在减少极端贫困和消除饥饿方面取得了长足进展，但由于气候变化、生态系统退化、人口迅速增长，使这两个目标的实现面临严重挑战，而新冠疫情暴发进一步加剧其实现难度。

在此背景下，世界各国迫切需要基于生态系统的方法，寻求生计的可持续发展。2015年，各国领导人签署了《2030 年可持续发展议程》和《巴黎协定》两项全球议程。其中，《2030 年可持续发展议程》包括消除贫困、"零饥饿"、生态系统的可持续管理、阻止生物多样性丧失以及应对气候变化等 17 个可持续发展目标。《巴黎协定》则强调采取气候行动的重要性，各组织参与者需要在各方面付出努力，以促进可持续发展和消除贫困。因此，基于生态系统的方法逐渐被视为将气候变化和减少灾害风险与可持续生计和绿色发展联系起来的有效方式（Munang et al.，2013；Zhang et al.，2018）。

"亚洲水塔"是丝路沿线环境-经济最为脆弱的地区，是全球消除贫困和实现"零饥饿"的重要区域。所谓"亚洲水塔"指拥有丰富的冰川、冻土、湖泊资源的青藏高原及其周边地区（Immerzeel et al.，2010；王宁练等，2019；姚檀栋等，2019），主要分布于中国，同时在印度、巴基斯坦、塔吉克斯坦、阿富汗、尼泊尔、不丹、缅甸、吉尔吉斯斯坦等国家也有分布；其下游流域除上述 9 国外还涉及老挝、泰国、柬埔寨、孟加拉国、乌兹别克斯坦、土库曼斯坦和哈萨克斯坦。"亚洲水塔"周边及下游流域覆盖南亚、东南亚、中亚、东亚等地区的 16 个发展中国家的 20 亿居民，周边国家或地区发展程度均较低。由于地缘、发展历史等原因，这些国家或地区一直是"一带一路"倡议的重要伙伴。然而，它们也是自然-社会-经济脆弱以及极端贫困和营养不良高发区，改善其生计问题是"一带一路"倡议的题中之义和行稳致远的基本前提。

本章在概述丝路沿线的重要脆弱区"亚洲水塔"周边居民生计现状及主要影响因素的基础上，重点介绍课题组与合作者在尼泊尔鲁帕湖流域和中国云南省金沙江流域开展的，基于生态系统的方法实现可持续生计与生态环境保护双赢的案例，并梳理出案例中促使该方法发挥作用的重要机制。

第二节　"亚洲水塔"周边居民生计现状及影响因素

一、生计现状

极端贫困发生率高于全球平均水平，且区域、国别差异显著。根据世界银行最近调研年份的极端贫困发生率，"亚洲水塔"周边国家和地区极端贫困发生率为 7.1%，高于全球平均水平 1.6 个百分点，意味着该地区近 1.5 亿人温饱难以为继，全球 36.0% 的极端贫困人口居住于此。分区域看，南亚极端贫困发生率最高，为 18.2%；东南亚次之，为 8.5%；东亚最低（0.5%），不足南亚地区的 3%。分国别看，老挝（22.7%）、印度（21.2%）、尼泊尔（15.0%）、孟加拉国（14.8%）位列前四，中国已消除极端贫困。

粮食供给能力不足，食物不安全比例居高不下。2019 年该区域人均谷物产量 0.40 吨，略高于全球平均水平（0.38 吨）。但粮食生产能力有待提升，每公顷谷物产量 3 359 吨，仅为全球平均水平的 82.0%。与有限的粮食供给能力相伴随的是居高不下的饥饿人口和食物不安全比例。根据联合国粮食及农业组织统计，2020 年全球一半的饥饿人口居住在亚洲。重度和中度食物不安全比例为 22.3%，比五年前增加了 1 个百分点。其中，南亚食物不安全比例最高，为 36.1%。

农业是重要生计途径，易受气候变化影响，生产经营风险大。2019 年"亚洲水塔"周边及下游流域国家平均农业就业人员占比为 38.0%，是全球平均水平的 1.42 倍。然而，该地区暖干化面积占 64.1%，并呈增加趋势，农田干旱风险增加；其中，东亚、东南亚和中亚降水快速减少，南亚降水增加。此外，台风等极端气候事件频发且破坏力增强；我国东南沿海以及菲律宾、越南和老挝是受台风侵扰最严重的地区，年均台风发生频次为 1~5 次，给农业生产带来严重影响。

消除贫困和"零饥饿"发展目标进程缓慢，甚至出现倒退。消除贫困和"零饥饿"可持续发展目标完成程度整体呈现上升趋势，但进程非常缓慢，2020 年的完成表现远低于预期值（Huan et al.，2022）。若按照目前的进展，将无法于 2030 年实现目标。其中，贫困人口减半、服务与资源平等享有、消除营养不良、农业生产能力翻倍、可持续粮食生产、国际合作增加农业投资七个具体目标进展不足；集中资源支持发展中国家消除贫困、消除饥饿两个具体目标的实现进程出现倒退。

二、影响生计的主要因素

自然条件有限，制约了生计多元发展。地形地貌条件直接影响着农户的生计多样化水平，海拔高、地形起伏大的地区往往给农林牧渔业的发展带来诸多限制。尤其青藏高原地区，它是世界上海拔最高、地形变化最复杂的区域之一。该地区平均海拔4 500米以上，地形起伏度均值约5.1，超过一半面积的区域地形起伏度为4.5～5.7，地形起伏程度由其东北部向西南部、西部递增，仅在藏南谷地、河湟谷地出现低起伏地貌特征，较为适宜发展农业。

气候变化与极端天气频发叠加生态系统退化，加剧资源与农业生产冲突。贫困高发区与环境脆弱区在地理空间上高度重合，形成"环境脆弱-贫困-投资不足"的恶性循环。农村地区难以抵御气候变化带来的农业生产风险，而收入减少进一步导致农业生产投资不足，农业发展所需的水、土、营养元素需求受到制约，进而威胁粮食与营养安全。

经济、社会系统脆弱，缩小了生计发展空间。在经济系统方面：首先，经济基础较差、工业体系不完善、金融市场不发达造成高经济损失和经济不稳定；其次，宏观经济运行不稳定，通胀水平、储蓄等宏观结构指标容易受到经济波动的影响，且经济总量不高、产业结构较为单一，使得经济发展容易受到外部风险的影响；最后，金融系统发展和资本市场不完善，对利率、货币、股票等指标的调控较为僵化，严重阻碍了区域间资金自由流动。在社会发展方面：首先，人口老龄化速度加快，城镇化水平较低，与之对应的经济增长模式与保障制度尚未成熟，同时存在城乡失衡、性别比例失衡等问题；其次，社会保障能力落后，影响地缘政治，社会就业状况不容乐观，迫使人口迁移，移民治理压力增加，进而可能增加区域内以及沿线地区地缘政治环境恶化的压力和风险。

基础设施与基本公共服务不完善且发展不均衡，影响社会经济发展的益贫性。"亚洲水塔"周边及下游流域国家基础设施条件脆弱，尤其是东南亚及南亚地区。传统基础设施，如人均交通运输量，远低于发达国家；新基建水平，如互联网普及率，明显落后于发达国家。基础设施及在教育、医疗、养老、农业保险、普惠信贷等领域的公共服务可及性较低，尤其是贫困人口的可及性，影响了社会经济发展的公平性，导致极端贫困、饥饿难以消除。

第三节　基于生态系统的方法简介

为了更加清晰地呈现研究案例，课题组以英国国际发展署（Department for International

Development，DFID，1999）的可持续生计框架为指导，结合鲁帕湖流域和金沙江流域居民的生产生活实践，设计了案例研究的分析框架（图 7-1）。在该框架的指导下，沿着"生计资本→生计干预→生计策略→生计结果"的逻辑主线，基于课题组和合作方开展的社区入户调查收集的一手数据，通过分析生计干预对生计资本、生计策略和生计结果的影响来识别干预的效果。

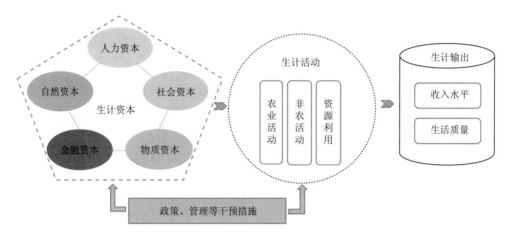

图 7-1　农村地区可持续生计的分析框架（参考 DFID 可持续生计框架设计）

鲁帕湖流域的数据由尼泊尔生物多样性、研究与发展地方倡议（Local Initiatives for Biodiversity，Research and Development，LI-BIRD）和作者所在课题组，于 2019 年 10—12 月联合开展实地调查收集。案例分析中的两个重要社区组织［鲁帕湖恢复与渔业合作社（RLRFC）和社区生物多样性保护组织（JSA）］服务所覆盖的农户是此次调查的样本框。根据 RLRFC 和 JSA 服务的农户名单，分别选取了 120 户进行调研。在这 120 户中，分别从 RLRFC 和 JSA 的股东与成员家庭列表中随机选择 60 户家庭（50%），表示这些家庭参与了项目干预并以某种方式受益，称为"实验组"；其余 60 户家庭（50%）在非社区组织股东与成员家庭的名单上随机选择，称为"对照组"，这些家庭不是 RLRFC 和 JSA 的股东或成员，但是居住在鲁帕湖流域。最终，共有 240 户家庭受访，受访者包括 99 位男性（41%）和 141 位女性（59%）。

金沙江流域的数据由作者所在课题组于 2019 年 12 月在云南省玉龙县和宁蒗县 5 个村庄开展实地调查收集。109 户参加了调研，其中玉龙县的石头城村和吾木村在当时已经参加了参与式育种和社区种子银行干预活动，这两个村调查的 49 户被分为"实验组"；玉龙县的果乐村、宁蒗县的拉伯村和格瓦村 60 户未参加项目干预活动的农户，被分为"对照组"。

课题组主要利用农户调查问卷收集信息，以焦点小组讨论和关键人物访谈收集的信息作为补充。本案例分析用到的农户调查问卷内容主要包括：家庭成员个人基本信息、家庭物质资本（住房、耐用消费品）、人力资本（教育、健康）、自然资本（土地禀赋）、金融资本（普惠金融参与程度）与社会资本（社会关系网）情况、家庭生计活动（种植、非农就业、自营工商业）及家庭生计结果（收入水平及结构、饮食情况）。两个案例分析结果均显示：“实验组”与“对照组”家庭在生计资本、生计活动（劳动力非农就业参与、种植作物种类）以及收入水平及结构、饮食消费等方面存在明显差异。

第四节　鲁帕湖流域居民可持续生计

一、鲁帕湖流域案例点的自然、社会、经济、政策背景

尼泊尔人口超过 2 800 万，2020 年人均国内生产总值（GDP）和人均国民生产总值（GNP）分别为 1 155 美元和 1 190 美元。尼泊尔曾经是最不发达的国家之一，目前位于中低收入国家行列，但人均 GDP、人均 GNP 增速下滑。① 尼泊尔发展面临的主要问题包括生态环境退化、贫困、失业、农村人口减少、无计划的城市化、基础设施薄弱、金融能力低下、贸易不平衡加剧等。在尼泊尔的 77 个地区中，有 14 个地区被列为高度气候脆弱地区，有 50 多个地区被列为粮食不安全地区（MOE，2010）。尼泊尔在 20 世纪 70 年代曾是粮食净出口国，目前则是粮食净进口国。每年有越来越多的农村青年男女迁移到城市和国外寻找工作。2019 年有 500 万尼泊尔人在海外就业。

但是，尼泊尔拥有丰富的自然、生物和文化资源，有丰富的可再生自然资源，特别是河水，并且有巨大的水力发电潜力。超过 44％ 的土地被森林覆盖，在山谷和低地平原拥有广阔肥沃的农业土地，农业和森林产业覆盖范围非常广。由于其位于喜马拉雅山脚下，拥有美丽的风景和迷人的文化，旅游业是尼泊尔国民收入的第二大来源，仅次于农业部门，也是第二大外汇收入行业，仅次于海外务工汇款。如果对这些资源进行可持续管理和利用，尼泊尔消除贫困的速度可以比目前快许多倍。

有鉴于此，尼泊尔政府推出了“繁荣尼泊尔，幸福尼泊尔”计划，其中“繁荣”包括可使用的现代基础设施和紧密连接、高水平可持续的生产与生产力、高水平而公平的国民收入等；“幸福”指幸福体面的生活、文明公正的社会、健康平衡的环境、国家统一、安全与尊严等（GON，2019）。政府目标是到 2023 年将国家地位从最不发达国家提高到发展中国家。

鲁帕湖流域位于加德满都以西约 200 千米的甘达基（Gandaki）省卡斯基（Kaski）地

---

① https://data.worldbank.org.cn/indicator.

区，包括博卡拉（Pokhara）大都市第31区、鲁巴果德（Rupakot）农村自治市第6区和第7区以及马蒂（Madi）农村自治市第4区，总土地面积2 707公顷，海拔580～1 420米。① 该地区为亚热带湿润气候，以季风性降雨为主。1985—2020年的25年间，年平均总降水量3 474毫米，年平均降雨天数128天。这期间，最高和最低平均温度分别升高了0.81℃和0.2℃（Dixit et al.，2014）。

该流域主要有三种生态系统：农田生态系统、森林生态系统、湿地生态系统。农业用地占该流域总面积的33.57%，林地占61.85%，水体占3.69%，荒地占0.89%。有三种类型的农业用地：旱地（Bari，主要种植玉米和谷子等干旱作物）、水浇地（Khet，通常种植水稻和小麦）和边角地（Kharbari或Pakho，种植草和树木）。通常，旱地梯田位于山坡上，没有或很少有灌溉设施，而水浇地位于有灌溉设施的低地平原。流域内几乎所有森林现在都由当地社区作为社区森林进行管理。据报告，涉及2 785户家庭的14个社区森林用户组（CFUG）正在管理社区森林。除鲁帕湖外，还有许多天然溪流和池塘，为当地社区饮用水和农业灌溉（特别是在低地地区）提供水源。

该流域有1 185户（5 332人）不同种姓和民族的人居住，其中51.4%是女性。婆罗门、刹帝利、塔库里和尼瓦尔族裔占总人口的57%，Janajati族（古伦、玛嘉族等）占26.2%，达利特人占16.6%。大约67%的人口处于15～60岁的年龄段。平均识字率估计为75.6%（男性为83.5%，女性为67.7%），这一数字高于全国平均水平的67.3%（GON，2018）。

鲁帕湖流域交通便利，距博卡拉市约一个小时的车程，距离加德满都博卡拉高速公路（K-P高速公路）半小时。流域内有两条机动车道通向K-P高速公路，一条通往桑达里丹达（Sundari Danda）、塔贝石（Talbeshi）和湖畔，定期有公共巴士往返。此外，多条晴天通车道路将流域内的大多数定居点联系起来。还有许多其他基本设施和服务，包括卫生院、学校、学院、互联网和一系列政府机构（例如饮水、电力、农业和畜牧服务中心等）以及银行和金融机构。

鲁帕湖流域的特色之一是其美丽的风景，低洼盆地/山谷处有鲁帕湖，山坡和山脊上有多个定居点/村落，从那里可以一览鲁帕湖，同时欣赏喜马拉雅山脉的壮丽景色。鲁帕湖还是博卡拉河谷湖群（LCPV）的一部分，共有九个湖。鲁帕湖是仅次于费瓦湖（Fewa）和贝格纳斯湖（Begnas）的第三大湖泊。2016年2月，LCPV被登记为尼泊尔十大拉姆萨尔湿地，目前仍是尼泊尔中部山区唯一的拉姆萨尔湿地。

鲁帕湖流域居民收入来自农业和非农就业，以农业为主要生活来源，他们生产的农产品不仅供家庭消费，也在当地市场出售。居民中相当数量的人在政府和非政府组织中有正式工

---

① 鲁帕湖流域的地图请参考Bai et al.（2022）。

作，而另一些人则在博卡拉市和附近其他城市地区从事季节性工作，以及以外出务工人员的身份从事海外工作。一些家庭成员开办了自己的企业，例如农业综合企业、杂货店、旅馆、饭店、运输、旅游业等。几乎找不到没有非农收入的家庭。一些家庭有多种非农收入来源，其现金收入比从农业经营获得的收入要多得多。

经过政府各部门多年的推广以及与发展综合农业有关项目的支持，到 20 世纪 90 年代中期，鲁帕湖流域的农民已经习惯于使用现代农业技术，例如改良的农作物品种、化肥、杀虫剂和农药。人们对农业生物多样性保护以及对维持农业生态系统的重要性了解和应用很少。许多当地农作物品种已不再是常规农业生产系统的一部分，其遗传资源正在迅速侵蚀。

不可持续的农业和鲁帕湖流域资源的使用不仅影响作物生物多样性，也影响湿地生物多样性。高地农田化肥、杀虫剂和农药使用的增加对下游地区产生了负面影响，特别是鲁帕湖湖水、萨哈（Sahar）和卡安德（Kaande）等当地的鱼类品种以及野生稻、白莲等当地水生植物和湿地鸟类的栖息地。因此，鲁帕湖流域的农业和湿地生态系统的功能已被严重削弱。

二、提升社区组织能力与生物多样性保护

为了改善鲁帕湖流域的生态环境和生物多样性，并持续改善居民生计，课题组在尼泊尔的合作方 LI-BIRD 在过去的 20 年中，先后在该流域实施了六个与保护生态环境和提升居民生计相关的发展项目（表 7-1）。课题组自 2018 年与 LI-BIRD 进行技术合作以来，鲁帕湖流域成为"丝路环境"专项支持的可持续生计示范点之一，致力于评估项目干预效果并在国际上推广其成功经验。

表 7-1 鲁帕湖流域实施的生态系统恢复和生计可持续项目

项目、期限、资助机构/合作者	项目目标	受益人
贝格纳斯和鲁帕湖流域管理（BTRT）项目（1985—1998 年），由荷兰 DGIS 和尼泊尔政府资助，尼泊尔关怀国际实施	通过恢复与管理贝格纳斯和鲁帕湖流域资源，为环境保护和减贫事业做出贡献	贝格纳斯和鲁帕湖流域居民
加强农业生物多样性就地保护的科学基础项目（1997—2001 年），由荷兰 NEDA、加拿大 IDRC 和国际生物多样性组织资助，由 LI-BIRD 和尼泊尔农业研究理事会共同实施	支持开发影响就地保护农业生物多样性的农民决策过程的知识框架；提高国家机构管理能力，以规划和实施农业生物多样性保护计划；扩大农业生物多样性的利用以及农业社区和其他群体参与其保护	22 个团体，包括 759 户家庭

项目、期限、资助机构/合作者	项目目标	受益人
社区生物多样性登记项目（2003—2005 年），由 UNDP/GEF-SGP 资助，由 LI-BIRD 实施	通过记录和提高利用生物多样性的能力，加强地方管理社区生物多样性	17 个团体，由 854 户家庭、2 个合作社和 6 个妇女团体组成
基于社区的湿地管理项目（2006—2007 年），由 IUCN 资助，由 LI-BIRD 实施	基于社区的湿地和流域综合管理，以保护湿地生物多样性并增强贝格纳斯和鲁帕湖流域湿地社区的生计	RLRFC，由 854 名成员、妇女团体、达利特人和土著人/渔民组成
链接农业生物多样性与利基市场（Niche market）以增加小农户收益项目（2007—2011 年），由挪威发展基金资助，由 LI-BIRD 实施	提高贫困农民基于生物多样性的生产系统的生产力，以改善生计及其对气候变化的适应力；增强农业社区保护与可持续利用农业生物多样性并从中受益的能力	Pratigya 合作社和 150 个小农/土地贫瘠家庭
在尼泊尔中部山区调动地方资源和机构进行流域服务的综合管理和利用项目（2014—2017 年），由瑞士资源基金会资助，由 LI-BIRD 实施	加强和推广"流域服务付款"机制，推动生物多样性和自然资源的可持续管理，改善贝格纳斯和鲁帕湖流域居民的生计	贝格纳斯和鲁帕湖流域的 1 000 户家庭、社区组织、合作社和社区森林用户组

　　为了改善生态环境条件并促进可持续的农业生产活动，BTRT 和农业生物多样性就地保护项目都专注于评估资源退化与管理问题，提高对流域资源再生面临的问题及其潜在解决方案和所需行动的认识。为规划和实施项目活动，BTRT 项目在每个村务委员会（后来的乡村发展委员会，VDC）成立社区发展和保护委员会（CDCC），通过其动员当地居民并与现场工作人员密切合作。CDCC 成员与现场工作人员接受了有关社会和技术技能的培训，使用一系列农村快速评估（RRA）和参与性评估（PRA）的方法、工具和技术来动员当地社区。在森林砍伐的土地上建立人工林后，BTRT 项目与卡斯基地区林业办公室进行了协商，建立 CFUG 并将森林正式移交给这些用户组，他们将森林作为社区森林进行使用和管理。如今，鲁帕湖流域地区大约有 14 个 CFUG 进行管理。BTRT 项目还协助建立了当地组织，以帮助农民继续保护生态环境和推广可持续农业生产活动。

　　农业生物多样性就地保护项目最初与 CDCC 合作，后来成立了新的团体。在最初的几年中，项目工作使用各种 RRA 和 PRA 方法，重点评估流域农业生物多样性状况，让农民和社区组织参与进来，以提高认识并逐步开展更具体的活动。例如，识别和记录当地农作物品种，以及通过参与式育种（PPB）、种子管理和相关行动，研究选择特定农作物品种以增强性状。该项目成功试行了基于社区的生物多样性管理（CBM）方法，从而建立了一套使社区和地方机构能够管理生物多样性的参与式方法，带来社会、经济和环境效益（Sthapit et al.，2006）。在农业生物多样性就地保护项目的基础上，社区生物多样性登记（CBR）项目支持成立了以社区为基础的本地组织"社区生物多样性保护组织"（JSA），汇集了17个相关团体、1个社区发展委员会、1个非政府组织（KiDeKi）和2个合作社（Pratigya 和 RLRFC）成为 JSA 成员。

鉴于正规、普惠信贷渠道的缺失，JSA 利用社区生物多样性登记项目的种子资金创建了基于社区的生物多样性管理（CBM）基金，以支持其成员团体，并借此支持其成员家庭的生计。JSA 的17个团体都可以使用该基金。每个团体开始可以收到50 000尼泊尔卢比，利率低且无抵押。然后，相关团体使用这笔钱以低利率且无抵押的方式向其成员家庭提供贷款（每户大约5 000尼泊尔卢比）。有关家庭需要将这笔钱用于创收活动，例如山羊养殖、养蜂、蔬菜生产等。据报告，一些团体成员利用5 000尼泊尔卢比的初始贷款，每年可赚取150 000尼泊尔卢比。CBM 基金已从2015年的635 000尼泊尔卢比增加到2019年的140万尼泊尔卢比。2019年，应会员团体要求，JSA 决定将贷款额从50 000尼泊尔卢比增加到100 000尼泊尔卢比。

基于社区的湿地管理（CWM）项目与 CBR 项目合作，启动了湿地保护，以增强湿地社区的生计。该项目协助 RLRFC 制订了基于社区的湿地管理计划，并为上游社区和当地社区的参与和受益提供了特殊规定。项目采纳的关键原则是通过可持续利用鲁帕湖资源实现生态环境保护。例如，通过种植树木、修建拦河坝、在鲁帕湖边界外建立绿化带以及为野生稻、白莲和湿地鸟类等湿地动植物物种保留栖息地来保护关键水源区。CWM 项目还协助 RLRFC 建立流域服务付款机制，与非合作社成员但为鲁帕湖恢复做出贡献的上游社区分享鲁帕湖的收入。在上述实践的基础上，RLRFC 不仅通过管理鲁帕湖生态系统以及使用鲁帕湖来养殖、捕捞和可持续利用鱼类资源来提高其成员的家庭收入。RLRFC 已迅速发展并扩展了其活动。成员从2004年的38个增加到2019年的854个，其分红从5 000尼泊尔卢比增加到2019年的40 000卢比，固定资产、鱼类资源和现金超过1.5亿尼泊尔卢比，并拥有24名全职员工。较贫穷的渔民（土著 Jalari 和 Majhi 家庭）以前只能勉强维持日常的家庭需求，如今已能供养孩子上大学。

另两个项目基于上述成就建立了各自的实施计划，并进一步帮助加强和推进当地生物多样性保护与生计改善工作。例如，利用早期项目的成功经验，为当地农业生物多样性产品建立市场联系，并建立生物多样性信息中心（BIC），供学生、研究人员以及国内外游客使用，利用所产生的收入支持当地的保护和发展工作。

三、生物多样性保护促进可持续生计

1. 生计资本

本案例分析了两个社区组织中实验组和对照组之间在生计资本方面的差异。生计资本包括自然资本、物质资本、人力资本、金融资本和社会资本。

实验组和对照组家庭在自然资本方面的差异不显著。参照已有研究,采用家庭农地面积对自然资本进行测量。调查数据结果显示,实验组家庭的平均农地面积为 0.5 公顷(7.5 亩),与对照组家庭的平均农地面积基本相等,二者的差异不具有统计意义的显著性($p >$ 0.05)。

实验组家庭的物质资本水平远高于对照组家庭。物质资本采用房屋和农业用地价值进行测量。结果表明,实验组家庭所拥有的物质资本(房屋和农业土地)的价值显著高于对照组家庭($p < 0.01$);而且该差异对 RLRFC 覆盖的农户更为显著。具体而言,参加 RLRFC 的农户,其房屋平均价值为 12 014 000 尼泊尔卢比(97 674 美元;1 美元=123 尼泊尔卢比),是未参加该社区组织的家庭房屋价值的 4.9 倍。

实验组家庭的人力资本水平远高于对照组家庭。人力资本采用家庭中劳动力的受教育水平进行测度。根据世界卫生组织的建议,劳动力定义为 16~64 周岁、有劳动能力且不在上学的人。结果显示,实验组和对照组绝大部分劳动力接受了高中及以下的教育;但实验组的劳动力受教育程度明显高于对照组。实验组 67% 的劳动力接受了中学及以上程度的教育,而对照组这一比例仅有 49%。

实验组家庭的金融资本水平与对照组家庭相似,但贷款的用途截然不同。金融资本采用家庭对正规金融服务的可及性来测量,这些金融服务包括银行账户的开通情况、银行储蓄与贷款情况、信用卡开通情况及贷款用途。结果表明,对照组和实验组的所有家庭都开通了银行账户,约 90% 的家庭都有银行储蓄与贷款行为,但实验组的家庭其开通信用卡的比例明显高于对照组的家庭。实验组 22% 的家庭使用贷款进行长期人力资本投资和生产性投资,而对照组仅 10% 的家庭将贷款投资于这两个领域。

实验组家庭的社会资本水平明显高于对照组家庭。采用家庭参与的社区组织数量、亲戚朋友中在政府、学术机构、医院工作或担任企业负责人或高级管理者的社会网络来测量其社会资本,结果表明,实验组家庭比对照组家庭参与更多的社区组织,其社会网络也更广。

2. 生计策略

本案例通过比较实验组与对照组家庭的农业与非农生产活动来刻画干预措施对生计策略

的作用。其中，非农生产活动包含自雇佣和受雇佣两类。

从劳动力参与非农生产活动来看，实验组的劳动力参与非农就业的比例略高于对照组的劳动力，但这一差异在统计上并不显著。具体而言，在 RLRFC 服务的家庭中，实验组中46％的劳动力从事非农就业（包括受雇佣或自雇佣），而这一比例在对照组为43％。在 JSA 服务的家庭中，实验组中38％的劳动力从事非农就业，比对照组高1个百分点。

但实验组家庭更有可能从事自雇佣工作。在 RLRFC 服务的所有家庭中，实验组有53％的家庭有自雇佣（企业或者个体经营），而对照组的家庭该比例为28％，二者在统计学上具有显著的差异（$p<0.01$）。此外，实验组家庭也更有可能运行第二个自雇佣企业。从自雇佣企业的现值来看，RLRFC 和 JSA 服务的所有家庭中，实验组家庭运行的第一个企业的平均现值分别为 2 444 000 尼泊尔卢比（19 869 美元）和 2 308 000 尼泊尔卢比（18 764 美元），分别是对照组家庭所拥有企业的 3.5 倍和 2.7 倍；第二个企业的平均价值分别为6 024 000尼泊尔卢比（48 975 美元）和 3 662 000 尼泊尔卢比（29 772 美元），分别是对照组家庭拥有的企业的 8.6 和 4.4 倍。

从农业生产活动来看，实验组和对照组农民在农场种植多种农作物，作物品种多样性的差异不大，因为这些地点位于相似的农业生态区（丘陵中部）。在参加调查的农户中，蔬菜种植非常普遍（RLRFC＝116 户，97％；JSA＝113 户，94％），其次是水稻（RLRFC＝104户，87％；JSA＝98 户，82％）和玉米（RLRFC＝97 户，81％；JSA＝101 户，84％）。一些农作物具有明显的遗传多样性，如每户平均种植 8 种蔬菜、4 种香料、3 种水果和 3 种水稻。

3. 生计结果

本案例从家庭收入、饮食摄入及生态系统服务可及性三方面来刻画干预措施带来的生计结果的改变。

在生计多元化策略下，参加调查的家庭的成员不仅从事农业活动，而且还从事诸如微型企业、服务、工资劳务和海外就业等非农活动。因此，其家庭总收入由务农收入、自雇佣收入、当地工资收入、外出（包括海外）打工汇款及少量转移性收入组成。实验组家庭的平均收入（RLRFC＝1 621 000 尼泊尔卢比，JSA＝2 262 000 尼泊尔卢比）是对照组家庭的2.1～2.6 倍，其中汇款、自雇佣和当地工资收入是主要来源（图 7-2）。绝大多数的家庭也从种植业和畜牧业中获得收入，但务农收入的数额很小。不同群体的平均收入超过支出的1.4～3.2 倍。

调查收集的过去 7 天家庭各类食物摄入次数的数据显示，实验组和对照组的食物摄入模式相似。其中，牛奶和奶制品是最常消费的食品，其他经常消费的食品包括绿叶蔬菜、豆类和其他蔬菜，分别有 97％～100％、95％～98％和 78％～88％的家庭每周分别消费 7～9、

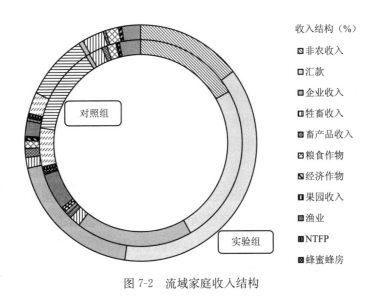

图 7-2　流域家庭收入结构

收入结构（%）
- 非农收入
- 汇款
- 企业收入
- 牲畜收入
- 畜产品收入
- 粮食作物
- 经济作物
- 果园收入
- 渔业
- NTFP
- 蜂蜜蜂房

9～10 和 8～10 次。动物蛋白质来源主要包括鱼和鸡蛋，但消费的家庭较少。实验组家庭对牛羊肉、鱼和水产品、蔬菜、新鲜水果这些肉类蛋白和富含维生素的食物摄入频次高于对照组（图 7-3）。

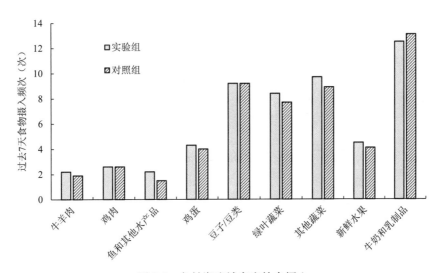

图 7-3　鲁帕湖流域家庭饮食摄入

LI-BIRD 在该地区长期活动的主要成就之一是改善生态系统。受访者一致表示实施项目干预后，生态系统服务的可及性均有提高。对照组和实验组家庭获取各种生态系统服务的比较分析表明，两类家庭在食物获取（$p<0.00$）、娱乐活动（$p<0.05$）、家庭用水（$p<0.05$）、生态旅游（$p<0.00$）、科学文化教育（$p<0.1$）方面存在显著差异，即实验组的家

庭其生态系统服务可及性显著优于对照组。同时，更多的实验组家庭认为农业生物多样性服务的可及性也有所增加。特别是在遗传种质资源、食物和营养获取、农业生态旅游和娱乐活动方面（图7-4）。值得一提的是，通过对生物多样性保护和流域管理进行干预而产生的收益，远远超出参加社区组织实现的直接收益，这表明生物多样性保护和流域管理投资的价值有较高的溢出效应。

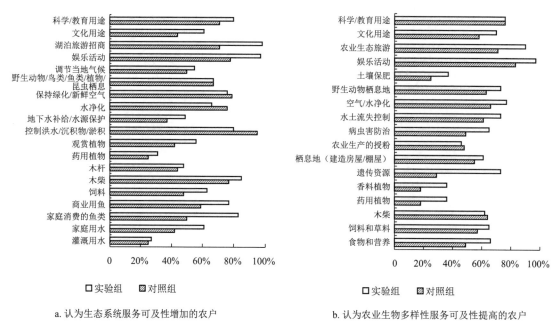

a. 认为生态系统服务可及性增加的农户　　　　b. 认为农业生物多样性服务可及性提高的农户

图 7-4　鲁帕湖流域生态系统和生物多样性服务可及性

四、生物多样性保护促进可持续生计的实现机制

1. 加强生计资本：家庭生计策略与结果的基础

影响生计的首个也可能是最重要的原因和潜在机制是通过改变整个流域景观以及恢复农业、森林和湿地生态系统来增强鲁帕湖流域的自然资本。通过植树造林和保护退化森林、恢复水源（天然溪流、池塘和湖泊）以及恢复之前消失的当地农作物品种，可以使裸露的山坡复原。实验组和对照组家庭都报告称生态系统服务得到改善。据 JSA 和 RLRFC 负责人所述，林产品的供应量大大增加。同样，随着流域补水能力的提高，家庭和农田灌溉用水量也增加了。因表层土壤侵蚀和滑坡的减少，下游沉积和淤积也相应减少，农田和鲁帕湖的生产力都大大提高了。现在农民越来越多地种植当地农作物品种并在湖中养殖鱼类，以供家庭消费及供应给市场。仅在 2018 年，鱼产品的销售收入就达到了约 1 700 万尼泊尔卢比（154 166

美元）。所有这些都凸显了一个事实，即对公共资源的可持续管理进行投资有助于增加自然资本，然后自然资本可被单个家庭用于其生计策略并改变生计结果。

影响生计结果的另一个重要原因和潜在机制与物质资本的提高有关。最近几十年鲁帕湖流域的基础设施/设备有了快速发展，例如公路和通信网络、学校和各个政府部门的分支机构，以及正式和非正式金融机构及合作社。这些发展，特别是交通运输和通信业，有助于鲁帕湖流域日益融入更广泛的市场经济，获得非农收入和其他多样化的生计手段。通过建立 JSA、RLRFC 和相关设施进一步加强了鲁帕湖流域的物质资本。这些社会组织投资于这种物质资本的原因之一不仅是为办公、会议和培训或研讨会提供空间，而且为社区和公众组织提供象征性的身份和价值。增强社区层级的物质资本有助于刺激当地经济（生态旅游、农产品的市场扩张、酒店业务的激增、创造当地就业等），这可能部分解释了实验组家庭的资产与对照组家庭相比具有更高的经济收益。

在鲁帕湖流域自然资源可持续利用和管理的基础上，建立和加强人力资本一直是为增强恢复力而实施的六个项目的主要目标，其中包括大量的能力建设和投资。除了与森林恢复、土壤和滑坡控制、湿地保护以及当地农作物品种及其遗传资源保护有关的知识和技能，当地居民，尤其是 RLRFC 和 JSA 领导人，能够增强其社会交往、沟通与管理技能和能力（例如与调动当地人力资源用于地方发展工作相关的知识和技能，以参与性、透明和负责任的方式管理各自组织，以及与一系列利益相关者建立内部和外部联系）。如今，根据 JSA 和 RLRFC 领导人所述，鲁帕湖流域当地许多人具有可持续管理和利用鲁帕湖流域生态系统所必需的社会、技术和组织管理能力。

建立金融资本是影响鲁帕湖流域社区生计的另一个重要原因/潜在机制。鲁帕湖流域的社区拥有多家正式和非正式的融资机构。RLRFC、JSA 和妇女团体运行着各自的储蓄与信贷计划。因此，单个家庭现在可以随时获得无抵押低息贷款。RLRFC 和 JSA 的行动反映了鲁帕湖流域随着时间推移建立社区级别金融资本的程度。RLRFC 领导设立了独立的储蓄和信贷部门，向其成员提供无抵押低息贷款。同样，2015 年 JSA 创建了 CBM 基金，为其 17 个成员团体提供支持并借此改善其成员的生计。由于金融机构的迅速普及和便捷性，以及鲁帕湖流域居民使用并从中受益的人数不断增加，实验组和对照组家庭之间的信贷可及性没有显著差异。但在贷款资金的利用方面存在差异，实验组家庭倾向于投资贸易和商业，以产生收入并支持家庭资本积累，对照组家庭倾向于对农业综合企业进行投资，而农业综合企业通常风险更大。

对生计产生影响的最后一个但并非最不重要的原因和潜在机制，是建立和加强鲁帕湖流域社会资本的方式。增强恢复力而实施的六个项目所采用的方法和措施是与现有本地组织合作（与 RLRFC 和妇女团体的情况一样），或者组建新的组织/团体（例如 JSA 和 CFUG）。

这种方法和措施不仅有助于在项目活动的实施中调动当地人力和机构资源，而且还有助于在当地居民和组织中树立主人翁感。正是由于强大的（或强化的）社会资本以 RLRFC 和 JSA 等可靠的社区组织形式存在，社区层面的行动和响应才有可能使鲁帕湖流域的自然资源再生并改变整个景观。实验组家庭的社会资本增加量明显高于对照组家庭，因为这些项目投入了大量时间和资源来建设这些组织的领导能力，以建立和加强与相关政府和其他组织的联系及社会关系网络。因此，实验组家庭报告的政府、学术机构、医院和商业组织的社会关系网络好于对照组家庭，这些联系和社会关系网络加强了其他生计资本。

2. 生计资本、生计策略与生计结果的相互作用机制

为了了解单个家庭将上述生计资本用于其生计策略和结果的方式，我们还运用多元回归分析法对入户调查数据进行了分析。结果表明，在多个因素中，有六个因素对家庭收入产生积极影响，分别是家庭参与项目干预、高风险行为、土地所有权、家庭外出务工人数、从银行系统获得贷款的机会以及家庭资产（房屋、土地）。回归分析结果清楚地表明，实验组家庭的收入要高于对照组家庭。冒险等个人特质与创新、开展新业务、迁移等行为相关，最终导致生计选择的多样化，从而增加了家庭收入。生计资本（土地所有权和家庭资产）与收入成正比。外出务工人员汇款的流入对家庭收入产生积极影响，因此，外出务工人数对家庭生计产生积极影响。对家庭收入产生积极影响的第六个因素是获得金融服务的机会。

样本家庭食物摄入的多样性和频率受六个不同因素的影响，其中两个因素（受访者的年龄和种姓）与食物摄入成反比。在这些因素中，土地所有权对食物摄入的多样性和频率影响最大。高风险行为和家庭参与项目干预影响了食物摄入的多样性和频率。值得注意的是，年龄和种姓这两个因素对食物摄入量有负面影响，年龄较大的人群和达利特人摄入食物的多样化或频率较低。对影响不同生计结果的因素（即收入、食物摄入的多样性或频率）进行对比分析表明，不同的因素组合会导致不同的生计结果，参与项目干预和个人冒险行为对各个生计结果均产生积极影响。

五、推广可行性分析

首先，容易获得（或可获得）生计资本对可持续的农村生计至关重要；其次，生计资本，特别是公共资源（森林、水源等）、社会和金融机构（例如 JSA、RLRFC 等当地团体、合作社、妇女团体的存在）、基础设施（公路、通信网络）和人员能力（知识、技能和领导能力），是加强农村生计的必要组成部分，因此，可持续管理、利用和增强这些资源至关重要；最后，实现可持续农村生计的理想策略是在社区和家庭两个层面加强生计资本或能力方面的资源投入，而不是将资源集中投资于其中某一个层面。研究表明，为在尼泊尔鲁帕湖流域建立恢复力而实施的举措已在总体上对鲁帕湖流域居民的生计产生了积极影响。尼泊尔境内外都有推广鲁帕湖流域经验的潜力。

本研究中的主要经验教训是，要成功复制鲁帕湖流域的经验，必须考虑以下因素：①选定区域不能太大，而应在当地社区的技术知识和管理能力范围内；②当地社区有着共同的利益，例如鲁帕湖流域（即旨在建立弹性生计的生态系统恢复和保护），而不是利益各不相同或存在冲突，干预地区过大往往存在这种情况；③提供的流域资源和服务对于维持当地生计至关重要，并且这种资源和服务处于日益恶化的状况。

对尼泊尔项目的初步评估表明，通过设计和实施试点项目进行测试与完善，可以在多个潜在区域进一步推广鲁帕湖流域模式。不建议选择位于海拔较高的丘陵、高山地区或保护区内的地点，因为这些地方人烟稀少，几乎没有人际互动。这些地点更多是"具有特殊科学价值的地点"。在丘陵和特莱平原（Terai）地区有多个潜在地点，具有复制潜力。这些地点自然资源恶化，但对于维持当地生计至关重要。博卡拉河谷湖群中的五个湖泊和马克万布（Makwanpur）地区的因陀罗·萨诺瓦（Indra Sarovar）湖、迦毗罗伐斯堵（Kapilvastu）的贾加迪斯赫普尔（Jagadishpur）湖和凯拉利（Kailali）地区的高达霍迪（Ghodaghodi）湖最有推广潜力。可以在中部丘陵和低地平原各优先选择一个地点设计与实施试点项目，然后通过科学评估，在其他有推广潜力的地区复制试点项目得出成功推广的关键。在中国，特别是在社会经济和环境条件相似的省份，也可以推广鲁帕湖流域经验。在尼泊尔和中国实施试点项目将使两个社区与国家之间能够交流知识及经验并相互学习。这种方法可能会产生深远的影响。例如，通过参与联合国气候峰会等国际活动并交流信息，可以将尼泊尔和中国试点项目得出的经验教训在全球范围内用作"学习和影响"工具。

尽管分析显示项目干预对鲁帕湖流域居民的整体生活产生了积极影响，但需要注意可能破坏上述积极影响的潜在挑战或问题。例如，项目干预有可能引起意想不到的（不良的）结果，如因鲁帕湖流域恢复而引起的人与野生动物的冲突，还有可能出现新的意料之外的事态发展，如 COVID-19 流行对生态系统和当地生计的恢复能力带来极大压力。

第五节　金沙江流域居民可持续生计

一、金沙江流域案例点的自然、社会、经济、政策背景

位于青藏高原与云贵高原之间的云南三江并流地区，金沙江（长江上游）、澜沧江（湄公河上游）和怒江（萨尔温江上游）是全球景观类型、生态系统类型和生物物种最为丰富的

地区之一。该地区有 118 座海拔 5 000 米以上的雪山，是 16 个民族的聚居地。纳西族是生活在该地区的主要文化群体之一。1997 年，作为纳西族主要文化中心的丽江古城被列入世界文化遗产名录。2003 年 7 月，联合国教科文组织将三江并流保护区作为"世界自然遗产"列入世界遗产名录。

16 个民族聚居生活在三江并流地区，其中，聚居于丽江附近的纳西族是该地区最具创新性的群体之一。几个世纪以来，纳西族通过其生物文化系统中多样化的传统知识和方法，培育和管理了一代又一代具有适应性的山地景观，以保护生物多样性和生态系统服务，满足粮食、农业、社会经济和文化需求。这个生物文化系统为生计恢复力和社会文化发展奠定了坚实的基础。

2021 年，《生物多样性公约》第十五次缔约方大会（CBD COP15）第一阶段会议在云南昆明举行，是《生物多样性公约》历史上具有里程碑意义的一次大会。此次会议总结了过去 10 年全球生物多样性保护工作，制定了 2020 年后全球生物多样性框架，确定了 2021—2030 年全球生物多样性目标。《生物多样性公约》强调以生态系统为基础的适应方法，倡导结合传统知识和科学技术，联合原住民族和当地社区在内的所有利益相关者，共同减缓和适应气候变化带来的影响。这为金沙江流域通过基于社区的集体行动和强化生物文化系统，探索农业生物多样性保护和气候适应的途径提供了良好的政策环境。

本研究的案例点石头城村受到秘鲁马铃薯公园的启发，与之合作建立了生物文化遗产公园，作为一种创新的农业生物多样性保护模式，重点是保护和维持本土生物文化遗产在农业生物多样性保护和可持续利用方面的关键作用及相互依存性。由石头城村的村书记木文川发起，并得到吾木村、油米村和拉伯村三个村干部同意后，2016 年该流域四村村民共同参与，自愿形成了"金沙江流域纳西山地合作互助与学习网络"（以下简称"纳西四村网络"）。[①]

石头城村隶属于玉龙县宝山乡，距离丽江市 127 千米，建在金沙江峡谷中一块突兀耸立的蘑菇状巨石上，三面是陡峭的山崖，一面是滚滚金沙江，地势险要。石头城村有 1 300 多年的历史，全村 247 户农户。这是金沙江流域颇为典型的纳西村落，具有丰富的生物多样性和民族文化，信仰东巴文化。他们善于农耕，顺着山势开辟农田，1 026 亩梯田层层环绕蘑菇巨石，梯田的灌溉依然沿用先人们修建创造的"明沟暗渠"自流灌溉系统，纳西族人凭借勤劳和智慧创造了山地农耕文化系统。石头城村的梯田没有过度扩展到山区，保持了合理的规模，在维持村民生计的同时，也维护了当地的生态平衡。这种景观管理的理念反映的是纳西族的文化与精神，根植于他们富有弹性的生物文化遗产中，指导他们在过去 1 000 多年时间里应对变化并继续发展。

---

① 纳西四村网络的分布图请参考 Lin et al.（2016）。

吾木村隶属于玉龙县宝山乡，位于石头城村金沙江下游 40 千米处，亦有 1 000 多年的历史。全村是纳西族聚居的村子，130 户共 750 余人居住在群山环抱的传统村落。吾木村周边梯田环绕，有丰富的生物多样性和传统的纳西族文化、价值观和知识体系。

油米村位于宁蒗县拉伯乡的加泽大山深处，全村以摩梭人为主，有 84 户共 414 人。油米村有三个主要的姓氏家族：杨家、石家和阿家。全村信奉东巴教，东巴文化在村民日常生活和社区管理上仍然发挥着关键作用。

拉伯村位于宁蒗县拉伯乡，全村有 38 户共 186 人，以摩梭人为主。村里主要种植玉米、小麦、大麦、高粱等，当地水电站的建设已经淹没了江边的大部分农田。目前村里还有 17位东巴，以口授的方式传播摩索东巴文化，并为村民主持各种仪式。

但如今，在金沙江干热河谷居住和耕作的纳西族人，正面临社会经济变迁和气候变化带来的生物多样性锐减、连年春天大旱及夏天暴雨等山地社区发展困境。近年来石头城村也在遭遇各种气候变化和极端天气，石头城人对地方气候变化的总体评价是"十年九旱"，雨季缩短，春天干旱每年都会发生。20 年前 4—10 月都会下雨，最近五六年只有 6—9 月是雨季，相较之前缩短了 1/3，春天干旱明显，最近五六年春天第一场雨已连续推迟 10～20 天，2021 年截至 6 月 20 日，第一场雨仍然未到！

生物多样性和周边森林对于维持梯田农耕至关重要。但纳西四村的传统作物和老种子也在加速流失，社区自己保有的农家品种的数量、种植户数和种植面积日趋减少，农业生物多样性锐减（图 7-5）。例如，在石头城，原来种的青稞、高粱、水稻基本不种了，在种作物的品种越发单一。以玉米为例，2012 年玉米的本地品种还在种植的仅有 2 种，而 20 世纪 80

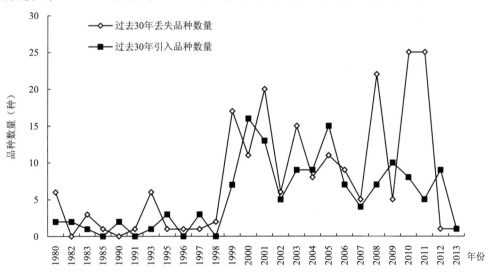

图 7-5　1980—2013 年石头城作物品种的丢失及引入

资料来源：宋一青等（2020）。

年代及以前的地方品种超过 10 种。村里对于外来品种的依赖逐渐增强，作物和品种日趋单一，在面对干旱、雨季推迟等极端天气时，农户的选择变少且更加脆弱。

二、传统生态文化与农作物多样性保护

为了链接传统知识和现代科学对农业生物多样性多元功能的认识，提高当地农户对环境脆弱性的认识，增强适应性，自 2013 年以来，作者所在课题组联合农民种子网络（FSN）及多家科研院所与纳西四村在三个领域携手合作：①就地保护、可持续利用农业生物多样性和传统食物来源及相关知识与实践；②记录和复兴纳西族传统农业生产文化与知识；③建立一个网络平台，推动当地农民和外部机构之间的联系与交流。

纳西四村的农户通过将传统的山地农业知识与科学知识相结合，以完善农民种子体系，复兴传统生物文化遗产来适应气候变化。然而，基于其自身的需求和利益，每个村庄在适应过程中各具特点。在石头城，农民将传统的山地农业知识体系与种子记录、生物多样性保护和可持续利用等方面的科学知识体系联系起来，以促进生物文化和生态系统相适应；在吾木村，古老的梯田水稻种植方式和灌溉系统形成了一个具有气候变化适应性的"海绵"耕作系统；在油米村，东巴文化和信仰是村民的精神支柱，在支持日常生活和社区管理中发挥着核心作用。

1. 从石头城开始的参与式行动

2013 年，课题组邂逅丽江市石头城村，以农家品种保护利用和传统知识复育为切入点，和村民一道探索基于农业生物多样性保护利用和传统生态文化复育的社区可持续发展路径。第一项活动是与社区合作的参与式品种选育（PVS & PPB），以改良当地作物和品种。项目组开始与中国科学院昆明植物研究所、广西农业科学院玉米研究所、云南农业大学、农民种子网络等机构的专家学者、行动研究者和农民育种家一起走进石头城，为村里提供农家品种保护和选育的技术支持，鼓励村民恢复农家品种的种植和交换，并协助他们建立自繁自用老种子的意识和自信心。

2. 社区种子银行提供参与行动和知识交流的公共场所

在"丝路环境"专项的支持下，纳西四村都建立了社区种子银行，鼓励农户把自家的老种子存在社区公共空间，这里也成为农户交换种子的场所，真正实现种子资源的活态保护。为了库存种子能够保持活态，管理小组以选种育种试验为基础，设计了种子资源登记、种子田两种机制以确保种子银行有效运转。

作为山地社区农业生产主力军的妇女一直是选种和留种的主角与领头人，在育种家的指导下开展"参与式选育种"试验，保育农家品种，与其他村落进行品种交换，不断丰富田里

的品种多样性。她们还从广西古寨村的女性农民育种家那里学习了参与式品种"桂糯 2006"玉米的亲本繁育和制种技术，妇女们自制的种子在当地特别受欢迎。以妇女为主的种子保育小组也是社区种子银行和种子田的管理者，妇女们逐渐在农家品种保育传承和社区管理中发挥积极作用。沿着金沙江流域，石头城参与式作物改良的成果已经传播到吾木村和油米村。

3. 纳西四村网络的拓展

社区的行动也得到了当地政府的重视和支持。2019 年 3 月，丽江市副市长金振辉在石头城村视察，参观了社区种子银行，肯定了石头城村在种子保育和传统生态文化复育传承方面取得的成绩，赞扬了村寨之间的互助和合作。

通过参与国内外的交流互访，社区农户逐渐提高了民族传统文化自信心及加强生态文化及生物多样性和农家品种的意识。自 2013 年开始，社区代表多次参与交流活动，曾经去过秘鲁库斯科的马铃薯公园与当地原住民交流山地农耕生态文化和知识，参加过墨西哥举办的"国际生物多样性大会"，并代表小农和妇女发声。2015 年 9 月，石头城村的白酒和腊肉入选了国际慢食协会中国美味方舟名录。社区代表多次通过农民种子网络的平台与青海、广西、贵州等地的农户一起探讨交流。在这些活动中，社区的行动得到了社会各界及伙伴的认可与支持。

三、农作物多样性保护与可持续生计

1. 生计资本

实验组家庭的自然资本与对照组家庭差异显著。与尼泊尔鲁帕湖流域的分析指标类似，本案例采用家庭耕地面积和林地面积来测度家庭拥有的自然资本。调查数据显示，实验组家庭平均耕地总面积为 0.22 公顷，是对照组家庭的 1.69 倍。但实验组家庭几乎没有林地，而对照组家庭平均林地面积是 0.67 公顷，说明实验组家庭在耕地方面的资源禀赋更强。

实验组家庭的物质资本水平显著高于对照组家庭。具体而言，实验组家庭平均拥有 1.39 处住房，这些住房现值为 67 975 美元，而对照组家庭平均拥有 1.17 处住房，其现值仅为 33 650 美元。可见，无论是住房数量还是住房价值，实验组家庭的物质资本水平更高。

实验组家庭和对照组家庭人力资本水平类似。具体而言，在 16 岁及以上不上学的人口中，实验组、对照组小学及以下文化程度人口占比分别为 49％和 51％；两类家庭中初中文化程度的人口占比均为 26％，而实验组高中及以上文化程度的人口占比高出对照组 1 个百分点。

实验组家庭和对照组家庭金融资本水平类似。93％的实验组家庭拥有银行账号，而这一比例在对照组为 97％，二者的差异并不显著。实验组 50％的家庭可以在乡镇范围内获取银行服务，比对照组家庭高出 3 个百分点，但这一差异也不显著。

实验组家庭的社会资本与对照组家庭大不相同。首先，实验组家庭在政府、学校、医院及企事业单位的社会网络较少，平均为 1.7 个，比对照组少 0.6 个；其次，17％的实验组家庭参与了社区组织，而这一比例在对照组家庭仅为 10％。可见，实验组家庭和对照组家庭社会资本的结构非常不同。

2. 生计策略

实验组家庭比对照组家庭从事非农就业的程度更深。虽然实验组 20％的家庭不从事非农就业，这一比例高于对照组两个百分点，但总体上实验组家庭参与非农就业的程度比较深。首先，从非农劳动力数量来看，实验组家庭平均非农劳动力数量为 1.73 个，比对照组家庭多 0.42 个（$p<0.05$）；其次，从家庭非农劳动力占比来看，实验组家庭平均 65.56％的劳动力从事非农就业，而对照组这一比例仅有 46.83％，这一差异在 1％的统计水平上显著。作为非农就业形式之一的自雇佣，在两类家庭中的占比也有差异。16％的实验组家庭有自雇佣（包括经营企业或者个体户），而仅 8％的对照组家庭从事这一非农活动。

作物种植是案例点家庭主要的农业活动之一。在作物种植方面，实验组家庭种植了更多样化的作物，包括主粮、杂粮、经济作物、蔬菜。实验组家庭平均种植 2.53 种作物，而对照组家庭平均种植 1.71 种作物。分作物种类进行比较发现，参与式行动和种子银行干预措施有助于将粮食系统从主食扩展到杂粮和蔬菜这些为维持人们的健康而提供丰富营养的作物以及中草药、香料等高附加值的经济作物（表 7-2）。

表 7-2   金沙江流域居民作物种植种类   单位：种

	实验组（N=49）	对照组（N=60）
作物种类	2.53	1.71
主粮作物（玉米、水稻、小麦）	1.51	1.37
杂粮作物（如豆类）	0.51	0.15
经济作物（如中草药、香料）	0.20	0.02
蔬菜（如西红柿、辣椒）	0.31	0.17

3. 生计结果

实验组家庭的收入水平高于对照组家庭。2018 年，实验组家庭平均收入 9 210.13 美元，高于非参与者组的 8 492.83 美元（表 7-3）。两组家庭的收入结构差异较大，实验组家庭主要依靠非农就业赚取收入，其非农收入占家庭总收入的 87％；而对照组家庭的收入来源更多元化，包括非农就业、政府转移性收入和私人转移性收入，这三类分别占家庭总收入的59.7％、12.2％和 19.4％。有趣的是，虽然实验组家庭的农作物更加多样化，但直接受益

的收入比对照组要少。缺乏与保护农业生物多样性有关的财政激励以及粮食和传统作物品种
的扭曲市场价值可能是造成这一结果的主要原因。

表 7-3 金沙江流域居民家庭收入水平及结构 单位：美元

	实验组	对照组
家庭收入	9 210.13	8 492.83
非农务工收入（打工、做生意）	8 014.47	5 076.62
务农收入	632.77	730.57
粮食作物	117.79	125.92
经济作物	149.36	256.24
其他农业收入（养殖、林产品）	365.62	348.41
政府转移性收入	320.15	1 034.18
私人转移性收入	235.49	1 647.53
财产性收入（土地租金、利息等）	7.25	3.93

实验组家庭的饮食结构比对照组家庭更加多元化，尤其是鱼、蛋、豆、其他蔬菜、奶制
品这些高蛋白质、更为健康的食物。从居民过去 7 天食物摄入情况来看，对照组和实验组家
庭在禽畜肉类、绿叶蔬菜和谷物方面均有摄入，但在鱼、蛋、豆、其他蔬菜和牛奶及奶制品
摄入方面，实验组家庭该比例分别是 14.9%、80.9%、65.9%、31.9%、14.9%，分别比
对照组家庭高出 4.6、17.1、19.3、4.3、2.8 个百分点（图 7-6）。可见，参与式育种活动的
开展与种子银行的建立，通过提高生物多样性助力于案例点居民饮食结构的改善。

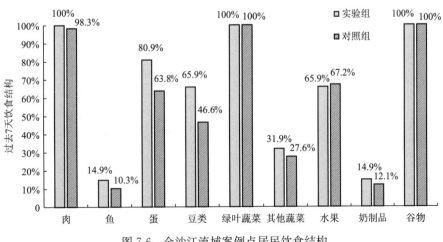

图 7-6 金沙江流域案例点居民饮食结构

实验组家庭高蛋白质食物摄入频次也高于对照组家庭。具体而言，实验组家庭过去 7 天蛋类摄入平均为 3.9 次，高于对照组家庭 0.8 次；在豆类摄入方面，两组家庭的差异更大，实验组家庭平均摄入 3.9 次，是对照组家庭的 1.8 倍；在奶制品方面，两类家庭摄入次数均较低，且对照组家庭仅是实验组家庭的 81%（图 7-7）。可见，参与式育种活动的开展与种子银行的建立不仅可以改善居民饮食结构，还可以增加他们的营养摄入。

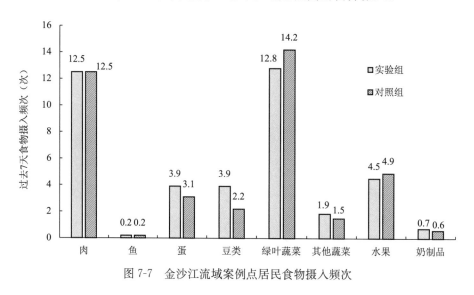

图 7-7　金沙江流域案例点居民食物摄入频次

鉴于实验组家庭的收入水平高于对照组家庭，为了剥离收入差异导致的饮食差异（收入效应），进而刻画干预活动带来的净效应，本案例分析了两组家庭各类食物的来源。若主要来源于家庭自产，则认为干预活动起作用。实验组分别有 38.7% 和 73.3% 的家庭消费自产豆类和其他蔬菜，分别比对照组高 27.6 和 10.8 个百分点（图 7-8）。可见，尽管存在收入效

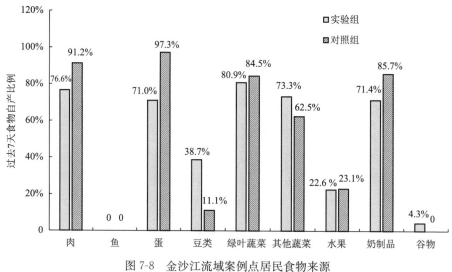

图 7-8　金沙江流域案例点居民食物来源

应，参与式育种活动的开展与种子银行的建立也发挥了改善居民饮食营养的作用。

除了改善居民饮食营养，干预活动还带来了生态、传统文化的振兴。石头城的参与式选育种行动记录和试验同时进行。在农家种丢失严重的情况下，引入试验品种选育出适应石头城气候环境的种子，同时也开始盘点社区生物文化家产，登记并编辑社区资源登记册。截至2018 年 12 月，登记在册的有 63 种，其中玉米 4 种、水稻 4 种、小麦 8 种、豆类 10 种、花生 2 种、甘薯 2 种、瓜类 5 种、果类 1 种、蔬菜 12 种、中草药 4 种、其他 11 种。从此，石头城有了自己的生物文化资源族谱。作为生计成果和文化方面的一部分，越来越多的参与家庭开始重新思考和振兴与农业有关的传统民族文化。2015 年 9 月，石头城村的酒和腊肉入选慢食国际中国美味品味方舟名单。跳舞、唱歌等公共活动被重新引入，在传承传统文化的同时，为活跃的乡村生活做出了贡献。

妇女在参与农业生物多样性保护的过程中，能力不断得到提升，增强了自信心。数年的参与式选育种行动，已经在石头城出现了新型地方人才，"农民育种专家"张秀云、李瑞珍，这些以勤劳为人们所知的纳西族妇女，在交流、沟通、学习、合作中增强了信心。本土知识系统的认识、自豪感和拥有感也在增强，走出大山，结识不同的人，扩大视野和交流网络。她们多次代表山地原住民妇女参加国际会议，分享农民参与式选育种的经验和体会，代表中国农家妇女在会上发声。多次走出去看世界，她们心里也开始有了梦想。2018 年，张秀云带着姐妹们注册了"宝食生态农业种植合作社"，期望和姐妹们将自己的试验成果推广出去，采用传统生态种植方式，传播农家种的保育理念，打造石头城本地品牌，并通过开发成果增加附加值提高经济收入，改善家庭经济水平。

四、传统生态文化促进可持续生计的实现机制

石头城村是一个探索和交流保护农业生物多样性知识与经验的活实验室，这也是在应对气候变化和经济发展挑战方面结合传统与现代做法的一次尝试，在社区种子银行建设和传统生态文化知识纪录方面取得了重要成效。将石头城村的实践拓展到长江上游四个纳西族村落的社区网络，证明了恢复当地生态多样性、保护当地种子和传统知识已成为社区实现可持续发展的共识。

1. 政府、科研机构、NGO、社区及农民多方合作，为干预的成功实施提供了机制保障

石头城参与式行动离不开行动研究者和 NGO 的协助。研究人员支持先进育种和种子系统开发的知识与技术，社会企业则帮助向城市消费者提供他们的农产品。农民种子网络和其他合作伙伴支持知识建设与分享交流。此外，纳西四村网络建设显示了山区社区相互帮助、共同应对气候变化的潜力，也是一种机制创新。2013 年至今邀请过的行动研究团队有中国

科学院农业政策研究中心、中国科学院昆明植物研究所和云南丽江高山站、中国农业大学孙庆忠教授团队、云南农业大学王云月教授及其科研团队、云南大学陈学礼教授团队。专家学者们的合力创新，铸就了现在的石头城村。石头城村也先后得到了多家 NGO 和国际机构的支持，有农民种子网络、香港乐施会、国际环境与发展研究所（International Institute for Environment and Development，IIED）、联合国环境规划署（United Nations Environment Programme，UNEP）、全球环境基金（Global Environment Facility，GEF）、全球环境基金小额赠款项目（The GEF Small Grants Programme，GEF SGP）、安第斯山协会（Association for Nature and Sustainable Development，ANDES）、加拿大国际发展研究中心（International Development Research Center，IDRC）、国际生物多样性中心（Bioversity International，BI）、国际山地原住民网络（International Network of Mountain Indigenous，IN-MIP）。

2. 传统知识与现代科学结合，为干预的成功实施提供了技术支撑

石头城参与式行动的背后技术支持力量来自广西农业科学院玉米研究所，多位科学家多次来到金沙江边的梯田里进行田间实地指导。石头城的村民向远道而来的专家们分享祖传下来的育种种植经验等传统农耕技术，交流选种想法。这些专家们也毫不吝啬地教授提纯复壮等选育种技术，在选育种的每个关键时刻都来到石头城跟踪指导，手把手地教村民们杂交育种等技术。专家们在微信群里答疑解惑，陪伴骨干小组成员成长。

3. 发挥女性作用，为干预的成功实施储备人才力量

妇女是农业的主力军，是种子的使用者、交换者和守护者。妇女在农业品种保护和社区管理中发挥着越来越积极的作用。她们的组织领导能力和农业技术得到加强，成为农民种子保护和当地农业与作物品种多样化的领导者，有助于种子在社区内保护和可持续利用。

但也应注意到，要实现农业生物多样性给当地社区带来经济效益，仍然具有挑战性。在目前市场化的种子盛行的情况下，需要开拓合适的市场。同时，急需研究和发展生物多样性产品和服务的市场链接，以便更好地激励农户就地保护生物多样性和传统生态文化。

第六节　结　论

本案例研究通过比较分析，揭示了实验组家庭与对照组家庭在生计资本、生计策略和生计结果上的差异，但并没有建立项目干预与生计结果之间的因果关系，换句话说，并没有明确解释项目干预是两组之间可识别的生计结果差异的根本原因。因此，我们试图定性分析主要干预措施的影响，更重要的是探究其影响机制。总的来说，我们看到了实验组家庭和对照组家庭的生计差异，这表明在大多数情况下，这些生态系统和生物多样性保护的干预措施对家庭生计结果产生了积极的影响。

本章案例研究的主要结论如下：

（1）自然资本是家庭生计的基本因素，而人力资本是影响家庭可持续生计的关键要素。自然资源是人们日常生活的基础。在高山等生态脆弱地区，社区生计脆弱性更强，而人类密集活动造成的气候变化和环境退化等当代挑战则使情况更加恶化。对他们的生活环境和适应战略的认识与理解的增加有助于提高社区应对这些挑战的能力。换句话说，人力资本水平较高的人可以有更多的机会进入市场，在高效和可持续地利用自然资本方面更有创新，以实现更高的生活质量。

（2）多样化的生产活动提高了家庭生计和适应变化的能力。经济发展加速了从农业生产向更加多样化的非农工作的转变。非农收入活动有助于减轻家庭对自然资源的依赖。此外，在研究案例中，更高的人力资本往往会带来更高的非农就业收入。但在促进农业劳动力转移就业的同时，需要对农食系统安全给予同样的关注。将非农收入再投资于农业生物多样性活动等多样化的农业工作也是必要的。

（3）社区参与、包容以及利益攸关方之间的合作是成功实施保护干预措施的关键。当地社区通过在决策和执行活动中发挥主导作用而大力参与，从而确保干预的长期运行和可持续性。青年、女性和边缘群体都应该考虑在内，确保妇女和男子以及社会经济背景较弱的人群参与至关重要。保护协会、合作社等社会、环境与社区团体，在恢复、保护和可持续利用生态系统及农业生物多样性以实现有韧性的生计方面发挥着关键作用。他们充当调解人，将国际知识和目标与当地社区联系起来。地方、国家、区域和国际行为者与机构，包括公共和私营部门，需要合作制定政策并建立知识和技术分享机制，以提高干预效果。

参 考 文 献

Bai，Y.，Fu，C.，Thapa，B.，et al. Effects of conservation measures on crop diversity and their implications for climate-resilient livelihoods: the case of Rupa Lake Watershed in Nepal. *Journal of Mountain Science*，2022，19（4）：945-957.

DFID. Sustainable Livelihoods Guidance Sheets. Department for International Development. 1999. https://www.ennonline.net/dfidsustainableliving.

Dixit，A.，Karki，M.，Shukla，A. Vulnerability Impact Assessment and Adaptation Planning in Panchase Mountain Ecological Region，Nepal. Institute for Social and Environmental Transition（ISET）-Nepal，Kathmandu，Nepal. 2014.

GON. Education in Figures 2017. Ministry of Education，Science and Technology，Kathmandu，Nepal. 2018.

GON. Fifteenth Development Plan（2019/20 - 2023/24）：Approach Paper. The National Planning Commission，Kathmandu，Nepal. 2019.

Huan，Y.，Zhu，X.，Liang，T.，et al. Identifying holistic actions for implementing the sustainable development goals related to livelihoods-energy-ecosystems-water nexus in the Asian Water Tower region. Working Paper. 2022.

Immerzeel，W. W.，Beek，L. P. H.，Bierkens，M. F. P. Climate change will affect the Asian Water Towers. *Science*，2010：328.

Lin，S. et al. Identifying local-scale wilderness for on-ground conservation actions within a global biodiversity hotspot. *Scientific Reports*，2016，6：25898.

MOE. Climate Change Vulnerability Mapping for Nepal. Ministry of Environment，Kathmandu，Nepal. 2010.

Munang，R.，Thiaw，I.，Alverson，K. The role of ecosystem services in climate change adaptation and disaster risk reduction. *Current Opinion in Environment Sustainability*，2013，5（1）：4752.

Sthapit，B. R.，Shrestha，P.，Upadhyay，M. P. On-farm Management of Agricultural Biodiversity in Nepal：Good Practices. NARC/LI-BIRD/Bioversity International，Nepal. 2006.

Thapa，B.，Fu，C.，Zhang，L. Case Studies on Sustainable Livelihoods in Rural Areas of Nepal：Ecosystem Restoration and Conservation for Resilient Livelihoods in the Rupa Lake Watershed of Nepal. 2020. http://www. unep-iemp. org/file/2021/08/24/1629793413776. pdf.

Zhang，L.，Liu，J.，Fu，C. Calling for nexus approach：introduction of the flagship programme on climate，ecosystems and livelihoods. *Journal of Resources and Ecology*，2018，9（3）：227-230.

宋一青、宋鑫、木文川："传统生态文化系统及山地社区可持续发展：石头城村的种子梦"，载本土知识促进减贫发展课题组：《本土知识促进减贫发展：来自中国乡村的实践》，中国社会科学出版社，2020 年。

王宁练、姚檀栋、徐柏青等："全球变暖背景下青藏高原及周边地区冰川变化的时空格局与趋势及影响"，《中国科学院院刊》，2019 年第 34 期。

姚檀栋、邬光剑、徐柏青等：" '亚洲水塔'变化与影响"，《中国科学院院刊》，2019 年第 34 期。

第八章　丝路沿线国家生产网络及其资源环境效应[①]

摘　要

2013 年以来，"一带一路"倡议逐渐成为促进全球经济合作的重要平台，但"一带一路"建设相关的资源环境问题也引起了广泛的关注。随着全球化深入发展，全球生产网络不断成为协调和组织全球生产活动的重要平台，成为阐释跨国经济合作的重要概念和抓手；而全球生产合作的加强，使资源消耗及环境影响也逐渐形成典型的跨国特征。因此，从全球生产网络以及价值流动的视角去追溯资源环境的影响具有重要意义。在此背景之下，本章基于长时序的国际多区域投入产出数据，运用投入产出分析、增加值分解及复杂网络分析等定量方法，测度丝路沿线国家生产网络合作的发展态势、内部结构及演化过程，并从碳排放的视角测度跨国生产合作对丝路沿线国家资源环境的影响。研究发现：①丝路沿线国家区域内生产网络联系不断加强，越来越成为相互依赖、不可分离的经济共同体。从结构演变看，沿线生产网络结构发生了巨大变化，重心转移和一体化趋势并存。②丝路沿线国家碳排放总量及其占全球碳排放比重均呈不断增长态势，而其碳排放强度持续下降。1995—2021 年，丝路沿线国家国外生产碳排放消耗来自丝路沿线国家内部的比重最高值尚不足一半，说明丝路沿线国家来自国外的生产碳排放转移主要来自丝路沿线国家之外，受到欧美发达国家碳排放转移的影响较大。1996 年起，美国占比超过日本而成为全球通过最终品生产向丝路沿线国家输入二氧化碳排放最多的国家。③"一带一路"倡议的提出对于丝路沿线国家碳排放总量的影响并不显著。"一带一路"建设通过科技合作及低碳技术对沿线国家的碳排放强度产生了负向影响，而碳排放强度下降所带来的减排与生产合作带来的生产活动增加的碳排放增加相互抵消，导致"一带一路"倡议对丝路沿线国家碳排放的最终影响不显著。④在未来"一带

---

① 本章作者：郑智、宋周莺。

一路"建设中，应加强科技合作，推进低碳技术的发展与传播，提升"一带一路"建设对于丝路沿线国家降低碳排放的作用强度，从而促进经济发展及碳减排的共同推进，推动绿色丝绸之路建设。

第一节　引言

2013 年，共建"一带一路"倡议的提出标志着中国以"走出去"为鲜明特征的全球化新阶段的到来（刘卫东，2015），中国也将更深入地融入全球生产网络中。"一带一路"是一个开放的国际区域经济合作网络，任何有意愿的国家均可参与其中，但目前此框架下的重点合作区域仍集中在丝路沿线的众多发展中国家。受新冠疫情及国际政治经济形势影响，中国经济增速显著放缓，面临前有拦截、后有追赶的困境。一方面，中国人口红利优势减弱，劳动力价格优势正在被后起发展中经济体所取代；另一方面，在部分高端制造业领域，中国仍不具备与发达国家抗衡的竞争力。特别是近年来，随着贸易保护主义不断抬头，欧美发达国家不断加速制造业回撤，为中国经济发展蒙上了另一层阴影。在此态势下，在今后很长一段时间内，推动与发展中国家的经济合作变得极为重要。能否通过生产联系，分享后起发展中国家经济快速发展的红利，对中国重新步入经济发展快车道乃至顺利跨越中等收入陷阱都具有举足轻重的作用。同时，丝路沿线国家通过抱团取暖的方式对抗低迷的全球经济形势，对丝路沿线国家的经济发展也至关重要。

20 世纪 80 年代以来，随着亚洲"四小龙"等新兴工业化国家和地区将产能大范围地转向发展中国家，经济全球化开始快速扩展到生产领域，全球经济被巨大的生产网络联系在一起，各国之间的生产联系日趋加强。2013 年《世界投资报告》指出，世界贸易约 80％在全球生产网络中进行（UNCTAD，2013）。随着全球生产网络的不断扩张和全球价值链的不断延伸，如今，几乎没有一个国家能够完全脱离其他国家而单独发展（Dicken，2015）。能否参与到全球生产网络之中、参与程度及从中捕获价值的能力，对于一国的发展至关重要，同时，随着产业内分工的不断深入，生产过程的不同阶段得以在全球范围内寻找最佳区位。鉴于此，传统贸易统计数据已经难以清晰地刻画出价值流动过程。例如，众多发展中国家在参与全球生产网络的过程中，虽然组装出口大量高端产品，但只能从中捕获微不足道的价值，面临严重的低端锁定困境（Humphrey and Schmitz，2000；刘志彪、张杰，2007；国家发展改革委等，2015；沈能、周晶晶，2016；黄先海、余骁，2017）。因而，科学测度丝路沿线国家生产网络发展状况、考察其内部生产联系变化，并在此基础上提出促进丝路沿线国家生产网络进一步发展及丝路沿线国家深度融入沿线生产网络捕获更多增加值的政策建议，具有重要的实践价值。

工业化的快速发展推动了全球经济发展以及人类生活水平的提高，但人类活动对环境的影响强度也越来越高，特别是化石能源的大量消耗导致温室气体排放量迅速增加。联合国政府间气候变化专门委员会（IPCC）第五次报告指出，人类对气候系统的影响是明确的，而且这种影响在不断增强（Mastrandrea et al.，2010）。目前，人类活动产生的温室气体排放量处于有史以来最高水平，导致温室气体浓度增加、全球气候系统变暖、海平面上升等。在此背景下，联合国将气候行动写入2030年可持续发展目标中（UNSD，2014），碳排放逐渐成为国际社会最关注的话题之一（Apergis et al.，2018；Chen et al.，2018；Adams and Nsiah，2019；Peters et al.，2020；Töbelmann and Wendler，2020）。在全球生产网络中，任何国家的生产和外包活动均会影响其他国家的生产活动并受到其他国家生产活动的影响，而这些生产活动的资源环境效应也受到相应国际经济活动的深刻影响（Caro et al.，2014；Zhang et al.，2022）。特别是随着经济全球化的快速推进和经济组织方式的变革，全球碳排放格局及其驱动机理也发生了重大变化（Yan et al.，2020；Zhao and Liu，2020；Fan et al.，2019）。

本章基于长时序的多区域投入产出数据库，运用投入产出分析、增加值分解、复杂网络分析及双重差分等定量研究方法，测度丝路沿线国家生产网络格局及其资源环境效应，以期为促进沿线生产网络发展、降低生产合作的资源环境影响提出相关政策建议。在具体分析中，本章从生产过程中的二氧化碳排放入手，从两个方面探究丝路沿线国家生产网络所带来的资源环境影响：一方面分析丝路沿线国家生产过程资源环境的影响；另一方面，根据生产网络的连接性，分析丝路沿线国家与其他国家，尤其是欧美等经济大国之间的资源环境相互影响。

第二节　研究方法与数据来源

一、研究方法

1. 投入产出分析与增加值分解

借助投入产出表可以分析中间品以及增加值的跨国流动。假设有 m 个经济体，n 个行业，跨国投入-产出关系可表示如下：

$$
\begin{bmatrix} X^1 \\ X^2 \\ \vdots \\ X^m \end{bmatrix} = \begin{bmatrix} A^{11} & A^{12} & \cdots & A^{1m} \\ A^{21} & A^{22} & \cdots & A^{2m} \\ \vdots & \vdots & \ddots & \vdots \\ A^{m1} & A^{m2} & \cdots & A^{mm} \end{bmatrix} \begin{bmatrix} X^1 \\ X^2 \\ \vdots \\ X^m \end{bmatrix} + \begin{bmatrix} Y^1 \\ Y^2 \\ \vdots \\ Y^m \end{bmatrix} = \begin{bmatrix} B^{11} & B^{12} & \cdots & B^{1m} \\ B^{21} & B^{22} & \cdots & B^{2m} \\ \vdots & \vdots & \ddots & \vdots \\ B^{m1} & B^{m2} & \cdots & B^{mm} \end{bmatrix} \begin{bmatrix} Y^1 \\ Y^2 \\ \vdots \\ Y^m \end{bmatrix} \tag{8-1}
$$

其中，X^i 表示经济体的 $n \times 1$ 的总产出向量；A^{ij} 表示经济体 j 的中间投入中来自经济体 i 的部分占经济体 j 总投入的比重而形成的 $n \times n$ 投入-产出直接消耗系数矩阵；Y^i 表示各经济体对经济体 i 的 $n \times 1$ 最终品需求总量；B^{ij} 表示投入-产出矩阵的 Leontief 逆矩阵。

库普曼（Koopman）等基于全球价值链理论，以增加值作为统计口径，提出了 KPWW 方法，形成一套以增加值为核心的贸易核算体系（Koopman et al.，2008，2012；Koopman et al.，2010；Koopman and Wang，2014）。这一体系不仅完整地反映了产品价值在各国间的分配，而且排除了传统的贸易统计方式中重复计算的部分，为度量各国各产业实际贸易利得创造了条件。用 V 表示增加值份额（增加值/总产出），则一国 1 单位产出所含的直接和间接增加值总和为（程大中，2015）：$V + VA + VAA + \cdots = V(I-A)^{-1} = VB$。$VB$ 又称为总增加值乘子（multiplier）矩阵。令 V 为由各国各行业的直接增加值系数沿对角线分布而构成的对角矩阵，B 为各国各行业 Leontief 逆矩阵，Y 为各国各行业最终品沿对角线分布而构成的对角矩阵，则一国最终产品增加值可分解为：

$$
VBY = \begin{bmatrix} V_1 B_{11} Y_1 & V_1 B_{12} Y_2 & \cdots & V_1 B_{1m} Y_m \\ V_2 B_{21} Y_1 & V_2 B_{22} Y_2 & \cdots & V_2 B_{2m} Y_m \\ \vdots & \vdots & \ddots & \vdots \\ V_m B_{m1} Y_1 & V_m B_{m2} Y_2 & \cdots & V_m B_{mm} Y_m \end{bmatrix} \tag{8-2}
$$

2. 资源环境影响测度

同样地，用 $\bar{C}$ 表示各国各行业直接碳排放强度沿对角线分布而构成的对角矩阵，则：

$$
\bar{C}X = \bar{C}(I-A)^{-1}Y = \bar{C}BY
$$

生产过程中所消耗的碳排放可以完全分解为：

$$
\bar{C}BY = \begin{bmatrix} \bar{C}_1 B_{11} Y_1 & \bar{C}_1 B_{12} Y_2 & \cdots & \bar{C}_1 B_{1m} Y_m \\ \bar{C}_2 B_{21} Y_1 & \bar{C}_2 B_{22} Y_2 & \cdots & \bar{C}_2 B_{2m} Y_m \\ \vdots & \vdots & \ddots & \vdots \\ \bar{C}_m B_{m1} Y_1 & \bar{C}_m B_{m2} Y_2 & \cdots & \bar{C}_m B_{mm} Y_m \end{bmatrix} \tag{8-3}
$$

从而可以得到每一个最终产品生产过程中所消耗的各个国家碳排放。

3. 复杂网络分析

为分析丝路沿线国家生产网络内部结构，本章引入复杂网络分析的方法，运用社区发现的分析方法识别不同时期内网络内部组团情况。社区发现分析主要基于拓扑关系以及属性，识别网络中组团结构。其主要特征是组团内部节点间联系紧密，而组团间节点联系相对较弱。现有社区发现分析方法存在多种类型（Pons and Latapy，2005；Clauset et al.，2004；Wu and Huberman，2003；Newman，2006；Girvan and Newman，2002；Newman and Girvan，2004；Radicchi et al.，2004），本章选择 Fast Unfolding 方法对网络进行模块化解析（Blondel et al.，2008）。为避免庞杂数据的干扰及方便可视化，文章选取骨干网络作为整体网络的替代（Boguñá，2007）；同时，为了避免 Top1 网络由于一些"岛屿"内部国家只是彼此合作而带来的错误判断，本章选取 Top5 网络进行分析。借助 Gephi0.9.2 网络分析软件对数据进行可视化表达，将解析度设置为 1，并用不同颜色区分出不同的网络组团。

4. 双重差分

为了定量测度"一带一路"建设对丝路沿线国家二氧化碳排放所带来的影响，本章选择使用 PSM-DID 的方法开展分析。DID 分析方法在政策效果评价中被广泛应用（Ashenfelter and Card，1985；Gruber and Poterba，1994），已有学者从不同方面通过 DID 的分析方法定量测度了"一带一路"倡议的实施效果（如 Du and Zhang，2018；Yu et al.，2020）。将丝路沿线国家作为处理组，而其他国家则作为对照组，同时以"一带一路"倡议提出的 2013 年作为处理前和处理后的时间节点，这样，可以将面板数据分为四组，分别是"一带一路"实施以前的处理组、"一带一路"实施以后的处理组、"一带一路"实施以前的对照组和"一带一路"实施以后的对照组。设置 du 和 dt 两个虚拟变量区别上述四组子样本。其中，$du=1$ 代表丝路沿线国家，$du=0$ 代表其他国家；$dt=0$ 代表"一带一路"实施以前的年份，$dt=1$ 代表"一带一路"实施以后的年份，则双重差分回归模型可设置如下：

$$Y_{it}=\beta_0+\beta_1 du_{it}+\beta_2 dt_{it}+\beta_3 dt_{it} du_{it}+\beta_4 W_{it}+e_{it} \tag{8-4}$$

其中，Y 在具体运算中分别代表碳排放总量或碳排放强度；W 代表控制变量；e 为随机扰动项；i 和 t 分别代表第 i 个国家和第 t 年。

各参数的含义见表 8-1。由回归方程可以发现，对于丝路沿线国家和地区（$du=1$），"一带一路"实施前后的碳排放情况分别是 $\beta_0+\beta_1$ 和 $\beta_0+\beta_1+\beta_2+\beta_3$，"一带一路"在实施前后碳排放变化的幅度是 $\Delta Y_t=\beta_2+\beta_3$，其中包含了"一带一路"以及其他相关政策的作用。同样，对于其他地区（$du=0$），"一带一路"实施前后的碳排放分别是 β_0 和 $\beta_0+\beta_2$。可见，没有"一带一路"政策影响的国家和地区在"一带一路"实施前后碳排放的增长变化是 $\Delta Y_0=\beta_2$，这个差异并没有包含"一带一路"倡议对碳排放变化的影响。因此，用处理组在"一带一路"倡议实施前后碳排放水平的差异 ΔY_t 减去对照组在"一带一路"倡议实施前后碳排放的差异 ΔY_0，得到"一带一路"倡议对丝路沿线国家碳排放的净影响 $\Delta\Delta Y=\beta_3$，这是本文使用 DID 方法估计的重点。如果"一带一路"显著影响了丝路沿线国家的碳排放，则

β_3 的系数应该显著为正或负（刘瑞明、赵仁杰，2015）。

表 8-1　参数含义

	$dt=0$	$dt=1$	Difference
$du=1$	$\beta_0+\beta_1$	$\beta_0+\beta_1+\beta_2+\beta_3$	$\Delta Y_t=\beta_2+\beta_3$
$du=0$	β_0	$\beta_0+\beta_2$	$\Delta Y_0=\beta_2$
DID			$\Delta\Delta Y=\beta_3$

运用 DID 方法，最重要的前提是处理组和对照组必须满足共同趋势假设，即如果不存在"一带一路"倡议，现在的丝路沿线国家与其他国家相比，碳排放总量或碳排放强度的变化趋势随时间变化并不存在系统性差异。但从经济发展水平、地理区位以及产业发展类型等多方面特征对比丝路沿线国家与其他国家，这一假设大概率难以满足。针对此问题，本章进一步引入双重差分倾向得分匹配的方法（Heckman et al.，1997，1998），一方面检验双重差分方法的稳健性，另一方面确保处理组和对照组满足共同趋势假设。

PSM-DID 的思想源于匹配估计量，基本思路是在非丝路沿线国家的对照组中找到某个国家 j，使得 j 与丝路沿线国家的处理组中的国家 i 的可观测变量尽可能相似（匹配），即 $X_i \approx X_j$。具体地，本文采用核匹配方法，由于对照组充足，因而选择一一匹配。本章的变量选择如表 8-2，数据基本信息如表 8-3。其中，被解释变量为各经济体碳排放总量以及碳排放强度。为了控制其他因素的影响，本章还选取了一系列控制变量。其中，国内生产总值以及人均国内生产总值表征经济发展总体水平，农业产值占比代表产业结构，工业产值占比代表工业化水平，可再生能源占比代表能源结构。最后，本章还选取了科技期刊发文量来代表科技发展水平，研究表明科技发展水平尤其是低碳技术的发展对于碳排放具有显著抑制作用。

表 8-2　主要变量及其计算方法

变量名称	变量含义	计算方法
$carbon$	二氧化碳排放总量	二氧化碳排放总量（亿吨）
$intensity$	二氧化碳排放强度	二氧化碳排放量（千克）/国内生产总值（美元）
$\ln gdp$	经济总量	国内生产总值（亿美元），取对数
$pergdp$	人均经济水平	国内生产总值（万美元）/总人口
$agriculture$	产业结构	农业产值/国内生产总值比重
$industry$	工业化	工业产值/国内生产总值比重
$Renewable$	可再生能源发展	可再生能源/总能源消耗
$\ln paper$	科技发展水平	千万人均科技论文发文量取对数

表 8-3　数据描述

变量名称	最小值	最大值	均值	标准差
carbon	0.0005	115.3520	2.0472	9.0537
intensity	0.0032	11.8363	0.6388	0.7718
tt	0	1	0.1883	0.3910
treat	0	1	0.3765	0.4846
t	0	1	0.5000	0.5001
ln*gdp*	0.7287	12.2048	6.2064	2.0919
pergdp	0.0278	11.2373	1.3205	1.8334
agriculture	0.0003	0.6560	0.1119	0.1103
industry	0.0456	0.7481	0.2753	0.1165
Renewable	0	0.9733	0.3317	0.2928
ln*paper*	1.1397	10.2051	2.2318	6.4262

二、研究范围与数据来源

考虑到时间以及空间维度的覆盖广泛度，本章通过对比众多数据库，选择由悉尼大学学者组织编制的 Eora 多区域投入产出表（Eora MRIO）的环境卫星账户作为碳排放数据来源。本章使用到的协变量数据主要来自世界银行数据库。

在时间范围选择上，考虑数据的可获性以及 Eora MRIO 的最新有效数据，我们将时间始末选择为 1995—2021 年。在运用双重差分的方法测度"一带一路"倡议的提出对于丝路沿线国家碳排放影响时，由于新冠疫情带来重大冲击，为了避免其对数据的干扰，我们将始末选择为 1995—2019 年。因而在双重差分模型中，将 2006—2012 年看作为处理前，而 2013—2019 年看作为处理后。

自 2013 年提出以来，"一带一路"倡议得到了越来越多国家和国际组织的热烈响应及广泛参与，签约国家不断增加。截至 2022 年 3 月，已经有 149 个国家与中国签署了共建"一带一路"合作文件。考虑到一些新近签署的国家可能尚未进行实质性的合作推进，将其加入处理组可能会对检验带来误差和负面影响，且倾向得分匹配需要有充足的对照组，因而，本章选择现有研究中广泛使用的丝路沿线 64 国作为处理组，并简称为"丝路沿线国家"（Liu et al.，2020）。再剔除巴勒斯坦和东帝汶两个 Eora MRIO 数据缺失的国家，我们最终选择的处理组共包括 62 个国家。根据社会经济和地理邻近性，将此 62 个国家划分为如表 8-4 所示的五个区域（郑智等，2019）。

表 8-4　研究区域（丝路沿线国家）

分区	国　　　　家
中亚与蒙俄	哈萨克斯坦、吉尔吉斯斯坦、塔吉克斯坦、土库曼斯坦、乌兹别克斯坦、蒙古、俄罗斯
东南亚	文莱、柬埔寨、印度尼西亚、老挝、马来西亚、缅甸、菲律宾、新加坡、泰国、越南
南亚	阿富汗、孟加拉国、不丹、印度、马尔代夫、尼泊尔、巴基斯坦、斯里兰卡
中东欧	阿尔巴尼亚、白俄罗斯、波黑、保加利亚、克罗地亚、捷克、爱沙尼亚、匈牙利、拉脱维亚、立陶宛、黑山、波兰、摩尔多瓦、罗马尼亚、斯洛伐克、斯洛文尼亚、北马其顿、乌克兰、塞尔维亚
西亚	亚美尼亚、阿塞拜疆、巴林、埃及、格鲁吉亚、伊朗、伊拉克、以色列、约旦、科威特、黎巴嫩、阿曼、卡塔尔、沙特阿拉伯、叙利亚、土耳其、阿联酋、也门

第三节　丝路沿线国家生产网络格局及演变

一、生产网络总体强度演变

从中间品流动的角度看，丝路沿线国家间生产网络联系不断加强。随着国际产能转移，大量劳动密集型制造业转移向丝路沿线国家，尤其是中国、南亚以及东南亚地区。2001 年，中国加入 WTO 无疑加速了这一过程，日益成为世界工厂的中国通过上下游两个渠道带动其他丝路沿线国家快速承接全球产能转移。从资源禀赋的角度看，沿线发展中国家大多拥有劳动力优势，同时大量资源有待开采利用，这些均有利于其后发优势的暴发型展现。从国家间合作潜力看，丝路沿线国家地理临近，各经济体的工资水平和经济发展阶段不尽相同，经济发展水平差异巨大，造成不同国家和地区的区位优势不尽相同，这些都大大促进了区域内部产业分工合作以及生产网络的形成。

如图 8-1 所示，2001—2011 年，丝路沿线国家的区域内中间品比重从 24.79％ 快速提升到 34.88％。值得注意的是，2008—2009 年，全球产值及贸易额等主要经济指标大幅下跌，但丝路沿线国家间的区域生产网络仍在加强。这也表明丝路沿线国家间的生产合作联系较为稳定，拥有一定的抵抗全球性风险的能力。2011—2017 年，受后金融危机时期经济复苏进程缓慢、国际贸易增长乏力等影响，丝路沿线国家的区域内部生产合作发展活跃度下降，生产网络联系强度在波动中基本保持稳定。这主要是市场有效需求不足导致生产能力主动下调，从而中间品需求有所下降，使丝路沿线国家生产网络发展受阻。在此态势下，如何提高生产活力、扭转这一区域发展不利局势，甚至更进一步地加强网络联系，已成为推动"一带一路"建设的重大问题。2017 年之后，随着"一带一路"建设的稳步推进以及国际经济形势的逐渐转好，丝路沿线国家生产网络内部联系强度再度提升，2019 年上升至 37.88%。但2020 年新冠疫情的暴发，使丝路沿线国家生产网络内部联系强度的提升再次进入缓慢期。丝路沿线国家拥有庞大人口基础，市场规模大，若在"一带一路"倡议下积极利用本区域内部市场、进一步加强产业间分工合作，将能通过共用市场及比较优势更好的发挥渠道优势、推动区域经济走向快速发展的道路。

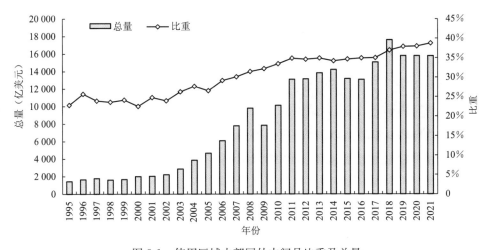

图 8-1　使用区域内部国外中间品比重及总量

二、丝路沿线国家对内部生产网络的依赖程度

如图 8-2 所示，沿线各国与区域内生产网络联系强度差异显著。2021 年，沿线各国与区域内生产网络联系强度比较高的区域主要集中在中亚以及部分中东欧和东南亚国家。其中，中东欧的白俄罗斯、乌克兰、捷克以及斯洛伐克等国家，其对外经济联系主要依赖俄罗斯，因而在丝路沿线国家内生产联系较为密切。值得注意的是，拉脱维亚以及立陶宛等欧盟成员国，其原本经济联系主要方向在欧盟内部，但在 2021 年表现出较高的区域分散化程度。可见，欧盟经济困境使其成员国寻求更多地与经济发展表现较好的发展中国家合作，特别是与中国以及东南亚一些国家的合作。中亚各国的主要对外经济联系方向为俄罗斯，并且与中国的经济联系日益密切。东南亚作为近期全球经济增长速度最快的地区之一，其经济外向度不断提高，并在全球生产网络中占有越来越重要的地位。

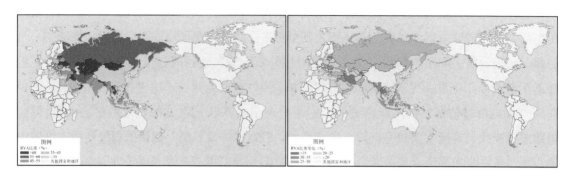

图 8-2　最终品国外增加值来自丝路沿线国家内部的比重及变化

1995—2021 年，所有丝路沿线国家的区域性国外增加值比重都有所提高，其中，增长最显著的国家主要分布在中东欧、西亚以及东南亚地区。首先，受全球金融危机、欧洲债务危机及英国脱欧等事件影响，西欧各国的经济发展不堪重负，而众多中东欧国家选择加强与增速较快的发展中国家的合作。中东欧与中国"16＋1"等合作框架不断推进，使中东欧成为与区域内生产网络联系增强最快的区域。其次，东南亚各国资源丰富、市场容量大且劳动力价格低廉，在承接国际产能转移上优势突出，得以快速地加入到全球生产网络中。

三、丝路沿线国家生产网络内部结构演化

1995—2021 年，丝路沿线国家生产网络结构发生了巨大变化，重心转移和一体化趋势并存。如图 8-3 所示，1995 年，丝路沿线国家生产网络的重心位于东南亚，集中分布于新加坡、马来西亚等国家，同时包括中国、俄罗斯等次核心节点。其中，作为亚洲"四小龙"之一的新加坡占据首位，此时中国和俄罗斯的进出口中间品总额均仅为新加坡的 50%。2001 年，生产网络总体格局并未发生重大转变，新加坡仍然占据首位，但中国超过马来西亚在生产网络中排第二位。主要是加入 WTO 之后，中国承担国际生产量快速提升，特别是随着劳动密集型产业的发展，中国在网络中地位不断提升。2008 年，中国在丝路沿线国家进出口中间品总量已经上升到第一位，同时俄罗斯超过马来西亚上升到第三位。金融危机过后，新加坡、马来西亚以及俄罗斯等国家受到危机影响颇深，经济增速大幅下降，经济活力低迷，而中国凭借后发优势、广阔的国内市场以及强有力的政府控制，仍然保持着较为快速的经济增长。2015 年，中国首位优势得到大幅增强，中间品进出口总量是新加坡的 1.5 倍，俄罗斯的近 2 倍；俄罗斯相比于马来西亚的生产地位也有所提升。生产网络整体重心以新加坡和马来西亚为主转向中国和俄罗斯为主。

1995—2021 年，从生产网络的组团划分以及组团间联系看，生产网络一体化程度不断

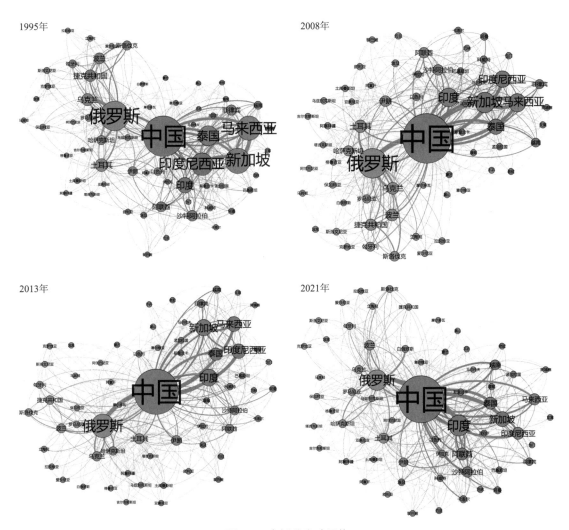

图 8-3 中间品流动网络

提升。1995 年，丝路沿线国家生产网络内部可划分为四个组团，分别是以新加坡为核心节点的东南亚组团；以俄罗斯为核心节点的俄罗斯-中亚组团，包括部分中东欧国家；以中国为核心节点的中国-南亚组团，包括少数东南亚和西亚中东国家；以捷克为核心节点的中东欧组团。此时，各组团内部增加值流动规模差距相对较小，中国-南亚组团占比 37.27%，俄罗斯-中亚组团占比 25.65%，东南亚组团占比 27.06%，中东欧组团占比最小为 10.02%。同时，丝路沿线国家生产网络分割严重，中间品流动网络主要限于各组团内部，而四大网络之间联系微弱；作为各组团核心的中国、俄罗斯、新加坡以及捷克四国之间的生产合作同样微弱。随后，俄罗斯-中亚组团与中东欧组团的生产联系逐步加强，到 2008 年，中东欧组团国家并入俄罗斯-中亚组团，形成了俄罗斯-中亚-中东欧组团。同时，随着中国与东南亚国家生产合作的增强以及印度经济体量的扩大，中国从中国-南亚组团脱离出来加入东南亚组团，形成中国-东南亚组团以及以印度为核心的南亚组团。此时，中国-东南亚组团比重已经达到51.37%，俄罗斯-中亚-中东欧组团比重上升到30.46%。2013年，生产网络的重心进一步向中国转移，中国在增加值网络中占比达到24.88%，南亚组团与中国-东南亚组团融合形成中国-东南亚-南亚组团，在网络中占比高达65.11%。此时，生产网络形成分别以中国和俄罗斯为核心的两极组团结构，后者比重为29.57%；阿联酋、土库曼斯坦、塞尔维亚、亚美尼亚、阿富汗以及黑山游离在两极组团之外，总占比仅5.32%。与宋周莺等人所得出三个主组团和两个次组团的贸易网络组团划分相比，生产网络组团划分个数更少，说明丝路沿线国家的生产网络联系强度要高于贸易网络的联系强度。可见，生产链合作与贸易合作的不同点在于，生产链合作对于时效性要求更高、地理距离更为重要，丝路沿线国家的地理邻近使得其生产链合作更为紧密。2021年，中国-南亚-东南亚组团比重进一步提升，达到71.67%；而以俄罗斯为核心的组团占比下降到25.05%。在生产网络一体化程度总体增强的同时，可以看到局部分散化趋势同样存在。新冠疫情的冲击使伊朗、伊拉克、黎巴嫩、塞尔维亚、马尔代夫以及黑山等国家脱离核心组团，被边缘化，形成两个占比极小的组团。

四、丝路沿线国家在全球生产网络的地位分析

事实上，将丝路沿线国家放到更宏观的全球生产网络看（图8-4），中国对于丝路沿线国家的影响力是相对有限的。其中，中东欧国家的对外经济联系方向主要在欧洲内部；中亚

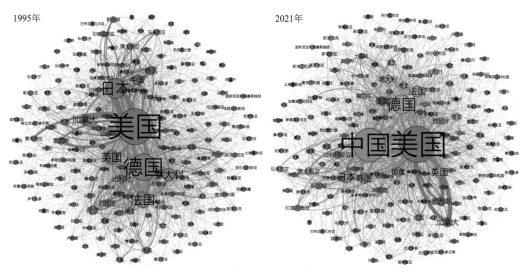

图 8-4   全球生产网络结构及变化

的主要对外联系国家为俄罗斯；东南亚诸国在承接日本产能转移的过程中，形成了与日本、韩国等国家深入的经济连接，价值链联系方向主要在日本和韩国。与中国处于一个组团之中的国家主要包括南亚和西亚国家等。这一方面说明中国与丝路沿线国家的价值链连接还有很大的潜力有待发掘；另一方面也表明将丝路沿线国家通过"一带一路"倡议建设成为一个更为互联互通的价值链连接网络仍然任重道远，需要持续推进"一带一路"建设以及更有力的政策引导。

第四节　丝路沿线国家生产网络的资源环境效应

一、丝路沿线国家碳排放总量及强度变化

1995 年以来，丝路沿线国家碳排放总量以及占全球碳排放比重均呈不断增长的态势，但二者增速在 2011 年之后均有所放缓（图 8-5）。从碳排放总量看，1995—2021 年，丝路沿线国家的碳排放总量经历了相对完整的"S"形增长过程。1995—2002 年处于缓慢增长阶段，碳排放总量从 97 亿吨增长到 111 亿吨，年均增速 1.87％。2002—2011 年，丝路沿线国家的碳排放总量进入快速增长阶段，从 111 亿吨增加到 193 亿吨，年均增速高达 6.38％，主要是中国加入 WTO 后承接大量劳动密集型产业，并通过跨国产业链带动周边国家工业生产的发展，从而带来快速的碳排放增长。2011 年之后，丝路沿线国家的碳排放总量增速放缓，主要是后金融危机时期全球贸易萎靡、需求降低，使全球生产过程受到了极大的抑制，其伴生的碳排放增速大幅下降。值得注意的是，2016 年，随着国际经济形势的好转、国际贸易增长抬头，碳排放增速有所提升。同期，丝路沿线国家碳排放占全球比重同样经历了先下降后上升的过程，主要是丝路沿线国家以发展中国家为主，在全球生产分工中多从事低增值高排放的生产环节，且中国、东南亚和南亚部分国家处于快速发展阶段，因而在全球排放中占据较大份额。1995—2005 年，丝路沿线国家碳排放占全球比重总体呈现下降态势，从26.67％下降至 25.50％。2005—2021 年，丝路沿线国家碳排放占比则提升至 33.06％。其中，2019—2020 年经历了最大幅度的年增长，从 29.17％增至 33.04％。2020 年新冠疫情的暴发使全球生产受到重大冲击，而疫情控制相对较好的东南亚地区的生产受到冲击相对较小，且获得部分转移订单，从而导致了碳排放总量的大幅度提升。

1995—2021 年，与碳排放总量持续增长不同的是，丝路沿线国家的碳排放强度持续下降。其中，1995—2008 年属于快速下降阶段，碳排放强度从 1.20 千克/美元下降到 0.45 千克/美元。2008 年之后，下降速度显著减缓，到 2014 年降至最低点 0.39 千克/美元。2014

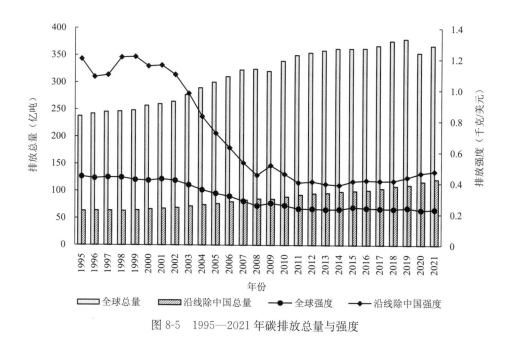

图 8-5　1995—2021 年碳排放总量与强度

年之后，随着国际贸易的回温，丝路沿线国家碳排放强度有所回升，2021 年回升至 0.48 千克/美元。可见，1995—2021 年丝路沿线国家碳排放强度变化曲线有三个显著的节点，分别是 1997 年亚洲金融危机、2001 年中国加入 WTO 以及 2008 年国际金融危机。亚洲金融危机以及国际金融危机所带来的影响均是使得碳排放强度的下降速度减缓，而中国加入 WTO 则使丝路沿线国家碳排放强度下降速度增加。因而，全球经济环境恶化时，碳排放强度会出现上升或者下降速度减弱；而跨国经济合作加强时，碳排放强度下降速度明显加快。

与全球碳排放强度相比，丝路沿线国家的碳排放强度处于更高位置，但两者的差距在不断缩小。如图 8-5 所示，1995 年，丝路沿线国家碳排放强度值为 1.2，而同年全球碳排放强度为 0.44，差值高达 0.75 千克/美元，前者是后者的近三倍。1995—2008 年，丝路沿线国家与全球的碳排放强度差距快速缩小，2008 年差值缩小到 0.19。2008 年之后，丝路沿线国家与全球的碳排放强度的差距仍不断缩小，但缩小速度减缓，2014 年差值降至 0.16。2014年之后，丝路沿线国家与全球的碳排放强度差值出现起伏且总体有所上升。其中，2014—2016 年有所提升，2016 年之后有所下降，2019 年之后又持续缓慢提升。对比分析全球贸易变化可以发现，全球及丝路沿线国家的碳排放强度发展趋势均与国际经贸合作呈负相关关系，即经贸合作增加时，碳排放强度降低；经贸合作降低时，碳排放强度增高。同时，以发展中国家为主的丝路沿线国家对于经贸合作发展的响应比全球响应幅度更大。在 2013 年之后，这些总的变化中有多少是"一带一路"建设引起的，还需要进一步测度。

二、丝路沿线国家碳排放时空格局演变

从空间格局看，丝路沿线国家碳排放空间差异显著，且高度集中于俄罗斯和印度等碳排放大国。1995 年，俄罗斯和印度两国碳排放占丝路沿线国家碳排放的比重达到 40.18％；其中俄罗斯占比为 27.57％，大幅高于其他国家。此外，碳排放排名前十位的国家还包括乌克兰、波兰、伊朗、印度尼西亚、沙特阿拉伯、哈萨克斯坦、土耳其和泰国。除乌克兰和波兰之外，这些国家占比均在 5％以下，在空间上无明显规律，相对分散在不同区域（图 8-6）。此时，中东欧、西亚以及东南亚均属于碳排放低值区域，分别占丝路沿线国家碳排放的 22.96％、19.37％、10.26％。2021 年，丝路沿线国家碳排放总体空间格局并未发生根本性改变，碳排放仍然高度集中于俄罗斯和印度两国。

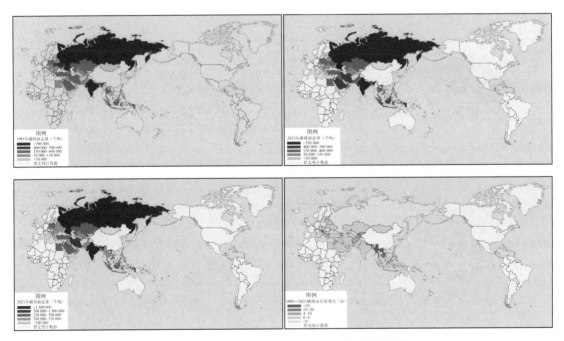

图 8-6 丝路沿线国家碳排放总量空间分布格局及演变

1995—2021 年，碳排放总量出现绝对下降的国家主要分布在中东欧地区，包括俄罗斯、叙利亚、乌兹别克斯坦和也门等，其余国家均有不同程度的增长。1995—2021 年，欧洲是全球应对气候变化问题的积极推动者，通过技术创新、能源结构调整以及金融工具等多重手段，有效抑制了碳排放的增长。涨幅最大的国家主要分布在南亚和东南亚，主要包括老挝、柬埔寨、阿富汗、越南、尼泊尔和缅甸等国家。这些国家均处于工业化初级阶段或者快速发

展阶段，经济快速发展，同时带来大量的碳排放增加。

从碳排放强度看，丝路沿线国家总体呈现南低北高的格局（图 8-7）。高碳排放强度国家主要分布在中亚和西亚地区，以及俄罗斯、蒙古和波黑等国家。这些国家经济发展相对落后、三产比重小，而能源结构以化石能源为主，因而碳排放强度高。而东南亚、南亚以及欧洲地区属于低碳排放强度区域。1995—2021 年，与碳排放总量普遍增加相反，多数丝路沿线国家碳排放强度均有不同程度的下降。碳排放强度的变化整体显现南高北低的格局，这使丝路沿线国家间碳排放强度的差距整体缩小。1995—2021 年，中东欧、中亚与蒙俄等国家碳排放强度具有较大降幅，而碳排放强度出现提升的国家主要分布在南亚和东南亚，如老挝、阿富汗、柬埔寨、缅甸和尼泊尔等，其同样是碳排放总量增长幅度最大的国家。这些国家主要是经济快速发展的初级工业化国家，在全球价值链中，由于技术水平的落后，仅能通过承接低附加值高碳排放产业对接到全球生产网络中去以捕获更多的增加值，因而产业结构向高碳排放方向转变、推动碳排放强度不断提高。

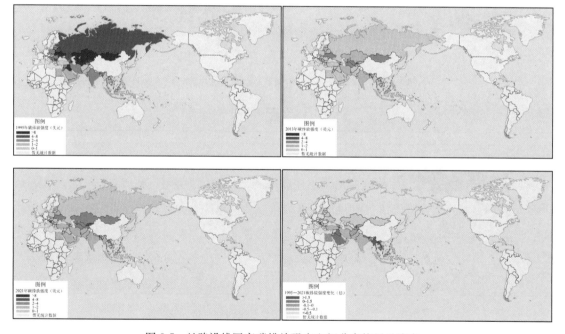

图 8-7　丝路沿线国家碳排放强度空间分布格局及演变

三、丝路沿线国家碳排放跨国消耗

跨国生产合作带来的碳排放跨国消耗已经成为当今碳排放的一种重要特征。1995—2021

年，丝路沿线国家为国外最终品生产所消耗的碳排放从 18.50 亿吨增加到 35.37 亿吨，年均
增长率 2.52%（图 8-8）。其中，1995—2001 年属于碳排放跨国消耗的缓慢增长期，年均增
速仅 1.80%。2001—2007 年属于碳排放跨国消耗的加速增长期，年均增速达到 8.24%，主
要是随着中国加入 WTO 以及亚洲发展中国家在全球生产网络中重要性不断提升，越来越多
的跨国生产碳排放转移至丝路沿线国家。2007 年，碳排放跨国消耗总量已经达到 33.10 亿
吨。2007 年之后，碳排放跨国消耗总量开始进入波动阶段，特别是全球金融危机、欧洲债
务危机以及新冠疫情都使碳排放总量出现绝对下降。期间，2018 年的碳排放跨国消耗最高，
总排放量为 38.79 亿吨。而 2020 年新冠疫情使总量消耗发生骤降，降至 34.25 亿吨，降幅
达到 11.69%；2021 年，碳排放总转移排放量为 35.37 亿吨，相比 2007 年仅增长 6.85%。

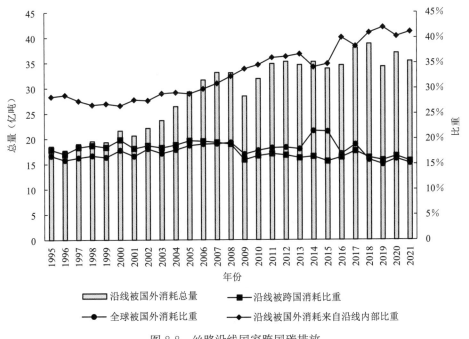

图 8-8　丝路沿线国家跨国碳排放

1995—2021 年，丝路沿线国家国外碳排放消耗来自丝路沿线国家内部的比重总体上
保持增长的态势，但相比于总量而言增幅较小。其中，1995—2005 年，丝路沿线国家国
外碳排放消耗来自丝路沿线国家内部的比重先下降后上升，总涨幅不大，从 28.31% 增长
到 28.90%。2005—2013 年，丝路沿线国家国外碳排放消耗来自丝路沿线国家内部的比
重呈现快速增长的态势，上涨到 36.76%，这也从侧面反映出丝路沿线国家间生产合作的
不断加强。2013 年之后，丝路沿线国家国外碳排放消耗来自丝路沿线国家内部的比重在
波动中增长，其中，2014 年、2017 年以及 2020 年的比重均出现下降，2021 年比重

达 41.17%。

1995—2021 年，丝路沿线国家国外生产碳排放消耗来自丝路沿线国家内部的比重最高值为 42.04%，尚不足一半。可见，丝路沿线国家来自国外的生产碳排放转移主要来自丝路沿线国家之外，受到欧美等发达国家生产碳排放转移的影响较大。

在此基础上，进一步分析丝路沿线国家来自国外的生产碳排放转移的重点国家。如图 8-9 所示，1995 年，对丝路沿线国家生产碳排放转移最大的是日本，紧随其后的是美国和德国，总量相差不大。日本作为当时世界第二大经济体，且与东南亚国家以及中国等丝路沿线国家毗邻，因而建立了相对紧密的生产联系，通过雁行模式将低端生产环节转移到这些生产力相对落后的亚洲国家，因此引致大量碳排放。1996 年起，美国占比超过日本，开始成为全球通过最终品生产向丝路沿线国家输入碳排放最多的国家，且仅经过两年的时间便从 10.34% 增长到 13.60%，之后便一直在 14% 上下浮动。日本和德国的比重在 1995 年之后基本处于持续下降的状态，在 2010 年前交替处于第二和第三的位置。其中，日本在 2016 年比重大幅度下降，从 7.69% 下降至 4.61%。中国则自 1995 年以来比重持续上升，2011 年开始比重上升到 6.99%，居第二位，除 2014 年和 2015 年被日本超越，其他年份均排在第二位，2021 年占比达 8.78%。2016 年及之后，中国、德国和日本排名稳定在第二、第三和第四位。除此之外，韩国、法国和英国等对丝路沿线国家的跨国碳排放均有较大影响，占比均超过 3%。

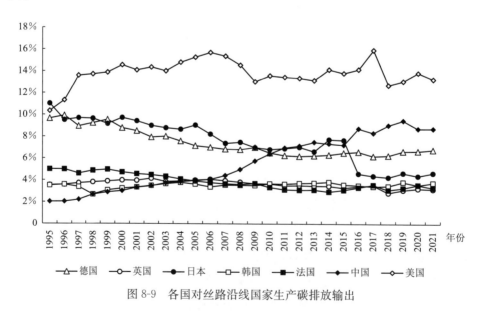

图 8-9　各国对丝路沿线国家生产碳排放输出

第五节　"一带一路"建设对丝路沿线国家碳排放的影响

一、现有研究回顾

　　"一带一路"倡议自 2013 年提出以来，已经成为促进全球合作与发展的重要公共产品。随着"一带一路"建设的逐步推进，其对丝路沿线国家的环境影响尤其是碳排放的影响也受到了广泛的关注（Ascensão et al.，2018；Teo et al.，2019；Aung et al.，2020；Butt and Ali，2020）。不乏学者担心"一带一路"所带来的大规模道路和基础设施建设以及能源资源的使用会提高丝路沿线国家的碳排放总量（Saud et al.，2019；Rauf et al.，2020），甚至有学者因为环境问题而对"一带一路"倡议进行曲解与负面解读（如 Hafeez et al.，2019；Hussain et al.，2020；Ng et al.，2020）。

　　事实上，对外投资以及对外合作带来的碳排放影响具有不确定性（Khan and Ullah，2019；Akadiri et al.，2020；Wen et al.，2021；Murshed et al.，2022）。通常情况下，伴随着投资总量的增加、生产规模的扩张，碳排放会随之提升。另外，经济合作的加强、产业的转移及新项目的运营，也会带来新技术，如能源效率的提升技术、低碳技术、清洁能源技术等，从而带来碳排放强度的下降，甚至促使碳排放总量减小。投资活动的增多以及经济合作的增强对于东道国的碳排放影响在理论上存在五种可能性：①碳排放强度增加，碳排放总量提升；②碳排放强度不变，碳排放总量随着生产规模扩张而提升；③碳排放强度降低，但是碳排放总量依然上升；④碳排放强度降低，而碳排放总量变化不显著；⑤碳排放强度降低，碳排放总量降低。可见，"一带一路"建设对于丝路沿线国家碳排放的影响其实具有很大的不确定性，任何没有进行定量数据验证和科学分析的论断均是不可靠的。

　　目前，已有学者探究中国投资活动对丝路沿线国家碳排放的影响，并发现中国的直接投资对丝路沿线国家碳排放有显著的负向影响（Su et al.，2022）。但一方面，"一带一路"框架下的合作不仅限于直接投资，还包括贸易、科教和人文交流等诸多领域；另一方面，"一带一路"倡议作为国际合作平台所带来的合作加强不仅限于中国与丝路沿线国家之间，同时还存在于丝路沿线国家之间，形成更强的合作网络。因而，仅探究中国投资活动对于丝路沿线国家碳排放的影响，不足以全面理解"一带一路"建设对丝路沿线国家碳排放的影响。

　　基于此，本章利用长时序的统计数据，系统梳理丝路沿线国家碳排放时空格局演变，然后运用双重差分倾向得分匹配（PSM-DID）的方法检验"一带一路"建设是否对丝路沿线国家的碳排放带来显著影响。

二、模型构建与检验

首先，运用普通双重差分法，测算"一带一路"倡议的提出对丝路沿线国家碳排放总量与强度的影响，结果如表 8-5 所示。普通双重差分回归结果显示，在有无协变量加入的情况下，"一带一路"倡议对丝路沿线国家碳排放总量以及碳排放强度的影响均不显著。从协变量的角度看对丝路沿线国家碳排放影响，首先，经济总量以及农业产值占比都对碳排放总量

表 8-5　双重差分计算结果

变量	总量	强度	总量	强度
$du * dt$	0.666	−0.0936	0.596	−0.0862
	(−0.925)	(−0.0665)	(−0.826)	(−0.062)
du	1.448 *	0.554 ***	−0.242	0.339 ***
	(−0.589)	(−0.0549)	(−0.408)	(−0.0457)
dt	−0.0397	−0.107 **	−0.367	−0.0795 *
	(−0.299)	(−0.0353)	(−0.281)	(−0.0358)
$pergdp$			−0.372 *	−0.0566 ***
			(−0.15)	(−0.00951)
GDP			2.133 ***	0.00999
			(−0.236)	(−0.00721)
$agriculture$			8.709 ***	1.695 ***
			(−1.913)	(−0.391)
$industry$			−0.0323	0.541 ***
			(−1.598)	(−0.12)
$renewable$			−2.106 ***	−0.816 ***
			(−0.358)	(−0.0945)
$paper$			−0.0767	−0.0199
			(−0.106)	(−0.0162)
$\_cons$	1.396 ***	0.502 ***	−10.31 ***	0.639 ***
	(−0.218)	(−0.0315)	(−1.838)	(−0.124)
N	2 268	2 268	2 268	2 268
$R\text{-}sq$	0.008	0.11	0.198	0.183

注：* 表示 10％水平显著，＊＊表示 5％水平显著，＊＊＊表示 1％水平显著。

有显著的正向影响，而可再生能源占比对于碳排放总量有显著的抑制作用。然后，从强度上看，经济发展水平以及可再生能源占比的提升均能显著降低丝路沿线国家碳排放强度，而农业以及工业产值比重的上升均显著提升丝路沿线国家碳排放强度。

如前所述，丝路沿线国家地理邻近，多为发展中国家，从经济发展水平、地理区位和产业发展类型等多方面特征看，与全球其他国家组成的对照组相比，很有可能不符合共同趋势假设。因而，有必要进一步开展倾向得分匹配的方法，以消除非共同趋势，再进行双重差分检验"一带一路"倡议对丝路沿线国家碳排放的影响。匹配结果如图 8-10 所示，匹配完成之后，处理组和对照组间的差异显著缩小。表 8-6 的匹配结果显示，匹配前，所有的协变量在 99% 的显著性水平下都拒绝无差异假设，所以并不满足做双重差分的前提条件；而匹配完成之后，所有协变量在 99% 的显著性水平之下都无法拒绝无差异假设，表明匹配后处理组和对照组符合做双重差分分析的平行趋势条件。

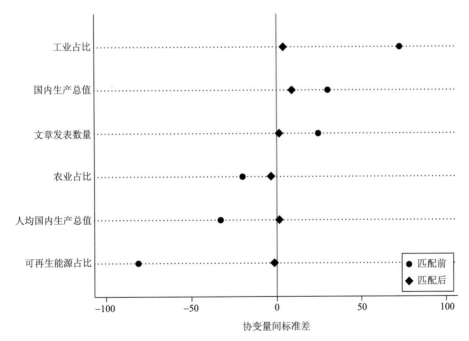

图 8-10　匹配效果

表 8-6　匹配结果

变量	匹配	处理组	对照组	t	$p > \mid t \mid$
$\ln gdp$	否	6.58	5.98	6.75	0.000
	是	6.50	6.31	2.06	0.040

变量	匹配	处理组	对照组	t	$p > \mid t \mid$
pergdp	否	0.97	1.53	−7.18	0.000
	是	0.96	0.94	0.37	0.714
agriculture	否	0.10	0.12	−4.45	0.000
	是	0.10	0.10	−0.71	0.480
industry	否	0.33	0.24	17.48	0.000
	是	0.31	0.31	0.80	0.426
Renewable	否	0.20	0.41	−18.06	0.000
	是	0.21	0.22	−0.32	0.749
lnpaper	否	6.76	6.23	5.55	0.000
	是	6.70	6.67	0.35	0.728

三、结果分析

双重差分倾向得分匹配分析结果如表 8-7 所示，可以看到，目前"一带一路"建设对于丝路沿线国家碳排放总量的影响并不显著，而对于丝路沿线国家碳排放强度有显著负向影响。这说明"一带一路"建设的实施通过科技合作以及低碳技术等途径显著抑制了丝路沿线

表 8-7　PSM-DID 分析结果

变量	总量	强度	总量（无中国）	强度（无中国）
t	0.0971	0.00689	0.208	0.0257
	（−0.22）	（−0.044）	（−0.223）	（−0.051）
treat	0.136	0.429 * * *	0.142	0.428 * * *
	（−0.222）	（−0.0571）	（−0.222）	（−0.0572）
_diff	0.171	−0.197 * * *	−0.0359	−0.216 * * *
	（−0.337）	（−0.074）	（−0.338）	（−0.0784）
_cons	1.254 * * *	0.604 * * *	1.253 * * *	0.604 * * *
	（−0.152）	（−0.0318）	（−0.152）	（−0.032）
N	1 911	1 932	1 924	1 917
$R\text{-}sq$	0.001	0.061	0.001	0.057

注：＊表示 10％水平显著，＊＊表示 5％水平显著，＊＊＊表示 1％水平显著。

国家碳排放强度的增长，而对碳排放强度的负向影响与生产合作带来的生产活动增加带来碳排放增加相互抵消，导致"一带一路"倡议的实施对于丝路沿线国家的碳排放总量的最终影响并不显著。

最后，进一步分析"一带一路"倡议的实施对于沿线各区域碳排放影响的差异。从PSM-DID分析结果表8-8可以看到，"一带一路"倡议的实施对于中东欧的碳排放强度有显著的负向影响，即"一带一路"倡议的实施显著降低了中东欧区域的碳排放总量。而在碳排放强度上，"一带一路"倡议的实施对于中东欧、中亚与蒙俄、东南亚区域有着显著的负向影响，降低了这些区域的碳排放强度。中国与中东欧国家在"一带一路"背景下的产业合作主要集中于高科技领域，如其合作建设的中白工业园引进了大量电子信息、生物医药以及研发等企业，这些科技领域合作的开展有助于其优化产业结构。另外，中欧班列的开通使得中东欧国家能够通过构建及时生产的跨国零部件供应系统（刘慧等，2020），减少零部件部分生产所产生的碳排放。而南亚和西亚中东由于地理位置及地缘关系的影响，在"一带一路"倡议的实施过程中开展的具体增量合作相对较少，因而"一带一路"倡议的实施对此两区域的碳排放无论是从总量上还是从强度上看影响均不显著。

表 8-8　分地区 PSM-DID 分析结果

变量	中东欧		南亚		东南亚		中亚与蒙俄		西亚中东	
	总量	强度	总量	强度	总量	强度	总量	强度	总量	强度
t	0.390***	0.143	0.106	−0.0918	−0.0399	0.145	0.140*	0.00474	0.277	0.0581
	(−0.0916)	(−0.0799)	(−0.0656)	(−0.0475)	(−0.295)	(−0.0799)	(0.0680)	(0.0376)	(−0.207)	(−0.0721)
$treat$	0.449***	0.374***	−0.247***	−0.0972	−0.39	0.123	3.694**	1.359***	−0.169	0.139**
	(−0.109)	(−0.0896)	(−0.0493)	(−0.0588)	(−0.271)	(−0.0837)	(1.188)	(0.146)	(−0.225)	(−0.0504)
$\_diff$	−0.487***	−0.363***	−0.0102	0.0763	0.519	−0.237**	0.789	−0.390**	−0.199	−0.107
	(−0.153)	(−0.113)	(−0.085)	(−0.0711)	(−0.393)	(−0.117)	(1.818)	(0.180)	(−0.298)	(−0.0882)
$\_cons$	0.301***	0.569***	0.370***	0.595***	1.567***	0.564***	0.460***	0.593***	1.438***	0.705***
	(−0.0586)	(−0.0654)	(−0.0404)	(−0.0402)	(−0.219)	(−0.0435)	(0.0511)	(0.0214)	(−0.172)	(−0.0354)
N	770	777	973	987	700	679	554	561	871	906
$R\text{-}sq$	0.033	0.065	0.041	0.004	0.002	0.008	0.151	0.523	0.002	0.014

注：＊表示 10％水平显著，＊＊表示 5％水平显著，＊＊＊表示 1％水平显著。

第六节　结论与讨论

一、结论

全球化深入发展，全球经济组织方式从"贸易打造的世界"向"生产组织的世界"转变。全球生产网络已经成为协调和组织全球生产活动最主要的组织平台，生产网络研究对于推动跨国经济合作具有重要意义。同时，全球生产合作的加强使得资源消耗和环境影响具有了典型的跨国影响的特征，从全球生产网络和价值流动的视角去追溯资源环境影响同样具有重要意义。"一带一路"倡议提出以来取得了举世瞩目的成就，成为促进全球经济合作的重要平台。同时，"一带一路"建设相关的资源环境问题也引起了广泛的关注。在此背景之下，本章基于长时序的国际多区域投入产出数据，运用投入产出分析，增加值分解以及复杂网络分析等定量研究方法，测度丝路沿线国家生产网络合作的总体发展态势，内部结构以及演化过程，并从碳排放的视角测度跨国生产合作对丝路沿线国家资源环境的影响。研究发现：

从中间品流动的角度看，1995—2021年，丝路沿线国家使用国外中间品中来自区域内部的比重总体上大幅度提高，表明区域内生产网络联系不断加强，丝路沿线国家越来越成为相互依赖、不可分离的经济共同体。从生产网络结构演变的视角看，网络结构发生巨大变化，重心转移和一体化趋势并存。生产网络整体重心由东南亚向中国以及俄罗斯转移，中国在网络中的地位快速提升，同时各组团间联系大幅加强，网络分割程度减弱，一体化程度加强。此外，事实上，将丝路沿线国家放到更为宏观的全球网络角度看，中国对于丝路沿线国家的影响力是相对有限的。其中，中东欧国家的对外经济联系方向主要在欧洲内部，中亚则主要对外联系俄罗斯。而东南亚诸多国家则在承接日本产能转移的过程中，形成了与日本、韩国等国家深入的经济连接，价值链联系方向主要在日本与韩国等国家。

丝路沿线国家碳排放总量和占全球碳排放比重在1995年以来均呈现不断增长的特征，二者增速均在2011年之后有所放缓。另外，与碳排放总量的持续增长不同的是，丝路沿线国家的碳排放强度1995年以来持续下降。统计数据结果表明，全球经济环境恶化时碳排放强度会出现上升或者下降速度减弱，而跨国经济合作加强时，碳排放强度下降速度明显加快。与全球碳排放强度相比，丝路沿线国家碳排放强度一直以来处于更高的位置，但前者的差距在不断缩小。2018年之后，中国碳排放强度开始低于其他丝路沿线国家碳排放平均强度，表明中国在碳减排上的努力成果显著。

从空间格局的角度看，丝路沿线国家碳排放总量空间差异显著，且高度集中于中国、俄罗斯和印度等碳排放大国。1995 年以来，碳排放总量出现绝对下降的国家主要分布在中东欧地区，其他国家则均有不同程度的增长。从碳排放强度的角度看，丝路沿线国家总体呈现南低北高的特征，高碳排放强度国家主要分布在中亚地区。与碳排放总量普遍增加相反的是，1995 年以来，多数丝路沿线国家碳排放强度均有不同程度的下降；而 1995 年以来，碳排放强度出现提升的国家主要分布在南亚和东南亚，如老挝、阿富汗、柬埔寨、缅甸和尼泊尔等国家。

1995—2021 年丝路沿线国家国外生产碳排放消耗来自丝路沿线国家内部的比重最高值为 42.04%，尚不足一半，说明丝路沿线国家来自国外的生产碳排放转移主要来自丝路沿线国家之外，受到欧美等发达国家生产碳排放转移的影响较大。1996 年起，美国占比超过日本开始成为全球通过最终品生产向丝路沿线国家输入碳排放最多的国家，且仅经过两年的时间便从 10.34% 增长到 13.60%，之后便一直围绕着 14% 上下浮动。2016 年及之后，中国、德国和日本排名稳定在第二、第三和第四位。除此之外，韩国、法国和英国等对丝路沿线国家的跨国碳排放均有较大影响，占比均超过 3%。

PSM-DID 结果显示，"一带一路"倡议的提出对于丝路沿线国家的碳排放总量影响并不显著，而对于丝路沿线国家碳排放强度有显著负向影响。"一带一路"建设的实施通过科技合作和低碳技术等对丝路沿线国家的碳排放强度有显著负向，而碳排放负向影响所带来的减排效应与生产合作带来的生产活动增加带来的碳排放增加相互抵消，导致"一带一路"倡议的实施对于丝路沿线国家碳排放总量的最终影响并不显著。从不同区域来看，"一带一路"倡议的实施对于中东欧区域碳排放总量有显著的负向影响，而对于中东欧、中亚与蒙俄、东南亚区域的碳排放强度有显著的负向影响。

二、讨论与建议

在新自由主义的制度安排下，资本得以在全球范围内流动，信马由缰地获取利润，致使全球化促进全球经济快速增长的同时，也孕育着巨大的危机。全球化所带来经济快速发展在空间分布上并非均衡，全球经济发展差距仍在扩大。被全球化过程边缘化的众多国家，仍然处在国际贫困线以下，深陷"贫困陷阱"之中难以挣脱。如戴维·哈维（2010）曾指出，在非洲，新自由主义根本没有带来任何积极变化。不仅如此，资源型国家资源被大规模地掠夺，重大工业污染事件在全球范围内频繁发生，严重损害着人类的生存环境。在此背景下，中国顺应时代需求，提出"一带一路"倡议。"一带一路"倡议倡导共商共建共享的原则，旨在促进经济要素有序自由流动、资源高效配置和市场深度融合，推动沿线各国实现经济政策协调，开展更大范围、更高水平、更深层次的区域合作，共同打造开放、包容、均衡、普惠的区域经济合作架构（国家发展改革委等，2015）。

"一带一路"倡议引领包容性全球化，为全球化提供了一条可供选择的更加具有包容性和可持续性的发展道路。"一带一路"建设给丝路沿线国家带去了重要的发展机会，已有大量研究表明，"一带一路"建设在丝路沿线国家促进就业、改善民生、改善环境和促进经济发展方面发挥重要作用（Githaiga et al.，2019；Li et al.，2022；周輖等，2022）。"一带一路"建设自始便高度关注环境保护，早在《愿景与行动》中便明确表示："在投资贸易中突出生态文明理念，加强生态环境、生物多样性和应对气候变化合作，共建绿色丝绸之路"，"促进企业按属地化原则经营管理，积极帮助当地发展经济、增加就业、改善民生，主动承担社会责任，严格保护生物多样性和生态环境"，"强化基础设施绿色低碳化建设和运营管理，在建设中充分考虑气候变化影响"。2022 年 3 月，中国国家发展改革委、外交部、生态环境部和商务部四部门联合发布《关于推进共建"一带一路"绿色发展的意见》，指出"一带一路"建设绿色引领、互利共赢的原则，要求让绿色切实成为共建"一带一路"的底色。

相比于一些国外学者对于"一带一路"将引起丝路沿线国家碳排放增加的担心和指责，本章通过统计数据和定量研究方法表明，事实上，"一带一路"倡议的实施在总体上并没有对丝路沿线国家碳排放总量带来显著影响，反而有助于丝路沿线国家降低碳排放强度。近年来，中国在"一带一路"绿色发展建设方面取得显著成效，先后与联合国环境规划署签署《关于建设绿色"一带一路"的谅解备忘录》，与丝路沿线国家及国际组织签署 50 多份生态环境保护合作文件，与沿线 28 个国家发起"一带一路"绿色发展伙伴关系倡议等，在可再生能源、节能环保、传统能源及产业生态改造等领域与丝路沿线国家展开密切合作。同时，中国在"一带一路"产能国际合作中持续开展低污染、低能耗的高技术示范项目，取得积极成果（蓝庆新，2022）。

丝路沿线国家碳排放强度的降低表明"一带一路"倡导的经济合作和碳减排并非"零和博弈"，而是可以达到双赢的。生产合作中的核心国家通过价值链或者生产网络的组织优化自己的生产过程，从而降低碳排放。而承接生产网络核心国家零部件转移的国家能够通过技术转移带来低碳技术和更高的生产效率，从而降低效应碳排放强度乃至降低碳排放总量。目前，总体上，"一带一路"合作带来的碳排放强度的降低抵消了国际合作带来的生产活动增加所带来的碳排放提升。在未来的"一带一路"推进过程中，有理由相信，随着绿色"一带一路"建设的走深走实、科技合作的加强以及减排技术的进一步发展和扩散，"一带一路"国家合作能够实现促进经济发展和碳排放降低的双赢发展。因而，相比于无益的抹黑与抵制，我们呼吁国际社会对于充满善意的"一带一路"倡议，给予更多的正面理解，加强研究，共同努力，致力于推动"一带一路"走深走实、行稳致远，更大程度地造福更多的丝路沿线国家。

参 考 文 献

Adams, S., Nsiah, C. Reducing carbon dioxide emissions: does renewable energy matter? *Science of The Total Environment*, 2019, 693: 133288. https://doi.org/10.1016/j.scitotenv.2019.07.094.

Akadiri, S. S., Alola, A. A., Olasehinde-Williams, G., et al. The role of electricity consumption, globalization and economic growth in carbon dioxide emissions and its implications for environmental sustainability targets. *Science of the Total Environment*, 2020, 708: 134653. https://doi.org/10.1016/j.scitotenv.2019.134653.

Apergis, N., Gupta, R., Lau, C. K. M., et al. U.S. state-level carbon dioxide emissions: does it affect health care expenditure? *Renewable and Sustainable Energy Reviews*, 2018, 91: 521-530. https://doi.org/10.1016/j.rser.2018.03.035.

Ascensão, F., Fahrig, L., Clevenger, A. P., et al. Environmental challenges for the Belt and Road Initiative. *Nature Sustainability*, 2018, 1 (5): 206-209. DOI: 10.1038/s41893-018-0059-3.

Ashenfelter, O., David, C. Using the longitudinal structure of earnings to estimate the effect of training programs. *Review of Economics and Statistics*, 1985, 67 (4): 648-660.

Aung, T. S., Fischer, T. B., Luan, S. J. Evaluating environmental impact assessment (EIA) in the countries along the Belt and Road Initiatives: system effectiveness and the compatibility with the Chinese EIA. *Environmental Impact Assessment Review*, 2020, 81: 106361.

Blondel, V. D., Guillaume, J. L, Lambiotte, R., et al. Fast unfolding of communities in large networks. *Journal of Statistical Mechanics: Theory and Experiment*, 2008 (10): P10008. DOI: 10.1088/1742-5468/2008/10/P10008.

Boguñá, M. The structure and dynamics of networks. *Journal of Statistical Physics*, 2007, 126 (2): 419-421.

Butt, A. S., Ali, I. Understanding the implications of Belt and Road Initiative for sustainable supply chains: an environmental perspective. *Benchmarking: An International Journal*, 2020, 27 (9): 2631-2648. DOI: 10.1108/BIJ-04-2020-0143.

Caro, D., Davis, S. J., Bastianoni, S., et al. Global and regional trends in greenhouse gas emissions from livestock. *Climatic Change*, 2014, 126: 203-216. https://doi.org/10.1007/s10584-014-1197-x.

Chen, J., Cheng, S., Song, M. Changes in energy-related carbon dioxide emissions of the agricultural sector in China from 2005 to 2013. *Renewable and Sustainable Energy Reviews*, 2018, 94: 748-761. https://doi.org/10.1016/j.rser.2018.06.050.

Clauset, A., Newman, M. E., Moore, C. Finding community structure in very large networks. *Physical Review E Statistical Nonlinear & Soft Matter Physics*, 2004 (70): 066111. DOI: https://doi.org/10.1103/PhysRevE.70.066111.

Deng, X. Y., Du, L. M. Estimating the environmental efficiency, productivity, and shadow price of carbon dioxide emissions for the Belt and Road Initiative countries. *Journal of Cleaner Production*, 2020, 277: 123808. DOI: 10.1016/j.jclepro.2020.123808.

Dicken, P. *Global Shift: Mapping the Changing Contours of the World Economy*. New York, USA: The Guilford Press, 2015: 14.

Du, J., Zhang, Y. Does One Belt One Road Initiative promote Chinese overseas direct investment? *China Economic Review*, 2018, 47: 189-205.

Dunford, M., Liu, W. D. Chinese perspectives on the Belt and Road Initiative. *Cambridge Journal of Regions, Economy and Society*, 2019, 12 (1): 145-167. DOI: 10. 1093/cjres/rsy032.

Fan, J. L., Zhang, X., Wang, J. D., et al. Measuring the impacts of international trade on carbon emissions intensity: a global value chain perspective. *Emerging Markets Finance and Trade*, 2019: 1-17.

Girvan, M., Newman, M. E. J. Community structure in social and biological networks. *PNAS*, 2002, 99 (12): 7821-7826.

Githaiga, N. M., Burimaso, A., Wang, B., et al. The Belt and Road Initiative: opportunities and risks for Africa's connectivity. *China Quarterly of International Strategic Studies*, 2019, 5: 117-141. https://doi. org/10. 1142/S2377740019500064.

Gruber, J., Poterba, J. Tax incentives and the decision to purchase health insurance: evidence from the self-employed. *Quarterly Journal of Economics*, 1994, 109 (3): 701-733.

Hafeez, M., Yuan, C., Shahzad, K., et al. An empirical evaluation of financial development-carbon footprint nexus in One Belt and Road region. *Environmental Science and Pollution Research*, 2019, 26: 25026-25036.

Heckman, J. J., Ichimura, H., Todd, P. E. Matching as an econometric evaluation estimator: evidence from evaluating a job training program. *Review of Economic Studies*, 1997, 64 (4): 605-654.

Heckman, J. J., Ichimurs, H., Todd, P. E. Matching as an economic evaluation estimator. *Review of Economic Studies*, 1998, 65 (2): 261-294.

Hu, M. J., Li, R. Z., You, W. H., et al. Spatiotemporal evolution of decoupling and driving forces of CO_2 emissions on economic growth along the Belt and Road. *Journal of Cleaner Production*, 2020, 277: 123272. DOI: 10. 1016/j. jclepro. 2020. 123272.

Humphrey, J., Schmitz, H. Governance and upgrading: linking industrial cluster and global value chain. IDS Working Paper 120, Brighton: Institute of Development Studies. 2000.

Hussain, J., Khan, A., Zhou, K. The impact of natural resource depletion on energy use and CO_2 emission in Belt & Road Initiative countries: a cross-country analysis. *Energy*, 2020, 199: 117409. https://doi. org/10. 1016/j. energy. 2020. 117409.

Khan, Y., Hassan, T., Tufail, M., et al. The nexus between CO_2 emissions, human capital, technology transfer, and renewable energy: evidence from Belt and Road countries. *Environmental Science and Pollution Research*, 2022, 29: 59816-59834. https://doi. org/10. 1007/s11356-022-20020-8.

Khan, D., Ullah, A. Testing the relationship between globalization and carbon dioxide emissions in Pakistan: does environmental Kuznets curve exist? *Environmental Science and Pollution Research*, 2019, 26: 15194-15208. https://doi. org/10.1007/s11356-019-04913-9.

Koopman, R., Powers, W., Wang, Z. Give credit where credit is due: tracing value added in global production chains. NBER Working Papers, 2010. DOI: 10. 3386/w16426.

Koopman, R., Wang, Z. Tracing value-added and double counting in gross exports. *Social Science Electronic Publishing*, 2014, 104 (2): 459-494.

Koopman, R., Wang, Z., Wei, S. J. How much of Chinese exports is really made in China? Assessing domestic value-added when processing trade is pervasive. NBER Working Papers, 2008. DOI: 10. 3386/w14109.

Koopman, R., Wang, Z., Wei, S. J. Estimating domestic content in exports when processing trade is pervasive. *Journal of Development Economics*, 2012, 99 (1): 178-189.

Li, R., Xu, L., Hui, J., et al. China's investments in renewable energy through the Belt and Road Initiative stimulated local economy and employment: a case study of Pakistan. *Science of the Total Environment*, 2022, 835: 155308. https://doi. org/10. 1016/j. scitotenv. 2022. 155308.

Liu, W. D., Dunford, M., Gao, B. Y. A discursive construction of the Belt and Road Initiative: from neo-liberal to inclusive globalization. *Journal of Geographical Sciences*, 2018, 28 (9): 1199-1214. DOI: 10. 1007/s11442-018-1520-y.

Liu, W. D., Zhang, Y. J., Xiong, W. Financing the Belt and Road Initiative. *Eurasian Geography and Economics*, 2020, 61 (2): 137-145. DOI: 10. 1080/15387216. 2020. 1716822.

Liu, Y. Y., Hao, Y. The dynamic links between CO_2 emissions, energy consumption and economic development in the countries along the Belt and Road. *Science of the Total Environment*, 2018, 645: 674-683. DOI: 10. 1016/j. scitotenv. 2018. 07. 062.

Maliszewska, M., Van Der Mensbrugghe, D. *The Belt and Road Initiative: Economic, Poverty and Environmental Impacts* (SSRN Scholarly Paper No. 3369989). Social Science Research Network, Rochester, NY. 2019.

Mastrandrea, M. D., Field, C. B., Stocker, T. F., et al. Guidance Note for Lead Authors of the IPCC Fifth Assessment Report on Consistent Treatment of Uncertainties. 2010.

Murshed, M., Rashid, S., Ulucak, R., et al. Mitigating energy production-based carbon dioxide emissions in Argentina: the roles of renewable energy and economic globalization. *Environmental Science and Pollution Research*, 2022, 29: 16939-16958. https://doi. org/10. 1007/s11356-021-16867-y.

Newman, M. E. Finding community structure in networks using the eigenvectors of matrices. Physical Review E Statistical Nonlinear & Soft Matter Physics, 2006. DOI: https://doi. org/10. 1103/PhysRevE. 74. 036104.

Newman, M. E., Girvan, M. Finding and evaluating community structure in networks. Physical Review E Statistical Nonlinear & Soft Matter Physics, 2004. DOI: https://doi. org/10. 1103/PhysRevE. 69. 026113.

Ng, L. S., Campos-Arceiz, A., Sloan, S., et al. The scale of biodiversity impacts of the Belt and Road Initiative in Southeast Asia. *Biological Conservation*, 2020, 248: 108691.

Peters, G. P., Andrew, R. M., Canadell, J. G., et al. Carbon dioxide emissions continue to grow amidst slowly emerging climate policies. *Nature Climate Change*, 2020, 10: 3-6. https://doi. org/10. 1038/s41558-019-0659-6.

Pons, P., Latapy, M. Computing communities in large networks using random walks. In: Yolum, P., Güngör, T., Gürgen, F., et al. (eds.), Computer and Information Sciences — ISCIS 2005. Lecture Notes in Computer Science. 2005 (3733). Springer, Berlin, Heidelberg.

Radicchi, F., Castellano, C., Cecconi, F., et al. Defining and identifying communities in networks. *Proceedings of the National Academy of Sciences of the United States of America*, 2004, 101 (9): 2658-2663.

Rauf, A., Liu, X. X., Amin, W., et al. Does sustainable growth, energy consumption and environment challenges matter for Belt and Road Initiative feat? A novel empirical investigation. *Journal of Cleaner Production*, 2020, 262: 121344. DOI: 10. 1016/j. jclepro. 2020. 121344.

Saud, S., Chen, S. S., Haseeb, A., et al. The nexus between financial development, income level, and environment in central and eastern European countries: a perspective on Belt and Road Initiative. *Environmental Science and Pollution Research*, 2019, 26 (16): 16053-16075. DOI: 10. 1007/s11356-019-05004-5.

Su，X.，Li，Y.，Fang，K.，et al. Does China's direct investment in Belt and Road Initiative countries decrease their carbon dioxide emissions? *Journal of Cleaner Production*，2022，339：130543. https：//doi. org/ 10. 1016/j. jclepro. 2022. 130543.

Tao，Y. H.，Liang，H. M.，Celia，M. A. Electric power development associated with the Belt and Road Initiative and its carbon emissions implications. *Applied Energy*，2020，267：114784. DOI：10. 1016/ j. apenergy. 2020. 114784.

Teo，H. C.，Lechner，A. M.，Walton，G. W.，et al. Environmental impacts of infrastructure development under the Belt and Road Initiative. *Environments*，2019，6（6）：72. DOI：10. 3390/environments6060072.

Töbelmann，D.，Wendler，T. The impact of environmental innovation on carbon dioxide emissions. *Journal of Cleaner Production*，2020，244：118787. https：//doi. org/10. 1016/j. jclepro. 2019. 118787.

UNCTAD. Global Value Chains：Investment and Trade for Development，World Investment Report. New York：United Nations，2013.

UNSD. *Envstats*：*News and Notes*. UN Statistical Division，New York，2014（35）.

Wen，J.，Mughal，N.，Zhao，J.，et al. Does globalization matter for environmental degradation? Nexus among energy consumption，economic growth，and carbon dioxide emission. *Energy Policy*，2021，153：112230. https：//doi. org/10. 1016/j. enpol. 2021. 112230.

Wu，F.，Huberman，B. A. Finding communities in linear time：a physics approach. *European Physical Journal B*，2003，38（2）：331-338.

Yan，Y.，Wang，R.，Zheng，X.，et al. Carbon endowment and trade-embodied carbon emissions in global value chains：Evidence from China. *Applied Energy*，2020，277：115592.

Yu，L.，Zhao，D.，Niu，H.，et al. Does the Belt and Road Initiative expand China's export potential to countries along the Belt and Road? *China Economic Review*，2020：101419.

Zhang，G.，Zheng，Z.，Yeerken，W. Tracking transfer of carbon dioxide emissions to countries along the Silk Roads through global value chains. *Chinese Geographical Science*，2022，32：549-562. https：//doi. org/ 10. 1007/s11769-022-1284-2.

Zhang，X. P.，Zhang，H. N.，Zhao，C. H.，et al. Carbon emission intensity of electricity generation in Belt and Road Initiative countries：a benchmarking analysis. *Environmental Science and Pollution Research*，2019，26（15）：15057-15068. DOI：10. 1007/s11356-019-04860-5.

Zhao，G.，Liu，C. Carbon emission intensity embodied in trade and its driving factors from the perspective of global value chain. *Environmental Science and Pollution Research*，2020，27（25）：32062.

Zhu，C. Z.，Gao，D. W. A research on the factors influencing carbon emission of transportation industry in the Belt and Road Initiative countries based on panel data. *Energies*，2019，12（12）：2405. DOI：10. 3390/en12122405.

程大中："中国参与全球价值链分工的程度及演变趋势——基于跨国投入-产出分析"，《经济研究》，2015年第 9 期。

国家发展改革委、外交部、商务部：《推动共建丝绸之路经济带和 21 世纪海上丝绸之路的愿景与行动》，外交出版社，2015 年。

哈维：《新自由主义简史》，上海译文出版社，2010 年。

黄先海、余骁："以'一带一路'建设重塑全球价值链"，《经济学家》，2017 年第 3 期。

蓝庆新："让绿色切实成为共建'一带一路'的底色"，《经济参考报》，2022 年 4 月 8 日。

刘慧、顾伟男、刘卫东等："中欧班列对企业生产组织方式的影响——以 TCL 波兰工厂为例"，《地理学报》，2020 年第 6 期。

刘瑞明、赵仁杰："西部大开发：增长驱动还是政策陷阱——基于 PSM-DID 方法的研究"，《中国工业经济》，2015 年第 6 期。

刘卫东："'一带一路'战略的科学内涵与科学问题"，《地理科学进展》，2015 年第 5 期。

刘志彪、张杰："全球代工体系下发展中国家俘获型网络的形成、突破与对策：基于 GVC 与 NVC 的比较视角"，《中国工业经济》，2007 年第 5 期。

沈能、周晶晶："参与全球生产网络能提高中国企业价值链地位吗：'网络馅饼'抑或'网络陷阱'"，《管理工程学报》，2016 年第 4 期。

郑智、刘卫东、宋周莺等："'一带一路'生产网络及中国参与程度"，《地理科学进展》，2019 年第 7 期。

周锏、韩硕、程是颉："让绿色成为共建'一带一路'的底色"，《人民日报》，2022 年 1 月 11 日。

第九章 中国铁路"走出去"可持续发展研究[①]

摘 要

交通基础设施已成为中国企业在"一带一路"沿线合作的重点领域之一。铁路作为典型的变革性项目，往往会对当地的社会经济发展产生巨大而深远的影响。随着"一带一路"沿线发展中国家逐步进入工业化阶段，铁路由于其运价低、运量大的特点，已成为发展中大国工业化和参与全球化不可缺少的重要基础设施，其铁路建设需求凸显。然而，发展中国家也普遍面临资金短缺、铁路技术和相关法律法规缺乏、工程建设与运营经验不足等问题，亟须吸引外资和海外铁路企业进行合作。随着中国铁路技术的快速发展和企业"走出去"的需求，中国已成为全球最重要的海外铁路建设国家之一。海外铁路建设作为引领包容性全球化的重要举措，在实践过程中积累了不少经验的同时，也面临可持续发展的风险。本章在简要剖析"一带一路"与中国海外铁路建设的基础上，厘清海外铁路建设的问题与风险，总结并比较中西方海外铁路发展历程和模式差异，最终探讨中国铁路"走出去"的可持续发展内涵和路径，以期为中国海外铁路可持续发展提供政策启示。

第一节 "一带一路"与中国海外铁路建设

"一带一路"建设项目既包括中国在海外的直接投资项目，也包括中国提供融资并承建的项目以及一些新兴的混合项目，其建设模式可分为基于工程总承包（Engineering, Procurement and Construction，EPC）模式、基于特许经营的模式和企业直接投资（刘卫东、

---

① 本章作者：王姣娥、李永玲、熊韦、刘卫东。

姚秋蕙，2020）。在"一带一路"建设项目中，铁路作为典型的变革性项目，会极大地促进地方社会经济发展，但也面临债务、运营、战略、人才缺失、民众认识等方面的问题与风险。如何保障中国铁路"走出去"的可持续发展则需要综合考虑铁路技术、资金、环境的可持续性及其对地方制度和文化土壤的适宜性。

一、"一带一路"与中国铁路"走出去"

"一带一路"建设项目有狭义和广义之分。狭义的"一带一路"建设项目是指在"一带一路"框架下政府间合作的项目，而广义的"一带一路"建设项目是指在与中国签署"一带一路"合作文件的国家中所发生的与中国相关的投资、贷款以及其他国际合作项目（刘卫东、姚秋蕙，2020）。2019 年，中国对"一带一路"沿线国家和地区的直接投资为 186.9 亿美元，占当年中国对外直接投资总额的比重为 13.7％，在"一带一路"沿线新签对外承包工程合同额为 1 548.9 亿美元，占当年对外承包工程新签合同额的 59.5％（中华人民共和国商务部，2020），其中，电力工程建设和交通运输建设为主要合作领域。可见，对外承包工程已成为中国企业参与共建"一带一路"、促进国际基础设施互联互通和产能合作的主要方式。在"一带一路"建设项目中，铁路项目具有自然垄断性与非贸易性、投资大、回报慢、涉及地域广的特点，其建设对运营制度与文化的依赖性强，对当地的社会经济系统发展会产生巨大的影响，属于一种典型的变革性项目（王姣娥等，2020）。

中国企业已在海外承建了大量的铁路基础设施建设项目，并以 EPC 模式为主。2019 年，中国企业在铁路领域新签对外承包工程合同额达到 259.4 亿美元（中华人民共和国商务部、中国对外承包工程商会，2020）。据美国《工程新闻纪录》发布信息，2020 年度"全球最大 250 家国际承包商"中中国企业占比达 30％，数量位居榜首。中国承包商在海外承建并推进的铁路工程项目已占据非常重要的地位。中国铁路"走出去"的步伐逐渐加快，覆盖范围逐步扩展，已建项目主要集中在非洲和亚洲，正在推进的项目覆盖欧洲和美洲。

中国铁路工程"走出去"始于 20 世纪 70 年代的坦赞铁路，而大规模海外铁路建设集中在 21 世纪。坦赞铁路是中国迄今最大的援外成套项目之一，被誉为"非洲自由之路"，其建设有着特殊的历史背景和政治因素，是中非人民友谊的不朽丰碑。进入 21 世纪以来，随着中国经济规模的快速增长和结构的调整，中国政府鼓励企业从"引进来"向"引进来走出去并重"，从而为中国对外承包工程提供了坚实的政策保障。2002—2019 年，中国对外承包工程新签合同额从 150 亿美元增长至 2 603 亿美元（其中交通运输领域 699 亿美元，铁路领域 259 亿美元），20 年间增长近 16 倍。与此同时，中国高速铁路技术的发展提高了中国铁路技术和标准的国际知名度，也增强了中国铁路的国际影响力和竞争力。"十二五"期间，李克强总理的"高铁外交"策略甚至引发了全球关注。此外，"一带一路"倡议的实施，形成了对外开放的新格局，进一步加速了中国铁路"走出去"的步伐。

中国海外铁路业务主要集中在亚洲和非洲两大市场。自 2013 年"一带一路"倡议提出以来，中国对"一带一路"沿线国家的对外承包业务规模持续扩大，其中，亚洲市场扩大较为明显，不仅承建了中老铁路、斯里兰卡南部铁路延长线一期项目等普速铁路，还承建了雅万高铁、安伊高铁、哈拉曼高铁等高速铁路。1976 年，中国对外承包商首次进入非洲市场，此后中国在非洲的对外经济合作规模逐步壮大。2001—2019 年，中非双边贸易总额从 130 亿美元上涨至 2 087 亿美元，中国成为非洲的第一大贸易伙伴。"一带一路"倡议提出后，中国对非洲基础设施项目资金和建设投入力度持续加大。2019 年，中国在非洲的承包工程新签合同金额达到 559 亿美元，已成为非洲最大的基础设施融资方和承建方，承建了本格拉铁路、亚吉铁路、阿卡铁路、拉伊铁路、蒙内铁路、内马铁路、丹吉尔—肯尼特拉高铁等代表性项目。

根据投融资方式和中国企业参与运营程度的不同，"一带一路"建设项目可分为以工程总承包（EPC）为基础的项目、以特许经营为基础的项目以及中国企业的对外直接投资（刘卫东、姚秋蕙，2020）。中国铁路"走出去"的过程中，绝大多数铁路"走出去"项目为"融资＋工程总承包"（F＋EPC）模式，其核心是中国向东道国提供项目贷款，以获得项目总承包权。一些 EPC 项目在完工后，由于东道国缺乏运营维护能力，最终由中国企业负责运营维护一段时间，催生了"工程总承包＋短期运营"（EPC＋O）模式或"工程总承包＋短期运营与维护"（EPC＋O＋M）模式。例如，亚吉铁路采用了 EPC＋O＋M 模式，由中国中铁和中国铁建中土集团联合运营 6 年，之后将运营权移交给当地人并再提供两年的技术服务。除了 EPC 为基础的项目，一部分中国铁路"走出去"的项目采取以特许经营为基础的模式，如雅万高铁采用了"建设-运营-移交"（Build-Operate-Transfer，BOT）模式。

二、海外铁路建设中存在的问题与风险

海外铁路建设过程中，由于制度、文化等土壤的差异，往往容易面临债务、运营、战略、人才缺失、民众认识等问题与风险。面对这些风险，应建立铁路"走出去"的可持续发展模式理论框架，指导铁路"走出去"的实践过程。具体而言，在利益平衡、制度和文化的约束下，构建财务和社会经济发展可持续的海外铁路建设模式，指导"一带一路"倡议下铁路"走出去"的实践过程。

1. 债务风险问题

狭义地来讲，海外铁路项目是指由中国政府/企业提供或牵头提供融资的铁路"走出去"

项目。债务问题是"一带一路"倡议中可持续的基础设施发展面临的关键风险。根据《2022年全球风险报告》提供的数据，债务危机是"一带一路"沿线国家面临的第三大风险。"一带一路"沿线以发展中国家为主，经济发展基础薄弱，整体水平偏低，外债存量占GDP比重较高。国际货币基金组织（IMF）政府与对外债务统计数据显示，"一带一路"沿线国家中有9个国家对外存量债务占GDP的比重超过80％（温灏、沈继奔，2019）。随着东道国债务负担的加剧，"一带一路"铁路项目的债务风险也在增加。

2. 运营风险问题

根据蒙内铁路、亚吉铁路等项目的经验，海外铁路项目开通运营以后存在以下几方面的风险：首先是保障铁路安全运营的法律法规缺失问题，部分国家没有保障铁路安全运营的法律法规和保障机制，存在一定的运营安全风险；其次是配套基础设施不完善等问题，很多国家基础设施配套体系比较薄弱，也缺乏集疏运体系的总体规划，影响基础设施总体的互联互通水平；最后，没有谋划好的货源或损害了其他利益体如公路运输企业、卡车司机的利益，从而造成货源不足的问题。因此，应加强对这一替代过程的低风险运作模式研究，服务于铁路的可持续发展。

3. 战略风险问题

"一带一路"铁路建设过程中，很多国家处在建设风险不稳定区域。一些国家政府执政基础较为薄弱，腐败现象严重，政府效能风险较高。而一些国家社会安全风险系数较高，恐怖主义导致当地社会不稳定。此外，西方国家调整非洲等地区的战略部署，都会影响东道国对外商直接投资的政策环境和合作态度。例如，美国对"一带一路"的制衡态势会影响东道国与中国的合作态度，会对中国铁路"走出去"产生负面影响。

4. 人才缺失与民众认识问题

海外铁路建设主要集中在发展中国家，但这些国家往往缺乏铁路运营、维护和管理等相关专业的人才。即便多数中国企业在铁路建成后在当地进行相关培训，很多国家仍极度缺乏铁路技术工人和管理人员。人才问题是中国铁路"走出去"过程中必须要考虑的问题，对铁路运营的可持续性存在重大意义。此外，很多国家为农耕社会，政府普遍缺乏铁路对于能带来的变化以及如何适应铁路带来的机遇和挑战等的总体认知，不利于铁路的建设和可持续运营。

第二节　西方铁路"走出去"历程与模式

工业革命后，世界各国铁路发展迅速，铁路在国家交通运输系统中的地位日益增强，对各国的经济社会发展、空间结构重组、战略布局和国际关系产生了深刻影响。西方国家基于本国铁路建设技术或资本的优势，开始尝试铁路"走出去"，以获得较高的投资回报率，助推国际分工和世界市场的形成。

一、西方海外铁路发展历程

19 世纪中后期，随着金融机构的发展和海外铁路投资回报率的飙升，西方投资者将大量资本投资于海外铁路建设中，掀起了海外铁路投资热潮。由于基础设施投资的信息不对称，不同项目投资回报率存在很大差异。为了提高投资回报率并降低投资风险，海外铁路发展初期主要投资国为人流、货流、信息流联系最紧密的地区，即欧美国家。19 世纪 70 年代，以英国为代表的西方铁路投资者将目光转移到世界上的原材料供应国，尤其是能确保足够货运量进而保证一定投资回报率和较低投资风险的地区，因此，在这一时期印度、加拿大、澳大利亚、阿根廷等国家的铁路发展被带动起来。海外铁路的发展，助推了国际分工和世界统一市场的形成。"二战"结束后，除中国、苏联等社会主义国家以外，全球大多数国家的铁路建设迎来了低迷期，再加上来自航空和公路运输的蓬勃发展与其具备的竞争优势，很多国家的铁路运营里程甚至有所下降。总体上，西方海外铁路建设大致经历了起步期（工业革命至 19 世纪 70 年代）、高峰期（19 世纪 70 年代至"一战"）、发展期（"一战"至"二战"期间）以及低迷期（"二战"结束至今）四个阶段。

1. 起步期：工业革命至 19 世纪 70 年代

工业革命后，生产力持续提升，大规模工厂化生产成为现实。国际资本在全球范围内大规模流动，推动了国际分工和世界市场的形成。英国作为第一次工业革命的发源地，确立了"世界工厂"的地位，加之强大的海上力量，英国霸权下的国际经济秩序逐步确立，资本、技术、设备首先由英国向周边国家扩散。19 世纪早期，以比利时、法国和德国为代表的西欧国家及美国复制了英国的模式，相继进行工业化。1825 年，英国建造了世界上第一条公共蒸汽铁路，1830 年修建了第一条现代铁路（利物浦—曼彻斯特）。19 世纪中叶，英国开始修建海外铁路，早期海外铁路建设的行为主体以私营企业为主。出于对合理且安全的投资回报追求，在满足国内市场需求后，英国私营企业把目光转移到国外市场，尤其是欧洲和美国等经济发达且与英国人流、货流、信息流联系紧密的地区（Drummond，2008）。此后，铁路建设遍及世界各地。截至 1850 年，全球新建铁路 4 500 千米；1850—1870 年，全球新建铁路超过 145 万千米，其中 90% 以上的铁路集中在欧洲和北美（Kasaba，1988）（图 9-1）。

2. 高峰期：19 世纪 70 年代至"一战"

随着工业化的不断推进，全球范围内逐渐形成了以欧美为中心，亚洲、非洲和拉丁美洲为边缘的国际分工体系。在此阶段，英国废止了对机器出口和熟练工人的移民限制，开始采取自由贸易政策，取消了对殖民地的贸易垄断，为欧美其他国家的人口增长、经济发展和对外贸易做出了一定贡献（曹广伟，2012）。从 19 世纪中叶到"一战"结束，从英国迁出的人口达到了 1 340 万人（Mitchell，1998a），而美国则成为英国人口的主要迁入地（Magee and Thompson，2010；Mitchell，1993）。熟练工人和铁路技术人员的移民以及英国资本的流入，刺激了该时期美国和欧洲铁路规模的持续增长。

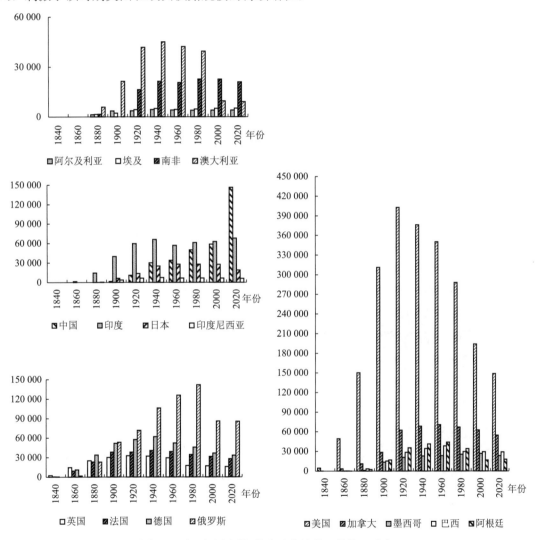

图 9-1　主要国家历年铁路运营里程（单位：千米）

资料来源：International Historical Statistics；各国统计年鉴；UNECE Transport Statistics Database；
Statista 全球统计数据库。

　　在该阶段，为了出口工业品并拓展市场，英国等帝国主义国家强化了对殖民地的控制力度，逐渐将其发展为原材料供应地、工业品出口市场和资本输出场所（刘卫东，2017）。蒸汽机船和蒸汽机车的发展极大地推动了远洋运输与铁路运输的发展，通过缩短时空距离和降低运输成本，促进了国际分工和世界市场的发展。为了巩固统治地位，获得廉价原材料并扩大市场，西方国家以连接沿海港口和内陆原材料产地为铁路建设的主要模式，在殖民地和半殖民地修建了大量铁路。与此同时，英国作为宗主国在铁路运费的定价上起决定性作用，可以通过降低本国进口商品的运输费用和提高殖民地商品的运输费用，提高宗主国商品的竞争力。1850—1913 年，英国在 16 个南美国家投资了约 118 家铁路公司（Drummond，2008）。在印度，由于英属印度的担保制度确保所有利润都归铁路公司及其英国股东所有，而产生的损失则由印度人民承担（Satya，2008），导致英属印度在英国海外铁路投资中所占的份额持续提高。截至 1907年，英国也分别在澳大利亚和加拿大建设了 36 210 千米的铁路（Drummond，2008）。

专栏 9-1

案例：非洲殖民时期的铁路发展

　　非洲国家的经济发展水平总体较低，但因其特殊的殖民地历史，其铁路建设开始也较早。追溯历史并展望未来，可将非洲的铁路发展大致分为三个阶段和两次热潮（图 9-2）：第一阶段（1850—1960 年），欧洲国家基于掠夺资源与帝国扩张等需求，开始在非洲大陆修建铁路，并于 20 世纪初期迎来第一次建设热潮；第二阶段（1960—2010 年），非洲各国相继独立，资源富集国家为了推动经济发展，力图实施一系列包括铁路在内的建设计划，但囿于政治动荡、地缘政治、自然环境及技术手段、资金匮乏等各种因素的制约，该阶段非洲铁路的建设和发展相对缓慢；第三阶段（2010—2050 年），受益于中国与非洲的合作，非洲铁路迎来第二次建设热潮。

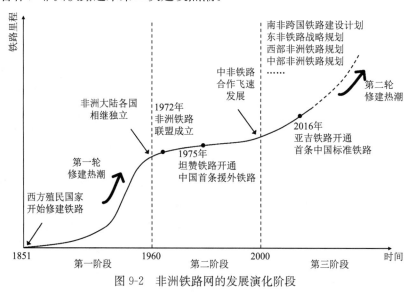

图 9-2　非洲铁路网的发展演化阶段

非洲殖民时期铁路建设的第一次建设热潮为 1850—1960 年，该时期的铁路建设奠定了当前非洲铁路网络的基础。该阶段欧洲国家基于掠夺资源与帝国扩张等需求，开始在非洲大陆修建铁路，如 1851 年英国在埃及修建了第一条铁路。该时期，各宗主国分别在各自的殖民地进行铁路建设，相互之间、相邻地区之间的铁路缺少统筹规划与布局。虽然该时期的铁路建设数量相对较少，但总里程数较大且分布分散，目前约 60％的非洲大陆铁路均为此时期所建设。该阶段，铁路里程达到 7.66 万千米，覆盖了非洲大陆 36 个国家，覆盖率达到 75％，铁路网密度达到 26.16 米/平方千米。从具体国家来看，南非的铁路里程最多，达到 1.88 万千米，占非洲铁路的比重达到 24.5％，扎伊尔〔现刚果（金）〕和苏丹分别达到 5 467 千米和 4 631 千米，阿尔及利亚、埃及、莫桑比克、津巴布韦、尼日利亚、安哥拉等国家均超过 3 000 千米，赞比亚、纳米比亚、坦桑尼亚、摩洛哥均超过 2 000 千米，其他国家的铁路里程较少。该阶段大约持续了 110 年的时间，典型特征是"殖民属性"，铁路空间布局混乱而分散，铁路网的主要功能用途是掠夺资源与输入工业品。

资料来源：Xie and Wang（2021）。

3. 发展期："一战"至"二战"期间

"一战"至"二战"期间，国际贸易严重受阻。其中，商品出口占全球 GDP 的比重由 1913 年的 14.0％下降到 1945 年的 4.2％（Fouquin and Hugot，2016），而对外直接投资占全球 GDP 的比重由 1914 年的 17.7％下降到 1945 年的 4.6％（Bordo et al.，2007）。值得注意的是，两次世界大战对欧美国家和边缘国家的贸易总额产生了不同的影响。相比于 1913 年，大多数欧美国家的贸易额有所下降，而作为边缘地区的亚洲、非洲、拉丁美洲大多数国家的贸易总额有所上升（Mitchell，1998a，1998b）。为了弥补战争造成的欧美之间的贸易下降，在该阶段，西方国家继续在边缘地区扩大铁路建设，使得该时期边缘国家的铁路里程增速远高于欧美国家（图 9-1）。1920—1940 年，英美两国的铁路运营里程有所下降，而巴西、阿尔及利亚、南非等国家的铁路运营里程增长了 20％以上。与此同时，西方国家在边缘国家的铁路建设也持续发展。以英国为例，1910—1930 年英国在阿根廷建设的铁路增长了 26％（Lenz，2010）。

4. 低迷期："二战"结束至今

"二战"的结束标志着帝国主义的衰落，殖民地和半殖民地国家相继进行了铁路的国有化，帝国主义无法再以修建铁路等方式扩大其影响力，海外铁路建设进入了停滞期。此外，"二战"结束后，除俄罗斯和中国外，全球大多数国家的铁路自主建设也迎来了低迷期，很多国家的铁路运营里程甚至有所下降。以美国为例，1960—1980 年，美国的铁路运营里程从 35 万千米减少至约 29 万千米，究其原因，主要有两方面：①航空和州际公路的快速发展取代了铁路的部分运输份额；②20 世纪 30 年代初的大萧条使原有银行、保险公司和其他大型机构投资者所投资的铁路资产大幅贬值，促使金融机构脱离铁路业务，使铁路无法获得外部私人资本（Cohen，2010）。

进入 21 世纪以来，世界各国普遍面临铁路设施老旧和运营管理上的问题，除亚洲一部分国家以外，大多数国家铁路运营里程持续下降（图 9-1）。然而，随着规模经济和绿色交通发展越来越重要，各国新建和改建铁路的需求日益增加。根据 2018 年国际铁路联盟（UIC）的报告，全球范围内计划或在建的铁路基础设施项目近 1 500 个，总里程达 14 万千米，包括 5.7 万千米的改建（扩建）项目和 6.5 万千米的新建项目（Grob and Craven，2018）。

二、西方海外铁路建设模式

从建设主体分析，近代西方海外铁路建设主要存在三种模式：①以英国、美国为代表的私企主导模式，其驱动因素为贸易和资本输出；②以俄国、日本为代表的国家主导模式，其驱动因素为政治和军事目的；③以德国、法国、比利时为代表的国家领导企业联合模式，其驱动因素兼具前两者（钟准，2019）。其中，采用私企主导模式的英国在全球海外铁路发展中发挥了决定性作用，助推了全球经济扩张。"一战"前，英国在全球外国投资总额中所占的份额为 50％以上，其鼎盛时期（1850—1860 年）接近 80％（Obstfeld and Taylor，2003）。1914 年，英国 70％的长期外国投资由政府债券和铁路债券组成（Nayyar，2006）。因此，下文的分析将以英国为典型代表，探讨西方海外铁路的建设模式。具体而言，以英国为代表的私营企业主导模式包括工程主导模式和资本主导模式，铁路较高的投资回报率吸引了不同精英阶级和利益团体，在扩大海外铁路市场的过程中，助推了全球铁路网络格局的形成。

1. 工程主导模式

由于掌握了铁路技术和设备，英国铁路承包商和工程师在早期全球铁路发展中起到了重要作用，一部分海外铁路采用了工程主导模式。根据东道国诉求、东道国与母国权力关系的不同，工程主导模式可以进一步细分为基于成本优势的工程主导模式、基于资本优势的工程主导模式以及基于权力优势的工程主导模式。

（1）基于成本优势的工程主导模式。英国早期铁路建设运营成功后，开始在世界各国积极建设铁路网。以法国巴黎—勒阿弗尔铁路为例，由于本国承包商的投标价格太贵，1841 年该铁路最终由英国承包商托马斯·布拉西（Thomas Brassey）和威廉·麦肯锡（William Mackenzie）联合承包建设。基于铁路建设的成本优势，1841—1857 年英国布拉西承包了法国 10 多个铁路建设项目（Brassey，1872），其中最长的铁路为奥尔良-波尔多铁路，全长473 千米。

（2）基于资本优势的工程主导模式。随着工业化的推进，欧洲部分国家虽然具有铁路建设意愿，但存在建设资金的短缺，从而鼓励吸引外资建设铁路。以意大利都灵—诺瓦拉铁路为例，意大利政府强烈希望能吸引外资建设该铁路，并与英国铁路承包商布拉西签署了一项初步协议，协商由布拉西承担铁路建设 1/4 的资本金，铁路建设工程由布拉西承包。在意大利都灵通往另一个城市苏萨的铁路建设过程中，承包商布拉西与英国另外两家承包商一起签订了该铁路的建设工程，并共同承担一半的资本金，而另一半由皮埃蒙特政府承担（Helps，1888）。

（3）基于权力优势的工程主导模式。皇家代理人（Crown Agents）在英属殖民地的铁路建设中承担起了重要角色。皇家代理人最初是为了在英国殖民地进行金融交易而成立的机构，1833 年正式成立为单一机构，其职责包括对国库赠款进行会计核算与采购物资，在市场上筹集资金，监督铁路等基础设施建设。19 世纪 80 年代中期，巴西纳塔尔和南非开普敦等地区通过皇家代理人获得铁路建设与维护所需的所有材料及设备，铁路的承建工程由皇家代理人所获准的英国承包商完成，因此存在一定程度的垄断性（Magee and Thompson，2010）。到 19 世纪 90 年代中期，皇家代理人开始采取部门制系统，即不再由政府雇佣的承包商或私营公司建造，而是由他们自己的咨询工程师建造铁路工程（Sunderland，2002）。

工程"走出去"过程中包含了设备、技术的输出，也推动了轨距等铁路相关标准的输出。在铁路发展初期，世界上的轨距五花八门，并不统一。1847 年英国通过了《轨距法案》，将 1 435 毫米轨距确定为标准轨。之后，推行其他轨距及对应设备的英国承包商开始将目光转向海外市场。由于宽轨稳定性和货运能力高，印度总督达尔豪西勋爵（Lord Dalhousie）决定在英属印度地区（现在的印度、孟加拉国、巴基斯坦）发展宽轨系统，由此奠定了该地区建设以宽轨系统（1 676 毫米）主导的铁路网络。然而，由于推行非标准轨的其他铁路商也进入了该地区的铁路市场，导致英属印度地区也同时发展了窄轨与米制轨等不同的轨距系统。此外，法国主导制定的国际单位制催生了米轨（1 000 毫米）系统的诞生，并在法属印度支那地区（越南、老挝、柬埔寨）发展了以米轨为主导的铁路系统。

2. 资本主导模式

随着海外铁路投资回报率的上升，以英国为代表的许多欧美国家掀起了海外铁路投资热潮。"一战"前，英国在全球外国投资总额中所占的份额达 50% 以上，其中在 1850—1860 年的鼎盛时期甚至接近 80%（Obstfeld and Taylor，2003）。1914 年，英国 70% 的长期外国投资由政府债券和铁路债券组成（Nayyar，2006）。根据驱动主体的差别，英国的资本主导模式可以分为母国精英群体主导模式和东道国精英群体主导模式。

（1）母国精英群体主导模式。随着海外铁路投资回报率的上升，分别以贵族、军事家、政治家以及金融家为主体的英国精英群体在伦敦设立海外铁路公司（Amini and Toms，2021）。根据不同的国家，海外铁路公司的英国精英群体组成结构存在较大差异，这也在一定程度上反映了铁路建设目的的差异。例如，19世纪末，在印度发展的海外铁路公司的董事会以军事家为主，而在阿根廷发展的海外铁路公司的董事会以金融家为主（Amini and Toms，2021）。英国海外铁路公司通常由伦敦办事处和当地（东道国）管理部门构成，公司由一部分股本和债券筹集资金。英国海外铁路公司的管理层（董事会）在英国，而伦敦办事处一般雇佣秘书、会计和职员（Harvey and Press，1989）。以1849年成立的大印度半岛铁路公司为例，其总部设在伦敦，股本为50 000英镑，管理委员会由25名英国人组成，包括来自东印度公司和伦敦银行的官员。管理委员会中的大多数人居住在英国，但也有一些人曾经旅住在印度。在印度，铁路投资具有独特的担保制度，从而确保了海外投资者5%的利润（Amini and Toms，2021）。该担保制度向其股东承诺，如果海外铁路公司表现不佳，印度纳税人将承担相应的损失。因此，当地大多数利润都流向了铁路公司和他们的英国股东，而损失则由印度人民承担（Satya，2008）。作为回报，当海外铁路公司盈利超过5%时，需要向印度政府支付每年盈余的一半。

（2）东道国精英群体主导模式。为了弥补资金短缺，东道国的精英群体积极吸引外资建设铁路。以美国为例，为了吸引英国资本，美国铁路公司在组织上采取了许多创新，巩固了公司与英国之间的关系。作为资本回报，通常会允许英国公司监控铁路公司的财务状况（Magee and Thompson，2010）。第二类吸引英国资本的方式是，任命或选举英国股东进入董事会并设立股东委员会，以此增加英国投资者对海外铁路的信心。

专栏 9-2

非洲案例：殖民时期铁路技术的被动植入

殖民时期非洲形成了复杂的铁路轨距系统，这是外来铁路技术植入的结果。轨距类型方面，非洲形成复杂多样的铁路轨距，覆盖了610～1 435毫米的尺度，包括610毫米、762毫米、950毫米、1 000毫米、1 055毫米、1 067毫米和1 435毫米等轨距类型。但非洲仍形成了部分主流轨距。其中，1 000毫米、1 067毫米和1 435毫米为主流轨距，三类轨距铁路里程占非洲铁路网总里程的99.7%。欧洲国家的铁路主要以1 435毫米标准轨距为主，但因窄轨铁路建设成本低且适用于地形复杂、自然环境恶劣地区，这促使各宗主国对殖民地的铁路技术标准植入以窄轨居多。其中，1 067毫米是最重要的铁路轨距，覆盖了非洲 65.1％的铁路里程，接近 2/3，大多数由英国控制的地区采用了该轨距；1 000 毫米和 1 435 毫米的覆盖里程虽有差异但较小，且覆盖比例均比较低，分别为 17.0％和 17.6％；而 610 毫米、762 毫米、950 毫米三类轨距的覆盖铁路里程极少，所占比重仅为 0.3％，主要以特殊用途为主，如苏丹拥有 716 千米的 610 毫米种植园铁路，莫桑比克拥有 140 千米的 762 毫米矿砂铁路。非洲铁路网轨距分布呈现出由零化整、由孤立到区域统一的发展趋势，1 435 毫米铁路扩张和其他轨距铁路萎缩是主要特征，基于同一标准的铁路联网是重要趋势。

资料来源：Xie and Wang（2021）。

第三节　中国铁路"走出去"历程与空间特征

"二战"后，相较于全球其他国家铁路营运里程的减少，中国铁路则进入了快速发展阶段。1949 年，中国铁路营运里程仅 2.18 万千米，2020 年增长至 14.63 万千米，其中 3.79 万千米为高速铁路。随着中国"一带一路"倡议的提出，全球海外铁路的建设发展进入了第二个高峰期。

一、中国海外铁路发展历程

中国的海外铁路建设至今大体经历了三个阶段：劳动力"走出去"阶段（19 世纪）、外交"走出去"阶段（20 世纪）和铁路大规模"走出去"阶段（21 世纪）。

1. 劳动力"走出去"阶段（劳务输出）

19 世纪 70 年代以前，中国国内尚未修建铁路，在海外铁路建设中主要以劳动力"走出去"为主。华工甘愿以非常低廉的工资担负爱尔兰劳工不愿担负的铁路修建工作，在 19 世纪后半叶的北美铁路建设中起到了关键作用。1864 年，美国中央太平洋铁路公司招聘了一万多名华工，以解决太平洋铁路建设劳动力不足问题。这些华工约占劳动力总数的 90％，以每人每天 70 美分的酬劳担负起繁重又最为艰险的筑路工程。这不仅缩短了一半的施工时间，而且还减少了 2/3 的施工成本。在这条铁路竣工后的 20 年里，中国铁路工人至少修建了 71 条北美铁路，类型上包括跨国铁路、城际铁路和地方铁路，覆盖了美国和加拿大部分地区（如加拿大太平洋铁路）（Chang and Fishkin，2019）。

2. 外交"走出去"阶段（援助项目）

20世纪，中国铁路"走出去"以对外援助为主，外交目的大于经济目的。20世纪60年代初，坦桑尼亚和赞比亚相继独立后，为快速发展经济并开采境内丰富的铜矿石，急需修建铁路寻找安全可靠出海口。为此，两国向西方国家、苏联以及世界银行寻求援助，结果均遭拒绝。1964年，中国与坦桑尼亚、赞比亚建交后，两国将目光转移到中国，次年正式向中国提出援助修建铁路项目的需求。此时的中国在国内已建成了大规模的铁路网，1964年铁路里程达到3.53万千米，跻身世界前十（Mitchell，1998b），具备了在海外推广铁路的技术能力。同时，该时期中国急需突破西方国家的贸易封锁，打破外交上的孤立。在共同利益驱动下，中国于1964年决定援助坦桑尼亚和赞比亚两国修建连接达累斯萨拉姆和卡皮里姆波希的铁路，1965年开始勘探工作，1970年动工建设，1975年完工，1976年正式移交给坦桑尼亚和赞比亚政府。坦赞铁路总建设成本约22.6亿元人民币，其中工程费用总计10.9亿元，全部由中国提供，包括9.88亿元的长期无息贷款和1.06亿元的无偿赠送（裴坚章，2004）。时至今日，坦赞铁路仍被非洲人民亲切地称为"自由之路""友谊之路"，成为见证中非友好的不朽丰碑。

3. 铁路大规模"走出去"阶段

进入21世纪后，随着经济全球化、铁路技术与工程承包的发展，中国铁路进入了大规模"走出去"时期。一方面，新自由主义全球化时期，大量资本由发达国家流向发展中国家，到了20世纪90年代后，全球制造业向中国大转移，促进了中国经济高速增长。2010年中国超过日本成为全球第二大经济体，2013年超过美国成为全球第一货物贸易大国。同时，经过30多年的高速发展，中国经济逐渐进入"新常态"，急需转变发展方式，通过扩大对外投资转移过剩产能，促进产业结构升级。2008年全球金融危机后，中国对外投资规模增长迅速。2014年起，中国对外投资规模开始大于引入外资规模，标志着"引进来"和"走出去"并重的发展模式形成。另一方面，海外工程承包和铁路技术发展为中国铁路"走出去"奠定了坚实的物质基础。2002—2019年，中国对外承包工程新签合同额从150亿美元增长到2 603亿美元。其中，交通运输建设领域新签合同额699亿美元，铁路领域259亿美元。2009年启动的麦加轻轨是继坦赞铁路项目后中国承建的第一个对外总承包项目，具有里程碑意义，为铁路大规模走出去积累了足够的经验和教训，并提供了宝贵的借鉴。同时，2008年京津城际铁路开通运营以来，中国高铁进入快速发展时代。2020年，中国高铁营运里程已达3.79万千米，占全球高铁营运总里程的60%以上。高铁技术的发展，提高了中国铁路的国际知名度和国际竞争力，加快了中国铁路"走出去"的步伐。

不同于西方国家殖民主义扩张时期的海外铁路建设，中国铁路"走出去"并非以地缘经济掠夺和地缘政治称霸为目标，而是遵循包容性全球化的基本思路，强调海外铁路建设不能仅为资本空间扩张和积累服务，而且要服务于当地经济增长和社会公平，促进当地政府治理能力的提高。一个典型的案例是蒙内铁路的建设，通过帮助肯尼亚实现铁路建设产业链条的"属地化"和实行"属地化"管理模式，有效促进了本地就业，带动了肯尼亚的经济社会发展。据统计，蒙内铁路建设和运营过程中肯方雇员占雇员总数的94%，累计为当地直接创造了超过4.6万个工作岗位；蒙内铁路通车后，有效拉动了长距离陆路运输业的发展，为肯尼亚的经济增长贡献了1.5个百分点。同时，蒙内铁路也是乌干达、南苏丹、卢旺达等东非内陆国家最便捷的出海通道，其通车后，东非内陆国家进出口的货物只需在内罗毕办理相应的海关手续，然后由蒙内铁路直接连通蒙巴萨港进出海，大幅压缩了东非各国国际货物的运输程序、成本和时间，促进了东非各国之间的交通和经济联系。

二、中国铁路"走出去"空间特征

1. 总体概况

根据中国海外铁路项目信息数据集，2007—2019年，由中国企业设计或承建的海外铁路项目共计86个，包括19个签约项目、22个已开工项目和45个完工项目，覆盖全球47个国家。从铁路设施类型来看，普速铁路和快速铁路是中国海外铁路建设的主要类型，共计62个，占中国海外铁路建设项目的72.1%；其余铁路项目类型，包括：轻轨项目13个，高铁项目10个，地铁项目3个。从建设企业来看，中国中铁股份有限公司、中国土木工程集团有限公司、中国铁建股份有限公司及其旗下的骨干成员企业承建了一半以上的铁路项目，而中国交通建设股份有限公司、中国港湾工程有限责任公司、中国铁路工程集团有限公司等大型工程承包商也分别承建了2条以上铁路。从海外铁路建设里程分析，23个项目铁路建设里程小于100千米，37个项目铁路建设里程为100～500千米，25个项目铁路建设里程大于500千米。

2. 空间分布特征

从海外铁路的地域分布分析，中国在东南亚、西非和西亚建设的铁路项目均超过10个（表9-1），合计占中国海外铁路建设项目的45.45%。其中，在东南亚建设的海外铁路项目包括10个普/快铁路项目、3个轻轨项目、2个高铁项目和1个地铁项目；在西非建设的海外铁路项目包括11个普/快铁路项目和1个轻轨项目；在西亚建设的海外铁路项目包括6个普/快铁路项目、3个轻轨项目和3个高铁项目。

表 9-1　中国海外铁路建设项目空间分布　　　　　　　　　　单位：个

区域	地铁	轻轨	普/快铁路	高速铁路	合计
东南亚	1	3	10	2	16
西非	0	1	11	0	12
西亚	0	3	6	3	12
北非	0	1	7	1	9
南亚	0	2	4	2	8
欧洲	2	0	4	2	8
东非	0	1	6	0	7
南非	0	0	5	0	5
南美洲	0	0	5	0	5
中亚	0	1	2	0	3
北美洲	0	0	1	0	1
中非	0	0	1	0	1
大洋洲	0	1	0	0	1

资料来源：中国海外铁路项目信息数据集。

　　中国海外铁路项目的空间布局总体表现出以下两个基本特征：①主要集中在"一带一路"沿线国家和地区，尤其是东南亚、南亚和西亚等 21 世纪海上丝绸之路和丝绸之路经济带的衔接区域以及非洲，占比约为 80%；其次为欧洲、南美洲和中亚，占比约 18%；在北美洲和大洋洲的海外铁路项目则较少（图 9-3）。②海外铁路建设项目空间上与全球地缘经济格局高度耦合（图 9-4）。从 2019 年国际贸易网络社团结构来看，全球形成了：以欧盟为中心的欧洲社团，包括欧洲、中亚和北非部分国家；以美国为中心的北美社团，包括北美洲与南美洲部分国家；以东亚为中心的亚非拉美社团，包括东亚、东南亚、南亚、西亚、大洋洲和非洲的大多数国家以及拉丁美洲的部分国家。中国海外铁路项目主要布局在亚非拉美社团，占比约 80%。

　　根据海外铁路建设的政治和经济动机，可将中国海外铁路建设的空间范围划分为三类区域。①东南亚、南亚和中亚等中国周边地区，分布了约 30% 的中国海外铁路建设项目。中国在这些区域具有安全、经济和政治利益的多重诉求，通过铁路建设，有利于深化与周边国家双边关系，优化地缘环境，进而服务于维护国家主权和安全；同时，也有助于促进国家之间的经济联系，促进区域市场的整合与扩张，达到共同发展的目的。②西亚、非洲和拉丁美洲等地区，分布了 55% 以上的中国海外铁路建设项目。这些国家虽经济欠发达、基础设施落后但拥有丰富的资源或在地缘战略格局中占据重要位置。这些国家往往与中国有长期深厚

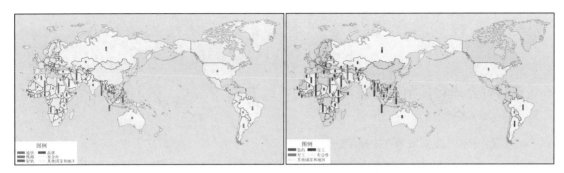

图 9-3　中国海外铁路建设项目进展

资料来源：2007—2019 年中国海外铁路项目信息数据集。

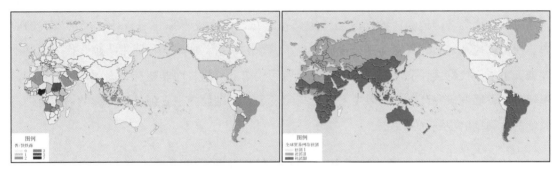

图 9-4　中国海外铁路项目分布与全球贸易网络社团格局比较

资料来源：BACI. International Trade Database at the Product-Level. 2019.

的政治关系，但工业化程度较低，缺乏自主建设铁路的能力，或受限于政府财力，无力承担铁路建设费用。中国对这些国家以提供无息或低息贷款为主，并放低对铁路建设短期收益的要求，主要服务于长期的经济发展目标（如本地经济发展和中国能源资源保障）和外交战略，具有一定的援助色彩。③位于欧美的发达和发展中国家，约占中国海外铁路建设项目的10％。这些国家和地区具有一定的工业基础与自主建设铁路的能力，且与中国在地缘经济和政治领域存在较强的竞争关系。在该区域的海外铁路项目遵循市场导向原则，以获取利润和扩大市场为目标。同时，通过与发达国家的铁路企业竞争，进一步提升中国铁路企业的竞争力和中国铁路标准的国际影响力。

第四节　中国铁路"走出去"可持续发展路径

一、包容性全球化视角下的基础设施可持续发展

1. 基础设施可持续发展的内涵变迁

（1）长期可持续与短期可持续。1987 年，世界环境与发展委员会对可持续发展给予了最初的定义，试图在全球经济增长和环境保护之间找到平衡点（World Commission on Environment and Development，1987）。其解决方案是以代际公平的理念为中心，将经济发展与可持续发展联系起来，可以说是将重点从经济增长转向了经济发展。由于基础设施是适应特定时期社会经济结构的产物，应当考虑其跨越几代人后也不损害后代持续经济发展的能力，使得可持续发展的概念与基础设施产生了密切的联系。如果这种通常跨越几代人的基础设施损害了后代持续经济发展的能力，就会给后代留下负担，而非遗产。因此，部分基础设施可持续发展的研究认为：如果要实现可持续发展，基础设施也必须是可持续的，需要进行系统的全周期的规划（表 9-2）。

表 9-2　基于生命周期的基础设施可持续内涵

年份	机构	概念及内涵
2009	澳大利亚绿色基础设施委员会（AGIC）	强调基础设施资产生命周期的大部分阶段（设计、建设和运营阶段）的可持续发展，并进行全面可持续性评估
2018	美洲开发银行（IDB）	以确保项目整个生命周期的经济和金融、社会、环境（包括气候弹性）以及机构可持续性的方式规划、设计、建造、运营和退役的基础设施
2021	联合国环境规划署（UNEP）	可持续基础设施（也称为绿色基础设施）系统是以保障整个基础设施生命周期内的经济和财政、社会、环境（包括气候适应能力）以及制度可持续性的方式进行规划、设计、建造、运营和报废的系统

资料来源：AGIC（2009）；IDB Invest（2018）；UNEP（2021）。

（2）生态可持续与多维度可持续。基础设施项目往往投资规模大、周期长，涉及广泛的空间和众多利益相关者。在早期阶段，基础设施项目或是主要满足规定的需求/条款，而不超过资金或时间限制，关注经济表现和实现良好的性价比；或从环境影响的角度出发，评估其环境的影响。随着可持续性意识的增强，基础设施的可持续发展要求在减少对于环境影响

的同时，要实现社会、经济维度的可持续。这种可持续性愿景（经济、环境和社会）通常被称为三重底线（表9-3）。

表 9-3　基于多维度的基础设施可持续性

年份	机构	概念及内涵
2008	世界银行（WB）	加强发展中国家进入核心基础设施部门的机会：交通、能源、水以及信息和通信技术，促进发展；"通过集中方法解决复杂的跨部门问题（例如基础设施在减缓和适应气候变化工作中的作用、公私伙伴关系在提供基础设施服务中的作用以及为城乡一体化和发展提供基础设施支持的新方法）"；关注社会和环境目标以及经济和金融方面，并通过良好的治理确保可负担性
2009	亚洲开发银行（ADB）	基本原则包括：促进低碳发展，尽量减少对当地环境的影响（如可再生能源）；推动解决方案，帮助社区应对气候变化不可避免的影响（如气候恢复力基础设施）；改善穷人获得教育、健康和基本社会保护以及市场和生产性资产的机会；强调两性平等和赋予妇女权力；提高公共资源管理的透明度和效率（例如控制浪费性公共支出和腐败）
2016	新气候经济报告（NCE）	使用三个标准定义：社会、经济和环境。当基础设施具有包容性时，它被认为是社会可持续的——"它服务于所有人，而不仅仅是少数人——并有助于改善生计和社会福利"，当它不"给政府带来无法偿还的债务负担或给用户带来痛苦的高昂成本，而是有助于创造就业机会和提高国内生产总值时，它就成为经济可持续的，并可能包括在当地供应商和开发商之间建立能力和加强生计的机会"；当基础设施在项目生命周期的所有阶段限制污染并保护自然资源时，它是环境可持续的
2020	剑桥大学（CISL）	旨在实现一个或多个长期可持续发展目标的基础设施项目；制定明确的社会、经济和环境目标，并受委托通过在整个项目生命周期过程中监测三重底线标准来管理或减轻项目的不利影响的体制机制；财务上可持续，因为它是通过一个稳健的结构来资助的，该结构使消费者能够负担得起，而不会让政府长期债务负担过重

资料来源：World Bank（2008）；ADB（2009）；NCE（2016）；Yanamandra（2020）。

2. 包容性全球化与基础设施可持续发展

包容性全球化作为当前新兴的发展理念，为基础设施可持续发展提供了全新的语境。包容性全球化源于对新自由主义全球化的反思与对新型全球化道路的探索，其所强调的基础设施包容性，突出表现在将可靠且可负担的基础设施延伸到欠发达地区，进而带来发展机会（刘卫东等，2017）。这与以往将基础设施视作寻求财务回报的投资机会的观念并主要在发达国家与地区进行的实践具有明显的不同。由此观之，基础设施的可持续发展不应再片面追求短期财务回报，而应同时考虑其在未来长期发展中的影响。与此同时，在基础设施可持续发展研究中，经济、环境和社会三个维度的相互协调及其在长期发展中的作用也逐渐成为研究的热点（IDB Invest，2018；Yanamandra，2020）。二者不谋而合。此外，包容性全球化对国家角色的重视和对资本市场"期限错配"问题的强调，无疑在为基础设施可持续发展提出新目标的同时，为其发展路径的选择提供了更多可能。

可持续的基础设施是包容性全球化发展的重要空间载体。一方面，包容性全球化突出强调全球化发展应当在服务于资本空间扩张和积累的同时，照顾到人们的现实需求（刘卫东等，2017），而基础设施的可持续发展在实现国家或地区的可持续发展中扮演着重要角色，是保障人们生活水平，社会经济与政治权益长期可持续发展的重要影响因素；另一方面，基础设施项目往往具有规模大、周期长、资本密集、参与者复杂的特点，其可持续发展是多维、多空间尺度要素相互协调的结果，既受到地缘政治经济环境和国内政治经济环境等宏观要素的影响，也受到项目东道国和所在地制度文化与法律法规等中观要素的制约，并且还需要投资-建设-运营方和社区等微观主体的紧密协作（Hay and Beaudoin，2021）。

3. 包容性全球化语境下的基础设施可持续

基础设施项目普遍具有投资规模大、资本沉淀性强的特点，因而受不同资本的积累逻辑、回收耐心和约束强度等方面的影响较大。多样的资本既影响着基础设施项目的融资结构，也由此决定了其项目全生命周期中的制度与决策，最终所呈现出的融资约束与项目收益的匹配与否决定了基础设施项目的可持续性。作为"准公共产品"，基础设施项目的资金来源一般包括公共资金和私人资金两种（Anguelov，2020）。其中，公共资金主要由中央和地方政府支出以及双边和多边开发性金融机构的多种贷款，私人资金来源可分为企业融资和项目融资等类型，其中 PPP（Public-Private Partnership）模式为项目融资的典型代表（Liu and Xiong，2022）。不同的资金来源和类型实际上形成了多样的资本，大体而言，它们遵循两种特定的逻辑：或着眼于积累长期发展效益，或追求稳定的项目现金流——由此导向截然不同的项目发展策略，产生不同形式的收益，最终满足不同资本的差异化需求。

基础设施项目往往具有规模大、周期长、参与者复杂的特点，与所在国家或地区具有较高的嵌入深度与广度。其可持续发展的实现是多维、多空间尺度要素相互协调的结果——既受到地缘政治经济环境和国内政治经济环境等宏观要素的影响，也受到项目东道国和所在地制度文化与法律法规等中观要素的制约，同时还需要投资-建设-运营方和本地部落以及当地企业等微观主体的紧密协作。由于复杂主体与要素多维度、多尺度地相互联系，基础设施往往牵一发而动全身，面临复杂的风险。因此，对于基础设施项目面临的风险进行梳理并分析其成因，进而理解风险对于项目实际收益的不确定性以及其对于资本需求满足的影响十分必要。

以风险的可控性及其属于特定风险/背景风险为依据，基础设施项目面临的风险主要包括以下四类（图 9-5）：高可控性的背景风险（政治风险、监管风险、法律风险）；高可控性的项目特定风险（建设与运营风险、舆论风险）；低可控性的背景风险（需求风险、利息风险、外汇风险）；低可控性的项目特定风险（不可抗力）。其中，政治风险与政府的不稳定和政权的暴力变动相关，监管风险与法律风险源于法律/法规的变化（Ferrari et al.，2016）；建设与运营风险，舆论风险来自对整个基础设施投资-建设-运营过程中利益相关者诉求的权衡；需求风险是市场风险的重要体现，源自产品或服务变动对于现金流所有权和波动性的影响（Turley and Semple，2006）；基础设施的高资本密集度和新兴市场的金融市场特征，使得基础设施项目面临来自汇率和利率变动的风险。此外，基础设施项目还面临不可抗力的风险。

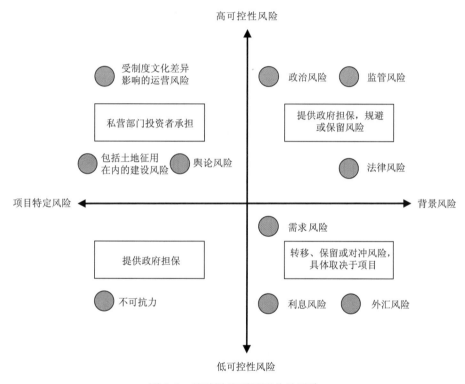

图 9-5　基础设施项目面临的风险

在实践中，由于基础设施项目资金需求量巨大，项目资金往往是不同来源和类型的组合，并且不同的融资结构所能抵抗的风险也存在差异，因而需要差异化金融工具的组合以形成特定的融资结构，在满足巨大资金量需求的同时尽可能抵抗风险。难以抵抗的风险则会对项目收益带来影响，也对差异化资本需求的满足产生影响。一旦融资约束与项目收益难以维持匹配，项目就面临可持续发展的问题。因此，基础设施经济维度的可持续问题本质上在于融资结构确定前融资约束与项目收益的动态匹配，以及融资结构确定后各类风险对基础设施项目收益的影响和对这一动态匹配的干扰。结合"一带一路"倡议，依据主要参与的资本类型对基础设施项目类型进行划分，围绕多样资本的差异化影响和不同可控性与来源的风险，进一步理解并分析基础设施的可持续性问题。

4. 以私人部门资本为主导的基础设施项目

私人部门的投资动机体现在对确定且稳定回报的追求中。20 世纪 90 年代末，在国家主导基础设施投资建设的背景下，世界银行对其中商业运营原则应用的提倡以及股市动荡对其全球投资市场发展的推动，使得直接或间接利用私营部门（如购买债券）参与基础设施项目的做法也逐渐盛行（World Bank，1994；Torrance，2009；Clark，2017）；由此，基础设施越来越被视为一种提供以收入为主要投资回报的资产，而私人投资者的目标往往非常明确，即最大化的稳定现金回报。受此影响，以私人部门资本为主导的基础设施项目决策行为往往与自身项目的直接收益相关，而较少考虑项目与当地社会经济系统作为整体的发展效益提升；但直接收益（例如以用户支付形式呈现的现金返还）通常难以满足私人部门资本对大额资金和较短回收周期的约束条件，换言之，融资约束与项目收益的动态匹配将会受到影响。就风险而言，即使以私人部门资本为主导的融资结构使得基础设施项目在对抗建设或运营风险中较为灵活，但是对于需要政府担保的背景风险（例如政治风险和需求风险）的抵抗能力较低，因此其融资约束与项目收益的动态匹配对于风险的扰动也更为敏感。

5. 以贷款为主导的基础设施项目

尽管 2008 年国际金融危机后，《巴塞尔协议Ⅲ》对银行体系提出了更严格的要求，贷款仍然是基础设施的主要资金来源，承担了基础设施融资增长的最大份额，尤其是在新项目的早期阶段。与债券或其他结构性融资方案相比，银行贷款具有相对灵活的特点，具体体现在：能够根据项目的特点逐步支付资金；在项目遇到不可预见的事件而需要债务重组时，银行之间可以快速协商重组。与此同时，尽管银行在贷款方面承担着相当大的风险，尤其是在初始阶段，但风险会随着项目的生命周期推进而消退。与短期贷款相比，长期基础设施贷款不一定会面临更大的风险（Sorge，2004）。以开发性金融为例，它体现了政府的意志，具有国家信用，传统上由政府拥有并授权经营，因此具有较低的约束，并更可能关注与基础设施相关的更广泛利益。尽管这种收益难以量化，但在项目整个生命周期中，它使得基础设施项目在长期内与当地社会经济系统作为整体发展并取得效益提升的可能性更高。

值得注意的是，近年来，由于国内银行借款难度较大以及缺乏对基础设施感兴趣的债券市场和机构投资者，发展中国家逐渐将国际借贷作为基础设施项目不可或缺的资金来源，例如优惠贷款或商业贷款；而无论是何种国际借贷，都可能给项目施加较大约束。可以看出，国际借贷依然具有明确、严格的还款要求，在基础设施项目收益未达到预期的情况下，不仅后续的项目建设、更新、升级陷入困境，投资者的信心和信任也可能崩溃，从而产生更不利的后果：不良贷款的积累增加国家的债务风险，而如果债务还款一再推迟，将会成为未来几代人的负担，这是其不可持续的重要表现。此外，在实现长期发展效益的过程中，一旦风险发生，不仅投资者需要承担较大损失，同时还仍然需要保有自身还款能力，而这一能力在风险干扰下具有较高的不确定性；因此其融资约束与项目收益的动态匹配面临着极大压力。

专栏 9-3

亚吉铁路：以贷款为主的模式

在亚吉铁路最初的融资安排中，项目贷款为商业贷款，利率相对较高，期限为 5 年宽限期、10 年还款期。但亚吉铁路项目运营后产生的现金流很难满足商业贷款的还本付息要求，存在项目不可持续发展的问题。随后，业主提出贷款重组要求，最终项目贷款重组后更接近于优惠贷款，贷款利率降低，同时中国进出口银行将贷款期限延长（调整为 10 年的宽限期、20 年的还款期）。必须提出的是，这并不意味着亚吉铁路可以放弃现金流的追求，相应的运营公司依旧必须在保证一定程度现金流的同时，通过将利润再投资于生产来生存和扩张，进而获得更为长期的发展效益（详见本书第十四章）。

---

6. 以 PPP 模式为主导的基础设施项目

PPP 模式具有混合性质，是一种日益发展的可持续融资的战略方法，根据具体基础设施项目的特点整合了广泛的资金来源。如果用户支付的现金返还符合预期，则约束所施加的初始影响逐渐得到缓解；而政府在基础设施中的主导作用则使项目长期效益的优先级提高，其融资约束与项目收益动态匹配的实现既相比以私人部门资本为主导的基础设施项目具有更广泛的效益关注，相比以贷款为主导的基础设施项目又具有更高的韧性。但是，PPP 模式也并非不会面临可持续问题。实际上，PPP 在实践案例中是复杂的。即使私人部门的参与可以在项目建设运营中充分发挥执行能力，公共部门的关键作用则为获得这些利益提供适当的环境条件，PPP 模式由于法人参与方的多样性和国内外资金的多样性，在合同设计中对收益和风险的分配更为复杂，如果分配不够合理，则同样可能面临建设与运营风险、监管风险、需求风险等等，影响其融资约束与项目收益的动态匹配。

专栏 9-4

中老铁路：PPP 模式

在中老铁路项目中，中老铁路合资公司（老挝铁路公司代表老挝政府持股 30％，其余 70％为中国铁路总公司、中投公司和云投公司分别占 40％、20％和 10％）与政府签订特许经营合同，获得老挝交通部 50 年的特许经营权；同时作为债务人从中国进出口银行（60％）处办理贷款（还款期为 25 年，宽限期为 5 年），其余 40％为资本金。资本金中，30％由老挝政府以政府支出和从中国进出口银行获得主权贷款（还款期为 20 年，宽限期为 5 年）的形式提供。这是中国铁路"走出去"第一次尝试这种建设模式。在这种模式中，尽管是由中老铁路合资公司负责融资、建设和运营，政府也参与并承担风险，项目收入预计用于偿还贷款、债券和其他融资工具及其利息，但项目风险与收益的具体分配仍然需要在实践中检验。

资料来源：刘卫东等（2021）。

二、海外铁路可持续发展的内涵

1. 铁路设施的基本认识与功能

铁路对经济发展具有从属和引导作用（张文尝等，1992）。就从属功能而言，铁路建设必须为地区社会经济发展服务，经济增长和布局是铁路项目建设的依据，并提供资金保障与运输量。从属功能包括三种基本类型：①超前型，促进经济发展，直接投资效果相对较差，对社会经济发展促进作用较强；②协调型，与经济发展相协调，直接投资效果较好，对社会经济发展作用较强；③滞后型，阻碍经济发展，直接投资效果较好，对社会经济发展作用较差。考虑到铁路项目的建设周期长、投资大，一般提倡适度超前建设。引导功能，指以铁路建设来引导地区社会经济的空间组织和有序布局。铁路建设在服务国民经济发展的过程中，网络结构、可达性、连通性、运输能力等持续提高，不断提升区位优势，引导地区社会经济发展的有效集聚并完善空间布局。整体上，铁路网络越完善，对区域社会经济的引导作用越强。

铁路发展与工业化之间存在着较强的互动关系。工业革命技术变革刺激了铁路的发展，而铁路建设又反过来促进了工业发展。17 世纪末和 18 世纪初，马铃薯等新型粮食作物的传播导致西欧人口的大量增加（Nunn and Qian，2011），从而导致了农村剩余劳动力的增加并开始在城市全职或兼职工作，促进了城市制造业的发展。在这种背景下，英国主导了全球的第一次工业革命。生产性技术变革很快从制造业蔓延到交通领域，尤其是铁路领域。铁路系统最初是为了运输煤炭而发展起来的，并逐渐成为城际运输的重要交通工具。铁路建设可以减少运输成本，压缩时空距离，从而扩大市场范围并促进专业化的形成。例如，1870 年英国铁路的平均行驶速度是每小时 20～30 英里，大约是 18 世纪主要交通方式公共马车速度的 3 倍，同等运输距离下，时间成本可压缩到原来的 1/3（Lewin，1968）；随着铁路技术的进步，19 世纪 60 年代英国铁路运输煤炭的成本仅为公路运输成本的 1/20（O'Brien，1984）。此外，时空距离的缩短反过来又可以将新的地方纳入合理的交通运输空间，从而扩大了市场范围。例如，20 世纪 30 年代法国公路的平均货运距离为 50～60 千米，而 1905—1913 年铁路平均货运距离上升至 190 千米（O'Brien，1984）。在铁路建设的支撑下，人们可以从更远的地方，以更快、更便宜的方式运输货物。因此，在更为高效的铁路运输网络支持下，市场范围不断扩大，劳动地域专业化分工进一步形成。铁路运输网络的扩张可以带动相关行业的发展，对钢铁、煤炭、建筑材料和工程产品的直接需求迅速增加（胡晓莹，2014），而这些产业与铁路的发展进一步推动了第二次工业革命并带动了更多产业的发展。

铁路作为准公共服务产品，具有自然垄断性与非贸易性、投资回报慢、规模经济与网络经济效应以及较强的外部正效应等技术经济特征。①自然垄断性与非贸易性。由于轨道建设昂贵并规模回报不断增加，铁路的初始投资成本很高，并存在明显的进入壁垒。此外，铁路是不可贸易的，且不受进口竞争的威胁。以上两个特点导致铁路行业产业链的一个或多个阶段出现"市场失灵"。②属于准公共服务产品，投资回报慢。铁路作为准公共服务产品，具有建设周期长、投资回报慢、长时间的沉没成本、高风险的投资组合、非流动性回报、高额的资本支出、定价困难等特征（Jiang et al.，2019；Kirkpatrick et al.，2006；Ramamurti and Doh，2004）。铁路建设的资本支出[①]占收入的 15%～20%，大大高于制造业的 3%～4%（Rodrigue，2020）。此外，铁路公司每年需将约 45% 的收入用于基础设施和设备的资本与维护。③具有合理的经济运输范围，属于低碳、可持续的交通运输方式。与公路运输相比，铁路的运输规模大，一列 10 节车厢的货运列车可以运载多达 600 辆卡车的货物（Rodrigue，2020）。但铁路运输的灵活性较差，且装卸费用相对较高。因此，铁路在大宗货物的中长距离范围内具有比较优势，其收支平衡距离为 500～1 500 千米（Rodrigue，2020）。在可持续性方面，铁路被视为可以减少碳足迹的绿色运输，火车的燃油效率平均是卡车的3～4倍。2019 年，中国铁路运输碳排放占比不到 1%，远低于公路、水路、民航等其他运输方式（李晓易等，2021）。④规模经济与网络经济效应。铁路运输成本由固定成本和可变成本构成，其中可变成本随着铁路利用率而变化（World Bank，2017）。因此，铁路运输表现为密度经济特征，即随着铁路利用率的增加，单位成本会下降，因为提供轨道的固定成本会分摊到越来越多的货运或客运中。与此同时，铁路运输具有显著的网络效应，即网络规模越大、连通性越好，运输货物就越容易、越便宜。⑤较强的外部正效应。铁路作为准公共产品存在一定的"外部性"，对社会经济发展具有促进作用。然而，对于人口、经济密度相对不是很高的地区，短期内很难实现单纯的铁路运输收益回报。因此，铁路投资与回报之间的关系不能简单地只考虑其成本，而要考虑现金返还和长期收益之间的权衡（Liu and Xiong，2022）。

2. 交通基础设施的投融资模式

交通基础设施是典型的准公共物品，其投融资模式也具有多元化。主要包括：①政府支出；②双边和多边开发性金融机构提供的援助贷款；③低息贷款和商业贷款；④个人或机构

---

① 资本支出指机构或公司用于购买、维护或改进其固定资产的资金。

投资者的投资；⑤PPP 模式（Anguelov，2020）。在实践中，由于铁路基础设施的资金需求量大，具体项目的融资通常是以上几种方式的结合。

政府财政支出往往是交通基础设施建设的主要资金来源（Bhattacharyay，2011）。近年来，在财政紧缩和负债的情况下，国家政策性银行、多边开发银行、双边机构等开发性金融机构通过资本市场、显性担保、专项融资等方式调动长期资金，支持交通基础设施投资需求，填补融资缺口——涉及世界银行、亚洲开发银行、亚洲基础设施投资银行、法国开发署、德国信贷银行、日本国际协力银行和日本国际协力机构等众多机构的融资安排。20 世纪 90 年代以来，世界银行提倡在基础设施投资中运用商业运作原则，股票市场的动荡也推动了全球基础设施的投资市场（Torrance，2009；Hebb and Sharma，2014；Clark，2017），个人或机构的投资也开始进入交通基础设施领域。目前，在全球范围内，个人或机构投资者的投资占高收入国家交通基础设施总投资的 61%，占中低收入国家的 44%（United Nations，2021）。而 PPP 模式在项目前期风险分配、融资难度降低、减轻财政负担等方面具有显著优势，发展迅速，逐渐成为大型交通基础设施项目的首要选择（Yao et al.，2019）。根据世界银行的最新报告，交通基础设施项目是 PPP 模式投资的最大接受方，占 2021 年全球 PPP 投资的 60%（World Bank，2021）。PPP 模式作为一种项目融资方式，其以未来收入和项目资产作为偿还贷款的资金来源。

3. 海外铁路建设项目的可持续发展内涵

基于对铁路设施的基本认知和交通基础设施投融资模式的理解，本书通过适宜性和包容性来探寻海外铁路可持续发展的原则及其表现（表9-4）。具体而言，适宜性原则意味着海外铁路的可持续发展必须根据所在国家或地区的条件因地制宜，而不是仅仅因为目标上有利或技术上符合就从"外部"强加（De Vito et al.，2022）。适宜性是确保海外铁路可持续发展的先决条件。而包容性原则旨在将海外铁路可持续发展的成果惠及全社会，实现多尺度、多主体的共赢。因此，有必要巩固多方参与过程，而不仅仅是在海外铁路项目中复现当前的社会不平等。包容性是为避免机会主义做法带来负面后果的重要思考。适宜性原则和包容性原则的综合效应则有助于促进海外铁路建设朝着更广泛意义上的社会、环境和经济可持续的方向发展。

表 9-4　海外铁路建设项目可持续发展的原则及表现

海外铁路可持续发展的维度	海外铁路可持续发展的原则及表现	
	适宜性	包容性
经济和金融可持续	经济发展需求和资金来源	利益的公平分配
社会可持续	多利益相关者的目标	共同参与
环境可持续	环境条件和技术水平	代际公平

三、包容性全球化理念下中国海外铁路的可持续发展路径

随着"一带一路"倡议的实施,中国铁路"走出去"的步伐加快,也积累了不少的经验与教训。今后,中国铁路"走出去"的可持续性需要更多地从经济与金融、社会与环境等方面综合考虑,铁路的建设与运营模式需在地方制度和文化的土壤中得以不断完善。

1. 经济与金融可持续

经济与金融可持续方面,中国海外铁路建设具有适宜性较低、包容性较高的特点。包容性全球化的特点是向欠发达地区提供可靠和负担得起的基础设施,从而提供发展机会,因此中国在欠发达地区,尤其是在非洲建设了大量的基础设施。2019年,中国在非洲的承包工程新签合同金额为559亿美元,是非洲最大的基础设施融资方和承建方,通常由中国进出口银行和国家开发银行提供贷款,再由中国承包商负责承建。然而,由于不少欠发达地区偿债能力有限,加之部分线路未能找到充足货源而短期内无法盈利,导致部分国家无力偿还贷款。然而从长期来看,随着欠发达地区的经济发展起来并融入多边贸易体系,经济和金融可持续性将会有所提高。

表 9-5 包容性全球化背景下中国海外铁路可持续发展评价维度

可持续发展维度	可持续发展指标	
	适宜性	包容性
经济和金融可持续	短期内低	高
社会可持续	高	高
环境可持续	高	高

2. 社会可持续

海外铁路建设需进一步增强社会可持续性,包括增强适宜性和包容性。中国与东道国在制度、文化上的差异是铁路技术有效转移的障碍因素。以非洲国家为例,制度层面,非洲多数国家政局不稳定、土地所有制与中国存在差异,且缺乏铁路相关的法律法规;文化层面,非洲长期存在的农耕文化、多元的社会文化与工业和铁路运营所需的"准时性"与铁路的半军事化管理文化存在冲突;技术层面,非洲国家工业基础薄弱,缺乏铁路运营维护能力(王姣娥等,2020)。为了克服上述障碍,蒙内铁路以"技术-制度-文化"复合体进行了嵌入式技术转移,通过协助东道国制定铁路相关法律法规、降低文化冲突,属地化管理等措施,提高了项目成功概率(王姣娥等,2020)。项目在建设期间累计为当地提供了4万多个就业岗位,运营公司有2 700多名肯尼亚员工,属地化管理达到76%。此外,项目重视当地员工

技术培训工作和权益保障，培养了大量当地铁路建设和运营技术人员和高层次管理人才。

3. 环境可持续

在环境可持续性方面，中国海外铁路建设具有高度的适宜性和包容性。2019 年，国家铁路局发布了《铁路工程环境保护设计规范》（TB 10501-2016）、《铁路工程节能设计规范》（TB 10016-2016）等四项铁路工程建设标准英文译本，为铁路建设中环境保护、能源资源合理配置和高效利用提供了技术规范，为铁路"走出去"提供了技术支撑。此外，2022 年 3 月，国家发展改革委、生态环境部等四部门发布《关于推进共建"一带一路"绿色发展的意见》，注重经济社会发展与生态环境保护相协调，以绿色丝绸之路理念，加强绿色基础设施互联互通，要求在项目生命周期内不断提升绿色低碳发展水平。以蒙内铁路为例，中国积极与当地及国际环保机构沟通，协调生态环境问题，全线共设 14 处野生动物通道、61 座桥梁、600 座涵洞，通过通道设施和引导设施保障动物的自由活动及安全通过（王姣娥等，2020）。

第五节　结论与启示

一、海外铁路可持续发展的挑战

1. 债务问题是海外铁路可持续发展面临的首要挑战

铁路项目的融资本身高度复杂，涉及多种融资工具、各种经济和社会因素，以及一系列持有不同甚至相互矛盾的目标的利益相关者（Liu and Xiong，2022）。2008 年国际金融危机后，全球大多数国家的财政状况都处于紧张状态。发达经济体的公共债务占 GDP 比重急剧上升，而新兴经济体的债务状况虽然有所改善，但仍然存在财政紧缩的难题。与此同时，随着全球化程度的不断加深，越来越多的铁路项目涉及更大的空间范围（跨越国界）和多样化的参与主体，其在融资、监管、所有权和使用权方面的复杂性也不断增加，进而加剧了偿还压力和还款约束的限制（Schindler and Kanai，2021）。海外铁路的可持续发展无疑面临更大的挑战：一旦不可持续，不仅会影响未来的融资成本和负债水平，使得后续的建设、更新和升级陷入困境，还会产生更广泛的经济后果：投资者的信心和相互间的信任崩溃，不良贷款的积累将增加国家债务风险（Ansar et al.，2016）。

2. 铁路与其他部门的相互依赖对其可持续发展影响的不确定性尚未得到充分理解

铁路本身具有较强的配套性，且难以轻易转换为其他用途，只有整体网络的建成才能最有效地发挥作用，也往往需要纳入到区域或国家发展计划中。而近几十年来，随着大量跨境铁路项目的不断涌现，无论是在发达国家还是在发展中国家，铁路都已经从相互独立的系统逐渐转变为相互连接的网络形态。任何铁路单体的变化都将作用于整个铁路网络，例如，铁路的新增建设、老化与更新都有可能改变其网络结构，影响相应区域的服务供给与资源利用；而铁路部门之间复杂的相互依赖关系会进一步加剧不确定性，在考虑铁路部门的未来需求时，必须考虑其他部门的需求（Dixon et al.，2018）。从长远来看，这种不确定性将继续随着铁路系统的扩大、相互依赖性的增强而增加。

3. 海外铁路与所在国家或地区的制度和文化等特殊"土壤"的交互提升了不确定性

海外铁路作为典型的变革性项目，其在当地的嵌入深度与广度通常体现在铁路项目涉及的国土范围和建设长度，以及对地方生态环境的影响和改造程度，乃至对地方既有运输市场（如原有的卡车司机团体、公路运输企业等）、社区居民等产生的影响。随着嵌入深度与广度的提升，意味着海外铁路项目的制度文化敏感性将更高（刘卫东、姚秋蕙，2020）。例如，铁路项目的运营相比其投资建设过程更加深入地嵌入到了当地的制度和文化环境之中（王姣娥等，2020）。因此，除了一般性对外投资项目通常可能面对的政治风险、经济风险、法律风险和商业环境风险等背景风险外，海外铁路项目还面临项目主体内部及其与社区居民、竞争企业之间各方利益分配不均带来的潜在冲突，以及由制度文化敏感性带来的潜在劳资矛盾，甚至演变为紧张的社会局势，进而影响海外铁路可持续发展的风险。

二、海外铁路可持续发展的启示

1. 充分理解海外铁路财务可持续性与经济可持续性的关系，建立合适的融资结构是海外铁路可持续发展的基础

虽然海外铁路项目运营可持续性与财务可持续性问题受到的关注程度越来越高，但其与经济可持续性的关系及其实现机制的研究有待进一步加强。铁路作为典型的准公共产品，尽管对项目所有者的直接回报可能无法弥补其成本，但所产生的间接外部性仍然可以在对整个经济产生巨大效益的同时，提供间接收入（Ehlers，2014）。换言之，海外铁路的财务可持续性区别于其经济可持续性。海外铁路经济可持续性的实现不能单一地从二元划分视角对项目收入或对经济的长期发展效益进行讨论，应该更加重视二者之间实际存在的动态均衡关系，并把握其在项目融资结构中受到的影响。因此，对海外铁路项目不同阶段的特点进行充分详细的分析，在研究海外铁路发展效益和实现机制，深入理解海外铁路融资带来约束的同时，探讨如何建立合适的融资结构具有十分重要的意义。

2. 明确可持续性三个维度的内涵与评价标准是海外铁路可持续发展的重要依据

长期以来，学术研究和政策制定中，对海外铁路可持续发展的评价标准缺乏从规划-投资-建设-运营阶段全链条的完全覆盖，往往主要集中在单一评价维度，或是建立了整体框架，但是仍缺乏对社会和经济维度标准的关注（Shaw et al.，2012）。事实上，社会和经济维度评价标准的深度嵌入，可以促进对海外铁路可持续发展的内生激励机制的探讨。因此，应当系统地剖析经济、环境和社会维度的内涵与内容，在此基础上对海外铁路可持续发展的评估方案和评估流程进行深入分析，并明确不同方案对于具体项目的适用性，进而在实践中采用相关标准、建立起综合的评价体系。

3. 了解利益相关者的诉求，充分发挥政府"调节者"作用，是海外铁路可持续发展的重要保障

随着全球化的不断深入，人们对海外铁路及其相关决策的思考方式也发生了变化。在"走出去"的过程中，国家之间的政治体制、法律法规、文化习俗、宗教语言等存在较大的差异；海外铁路作为境外投资，不可避免地会"水土不服"，甚至遇到社会排斥，无法实现可持续的管理运营和发展。这使得人们意识到，海外铁路的适宜性成为一个值得关注和深入研究的问题，且多元的利益相关者在其中发挥着重要的作用。因此，在海外铁路项目的全周期中充分了解各层级利益相关者的诉求成为必然选择，以当地经济发展和自然环境条件等为依据，通过项目的发展能力实现其目标也成为不可避免的现实需要。而在众多利益相关者中，政府本身就是海外铁路的主要投资者，其投资决策和能力直接影响所提供的海外铁路如何实现自身的可持续发展并支持包容性发展（Qureshi，2016）。在铁路与其他部分之间相互依赖程度逐渐提升的背景下，政策可以为所有参与者提供行为监管依据和制度框架，政府的"调节者"角色也就显得更为重要。

参 考 文 献

ADB. Investing in Sustainable Infrastructure: Improving Lives in Asia and the Pacific. 2009.

Australian Green Infrastructure Council (AGIC). Welcome to the Australian Green Infrastructure Council. 2009.

Amini, S., Toms, S. Elite directors, London finance, and British overseas expansion: Victorian railway networks, 1860-1900. *The Economic History Review*, 2021, 74 (2): 496-521.

Anguelov, D. Banking "development": the geopolitical-economy of infrastructure financing. *Area Development and Policy*, 2021, 6 (3): 271-295.

Ansar, A., Flyvbjerg, B., Budzier, A., et al. Does infrastructure investment lead to economic growth or economic fragility? Evidence from China. *Oxford Review of Economic Policy*, 2016, 32 (3): 360-390.

Bhattacharyay, B. N. Financing Infrastructure for Connectivity: Policy Implications for Asia. 2011.

Bordo, M. D., Taylor, A. M., Williamson, J. G. *Globalization in Historical Perspective*. University of Chicago Press, 2007.

Brassey, T. Obituary: Thomas Brassey, 1805-1870. *Minutes of the Proceedings of the Institution of Civil Engineers*, 1872, 33 (1872): 246-251.

Chang, G. H., Fishkin, S. F. *The Chinese and the Iron Road: Building the Transcontinental Railroad*. Stanford University Press, 2019.

Clark, G. L. Financial intermediation, infrastructure investment and regional growth. *Area Development and Policy*, 2017, 2 (3): 217-236.

Cohen, J. Private capital, public credit and the decline of American railways, 1840-1940. *The Journal of Transport History*, 2010, 31 (1): 42-68.

De Vito, L., Staddon, C., Zuniga-Teran, A. A., et al. Aligning green infrastructure to sustainable development: A geographical contribution to an ongoing debate. *Area*, 2022, 54 (2): 242-251.

Dixon, T., Connaughton, J., Green, S. *Sustainable Futures in the Built Environment to 2050: A Foresight Approach to Construction and Development*. John Wiley & Sons, 2018.

Drummond D. Sustained British investment in overseas' railways 1830-1914: the imperial dream, engineers' assurances or an "investment hungry" public? In *Across the Borders: Financing the World's Railways in the 19th and 20th Centuries*. Ashgate; 2008: 207-224.

Ehlers, T. Understanding the Challenges for Infrastructure Finance. 2014.

Ferrari, M., Giovannini, A., Pompei, M. The challenge of infrastructure financing. *Oxford Review of Economic Policy*, 2016, 32 (3): 446-474.

Fouquin, M., Hugot, J. Two centuries of bilateral trade and gravity data: 1827-2014. Working Papers 2016-14, CEPII Research Center. 2016.

Grob, L., Craven, N. Analysis of Regional Differences in Global Rail Projects by Cost, Length and Project Stage. In International Union of Railways, 2018.

Harvey, C., Press, J. Overseas investment and the professional advance of British metal mining engineers, 1851-1914. *Economic History Review*, 1989: 64-86.

Hay, A. H., Beaudoin, Y. Sustainable infrastructure: who do we build infrastructure for? In *Planning Resilient Infrastructure Systems*. ICE Publishing, 2021: 51-74.

Hebb, T., Sharma, R. New finance for America's cities. *Regional Studies*, 2014, 48 (3): 485-500.

Helps, A. *Life and Labors of Thomas Brassey*, 1805-1870. George Bell and Sons, 1888.

IDB Invest. What Is Sustainable Infrastructure? A Framework to Guide Sustainability Across the Project Cycle. 2018.

Jiang, W., Martek, I., Hosseini, M. R., et al. Political risk management of foreign direct investment in infrastructure projects: bibliometric-qualitative analyses of research in developing countries. *Engineering, Construction and Architectural Management*, 2019, 28 (1): 125-153.

Kasaba, R. *The Ottoman Empire and the World Economy: The Nineteenth Century*. Suny Press, 1988.

Kirkpatrick, C., Parker, D., Zhang, Y. F. Foreign direct investment in infrastructure in developing countries: does regulation make a difference? *Transnational Corporations*, 2006, 15 (1): 143-171.

Lenz, M. H. The construction of railroads in Argentina in the late 19th century. *História e Economia*, 2010, 6 (1): 67-86.

Lewin, H. G. *The Railway Mania and Its Aftermath*, 1845-52. David & Charles, 1968.

Liu, W., Xiong, W. Rethinking the transport infrastructure-led development model. *Sustainability*, 2022, 14 (1): 407.

Magee, G. B., Thompson, A. S. *Empire and Globalisation: Networks of People, Goods and Capital in the British World, c. 1850-1914*. Cambridge University Press, 2010.

Mitchell, B. R. *International Historical Statistics: The Americas, 1750-1988*. Stockton Press, 1993.

Mitchell, B. R. *International Historical Statistics: Europe, 1750-1993*. Stockton Press, 1998a.

Mitchell, B. R. *International Historical Statistics: Africa, Asia & Oceania, 1750-1993*. Stockton Press, 1998b.

Nayyar, D. Globalisation, history and development: a tale of two centuries. *Cambridge Journal of Economics*, 2006, 30 (1): 137-159.

NCE. The Sustainable Infrastructure Imperative. Report of the New Climate Economy. 2016.

Nunn, N., Qian, N. The potato's contribution to population and urbanization: evidence from a historical experiment. *The Quarterly Journal of Economics*, 2011, 126 (2): 593-650.

O'Brien, P. *Railways and the economic development of Western Europe, 1830-1914*. New York: St. Martin's Press, 1984.

Obstfeld, M., Taylor, A. M. Globalization and capital markets. In *Globalization in Historical Perspective*. University of Chicago Press, 2003: 121-188.

Qureshi, Z. Meeting the Challenge of Sustainable Infrastructure: The Role of Public Policy. 2016.

Ramamurti, R., Doh, J. P. Rethinking foreign infrastructure investment in developing countries. *Journal of World Business*, 2004, 39 (2): 151-167.

Rodrigue, J. P. *The Geography of Transport Systems*. Routledge, 2020.

Satya, L. D. British imperial railways in Nineteenth century South Asia. *Economic and Political Weekly*, 2008: 69-77.

Schindler, S., Kanai, J. M. Getting the territory right: infrastructure-led development and the re-emergence of spatial planning strategies. *Regional Studies*, 2021, 55 (1): 40-51.

Shaw, G., Kenny, J., Kumar, A., et al. Sustainable infrastructure operations: a review of assessment schemes and decision support. Proceedings of the 25th Australian Road Research Board Conference. Australian Road Research Board (ARRB), 2012: 1-18.

Sorge, M. The nature of credit risk in project finance. *BIS Quarterly Review*, December, 2004.

Sunderland, D. The departmental system of railway construction in British West Africa, 1895-1906. *The Journal of Transport History*, 2002, 23 (2): 87-112.

Torrance, M. The rise of a global infrastructure market through relational investing. *Economic Geography*, 2009, 85 (1): 75-97.

Turley, L., Semple, A. Financing Sustainable Public-Private Partnerships. International Institute for Sustainable Development, 2006.

United Nations. Sustainable Transport, Sustainable Development. Interagency Report for Second Global Sustainable Transport Conference, 2021.

United Nations Environment Programme (UNEP). Integrated Approaches in Action: A Companion to the International Good Practice Principles for Sustainable Infrastructure. 2021.

World Bank (WB). World Development Report 1994: Providing Infrastructure for Development. 1994.

World Bank (WB). Sustainable Infrastructure Action Plan 2009-11. 2008.

World Bank (WB). Railway Reform: Toolkit for Improving Rail Sector Performance. 2017.

World Bank (WB). Private Participation in Infrastructure—2021 Annual Report. 2021.

World Commission on Environment and Development. Our Common Future. 1987.

Xie, Y., Wang, C. Evolution and construction differentiation pattern of African railway network. *Sustainability*, 2021, 13 (24): 13728.

Yanamandra, S. Sustainable Infrastructure: An Overview Placing Infrastructure in the Context of Sustainable

Development. 2020.

Yao，Z. M.，Jiang，Y. X.，Xiao，X. Analysis on the current situation and financing model of the Belt and Road Initiative projects：taking transportation infrastructure as an example. *Northern Economic and Trade*，2019，4：35-38.

曹广伟："世界经济秩序的历史变迁"，《国际展望》，2012 年第 5 期。

胡晓莹："英国工业化时期的铁路建设对社会的影响"，《黑龙江史志》，2014 年第 7 期。

李晓易、谭晓雨、吴睿等："交通运输领域碳达峰、碳中和路径研究"，《中国工程科学》，2021 年第 6 期。

刘卫东：《"一带一路"：引领包容性全球化》，商务印书馆，2017 年。

刘卫东等：《"一带一路"建设案例研究：包容性全球化的视角》，商务印书馆，2021 年。

刘卫东、Michael Dunford、高菠阳："'一带一路'倡议的理论建构——从新自由主义全球化到包容性全球化"，《地理科学进展》，2017 年第 11 期。

刘卫东、姚秋蕙："'一带一路'建设模式研究——基于制度与文化视角"，《地理学报》，2020 年第 6 期。

裴坚章：《非常时期的外交生涯 1964.9—1982.1》，世界知识出版社，2004 年。

王姣娥、杜方叶、刘卫东："制度与文化对嵌入式技术海外转移的影响——以蒙内铁路为例"，《地理学报》，2020 年第 6 期。

温灏、沈继奔："'一带一路'投融资模式与合作机制的政策思考"，《宏观经济管理》，2019 年第 2 期。

张文尝、金凤君、荣朝和等：《空间运输联系：理论研究、实证分析、预测方法》，中国铁道出版社，1992 年。

中华人民共和国商务部：《中国对外投资合作发展报告》，2020 年。

中华人民共和国商务部、中国对外承包工程商会：《中国对外承包工程发展报告 2019—2020》，2020 年。

钟准："从殖民主义到共同发展——大国海外铁路建设的演变"，《文化纵横》，2019 年第 6 期。

第十章　中巴经济走廊绿色发展[①]

摘　　要

中巴经济走廊（China-Pakistan Economic Corridor，CPEC）是连接中国西部至巴基斯坦印度洋沿岸的经济通道，始于中国新疆喀什，途经红其拉甫口岸，贯穿巴基斯坦，最南端通达印度洋的卡拉奇、瓜达尔等港口，全长 3 000 余千米，是"一带一路"倡议的标志性旗舰项目。中巴经济走廊以中巴综合交通运输走廊和产业合作为主轴，以经贸合作、人文交流和文化沟通为引擎，以基础设施建设、产业发展和民生改善等重大合作项目为基础，旨在实现沿线地区的社会经济发展、繁荣和安全。

2013 年 5 月，时任总理李克强访问巴基斯坦时首次提出建设中巴经济走廊的设想。2013 年 9 月和 10 月，习近平主席分别在哈萨克斯坦和印度尼西亚正式提出共建丝绸之路经济带和 21 世纪海上丝绸之路倡议。2015 年 3 月 28 日，经国务院授权，国家发展改革委、外交部、商务部联合发布了《愿景与行动》。中巴经济走廊是《愿景与行动》中提出的六大国际经济走廊之一。2015 年 4 月 20—21 日，习近平主席对巴基斯坦进行国事访问期间，双方同意以瓜达尔港、能源、交通基础设施和产业合作为重点，形成"1＋4"经济合作布局，并签署了 51 项协议和谅解备忘录，内容涵盖能源、基础设施、安全和经济发展等领域，总价值 460 亿美元，标志着中巴经济走廊项目正式启动。九年来，中巴经济走廊建设取得显著成效，成为"一带一路"高质量发展的示范工程。

本章在对中巴经济走廊自然本底、社会经济发展状况和巴基斯坦国家治理结构进行分析的基础上，系统总结了中巴经济走廊重点领域和重点项目的建设进展与建设机制，并通过遥感影像解译，发现中巴经济走廊项目建设对地表土地利用/土地覆被变化影响极小。同时，中巴经济走廊通过清洁能源、减灾防灾、生态保护与恢复、教育和医疗等项目建设，对巴基

[①] 本章作者：刘慧、胡志丁、邬明权、刘卫东、张芳芳、韩梦瑶。

斯坦的绿色低碳发展起到了重要的促进作用。

第一节　中巴经济走廊概况

一、中巴经济走廊范围

中巴经济走廊包括中国新疆维吾尔自治区喀什地区和巴基斯坦全境。2017 年，经两国政府批准的《中巴经济走廊远景规划（2017—2030 年）》进一步界定了中巴经济走廊的空间范围，其中，走廊经过的关键节点城市包括喀什、阿图什、图木舒克、疏勒、疏附、阿克陶、塔什库尔干塔吉克、吉尔吉特、白沙瓦、德拉伊斯梅尔汗、伊斯兰堡、拉合尔、木尔坦、奎达、苏库尔、海德拉巴、卡拉奇和瓜达尔；在空间布局方面，中巴经济走廊覆盖范围被分为核心区和辐射区，呈现出"一带、三轴、多通道"的空间布局。其中，"一带"是指由走廊核心区组成的带状区域，包括中国新疆克孜勒苏柯尔克孜自治州的喀什市、图木舒克市、阿图什市和阿克陶县，以及巴基斯坦的伊斯兰堡、旁遮普省的部分地区、信德省、开伯尔-普赫图赫瓦省、俾路支省、阿吉克省和吉尔吉特-巴尔蒂斯坦；"三轴"是指连接拉合尔和白沙瓦、苏库尔和奎达以及卡拉奇和瓜达尔的三条水平轴线；而"多通道"是指从伊斯兰堡到卡拉奇和瓜达尔的几条铁路及公路干线。

2015 年 5 月，巴基斯坦总理谢里夫组织召开的巴全体政党会议（All Parties Conference）就中巴经济走廊线路问题达成一致，将走廊西线与其他线路置于同等优先发展地位。中巴经济走廊项目共分东、中、西三线，其中西线经过开伯尔-普赫图赫瓦省和俾路支省等巴基斯坦欠发达与人口稀少的省，东线经过巴基斯坦相对发达、人口密集的信德省和旁遮普省由喀喇昆仑公路的曼瑟拉（Mansehra）出发，中线则主要经过开伯尔-普赫图赫瓦省、旁遮普省和俾路支省。

二、中巴经济走廊自然环境本底

中巴经济走廊穿越青藏高原西部、印度河平原和巴基斯坦南部沙漠，崎岖险峻的地形条件和荒漠是中巴经济走廊主要的环境约束因素。中巴经济走廊约 3/5 的面积是山地和丘陵。走廊北部的喀什地区属于温带大陆性干旱气候，光照强烈，干旱少雨，气温年、日变化较大，蒸发旺盛，山区水分的融冻情况使得各河流的年内枯洪变化明显。而巴基斯坦大部分地区处于亚热带，气候总体炎热干燥，降水稀少，年降水量少于 250 毫米的地区占全国总面积的 3/4 以上，且降水由北向南递减，空间分布不均。发源于青藏高原的印度河是巴基斯坦最重要的水源，主要来自冰雪融水与季风降雨。

中巴经济走廊矿产资源丰富。喀什地区是新疆矿产资源相对富集的地区之一，主要有煤、铁、铜、铅、锌、石灰岩、黏土等 21 种。巴基斯坦境内具有生成大量矿产资源的地质条件。目前，巴基斯坦正在开采的金属和非金属矿产有 58 种左右，主要包括煤炭、铜和含铜的金银矿、铁矿石、铅锌矿、铬铁矿、金矿、花岗岩和大理石、石膏、磷酸盐等。

中巴经济走廊大部位于高山峡谷地带，区域自然灾害频发，主要自然灾害包括地震、洪水、崩塌、滑坡、泥石流、雪崩、冰崩、冰湖溃决等，具有灾种多、规模大、频度高、分布广的特点。

中巴经济走廊的巴基斯坦段分布大量国家公园和野生动物保护区，是中巴经济走廊维护生物多样性重点区段。截至 2020 年，巴基斯坦保护区总面积占其陆地面积的 13%，包括 26 个国家公园、72 个野生动物保护区、66 个狩猎保护区、19 个拉姆萨尔保护湿地、9 个海洋和沿海保护区以及 2 个生物圈保护区。新疆喀什地区有塔什库尔干野生动物自然保护区。

根据中巴经济走廊的自然地理环境，可将中巴经济走廊分为四个明显不同的自然地理区域：新疆段极干旱荒漠绿洲区、巴北部高寒湿冷山区、巴南部干旱高原山岭区和巴东南部干旱半干旱河谷平原区。

1. 新疆段极干旱荒漠绿洲区

中巴经济走廊新疆喀什段三面环山，大陆性气候干旱少雨，境内四季分明，光照长，降水量少而蒸发旺盛，造成喀什地区极干旱的暖温带荒漠景观。同时，喀什各水系的源头都位于冰川、山区积雪带，环绕的山区带来的冰雪融水也给绿洲创造了条件，形成了喀什噶尔河与叶尔羌河两大绿洲。

2. 巴北部高寒湿冷山区

巴基斯坦北部高山区主要为兴都库什山、喀喇昆仑山和喜马拉雅山地区，平均海拔超过 4 000 米，山势高峻陡峭，超过半数的山峰标高海拔 4 500 米以上，有 50 余座山峰海拔超过 6 500 米。巴基斯坦北部山区主要以高寒湿冷气候为主，气温最低月份平均温度低于 0℃，最温暖月份平均温度不超过 15℃。然而，巴北部高山区又是全国多雨区，以春夏雨为主，年降水量可达 1 000~1 500 毫米，因此，森林茂密，植被呈垂直分布，在海拔 1 500~3 000 米处为落叶阔叶林，3 000 米以上为高山草地和永久积雪。

3. 巴南部干旱高原山岭区

巴基斯坦南部以俾路支高原上多种多样的地貌为主，俾路支高原位于印度河流域以西和北部高地以南，由一系列平行山脉和山间宽谷、盆地组成，平均海拔约 700 米。高原山岭区以冬春雨为主，降水量自南向北递增，山地多旱生植物和灌丛，除山谷与盆地少数绿洲外，荒漠与盐沼相间，主要呈现沙漠和半沙漠景观（彭洁，2017）。

4. 巴东南部干旱半干旱河谷平原区

巴基斯坦和印度之间，是由印度河形成的冲积平原，面积达 26.6 万平方千米，自伊斯兰堡至卡拉奇南北跨度 1 280 千米，东西平均宽度超过 320 千米。东南平原区以夏雨为主，多暴雨，并集中在西南季风期，全年降雨天数仅 10～20 天，占全年降水量的 60%～70%。该区域可以分为印度河上游旁遮普平原以及下游信德平原和三角洲地区，除北部山麓带外，该段海拔均在 200 米以下，地势低平，水热充足，土地覆盖以农田为主，灌溉农业发达，是巴基斯坦人口密集、经济发达地区（杨艳昭等，2019）。

三、中巴经济走廊社会经济背景

1. 中巴经济走廊地区的人口、民族与宗教

中巴经济走廊喀什地区 2021 年常住人口 449.64 万人，是多民族聚集区，主体民族为维吾尔族，占总人口的比重为 92.56%，汉族人口比重为 6.01%，其他民族比重为 1.43%。伊斯兰教是喀什地区最重要的文化特征。2021 年巴基斯坦总人口 2.08 亿人，其中旁遮普省人口达 1.1 亿人，约占全国总人口的 53%，为人口第一大省。巴基斯坦是多民族国家，其中旁遮普族占 63%，信德族占 18%，普什图族占 11%，俾路支族占 4%。伊斯兰教是巴基斯坦国教，穆斯林占全国人口总数的 95%（张淑兰、朱修强，2019）（表 10-1）。

表 10-1　2017 年中巴经济走廊巴基斯坦区域和中国新疆段对比

地区	人口密度 （人/平方千米）	人均 GDP （美元）	民族	主要宗教
巴基斯坦西南部 （俾路支省）	38.55	665.47	俾路支族、普什图族	伊斯兰教
巴基斯坦东南部 （旁遮普省、信德省）	331.41	1 164.1	旁遮普族、色莱基族、穆哈嘉族、俾路支族、普什图族、克什米尔族	伊斯兰教、基督教、印度教
巴基斯坦北部	62.77	739.84	克什米尔族	印度教、佛教、伊斯兰教
中国新疆喀什	14.06	3 484 （22 647 元人民币）	维吾尔族、塔吉克族、回族、乌孜别克族、蒙古族、哈萨克族、汉族	佛教、基督教、伊斯兰教

2. 中巴经济走廊地区经济发展

（1）经济发展概况

新疆喀什地区 2020 年人均 GDP 24 442 元人民币（3 700 美元），比上年增长 4.8%。然而，巴基斯坦自 2020 年初新冠疫情暴发以来，多重因素叠加对巴基斯坦经济形成全面冲击，使其经济出现衰退。根据世界银行数据，2020 年巴基斯坦 GDP 为 2 636.87 亿美元，人均 GDP 1 193.73 美元，GDP 增长率为－0.4%，远低于 3.4% 的增长预期。此外，巴基斯坦外资恢复流入，吸引外国直接投资 25.6 亿美元，同比大幅增长 88%，其中外资流入的前四大行业是能源（煤电为主）、电信、油气勘探和金融服务；而进出口继续萎缩，贸易逆差同比收窄 27.9%。

从区域分异看，中国喀什地区经济发展水平最高，其次是巴基斯坦东南部，而巴基斯坦北部山区以及与阿富汗和伊朗接壤的西部和西南部地区经济发展水平很低，人均 GDP 不到 1 000 美元（表 10-1）。

（2）基础设施状况

①交通基础设施

中国喀什地区除塔什库尔干县外，全部连通高速公路，所有乡镇实现公路全覆盖，所有村实现道路覆盖。巴基斯坦 2019/2020 财年，公路总里程为 263 775 千米，其中国道和高速公路 13 000 千米，省道 93 000 千米，其余为地区和农村公路。巴基斯坦公路密度为 0.32 千米/平方千米，远低于南亚其他国家的水平。

铁路方面，喀什车务段辖南疆铁路运营里程 745.3 千米，纵跨克孜勒苏柯尔克孜自治州、喀什市、和田地区。巴基斯坦铁路以南北向线路为主，且东密西疏，东部的旁遮普省和信德省路网密度偏高，铁路运营里程约占全国的 3/4。巴基斯坦铁路运营里程 7 791 千米，其中复线运营里程 1 409 千米，约占铁路运营里程的 18%；电气化运营里程 293 千米，不到铁路运营里程的 3.8%。

航空方面，喀什地区共有机场 3 处，其中 1 处在建。喀什机场是新疆第二大机场，是国际航空口岸，2020 年旅客吞吐量突破 127.2 万人次。巴基斯坦共有 9 个国际机场和 27 个国内机场，30 多条国际航线。疫情前巴基斯坦各机场年旅客运输量约 2 255 万人次，货运量 32 万公吨。伊斯兰堡、拉合尔和卡拉奇分别为巴北部、中部和南部地区的航空枢纽。

②电力设施

喀什地区发电装机总规模达到 317.61 万千瓦，其中火电、水电、光伏发电分别占 44.1%、19.8% 和 31.8%。喀什地区 750 千伏电网全线贯通，建成喀什-莎车-巴楚 750 千伏三角环网，成为全国首个地级行政区域 750 千伏环网运行的地区。

2019/2020 财年，根据巴基斯坦国家输配电公司（NTDC）的数据，巴基斯坦总装机容量为 38.72 吉瓦，总发电量为 13.02 万吉瓦小时，共有各类在运营电厂（站）100 座（包含国有和私营独立发电企业），已基本可以满足国内需要。但整体而言，巴基斯坦电网相对老旧，与周边国家互联互通程度不高，且巴基斯坦电网损耗较大，输配电环节综合线损达 20%，成为制约国家电力系统的瓶颈。

第二节　巴基斯坦国家治理结构

一、巴基斯坦国家政治结构

1956 年 3 月 23 日，巴基斯坦伊斯兰共和国正式成立，国家实行联邦制，联邦政府是最高行政机关。联邦内阁由总理、部长和国务部长组成，各部委由常务秘书主持日常工作。省政府受联邦政府领导，但宪法规定实行省自治（张淑兰、朱修强，2019）。

巴基斯坦实行两院制，由国民议会（下院）和参议院（上院）组成，议会是巴基斯坦的立法机构。国民议会经普选产生，参议院按每省议席均等的原则，由省议会和国民议会遴选产生，联邦议会和省议会各司其职，共同负责巴立法工作。巴基斯坦最高司法机关是最高法院。巴基斯坦总统为国家元首，在对外交往中代表国家，行政权力有限。巴基斯坦地方政府由省政府及其以下各地方政府组成，行政顺序是专区、县、乡（税区）、村委会。

此外，巴基斯坦武装部队是世界第七大现役武装部队，包括巴基斯坦陆军、巴基斯坦海军（包括巴基斯坦海军陆战队）和巴基斯坦空军。军队在巴基斯坦政治生活中扮演着极为重要的角色，尤其是出现政治危机时，军队更成为一支决定国家命运和前途的重要力量。在民选政府执政期间，军队也积极参与国家大政方针的制定（陈继东，2011）。

巴基斯坦实行多党制，派系众多且党派关系错综复杂，巴基斯坦的政局变化和政党间激烈的竞争与合作关系密不可分。巴基斯坦建国后先后存在数百个政党，目前主要政党有：正义运动党（Pakistan Tehreek-e-Insaf）、穆斯林联盟（谢里夫派）（Pakistan Muslim League-Nawaz）、人民党（Pakistan People's Party）、穆斯林联盟（领袖派）（Pakistan Muslim League）、统一民族运动党（Muttahidah Qaumi Movement）、人民民族党（Awami National Party）等。总体而言，巴基斯坦政党具有较强的地域性特征，多以特定的地域和族群为支柱，且大部分政党都具有鲜明的宗教色彩，不少政党本身即为宗教政党。

二、巴基斯坦对外贸易与对外关系

1. 对外贸易情况

巴基斯坦是《关税与贸易总协定》（GATT）以及 WTO 的创始成员之一，也是南盟自由贸易区成员国之一，并与许多国家和国际组织签订了双边和多边贸易协定。除中国以外，巴基斯坦还与马来西亚、斯里兰卡签有自由贸易协定，与伊朗、毛里求斯和印尼签有优惠贸易协定，与阿富汗签有转口贸易协定。此外，巴基斯坦还是欧盟关税优惠的受惠国，自 2013 年 12 月起正式获得欧盟超普惠制待遇（GSP＋）。然而世界对其出口需求的波动、国内政治局势的不确定性以及偶尔干旱气候、洪涝灾害等对其农业生产的影响都导致了巴基斯坦贸易逆差的变化（表 10-2）。

表 10-2　2015—2020 年巴基斯坦对外贸易情况　　　　单位：亿美元

年份	出口额	进口额	差额
2015/2016	182	360	−178
2016/2017	205	530	−325
2017/2018	240	443	−203
2018/2019	235	421	−186
2019/2020	225	424	−199

资料来源：巴基斯坦财政部年度经济报告。

（1）贸易结构

近年来，巴基斯坦政府一直努力加速工业化，扩大出口，缩小外贸逆差。根据巴基斯坦财政部年度经济报告，巴基斯坦主要出口商品包括纺织品、棉花、谷物、皮革、矿产品等；主要进口商品包括矿物燃料及矿物油、天然气、棕榈油、有机化学品、通信产品、钢铁制品、电机电气设备、车辆及零附件、塑料制品等。

从服务贸易看，巴基斯坦主要出口种类为政府服务、电信计算机和信息服务、其他商业服务及运输服务；主要进口服务种类为运输、旅游和其他商业服务。

从贸易对象看，巴基斯坦前五大货物贸易伙伴分别为中国、阿联酋、美国、沙特阿拉伯、新加坡；前五大出口目的地为美国、中国、英国、德国、阿富汗；前五大进口来源地为中国、阿联酋、新加坡、沙特阿拉伯、美国。

（2）中巴贸易

中国与巴基斯坦保持着密切的双边贸易联系。自 2015 财年起，中国连续六年保持为巴最大贸易伙伴，是巴第一大进口来源国（占巴基斯坦进口的 28.3％）和仅次于美国的第二大出口市场（占巴基斯坦出口的 10.5％）。中巴贸易额的增长主要来自中国对巴基斯坦的出口，2013—2021 年，中国对巴出口额对中巴贸易总额的平均贡献率约为 86.8％，最高达到 90.8％。巴基斯坦对中国出口乏力，贸易逆差整体上呈现扩大趋势（表 10-3）。

表 10-3　2013—2021 年中巴贸易情况

年份	贸易总额		巴对中进口		巴对中出口	
	金额（亿美元）	增长率（％）	金额（亿美元）	增长率（％）	金额（亿美元）	增长率（％）
2013	142.2	14.2	110.2	18.8	32.0	1.9
2014	160.1	12.6	132.5	20.2	27.6	−13.8
2015	189.3	18.2	164.5	24.2	24.8	−10.3
2016	191.4	1.2	172.3	4.8	19.1	−23.0
2017	200.9	4.9	182.5	5.9	18.3	−4.1
2018	190.8	−5.0	169.1	−7.4	21.7	18.7
2019	179.7	−5.9	161.7	−4.5	18.0	−16.9
2020	174.9	−2.7	153.7	−4.9	21.2	17.5
2021	278.2	59.1	242.3	57.8	35.9	68.9

资料来源：中华人民共和国商务部。

2021 年，中国与巴基斯坦双边货物进出口额 278.2 亿美元，相比 2020 年同期增长了 103.3 亿美元，同比增长 59.1％。巴基斯坦自中国进口商品总值 242.3 亿美元，相比 2020 年同期增长了 88.7 亿美元，同比增长 57.8％；巴基斯坦对中国出口商品总值 35.9 亿美元，相比 2020 年同期增长了 14.7 亿美元，同比增长 68.9％。2021 年，中国与巴基斯坦贸易逆差为 206.4 亿美元，继 2019 年、2020 年贸易逆差收窄后又大幅反弹（表 10-3）。

巴基斯坦从中国进口的商品中，机械和运输设备占比最大，其次为工业制成品和化学品及其相关产品。2013—2021 年，巴基斯坦从中国进口的机械和运输设备贸易额迅速上升，从 28.4 亿美元增长至 88.7 亿美元，年平均占比 45.3％。该类产品主要包括电气机械、金属加工设备、发电机械、道路车辆、电信设备等，与巴基斯坦完善基础设施、发展工业的需求相吻合。

2021 年，巴基斯坦向中国出口的商品中，工业制成品占比最大，约 57.15％，贸易额 17.3 亿美元，其中纺织品 8.3 亿美元，占巴基斯坦对中国出口总额的 23.1％。巴基斯坦对中国出口第二大产业是食物及活体动物，包括乳制品、肉及肉制品、糖及糖制品、蔬菜、水果等商品，比重 21.64％，出口额 6.57 亿美元。这两类产业在巴基斯坦对中国出口贸易中占明显优势，与巴基斯坦纺织业和农业发达密切相关。近年来，由于巴基斯坦经济结构调整，工业制成品出口量有下降趋势。但总体来看，巴基斯坦对中国出口的商品结构较为单一，以低技术含量、低附加值的商品为主。

2. 巴基斯坦对外关系

（1）中国-巴基斯坦关系

自 1952 年 5 月 21 日中巴建交以来，两国在政治、经济、文化及军事领域的合作越来越紧密，两国关系保持平稳快速发展，尤其自 20 世纪 70 年代以来，巴基斯坦一直将对华友好作为其外交政策的基石之一。作为国家间关系的典范，中巴两国政治基础牢固、军事合作密切、民间认同强烈。2015 年 4 月，习近平主席对巴基斯坦进行国事访问期间，将两国关系从全天候战略伙伴关系升级为全天候战略合作伙伴关系，中巴关系迎来战略机遇期（梁桐，2016）。在当前复杂国际与地区变局之中，中巴两国在维护国际及地区和平稳定、维护两国与地区共同发展和安全利益上具有根本一致性，在国际抗击疫情合作、中巴经济走廊建设、维护多边主义以及阿富汗、克什米尔等国际地区和平稳定等关键领域持续深入合作，彰显当前变局下两国关系的韧性（林一鸣，2020）。

（2）印度-巴基斯坦关系

由于复杂的地理环境、领土争端和长期严重的战略信任赤字，印度与巴基斯坦长期保持着战略对抗和冲突。尤其是随着中巴经济走廊的实施，印度认为中巴经济走廊威胁到了其国家主权，因而出现了涉嫌支持巴俾路支省种族暴力袭击活动的行为，对中巴经济走廊建设采取诸多正面对抗和反制措施（刘艳峰，2017），印巴紧张关系进一步恶化。尽管 2017 年 6 月，印度和巴基斯坦正式成为上合组织成员，可以借此推动两国双边关系建设性发展，但此后印巴再次爆发领土争端，总体而言，印巴两国关系依旧冲突多于缓和（张淑兰、朱修强，2019）。

（3）美国-巴基斯坦关系

长期以来，巴美关系在结盟与不结盟之间反复摇摆。冷战时期，巴美关系密切并于 1959 年结成同盟，两国先后签订《共同防务援助协定》与《双边合作协定》。冷战结束后，巴基斯坦因核试验和政变招致美国制裁，美国转向发展与印度之间的双边关系。尤其在美国提出"新丝绸之路"之后美巴关系进一步复杂，美国试图在中亚和南亚地区实施大国博弈的跨区域经济计划，从而与中巴经济走廊形成战略冲突（谢贵平，2016）。另外，在"9·11"事件后，美国与巴基斯坦 21 世纪初在反恐领域有合作的契机，然而 2013 年以来，巴美关系却因阿富汗反恐问题不断恶化，并在 2018 年美国暂停对巴基斯坦进行安全援助后再次破裂（张淑兰、朱修强，2019）。

（4）俄罗斯/苏联-巴基斯坦关系

苏联与巴基斯坦的外交关系发展曲折，20 世纪 60 年代初期，苏联为了增强在南亚地区的影响力积极向巴基斯坦渗透，双方在经济、文化等多领域达成多项共识，但进入 70 年代后，由于苏联在 1971 年印巴战争中对印度的军事援助以及 1979 年入侵阿富汗并驻军巴阿边境，巴苏关系不断恶化。进入 21 世纪后，俄巴双方开始在政治、经贸、军事、反恐等领域加强合作，2016 年两国联合举行军事训练以维护地区的安全与稳定，并在同年签订了价值 20 亿美元的南北管道项目合作协议，多领域双边关系不断加强（张淑兰、朱修强，2019）。

（5）欧盟-巴基斯坦关系

巴基斯坦与欧盟于 1962 年建立外交关系以来，双方在经贸、国际安全等领域开展了多维度合作。在 2009 年 6 月举行的欧盟-巴基斯坦峰会上，双方就加强伙伴关系、维持地区政治安全局势、发展全球贸易等方面达成共识，欧盟与巴基斯坦战略关系进入新时期。在此基础上，欧盟与巴基斯坦进一步在和平与安全、民主法治、人权、移民、贸易与投资等传统领域，以及能源、气候变化、教育和文化以及科技等其他领域加强合作。尤其 2014 年以来，欧盟决定对巴实施超普惠制待遇（GSP＋），即对 20％巴出口该地区的产品实行零关税，70％产品实行优惠税率，有效期至 2024 年。自此，巴基斯坦对欧出口总额每年额外增加 10 亿～15 亿欧元，双方经贸联系将持续增强。

三、巴基斯坦的外商投资政策与环境治理体系

1. 外商投资政策

2016—2020 年，巴基斯坦每年吸引外国直接投资（FDI）流量分别为 25.76 亿美元、24.96 亿美元、17.37 亿美元、22.34 亿美元和 21.05 亿美元（表 10-4）。截至 2019 年底，巴基斯坦吸收外国直接投资存量 347.98 亿美元。其中，中国对巴基斯坦直接投资 8.44 亿美元，是巴基斯坦第一大投资来源国，其他主要来源国为英国、阿联酋和日本等。

表 10-4　2016—2020 年巴基斯坦吸收外资和对外投资流量　　单位：亿美元

年份	吸收外资流量	对外投资流量
2016	25.76	0.52
2017	24.96	0.52
2018	17.37	−0.21
2019	22.34	−0.85
2020	21.05	0.34

资料来源：联合国贸发会议（UNCTAD）《2021 年世界投资报告》。

巴基斯坦的外商投资政策主要依据《1976 年外国私人投资（促进与保护）法案》《1992年经济改革促进和保护法案》以及巴基斯坦其他投资优惠政策的规定。除限制投资领域外，巴基斯坦所有经济领域向外资开放，外资同本国投资者享有同等待遇，允许外资拥有 100％的股权，没有最低投资金额方面的限制。其中，巴基斯坦投资政策规定限制投资的五个领域包括武器、高强炸药、放射性物质、证券、铸币以及酒类生产（工业酒精除外）。

根据巴基斯坦《2010 年竞争法》《2007 年竞争（并购控制）条例》《2008 年上市公司（实质性获得投票权股份及收购）条例》和《2001 年投资委员会法令》等法律规定，巴基斯坦针对涉及外资并购安全、国有企业投资并购反垄断等问题对投资方式进行了规定与规范。巴基斯坦竞争委员会下设的合并与收购局，负责审查企业股份或资产兼并；合并与收购局设有促进并购办公室，以顾问身份为潜在的企业并购活动提供指导，但提供的意见不具约束力。此外，巴基斯坦证券交易委员会和巴基斯坦国家银行也承担一部分监管职责。

此外，巴基斯坦对特殊经济区域也规定有优惠政策，主要包括四个方面。第一，巴基斯坦政府在 2012 年颁布了《特殊经济区法》，规定政府、私人部门、公私合营体均可建立特殊经济区。2018 年，巴基斯坦确定了 9 个特殊经济区作为中巴经济走廊框架下的优先发展园区，特殊经济区内的外商投资企业享受税收减免优惠。第二，巴基斯坦对另一种特殊经济区域——出口加工区也制定了相应的优惠政策。巴基斯坦政府鼓励外国企业到出口加工区投资设厂，鼓励开办利用当地原材料和劳动力资源并以出口为目的的企业，包括电子工业、信息技术、成衣和针织品、工程机械、制药、皮革制品、医疗器械等行业。但各工业区政策比较灵活，没有统一的优惠政策。巴基斯坦现有出口加工区 21 个（已建成 6 个），优惠措施主要包括 30 年内以优惠价格开发土地，进口机械设备和材料免税，进口机械设备和材料免税不受国家进口条例限制、不受外汇管制条例限制等。第三，巴基斯坦于 2019 年正式颁发了第一个自由区——瓜达尔自由区的税收优惠政策法令。目前，自由区起步区建设已完成，主要以现有码头为依托，开展商品销售、中转、贸易、渔产品加工、石材加工、运输机械设备制造、金属加工等商业服务。优惠政策法令明确了自由区内投资企业享受 23 年关税、销售税、企业所得税减免。第四，在全国投资优惠政策基础上，巴基斯坦各省区也分别制定了相应不同的投资优惠政策。例如，旁遮普省投资和贸易委员会对于在旁遮普省投资的企业，给予允许外资 100％持有股权、用于出口加工的原材料零税率等多项政策。信德省则通过设立工业园区和出口加工区为入驻企业提供相应优惠政策，并在信德省投资委员会组织下，提供各种融资方式，满足中小企业融资需求。

2. 环境治理体系

1977 年，巴基斯坦首次为环境保护引入特别法律。1997 年，《巴基斯坦环境保护法》取代了 1983 年颁布的条例，规定要保护、恢复和改善环境，防止和控制污染，促进可持续发展。在 2001 年通过的《国家环境行动计划》（The National Environmental Action Plan）基础上，巴基斯坦环境部于 2005 年颁布了《国家环境政策》（National Environmental Policy），以此作为保护、保育和恢复环境的基本准则。

（1）巴基斯坦环保管理机构

①国家政府机构

巴基斯坦环保管理部门主要是气候变化部（Ministry of Climate Change，前身为巴基斯坦环境部），其下设行政部门环境保护局（Pakistan Environmental Protection Agency），环保局与各省环境部门具体负责环保法规的实施，并为法规制定提供技术支持。

1983 年，巴基斯坦环境保护委员会（Pakistan Environment Protection Council，PEPC）和巴基斯坦环境保护局（Pakistan Environmental Protection Agency，Pak-EPA）成立，省级环境保护机构（Provincial Protection Agencies，PPA）自 1984 年开始计划组建，1987 年正式建立。1997 年《巴基斯坦环境法》规定，PEPC 是联邦环境政策的最高机构，巴基斯坦总理为委员会主席，联邦政府环境部部长为委员会副主席，各省的首席部长及省环境部部长为其成员。同时，该委员会规定包含来自工商业领域、产业协会、主要的非政府组织、教育机构、专家以及记者等代表。巴基斯坦环境保护局根据 1983 年《环境保护条例》设立，对 PEPC 负责，一定程度上可以说巴基斯坦环境保护局是 PEPC 的执行机构。

②省级政府机构

在省级层面，巴基斯坦建立了不同的政府机构和部门来处理各个领域的环境污染问题。为落实 1997 年法案的执行，所有四个省都建立了省环境保护局（Provincial Environmental Protection Agencies，EPAs），重点处理工业和城市污染问题。与联邦政府机构相比，省级机构主要关注资源的开采和保护，森林、农业和水等主要自然资源管理和保护责任都在省一级。

③非政府机构

巴基斯坦有成千上万的小型非营利性非政府组织，这些非政府组织在巴基斯坦城市地区的贫民窟改造计划中发挥着相当有效的作用。尽管已经有一些以环境和保护为重点的基层非政府组织活跃在巴基斯坦各个城市、小城镇和乡村，但环境非政府组织在巴基斯坦并不发达，环境领域的宣传还处于初级发展阶段（Naureen，2009）。

（2）巴基斯坦环境保护法律法规

①一般法律

1973 年颁布的《巴基斯坦宪法》并没有明确对环境保护是基本权利或公共政策原则进行规定，只有在 24 条的"共同条款"中将环境污染与生态规定为联邦和省级政府的一项立法权能。直到 1983 年，巴基斯坦颁布《环境保护条例》，正式开始构建环境法律框架。

②主要环保法律法规

1997 年巴基斯坦出台了《巴基斯坦环境保护法案》，对 1983 年《环境保护条例》进行了补充，并以此为核心形成了较为完善的环保法规体系，主要包括《国家环境质量标准》《工业污染处罚（估算与征收）条例》《环境样本条例》《医疗废物管理条例》《巴基斯坦生物安全条例》《环境影响评估/环境倡议规定》等。此外，各省也颁布了各自省级的环境保护法案。

③其他相关的国家发展计划与文件

除上述的环境保护相关法案条例，巴基斯坦政府为了应对环境持续恶化等问题，还通过加入国际发展计划、提出国家发展纲领性文件等推动国内环境保护工作的开展。例如在控制国内工业污染方面，巴基斯坦于 1993 年制定了《国家环境质量标准》（NEQS）并将其加入了《巴基斯坦环境保护法案》，使得工业排放污染的管控问题得到了法律保障（Naureen，2009）。

进入 21 世纪以来，为了应对人口快速增长、环境持续退化、气候变化和贫困加剧等多重挑战，制定全面的国家环境政策至关重要。在 2001 年国家环境行动计划（The National Environmental Action Plan，NEAP）基础上，2005 年颁布了巴基斯坦国家环境政策（The National Environmental Policy，2005 — 2015），旨在通过保护、保育和改善国家的环境以及加强政府机构、公民社会、私营部门和其他利益相关者之间的有效合作，通过可持续发展提高巴基斯坦人民的生活质量。

（3）巴基斯坦应对气候变化的自主减排承诺及相关举措

为应对气候变化，巴基斯坦在 2016 年首次递交了国家自主贡献文件，并提出了量化的温室气体减排目标。根据巴基斯坦自主减排贡献，2030 年巴基斯坦温室气体排放量预计为 16.03 亿吨二氧化碳当量，二氧化碳排放量约为 7.21 亿吨；其中能源相关碳排放量占比约为 56%，远高于农业、工业、土地利用变化等其他类别。巴基斯坦国家自主贡献文件中提出，到 2030 年巴基斯坦温室气体排放量减少 10% 将需要约 55 亿美元（现价），减少 20% 则需要约 400 亿美元。除共计 400 亿美元的减排成本外，巴基斯坦政府预计每年同时需要花费 70 亿~140 亿美元以适应减排措施带来的变化。与大多数"一带一路"沿线国家面临的问题类似，尽管巴基斯坦政府有强烈的减排意愿，但受限于本国资金、技术、能力等要素的不足，减排目标的完全落实很大程度上取决于国际社会的援助。

2021 年，巴基斯坦进一步更新了国家自主贡献文件，提出了更具挑战性的目标。与基准情景相比，巴基斯坦提出在原有温室气体排放基础上减少 50%，到 2030 年温室气体排放量预计为 8.02 亿吨二氧化碳当量。同时，巴基斯坦政府承诺，从 2020 年起将暂停新建燃煤电厂，禁止进口煤炭发电，搁置两座新建燃煤电厂计划，转而使用水力发电，重点发展本土煤炭的煤气化和液化。此外，巴基斯坦政府力争 2030 年前实现 60％的能源供给源于可再生能源，但目前可再生能源在其能源系统中的占比尚不足 10％。在最新的国家自主贡献文件中，巴基斯坦政府虽未给出总资金需求，但仅能源转型这一项即需要 1 010 亿美元。在具体的目标构成中，15％的减排目标由巴基斯坦通过自身努力实现，剩余的 35％则是在国际社会的资助下实现。整体来看，巴基斯坦本国的可再生能源可以满足其全部能源需求，然而新能源产业发展仍然受限于资金、技术、能力等多方面因素制约。在此背景下，中国与巴基斯坦持续加强在能源领域的合作，有助于推动巴基斯坦进一步落实其自主减排贡献目标。

第三节　中巴经济走廊建设进展

一、中巴经济走廊规划及合作机制

1. 中巴经济走廊远景规划（2030 年）

中巴经济走廊既是中巴之间的双边合作项目，又担负着实现中巴两国发展战略对接的历史使命。就中国而言，中巴经济走廊是"一带一路"建设的重大先行项目，其推进顺利与否在一定程度上关乎"一带一路"倡议落地以及其他走廊项目的发展前景，关乎国际投资者如何看待"一带一路"倡议的未来。就巴基斯坦而言，中巴经济走廊不仅将解决长期存在的能源短缺问题，更将彻底改变巴基斯坦经济面貌，使之获得崭新的发展动力，最终实现"亚洲之虎"的发展梦想。

2017 年 12 月 18 日，经中巴两国政府协商和批准后，两国政府有关部门共同编制的《中巴经济走廊远景规划》在伊斯兰堡发布。该规划分为前言、走廊界定和建设条件、规划愿景和发展目标、指导思想和基本原则、重点合作领域、投融资机制和保障措施六部分，引领未来项目科学布局，指导中巴经济走廊建设的发展方向，也对有意参与中巴经济走廊建设的其他国家提供明确的指导信息。《中巴经济走廊远景规划》将中国"一带一路"倡议与巴基斯坦"2025 愿景"深入对接，有效期至 2030 年。规划中对中巴经济走廊范围进行了明确界定，表述了走廊的定义、范围、重要节点、空间布局和重要功能区，明确了共同合作的互联互通、能源、经贸及产业园区、农业开发与扶贫、旅游、民生与民间交流和金融合作七大重点领域，确立了投融资机制的建设方针，制定了建立保障机制和保护措施的未来规划。

根据《中巴经济走廊远景规划》，到 2020 年，经济走廊建设初具雏形，制约巴基斯坦经济社会发展的主要"瓶颈"基本疏解，走廊建设对两国沿线地区经济增长的带动作用初步发挥；到 2025 年，经济走廊基本建成，产业体系趋于完备，主要经济功能系统发挥，沿线人民生活水平显著改善，区域发展不平衡局面有所改观，巴基斯坦"2025愿景"目标全面实现；到2030年，经济走廊全面建成，经济长期可持续增长的内生机制全面形成，对中亚、南亚等区域的经济辐射带动作用系统发挥，成为具有全球影响力的国际经济区。

2. 合作机制

为积极稳妥推进中巴经济走廊建设，2013年两国政府一致同意设立"中巴经济走廊远景规划联合合作委员会"（以下简称"联委会"）。联委会由中国国家发展和改革委员会与巴基斯坦计划发展和改革部牵头组成，其职责在于制订中巴经济走廊建设的远景规划，确定中巴经济走廊项目的安排与实施。联委会协商并达成共识，每半年举行一次工作会议，截至2022年底已经举行了十一次。

第一次会议于2013年8月27日在伊斯兰堡召开。会议就联委会成立及工作机制进行磋商，商讨了中巴经济走廊的重点建设目标，确定了以交通和能源基础设施建设为突破点，帮助巴基斯坦缓解制约其经济发展的能源危机，确保中巴经济走廊建设能够坚持"急巴基斯坦之所急"的帮扶原则，为巴基斯坦后期的经济发展打好基础。

第二次会议于2014年2月19日在北京举行。双方根据首次会议所确定的中巴经济走廊建设目标，就交通基础设施、能源和信息技术等领域的建设规划和项目编制进行了磋商，圈定了下一阶段中巴经济走廊建设的优先推进项目。

第三次会议于2014年8月29日在北京召开。会议重点在于将前一次会议所确定的优先推进项目，以协议的形式予以落实。两国企业开始实施具体项目筹备和建设。从此，中巴经济走廊建设已经从两国政府间的磋商阶段转入两国企业的具体实施阶段。

第四次会议于2015年4月21日在伊斯兰堡召开。联委会着眼中巴经济走廊建设能够在最短的时间内在最需要的领域实现突破，有针对性地推进能够打破巴基斯坦经济发展"瓶颈"的项目。在计划层面，联委会对《中巴经济走廊远景规划》进行了深入探讨，双方充分交换了意见，决定加快中巴自贸协定第二阶段谈判，特别是要扩大两国银行业的相互开放。

第五次会议于2015年11月12日在卡拉奇召开。会议重在加快落实习近平主席访问巴基斯坦的成果。双方讨论了为推动项目成熟乃至实施所需要开展的工作，就经济走廊远景规划、能源合作进展、交通基础设施合作进展、瓜达尔港相关合作进展、安保合作、产业投资合作等方面达成了共识。

第六次会议于2016年12月在北京召开。除讨论走廊远景规划、能源合作、交通基础设施建设等议题外，专门就瓜达尔港开发议题达成重要共识。

第七次会议于2017年11月21日在伊斯兰堡召开。会议以"梦想变成现实"为主题，双方签署了《中巴经济走廊远景规划》和《第七次中巴经济走廊联合合作委员会会议纪要》。

第八次会议于2018年12月20日在北京召开。双方一致认为，下一阶段在能源和交通基础设施建设领域取得新进展。同时，完善合作机制，推动走廊建设向产业园区、社会民生等领域扩展。

第九次会议于 2019 年 11 月 5 日在伊斯兰堡召开。巴政府 2019 年设立了中巴经济走廊事务局，为走廊相关事务提供统一窗口服务，加快走廊项目建设并解决建设中的"瓶颈"问题。中巴双方签署并交换了在医疗卫生、青年交流和瓜达尔港建设方面的三个合作文件。

第十次会议于 2021 年 9 月 23 日以视频会议形式召开。会议突出走廊健康、绿色、数字属性，宣布成立信息技术产业联合工作组，中巴双方签署了会议纪要等 5 份合作文件、3 份企业间合作协议。

第十一次会议于 2022 年 10 月 27 日以视频会议形式召开。会议回顾了在建项目进展情况，重点突出推动走廊高质量建设，打造"一带一路"高质量发展的示范工程。

二、中巴经济走廊重点领域建设进展

1. 能源领域

截至 2022 年 4 月，中巴双方在走廊能源领域共规划了 21 个能源项目，其中，10 个项目已经完成，6 个项目正在建设中，5 个项目正在商讨中。[①] 萨希瓦尔、卡西姆等燃煤电站顺利投产，标志着走廊能源合作取得快速发展。此外，太阳能、风电、水电等绿色能源项目不断加大推进，正在磋商的计划新建的项目绝大多数为绿色能源项目。

萨希瓦尔煤电项目是华能集团响应"一带一路"倡议在海外投资、建设、运营的高效清洁煤电项目，也是中巴经济走廊框架内首个投产的高效清洁燃煤发电机组。2015 年 7 月，萨希瓦尔燃煤电厂正式开工建设；2017 年 5 月，萨希瓦尔燃煤电站 1 号机组完成满负荷运营；2017 年 6 月，2 号机组完成满负荷试运行；2017 年 10 月，萨希瓦尔燃煤电厂完工，装机容量达到 1 320 兆瓦，年发电量预计超过 90 亿千瓦时，满足当地近千万民众生产、生活用电需求。

卡西姆港燃煤电站是中巴经济走廊优先实施项目之一，也是第一个中外合作投资的大型能源类项目。2015 年 6 月，正式开始桩基工程；2017 年 6 月，电站一期 300 兆瓦机组并网发电；2018 年 4 月，电站二期正式进入商业运行。项目总投资约 20.85 亿美元，装机容量 1 320 兆瓦，采用进口煤发电，年均发电量约 90 亿千瓦时。

位于信德省的塔尔煤田Ⅱ区块煤矿和电站项目是中巴经济走廊乃至整个巴基斯坦首个煤电一体化项目。2016 年 4 月正式开工；2019 年 7 月，塔尔煤田Ⅱ区块 2×330 兆瓦燃煤电站

---

① http://www.cpec.gov.pk/energy.

项目两台机组同时顺利通过 168 小时满负荷试运行，完成机组性能试验并实现塔尔煤矿 EPC 项目的顺利移交。

由中国电建集团承建的巴基斯坦大沃风电项目是"一带一路"倡议下中巴经济走廊建设中首批 14 个优先发展的能源项目之一，也是走廊框架下首个完成融资闭合并实现商业运行的中方投资项目。2017 年 4 月，大沃风电 50 兆瓦风力发电项目正式投入商业运营。该项目每年产生 1.3 亿千瓦时电，可满足 10 万个巴基斯坦家庭的日常使用，缓解了巴基斯坦供电困难的问题。

中国特变电工新疆新能源公司承建及维护运营的巴基斯坦旁遮普省真纳太阳能园区 100 兆瓦发电项目于 2015 年全面投产运营，400 兆瓦项目于 2016 年 8 月竣工，600 兆瓦项目正在实施中，该项目计划扩大容量至 1 000 兆瓦。

巴基斯坦联合能源吉姆普尔风电场一期项目是中巴经济走廊优先实施项目之一，位于巴基斯坦信德省境内。工程场区总占地面积约 14 平方千米，装机容量 100 兆瓦。项目于 2017 年 6 月完工，该项目将极大地缓解目前巴基斯坦境内严重缺电的问题。

巴基斯坦萨察尔 50 兆瓦风电项目位于信德省锦屏地区，是中巴能源合作的优先实施项目之一，也是"一带一路"倡议提出后的首个"一带一路"新能源项目。2015 年 12 月项目开工，2017 年 4 月开始商业运行。项目总投资 1.3 亿美元，采用 33 台金风 1.5 兆瓦风机机组，年发电量约 136.5 亿千瓦时。

三峡巴基斯坦风电二期项目位于巴基斯坦信德省塔塔区贾姆皮尔村，包括第二风场和第三风场两个独立场区，总装机容量 99 兆瓦，年设计发电量约 3 亿千瓦时。该项目于 2017 年 3 月开工，第二风场于 2018 年 6 月投产，第三风场于 2018 年 7 月投产。该项目既是三峡集团首个在"一带一路"框架下投入商业运营的绿地投资项目，也是中巴经济走廊首批投运项目之一。

胡布燃煤电站项目总装机 1 320 兆瓦，位于巴基斯坦俾路支省，是中巴经济走廊框架下的重点实施项目。该项目由通用电气、中电国际和巴基斯坦胡布电力有限公司共同参与建设，2016 年签署合作协议，2017 年 3 月启动施工，2019 年 10 月顺利竣工投运。该电站将为巴基斯坦输送 1 320 兆瓦的电力，为 400 万个巴基斯坦家庭和工业企业供电。

巴基斯坦默蒂亚里-拉合尔±660 千伏直流输电工程是"一带一路"中巴经济走廊唯一的电网重点项目，也是巴基斯坦第一条高压直流输电线路。工程起点为信德省默蒂亚里换流站，终点为旁遮普省拉合尔换流站，全长 890 千米。2020 年 10 月工程全线贯通，年输送电量能力将达 350 亿千瓦时左右，对缓解巴基斯坦中部地区电力紧张、改善电网结构和提高电网供电质量有重要作用。

中巴经济走廊正在建设的能源项目有：①上海电气投资建设的塔尔煤电一体化项目，位于信德省，电站装机容量为 2×660 兆瓦，发电类型为燃煤电站；②中国机械工程总公司参与建设的 330 兆瓦 HUBCO 塔尔煤电项目（塔尔能源）已完成 70% 以上；③中国机械工程总公司参与建设的 330 兆瓦 HUBCO 塔尔诺瓦塔尔煤电项目已完成 50% 以上；④中国葛洲坝集团有限公司参与建设的巴基斯坦苏基克纳里水电项目（870 兆瓦），位于开伯尔-普什图省的喀汗河上，2016 年开工建设，2022 年底前并网发电；⑤中国三峡集团参与投资建设的卡洛特（Karot）水电站，装机总量 72 万千瓦，是中巴经济走廊首个水电投资项目，2020 年 11 月实现水电站导流洞闸门下闸蓄水，2022 年 5 月竣工；⑥中交集团投资建设的瓜达尔 300 兆瓦燃煤发电项目，2021 年 5 月中交产投电力公司正式签署了巴基斯坦瓜达尔 300 兆瓦燃煤电站《实施协议》《附加协议》和《购电协议》。

除此之外，还有部分项目正在磋商阶段：①中国三峡集团投资建设的巴基斯坦科哈拉水电项目（1 100 兆瓦），位于伊斯兰堡以东 85 千米的吉拉姆河（Jhelum River）上，项目建设周期 6.5 年，目前正在土地征用阶段，预计于 2025 年底投产；②中国能建葛洲坝集团投资建设的巴基斯坦阿扎德帕坦水电站项目（700.7 兆瓦），位于距伊斯兰堡约 90 千米的吉拉姆河上，2020 年 7 月签署了巴基斯坦阿扎德帕坦水电站项目特许权协议，目前已经进入土地征用阶段，预计建设工期为 69 个月；③1 320 兆瓦塔尔矿口甲骨文发电厂和露天矿项目处于意向书阶段；④50 兆瓦卡乔风电项目处于意向书阶段；⑤50 兆瓦西部能源（私人）有限公司风电项目处于意向书阶段。

2. 交通基础设施

在公路建设方面，巴基斯坦 PKM 高速公路（白沙瓦-卡拉奇高速公路）顺利推进，该项目是巴基斯坦首条拥有智能交通系统的高速公路，将成为连接巴基斯坦南北的经济大动脉和国防要道。其中，中国建筑承建的 PKM 项目（苏库尔-木尔坦段）南起信德省苏库尔，北至旁遮普省木尔坦，该段全长 392 千米。该项目于 2016 年 8 月动工，2019 年 11 月 5 日竣工并落成。喀喇昆仑公路升级改造二期项目也已竣工，该公路是中国-巴基斯坦目前唯一的陆路交通通道。项目二期在对原有公路提升改造的基础上，将喀喇昆仑公路延伸至巴基斯坦腹地。中国路桥工程有限责任公司在哈维连至塔科特间新建全长 120 千米，包括 40 千米双向四车道（部分两车道）的高速公路及 80 千米二级公路。该工程于 2016 年 9 月动工，哈维连-曼瑟拉部分于 2019 年 11 月完工，曼瑟拉-塔科特部分于 2020 年 7 月完工。哈克拉-迪汗高速公路是中巴经济走廊西线的里程碑式成就，它的建成将为走廊西线的欠发达地区带来巨大经济效益。公路起点是白沙瓦-伊斯兰堡高速公路（M-1）的哈克拉，终点是德拉伊斯梅尔汗附近的亚里克（Yarik），全长 285 千米。高速公路的建成将德拉伊斯梅尔汗和伊斯兰堡之间的通行减少到两个半小时，不仅为当地居民提供了便利的交通，也为从中国新疆到瓜达尔港的最短路线奠定了基础。

正在建的高速公路项目有：佐布-奎达（库奇拉克）（N-50），位于俾路支省，全长 331 千米，2019 年 3 月破土动工；胡兹达尔-巴希马路（N-30），位于俾路支省，全长 106 千米，建设从胡兹达尔到巴希马的两车道高速公路，2019 年 10 月开始建设；霍沙布-阿瓦兰路段（M-8），位于俾路支省，2021 年 6 月完成施工工程招标工作；诺昆迪-马什克尔路，位于俾路支省，全长 103 千米，2021 年 5 月破土动工。

轨道交通方面，拉合尔橙线项目稳步推进。2017 年 5 月，旁遮普省省会拉合尔的轨道交通橙线项目首辆列车下线，10 月运抵拉合尔；2020 年 10 月完工。有 4 家巴基斯坦公司参与项目土建工程施工，投入的技术人员和工人超过 5 000 人，还有大量人员参与驻地及工地的保洁、看守、安保等。2017 年，中国国家铁路局与巴基斯坦铁道部共同签署了《中华人民共和国国家铁路局与巴基斯坦伊斯兰共和国铁道部关于开展 1 号铁路干线（ML-1）升级和哈维连陆港建设联合可行性研究的框架协议》，推进巴基斯坦的铁路升级发展。ML-1 项目是对从卡拉奇到白沙瓦和塔克西拉到哈维连（1 733 千米）的 1 号干线（ML-1）的升级，速度将从 65～105 千米/小时提高到 120～160 千米/小时。

3. 产业园区

在产业合作领域，瓜达尔港自由区（起步区）建设稳步推进。到 2022 年 6 月已有 46 家企业入园，所有地块全部出租并收到开发保证金。入驻企业全部投产后，年产值将超过 50 亿元人民币。中国公司安装的日处理能力达 550 万加仑的海水淡化设施，不仅能满足港口内生产、生活需要，每月还能向附近居民提供免费淡水。2017 年 11 月，由新疆克拉玛依市政府援建的中巴经济走廊首座多要素自动气象站在瓜达尔建成并投入使用。气象站不仅为瓜达尔港区提供实时气象服务，还将为后期开展海运、航空、环境等全方位气象服务奠定基础。2017 年 11 月，瓜达尔港东湾快速路启动仪式顺利举行。2019 年 3 月，新瓜达尔国际机场举行了奠基仪式，并于 10 月开始施工，预计 2023 年完工。除此之外，淡水处理、供水和分配设施、巴中友谊医院、瓜达尔 300 兆瓦燃煤发电项目等都正在建设中。未来还要开展防波堤建设、停泊区和航道的疏浚、西湾的鱼类登陆码头和渔民造船业、瓜达尔智能环境卫生系统和垃圾填埋场等项目。

拉沙卡伊经济特区（Rashakai Special Economic Zone）是中巴经济走廊第二阶段建设的旗舰项目。特区占地 405 公顷，位于开伯尔-普什图省，西距白沙瓦 60 千米，东距伊斯兰堡 90 千米，可以服务开伯尔-普赫图赫瓦省、旁遮普省、中国西南部、阿富汗和中亚等消费市场。经济区计划招商的主要领域有农产品加工、家电、家居建材、电动车、汽车及零部件、新能源、纺织服装和生物医药等。该特区由中国路桥公司和开伯尔-普赫图赫瓦经济区发展与管理公司合资开发，2019 年 4 月签署特许权协议，2020 年 9 月签署开发协议，2021 年 5 月破土动工。

达贝吉经济特区（Dhabeji Special Economic Zone）是中巴经济走廊工业合作阶段的优先经济特区，位于信德省卡西姆港附近的塔达地区，占地 619 公顷。达贝吉工业区拟分两期建设，包括第一阶段的 304 公顷和第二阶段的 316 公顷。特区计划发展的产业主要有照明工程、汽车和汽车零部件、化学与制药、消费电子工程、纺织品和服装、钢铁铸造厂和建筑材料等。

阿拉马伊克巴尔工业城（Allama Iqbal Industrial City）位于旁遮普省费萨拉巴德市，占地 1 335 公顷。特区在吸引外资、创造就业机会和出口等方面具有巨大发展潜力，将要投资的重点行业包括纺织品、电气与电子、化学和涂料、食品加工、药品、汽车和建筑材料等，将有约 400 家企业在工业城落户，创造 30 多万个直接就业岗位。经济特区已经得到环保部门批准，2020 年 1 月 3 日破土动工，目前仍在建设中。

博斯坦经济特区（Bostan Special Economic Zone）位于皮申区，与俾路支省奎达接壤，占地 405 公顷。特区位于 N-50 国道附近，距离机场（奎达）23 千米，距离海港（卡拉奇）713 千米，距离瓜达尔 976 千米，距离陆港（奎达）32 千米。特区将发展的主要行业有水果加工、农业机械、药、摩托车组装、铬铁矿、陶瓷行业、冰和冷库、电器和清真食品行业等。特区于 2020 年 3 月 4 日正式批准，第一阶段（81 公顷）的开发工作已经完成。

正在计划建设的工业园区项目有伊斯兰堡信息通信技术示范产业区（ICT Model Industrial Zone）、巴基斯坦工业园（Industrial Park on Pakistan Steel Mill Land）、米尔布尔工业区（Mirpur Industrial Zone）、莫赫曼德大理石城（Mohmand Marble City）和莫克庞达斯经济特区（Moqpondass Special Economic Zone）等。

4. 人文交流与合作

在人文交流领域，瓜达尔港建设中的相关项目具有代表性。开发运营瓜达尔港的中国港控公司 2013 年为瓜达尔小学捐献 3 辆校车；2014 年设立中国港控奖学金，资助当地学生来华学习、研修；2015 年，全力支持中国和平发展基金会在瓜达尔建设中巴法曲尔小学；2017 年 5 月，中巴急救走廊首个急救单位——瓜达尔中巴博爱医疗急救中心在瓜达尔顺利落成，中国红十字援外支援医疗队 12 名队员入住瓜达尔港，开展为期两年的医疗服务；2019 年，中国政府投资建设了瓜达尔的巴基斯坦-中国技术与职业学院，当年 9 月完工，该校是瓜达尔最先进的职业与技术培训学院。

教育领域，中国正在帮助巴基斯坦建设面向高等教育的智能教室，为新合并地区的 50 所学校提供维护和翻新服务，还设立了留学生奖学金。除此之外，中巴双方也正在共同建设中巴农业联合技术实验室，中方向巴方提供了农业设备、工具和技术培训等帮助。2018 年，天津现代职业技术学院与巴基斯坦旁遮普省技术教育与职业培训局合作共建巴基斯坦鲁班工坊，采用"学历教育＋职业培训"方式，重点建设了电气自动化技术和机电一体化技术两个专业，服务中巴经济走廊技术技能人才培养。

减灾防灾合作是中巴经济走廊人文交流与合作的特色亮点之一。针对巴基斯坦自然灾害频发，中国科学院、科技部先后启动了多项中巴联合减灾防灾科研项目。在巴方遭遇重大自然灾害时，中方通过提供救灾物资、派遣灾后评估和医疗卫生专家组，协助开展灾后评估和灾后重建工作。

减贫是中巴合作的重要领域。2018 年 11 月，中巴两国签署《减贫合作谅解备忘录》。两国政府还在中巴经济走廊联合合作委员会下增设社会民生工作组，以便更好地利用援助合作支持巴方改善民生。2021 年，中巴两国进一步建设扶贫合作平台。

抗击疫情方面，2020 年，在中国抗击疫情的艰难时刻，巴基斯坦倾己所有向中国捐赠物资。巴基斯坦国内疫情暴发后，中国向巴基斯坦派出医疗专家组，捐赠疫苗、制氧机等医疗物资，提供疫苗储存和运输设备，慷慨驰援巴方抗击新冠疫情。中巴两国还建立了联防联控合作机制，为巴疫情期间经济运转和复苏提供支撑。在巴方支持下，中国在巴人员完成中国产疫苗接种，率先完成"春苗计划"。

三、中巴经济走廊典型项目建设模式

1. 卡洛特水电站

（1）建设背景

巴基斯坦清洁能源资源丰富，开发潜力巨大，但开发率较低，电力市场供需矛盾也较为突出。巴基斯坦严重短缺的电力不仅无法满足国民的生活用电，更无法完全满足生产的需求。落后的电力基础设施制约着巴基斯坦对外资的吸引力，成为其经济发展的瓶颈。面对发展缺电、建设缺钱的双重困境，巴基斯坦政府将目光投向北部储量丰富、适宜开发的水资源，在其远景规划中明确采取 PPP、BOOT 等方式，加快建设大中型水电项目的目标。特别是位于巴基斯坦东部的旁遮普省，是巴基斯坦人口最多的省份，同时也是巴基斯坦工业、农业最发达的地区，严重的电力短缺对当地的生产、生活造成了很大的影响。

吉拉姆河的主干位于旁遮普省，是印度河流域水系最大的河流之一，干流全长 725 千米，流域面积 6.35 万平方千米，上游天然落差约 700 米，非常有利于开发水电。当地丰富的水能资源为稳定清洁的电力供应提供了可能。卡洛特水电项目就位于吉拉姆河干流上，是吉拉姆河规划梯级水电站开发的第四级。

（2）项目概况

卡洛特水电站是中巴经济走廊优先实施项目，是三峡集团和中国水电行业第一个被写入中巴两国政府联合声明的项目，是中巴经济走廊首个水电投资项目，也是丝路基金成立后投资的"第一单"。

在"一带一路"倡议的推动下，2014年11月中巴两国政府签署《中巴经济走廊能源项目合作的协议》，卡洛特水电站被列为中巴经济走廊优先实施项目。2015年4月，丝路基金、三峡集团与巴基斯坦私营电力和基础设施委员会在伊斯兰堡共同签署《关于联合开发巴基斯坦水电项目的谅解合作备忘录》，同期该项目在中巴两国领导人亲临见证下破土动工。2016年12月，卡洛特水电站项目主体工程全面开工建设。

2017年2月22日，巴基斯坦私营电力与基础设施委员会代表巴基斯坦政府向卡洛特电力有限责任公司颁发融资关闭确认函，标志着卡洛特项目正式实现融资关闭。2018年9月22日，卡洛特水电站截流成功。2021年11月20日，项目成功下闸蓄水。2022年5月7日1号机组顺利完成试运行，5月12日2号机组顺利完成168小时试运行，标志着2号机组正式并网发电。项目装机容量720兆瓦（4×180兆瓦），年平均发电量32.06亿千瓦时，年利用小时数4 452小时。

（3）建设机制与投融资模式

该项目由中国三峡集团采用建设-拥有-经营-转让（BOOT）模式开发，建设期为五年，30年商业运营期结束后，根据《执行协议》无偿将电站转让给巴基斯坦政府。此外，在项目建设过程中，三峡公司与当地政府、社区、社会组织以及居民建立了固定沟通和交流机制，包括成立申诉委员会，定期召开会议；配置社区联络员，定期走访社区、政府等利益相关方；设置投诉箱等。

卡洛特项目总投资约17.4亿美元。2015年，三峡南亚公司成功引进世界银行旗下国际金融公司（IFC）资本。2017年2月22日，项目成功实现融资关闭。三峡集团仅作为大股东投入20%资本金，其余80%为中国进出口银行、国家开发银行、丝路基金以及IFC组成的国际银团提供的贷款。这种融资方式被称为"有限追索的项目融资"，是国际上通行的融资模式，基本原则是以项目本身产生的收入满足还款和投资回报的要求，确保了融资的可持续性（"一带一路"绿色发展国际联盟、生态环境部对外合作与交流中心，2021）。IFC的加入不仅让三峡南亚公司更为世界同行所了解，同时也带来了现代化、国际化的公司治理机制，帮助提升公司在环境保护、社会责任、合规廉洁经营等方面的能力。三峡南亚公司下设卡洛特电力有限责任公司（项目公司），拥有卡洛特水电站项目35年的特许经营权，具体对项目进行开发建设和运营。

此外，在卡洛特水电站之前，巴基斯坦水电项目一直严格使用西方标准为主导的国际技术规范。卡洛特水电项目是采用中国技术规范主导的施工设计方案，成为首个在巴基斯坦完全使用中国技术和中国标准的水电投资项目。

2. 瓜达尔港

（1）建设背景

瓜达尔港是一个天然的深水不冻港，位于巴基斯坦西南部的俾路支省，地处亚欧大陆与印度洋衔接处，东距卡拉奇约 460 千米，西距巴伊边境约 120 千米，南临印度洋的阿拉伯海，距全球石油运输主要通道霍尔木兹海峡只有约 400 千米，是连接波斯湾、中东、伊朗和非洲石油中心的新通道（张苑弛、彭红斌，2017）。

瓜达尔港凭其优越的自然条件和关键的地理位置很早就引起巴基斯坦政府的重视，但由于该地区经济水平落后、缺乏有力的发展腹地而开发受限。自 20 世纪 90 年代起，瓜达尔港先后经历了美国 Uncol 公司石油管道建设、俄罗斯接管开发、美国福布斯公司军港运营等计划，但都没有收到实质性成效（张苑弛、彭红斌，2017）。2002 年，中国以无偿援助、优惠贷款和低息贷款等形式，投资 2.48 亿美元用于瓜达尔港的援建工程，并于 2007 年完工。此后，虽然新加坡港务局在投标中获得瓜达尔港 40 年经营权，但其在接管后并没有收获预期效果，难以维持港口后续的开发运营，巴基斯坦不得不再次将目光转移到中国。

2013 年 2 月，中国海外港口控股有限公司（以下简称"中港控"）、瓜达尔港务局、新加坡港务局三方签署《特许经营权协议》，瓜达尔港的建设和经营权正式移交到中港控手中，租期共 43 年，瓜达尔港由此进入新的发展阶段。该协议基于建设-运营-转让（BOT）模式签署，在充分考虑巴方利益的基础上，中方将获得瓜达尔港业务收益的 91％以及自贸区总收入的 85％，瓜达尔港管理局获得另外的 9％（张耀铭，2019；谢赫，2018）。

（2）项目概况

瓜达尔港是中巴经济走廊的龙头项目和地区互联互通的重要节点。在中巴经济走廊框架下，瓜达尔港的建设与运营得到实质性发展。根据双方议定的规划，瓜达尔港的首要任务是加强周边配套设施的建设，成为有基础设施作为支撑的实质性港口，并参考深圳蛇口模式，使其建设成为"港口＋园区＋城区"的综合体（张耀铭，2019）。

中港控目前下设四家子公司，包括中国港控（巴基斯坦）公司、瓜达尔码头公司、瓜达尔海事服务公司和瓜达尔自由区公司，为参与开发瓜达尔港的公司提供系统化服务。[①] 此外，在瓜达尔港口的建设和运行中，中港控与招商局国际有限公司和中国远洋运输集团分工明确，中港控负责港口的基础建设，招商局集团负责园区和城区的建设及运营，中远集团负责货源组织及运输。

近年来，中港控大规模投资以发展瓜达尔港的全作业能力，迄今已建成三个多功能泊

---

① 中国海外港口控股有限公司，2021-05-08，http：//www.rdi.org.cn/c1143/20210721/i4328.phtml。

位，包括 4.7 千米的进港航道和直径 595 米的船舶调头区，散货船装卸能力已达 50 000 载重吨。① 2016 年 11 月，首批集装箱运出港口，标志着瓜达尔港正式通航；2018 年 3 月，首条集装箱班轮航线正式开航，瓜达尔港向实现商业化运营迈出重要一步。此外，中方投资的瓜达尔东湾快速路项目、防波堤建设、停泊区和海峡清淤、扩容海水淡化厂、污水处理厂等项目的建设运营，极大地完善了港区的基础设施（王单丹，2020）。2021 财年，瓜达尔港货物吞吐量达 54 700 吨，约为之前 3 个财年之和。

（3）瓜达尔港自由区的建设与运营

瓜达尔港自由区是巴基斯坦第一个自由区，2018 年 2 月正式投入实际运营，是港口经营权协议中的重要组成部分，占地约 923 公顷，包括两个片区。其中，南区以商品展销、中转、海外仓为主导功能；北区为加工制造区，主要发展临港产业。目前，自由区第一阶段起步区建设和招商工作已完成，已有 46 家企业在自由区注册，总投资额超过 30 亿元人民币，主要以现有码头为依托，开展商品销售、中转、贸易、渔产品加工、石材加工、金属加工等商业服务；自由区第二阶段于 2021 年 7 月启动，面积是第一阶段的 36 倍，越来越多投资者对瓜达尔港表现出兴趣。

相应地，巴基斯坦政府为投资者出台了相关优惠政策。2019 年免税优惠政策规定，对于自由区开发运营公司和入驻企业，给予关税、所得税和增值税 23 年的免税期，并提供电力、天然气等供应优先权，保障自由区能源供应。为了增强其商贸和吸引外资的能力，巴基斯坦政府还提供了诸多保障服务，如对水电费用、厂房租金给予优惠，提供签证、法律等公共服务，通过保卫部队确保区内员工人身及财产安全等（王然，2015；赵园园，2016）。

（4）民生项目建设

在基础设施建设与完善的基础上，中方积极履行社会责任，提高居民的生活质量。目前，瓜达尔港多项民生项目已交付并在运营中，如建设拥有当地最先进医疗设施的中巴友好医院以及中巴急救走廊首个急救单元——中巴博爱医疗急救中心；在教育领域，开办最先进的职业培训中心——中巴职业培训中心以及开展瓜达尔法曲尔中学扩建项目；通过以国际标准港口和可持续发展智慧城市为目标的瓜达尔智能港口城市总体规划项目等，提高城市治理水平（杨萌、郁雨婷，2021）。

---

① GPA Port Profile，2020-08-27，http://www.gwadarport.gov.pk/portprofile.aspx.

第四节　中巴经济走廊土地利用/土地覆被变化

一、走廊全域土地利用/土地覆被变化（2010—2020 年）[①]

1. 中国喀什段土地利用/土地覆被变化

2010—2020 年，中巴经济走廊中国境内喀什段耕地、草地、湿地、水体、人造地表和裸地等地类变化较为显著（图 10-1）。随着"一带一路"倡议和西部大开发战略的深入实施，城镇化速度加快，城镇人口快速增加，加之降水及灌溉条件的改善，导致人造地表和耕地面积增加。同时，西部大开发对生态环境的保护治理力度加大，使得草地、湿地、水体面积有所增加，增加的面积主要来源于灌木地和裸地。而全球气候变暖导致冰川和永久冰雪面积减少。如表 10-5 所示，2010—2020 年，喀什地区变化最明显的是裸地，面积减少了11 392.93平方千米，下降率为 14.74％；其次为草地，面积增加 8 055.89 平方千米，增长率为 72.62％，分布较为集中，主要在喀什市南部；耕地面积增加也较多，为 2 150.38 平方千

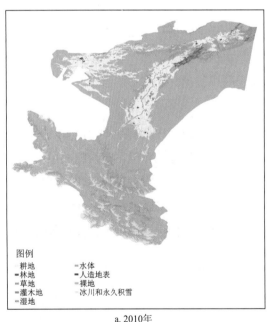
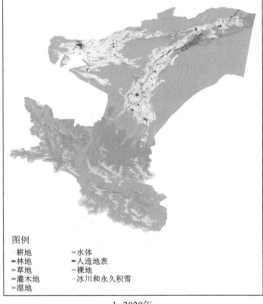

图例
耕地　　　水体
林地　　　人造地表
草地　　　裸地
灌木地　　冰川和永久积雪
湿地

a. 2010年　　　　　　　　　　　　b. 2020年

图 10-1　2010 年、2020 年中国喀什段土地利用/土地覆被变化

---

① 土地利用数据来源于中国研制的 30 米空间分辨率全球地表覆盖数据 GlobeLand30（http://globeland30.org/）。共包括 10 个一级类型，分别是：耕地、林地、草地、灌木地、湿地、水体、苔原、人造地表、裸地、冰川和永久积雪。研究区范围内无苔原地类。

米，增长率为 16.11%；人造地表面积增加 668.36 平方千米，增长率为 237.62%；水体面积增加 432.68 平方千米，增长率为 90.15%；湿地面积增加 300.10 平方千米，增长率为 369.08%；灌木地面积减少 177.07 平方千米，下降率为 26.80%；冰川和永久冰雪面积减少 173.57 平方千米，下降率为 2.89%；林地面积在保持稳定的基础上略有增加，增加 0.26 平方千米，增长率为 0.06%。

表 10-5　2010—2020 年中国喀什段土地利用/土地覆被状况

土地利用类型	2010 年		2020 年		2010—2020 年变化	
	面积（平方千米）	占比（%）	面积（平方千米）	占比（%）	面积（平方千米）	占比（%）
耕地	13 346.18	13.85	15 496.56	16.48	2 150.38	16.11
林地	431.91	0.45	432.17	0.46	0.26	0.06
草地	11 093.60	11.52	19 149.49	20.36	8 055.89	72.62
灌木地	660.82	0.69	483.75	0.51	−177.07	−26.80
湿地	81.31	0.08	381.42	0.41	300.10	369.08
水体	479.93	0.50	912.61	0.97	432.68	90.15
人造地表	281.27	0.29	949.63	1.01	668.36	237.62
裸地	77 291.83	80.23	65 898.90	70.07	−11 392.93	−14.74
冰川和永久积雪	6 011.47	6.24	5 837.90	6.21	−173.57	−2.89

2. 巴基斯坦土地利用/土地覆被变化

2010—2020 年，巴基斯坦土地利用/土地覆被变化如图 10-2 所示，各地类均有变化，其中，草地、水体、人造地表、裸地及冰川和永久积雪等地类变化最为显著。各类用地的具体变化如表 10-6 所示，2010—2020 年，巴基斯坦区域变化最明显的是冰川和永久冰雪，面积减少 4 261.32 平方千米，下降率为 17.79%，减少区域分布较为集中，主要在巴基斯坦北部；其次为裸地，面积增加 2 725.20 平方千米，增长率为 0.72%；人造地表面积增加也较多，增加 2 463.00 平方千米，增长率为 39.27%；草地面积减少 2 381.70 平方千米，下降率为 1.98%；随着冰川融水的增加，水体面积增加 2 024.73 平方千米，增长率为 34.35%；灌木地面积减少 635.38 平方千米，下降率为 2.45%；耕地面积减少 615.51 平方千米，下降率为 0.23%；林地面积减少 220.74 平方千米，下降率为 0.73%；湿地面积增加 220.42 平方千米，增长率为 3.51%。由此可见，中巴经济走廊建设并未使巴基斯坦土地覆盖发生大强度的变化，虽然林地、草地、灌木等生态用地面积有所减少，但下降幅度很小，而气候变化则造成巴基斯坦冰川、湿地面积的较大幅度变化。

图例
耕地　　　水体
林地　　　人造地表
草地　　　裸地
灌木地　　冰川和永久积雪
湿地

a. 2010年　　　　　　　　　　　　　　　b. 2020年

图 10-2　2010 年、2020 年巴基斯坦土地利用/土地覆被变化

表 10-6　2010—2020 年巴基斯坦土地利用/土地覆被状况

土地利用类型	2010 年		2020 年		2010—2020 年变化	
	面积（平方千米）	占比（%）	面积（平方千米）	占比（%）	面积（平方千米）	占比（%）
耕地	272 851.62	31.39	272 236.11	31.34	−615.51	−0.23
林地	30 401.53	3.50	30 180.78	3.47	−220.74	−0.73
草地	120 373.08	13.85	117 991.38	13.59	−2 381.70	−1.98
灌木地	25 975.96	2.99	25 340.58	2.92	−635.38	−2.45
湿地	6 270.79	0.72	6 491.20	0.75	220.42	3.51
水体	5 894.46	0.68	7 919.19	0.91	2 024.73	34.35
人造地表	6 271.58	0.72	8 734.58	1.01	2 463.00	39.27
裸地	377 208.75	43.40	379 933.96	43.74	2 725.20	0.72
冰川和永久积雪	23 953.76	2.76	19 692.44	2.27	−4 261.32	−17.79

二、重点交通基础设施——M-4 高速公路沿线

巴基斯坦 M-4 高速公路 Shorkot-Khanewal 段位于巴东部旁遮普省，由亚投行、亚洲开发银行联合提供融资支持，是亚投行在巴基斯坦投资的首个公路项目，由葛洲坝集团和中国新疆北新路桥集团共同承建。全长 64 千米，是双向四车道国家级高速公路。2016 年 8 月开工，2019 年 10 月正式通车，是中巴经济走廊的重要组成部分。

利用 Landsat 8 遥感影像，通过监督分类的方法解译 M-4 高速公路 Shorkot-Khanewal 段沿线 10 千米缓冲区内 2015 年（工程开工前）和 2018 年（工程开工后）的土地利用变化，分析生态资源分布状况变化。其中，生态资源类型划分为林地、草地、水域、耕地。

结果表明，M-4 高速公路 Shorkot-Khanewal 段开工前，公路沿线主要生态资源类型为耕地资源和草地资源，两者在空间上呈现交错分布的状态（图 10-3），面积分别为 950.36 平方千米和 343.78 平方千米，分别占缓冲区内总面积的 58.00% 和 20.98%；林地资源分布较少，面积仅有 18.82 平方千米，占缓冲区内总面积的 1.15%。开工建设后截至 2018 年草地资源迅速减少，建设用地和耕地资源大幅度增加，林地面积变化不大（表 10-7）。

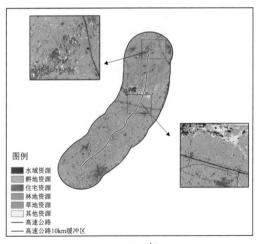
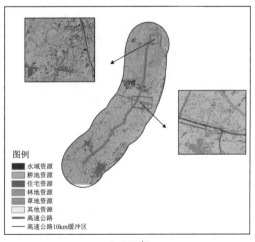

图例
■ 水域资源
▨ 耕地资源
▨ 住宅资源
▨ 林地资源
▨ 草地资源
□ 其他资源
— 高速公路
— 高速公路10km缓冲区

a. 2015年　　　　　　　　　　b. 2018年

图 10-3　2015 年、2018 年 M-4 高速公路 Shorkot-Khanewal 段

沿线 10 千米缓冲区内生态资源分布变化

表 10-7　2015 年、2018 年 M-4 高速公路 Shorkot-Khanewal 段

沿线 10 千米缓冲区内生态资源状况

		水域	耕地	草地	林地	建设用地	其他资源
2015 年	面积（平方千米）	33.70	950.36	343.78	18.82	210.25	81.71
	占比（%）	2.06	58.00	20.98	1.15	12.83	4.98
2018 年	面积（平方千米）	44.70	1 028.10	73.07	15.86	436.14	40.75
	占比（%）	2.73	62.74	4.46	0.97	26.62	2.49

从路基生态占用与损失分析看，截至 2018 年 2 月，M-4 高速公路 Shorkot-Khanewal 段建设共造成林地资源永久性生态损失面积约 0.03 平方千米，仅占 10 千米缓冲区内林地资源总面积的 0.16%；造成草地资源永久性生态损失面积约 1.03 平方千米，仅占 10 千米缓冲区内草地资源总面积的 0.30%；造成耕地资源永久性生态损失面积约 2.02 平方千米，仅占 10 千米缓冲区内耕地资源总面积的 0.21%（表 10-8）。三类资源中，耕地资源的永久性生态损失面积最大，但占比仍较小；林地资源的永久性生态损失占比最小，占比不足 0.2%。项目平均每千米的生态占用面积为 0.18 平方千米，其中临时生态占用面积为 0.13 平方千米。因此，M-4 高速公路 Shorkot-Khanewal 段建设对当地自然生态环境的影响极小，没有对当地自然生态环境整体格局造成破坏性扰动。

表 10-8　路基生态占用与损失分析结果

类型	路基占用情况		施工占用情况		临时性生态损失	
	面积（平方千米）	占比（%）	面积（平方千米）	占比（%）	面积（平方千米）	占比（%）
林地资源	0.03	0.16	0.14	0.74	0.11	0.58
耕地资源	2.02	0.21	7.55	0.79	5.53	0.58
草地资源	1.03	0.30	3.57	1.04	2.54	0.07

三、典型项目区域——瓜达尔港

为了研究港口开发建设对周边植被的影响，选取 2016 年 2 月和 2017 年 9 月项目建设前和建设过程中两期 Landsat 8 影像，计算港口周边的植被覆盖度。2016 年、2017 年瓜达尔港遥感监测区域植被分布情况如图 10-4 所示。2017 年的植被面积较 2016 年变化不大，说明港口的开发建设采用了绿色施工的方式，没有对周边区域的生态环境造成破坏。

采用 10 米分辨率的 Landsat 8 遥感影像，对以开发区为中心，正南北向，边长约 10 千米

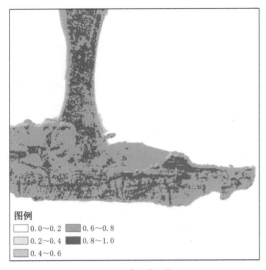 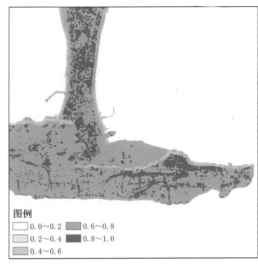

a. 2016年2月14日　　　　　　　　　　　　b. 2017年9月19日

图 10-4　港口所在地植被覆盖度

的方形区域进行土地利用变化监测，结果发现，绿色植被面积有较大增长，占比由 2.57% 上升
到 3.57%，裸地略有增加，印度洋周边水域没有明显变化（图 10-5）。由此可见，瓜达尔港区
建设有效地利用了该地区的大面积裸地，实现了资源的循环利用，港口建设对当地生态环境的
影响利大于弊，既带动了经济发展，又兼顾了社会发展与生态环境的平衡。

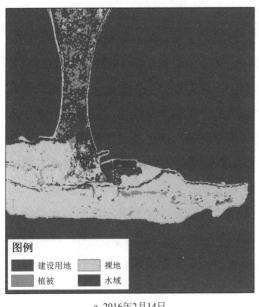 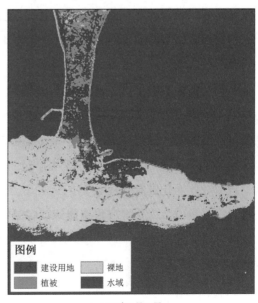

a. 2016年2月14日　　　　　　　　　　　　b. 2017年9月19日

图 10-5　项目建成前后港区土地利用变化

第五节　结论与启示

一、中巴经济走廊对巴基斯坦可持续发展的作用

中巴经济走廊是"一带一路"倡议的旗舰项目，也是中巴全天候战略合作伙伴关系下互利合作的生动体现。以共商共建共享为原则，中巴经济走廊建设进入高质量发展阶段，对巴基斯坦可持续发展发挥了重要作用。

1. 重点开发清洁能源项目，解决巴基斯坦社会经济发展中的能源短缺问题，加快巴基斯坦经济绿色低碳发展

包括卡洛特水电站、大沃风电等在内的清洁能源项目正将中巴经济走廊清洁和绿色愿景变为现实。卡洛特项目建成后，年平均发电 32 亿千瓦时，为巴基斯坦提供具有市场竞争力的清洁能源供应，满足当地 500 万人用电需求，有效缓解巴基斯坦电力短缺问题。这有助于缓解巴基斯坦电力供需矛盾，促进巴基斯坦经济社会可持续发展，推动巴基斯坦落实 2030 年可持续发展目标 7（SDG7）"确保人人获得负担得起的、可靠和可持续的现代能源"的进程。随着中巴经济走廊的建设，清洁能源有望成为巴基斯坦国家能源结构中的突出亮点，在为巴基斯坦工业化进程持续供能的同时，带来丰厚的社会、环境效益。巴基斯坦总理夏巴兹·谢里夫 2022 年 5 月 25 日到卡洛特水电站现场视察时称，中巴经济走廊首个水电投资项目将为巴基斯坦提供清洁廉价的电力，促进巴基斯坦绿色发展。

尽管巴基斯坦对全球温室气体排放的贡献微乎其微，但它仍属于发展中国家的典型代表，受气候变化影响严重。自 1990 年以来，巴基斯坦的温室气体排放量一直呈现稳定上升趋势，2010 年后明显增加并在 2018 年达到 4.90 亿吨二氧化碳当量。2013 年"一带一路"倡议提出以来，我国在中巴经济走廊投资并落地并网的可再生能源项目不断增多，在巴基斯坦逐渐产生了越发显著的碳减排效应，对于巴基斯坦缓解温室气体排放、实现自主减排贡献、应对气候变化具有积极意义。

风电、水电、光伏等可再生能源项目是中巴经济走廊建设中中巴共同应对气候变化，推动绿色发展合作的代表。截至 2021 年，中巴经济走廊能源优先工程中涉及的可再生能源领域的总装机量达到 4 267 兆瓦，以三峡风电、大沃风电、联合能源风电、萨察尔风电等为代表的风电优先工程，运营期累计发电量可达近 180 亿千瓦时，可累计减少碳排放 13.90 兆吨（韩梦瑶等，2021）。卡洛特水电项目全部机组投产发电后，预计每年可节约标准煤约 140 万吨，减少碳排放约 350 万吨。真纳太阳能光伏电站项目全部并网后，每年可提供清洁电力

14.21 亿千瓦时，节约标准煤约 44.05 万吨，减少碳排放 92.35 万吨（Han et al.，2022）。

因此，中巴经济走廊建设在推动巴基斯坦能源建设，解决巴电力短缺和经济社会发展的同时，有助于进一步完善巴能源政策制度、加快清洁电力发展、缓解温室气体排放，共同应对气候变化。

2. 项目建设企业积极履行社会责任，重视解决当地居民就业、改善居民生活，促进地方社会发展

参与中巴经济走廊建设的中方企业，积极履行社会责任，改善当地居民生活条件。在卡洛特水电站的建设期内，三峡公司计划在受工程影响的地区实施总投资超过 640 万美元的社会责任项目，包括改善当地的教育和医疗设施条件、维修公共供水系统和道路、修建公共图书馆等，通过改善基础设施条件，提升当地居民生活水平。同时，项目团队中有一半以上是巴方员工，施工高峰期，每年可为当地直接或间接提供 4 500 多个就业岗位。截至 2020 年 9 月，项目雇佣中方工人 1 253 人、巴方工人 3 374 人，中巴比例为 1∶2.7，极大地带动了当地的就业（"一带一路"绿色发展国际联盟、生态环境部对外合作与交流中心，2021）。仅中巴经济走廊的能源项目就为巴基斯坦创造了 4.6 万多个就业岗位。

3. 走廊建设重视教育、医疗等民生项目，提升了巴基斯坦可持续发展能力

教育、医疗等民生项目是中巴经济走廊建设的重要领域之一，中国政府及企业通过设立奖学金、实施留学生计划、教育培训，提高巴基斯坦可持续发展能力。卡洛特水电站在建设过程中实施"生计恢复计划"，免费为 16 岁以上的受影响移民提供理财知识培训以及电工、水管工、汽车驾驶等技能培训，确保他们能更好地使用移民补偿款改善生活，同时具备其他谋生能力。此外，为从根本上提高当地社区和广大移民的后续发展动能，三峡南亚公司联合旁遮普大学和江西理工大学，开设巴基斯坦电气工程学士学位"2＋2"共同教育奖学金计划，为移民家庭适龄青年提供全额奖学金，帮助他们完成四年电器工程本科教育，助力当地教育。2020 年已有两批共 33 名巴基斯坦学员来华学习（"一带一路"绿色发展国际联盟、生态环境部对外合作与交流中心，2021）。

4. 项目建设中注重生态保护与恢复，生态环境得到保护和改善

在项目建设中采用绿色施工措施。卡洛特水电站项目建设过程中，建设材料尽可能采用当地及就近取材，促进项目资源合理有效利用。该项目采用了 15 立方米/公顷地埋式生活污水处理设备，砂石系统废水重复利用率达到 90%。同时，卡洛特水电站项目还制订了"个性定制"的环境保护规划，项目完工后，在吉拉姆河对岸的弃渣场将建成一座大型的森林公园。

5. 中巴联合防灾减灾合作，为走廊安全、绿色发展提供科技支撑

中巴经济走廊穿越青藏高原西缘，通过喜马拉雅、喀喇昆仑和兴都库什三大山系的交汇区，地质构造活跃、地形高差悬殊、气候分异明显，地震、滑坡、泥石流、洪水等自然灾害极度活跃，防灾减灾是走廊建设和区域民生发展的重大需求。在"一带一路"框架下，中国科学院、科技部等部门通过设立国际合作项目、召开国际学术研讨会、开展防灾减灾技能培训等形式，开展中巴减灾防灾合作，为中巴经济走廊安全、绿色发展提供科技支撑。

中国科学院于 2016 年 8 月和 2017 年先后启动了"一带一路"自然灾害风险与减灾国际合作研究计划和"中巴经济走廊自然灾害风险评估与减灾对策"STS 研究项目，科技部在 2019 年设立国家科技基础资源调查专项"中巴经济走廊自然灾害综合调查与评估"。在这些项目的支持下，中国与巴基斯坦专家组成联合考察组，对中巴经济走廊山地灾害开展多次联合调查与研究，系统开展中巴经济走廊自然灾害调查分析和风险综合评估，为走廊建设及区域可持续发展提供科技支撑与保障。2010 年，巴基斯坦北部大面积山体滑坡形成巨型堰塞湖，滑坡掩埋了中巴喀喇昆仑公路 25 千米长的路段，导致中巴要道喀喇昆仑公路中断，给中巴经济走廊建设和两国商贸往来造成严重影响。巴基斯坦的施工队伍采用中国科学院崔鹏院士团队设计的应急排险处置方案进行施工后，中巴喀喇昆仑公路堰塞湖风险得到控制，完成了公路修复并提高了运输能力，使商贸得到迅速恢复，且贸易量超过了断路之前。此外，这个堰塞湖的风险不仅被排除，它甚至成为喀喇昆仑公路上一个美丽的"风景点"。

2017 年 7 月，中国科学院和巴基斯坦科学院在巴基斯坦首都伊斯兰堡联合举办"一带一路"暨中巴经济走廊自然灾害风险与综合减灾学术研讨会。来自中国、巴基斯坦、俄罗斯、意大利等国 20 多家科研单位的 140 余位专家学者出席，与会专家学者就中巴经济走廊自然灾害形成机制，自然灾害风险评估、监测与预警，自然灾害数据库和信息共享，减灾战略与关键技术，自然灾害风险管理与灾后重建等问题进行深入交流。2019 年 5 月 11—12 日，中国专家联合巴基斯坦科学院院长、塔吉克斯坦科学院院长等 700 余位"一带一路"沿线地区科研机构负责人与知名专家，在北京成功召开"一带一路"防灾减灾与可持续发展国际学术大会，为全面深化防灾减灾科技合作奠定了基础。

此外，中国科学院与巴基斯坦高等教育委员会联合建设中国-巴基斯坦地球科学研究中心（以下简称"中-巴中心"），依托中-巴中心开展国际防灾减灾知识培训是中心的重要工作之一。2021 年 9 月在成都举办"中巴经济走廊自然灾害监测与防治培训班"，邀请中巴双方相关领域 10 余位知名专家做学术报告，400 余位中巴学员分别通过视频会议或网络直播等方式参与了此次培训，为中巴经济走廊防灾减灾培养专业人才。

二、启示及政策建议

中巴经济走廊穿越青藏高原西部、印度河平原和巴基斯坦南部沙漠，崎岖险峻的地形条件和荒漠是中巴经济走廊主要的环境约束因素，沿线暴雨、洪水、泥石流、干旱、热浪等灾害严重多发。同时，巴基斯坦整体社会经济发展水平较低，发展与保护矛盾突出，加之气候变化影响，未来碳减排压力较大，绿色转型面临较多困难。为保障和进一步加强中巴经济走廊绿色发展，提出如下政策建议。

1. 加强生态环境关键领域的合作，早期识别和规避走廊建设的生态环境风险

一是减灾防灾合作。自然灾害是中巴经济走廊建设的重大威胁，充分认识该地区的灾害风险，最大限度地减轻灾害损失，对建设安全、绿色、可持续的中巴经济走廊具有重要意义。巴基斯坦灾害频发，但防灾减灾基础和能力薄弱。促进我国防灾减灾技术"走出去"，联合开展跨境重大自然灾害联防联控，开展全方位、多渠道减灾合作，推动建立多方参与的重大灾害风险防控协调联动机制和监测体系。

二是加强水资源管理、生态系统恢复和气候变化领域的合作，构建气候适应性社会。在巴基斯坦 2022 年遭遇灾难性洪水的巨大破坏后，该领域具有极其重要的意义。

三是提前做好工业园区建设及运营中的环境问题预案。一方面，进入园区的企业要严格遵守当地环境管制标准，做好环境保护工作；另一方面，也要学习与当地社区及环保组织进行沟通的技能，逐步积累共同解决环保问题的经验。

2. 项目设计需要关注不同尺度关键生态环境问题和地方法规

中巴经济走廊建设涉及项目类型多样，覆盖范围不一，要根据项目类别和覆盖区域的大小有重点地关注不同尺度的关键生态环境问题。对于铁路、公路等有可能涉及巴基斯坦国家尺度范围的项目，要更加重视自然灾害防控、生物多样性保护、自然保护区等全局性生态环境问题。对于更多涉及地方尺度或社区尺度的工业园区项目、水电项目、矿产资源开发项目等，除严格遵守巴基斯坦国家环境保护相关政策之外，要重视和深度理解地方法规，更加重视社区尺度的生态恢复、水资源合理利用与保护、污水处理与饮用水安全等中小尺度的生态环境问题以及与民生密切相关的资源环境问题。加强与社区及相关 NGO 的沟通，保障项目顺利实施。

3. 依靠创新和高技术促进绿色发展，共同应对气候变化

梯度转移理论认为不同国家的新兴产业发展水平客观上存在梯度差异，新产业部门、新产品、新技术等创新活动一般从高梯度地区逐渐扩散到低梯度地区。其中，高梯度地区的技术不断创新并向外扩散，中、低梯度地区通过接受扩散或寻找机会招商引资完善自身产业体系以及技术水平。中国企业在太阳能、风电设备制造等领域均处于世界领先水平，而且巴基斯坦作为发展中国家，其可再生能源市场刚起步，我国已经日渐成熟的产业体系可以有效弥补巴基斯坦在可再生能源行业的现有不足。同时，以风电、太阳能为代表的可再生能源项目的落地并网，对满足巴经济增长对电力供应需求快速增长的需要具有重要意义，而且具有较强的碳减排及环境改善效应，对生态环境影响相对较小。随着共建"一带一路"高质量发展和中巴经济走廊建设的深入推进，实现可再生能源新兴技术多维梯度转移，为中巴经济走廊共同应对气候变化和绿色走廊建设进一步提供科技保障。因此，应加快扩大和深化中巴经济走廊太阳能、风能、水电等清洁能源项目的合作。

4. 加强人文交流合作，提升本地绿色发展能力

中巴经济走廊绿色发展面临科技创新人才短缺，特别是高层次优秀人才严重短缺的挑战。要通过企业自主培训、政府交流培训和留学生教育等方式，加强中巴人文交流合作，夯实中巴经济走廊绿色发展的人才基础。企业在项目建设中要更加重视对当地员工的技术技能培训，提高当地劳动力在新兴产业领域的就业能力，使更多当地老百姓从中巴经济走廊项目建设中受益。同时，继续加强政府间交流培训，通过举办培训班、研讨会、学术交流会等活动，为巴基斯坦专业技术人员和政府管理人员提供高水平的绿色发展技术培训和管理能力的提升。在继续扩大中巴经济走廊绿色发展急需专业留学生招生规模的基础上，更加重视质量提升。通过国家奖学金、部门（如中国科学院）奖学金、企业奖学金、联合培养、短期进修等多种渠道，培养中巴经济走廊绿色发展所需的产业技术人才和高级管理人才，促进民心相通，提升巴基斯坦自身绿色可持续发展能力。充分发挥中巴地球科学中心在中巴经济走廊绿色发展中的作用，一方面通过中巴中心平台将我国绿色发展的相关技术试验落地，另一方面也可以更高效地为当地培养更多中巴经济走廊绿色发展所需的关键人才。

三、小结

九年来，中巴经济走廊建设第一阶段取得显著进展，其中的能源电力项目是投入最大、进展最快、成果最显著的领域之一，不仅为巴基斯坦提供了清洁、稳定、优质的能源，解决巴此前面临的严重电力短缺问题，也为巴基斯坦创造了大量就业。虽然走廊建设初期建设了几大煤电项目，但它们是中巴两国共商共建的项目，目的是尽快解决当时巴基斯坦电力极度缺乏的严峻现实。事实上，这些煤电项目仅仅用了两年左右的时间就在较大程度上缓解了巴基斯坦的电力极度短缺状况。同时，在项目建设中，中方企业在满足巴基斯坦相关环境法律法规的基础上，采用中方先进技术，主动提高排放标准，达到了高标准的排放要求。目前中巴经济走廊已停止新建燃煤电厂，风能、太阳能、水电等可再生能源在促进走廊绿色发展中的作用越来越突出。中巴经济走廊建设使巴基斯坦从电力短缺国变成电力富余国，满足了巴能源需求，降低了巴电力生产的成本和整体电价。随着巴能源供应得到保障，中巴经济走廊高质量发展新阶段将开启巴工业化进程。

中巴经济走廊建设建成的多条世界一流水平的公路，促进了互联互通，也为巴基斯坦旅游业发展创造了新机遇。走廊项下建设启动的多个特殊经济区为巴基斯坦人民创造了更多就业机会，提高了国家工业化水平和社会经济发展。作为中巴经济走廊的旗舰项目，瓜达尔港在中巴经济走廊建设中得到了巨大发展，从瓜达尔港自由区建设、海水淡化厂，到中国援建的职业技术学院、中巴友谊医院、法曲尔小学以及民用太阳能发电系统设备等，不仅促进了当地社会经济发展，也改善了当地的生态环境。

自然灾害类型多、损失大、风险高是中巴经济走廊建设面临的最大生态环境问题。加强自然灾害监测预警和风险管控，对建设安全、绿色、可持续的中巴经济走廊具有重要意义。

当前，中巴经济走廊已进入高质量发展的新阶段，中巴双方合作已从最初的瓜达尔港、能源、交通基础设施、产业合作四个重点领域，拓展至社会民生、农业、科技、国际合作等新领域，除了进一步推进已有项目外，将重点在健康、产业、数字和绿色能源领域展开深度合作，进一步构建健康走廊、产业走廊、数字走廊和绿色走廊，把中巴经济走廊建成"一带一路"高质量发展的示范工程。

参 考 文 献

Han，M.，Tang，J.，Lashari，A. K.，et al. Unveiling China's overseas photovoltaic power stations in Pakistan under low-carbon transition. *Land*，2022，11：1719. https://doi.org/10.3390/land11101719.

Naureen，M. Development of environmental institutions and laws in Pakistan. *Pakistan Journal of History & Culture*，2009.

陈继东："转型中的巴基斯坦政治"，《东南亚南亚研究》，2011 年第 4 期。

韩梦瑶、刘卫东、刘慧："中国跨境风电项目的建设模式、梯度转移及减排潜力研究——以中巴经济走廊优先项目为例"，《世界地理研究》，2021 年第 3 期。

梁桐："试析中巴经济走廊对美国'新丝绸之路'计划的地缘冲击"，《南亚研究》，2016 年第 3 期。

林一鸣："共克时艰的中巴关系"，《世界知识》，2020 年第 19 期。

刘艳峰："印度对中巴经济走廊建设的认知与反应"，《国际研究参考》，2017 年第 9 期。

彭洁："中巴经济走廊生态脆弱性遥感综合评估"（博士论文），中国科学院大学，2017 年。

王单丹："高标准推进瓜达尔港建设的政策建议"，《中国港口》，2020 年第 7 期。

王然："巴基斯坦瓜达尔港已具备运营能力"，《港口经济》，2015 年第 4 期。

谢贵平："'中巴经济走廊'建设及其跨境非传统安全治理"，《南洋问题研究》，2016 年第 3 期。

谢赫："关于中巴经济走廊建设的若干思考"，《新丝路学刊》，2018 年第 1 期。

杨萌、郁雨婷："中巴经济走廊的进展及面临的挑战"，《国际研究参考》，2021 年第 2 期。

杨艳昭、封志明、孙通等："'一带一路'沿线国家水资源禀赋及开发利用分析"，《自然资源学报》，2019 年第 6 期。

"一带一路"绿色发展国际联盟、生态环境部对外合作与交流中心：《"一带一路"绿色发展案例报告2020》，中国环境出版集团，2021 年。

张淑兰、朱修强：《"一带一路"国别概览：巴基斯坦》，大连海事大学出版社，2019 年。

张耀铭："中巴经济走廊建设：成果、风险与对策"，《西北大学学报（哲学社会科学版）》，2019 年第 4 期。

张苑弛、彭红斌："瓜达尔港开通的意义及影响分析"，《北方经贸》，2017 年第 9 期。

赵园园："中国巴基斯坦经贸合作区发展研究"（博士论文），天津师范大学，2016 年。

第十一章　"一带一路"建设与柬埔寨^①

摘　　要

柬埔寨是"一带一路"倡议的最早参与者和实践者，已成为"一带一路"国际合作的新样板。本章在对柬埔寨进行实地调研以及对案例项目组进行访谈调研的基础上，首先系统梳理了"一带一路"框架下的中柬合作历程，深入解析"一带一路"建设以来中柬贸易关系、投资关系和在柬中资企业状况；其次选择西哈努克港经济特区、金港高速公路和桑河二级水电站为案例项目，从建设背景、运营模式和建设成效三个角度出发，深入分析"一带一路"合作项目总体进展；最后，从总体影响和项目影响两个维度，探讨"一带一路"建设对柬埔寨社会经济和环境的影响。研究发现，两国共建"一带一路"建设在政策沟通、设施联通、贸易畅通、资金融通和民心相通等"五通"领域取得了丰硕成果；"一带一路"合作项目展现了中柬双方的共同利益，尤其考虑当地发展愿景；合作项目严格遵守柬埔寨生态环保法律法规和规则标准，高度重视柬埔寨当地民众绿色发展和生态环保诉求，充分尊重柬埔寨发展实际，促进经济社会发展与生态环境保护相协调，坚定不移走绿色发展道路。

第一节　"一带一路"框架下的中柬合作

一、中柬关系

柬埔寨王国（简称"柬埔寨"），中国古文献也称之为扶南、真腊或高棉。地处中南半岛西南部，国土面积 181 035 平方千米，其西部、西北部同泰国接壤，东北部与老挝交界，

---

①　本章作者：叶尔肯·吾扎提、盖瓦基拉温、郑智、刘卫东。

东部与东南部地区同越南毗邻，西南地区则通向暹罗湾。2021 年，柬埔寨总人口 1 695 万人。柬埔寨是君主立宪制王国，形成了以人民党为领导核心的多党民主制，奉行和平共处五项原则，迄今柬埔寨已与 107 个国家建交。柬埔寨实行完全自由开放的市场经济政策，凭借较低的劳动力成本、优惠的税收政策、自由开放的外汇管理方式以及发达国家给予的税收优惠政策，2011—2019 年经济以年平均 7％的速度增长，成为亚洲经济发展速度最快的国家之一，被亚洲开发银行誉为"亚洲新虎"。2015 年，柬埔寨从低收入国家转变为中低收入国家。受新冠疫情的影响，柬埔寨经济一度呈现负增长，然而，2021 年 GDP 又恢复到 283 亿美元，人均 GDP 1 730 美元。

中柬两国有着两千多年的历史交往关系。当代中柬两国关系缘于 1955 年万隆会议，1958 年中柬两国正式建交。2010 年中柬建立起全面战略合作伙伴关系，柬埔寨被中国称为"好邻居、好朋友、好伙伴"。建交以来，两国相互支持、相互帮助、相互守望，经受住了各种考验，被誉为"铁杆友谊"。"一带一路"倡议提出以来，双方一致同意要进一步深化两国全面战略合作伙伴关系的内涵，并在新时代背景下构建具有战略意义的命运共同体，两国关系迈向新的历史台阶。在"一带一路"建设框架之下，中柬命运共同体建设取得丰硕成果，两国以和平共处五项原则为基础，政治上高度互信。中国一直给予柬埔寨最坚定的支持，成为柬埔寨最为信任的伙伴，新时代两国正在携手构建中柬命运共同体不断向前发展，两国关系正处于历史最佳时期。

二、合作历程

2016 年 10 月 13 日，中国国家主席习近平应邀访问柬埔寨期间，国家发展改革委同柬埔寨财经部共同签署《关于编制共同推进"一带一路"建设合作纲要的谅解备忘录》，这是中国与中国-中南半岛经济走廊沿线国家签署的第二个政府间共建"一带一路"合作文件。根据备忘录，两国将共同编制《中华人民共和国与柬埔寨王国共同推进"一带一路"建设合作规划纲要》。2017 年，两国正式签署《柬埔寨王国同中华人民共和国关于共建丝绸之路经济带和 21 世纪海上丝绸之路的双边合作规划纲要》。

2019 年，中柬两国领导人一致同意要加快"一带一路"倡议同四角战略进行推进，重点关注交通、产能、能源、贸易、民生等领域。中国国家主席习近平表示："中方愿同柬方一道努力，以建设中柬具有战略意义的命运共同体为目标，进一步明确合作重点，规划发展蓝图，推动中柬关系迈上新台阶。"同年，第二届"一带一路"国际合作高峰论坛上中柬两国共同签署的《关于构建中柬命运共同体行动计划（2019—2023）》，是引领两国全系全方位发展的纲领性文件，详细制订了中柬两国在政治、安全、经济、人员交流与多边合作等五大板块共计 30 余项内容的行动计划。2021 年，柬埔寨成为"'一带一路'绿色发展伙伴计划倡议" 28 个国家中的一员。

在基础设施建设上，2017 年中柬两国再次签署《加强基础设施领域合作谅解备忘录》，以推动产能合作的健康发展，鼓励两国企业在铁路、公路、港口、桥梁等基础设施建设领域开展投资、建设和运营等方面合作，并在两国经贸合作委员会框架下成立基础设施合作联合工作组，协调解决重大问题，对货物进出口、资金流通、工作许可、技术合作、人员培训等方面提供便利，鼓励中国金融机构提供更加便捷、有效和多种形式的金融服务（中国商务部新闻办公室，2017）。2018 年 6 月，中柬两国政府签订《交通领域总体规划实施协定》，中方将为柬方制订交通行业统筹规划，包含公路、铁路、内河航运、海运、民航物流等六个专业，涉及线路、枢纽、网格等一体化布局（中国商务部国际经济合作事务局，2018）。在能源基础设施建设上，积极寻求同中国在有关能源领域内的合作，鼓励有实力的中国企业参与柬埔寨能源领域投资建设，尤其是绿色能源项目，如太阳能、风能及水电项目，此外还包括电网系统的铺设项目等。2018 年，在中国的倡议下，柬埔寨作为创始国之一共同参加成立了"一带一路"能源合作伙伴关系并共同发表了《建立"一带一路"能源合作伙伴关系联合宣言》。

在经贸合作上，中柬两国决定成立"中柬经贸合作委员会"，以此推进两国双边贸易，实现双边经贸总额 100 亿美元的目标，并邀请柬埔寨参加中国国际进出口贸易博览会以及中国-东盟博览会，同时支持有实力、有信誉的中资企业前往柬埔寨投资。2020 年 10 月，经过多轮谈判，中柬两国正式签署自贸协定，这是中国与最不发达国家签订的第一个自贸协定，同时也是第一份将"一带一路"倡议作为独立章节的自贸协定。2022 年，中柬自贸协定正式生效。根据协定安排，双方货物贸易零关税产品税目比例均达到 90％以上，服务贸易市场开放承诺也体现了各自给予自贸伙伴的最高水平。同时，双方还同意加强投资合作，并深入开展"一带一路"倡议、电子商务、经济技术等领域合作。自贸协定的签署，标志着两国全面战略合作伙伴关系、共建中柬命运共同体和"一带一路"合作进入新时期。为完善中柬经贸合作委员会在《2015—2025 工业发展战略》与"一带一路"倡议框架下的经贸合作机制，两国政府还在 2021 年签署了《柬埔寨王国发展理事会同中华人民共和国商务部关于建立投资与经济合作工作组的谅解备忘录》。

在金融合作上，为促进金融合作和扩大本国货币在双边贸易以及"一带一路"项目合作，柬埔寨财经部同中国银行签署了《柬埔寨"四角战略"对接"一带一路"倡议合作谅解备忘录》。根据备忘录，柬埔寨财经部将支持中国银行参与"一带一路"倡议下相关项目，支持中国援助项目和优贷项目的结算落户中国银行，中国银行为柬方提供金融培训，分享"一带一路"及改革开放经验，协助柬埔寨财经部和企业组织参与跨境经贸交流活动（中国银行，2019）。

此外，随着中柬"一带一路"建设项目数量的增长，为了保证"一带一路"项目建设的顺利推进，落实两国领导人在执法领域层次方面构建"中柬命运共同体"，提高两国联合执法能力，两国决定 2019 年为两国执法合作年，针对两国人民反映强烈、社会影响恶劣的非法网络赌博、电信诈骗、毒品犯罪、涉黑涉恶等突出犯罪，定期开展联合整治打击行动，并保护中国企业和公民在柬埔寨的安全和利益。

第二节　中国-柬埔寨经贸联系

中柬关系正处于历史最佳时期，中国是柬埔寨最重要的双边发展伙伴，在这一背景之下，中柬两国经贸关系得到飞速发展，中国是柬埔寨第一大投资来源国、第一大贸易伙伴国，也是最大的援助国，中国推动了柬埔寨的社会经济发展。

一、中柬贸易关系

在双边贸易上，中国是柬埔寨第一大贸易伙伴国，在两国签署自贸协定之后，双方在货物贸易、服务贸易和原产地等多个方面实现了前所未有的开放水平。中国零关税的商品项目达到全部税目数的 97.5%，其中 97.4% 在协定生效后立即生效，在服装、鞋类、皮革橡胶制品、机电零部件、农产品等柬埔寨重点关注项上纳入关税减让；柬埔寨零关税商品项目达到全部税目数的 90.0%，其中 87.5% 在协定生效后立即生效，在纺织材料及制品、机电产品、杂项制品、金属制品、交通工具等中国重点关注项上纳入关税减让。

2021 年，两国进出口贸易总额达到 111.44 亿美元，占柬埔寨贸易总量的 20%，比 2020 年的 81.18 亿美元增长了 37.28%（图 11-1），较 2013 年增长近 200%，双方贸易总量年均增长率 16.72%，提前两年完成了两国政府制定的百亿美元贸易目标。在进口方面，2021 年，柬埔寨从中国进口了纺织品原材料、机械、车辆、食品、电子产品以及药品等总值为 96.3 亿美元的商品，较 2020 年增长了 36.95%，较 2013 年增长了 182.32%。在贸易结构上，两国贸易逆差逐年扩大，2013 年贸易逆差仅为 30 亿美元，2021 年贸易逆差近 80 亿美元。

中柬两国在产业链及供应链体系中形成了明确的分工体系，两国不存在直接竞争关系。以服装纺织品为例，服装纺织业在柬埔寨工业体系中占主导地位，占柬埔寨对外贸易出口的 70% 以上，中国向柬埔寨提供了服装纺织业全部原材料的 60%，在柬埔寨国内通过剪裁、

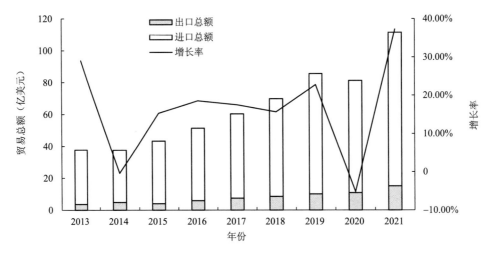

图 11-1 2013—2021 年柬埔寨对中国进出口贸易概况

资料来源：柬埔寨商务部。

缝纫等工序之后，再以贴牌形式将成品出口至欧美地区。其中，柬埔寨依赖于中国纺织原料的供应，在中国受新冠疫情影响期间，柬埔寨原材料供应一度中断，导致柬埔寨国内工厂陷入停工状态，进而影响了柬埔寨国内社会经济的发展。

柬埔寨对中国出口方面，形成了规模总量较小但增速快的贸易特点。2021 年出口总值15.10 亿美元，较 2020 年的 10.86 亿美元增长了 39.04%，较 2013 年增长率超过 300%，得益于对华农产品的出口，尤其是自贸协定签署以及 RCEP 的生效，为大米、香蕉、木薯、芒果以及腰果等柬埔寨农产品提供了更大的发展前景，两国农产品贸易总额逐年增加，从2017 年的 1.8 亿美元增加到 2021 年的 6.7 亿美元，平均增长率超过 25%。两国的农产品贸易增长率远超中国同其他国家的贸易增长率，中国已成为柬埔寨大米和香蕉最大的出口市场。

二、中柬投资关系

中国是柬埔寨第一大投资来源国，自 2013 年以来中国对柬投资额不断创历史新高。柬埔寨发展理事会的报告显示（表 11-1），1994—2012 年，中国大陆对柬埔寨的投资总额为113.32 亿美元；2013—2021 年（1—8 月），中国大陆对柬埔寨的总投资额达到 158.25 亿美元，2013 年以来投资总额高于 1994—2012 年的规模。受疫情等原因影响，2019 年和 2020年中国大陆对柬埔寨的总投资额排名下降，分别为第 2 位和第 3 位。1994—2021 年（1—8月），中国大陆对柬埔寨的农业、工业、旅游业、基础设施建设和其他领域的投资总额近

271.57 亿美元，是柬埔寨第一大投资来源国。从行业来看，2013—2021 年（1—8 月），中国大陆对柬埔寨投资额最大的领域是工业，为 65.27 亿美元；基础设施建设和其他位列第二，为 53.74 亿美元；第三是旅游业，为 26.32 亿美元；第四是农业，为 12.92 亿美元。受疫情影响，中国大陆对柬埔寨旅游业和农业的投资下降较为显著。

表 11-1　1994—2021 年（1—8 月）中国大陆对柬埔寨投资情况　单位：亿美元

年份	农业	工业	旅游业	基础设施建设和其他	总额	排名
1994—2012	8.44	23.17	44.09	37.62	113.32	1
2013	2.13	4.90	—	0.08	7.11	1
2014	1.41	5.37	1.56	0.50	8.84	1
2015	0.63	3.16	—	4.00	7.79	1
2016	3.04	4.53	1.15	1.14	9.86	1
2017	2.06	4.89	—	9.62	16.57	1
2018	2.03	10.02	1.18	19.71	32.94	1
2019	0.45	15.40	21.31	—	37.16	2
2020	0.52	8.79	1.12	5.86	16.29	3
2021（1—8 月）	0.65	8.21	—	12.83	21.69	1
总额	21.36	88.44	70.41	91.36	271.57	1

资料来源：柬埔寨发展理事会。

1. 工业领域

中国对柬埔寨工业领域的投资占比从 1994—2012 年的 20.44% 上升到了 2013—2021 年（1—8 月）的 32.56%，这主要得益于中资企业对柬埔寨服装纺织业以及建筑业投资的快速增长。例如，纺织服装业作为柬埔寨国内经济发展的支柱产业，是柬埔寨最重要的外汇收入来源。同时，柬埔寨纺织业中来自中国的投资比例最多，达 70% 以上，为柬埔寨提供了大量的就业人口和相关人才，为柬埔寨社会经济发展、改善和提高当地人民生活水平发挥了重要作用。此外，来自中国的投资，不仅带动了柬埔寨房地产高层建筑行业的发展，也推动了中国建材在柬埔寨的扩展，其中建筑设备、建材与五金工具需求量大幅度增加，也进一步推动了这类产品的进出口贸易。

2. 基础设施领域

柬埔寨近 44 000 千米的道路交通网络中包含了近 8 000 千米的国道以及 20 座大型跨河

桥梁，其中，中国援建了柬埔寨近 3 000 千米的道路以及 9 座总长 8 565 米长的跨河桥梁，在修 3 条总长 363 千米的道路以及 1 座长达 996 米的跨河桥梁（柬埔寨公共工程与运输部，2022）。中国路桥、上海建工、中国交建、中铁等央企和国企的参与建设，为柬埔寨道路交通网以及桥梁等道路基础设施的修复、建设做出了巨大贡献。

另外，在中资企业的投资带动下，柬埔寨能源领域得到快速发展，尤其在发电、电网建设等领域，横跨火电、水电、太阳能等多种类型电站，其中风能与太阳能发电将成为柬埔寨今后能源发展的重点方向。以政府和社会资本合作为核心（PPP 投资），其经营模式有以 BOT（建造-运营-转移）为方式的电站投资，也有以合资形势取得 BOT 投资方式的项目，还有一种是中资企业通过 EPC 承建或作为能源设备的供应商出现。BOO（建造-拥有-运营）投资形式开始涌现，这种投资项目通常先以中柬合资方式出现，由柬方股东向柬埔寨政府申请发电项目，后经政府内阁会议审议通过并签署《购电协议》（PPA 协议）和《实施协议》（IA 协议），再由中资企业以并购方式获得电站的经营权和控股权。①

表 11-2　中资企业对柬埔寨发电项目的投资

发电类型	时间	电站项目	涉及中企	类型	运行状态	投资额（百万美元）	装机总量（兆瓦）
水电	2002	实居省基里隆一级	中国电力技术进出口	BOT	投产	19	12
	2011	贡布甘寨水电站	中国水电	BOT	投产	280	193
	2012	国公省基里隆三级	中国国家电网	BOT	投产	47	18
	2013	国公省额勒赛下游	中国华电	BOT	投产	580	338
	2013	菩萨省斯登沃代	中国大唐	BOT	投产	255	120
	2013	国公省达岱河水电站	中国重型机械	BOT	投产	540	246
	2014	马德望多功能大坝	广东建工	承建	投产	100	13
	2018	桑河二级水电站	中国华能	合资BOT	投产	781	400
	2020	国公省达岱河上游水电站	中国重型机械	BOT	建设	429	150

---

① 关于购电协议期限，BOO 形式的投资期限约 15 年，而 BOT 形式的投资期限可长达 30 年以上。

发电类型	时间	电站项目	涉及中企	类型	运行状态	投资额（百万美元）	装机总量（兆瓦）
燃煤	2014	CIIDG I 鄂尔多斯鸿骏	中国内蒙古鄂尔多斯投资控股	合资BOO	运行	383	405
	2019	CIIDG II 华电	中国华电	合资	建设	1 000	700
	2021	国公省波东沙哥燃煤发电	中钢国际	承建	建设	1 340	700
	2021	奥多棉芷省265兆瓦燃煤电站项目	中国机械工业集团	合资BOO	建设	294	265
太阳能	2019	实居省乌东太阳能发电厂	晶科太阳能	供应	运行	140	80
	2019	马德望日升太阳能发电厂	东方日升	合资BOO	运行	106	60
	2019	班迭棉芷太阳能发电站	中国能建	EPC	运行	53	39
	2019	菩萨省太阳能发电厂	正泰集团	合资	运行	28	240
	2021	磅清扬PRAC太阳能发电厂	中国自控	EPC	运行	37	60
重油	2019	干拉省重油项目	中国葛洲坝、中国重型机械	EPC	建设	355	400
热电	2021	西哈努克经济特区热电厂项目	无锡国联华光电站有限公司	自建	运行	—	50

注：部分电站时间为立项或投产时间，因而存在一定的时间误差，而装机总量部分为计划或目标，部分电站在发展过程中向柬政府申请扩容装机量等。

由中资企业投资或承建的发电项目，其装机总量占柬埔寨的80％以上，高压电网建设总长占柬埔寨的35％，农村电网建设总长占柬埔寨的25％，中国投资或援建项目增强了柬埔寨国内能源的独立性与安全性。

除传统基础设施建设以外，中资企业还广泛投资柬埔寨数字基础设施，其中，中国光启海容在柬全资子公司柬埔寨光通已经成为柬埔寨国内规模最大的光线网络提供商，为柬埔寨实现工业4.0以提高互联网速度和质量提供了有力的保障。华为、中兴等也已深耕多年，为柬埔寨提供了超过70％的通信服务。此外，中国联通、中国电信也均在柬埔寨成立分公司并主要向中资公司提供通信服务。

3. 旅游业领域

旅游业在柬埔寨的经济社会发展中扮演着举足轻重的角色。尤其是"一带一路"倡议提出以来，柬埔寨旅游业发展迅速，中国游客到访柬埔寨的人次始终保持两位数快速增长，2017 年开始成为柬埔寨第一大游客来源国，且相当于排名第二至第八名国家的游客数量总和。为了进一步参与柬埔寨旅游业的发展，中资企业还积极主动协助柬埔寨政府改善民航基础设施建设，中国云南三家国有企业云投集团、云南建设集团和云南机场集团以 BOT 形式投资新建暹粒吴哥国际机场，成为中柬"一带一路"产能合作的重点项目。此外，由天津优联集团投资的柬埔寨七星海旅游度假村项目暨中柬综合投资开发试验区，占地 360 平方千米，将建成一座旅游度假目的地，已建有市政、供水供电设施、300 千米交通道路网、港口以及一座即将投入使用的 4E 级国际机场。

4. 农业领域

越来越多的中资企业开始积极投资种植业、畜牧业、水产养殖业、农产品加工等诸多领域。例如，2016 年 6 月 24 日，柬埔寨政府批准建立占地面积 1 013.6 公顷的天睿（柬埔寨）农业贸易经济特区，该特区是一个集研发、培育、种植、收购、仓储、加工、销售、物流、服务等上中下游产业链为一体的国家级农业经贸合作项目。广西福沃得农业技术国际合作有限公司投资 2 亿元人民币协助柬埔寨农林渔业部建立"农林渔业大数据运营中心"，在借助数据分析帮助柬埔寨调控农业整体状况的同时，也将推动柬埔寨农业发展的国际化水平。桔井省绿洲农业发展（柬埔寨）有限公司建设的柬埔寨-中国热带生态农业合作示范区被中国农业农村部评选为首个境外农业对外合作示范区，区内总体规划面积 1.3 万公顷，2020 年已种植香蕉、橡胶、柚木、胡椒、芒果等热带作物 1 500 公顷左右。

此外，还有一批中资企业在柬埔寨国内投资了与大米相关联的产业链，如大米加工厂、种植基地等。其中，中粮集团深入开展农粮贸易，在提供农业科技指导下协助实现稻谷产量增产的同时，还带动烘干、仓储、物流等基础设施的建设。中信建设将在柬埔寨 11 省投资建设 12 座可容纳 82.7 万吨稻谷和 10 个大型烘干设备的国家公共仓储体系，项目设备日均烘干能力达 1.3 万吨，这些中资项目推动了柬埔寨的农业发展。

三、在柬中资企业

在两国经贸活动中，中资企业扮演着重要的角色。在"一带一路"倡议提出以前，央企或地方国企是柬埔寨国内参与投资的主力，主要涵盖基础设施工程，例如道路修建、桥梁建造、水利灌溉、能源生产和输电项目等高价值领域。"一带一路"倡议提出以来，越来越多的非国有企业经济活动也在迅速增加。中资企业在柬埔寨的运营方式多种多样，如以资本方式来划分，则以独资、合资和海外并购为主；如以投资方式划分，则有 BOT、BOO 和承包或分包方式。

2020 年，中国企业在柬埔寨的新签承包工程合同 181 份，合同额约 662 194 万美元，完成营业额约 348 846 万美元（图 11-2）。2017 年，中国在柬埔寨的承包工程价值约 330 058 万美元，其中营业额达到了 176 373 万美元，远高于中国对柬埔寨的投资水平。中国在柬埔寨境内的承包工程也与以往不同，在以往中国的承包工程主要来源于中国对柬埔寨的援助项目。例如，中国重型机械集团就获得了柬埔寨国家电网项目，其资金来源于中国政府提供的优惠贷款。此外，一些基础设施项目、水电项目均为中国公司所承包。此外，除中国援助项目之外，一些中资企业在柬埔寨的承包项目也开始向私人领域转移，如金边诺富特酒店项目、中铁建承包了金边香格里拉酒店等。

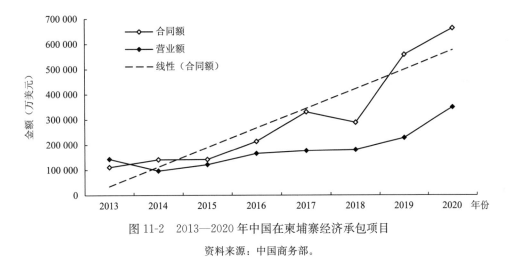

图 11-2　2013—2020 年中国在柬埔寨经济承包项目

资料来源：中国商务部。

中国国内三大政策银行中的国家开发银行和中国进出口银行在柬埔寨均有相当活跃的业务。作为政策性银行，国家开发银行和中国进出口银行主要角色是支持中国政府对柬埔寨援助项目提供融资支持。中国进口银行主要向柬埔寨政府提供优惠贷款服务，以基础设施项目建设为主。2005—2018 年，中国进出口银行支持柬埔寨政府援建 3 000 多千米的国道、430 000 公顷灌溉以及近 8 000 千米的国家电网线路。截至 2019 年，中国国家开发银行累计向柬埔寨提供了 27 个项目近 53 亿美元贷款。中国四大国有商业银行中，中国银行（香港）是第一家在柬埔寨设立的中资银行，之后中国工商银行也在柬埔寨开设业务，中资银行的主要金融服务对象为在柬埔寨的中资企业。

第三节 典型合作项目

　　"一带一路"倡议提出以来，中柬双方在互联互通、经贸投资、金融合作等重点领域不断合作，合作园区、机场、港口、高速公路、水电站和输变电网等一批带动性强且具有示范效应的重大合作项目正在推动实施。本章选择西哈努克港经济特区、金港高速公路和桑河二级水电站为案例，从建设背景、运营模式和建设成效等三个角度出发，梳理"一带一路"典型合作项目总体进展。

一、西哈努克港经济特区

　　西哈努克港经济特区（以下简称"西港特区"）是中柬两国"一带一路"合作样板的标志性项目，是以中国江苏红豆集团为主导、联合江苏省三家企业同柬埔寨企业共同开发建设的经济特区项目。特区地处柬埔寨西哈努克省波雷诺县四号国道上，距西港市中心17千米，紧邻西哈努克国际机场与西哈努克深水港，海陆空交通便利，区位优势十分明显。西港特区是两国政府认定的国家级经济特区，也是柬埔寨国内规模最大的经济特区。截至2021年，入园企业已达170家，早期以居家用品以及箱包皮具等产业为主，后引入木材建筑、五金机械、医疗卫生、能源矿场和精细化工等产业，实现了产业结构的升级和优化。

1. 建设背景

　　21世纪初，柬埔寨政府迫切希望在私营部门的参与下，在金边-西哈努克经济走廊上建立以加工产品出口为核心的工业园区的方式来推动该国基础设施建设以及工业化发展水平。通过创建良好的投资环境，提供一定年限的免税期、关税减免等一系列激励政策，设立一站式服务窗口简化行政审批手续等措施吸引外资企业，创造更多就业岗位，增加百姓收入以促进柬埔寨的减贫事业。其中，西港作为柬埔寨唯一一个国家级深水港，不仅是金边-西哈努克经济走廊上的重要一环，也是连接曼谷、胡志明经济带上的一个重要海上节点，因此成为柬埔寨国内经济的优先发展地区之一。柬埔寨政府为此也希望中方企业能够参与到柬埔寨的建设当中，通过设立产业园区的方式来进一步提升西港的工业化水平。在两国政府首脑的共同关心与支持下，双方着手研究建立以深圳为模板的西港特区的方案。

　　此外，中国政府提出"走出去"发展战略，积极鼓励中国企业充分利用国内国际两个市场，从国内经营转向跨国经营，在国际市场形成有竞争力的跨国企业。江苏省政府亦十分重视本地企业"走出去"，无锡市政府在此背景下在国家层面与自身产业发展需求的双重推动之下，积极推动省内企业实施"走出去"战略布局。红豆及其三家省内企业，通过多次调研最终选择劳动力、自然资源和贸易政策等方面都具有优势的柬埔寨作为建立工业园区的目的国。

2. 运营模式

江苏红豆集团联合三家企业共同出资组成了江苏太湖柬埔寨国际经济合作区投资有限公司，并与柬方国际投资开发集团有限公司分别出资 80% 和 20% 成立西港特区公司作为西港特区的运营主体，其中红豆集团全权负责西港特区的开发建设工作（图 11-3）。

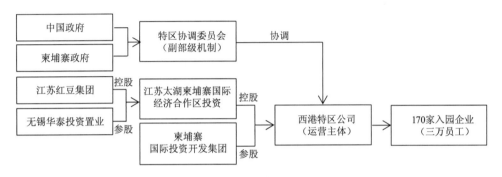

图 11-3　西港特区运营模式

西港特区作为中柬两国重点合作项目，为营造西港特区良好的经商环境、加强对特区的政策扶持以及为保障特区的合法权益，两国政府在 2010 年签订《关于西哈努克经济特区的协定》，决议成立由中国商务部和柬埔寨发展理事会等柬埔寨相关部门组成的"副部级特区协调委员会"，通过协调机制解决西港特区公司在阶段性运营所遇到的困难，在海关、商检、财政、金融和税务等方面出台了一系列扶持政策，积极推动西港特区迈向高质量发展。

为提高行政效率简化行政审批手续，柬埔寨政府专门在西港特区设立"一站式"行政服务窗口，由柬埔寨发展理事会、财经部、商务部、劳工部、商检、省政府等多个政府机构派遣官员代表入驻，为入园企业办理日常相关事务提供便利，全力支持特区的发展。在省级方面，江苏省还同西港省政府定期召开工作会议，鼓励省内优势产业助力西港特区的发展。

此外，为推动西港特区的建设工作，中国信保为西港特区提供了项目融资、风险咨询并专门制订了风险保障方案，建立了完备的风险防范体系，以保障入园企业在海外的投资风险。

3. 建设成效

自西港特区成为中柬两国"一带一路"样板合作项目以来，西港特区得到飞速发展。区内基础设施不断完善，已实现"六通一平"，即通路、通电、通水、通网、排水、排污和平地。西港特区从最初的柴油自发电时代发展到拥有一座 100 兆瓦热电厂，实现了区内生产、生活所需的用气、用电需求，2017 年还建成西哈努克省首座污水处理厂。工业厂房面积不断扩大，从 2013 年的 20 万平方米增长到 2019 年的 124 万平方米，此外还配有办公、教学、医疗、商业等配套设施近 6.8 万平方米。

西港特区已经成为柬埔寨规模最大的经济特区，随着园区基础设施的不断完善，吸引了越来越多的入园企业，从 2013 年的 32 家增长到了 2021 年的 170 家，增长了 2.3 倍（图 11-4）。劳工数量也从 2013 年的 9 000 多人增长到 2021 年的近 3 万人规模。区内产业从最初的纺织服装、居家用品和箱包皮具等为主要发展产业，到引入木材建筑、五金机械、医疗卫生、能源矿场和精细化工等产业，实现了产业结构的升级和优化。

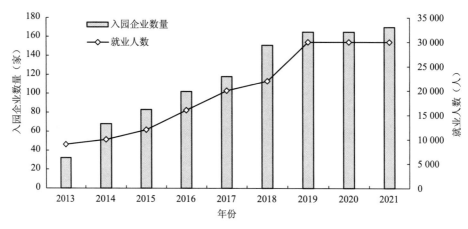

图 11-4　2013—2021 年西港特区入园企业数量与就业人数

资料来源：西港特区公司。

此外，特区还注重吸引一些能够带动产业发展的大型企业入驻，形成产业集聚效应，如 2022 年引进江苏省轮胎巨头通用股份在区内建设一条 500 万半钢子午线轮胎和 90 万全钢子午线轮胎生产线，总投资额达到 19.06 亿元人民币，建成后将为企业增收 22.11 亿元人民币，新增净利润 2.2 亿元人民币。

在两国政府的大力支持下，西港特区近十年总产值不断提升，促进了西哈努克省社会经济发展。总产值从 2013 年的 0.72 亿美元增长到 2021 年的 11.43 亿美元，实现 15 倍的增幅，总产值年均增长率达 68.2%，仅 2022 年上半年就实现了 6.66 亿美元的总产值，贡献了柬埔寨 6.13% 的出口货值（西港特区公司，2021）。对西哈努克省的经济贡献超过了 50%，帮助西哈努克省成为柬埔寨国内重要经济省份，为柬埔寨在 2030 年实现中高收入国家与 2050 年成为高收入国家的宏伟目标发挥重要作用。

在贸易方面，西港特区进出口贸易总额不断快速增长，2021 年进出口总额 22.34 亿美元，其中进口 10.91 亿美元，出口 11.43 亿美元，较 2013 年的 1.39 亿美元、0.67 亿美元和 0.72 亿美元, 同比分别增长 1 507%、1 528% 和 1 488%。2020 年受疫情以及欧盟撤销柬埔寨部分 EBA 的影响下, 西港特区仍然实现了进出口贸易 26.21% 的增长。在中柬自贸协定生效后, 2022 年上半年进出口额达到 13.74 亿美元, 同比增长 42.75%(表 11-3)。

表 11-3 2013—2022 年(上半年)西港特区总产值及贸易进出口额

年份	总产值(亿美元)	出口额(亿美元)	进口额(亿美元)	贸易总额(亿美元)	贸易增长率(%)
2013	0.75	0.72	0.67	1.39	107.46
2014	1.03	1.33	1.61	2.94	111.51
2015	0.91	1.44	1.47	2.91	−1.02
2016	0.99	2.01	2.12	4.13	41.92
2017	3.72	3.08	2.44	5.52	33.66
2018	2.07	4.23	3.68	7.91	43.30
2019	6.54	6.60	5.80	12.40	56.76
2020	8.81	8.28	7.37	15.65	26.21
2021	11.43	11.43	10.91	22.34	42.75
2022(1—6 月)	6.66	6.66	7.08	13.74	38.23

资料来源: 西港特区公司。

经过十多年的开发建设, 西港特区已经成为柬埔寨促进工业发展战略的一部分, 园区从劳动密集型向附加价值更高的技术密集型产业发展, 进一步加强对全球价值链的参与, 从而推动柬埔寨工业转型。

二、金港高速公路

金港高速公路是柬埔寨国内首条高速公路, 连接了金边—西哈努克港经济走廊, 全长 187.05 千米, 设计时速为 80~120 千米, 完全采用中国技术标准与质量建造, 是中柬两国 "一带一路" 合作框架下高质量合作的重点项目。由中国路桥工程有限责任公司投资建设, 总投资 136.43 亿元人民币, 以 BOT(建造-运营-转让)模式投资, 拥有 50 年经营权。建成后的金港高速, 将进一步推动金边-西哈努克经济走廊的建设, 有效减少走廊内的时间成本及物流成本, 增强柬埔寨在国际市场上的竞争力。

1. 项目背景

柬埔寨 "工业发展战略" 提出, 2015—2025 年, 在现有产业基础上由劳动密集型向附加价值更高的技术密集型产业升级，实现柬埔寨工业发展体系转型，促进经济多元化发展，提高柬埔寨在全球市场的竞争力。为此，柬埔寨政府制定了物流与交通运输发展战略，拟在2040年之前以首都金边为中心构建6条放射线、2条联络线和1条金边环城路，组成高速公路网（表11-4）。

表 11-4　柬埔寨高速公路发展计划

阶段	线路	里程（千米）	造价（亿美元）
短期： 2016—2020 年	金边-巴域（柴桢）E1 线	150	22.0
	金港高速 E4 线	205	22.2
	金边环城路	145	15.7
	金边-暹粒 E6	280	30.3
	金边-磅清扬 E5-1	70	7.6
	短期规划里程	**850**	**97.8**
中长期： 2021—2030 年	磅清扬-泰国边境 E5	310	33.6
	暹粒-班迭棉吉 E6-1	110	11.9
	金边-磅湛 E7	130	14.1
	暹粒-班迭棉吉 E67	65	7.0
	国公-西港 E042	145	15.7
	西港-白马 E033	60	6.5
	贡布-白马 E033-1	35	3.8
	中长期规划里程	**855**	**92.6**
长期： 2031—2040 年	金边-贡布 E3	135	14.6
	马德望-国公 E67-1	165	23.1
	上丁-磅清扬 E27	225	23.1
	金边环城路（扩容）E99	145	24.4
	长期规划里程	**525**	**70.6**
柬埔寨总里程		2 230	261.0

资料来源：柬埔寨公共工程与运输部。

规划建设的9条高速公路总里程2 230千米，总投资约261亿美元。其中计划短期内修建以金边为核心的4条放射线和1条联络线，实现3小时以内交通圈，打通金边-西港、金边-巴域、金边-暹粒（波贝）四大国际货物进出口口岸，其中以金边-西港高速最为重要。

柬埔寨工业发展战略明确提出要加强金边-西哈努克经济走廊的道路交通建设。该走廊覆盖柬埔寨近40%的人口，80%以上的大型制造企业，包含西港特区、金边特区在内的10

家经济特区（经济特区共 24 家）。同时，也拥有两大国际货物进出口口岸，2015 年，金边与西港进口货物总重和货值共占柬埔寨的 52.5％和 75.5％，出口货物的总重和货值共占柬埔寨的 97.5％和 79.0％，远高于巴域和波贝两大国际口岸（表 11-5）。随着柬埔寨经济进一步增长，这一条经济走廊的物流总重量和总值将持续增加。

表 11-5　2015 年柬埔寨主要货物进出口口岸流量　　　　　　　　　　％

	货物进口		货物出口	
	货物总重量占比	货值占比	货物总重量占比	货值占比
巴域	6.2	11.1	1.1	5.3
波贝	41.3	13.4	1.4	15.7
金边	18.0	9.3	26.6	16.1
西港	34.5	66.2	70.9	62.9
柬埔寨	100.0	100.0	100.0	100.0

资料来源：柬埔寨公共工程与运输部。

而现有连接金港两地的四号国道，因道路拥挤和较差的路况已经无法满足柬埔寨国内经济的发展以及货物运输的需求，因此，建设一条高质量且安全的高速公路显得尤为重要，以此降低柬埔寨国内物流的运输成本。最终，中国路桥以政府框架项目推动了金港高速公路项目，2016 年双方签署投资框架协议，2018 年签署特许经营协议。

2. 运营模式

建设一条高速公路需要巨额资金来源。因此，柬埔寨政府计划向中国政府申请优惠贷款以修建这条高速公路，但由于高昂的造价超出了柬埔寨政府规定的贷款额度上限，使得政府在 2013 年不得已考虑以社会资本的合作模式采取 BOT 模式来新建金港高速公路项目，允许投资公司以收取合理的费用来获取利润。

通过多轮谈判，柬埔寨政府最终于 2018 年 1 月 11 日同中国交建签署《关于金边至西哈努克港高速公路特许权协议》，依协议成立柬埔寨 PPSHV 高速公路有限公司作为运营主体。由中国交建所属中国路桥负责出资承建并控股，双方协定，将通行车辆按照五种类型进行收费。柬埔寨政府通过与中国路桥商定，金港高速公路建成后将免费开放运行 1 个月并在此之后的首年（2022 年 11 月 1 日—2023 年 10 月 31 日）以收费标准的 80％计费（表 11-6），以鼓励民众使用高速公路。金港高速公路的定价（以 A 类为例），较泰国每千米 0.100～0.130 美元及越南每千米 0.050～0.075 美元而言相差无几，日本 JICA 调研结果显示，其收费标准柬埔寨国内民众可以接受（Hata and Sakurai，2013）。

表 11-6 金港高速公路收费标准 单位：千米/美元

类别		首年收费标准	收费标准
A 类	500CC 排量以上摩托 7 座以下私家车 2 吨以下小货车	0.064	0.080
B 类	8～19 座客车 2～5 吨货车	0.128	0.160
C 类	20～56 座客车 5～10 吨货车	0.192	0.240
D 类	10～20 吨货车	0.256	0.320
E 类	20 吨以上货车（含集装箱）	0.320	0.400

资料来源：柬埔寨公共工程与运输部。

金港高速公路总投资额为 136.43 亿元人民币，建设期 4 年，运营期 50 年，是中国交建在国外最大的单笔投资项目，也是第一个 BOT 模式的海外投资项目。其中，施工单位还包括中交路建、中交一航局、中交三航局、中交四航局、中交四公局、中交郴筑，监理单位为中交一公院，中咨集团作为设计单位。

为了金港高速公路项目的有序开展，中国路桥专门为京港高速公路项目兴建了一座改性沥青厂以及高质量的实验中心。前者是中国企业首次在海外采用 SBS 改性沥青技术，专门针对柬埔寨高温多雨，重载交通的独特环境所研发并生产，将有效延长道路使用寿命，确保了高速公路项目的耐久性和工程质量。建成后的实验中心，是当前柬埔寨门类最全、等级最高、仪器最先进、检测项目最全、标准化程度最高，可对道路工程的各项参数进行实验或分析，确保了金港高速公路项目的工程质量。建成后的改性沥青厂以及实验室也将用于之后的柬埔寨国内的道路工程项目。

3. 建设成效

金港高速公路于 2022 年 10 月 1 日建成通车，成为柬埔寨国内首条高速公路，道路全长187.05 千米，采用双向四车道，设计时速为 80～120 千米，道路宽 24.5 米，全线设有 1 处管理运营中心、8 个收费站、3 个服务区，其中还包含 56 座长达 4 417 米的中大型跨河桥梁。在工程建设过程中，柬埔寨属热带季风气候，尤其是雨季到来时，降雨量的激增造成沿线严重的洪涝灾害并产生大面积软土，从而导致地基强度较低导致沉降变形。此外，沿线地貌复杂，既有冲积平原，也有裸露的丘陵和准平原，部分地区山丘起伏且伴有茂密植被，部分地形容易产生滑坡或坍塌，部分线路还将穿越野生动物保护区，导致施工难度加大，但最终金港高速项目在使用中国技术和规范下提前半年完成所有工期。

金港高速公路连接了金边、干拉省、实居省、国公省、西港五地，还将辐射磅清扬省、茶胶省、贡布省和白马省。建成后成为金边-西哈努克经济走廊最为重要的一条道路，将加强走廊内各区域的经济社会联系。该经济走廊占柬埔寨道路车流量的51%，在柬埔寨30处重要交通节点中，金港两地的私家车和货运往返交通节点分别占柬埔寨交通节点流量的28%和27%，金港高速的通车有效降低了经济走廊乃至柬埔寨的时间成本和运输成本。其中，金边至西港往返时间从5～6个小时缩短至2个小时以内，提高了运输效率，降低了企业生产成本。

在通车方面，前15日（2022年10月1—15日）总车流量达到189 716辆，日均车流量达到12 647辆，其中，周末平均车流量达到16 499辆，较工作日平均车流量的10 721辆高出54%。金港高速还有效缓解了道路拥堵状况，平均时速从40～60千米提升至80～120千米，并有效减少了交通安全事故，通车运行的前15日仅发生9次事故且无人员伤亡，累计总救援171次（图11-5）。

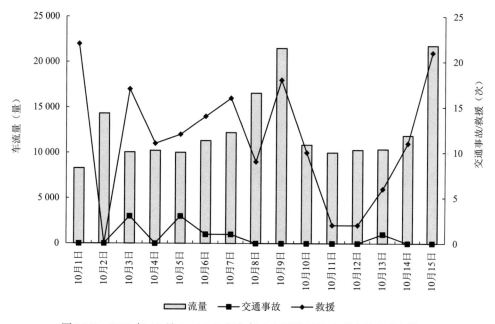

图11-5 2022年10月1—15日金港高速交通流量及交通事故与救援情况

资料来源：柬埔寨公共工程与运输部。

在新冠疫情下，金港高速公路的建成还促进了西港旅游热潮，带动了西港经济的恢复。在周末旅游方面，自10月1日通车以来，柬埔寨三个周末共计接待176.9万人次，其中西港33.0万人次，占比18.7%，西港平均周末接待11.0万人次，较9月份平均4.2万人次增长了161.9%，西港境内的旅游人次已经达到了疫情前重要节假日的平均水平（表11-7）。

表 11-7　2022 年 9—10 月西港与柬埔寨游客接待人次　　　　单位：万人次

	9 月				10 月		
	3—4 日	10—11 日	17—18 日	24—26 日	1—2 日	8—9 日	15—16 日
西港	2.9	2.7	2.9	8.4	6.3	12.8	13.9
柬埔寨	20.2	20.3	30.0	125.9	45.7	37.4	93.8

资料来源：柬埔寨旅游部。

除上述直接影响外，金港高速的建成将提高柬埔寨国内运输系统的效率，有效降低生产成本，提高沿线主要城市、各经济特区、货物进出口港口、机场之间的互联互通，进一步改善投资环境，吸引更多投资，创造更多就业机会，促进国家经济发展。此外，通过金港高速公路，一些远离大城市的老百姓在高速路建成后可以享受到更好的医疗、教育等。

三、桑河二级水电站

桑河二级水电站位于柬埔寨上丁省东北部塞桑河流域，靠近越南边境，于 2014 年 1 月经柬埔寨能源与矿业部批准实施，2017 年投产，2018 年全面发电，装机总量 400 兆瓦，建成后占柬埔寨装机总量的 19.5%。该项目由中国、柬埔寨和越南三国共同投资建设，中国华能下属子公司华能澜沧江水电股份有限公司控股和管理，占 51% 股权，柬埔寨皇家集团拥有 39% 股权，越南电力集团拥有 10% 股权。该项目是柬埔寨本土当前规模最大的水电工程，也是当时柬埔寨最大的基础设施投资项目，同时也是柬中两国"一带一路"能源建设领域中的重点项目。

项目总投资额 7.81 亿美元，占地面积 9 854 公顷，大坝全长 6 500 米，其中钢筋混凝土段长 464 米，可蓄水 27.15 亿立方米，每年可向金边及其周边省份提供约 19.12 亿千瓦时清洁电力。项目采用 BOT 的投资模式，建设期 5 年，商业运营 40 年，共有 45 年的特许经营权。桑河二级水电的建成，为柬埔寨能源的独立性和安全性起到非常重要的作用。一方面可有效缓解金边及其周边地区电力短缺的局面，降低柬埔寨用电成本；另一方面还为政府提供了稳定的财政收入，推动了柬埔寨经济社会的发展。

1. 项目背景

随着柬埔寨社会稳定与经济的快速发展，电网用户逐年快速增加。2007 年柬埔寨电力公司共销售 1 057.18 百万千瓦时电量给 41.14 万在网用户，2016 年则升至 6 229.67 百万千瓦时和共计 217.00 万在网用户，在网用户增长 4 倍多，10 年销售电量增长近 500%（图 11-6）。

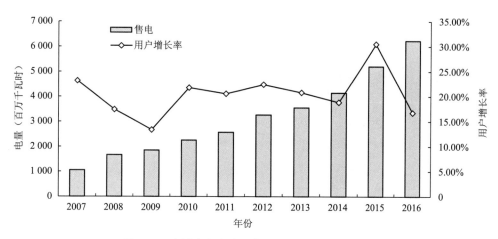

图 11-6　柬埔寨电力公司售电量及在网用户增长率
资料来源：柬埔寨电力公司。

随着在网用户规模以及售电量的快速增长，柬埔寨国内电站装机总量已经无法满足普通居民、工商业用电的基本需求，无法保障 24 小时全天候供电，因此，柬埔寨每年需要从越南、泰国与老挝进口电力以满足本国用电需求。其中，2013 年和 2017 年国外进口电站装机总量分别为 294 兆瓦和 417 兆瓦（表 11-8），分别占柬埔寨装机总量的 25.3% 和 18.2%，柬埔寨仍然有近 20% 的电力缺口，导致柬埔寨国内电价较高于周边邻国，不少地区需轮流断电才能满足日常供应。

表 11-8　2013—2017 年柬埔寨电力装机总量　　　　单位：兆瓦

	2013 年	2014 年	2015 年	2016 年	2017 年
进口	294	334	417	417	417
可再生能源	15	17	17	27	85
燃油	227	177	218	218	264
水电	512	682	927	927	979
燃煤	110	110	368	368	538
总量	1 158	1 320	1 947	1 957	2 283

资料来源：柬埔寨电力局。

此时的柬埔寨有着 1 万兆瓦的水电发电潜力，而在 2002 年仅有一座装机容量为 13 兆瓦的基里隆一级水电站运营，因此，为实现能源安全性与独立性，柬埔寨政府明确提出要加强对电力资源的开发与利用，以减少对进口电力的依赖。2007 年，柬埔寨政府对本国 29 处具有开发潜力的水电项目进行研究，其中桑河二级水电站流域面积达 48 200 平方千米，年径流量每秒 1 480 立方米，有效水头 25.9 米，在可装机容量、年发电量、建设成本、发电成本、经济内部收益率、财务内部收益率等经济指标中位列前茅，被认定为可优先发展项目。

表 11-9　柬埔寨主要水电项目的经济指标

项目	装机容量（兆瓦）	年发电量（亿瓦时）	减少 CO_2 排放（千吨）	建设成本（百万美元）	每千瓦时建设成本（美元）	发电成本（美分）	EIRR（％）	FIRR（％）
桑河二级	420	1 725	1 127	623	1 480	4.8	18.2	16.5
PL2	54	198	146	70	1 300	4.6	21.7	16.8
PL1	100	384	289	162	1 620	6.1	18.2	13.1
布哥	26	91	57	55	2 120	9.2	13.4	8.6
MSRC	28	96	66	85	3 040	11.5	10.1	6.4
MTK2	25	86	60	71	2 840	10.8	10.7	7.0
MTK3	26	90	64	72	2 770	10.4	11.2	7.3

资料来源：柬埔寨能源与矿业部。

随后，柬埔寨政府批准了桑河二级水电项目并要求对此进行更为详细的可行性研究。2012 年柬埔寨内阁会议上正式批准了该项目在柬埔寨的实施，同年签署了《实施协议》与《购电协议》，2013 年柬埔寨经国会批准了《国家支付担保协议》，以法律形式保障了桑河二级水电站的合法权益。

2. 运营模式

桑河二级水电项目由柬、中、越三国共同合资成立桑河二级水电有限责任公司作为项目运营主体。其中，柬方为柬埔寨国内著名企业家陈丰明公爵于 1991 年成立的集团，业务涵盖电信、金融、媒体等诸多领域，集团总产值约占 GDP 的 6％，是驱动柬埔寨国内经济发展的重要企业；中方为中国华能下属子公司华能澜沧江水电股份有限公司；越方为越南政府控股的电力集团。柬、中、越三方分别占有 39％、51％与 10％的股份。

桑河二级水电项目以 BOT 的运营投资模式，获得 45 年特许经营权，其中建设期和商业运营期分别为 5 年和 40 年，设计使用年限为 100 年。柬方股东主要负责维护政府公共关系以及地方事务工作的梳理与协调，包括避免或减少对项目周边 330 平方千米土地因征地带来的影响，其中对需要重新安置三个社区共计 1 000 多户家庭予以足够的经济补偿，包括土地安置（包含房屋）、每户 5 公顷耕地置换，以及对弱势群体进行特殊的扶持和培训，以保证他们的生活质量和经济收入。同时，还需完善安置区内的基础设施，如社区道路建设、社区行政办公楼、警局、卫生站、学校、寺庙等。此外，皇家集团还承担项目建设的原材料供应,如水泥、建筑材料等,通过资源整合的方式使得本地企业也积极参与进桑河二级水电站的建设工作当中。

中国华能则负责保障项目建设、运营等各项工作的顺利进行。桑河二级水电项目完全采用中国的技术、标准和设备。中国电建集团华东勘测设计研究院负责勘探设计,中国水利水电第八工程局负责承建河床混凝土坝及电厂房工程,云南中畅物流有限公司负责设备运输。项目完成后获得了中国境外项目国家优质工程奖。

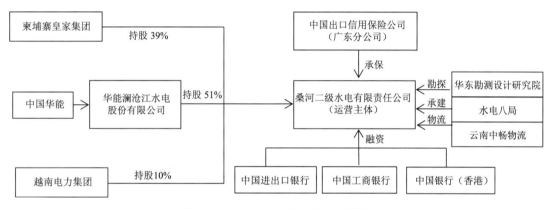

图 11-7 桑河二级水电项目运营模式

在项目资金方面,桑河二级水电项目投资总额 7.82 亿美元,其中作为运营主体的桑河二级水电有限责任公司需出资 2.34 亿美元,剩余资金以融资方式进行。其中,中国工商银行以委托直租的金融租赁模式解决项目建设初期资产未形成的问题,保障项目的正常建设。此外,项目以银团的方式得到了中国银行、中国进出口银行等的融资支持。中国出口信用保险公司云南分公司在 2019 年承保了桑河二级水电站,保障了企业项目的安全运营顺利投产。

不仅如此,为确保项目的有序推进,柬埔寨政府在 2013 年以法律形式确保了桑河二级水电站合法权利的同时,还成立了跨部门协调委员会,通过定期召开会议的方式商讨和解决水电项目在建设时所遇到的困难,为项目的有序进行提供了有力的保障。

3. 建设成效

2018 年 10 月 21 日,8 台 50 兆瓦灯泡贯流式水轮发电机组完全投产后,桑河二级水电站装机容量占当时柬埔寨装机总容量的 19.5%,有效缓解了金边及其周边地区的用电缺口,降低了金边市区停电的风险,保障了商业、工业及服务业等经济活动,确保 2015—2025 年工业发展政策的顺利实施,还满足了上丁、柏威夏、腊塔纳基里和蒙多基里四省的用电需求。2018—2021 年,桑河二级水电站累计净输出电力 59.97 亿千瓦时,其中,2018 年净输出电力 10.32 亿千瓦时,2021 年净输出电力达 18.94 亿千瓦时,较 2020 年增长了 21%,占柬埔寨国内电厂总电力输出的 20.65%(表 11-10)。

表 11-10　桑河二级水电站及柬埔寨电力输出

	2017 年		2018 年		2019 年		2020 年		2021 年	
	装机容量（兆瓦）	电力输出（亿千瓦时）	装机容量（兆瓦）	电力输出（亿千瓦时）	装机容量（兆瓦）	电力输出（亿千瓦时）	装机容量（兆瓦）	电力输出（亿千瓦时）	装机容量（兆瓦）	电力输出（亿千瓦时）
桑河二级水电站	50	27	400	1 032	400	1 507	400	1 564	400	1 894
柬埔寨	1 734	6 535	2 049	8 047	2 297	8 336	2 430	8 414	2 463	9 165

桑河二级水电站的建成还推动了柬埔寨国内电价的下降。以普通居民用电价格为例，2017 年电价为每千瓦时 0.1525～0.1925 美元，电站 2018 年建成投产运营后，柬埔寨政府宣布在 2019 年进一步优化用电制度，从原先的三档增加至四档，大幅降低了低收入家庭的电费支出，其中一档（月使用电量低于 10 千瓦时）和二档（月使用电量为 11～50 千瓦时）低收入群体的电费支出分别下降了 37.7％和 21.3％，三档（月使用电量为 51～200 千瓦时）群体的电费支出从每千瓦时 0.1800 美元下降至 0.1525 美元，下降了 15.3％，对月使用电量超过 200 千瓦时的用户电费从每千瓦时 0.1875 美元下降至 0.1825 美元，居民用电成本显著下降。

表 11-11　2017—2021 年金边、达克茂经济圈普通居民用电价格　　单位：美元

	月支出	2017 年	2018 年	2019 年	2020 年	2021 年
普通居民用电价格	<10 千瓦时	0.1525	0.1525	0.0950	0.0950	0.0950
	11～50 千瓦时			0.1200	0.1200	0.1200
	51～200 千瓦时	0.1800	0.1800	0.1525	0.1525	0.1525
	>201 千瓦时	0.1925	0.1875	0.1850	0.1825	0.1825

通过桑河二级水电项目的实施，柬埔寨政府还进一步优化了柬埔寨高压电网，在 2016 年建设了一条长达 426 千米，连接金边、巴域、上丁及桑河二级水电站的电网，其中包含 2 条约 26 千米的 230 千伏电网，连接上丁市并并入国家电网，保障金边及其周边地区的稳定供电。

对企业效益而言，桑河二级水电站具有很高的经济效益。项目总投资约 7.81 亿美元，其中建设成本约 2.46 亿美元，设备成本约 2.32 亿美元，每千瓦时建设成本约 1 950 美元，每年可生产 19.12 亿千瓦时电力，并以每千瓦时 6.59 美分价格出售给柬埔寨电力公司，投资回报周期 15 年。实际情况是，在 2017 年桑河二级水电站提前实现了三期截流、下闸蓄

水，项目在投产后立即为企业实现了经济效益。2017年，营业收入797.8万元人民币，毛利率39.84%；2021年，营业收入达到8.76亿元人民币，同比增长12.52%，毛利率为68.54%。2019—2021年，平均营业收入8.03亿元人民币，3年平均毛利率71.98%。此外，根据公司同柬埔寨政府签订的《实施协议》及《购电协议》，桑河二级水电站将享有9年税收豁免优惠政策，该政策从企业向柬埔寨电力公司申请商业运营日期起计算，最终在2019年获得同意并正式执行该优惠政策，在9年税收豁免期结束后仅需按照柬埔寨税法缴纳20%的利润税以及相关建设期首年免除所有相关设备的进口税和增值税等。桑河二级水电站已经成为中国华能在海外发展新的利润增长点。

表11-12 桑河二级水电站营业收入、营业成本与毛利率

	2017年	2018年	2019年	2020年	2021年
营业收入（亿元人民币）	0.08	2.86	7.56	7.79	8.76
营业成本（亿元人民币）	0.05	1.18	2.12	2.32	2.76
毛利率（%）	39.84	58.83	71.92	70.24	68.54
营业收入比上年增减（%）	—	3 480.38	164.56	3.04	12.52
营业成本比上年增减（%）	—	2 350.01	80.46	9.22	18.93
毛利率比上年增减（%）	—	18.99	13.09	−1.68	−1.70

对柬埔寨而言，桑河二级水电站让柬埔寨老百姓用上了安全、稳定、清洁的电力，降低了柬埔寨用电成本，促进了国家经济发展并提高了国际竞争力，保障了柬埔寨能源独立性与安全性。该项目的建设，直接提供了近2 000个就业机会，改善了当地的基础设施条件。通过桑河二级水电站，柬埔寨每年可获得3 000万美元以上的直接财政收入以及超过12亿美元（40年）的间接财政收入，如政府提高增加税，每年还将获得最少1 350万美元。

第四节 "一带一路"建设对柬埔寨社会经济与环境的影响

本节从总体影响和项目影响两个维度，探讨"一带一路"建设对柬埔寨社会经济和环境的影响。总体影响主要判定柬埔寨在沿线生态网络中的位置以及中国通过生产合作对柬埔寨的经济贡献。项目影响主要判断对当地经济、社会、环境等领域的具体影响。

一、总体影响

1. 柬埔寨在沿线生产网络中的位置

在全球生产网络时代背景下，"一带一路"沿线国家间生产网络的形成和发展对于"一带一路"倡议的进一步推进有着重要意义。从中间品流动的角度看，1995—2021年，"一带一路"沿线国家使用国外中间品中来自区域内部的占比总体上大幅度提高，表明区域内生产网络联系不断加强，"一带一路"沿线国家越来越成为相互依赖、不可分离的经济共同体。

柬埔寨使用国外中间品中来自沿线国家的比重自1995年以来，总体上呈现持续增长的态势（图11-8），表明柬埔寨对于沿线生产网络的依赖程度不断提高。其间，受到亚洲金融危机的影响，1995—1998年占比有所下降，从52.50%下降到47.38%；1998年之后，进入快速增长期，从1998年的47.38%增长到2008年的64.79%；2008年之后，由于全球金融危机、新冠疫情等国际事件的影响，柬埔寨使用国外中间品来自沿线国家的比重开始进入慢速增长时期；即便如此，到2021年，比重已经突破70.00%，沿线生产网络在柬埔寨的制造业中起到了重要的支撑作用。

图11-8　1995—2021年柬埔寨使用国外中间品来自沿线国家的比重

资料来源：EORA数据库。

相比于1995—2021年柬埔寨使用沿线国家中间品总体上升的态势，柬埔寨在沿线生产网络中的占比却在不断下降（图11-9），表明柬埔寨中间品需求的增长强度低于沿线生产网络总体增长速度。1995—1998年，柬埔寨在沿线生产网络中的占比快速下降，从0.30%下降至0.24%；2009年有所反弹，提升至2.74%；之后至2012年快速下降至0.18%；2012

年之后进入小幅波动阶段，变化趋势不明显，至 2021 年小幅下降至 18.10%。从柬埔寨在沿线国家生产网络中的比重可以看到，柬埔寨在依托沿线生产网络发展国家经济的潜力巨大，未来应更加积极地融入沿线国家生产网络，大力发展制造业并甄别比较优势，为沿线国家生产网络贡献更多中间产品。

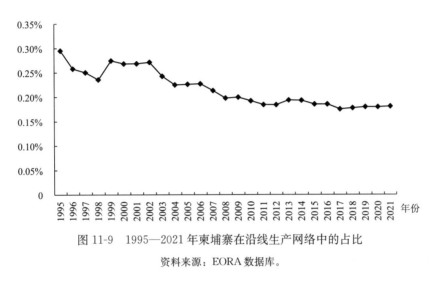

图 11-9　1995—2021 年柬埔寨在沿线生产网络中的占比

资料来源：EORA 数据库。

2. 中国通过生产合作对柬埔寨的经济贡献

中国通过生产网络对"一带一路"沿线国家的经济贡献不断加大，贡献量占"一带一路"沿线国家 GDP 的比例快速提升，与中国的生产合作在"一带一路"沿线国家国民经济发展中起着越来越重要的作用。其中，中国对东南亚等新兴市场国家的经济带动作用较强。

1995—2021 年，中国通过生产合作对柬埔寨的经济贡献占柬埔寨经济总量的比重不断提升，与中国的生产合作在柬埔寨的经济发展中占据越来越重要的位置。1995 年，中国通过生产网络对柬埔寨增加值贡献占比为 0.52%，2013 年为 1.45%，2021 年增长到 1.78%，较 1995 年和 2013 年分别增长了 242.96% 和 22.98%（图 11-10）。其间，占比总体上呈现先上升后下降再上升的态势。1995—2006 年为上升期，占比从 0.52% 提升到 1.55%；2006—2009 年快速下降至 0.98%；之后进入增长期，2021 年上升到 1.78%，其间受疫情影响，2018—2021 年有所下降。

二、项目影响

1. 社会经济建设取得明显进展

自柬埔寨参与"一带一路"建设以来，中国带动柬埔寨道路交通、跨河大桥、电网、码

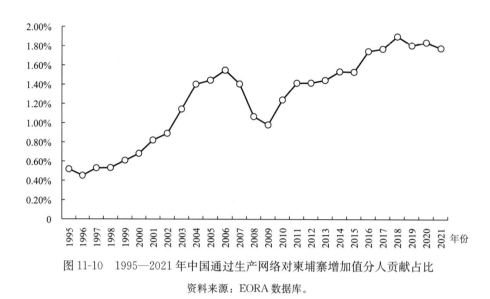

图 11-10　1995—2021 年中国通过生产网络对柬埔寨增加值分人贡献占比

资料来源：EORA 数据库。

头和机场等基础设施方面的建设，加速了柬埔寨经济社会的发展，为柬埔寨实现 2050 年成为高收入国家发展目标提供了助力。

西港特区建设推动了柬埔寨国内现代化工业体系的发展，成为柬埔寨国内经济示范区，被誉为"柬埔寨的深圳"。从"集群式投资贸易平台"的建设初期，逐步向"300 家入园企业、10 万产业工人、20 万人居住的宜居新城"的园区发展目标前进，截至 2021 年已经形成170 家入园企业、3 万产业工人的规模。借助西哈努克自治港和西哈努克国际机场以及紧靠金港高速的区位优势，逐步将西港特区建设为柬埔寨具有竞争力的经济中心和物流中心。

在强调高质量发展、可持续发展的理念之下，西港特区发展开始向高附加价值的高新技术产业转型，向多功能综合产业园区发展。柬埔寨 24 家经济特区中，西港特区成为柬埔寨规模最大、就业人口最多的产业集聚区，2021 年总产值达 11.43 亿美元，占柬埔寨总产值比重的 4.7%，年均产值增长超过 68%。进出口贸易总额达 22.34 亿美元，2022 年上半年进出口贸易额已达 13.74 亿美元，同比增长 42.75%，贸易额年均增长超过 50%。

在特区发展带动下，西哈努克省外资的 90% 来自中国，不仅带动了西港的工业化水平，也带动了西港经济的快速发展，成为柬埔寨金边-西哈努克经济走廊中经济增速最快的地区，人均收入 2018 年超过 3 358 美元，远高于柬埔寨平均水平。

2. 推动了基础设施的建设与完善

基础设施是推进"一带一路"建设的核心内容，也符合柬埔寨经济社会发展的根本利益。通过"一带一路"合作项目建设，推动和改善了柬埔寨国内基础设施。其中以金港高速公路项目最为重要。金港高速公路的建成进一步加强了金边-西哈努克经济走廊的区域联系，提高了沿线主要城市、各经济特区、货物进出口港口、机场之间的互联互通，推动首都经济圈和沿海经济圈的进一步融合发展，提升了沿线旅游产业，从而带动更多投资，创造更多就业机会，从而促进西港经济乃至柬埔寨经济的进一步发展。此外，金港高速的建成，每年可节省的时间总值在200亿美元以上，降低的车辆运行成本超百亿美元。

在能源供应方面，"一带一路"能源合作改善了柬埔寨的能源结构，促进了经济的可持续发展，满足了柬埔寨社会经济发展需求。桑河二级水电站的建设，保障了能源的稳定输出，为柬埔寨提供了20%的电力供应，还带动了周边区域电网的建设以及相关基础设施的发展。此外，中国华能还为周边地区建设了12所学校、12所幼儿园、3座寺庙以及医院、道路等公共基础设施，还修建了181口水井、63处池塘等利民工程项目。

随着基础设施建设的不断完善，西港特区成为吸引外资的有利基础。在西港特区建设之前，特区所在地是无水、无路、无电、无网的丛林，仅平整土地就需要花费大量的时间和财力，所有的建设从零开始，给特区建设带来了极大的挑战。在特区公司的运营之下，区内基础设得到不断完善，逐步实现了"六通一平"并建设了全省首座最高标准的污水处理厂和一座100兆瓦热电厂，水电气的保障供应，为企业顺利投产发挥了重要的作用。

此外，西港特区公司还不断完善园区内城市生活配套功能，配有社区服务中心、卫生中心、员工宿舍、娱乐设施、购物场所、卫生等民生设施，通过产城融合的方式，为入园企业生产提供配套产业，解决企业发展的后顾之忧，增强了园区内资本积聚和人才聚集，为特区今后的发展提供了可持续发展的空间。

3. 拉动就业水平，培养本地人才

"一带一路"建设为柬埔寨社会经济发展发挥了积极的作用，即使是在新冠疫情之下，中国对柬埔寨的投资仍然保持了平稳增长，对柬埔寨的直接投资，不仅带来了新的技术和知识技能，也为柬埔寨当地直接或间接创造了大量的就业岗位。

以西港特区为例，即使在新冠疫情期间，西港特区依然为本地创造了近3万个就业岗位，占西哈努克省人口的10%，带动了省内劳动人口就业水平，有效缓解了省内就业压力，促进了社会稳定。此外，金港高速公路项目和桑河二级水电项目的建设，为柬埔寨解决了近8 000个就业岗位，还带动了一大批关联产业的间接就业。

不仅如此，"一带一路"建设项目也十分重视本地化人才培养。西港特区公司面对园区众多入园企业的人才需求，通过开设西港中柬友谊理工学院与西港工商学院两所院校，为园区企业输送各类人才，前者注重职业技能培养，后者偏重高等学历教育与职业培训，主要为企业提供管理型人才。在特定劳动岗位上，通过中方专家的亲自指导，提升了本地员工的专业水平。以西港高速公路和桑河二级水电站为例，前者为柬埔寨高速公路建设培养和储备了大量本地化人才，中国路桥可以在今后的高速公路建设中减少中方工程师数量的前提下，保

障柬埔寨第二条高速公路（金巴高速）的工程质量；后者为柬埔寨培养了专业电站管理工程师，让本地工程师接触到最新的水电系统的建设经验，同时学习水电站的管理和运营。同时，中国华能还同柬埔寨电力公司合作，提供 40 年每年 50 万美元的培训经费以培养柬埔寨电力行业人才。"一带一路"项目还通过资助留学、语言培训等方式，提升了本地劳动力的人力资源水平，保障了"一带一路"建设项目的顺利推进。

4. 推动了柬埔寨减贫事业的发展

尽管柬埔寨近些年经济发展迅速，但整体经济发展水平仍较低，基础设施落后，社会财富分配不均，民众受教育程度较低，造成柬埔寨仍然存在较多的贫困人口。通过"一带一路"项目平台，以投资、贸易、改善基础设施、扩大就业、增加收入水平等方式和渠道，促进了柬埔寨国内减贫事业的发展，起到了积极的作用。

西港特区开发之前，特区周边贫困人口主要以种植农作物以及放牛、打猎为主，没有稳定的收入保障，家庭一年的收入不足 300 美元。西港特区开发之后，贫困居民的收入水平得到了大幅度的提高。特区周边贫困人口有超过 70% 的家庭在特区从事劳动，劳工基础工资从 2013 年的 61 美元增长到 2022 年的 194 美元，10 年间基础工资水平提升了 2 倍，特区劳工月均收入实际超过 300 美元。对于一些缺乏劳动技能的贫困家庭，安排他们从事绿化、环卫等勤杂工作。此外，特区的开发还推动了当地及其周边区域商业、商务、住宿、娱乐设施的发展，为周边贫困居民制造了商机。

桑河二级水电站开发前，项目周边以森林覆盖为主，其贫困人口以当地少数民族为主，以捕鱼、放牧、狩猎和采集等传统方式过着自给自足的生活，2008 年人均月开支低于 30 美元。为了保障桑河二级水电站的顺利开发，中国华能对受影响的近 900 户家庭共计 3 600 多贫困人口进行搬迁工作。通过借鉴中国精准扶贫的经验和手段，聘请专业农业技术人员给予农业指导，引入"公司＋农户"的模式协助贫困农户销售农产品，提升了贫困地区农产品的销量，促进了当地种植业的发展，解决了移民点的贫困问题，移民安置点居民生活水平不断提升，年收入达到 3 000 美元，实现了家家有摩托车。

5. 践行企业社会责任，促进和谐发展

参与"一带一路"建设的中资公司，始终注重履行企业社会责任，是"一带一路"项目可持续推进的另一个重要因素。中资公司始终秉承洪森首相提出的"双赢政策"理念，积极改善项目周边居民的生活质量，全面提升周边百姓的幸福生活指数，通过修桥修路、通水通电、修建水井等，改善周边百姓的物质生活水平。

以中国华能为例，其投入超过 3 700 万美元为项目周边兴建了诸如学校、卫生站、寺庙等的公共基础设施，提升了项目周边居民的生活质量。西港特区公司为一些缺乏劳动技能的贫困家庭，安排他们从事绿化、环卫等勤杂工作，使得贫困居民的收入得到增长，生活质量得到提升。西港特区还积极向国家及省级红十字会捐钱捐物，通过开展组织公益活动等方式累计向本地投放钱物总价值达 128.3 万美元，加上成立"中柬友谊公益志愿者联盟"和员工个人的捐献，总值超过 1 000 万元人民币。

此外，在柬埔寨面对灾情时中资企业积极响应。中国路桥不仅向灾民捐赠救灾物资，还组织派遣专业设备和人员赶赴灾区，帮助地方政府进行抢险救援工作。面对新冠疫情，中资企业积极向柬埔寨当局捐赠防疫物资，配发给医院、学校等机构，助力柬埔寨抗击疫情。其中，西港特区母公司红豆集团在柬埔寨防疫口罩"一罩难求"时，通过转产方式生产防疫物资，以"一带一路，守望相助，中柬同心"为柬埔寨政府紧急生产了数百万只防疫口罩，同时向柬埔寨红十字会捐赠了 100 万只防疫口罩，极大地缓解了柬埔寨国内防疫物资短缺的状况，展现了企业在履行社会职责上的人道主义精神。

6. 深入推进绿色可持续发展

"一带一路"倡议也是一条绿色发展之路，参与"一带一路"建设的中资企业，秉承绿色发展理念以及推进生态文明建设的内在要求，积极引进绿色环保节能技术，不仅有效促进了各项生产经营目标的顺利完成，也树立了良好的企业形象。

西港特区公司一直注重园区对生态环境的影响。2007—2016 年，西港特区周边 10 千米土地覆被类型中，耕地、草地面积有所减少，林地、建设用地、水域、其他资源面积有所增加。园区建设对周边区域造成的生态损失很小，没有对当地自然生态环境整体格局造成扰动（刘卫东等，2021）。总体来看，园区周边自然环境状况良好，植被覆盖度整体较高。

中国路桥在建设金港高速公路项目时，为了保护植被与野生动物栖息地，努力避开保护区，如无法避免则在施工过程中采取边建边恢复的方式，以求降低对环境的影响。一方面，在考虑到金港高速公路将穿越自然保护区，因此在建设时避免使用铁丝网以保护沿线地区的保护动物，在建设防护板的同时开辟了多条动物通道，尽可能减少其对周边动物的影响；另一方面，考虑到沿线地区还将途经学校、寺庙等近 50 个噪声敏感区，中国路桥专门为此建设了总长 35 千米的声屏障和降噪林。此外，项目所用生产用水、清洗用水必须经过三级沉淀后再排放，同时优化土方作业施工工序的衔接，控制扬尘。合理组织现场施工作业，使用低噪声、低振动的机具，采取隔声与隔振措施等一系列措施，保护当地环境。

中国华能在建设桑河二级水电站时，以保护生态环境为核心，尽量减少项目工程对河流生态环境的影响，针对项目所产生的废水，通过净水设备过滤后，用于绿化地的浇灌、洒水降尘和设备场地冲洗等等，不可循环利用的废水经过污水处理系统后合理排放，并定期对河水水质进行检测，项目用于环境保护的费用超过 200 万美元。同时，为维持该区域鱼类的多样性，在《实施协议》与柬埔寨政府未要求修缮鱼道工程的情况下，主动增加 150 万美元在电站右岸增设仿生鱼道，不仅为途经电站的鱼类提供了洄游路线，还发挥了生态廊道功能。

此外，桑河二级水电站的建成每年还为柬埔寨减少了 100 万吨以上碳排放，促进了绿色增长。

第五节 结论与讨论

柬埔寨是"一带一路"倡议的最早参与者和实践者，已成为"一带一路"国际合作的新样板。两国高层领导来往密切，双方全面战略合作伙伴关系内涵不断深化。新时代在巩固两国传统友谊的基础上，两国共建"一带一路"高质量发展深入推进，深化各个领域的务实合作，尤其是在政策沟通、设施联通、贸易畅通、资金融通和民心相通等"五通"领域取得了丰硕成果，双方在合作园区、机场、港口、高速公路、水电站和输变电网等一批带动性强且具有示范效应的"一带一路"重大合作项目正在推动实施，为构建两国命运共同体持续注入新的动力，使得两国关系不断迈向新的台阶。

首先，"五通"领域进展迅速，成果丰硕。在政策沟通领域，中柬双方政策沟通扎实推进，在发展共识、战略对接和推进机制方面卓有成效。柬埔寨是最早一批共同签署"一带一路"建设的合作备忘录与合作规划纲要的国家之一。柬埔寨的"四角战略"与"一带一路"倡议高度契合，中柬双方签署了命运共同体行动计划。柬埔寨是"一带一路"绿色发展伙伴计划倡议、"一带一路"能源合作伙伴关系的成员，绿色已经成为中柬合作发展的主色调。在设施联通领域，基础设施互联互通已经成为中柬合作的优先领域。在基础设施合作谅解备忘录签订基础之上，两国企业在道路、桥梁、物流、仓储等配套基础设施领域开展投资、建设和运营等方面合作。在能源基础设施建设上，柬埔寨积极鼓励太阳能、风能及水电项目等清洁能源类的中国企业投资建设，支持柬埔寨发展绿色经济，实现节能减排。在贸易畅通领域，中柬两国经贸关系得到飞速发展。中国是柬埔寨第一大投资来源国、第一大贸易伙伴国和最大的援助国，提前两年完成了中柬两国政府制定的百亿美元贸易目标，中柬两国签署了自贸协定，这是中国同最不发达国家签订的第一份自贸协定，同时也是第一份将"一带一路"倡议作为独立章节的自贸协定。在资金融通领域，资金融通已经成为中柬合作的重要支撑，在金融合作、扩大本国货币在双边贸易以及"一带一路"项目合作上的进展十分显著。在民心相通领域，民心相通是中柬合作的社会根基，已开展文化交流、学术往来、人才交流合作、青年和妇女交往、志愿者服务等活动，进行了医疗、教育、扶贫等领域的民生合作项目，助力了柬埔寨减贫事业的发展。

其次，"一带一路"合作项目展现了中柬双方的共同利益，尤其考虑当地发展愿景。例如，西港特区是中柬两国"一带一路"合作样板的标志性项目，由中国江苏红豆集团为主导，联合江苏省内三家企业同柬埔寨企业共同开发建设的经济特区项目，该项目与中柬双方经贸利益与产能合作高度契合，是两国产能投资合作的重点区域，满足柬埔寨构建现代化产业体系的愿景、带动工业发展水平、推动经济结构转型以及将西哈努克港建设成为多动能经济特区的诉求。金港高速公路是柬埔寨国内首条高速公路，是中柬两国"一带一路"合作框架下高质量合作的重点项目，帮助柬埔寨迈入"高速时代"。该项目由中国路桥工程有限责任公司投资建设，以 BOT 模式投资，对促进柬埔寨各经济圈、经济走廊之间的社会经济联系，增强柬埔寨在国际市场上的竞争力做出很大贡献。桑河二级水电站是中柬两国"一带一路"能源建设领域的重点项目，中国、柬埔寨和越南三国共同投资建设，由中国华能下属子公司华能澜沧江水电股份有限公司控股和管理，以 BOT 模式投资。该项目为柬埔寨能源安全与独立起到非常重要的作用，确保了电力的稳定供应并降低了用电成本，改善了柬埔寨的生产生活环境。

同时，合作项目严格遵守柬埔寨生态环保法律法规和规则标准，满足柬埔寨在投资许可、环保、生态、节能、安全生产等方面的准入条件，高度重视柬埔寨当地民众绿色发展和生态环保诉求，充分尊重柬埔寨发展实际，促进经济社会发展与生态环境保护相协调，坚定不移走绿色发展道路。从"一带一路"建设对柬埔寨社会经济与环境的影响来看，一是总体判断，中国通过生产合作对柬埔寨的经济贡献占柬埔寨经济总量的比重不断提升，与中国的生产合作在柬埔寨的经济发展中占据越来越重要的位置；二是"一带一路"项目对柬埔寨的影响主要包括社会经济建设取得明显进展，推动了基础设施的建设与完善，拉动了就业水平，培养了本地人才，推动了柬埔寨减贫事业的发展，践行了企业社会责任，促进了和谐发展以及深入推进了绿色可持续发展。

参 考 文 献

Hata，S.，Sakurai，T. Preliminary Data Collection Survey for Expressway Development in the Kingdom of Cambodia，2013.

柬埔寨公共工程与运输部："洪森首相出席柬埔寨三号国道仪式时的讲话"，2022 年 3 月 2 日，https://www.mpwt.gov.kh/kh/press/22223。

刘卫东等:《"一带一路"建设与案例研究：包容性全球化的视角》，商务印书馆，2021 年。

西港特区公司："不负柬中两国政府厚望，努力将西港特区建成互利共赢的标杆"，2021 年 9 月 29 日，http://www.ssez.com/news.asp?nlt=1830&none=3&ntwo=141-000000。

中国商务部国际经济合作事务局:"高燕副部长出席援柬埔寨教育环境改善项目启动仪式并见证援柬两项目实施协议签署"，2018 年 6 月 21 日，http://www.aieco.org/article/g/201806/20180602757346.shtml。

中国商务部新闻办公室:"中柬签署基础设施合作备忘录推动产能合作健康发展"，2017 年 5 月 16 日，http://www.mofcom.gov.cn/article/ae/ai/201705/20170502574359.shtml。

中国银行:"中国银行与柬埔寨财经部签署合作谅解备忘录"，2019 年 4 月 28 日，https://wap.bankofchina.com/bif/bi1/201904/t20190428_15177729.html。

第十二章 "一带一路"建设与老挝[①]

摘　要

　　"一带一路"倡议提出九年多来，中国和老挝秉持"和平合作、开放包容"的理念，按照共商共建共享原则，持续深化双方合作。老挝作为首个与中国签署构建命运共同体的国家，"一带一路"建设在老挝的行稳致远有利于树立中国与沿线国家共建"一带一路"合作的典范。本章基于数据分析、实地调研与案例访谈，首先在简单介绍老挝的基础上，梳理中老关系的演进，分析"一带一路"框架下中老合作历程及"五通"建设总体进展；其次，选择中老铁路、万象赛色塔综合开发区、南立1-2水电站作为中老合作典型项目，解析其建设背景、运营模式、项目成效等；最后，从总体影响和项目影响两个维度，探讨中老共建"一带一路"对老挝经济、社会和环境的影响。研究发现，自2013年"一带一路"倡议提出后，中老双边关系得到全面深化发展，在政策沟通、设施联通、贸易畅通、资金融通、民心相通等领域取得了显著成绩，切实推动中老命运共同体建设。中老铁路、万象赛色塔综合开发区、南立1-2水电站等一批"一带一路"建设项目，契合中老双方的发展诉求，且中方投资企业高度重视履行企业社会责任，注重生态环境保护，切实推动了老挝的社会经济发展，改善了老挝的交通运输条件，提升了当地居民生活水平，推进了绿色可持续发展模式，进而推动中老共建"一带一路"朝着"高标准、惠民生、可持续"的目标不断前进。

[①] 本章作者：宋周莺、徐婧雅、李京栋、郑智、洪美芳、邬明权。

第一节 中老合作历程

一、老挝简介

老挝人民民主共和国(简称"老挝"),中国古文献也称兰仓、狼脱、昆仑或南昌国,是打造中国与南亚东南亚命运共同体的重要国家之一。老挝是中南半岛北部的内陆国家,北邻中国、南接柬埔寨、东接越南、西北达缅甸、西南毗连泰国,周边毗邻国家众多。国土面积 23.68 万平方千米,80% 为山地和高原,多被森林覆盖;地势北高南低,北部与中国云南的滇西高原接壤,东部边境为山脉构成的高原,西部是湄公河谷地和湄公河及其支流沿岸的盆地与小块平原(宋周莺等,2021a)。

根据世界银行数据,2021 年,老挝人口总数 737.94 万人,劳动力人数 385.7 万人,城镇化率 36.9%。老挝共有 49 个民族,大致划分为老泰语族(约占全国人口的 60%)、孟高棉语族、汉藏语族和苗瑶语族四大语族。老挝确立了省、县、村的地方行政管理制度,全国可划分为 17 个省和 1 个首都直辖市(万象市)、约 148 个县、8 600 多个村(宋周莺等,2021a)。老挝实行社会主义制度,老挝人民革命党是单一执政党,国会是国家最高权力机构和立法机构,负责制定宪法和法律,政府是国家最高行政机关(宋周莺等,2021b)。

老挝是典型的传统农业国家,以农业为主,工业基础比较薄弱。进入 21 世纪以来,老挝政府不断加强宏观调控,整顿市场秩序,扩大工农生产,促进了社会稳定和经济发展(宋周莺等,2020)。受新冠疫情的影响,2021 年,老挝 GDP 下降至 188.3 亿美元,较 2020 年下降 0.79%;人均 GDP 2551.3 美元,较 2020 年下降 2.21%。老挝同 50 多个国家和地区建立了贸易关系,与 20 多个国家签署了贸易协定,中国、日本、韩国等 30 多个国家和地区向老挝提供优惠关税待遇,主要外贸对象为泰国、越南、中国、日本、欧盟、美国和其他东盟国家。2021 年,老挝对外贸易总额达到 141.5 亿美元。

二、中老关系演进

中老两国有着两千多年的交往历史。新中国成立后,当代中老两国关系始于 1961 年的正式建交,此后中老关系大概经历了三个阶段。

一是 1961—1988 年两国关系的波折发展阶段。该阶段,两国关系经历了由建交初期的磨合期到停止合作再到恢复合作的曲折发展历程。其中,1975 年老挝人民民主共和国成立之后，中老合作迎来了一段相对较快的发展时期；但 1978—1985 年，随着中越关系走恶，中老关系也受到一定影响，走向疏远甚至敌对。随着 1986 年老挝推行政治经济体制改革，特别是 1988 年中老两国恢复外交关系后，中老关系逐渐改善、恢复。

二是 1989—2012 年两国关系的快速发展阶段。1989 年 10 月，老挝人民党总书记访华，开启了两国合作的新时期；此后，中老两国领导人多次互访，推动中老深入合作。2000 年 11 月，时任中国国家主席江泽民访问老挝，中老确立"长期稳定、睦邻友好、彼此信赖、全面合作"方针，推动中老关系不断升级，双边合作取得丰硕成果。2009 年，中老两国关系提升为全面战略合作伙伴关系，促进两国关系蓬勃发展；2010 年，中国-东盟自由贸易区成立，进一步推动中老两国关系加速发展。

三是 2013 年至今"一带一路"框架下的两国关系全方面升级阶段。2013 年中国提出的"一带一路"倡议，得到了越来越多国家和国际组织的热烈响应及广泛参与。老挝作为中国的邻国也积极参与"一带一路"的建设，双边不断推动"一带一路"倡议与老挝"陆锁国变陆联国"战略的对接。2016 年 9 月，中老两国正式签署《中华人民共和国和老挝人民民主共和国关于编制共同推进"一带一路"建设合作规划纲要的谅解备忘录》，深入扩大双方多元化、多层次、全方位的合作。此后，中老高层互访频繁，双方互信和战略沟通进一步加强；2019 年 4 月，双方签署《中国共产党和老挝人民革命党关于构建中老命运共同体行动计划》，开启了中老关系新的历史篇章。

总体来看，中老建交 60 多年来，两国采取了一系列积极务实的举措，同舟共济、共谋发展，共同推动中老全面战略合作伙伴关系迈上新台阶。2013 年"一带一路"倡议提出后，中老高层互访频繁，"一带一路"与老挝"陆锁国变陆联国"战略完成对接，推动中老双边在贸易畅通、设施联通、资金融通等领域都取得了前所未有的成绩（刘盈，2021）。2021 年 1 月，老挝制订的社会经济发展"九五计划"将进一步指引老挝融入共建"一带一路"倡议，为中老命运共同体建设带来新契机，推动两国关系不断提质升级（新华网，2019）。

第二节 "一带一路"框架下的中老合作

2013 年中国提出共建"一带一路"倡议以来，中老双边关系得到全面深化发展，合作领域不断拓展，合作深度不断加强。2015 年 3 月 28 日，中国政府发布《愿景与行动》，明确了"一带一路"建设的政策沟通、设施联通、贸易畅通、资金融通、民心相通"五通"领域。其中，"一带一路"倡议的设施联通领域，与老挝摆脱"陆锁国"困境的战略相互契合（宋周莺等，2021a）；而贸易畅通、资金融通、民心相通等领域，与老挝改革开放、摆脱贫困、促进社会经济发展的政策相互契合，符合老挝的发展需要和国家利益。因此，老挝对参与"一带一路"倡议具有强烈的意愿。2016 年 9 月，中老两国签署《中华人民共和国和老挝人民民主共和国关于编制共同推进"一带一路"建设合作规划纲要的谅解备忘录》，是中国与中国-中南半岛经济走廊沿线国家签署的第一个国家间共建"一带一路"的合作备忘录，具有重要意义。"一带一路"建设在老挝的行稳致远有利于树立中国与中南半岛国家合作共建"一带一路"的典范。

一、政策沟通

老挝与中国同属社会主义国家，政治基础好，发展理念一致。2013 年以来，中老的政策沟通和政治往来更加密切，两国政治互信不断加强。

2014 年 4 月，中国国家主席习近平会见时任老挝总理通邢，中老宣布加强各领域合作，积极推进中老铁路项目。2015 年 8 月，中老两国政府正式签署《中国老挝磨憨-磨丁经济合作区建设共同总体方案》，是中老两国创新合作模式的重要举措；11 月，中老双方政府签署《中老两国间铁路基础设施合作开发和中老铁路项目合作协议》《中老铁路项目特别贷款融资框架协议》等文件；12 月，中老铁路开工仪式在两国领导人的见证下成功举行。2016 年 9 月，中老两国签署《中华人民共和国和老挝人民民主共和国关于编制共同推进"一带一路"建设合作规划纲要的谅解备忘录》，双方扩大在共同关注领域的多元化、多层次合作，不断创新合作机制、模式和内容。2017 年 5 月，时任老挝国家主席本扬·沃拉吉率高级别代表团出席在北京召开的"一带一路"国际合作高峰论坛；11 月，中国国家主席习近平应邀对老挝进行国事访问并签署了加强两国合作的 17 个文件。2018 年 5 月，中国国家主席习近平同时任老挝国家主席本扬·沃拉吉举行会谈，中老不断密切战略沟通，加强治党治国经验交流。2019 年 4 月，中国与老挝签署《中国共产党和老挝人民革命党关于构建中老命运共同体行动计划》，老挝成为首个和中国签署"命运共同体行动计划"的国家。

二、设施联通

2013 年以来，中老两国在交通基础设施、水电设施等设施联通领域取得了重大合作进展。

水电设施方面，中国参与了老挝的南欧江一期水电站、南俄 3 水电站、南俄 4 水电站、南俄 5 水电站、南拜水电站、南立 1-2 水电站等基础设施建设工作，不仅为老挝电力发展做出了贡献，而且通过与当地企业联合开发经营的方式，输出了成熟先进的中国技术、标准和管理理念，实现了合作共赢。例如，中国电建集团和老挝国家电力公司重点合作项目——老挝南欧江梯级电站，总装机容量 127.2 万千瓦，项目分两期共七个梯级进行开发，是中国企业首个以全流域整体规划和 BOT 方式投资开发的项目。

基础设施方面，中老铁路是第一条我国与周边国家连通且全面采用中国标准、中国技术和中国装备的铁路，对推动中国-中南半岛国际经济走廊建设具有重要意义。2016 年 12 月 25 日，中老铁路全线正式开工，建设工期 5 年；2021 年 12 月 3 日，中老两国领导人共同出席中老铁路通车仪式，中老铁路进入正式运营阶段。开通运营后，中老铁路显著改善了老挝交通条件，为推动老挝"陆锁国变陆联国"战略提供了稳定可靠的运输支撑。

三、贸易畅通

在"一带一路"建设框架下，中国与老挝不断拓宽经贸合作领域，逐渐提升经贸联系及合作水平。

1. 贸易联系

为了提升中老贸易便利化水平，促进贸易平衡，我国对老挝实行大范围的关税减免。自 2022 年 9 月 1 日起，我国对原产于老挝的 98％税目的进口产品，实行税率为零的特惠税率，共计 8 786 个税目（财政部，2022）。另外，为了加快推进跨境贸易，提高通关效率，双方政府不断简化海关清关程序，推进无感通关、货物一体化办理等 13 项措施。微信支付、支付宝等功能的应用在老挝快速普及，使跨境电子商务成为拉动中国与老挝经贸发展的新引擎。2022 年 10 月 26 日，GMS 跨境数字经济合作暨跨境电子商务对话会召开，进一步推动跨境电商虚拟孵化平台以及交易平台的建设，推动包括老挝在内整个澜湄区域的数字贸易发展（《昆明日报》，2022）。

随着贸易便利化的提升和贸易合作的深化，中老双边贸易额在波动中快速上升，中国已成为老挝的最大出口国和第二大贸易国（仅次于泰国）。2013—2021 年，中老进出口贸易总额从 9.12 亿美元上升至 35.77 亿美元，年均增速 18.63％。其中，老挝对中国出口贸易额从 3.67 亿美元升至 22.48 亿美元，从中国进口贸易额从 5.45 亿美元升至 13.29 亿美元。近年来，随着中国从老挝进口规模的不断扩大，老挝对中国的贸易存在较明显的贸易顺差。2021 年，老挝对中国的贸易顺差为 9.19 亿美元（图 12-1）。

随着老挝经济的发展，中老的贸易商品结构发生了一定变化。老挝对中国出口的商品逐渐从自然资源产品为主转向工业型产品结构（图 12-2）。2013 年，老挝对中国出口贸易额最高的商品依次为珠宝首饰、硬币（1.56 亿美元，占比 42.49％），植物产品（0.90 亿美元，占比 24.52％），贱金属及其制品（0.53 亿美元，占比 14.37％），具有明显的资源导向。相

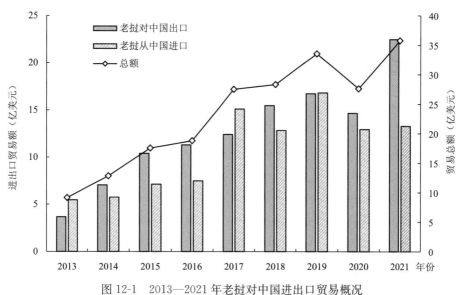

图 12-1 2013—2021 年老挝对中国进出口贸易概况

资料来源：联合国商品贸易数据库。

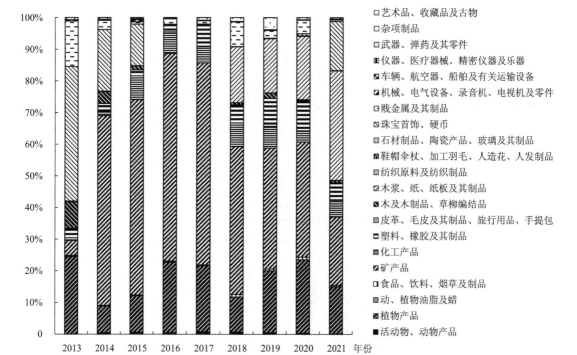

图 12-2 2013—2021 年老挝对中国出口商品贸易结构

资料来源：联合国商品贸易数据库。

较于 2013 年，2021 年工业产品出口大幅上升，木浆、纸、纸板及其制品成为第一大出口产品（7.76 亿美元，占比 34.54%），矿产品（4.86 亿美元，占比 21.62%）以及珠宝首饰、硬币（3.49 亿美元，占比 15.53%）分别是第二、第三大出口品。虽然老挝对中国的出口商品结构正在逐渐转型，但由于老挝技术水平较低、专业技术人员不足，目前的出口商品仍以资源密集型产品、农产品为主。

老挝从中国进口的商品一直以工业制成品、机动车及零部配件、钢材、大型农用机械等为主。2021 年，老挝进口机械、电气设备、录音机、电视机及零件最多，进口额为 3.97 亿美元（占比 29.83%）；其次是车辆、航空器、船舶及有关运输设备（2.53 亿美元，占比 19.03%），贱金属及其制品（1.99 亿美元，占比 14.94%）。2013—2021 年，这三类商品的贸易额占老挝从中国进口贸易总额的比重为 63.50%～83.31%（图 12-3）。虽然中老双边贸易额快速增长，但贸易结构单一的问题可能会制约中老两国贸易的长期持续发展。中老两国应该抓住中老铁路通车和 RCEP 自贸区红利释放的机遇，扩大贸易商品种类，提高贸易层次和多元化。

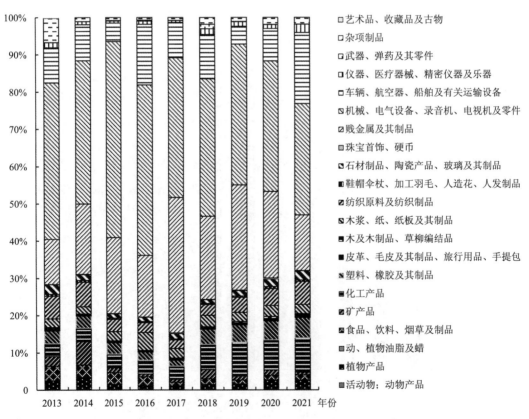

图 12-3　2013—2021 年老挝从中国进口商品贸易结构

资料来源：联合国商品贸易数据库。

2. 投资合作

2013—2021年，中国对老挝的投资规模不断扩大，直接投资流量从7.81亿美元增至12.82亿美元。截至2021年末，中国对老挝直接投资存量达99.40亿美元，占老挝总吸收外资存量的81.42%，是老挝最大的投资来源国。在"一带一路"建设框架下，中资企业对老挝的投资涉及电力、基建、矿产、农业、旅游、房地产、园区开发等多个合作领域，中老投资合作进入新阶段。从承包工程合同额看，2013—2016年，中资企业对老挝承包工程合同额从29.24亿美元快速上升到67.12亿美元；2016—2019年合同额出现下降；2019年之后又恢复了增长态势。从完成营业额看，2013—2018年中资企业对老挝投资的完成营业额呈稳步增长态势，从19.69亿美元上升到52.65亿美元；2019—2020年受到新冠疫情影响，完成营业额略有下滑（图12-4）。

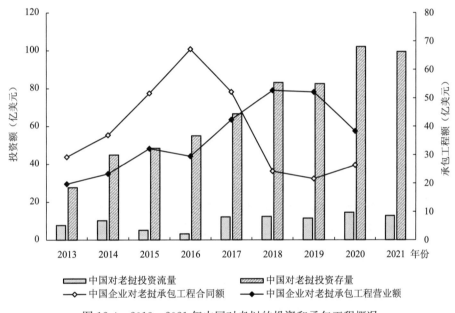

图12-4　2013—2021年中国对老挝的投资和承包工程概况

资料来源：中华人民共和国商务部。

3. 经贸合作区

2013年以来，中老双方通过共建经贸合作区、产业园区等，不断深化国际产能合作与开放合作。截至2021年，老挝共设立了13个国家级经济特区和经济专区（宋周莺等，2021b），其中，万象赛色塔综合开发区、磨丁经济特区、金三角经济特区、塔銮湖经济特区等均有中资企业参与建设运营（宋周莺等，2021a）。例如，云南省建设投资控股集团有限公司参与投建万象赛色塔综合开发区；中老两国政府联合打造的磨憨-磨丁经济合作区，老方的磨丁经济特区由云南海诚集团管理运营。

四、资金融通

2013 年以来，中国与老挝的金融合作不断密切，可融资渠道不断拓宽。金融服务方面，中老跨境金融合作正在加速推进。2014 年，富滇银行与老挝外贸大众银行共同投资设立的合资金融机构——老中银行在万象正式开业，成为老挝央行批准的首家中老合资金融机构，也是中国首家由原银保监会批准在国外设立分支机构的城市商业银行，搭建各币种资金渠道。截至 2021 年 11 月，富滇银行西双版纳磨憨支行共计完成人民币现钞跨境调运调出 60 次，总计金额 5.49 亿元人民币，调入老挝基普现钞 5 亿基普。2017 年 4 月，老挝老中银行磨丁分行正式落户老挝磨丁经济特区，为中老磨憨-磨丁经济合作区的贸易合作提供便捷的跨境金融服务。2016 年，中国工商银行万象分行总资产规模已超老挝外贸银行，成为老挝资产规模最大的商业银行。

货币合作方面，中国人民银行与老挝银行于 2020 年 1 月签署了双边本币合作协议，允许在两国已经放开的所有经常和资本项下交易中直接使用双方本币结算。该协议有利于进一步提升双边本币使用水平，促进资金融通。

五、民心相通

近年来，中老两国不断深化卫生、文化等领域的交流与合作，为深化中老关系奠定坚实的民意基础。在文化领域，中老两国开展了多个人才培养与学术交流项目。据统计，获得国家计划内奖学金到中国留学深造的老挝大学生从 2018 年的 300 人增长到 2019 年的 350 人；加上各个边境省份、公司和其他事业单位直接提供奖学金的计划外奖学金，2019 年共有 10 000 名老挝大学生赴中国深造（老挝国立大学，2020）。

在卫生领域，新冠疫情发生以来，中国先后派出多个援老抗疫医疗专家组，无偿援助疫苗，援建核酸检测实验室，在老挝疫情防控中发挥不可替代的关键作用。2021 年 11 月，中国军队第六批援老挝医疗队抵达万象，开始为期 6 个月的医疗援助工作，在当地深入开展医疗保障、临床带教、科普讲座等系列活动。2022 年 2 月，中国再次向老挝援助新冠疫苗及抗疫物资，主要援助老挝北部琅南塔、琅勃拉邦、博胶三省（中国日报网，2022）；目前，中国已向老挝提供了 690 万剂疫苗援助，成为老挝获得疫苗的主要来源。

第三节　典型合作项目

"一带一路"倡议提出以来，中老双方在设施联通、贸易畅通、资金融通、民心相通等重点领域不断加强合作，经贸合作区、跨境铁路、高速公路、水电站等一批带动性强且具有示范效应的重大合作项目正在加速推进中。本章选择中老铁路、赛色塔综合开发区、南立1-2 水电站等中老"一带一路"共建项目为案例，从建设背景、运营模式和建设成效等方面分析其总体进展。

一、中老铁路

中老铁路（China-Laos Railway）北起中国云南省昆明市，经玉溪、普洱、西双版纳，经中老边境口岸磨憨-磨丁出境，再经纳堆、孟赛、孟阿、琅勃拉邦、万荣、孟蓬洪至老挝首都万象（宋周莺等，2021a）。其中，中国段由昆玉铁路、玉磨铁路组成，全长分别为 106千米、507 千米；老挝段磨万铁路，全长 422 千米（光明网，2021）。中老铁路是"一带一路"倡议提出以来新建的第一条我国与周边国家连通的铁路，也是泛亚铁路中线的重要组成部分，建成后不仅大大提升了老挝与周边国家的联通水平，对推动中国-中南半岛国际经济走廊建设、促进"一带一路"高质量发展也具有重要意义。

1. 建设背景与进展

老挝交通基础设施落后，道路等级低、运输能力小、通达性差，严重制约了社会、经济和城市的发展。20 世纪 80 年代以来，老挝政府一直重视交通设施建设，并通过贷款、赠款和援助等方式为基础设施提供资金。然而，受限于经济和技术发展以及地形限制，老挝境内交通水平仍十分滞后，在中老铁路建成前全国拥有的铁路里程仅 3.5 千米。另外，老挝是东南亚唯一的内陆国，没有独立出海港口，导致老挝开展对外贸易极为不便。老挝一直努力争取从"陆锁国"变成"陆联国"，国家第七、第八个社会经济发展五年计划将基础设施项目作为实现国家发展目标的驱动力。在此态势下，老挝国内对于铁路建设与运输具有极大的需求（宋周莺等，2021a）。

2013 年中国政府提出共建"一带一路"倡议，设施联通是"一带一路"建设的优先领域，旨在形成连接亚洲各次区域以及亚欧非之间的基础设施网络，实现国际运输便利化。中老铁路有利于提高我国西南地区与中南半岛之间的物流效率，将有可能构成中南半岛标轨铁路网的主骨架。正是"一带一路"倡议和老挝"陆锁国变陆联国"战略的对接，加速推进了中老铁路项目的正式设立。

2015 年 12 月 2 日，中老铁路开工仪式在两国领导人的见证下成功举行。2016 年 8 月 24 日，中老铁路合资公司成立，并与老挝政府签订了中老铁路的特许经营协议。2016 年 12 月 25 日，中老铁路全线正式开工，全线建设了大量桥梁和总长 590 千米的 167 条隧道。2021 年 10 月 16 日，"澜沧号"动车组运抵刚刚建成的中老铁路万象站，正式交付老中铁路有限公司。2021 年 12 月 3 日，随着首发复兴号、澜沧号列车分别从中国昆明站、老挝万象站同时驶出，全长 1 035 千米、全线采用中国标准的中老铁路全线开通运营。中老铁路为全面推动"一带一路"建设和实现沿线地区经济可持续发展开拓了新通道。

2. 运营现状

根据中老双边协议，中老铁路属于以特许经营为基础的 BOT 项目。中老铁路的建设工期为 5 年，项目特许经营期为 75 年（第一期 50 年，第二期可延长 25 年）。中老铁路开通前期，全线由中国铁路昆明局集团公司运营维护，其中老挝段由老中铁路有限公司委托国铁昆明局运营维护。目前，中国铁路昆明局集团公司派出了 500 余人到老挝，采取"师带徒"的方式，与老挝 600 多名员工共同开展运营和维修管理工作。

老中铁路有限公司由磨万铁路有限公司、老挝国家铁路公司、玉昆投资有限公司（中国投资公司全资子公司）、云南省投资集团公司按照 4∶3∶2∶1 的出资比例组建，公司资本金占项目总投资的 40%。其中，磨万铁路有限公司是由中国铁路总公司下属中国铁路国际有限公司、中国铁路工程集团有限公司、中国水电建设集团国际工程有限公司、中车青岛四方机车车辆股份有限公司等四家出资组建，持股比例分别为 62.5%（绝对控股）、25%、10.83%、1.67%。从老中铁路有限公司具体持股来看，中方持股 70%，老方由老挝国家铁路公司代表老挝政府持股 30%。其余 60% 项目融资主要由中国进出口银行提供，中国进出口银行同意给予老挝低息贷款，期限为 30 年，老挝可向中国提供钾碱以换取资金（图 12-5）。

3. 项目成效

2021 年 12 月 4 日，中老铁路的首发出口国际货物列车完成所有物品的通关手续，拉开了跨境物流运输的序幕。中老铁路的开通有效提高了区域互联互通水平，提升了中国西南地区与中南半岛的物流效率。

在新冠疫情的影响下，为了发挥中老铁路的跨境运输、辐射带动作用，中老双边都积极优化跨境检验检疫、通关一体化的相关手续。在中方，昆明铁路部门于 2022 年 1 月 10 日推出具有定点、定线、定时、定价和一站直达特点的"澜湄快线"谱系产品，可以实现昆明至万象 26 个小时货运直达。云南省委、省政府于 2022 年 2 月 16 日印发《贯彻落实习近平总书记重要讲话精神 维护好运营好中老铁路 开发好建设好中老铁路沿线三年行动计划》，谋

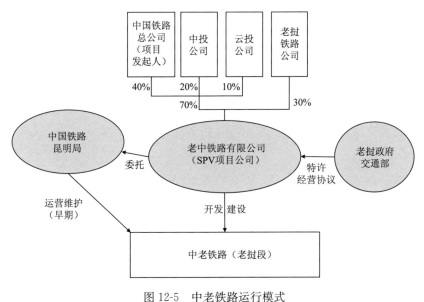

图 12-5 中老铁路运行模式

资料来源:宋周莺等(2021a);调研资料。

划 50 个中老铁路相关的具体支撑项目,包括通道能力提升项目 8 个、物流枢纽建设项目 16 个、沿线产业开发项目 26 个,总投资约 882 亿元人民币。在老方,为保障民众出行需求,2022 年 2 月 25 日,万象客运火车票售票点正式开通售票;为满足铁路沿线货物运输,老中铁路有限公司于 2022 年 2 月 22 日正式开办琅勃拉邦站货运业务。尽管受新冠疫情的影响,但截至 2022 年 11 月,老挝段已有 7 个货运站、10 个客运站投入使用,初步形成了贯穿老挝北部地区的南北向大能力运输通道。

在此态势下,中老之间的各种跨境运输班列不断发展,初步形成了中老跨境运输通道。2021 年 12 月 14 日,"义新欧"中老铁路(义乌—万象)国际货运列车在义乌西站始发,拉开了中老跨境物流运输的序幕;2022 年 3 月,中老铁路沿线城市琅勃拉邦(老)也首开发往中国的国际货运列车。此后,中国各大省份陆续开通中老铁路国际货运列车,推动中老铁路跨境物流新通道建设。2022 年 3 月,河南、内蒙古、广东、陕西多省份城市首开通过中老铁路开往老挝的国际货运列车;4 月,甘肃、辽宁、广西多省份城市首开通过中老铁路开往老挝的国际货运列车;5 月,以贵阳为中转中心,首次实现中老铁路与中欧班列测试衔接运行;7 月,山西省城市首开通过中老铁路开往老挝的国际货运列车;8 月,福建省城市首开通过中老铁路开往老挝的国际货运列车。截至目前,中国国内先后已有 25 个省份开行了中老铁路跨境货运列车(人民网,2022)。

根据新华社数据,截至 2022 年 12 月,中老铁路累计运输货物突破 1 120 万吨,其中跨境货物超 190 万吨。运输的货物种类日益丰富，从化肥、橡胶扩展到电子、光伏、通信和花卉等近 2 000 种产品，仓储物流、冷链运输等新业态加速发展，其国际黄金物流大通道作用日益显现。客运方面，中老铁路客运量快速增长，累计发送旅客 850 万人次。中国段，日均开行客车 42 列，单日最高开行 65 列、发送旅客达 5 万人次，累计发送旅客 720 万人次；老挝段，日均开行客车 6 列，单日最高开行 10 列、发送旅客近 8 200 人次，累计发送旅客 130 万人次，极大方便了老挝人民乘坐火车出行（新华社，2022）。

二、赛色塔综合开发区

赛色塔综合开发区是由中老两国政府共同确定的国家级合作项目，是中老共建"一带一路"的标志性项目之一，既是老挝 13 个国家级经济特区（专区）之一，也是中国商务部认证的在老挝唯一境外经贸合作区。赛色塔综合开发区位于老挝首都万象市东北部赛色塔县，是万象新城区的核心区域，占地约 1 149 公顷，距离老挝标志性建筑凯旋门约 18 千米，毗邻万象 450 大道、13 号公路、3 号公路，距瓦岱国际机场 19 千米，距中老铁路货运站直线距离约 1.5 千米，区位优势十分明显。随着中老铁路的开通，赛色塔综合开发区迎来了发展红利，将为实现中老两国合作共赢以及中国企业开启老挝及东南亚国家市场带来良好的机遇和前景。

1. 建设背景

老挝是传统的农业国家，工业基础薄弱。为了加快工业发展，老挝政府一直通过吸引外资参与经济特区、工业园区、物流园区的建设等，来支持和推动第二、第三产业发展。进入 21 世纪，老挝为了拉动经济发展，积极借鉴中国等国的经济特区建设经验，开始设立经济特区和经济专区，以加大招商引资力度，及早摆脱国家欠发达状况并加快向现代化和工业化方向转变。2010 年以来，为了进一步扩大开放，加大招商引资力度，拉动经济发展，老挝政府颁布了《老挝人民民主共和国经济特区和经济专区总理令》（总理府第 443 号），成立了直属老挝总理府的国家经济特区和经济专区管理委员会。老挝国内对于经济特区和经济专区建设有很大的内在需求，并赋予经济特区和经济专区开发者相对独立的规划权与政策制定权（宋周莺等，2021b）。其中，赛色塔综合开发区是老挝 13 个国家级经济特区（专区）之一，是以发展第二产业为主的工业区，位于万象新城区的核心区域，重点是通过开发区建设带动老挝工业发展。

此外，随着中国对外开放的不断发展，越来越多中国企业开始"走出去"，中国政府也积极鼓励中国企业充分利用国内、国外两个市场，促进跨国企业的发展。2005 年底，中国商务部正式提出支持企业到境外设立经贸合作区的举措并相继出台多种配套措施与政策，推动中国境外经贸合作区的稳步增长。特别是随着 2013 年"一带一路"倡议的提出,中国企业"走出去"步伐不断加快,对外直接投资规模持续扩张,境外经贸合作区成为中国企业对外投资重要的空间载体(陈伟等,2020)。

老挝地理位置优越,政局相对稳定,经济发展迅速,是中国-中南半岛国际经济走廊建设的核心国家。近十几年来,中老双方经贸合作水平不断提高,中老铁路更是进一步畅通了中老市场,中国西南地区与老挝的互联互通水平显著提升。而云南省作为面向南亚东南亚的辐射中心,积极推动省内企业实施面向南亚东南亚的"走出去"战略。在此态势下,为积极响应国家打造境外经贸合作区、深化中老合作,在中老双方领导人共同推动下,赛色塔综合开发区正式成为两国重点合作项目。

具体来看,赛色塔综合开发区由 2006 年 11 月老挝政府与中国国家开发银行签订的《老挝首都万象 2009 年东南亚运动会场及其综合开发融资框架协议》发展而来。根据该协议,云南省建设投资控股集团有限公司(以下简称"云南建投")负责项目承建,并以此获得老挝政府授予的 10 平方千米土地的 50 年使用权(后延长至 70 年)和综合开发权利。2010 年6 月,中老双方签署《老挝首都万象综合开发项目谅解备忘录》;2010 年 10 月,云南建投海外投资平台——云南海外投资有限公司与万象市政府共同出资组建老中联合投资有限公司,并获批万象市 1 000 公顷土地。2012 年 7 月,中老两国在北京签署《中华人民共和国政府和老挝人民民主共和国政府关于万象赛色塔综合开发区的协定》,开发区正式启动建设。2016年 8 月,中国商务部和财政部联合下发《境外经贸合作区确认函》,赛色塔综合开发区成为中国在老挝唯一的国家级境外经贸合作区。2019 年 4 月,中老两国签署《中老命运共同体行动计划》,明确提出继续壮大赛色塔综合开发区的合作与建设。

2. 开发与运营模式

赛色塔综合开发区建设采取的是特殊的 BOT 模式,中国企业与老挝政府形成"项目建设＋土地抵偿"的模式。具体来看,赛色塔综合开发区的开发主体为老中联合投资有限公司(LCC)。老中联合投资有限公司的股本总额共 1.28 亿美元,由云南建投与万象市政府共同组建,双方分别占 75％、25％的股份。也就是说,云南建投负责项目承建并获得老挝政府授予的 10 平方千米土地的 50 年使用权(后延长至 70 年)和综合开发权利;而老挝政府以土地入股,以土地开发收益抵消场馆建设费用。开发区计划分三期进行开发,一期开发 4 平方千米,重点发展工业产业;二、三期发展物流、商贸、旅游及房地产业,努力建成万象新城。目前,已基本完成一期 4 平方千米的基础设施配套工程。

完成一期开发之后,为了加强招商引资,2018 年 8 月,老中联合投资有限公司(60％股比)引入招商局集团的青岛港招商局(40％股比)出资建设,共同出资成立赛色塔运营管理有限公司,负责赛色塔综合开发区的整体运营与服务业务。同时,老方万象市设立万象市经济特区管理委员会，代表万象市政府对万象市 5 个经济特区进行部分行政审批，并为企业提供一站式服务（图 12-6）。

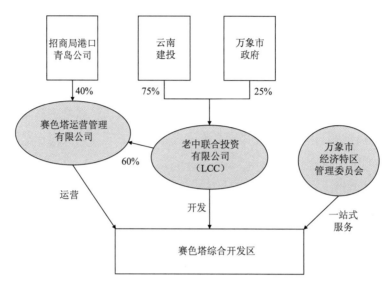

图 12-6　赛色塔综合开发区开发运营模式

目前，开发区主要通过土地增值的方式获取收益，即在园区开发过程中，围绕土地进行多次开发形成持续升值和盈利空间。一是通过出租和出售土地的方式实现升值。投资者将园区内土地用于再次租赁、转让、合资、担保等，且开发区可为入驻的企业办理土地使用权的租赁和转让；二是通过提供平整土地、标准厂房出租、供水、污水处理、供电等基础配套服务、生活配套服务、有偿物业管理服务等方式实现升值，为入驻园区企业提供综合服务平台（陈艳华等，2019）。

而对于入驻企业来说，赛色塔综合开发区为入驻企业提供了从前期考察到项目落地、建设、运营全过程的一站式全方位配套服务，包括投资申请、公司注册、项目审批、劳工批准、施工许可、报关、商检等 15 项行政服务，使有意向在园区内投资的企业可立即入驻并开展经营活动（表 12-1）。

表 12-1　赛色塔综合开发区配套服务措施

园区服务	具体措施
双边政府协调管理机制	园区将开发区发展的重大问题纳入中老政府设立的协调委员会研究的范围，为入园企业提供财税、银行等配套服务设施
"一站式"服务体系	老挝计划与投资部、工贸部都设有"一站式"服务中心，减少审批事项及时间，实行重点项目需领导联系制度

续表

园区服务	具体措施
法律支撑体系	通过制定一系列的政策法规，为入园企业提供权益保障，规范化园区建设
标准化生产支撑体系	在入园企业建造厂房时，可以协助客户安排设计、施工招投标、申请厂房建筑许可证、厂房验收执照及开工许可证等
建立公共服务平台	帮助企业解决发展中遇到的问题，减轻企业投资风险如熟悉国情特点、法律法规、投资政策情况等

资料来源：袁菊莲（2014）；作者通过实地调研整理。

3. 项目成效

赛色塔综合开发区致力于建设成为主导产业突出、产业布局合理、综合竞争力较强的现代化产业基地，并通过"以产兴城、以城带产"打造万象新城核心区域，逐步完善万象城市功能，以此树立万象市新城建设典范。这种"产城融合"的发展理念与老挝当前工业基础薄弱、城市化发展缓慢的基本国情相契合。

开发区计划分三期滚动开发，预计投资总额达 50 亿美元，到 2030 年基本开发完成。从 2012 年启动建设至今，开发区一期 4 平方千米基础设施建设及"五通一平"工作基本完成，累计完成投资 10 亿美元，具备完备的道路、水、电、通信、网络、有线电视等基础设施，能全面满足入园企业需要。开发区已建成 80 000 平方米标准化厂房和 4 000 平方米客户服务设施（包括厂区办公楼、客户服务中心、厂区职工宿舍、餐厅等），可为企业提供厂房租赁和办公室租赁等服务。目前，开发区正进行二期投资建设及万象新城的开发。

引入招商局后，赛色塔综合开发区的招商引资工作进展较快。截至 2023 年 1 月底，赛色塔综合开发区的累计投资金额为 13 亿美元，累计基础设施投资额 6 亿美元。目前，已有来自中国、老挝、泰国、日本、马来西亚、新加坡、美国、英国等 8 个国家的 120 家企业签约入驻园区，包括 74 家中国企业、11 家老挝企业、7 家泰国企业等，涵盖仓储物流、能源化工、电子产品制造、生物医药、农产品加工、纺织品加工、商贸服务、大健康等产业。目前开发区总务工人员达 6 500 人，入驻全部投产后预计每年总产值超过 18 亿美元，创造超过 1 万个就业岗位。

目前，入驻园区的重要企业主要有老中铁路有限公司、日本 HOYA 集团、中国新希望集团、中老合资的老挝石油化工股份有限公司、中国红塔烟草公司、中国贝德服装厂等（表 12-2）。其中，由中国农业龙头企业新希望集团投资设立的新希望老挝有限公司，于 2013 年入驻园区，投资总额约 1 600 万美元，通过与农户开展合作养殖，带动当地养殖业发展及饲料市场良性竞争，目前已成为老挝规模最大的现代化饲料加工企业。由中老合资成立的老挝联合药业公司于 2017 年入驻园区，计划总投资 5 500 万美元，其中中资占股 90%、老资占股 10%，致力于打造老挝医药行业的龙头企业；公司现有员工 243 人，已建立医药及有机精细化学品、中草药及保健品的研发到生产产业链；但受疫情影响，由于原材料进出口、技术员和客户往返困难等问题，目前企业经营面临较大压力。江苏的贝德服装集团于 2021 年 10 月在开发区投资建设了服装工厂，其主营业务是服装成衣的加工与制造，主要基于东南亚年轻的劳动力结构以及中老铁路贯通等因素；现阶段员工人数 850 人左右，未来贝德服装厂将扩大企业的本地化采购，带动当地其他配套产业的发展。

表 12-2 入驻园区的重要企业

产业	企业
电子产品制造	日本 HOYA 集团（光学镜片制造商）； 老挝通信技术有限公司（通信类产品生产制造）
能源化工	老挝石油化工股份有限公司
生物医药	老挝联合药业公司； 高登智慧（老挝）制药有限公司
农产品加工	新希望（老挝）有限公司
纺织品加工	贝德服装厂
总部经济	老中铁路有限公司总部； 老挝寮中红塔好运烟草有限公司

资料来源：根据老挝赛色塔综合开发区官网、实地调研整理。

三、南立 1-2 水电站

老挝具有丰富的水资源，水电行业逐步成长为老挝的支柱行业，在稳定老挝电力行业发展、推动能源结构优化、提高资源利用效率等方面发挥了重要作用。特别是在共建"一带一路"背景下，中老联合推动老挝的水电项目快速发展。

1. 老挝水电项目总体情况

老挝是一个自然资源、旅游资源、水利资源丰富但工业基础薄弱的农业国家，经济发展在很大程度上依赖于水电行业发展。老挝拥有丰富的水资源，其水电资源储量可达 3 000 多万千瓦，可开发水电资源装机总量为 2 347 万千瓦（商务部，2010）。其中，湄公河干流水电资源可开发装机总量为 1 225 万千瓦，其他支流可开发装机总量为 1 122 万千瓦。为了推动国家经济发展，保障居民用电，老挝国内具有巨大的水电开发需求。截至

2021 年底，老挝全国共有 91 个运营电站，总装机容量 10 971.14 兆瓦，发电总量 56 078.61 吉瓦时/年（表 12-3）。其中，装机容量大于 5 兆瓦的水电站 65 个，装机容量 8 881.99 兆瓦，发电量 42 876.10 吉瓦时/年；另外还有装机容量低于 5 兆瓦的 14 个水电站，发电量 205.15 吉瓦时/年。

表 12-3　2021 年老挝运营中的电站

类型	运营中的项目数（个）	装机容量（兆瓦）	发电量（吉瓦时/年）
水电站	79	8 925.14	43 081.25
火电站	1	1 878.00	12 200.00
太阳能电站	7	56.00	94.65
其他可再生能源电站	4	112.00	702.71
总计	91	10 971.14	56 078.61

资料来源：老挝电力公司（IPPs）。

近年来，随着老挝水电行业稳步快速发展，其逐渐吸引大量外国投资并成为外商直接投资的最大行业。其中，中国在老挝水电行业发展中占据重要地位。如表 12-4 所示，2006 年以来，特别是 2013 年之后，中国参与了老挝大部分水电开发项目，包括南欧江一期水电站、南俄 5 水电站、南拜水电站等 16 个项目。中老共建"一带一路"为两国水电项目合作提供了良好的机遇，2016 年中国投建的南欧 2、南欧 5 等 5 所水电站投入运营，2021 年中国投建的南欧 3 等 4 所水电站投入运营。总体来看，这些水电项目大部分采取 EPC＋O（工程总承包＋短期运营）或 BOT（建设-运营-移交）的建设模式（刘卫东、姚秋蕙，2020）。中国企业通过与当地企业联合开发经营水电站的方式，大量雇用老挝当地居民，提供了可观的工作岗位，并向老挝输出先进的水电技术和管理经验，培养了大批专业人才，惠及老挝经济社会发展的方方面面。其中，南立 1-2 水电站是中国在老挝投建最早、成效最显著的水电站之一，常年保持 400 亿～500 亿千瓦时的发电量。

表 12-4　中国投资或合资的水电站（装机容量＞5 兆瓦）

序列	项目名称	水库	位置	装机容量（兆瓦）	发电量（吉瓦时/年）	运营时间	开发商
1	南立 1-2	南俄	万象省	100	435	2010	中国水利电力对外有限公司 80%；老挝电力公司（EDL）20%
2	南俄 5	南俄	川圹省/琅勃拉邦省	120	507	2012	中国电建 85%；老挝大众电力公司（EDL-GEN）15%

续表

序列	项目名称	水库	位置	装机容量（兆瓦）	发电量（吉瓦时/年）	运营时间	开发商
3	南椰 2	南椰	川圹省	180	732	2015	中国水利电力对外有限公司 90%；老挝大众电力公司（EDL-GEN）10%
4	南欧 2	南欧	琅勃拉邦省	120	546	2016	中国电建 90%；老挝大众电力公司（EDL-GEN）10%
5	南欧 5	南欧	琅勃拉邦省	240	1 049	2016	中国电建 90%；老挝大众电力公司（EDL-GEN）10%
6	南欧 6	南欧	琅勃拉邦省	180	739	2016	中国电建 90%；老挝大众电力公司（EDL-GEN）10%
7	南芒 1	南芒	赛宋本省	64	225	2016	东方 75%；A&C 10.75%；EDL 10%；Saytha Company 4.25%
8	南崩	南崩	乌多姆赛省	36	145	2016	中国国家电力设备有限公司 80%；老挝大众电力公司（EDL-GEN）10%
9	南塔 1	南塔	博胶省	168	759	2019	中国南方电网有限公司 80%；EDL 10%
10	色拉龙 1	色棒害	沙湾拿吉省	70	267	2020	YEIG International Development Co., Ltd. 70%；Daosavanh Co., Ltd. 15%；EDL 10%；太阳纸业有限公司 5%
11	南欧 1	南欧	琅勃拉邦省	180	710	2020	中国电建
12	南欧 3	南欧	琅勃拉邦省	210	826	2021	中国电建
13	南欧 4	南欧	丰沙里省	132	519	2021	中国电建
14	南欧 7	南欧	丰沙里省	210	838	2021	中国电建
15	南公 1	南公	阿速坡省	160	633	2021	中国水利电力对外有限公司 65%；EDL 20%；电站建设和咨询有限公司 15%

资料来源：根据老挝电力行业报告整理。

2. 建设进展

南立 1-2 水电站位于老挝首都万象市西北约 135 千米处，13 号公路班欣合南立大桥上游约 50 千米、南立河干流上。南立 1-2 水电站是中老两国在水电领域合作的首个合作投资项目，是中国水利电力对外公司（中国长江三峡集团公司的全资子公司）在老挝投资建设的第一个水电站，也是中资企业进入老挝水电市场的样板。

2004 年 3 月，中国与老挝政府签订关于南立 1-2 水电站项目建设的谅解备忘录。2006 年 5 月，中国与老挝计划和投资委签署《项目开发协议》；同年 10 月，该水电站项目建设开启。2007 年 4 月，中国商务部同意设立老挝南立电站有限责任公司；同年 9 月，老挝南立 1-2 水电站项目正式开工。2010 年 8 月，南立 1-2 水电站两台机组正式进入商业运行并举行发电庆典（表 12-5）。

表 12-5　南立 1-2 水电站项目建设的大事件

序号	事　件
1	2004 年 3 月 16 日，中国与老挝政府签订谅解备忘录
2	2006 年 5 月 5 日，中国与老挝计划和投资委签署《项目开发协议》
3	2006 年 10 月 30 日，中国国家发展改革委批复并正式核准南立项目
4	2006 年 10 月 31 日，在中国南宁举办的中国-东盟博览会上签署《特许经营协议》
5	2006 年 11 月 19 日，在老挝万象签署《股东协议》和《购电协议》（时任中国国家主席胡锦涛和时任老挝国家主席朱马利共同见证）
6	2007 年 4 月，中国商务部通过《关于同意设立老挝南立电站有限责任公司》的批复
7	2007 年 5 月 15 日，在老挝万象召开第一次股东大会（任命董事；支付原始注册资本）、第一次董事会（任命董事长、总经理；开户银行）
8	2007 年 9 月 1 日，南立 1-2 水电站项目开工
9	2007 年 12 月 15 日，南立 1-2 水电站项目举行开工仪式
10	2008 年 10 月 28 日，截流庆典
11	2009 年 12 月 14 日，下闸蓄水庆典
12	2010 年 5 月 6 日，公司副总经理林初学视察南立 1-2 水电站项目
13	2010 年 6 月 26 日，老挝国会议员代表团视察南立 1-2 水电站项目
14	2010 年 7 月 26 日，两台机组顺利通过连续 72 小时试运行
15	2010 年 8 月 1 日，南立 1-2 水电站两台机组正式进入商业运行
16	2010 年 8 月 29 日，南立 1-2 水电站发电庆典

资料来源：根据调研资料整理。

该水电站的建设工程为一等大（Ⅰ）型工程，主要枢纽建筑物包括混凝土面板堆石主坝、黏土芯墙堆石副坝、左岸岸边溢洪洞、右岸泄洪洞、右岸引水隧洞、压力钢管道、地面发电主厂房、地面 GIS 开关站及尾水渠。引水系统紧靠右坝肩布置在南立河右岸山体内，机组采用一洞二机联合供水方式，由一条压力隧洞后接地下压力钢管、对称月牙岔及二条支管组成。在厂房前分叉至电站两台混流式水轮发电机组，电站装机容量 2×50 兆瓦，多年平均发电量 435 吉瓦时。电站电能经两回 115 千伏线路输出；发电机、变压器采用单元接线；电站控制方式采用计算机监控系统，按"无人值班，少人值守"设计。

南立 1-2 水电站坝址控制流域面积 1 993 平方千米。正常蓄水位 305 米，对应库容 14.45 亿立方米、库水面面积 53.86 平方千米；死水位 285 米，对应库容 5.98 亿立方米；校核洪水位 305.61 米，对应库容 14.78 亿立方米；调节库容 8.46 亿立方米，具备多年调节能力。该电站总投资约 14 928 万美元，2010 年 8 月 1 日正式运行，特许运营期 25 年。

3. 运营模式

南立 1-2 水电站是中资企业在老挝的第一个 BOOT 模式水电站。由中国水利电力对外公司投资建设，2007 年 4 月经商务部批准成立老挝南立电站有限责任公司，2010 年 8 月南立 1-2 水电站正式投入运营，特许经营期 25 年。工程静态总投资 12 836.59 万美元，总投资 14 927.64 万美元，资本金占固定资产总投资的 20% 并在建设期按比例投入。工程总投资的 80% 由中国水利电力对外有限公司出资，主要是向中国国家开发银行申请的长期贷款，贷款偿还期 18 年（含 4 年宽限期）；总投资剩余的 20% 由老挝国家电力公司提供（图 12-7）。2012 年 12 月，南立 1-2 水电站运营模式由分包模式转为自主运营；2014 年 10 月，进一步由自主运营模式转为一体化运营。

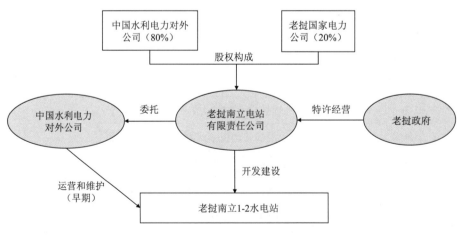

图 12-7　南立 1-2 水电站运营模式

电站设有 2 台 50 兆瓦水轮发电机组，总装机容量 100 兆瓦，设计年发电量 435 吉瓦时。南立 1-2 水电站的主要用途是水力发电，兼顾防洪、灌溉、养殖和旅游业等功能，电力主要输送至万象地区或出口泰国。

4. 项目成效

南立 1-2 水电站的建设始终秉承中国长江三峡集团公司"建好一座电站,带动一方经济,改善一片环境,造福一批移民"的水电开发理念,注重项目经济效益、环境效益和社会效益的统一,并长期致力于当地环境保护与企业社会责任。

截至 2022 年,电站已安全平稳高效运行 12 年,取得较好经济效益的同时,也为当地政府创收、改善居民生活水平做出了重要贡献。一方面,南立 1-2 水电站投入运营后,凭借稳定的发电能力和年调节能力,为周边企业提供了稳定和充沛的电力,显著改善了当地电力短缺问题。2011—2021 年,受自然灾害影响,南立 1-2 水电站的发电量虽有所波动,但大多数年份保持在 400 吉瓦时以上(图 12-8)。在项目的建设、运营过程中,中国水利电力对外公司广泛聘用当地员工,拉动当地就业率和收入水平的提高。另一方面,中国水利电力对外公司高度重视企业社会责任,电站定期组织植树放鱼活动,持续对电站附近的帕贡学校进行帮扶;电站依靠其超过 14 亿立方米的库存容量,对河水实施动态调节,有效解决了当地的防洪问题;为保障下游村庄汛期安全,老挝南立电站有限责任公司与当地政府建立"政府＋企业"联合防洪机制,编制水库调度规程,确保下游安全。

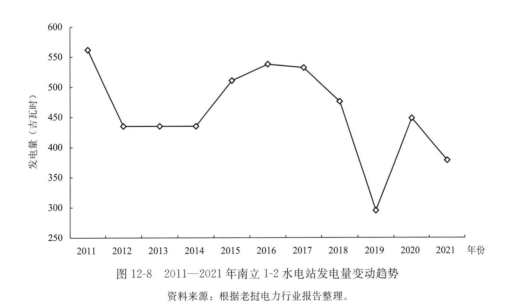

图 12-8　2011—2021 年南立 1-2 水电站发电量变动趋势

资料来源:根据老挝电力行业报告整理。

第四节 "一带一路"建设对老挝的影响

一、总体影响

1. 老挝在沿线生产网络中的地位演变

为了探讨"一带一路"建设对老挝的影响，本章利用投入产出方法，测算老挝在"一带一路"沿线生产网络中的地位演变。研究结果显示（图 12-9），1995 年以来，老挝使用国外中间品中来自沿线国家的比重总体上呈现增长态势，表明老挝对于沿线生产网络的依赖程度总体在提高。其间，受亚洲金融危机的影响，1995—2000 年占比经历了最大幅度的下降，从 53.74％下降到 36.55％。而 2000 年之后，尤其是在中国加入 WTO 之后，这一占比进入快速增长期，从 2001 年的 41.56％增长到 2010 年的 74.54％。2010—2012 年，受国际经济低迷的影响，比重再次出现小幅度下降，至 2012 年，降至 61.77％。随后进入持续上升期，其间，2012—2018 年增速较快，上升至 83.4％。2019 年起，比重增长进入缓慢期，受到突如其来的疫情影响，老挝的跨国生产活动的增长受到显著冲击。至 2021 年，比重增长至 83.77％。

图 12-9 1995—2021 年老挝使用国外中间品中来自沿线的比重

相比于 1995—2021 年老挝使用沿线国家中间品总体上升的态势，老挝在沿线生产网络中的占比却在不断下降，表明老挝中间品需求的增长强度低于沿线生产网络总体增长速度（图 12-10）。1995—2004 年经历了大幅度的下降，从 0.17％下降至 0.10％，2005 年小幅度回升至 0.11％；之后至 2021 年进入小幅度波动阶段，变化趋势不明显，2021 年比重仍保持在 0.11％。

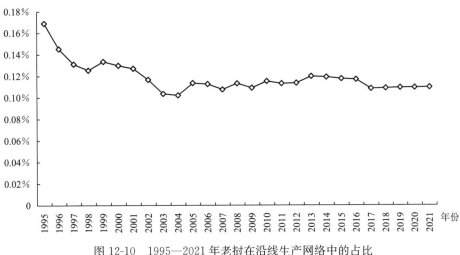

图 12-10 1995—2021 年老挝在沿线生产网络中的占比

2. 中国通过生产合作对老挝的经济贡献

进一步解析中老之间的投入产出关系，可以发现，1995—2021 年，中国通过生产合作对老挝的经济贡献占老挝经济总量的比重经历了先提升后下降的过程（图 12-11）。1995—2011 年，中国通过生产合作对老挝的经济贡献总体呈增长趋势，从 0.57％增长到 2.97％。其间，2000 年和 2009 年由于全球经济形势而出现小幅度下滑。2011 年之后，中国通过生产合作对老挝的经济贡献逐渐下降，可以分为缓慢下降和快速下降两个阶段：2011—2014 年缓慢下降，从 2.97％小幅降至 2.83％；2014 年之后进入快速下降期，至 2021 年跌至 1.69％。

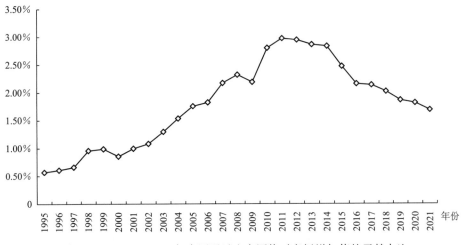

图 12-11 1995—2021 年中国通过生产网络对老挝增加值的贡献占比

二、项目影响

1. 改善老挝交通运输条件，提升物流效率

中老两国在设施联通领域的合作既符合老挝发展需求和国家利益，也与共建"一带一路"倡议的设施联通合作宗旨相契合。2013 年以来，中老两国在中老铁路、水电项目等方面的进展，推动老挝交通、水电等基础设施的快速发展与完善。

交通基础设施方面，中老铁路是中老命运共同体的标志性工程，对提升老挝国内及与周边国家的联通水平具有重要意义。一是中老铁路的开通运行极大改善了老挝的交通运输条件，提高了老挝的交通通达性与物流运输效率。中老铁路开通运营以来，老挝逐步开通了万象南、纳堆、万荣、琅勃拉邦等 7 个货运站的货运业务，不断简化货运办理流程，充分保障货物运输顺畅、快速。在客运方面，国内段陆续开放了昆明南、勐腊、磨憨等 17 个客运站，老挝段开通了磨丁、纳磨、琅勃拉邦、万象南等 10 个客运站，实现了昆明至磨憨 5 小时可达、磨丁至万象 3 小时可达，极大提升了老挝境内的交通通达性。同时，中老双边政府不断简化海关清关程序，提高通关一体化水平，加快构建中老跨境快速交通网络，大大提高了老挝的物流运输效率。二是中老铁路的开通运行形成了贯穿老挝北部地区的南北向大能力运输通道，有力促进了老挝由"陆锁国"变为"陆联国"。中老铁路开通运行以来，中国已先后有 25 个省份开行了中老铁路跨境货运列车，中老国际货运班列不断加密开行，发运目的地涵盖泰国、缅甸、马来西亚等 10 余个国家。随着中老铁路的辐射范围逐渐扩大，中老铁路打通了连接老挝与中国、泰国及周边国家的运输大通道。加强沿线区域的经济联系强度，有利于将老挝打造成东南亚物流中心，为实现老挝"陆锁国变陆联国"的国家战略提供了强大的支撑。

水电设施方面，中国参与了老挝的南立 1-2 水电站、南俄 3 水电站、南俄 4 水电站、南俄 5 水电站、南拜水电站等基础设施建设工作。一是帮助老挝完善水电站等基础设施，为老挝电力行业的基础设施建设做出了贡献；二是通过与当地企业联合开发经营的方式，输出了成熟先进的中国技术、标准和管理理念，实现了合作共赢。

2. 推动老挝水电行业发展，优化能源结构

老挝具有丰富的水资源，水电行业逐步成长为老挝的支柱行业。中国对老挝投资的水电站项目，促进了老挝水电行业的发展壮大，推动老挝清洁能源的使用及能源结构的调整，进而推动老挝经济的绿色低碳发展。

中老合作的水电站项目推动了老挝水电行业的发展壮大，带动老挝水电经济发展。老挝具有丰富的水资源，但在 2010 年前其水电开发一直相对滞后，国内的电力保障能力较低。

直到 2010 年之后，随着中国企业投建的南立 1-2、南俄 5 等水电站陆续投入运营，水电行业才逐步成长为老挝的支柱行业，为稳定老挝电力行业发展、提高资源利用效率发挥了重要作用。2021 年，老挝共有 91 个运营电站，总装机容量 10 971.14 兆瓦，发电总量 56 078.61 吉瓦时/年；其中，运营水电站 79 个，装机容量 8 925.14 兆瓦，发电量 43 081.25 吉瓦时/年，分别占总运营电站的 83.81%、81.35%、76.82%。而中国在老挝投资水电站的建设和运营稳步推进，2021 年总发电量达到 3 759 吉瓦时，为稳定老挝电力行业的发展起到了重要作用。另外，老挝电力行业的快速发展满足了老挝的国内消费，老挝国内电力消费占比从 2010 年的 28.89% 下降到 2021 年的 17.82%，且部分剩余电力用于老挝的出口创汇（图 12-12）。

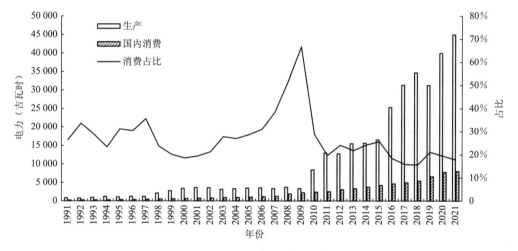

图 12-12　1991—2021 年老挝电力生产和消费

资料来源：老挝电力公司（IPPs）。

随着南俄 5、南椰 2、南欧 2、南欧 5 等水电项目的陆续投建运营，2021 年中国在老挝投建的 16 家水电站年度总发电量达到 3 759 吉瓦时（表 12-6）。2011—2021 年，中国投建水电站的发电量占老挝发电总量的比重从 4.33% 提高至 8.36%，有效推动老挝能源结构的不断优化，持续推动老挝绿色发展。2010—2021 年，老挝电力行业发电量从 8 449 吉瓦时增加到 44 948.8 吉瓦时，年均增长率达到 16.41%；其中，水力发电占老挝电力行业发电量的 94.43%。随着水电项目的发展，2010 年以来，老挝的水电消耗所占的比例逐步提高，无烟煤、燃料油、汽油、液化石油气、木炭的消耗比例逐渐下降，其能源结构不断优化。

表 12-6　2011—2021 年中国在老挝投资水电站项目发电量　　单位：吉瓦时

序列	项目	2011 年	2012 年	2013 年	2014 年	2015 年	2016 年	2017 年	2018 年	2019 年	2020 年	2021 年
1	南立 1-2	561.6	435.0	435.0	435.0	510.7	537.6	531.9	475.9	294.9	448.1	378.3
2	南俄 5	—	—	500.0	500.0	520.8	455.1	393.2	501.0	244.7	289.5	521.9
3	南椰 2	—	—	—	—	—	723.0	302.5	495.7	418.9	283.4	411.6
4	南欧 2	—	—	—	—	—	288.4	352.7	397.1	286.0	305.7	256.5
5	南欧 5	—	—	—	—	—	482.8	408.5	536.3	396.9	469.4	382.8
6	南欧 6	—	—	—	—	—	339.1	343.3	447.6	292.7	328.3	199.3
7	南芒 1	—	—	—	—	—	24.6	191.6	219.7	149.0	201.6	153.7
8	南崩	—	—	—	—	—	46.2	53.8	91.7	33.4	41.6	68.5
9	南塔 1	—	—	—	—	—	—	—	68.3	206.3	177.1	275.7
10	纸质发电厂	—	—	—	—	—	—	—	—	73.1	27.8	33.6
11	色拉龙 1	—	—	—	—	—	—	—	—	—	—	—
12	南欧 1	—	—	—	—	—	—	—	—	—	—	279.4
13	南欧 3	—	—	—	—	—	—	—	—	—	—	332.5
14	南欧 4	—	—	—	—	—	—	—	—	—	—	202.5
15	南欧 7	—	—	—	—	—	—	—	—	—	—	40.4
16	南公 1	—	—	—	—	—	—	—	—	—	—	222.3
	总和	561.6	435.0	935.0	935.0	1 031.5	2 896.8	2 577.5	3 233.3	2 395.9	2 572.5	3 759.0
	占比（%）	4.33	3.41	6.03	5.98	6.25	11.44	8.23	9.33	7.67	6.44	8.36

资料来源：根据老挝电力行业报告整理。

中老合作的水电站项目促进老挝碳排放强度的下降，推动其绿色可持续发展。中国投资老挝的水电项目，有效减少了老挝的能矿产品及其林业开发，降低了不可再生资源的开采和浪费，提高了老挝能源利用效率，推动了老挝能源行业的绿色发展。同时，水电行业相比传统能源行业具有更好的环境效益，可以为老挝发展提供可持续动力，并逐步替代矿业和林业成为老挝国内的主要创汇行业。在此态势下，水电项目的发展促进了老挝碳排放强度的下降，推动其经济社会的绿色可持续发展。

3. 促进老挝经济发展，提升综合国力

"一带一路"倡议提出以来，中老两国不断加强政治互信、经济合作，推动中老命运共同体建设。特别是中国投资或援建的一系列包括铁路、水电站、经贸园区在内的"一带一路"建设项目，加速带动了老挝及其沿线地区的经济发展。

中老铁路的建设拉动了沿线的工程建设、建材供应、电力、农牧业、服务业、物流、旅游等产业发展；中老铁路的开通运营改善了老挝的贸易和投资环境，刺激了沿线地区的消费需求，催生"铁路＋"的新产业和新业态，提高了老挝的经济竞争力，为老挝经济的可持续发展夯实了基础。中老国际货运班列已从开通初期的橡胶、化肥、百货等货物，逐渐扩展至电子、通信、光伏、纺织、蔬菜、木炭等产品，运输的货物门类不断丰富，带动沿线地区经济活力的释放。同时，中老铁路通车推动中老双边经贸合作继续保持强劲势头，带动中老磨憨-磨丁跨境经济合作区及老挝沿线城市的快速发展。例如，中老磨憨-磨丁经济合作区正在成为承接中国产能输出、辐射中老泰三大市场的陆路交通枢纽，截至2022年7月，通过磨憨口岸的中老铁路国际联运出入境货物运输量达102.1万吨。

赛色塔综合开发区经过近10年的发展，有效填补老挝相关产业的空白，推进了老挝的工业化进程。近年来，针对老挝在农产品深加工、能源、电力等方面的迫切需求，赛色塔综合开发区着力吸引相关企业入驻园区，推动相关产业发展。例如，开发区吸引的老挝石油化工股份有限公司（由云南省海外投资有限公司、云南东岩实业有限公司、老挝国家石油公司和老中联合投资有限公司合资组建），其300万吨/年的炼化项目一期工程于2020年11月正式投产。该项目是老挝首个石油炼化项目，也是目前最大的工业项目，列入中老两国产能和投资重点项目清单，有效填补了老挝石油化工产业链空白，缓解老挝在成品油领域的进口依赖。

中国投建的水电站项目，有效帮助老挝发展电力行业，推进其将水利资源优势转变为综合国力的提升。中方在老挝的水电项目，解决了老挝本土的电力需求，带动老挝水电行业快速成长，并保障老挝相关民生与产业的发展。同时，中方的技术输送提高了老挝本土水电科技的发展，培养了大批专业人才，夯实了基础产业的发展并带动关联产业的发展。另外，水电项目快速发展帮助老挝成为东南亚地区的主要电力输出国，为老挝经济发展贡献了大量外汇收入，有效减少了老挝的贸易赤字。如图12-13所示，2010年中国进入老挝水电行业之后，老挝的电力出口迅速增长，2021年出口电力达到36 623吉瓦时，2010—2021年年均增速达16.78%。

4. 履行企业社会责任，改善当地居民生活

中国在老挝投建的"一带一路"项目，积极落实"一带一路"倡议下的"高标准、惠民生、可持续"建设理念，在保证工程质量与建设进展的同时，注重履行企业社会责任，极大地造福了当地人民，具有显著的社会效益。特别是中老铁路、水电站、经贸合作区、学校、医院等项目的稳步推进，为老挝当地创造了大量的就业岗位，显著改善了当地居民的生活水平，极大地推动了老挝相关减贫事业的发展。

中老铁路的建设和运行直接拉动了当地工人就业，提高居民收入，带动教育和医疗行业发展，形成了良好的社会效益。在5年建设过程中，中老铁路积极采取本地化策略，建设所需的劳务工人绝大部分采用老挝本地工人，已聘用老挝工人3万多人次，为当地创造了超过1万个就业岗位，推动了沿线地区就业问题的解决。中老铁路运行后，老挝的商品不断进口

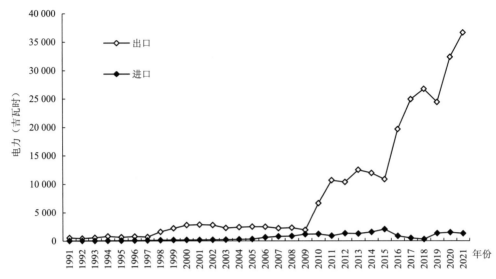

图 12-13　1991—2021 年老挝电力出口和进口

资料来源：老挝电力公司（IPPs）。

到中国，带动老挝人民收入水平的提升。同时，中国在云南省设立培训中心，中国铁路昆明局采取"师带徒"的方式与老方 600 多名员工共同开展铁路运营和维修管理工作，为老挝培养了一批铁路技术工人和管理人员。另外，随着中老铁路的开通运行，许多老挝学校增设汉语专业，中老之间的职业技术合作、医疗卫生合作不断增强，进一步推动老挝教育和医疗行业的快速发展。

中国投建的水电项目，为老挝当地提供了大量工作岗位，显著改善了当地居民生活，促进老挝减贫事业发展。中国投建的水电项目在建设过程中大量雇用当地的居民，为当地直接提供了大量就业岗位；水电站运营后拉动了水电建设相关就业。这些水电项目解决了老挝本土电力的需求，缓解了老挝国内电力价格昂贵的问题；扩大了老挝的电力供应和覆盖面，缩减了老挝的贫富差距，改善当地居民的社会生活水平。而且，中国投资企业高度重视企业社会责任，援建了村庄、学校，帮助老挝培养大批水电相关专业人才。例如，中国电建在开发建设南欧江流域水电项目时，为当地建设了 30 个移民新村，修建桥梁 20 余座、道路 500 多千米，极大提高了当地居民生活水平；2020 年，南方电网开发南塔河 1 号水电站时，援建了附近的哈南村和旺莱村的学校新校舍，并获得老挝的特别发展奖章。

此外，自 2020 年新冠疫情蔓延以来，在老的中资公司通过援助医疗物资、帮助改善当地医疗条件等方式向老挝提供了大量抗疫支援。例如，中老合作的赛色塔综合开发区克服疫情影响，不断推动入园企业的建成投产，帮助老挝社会抗疫。其中，开发区吸引的入驻中资企业新希望集团、贝德服装厂、联合制药集团等与当地的职业技术学校建立校企合作关系，包括捐赠教学和实习设备、赞助学生完成学业、提供实习就业岗位等，帮助老挝培养一批技术型、管理型人才。而联合制药集团向老挝社会免费提供大量的消毒水、口罩、手套、药物等抗疫物资。

5. 注重生态环境保护，推动可持续发展

"一带一路"框架下的中老合作项目充分考虑对当地生态环境的保护、对社会经济的带动，秉持"一带一路"倡议的"高标准、惠民生、可持续"建设理念，注重绿色发展，积极推动老挝社会经济的可持续发展，契合联合国可持续发展目标（SDGs）。

中老铁路在前期设计时就充分考虑了对生态环境的影响，尽量绕开沿线的自然保护区和自然资源脆弱区，坚持绿色开发理念。在具体建设中十分重视生态保护，铁路线尽量从保护区的外围通过，对于实在不能绕过的保护区则采用"最少生态占用"原则予以穿过；建设多处大桥、涵洞，以保证原生态系统的正常运行，尽量减少对人类活动和动物通行的干扰（宋周莺等，2021a）。同时，中老铁路建设后期及开通运行之后，重视对沿线草地资源、林地资源的修复，尽量降低对沿线环境的影响。基于 Google Earth 影像再次测得铁路沿线生态资

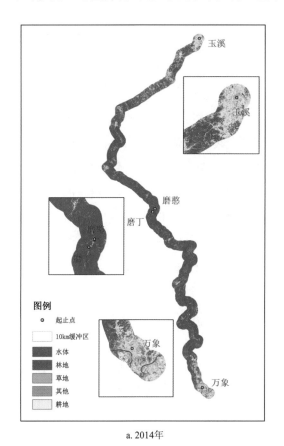
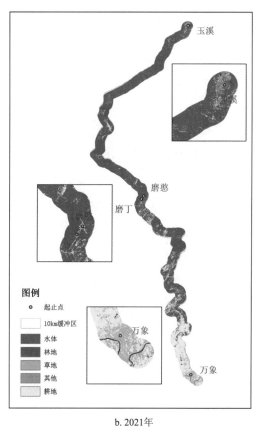

a. 2014年   b. 2021年

图 12-14 中老铁路沿线生态资源分布变化

源分布图，据此估算中老铁路建设对当地生态资源的占用情况。对比分析中老铁路建设期的数据（宋周莺等，2021a），可以看出（图12-14），中老铁路施工占用的主要是植被覆盖度较低地区；同时，铁路建设所造成的临时性生态损失面积在铁路建设后期已开始慢慢修复。可见，铁路建设对当地自然生态环境的影响极小，没有对当地自然生态环境整体格局造成破坏性扰动（表12-7）。

表 12-7　2021 年中老铁路路基和施工占用不同生态资源明细

类型	路基占用情况		施工占用情况		临时性生态损失	
	面积（平方千米）	占比（%）	面积（平方千米）	占比（%）	面积（平方千米）	占比（%）
草地资源	0.87	0.16	5.06	0.91	4.19	0.75
林地资源	16.77	0.10	100.08	0.62	83.31	0.52
耕地资源	5.96	0.14	35.09	0.84	29.31	0.70
其他资源	1.54	0.18	9.12	1.08	7.58	0.90
水域资源	0.15	0.10	0.88	0.61	0.73	0.50

中国投建的水电项目也非常重视对当地生态环境的保护。例如，中国电建在推进南欧江和南俄 5 水电站项目的建设过程中，坚持绿色开发理念，认真落实特许经营协议规定的环境责任，积极参与植树、鱼苗放生、动植物保护、地球日、环境日等主题活动；注重减少水电开发对环境的破坏，最大限度地寻求水电开发的可持续发展道路。同时，这些水电站项目有效减少了老挝林矿资源的开发，降低了不可再生资源的开采，缓解了老挝国内林矿资源开采过度及相应的资源枯竭难题，推动了老挝能源行业的绿色发展。另外，中国投建的水电项目帮助老挝实现有效的水电资源开发，提高了老挝能源利用效率，推动了老挝碳排放强度增速的下降，促进其经济社会的可持续发展。如图 12-15 所示，尽管近年来受工业快速发展影响，碳排放强度有所上升，但 2010 年水电项目大规模开发之后，带动了老挝碳排放强度快速下降。

万象赛色塔综合开发区也非常重视绿色发展模式，中方专门投资设立赛色塔低碳示范区，积极打造中方在老挝投资的绿色环保典范，为老挝推广绿色环保发展模式起到了带头作用。赛色塔低碳示范区以低碳发展规划为指导，以低碳交通带动低碳生活方式的转变，以低碳照明提升绿色基础设施建设水平，以低碳能力建设、技术交流和宣传活动增强老挝低碳发展意识。同时，中方向老方赠送太阳能 LED 路灯、新能源客车、新能源卡车、新能源环境执法车和环境监测设备等低碳环保物资，力争减少开发区的空气污染，为老方应对气候变化、推动绿色发展提供支持。

图 12-15 1995—2021 年老挝生产碳强度

第五节 结论与讨论

共建"一带一路"倡议提出 9 年多来,中老双方遵循共商共建共享原则,秉持"高标准、惠民生、可持续"的目标,持续扩大双方多领域、多层次的合作,推动中老命运共同体行动取得丰硕成果。老挝作为中国邻国、世界最不发达国家之一、中国-中南半岛经济走廊的核心国家,推动"一带一路"建设在老挝的行稳致远,有利于树立中国与沿线国家共建"一带一路"的典范。

中老是传统友好邻邦,中国提出的共建"一带一路"倡议与老挝国家发展战略高度契合,为中老共建"一带一路"提供了坚实的合作基础。在区位方面,老挝在"一带一路"建设中具有重要战略地位。老挝素有"中南半岛十字路口"之称,是陆路连接中国与中南半岛各国路程最短的国家,位于大湄公河区域中心位置,区位优势明显。随着老挝在东盟地位的稳步提升,中国可以通过中老通道加深与东盟诸国的互联互通,为共建中国-中南半岛经济走廊、打造中国-东盟命运共同体提供助力。在外交方面,中老建交 60 多年来,两国采取了一系列积极务实的举措,推动两国关系不断提质升级。特别是 2013 年"一带一路"倡议提出后,中老高层互访频繁,共同推动中老全面战略合作伙伴关系迈上新台阶。在经济方面,共建"一带一路"倡议为老挝摆脱经济困境提供了重要契机和平台。老挝政府制定的摆脱最不发达国家行列战略及第八个、第九个五年计划,与中国的"十四五"规划及"一带一路"

倡议实现了有效对接。中方投建的"一带一路"项目，极大促进了两国的经济合作和贸易往来，推动老挝经济发展，为中老双方深入合作树立了方向和标杆。在文化制度方面，中老同属社会主义国家，老挝坚持人民民主制度和依法治国，加强法制建设，巩固党的执政地位；实施"革新开放"政策，推进国有企业改革、鼓励多种经济成分协调发展，并期待通过深化与中国的交流合作进一步借鉴中国的改革成功经验。但中老双边存在语言、文化、习俗等方面的差异，老挝基本上仍属于自然半自然性质的小农经济，商品经济的观念比较淡薄，思想较为保守，居民安于现状。

中老双方在交通设施、水电项目和经贸合作区建设等领域的合作大力推动了中老两国命运共同体的建设，为两国共建"一带一路"注入不竭动力。其中，中老铁路是第一条采用中国标准、中老合作建设运营、并与中国铁路网直接连通的国际铁路，不仅极大地提升了老挝的交通运输条件和物流效率，也为中国在中南半岛推进铁路项目、促进区域互联互通提供了重要标杆。中国参与投建的16个老挝水电项目，为老挝电力行业发展、居民生活改善、生态环境保护、减贫事业发展等做出了贡献；并通过与当地企业联合开发经营的方式，推动老挝发展相关水电技术、人才，帮助老挝建立相关标准和管理理念，实现了合作共赢。赛色塔综合开发区是中国商务部认证在老挝的唯一境外经贸合作区，入驻企业涵盖仓储物流、能源化工、电子产品制造、生物医药、农产品加工等产业，有效填补了老挝相关产业空白，对推动中老产能合作及加快老挝工业化、城市化进程具有重要意义；同时，赛色塔综合开发区非常重视绿色发展模式，积极打造中方在老投资的绿色环保典范，为老挝推广绿色环保发展模式起到了带头作用。

目前，中老共建"一带一路"取得了诸多成果，但在推进过程中仍面临一些困难和挑战。一是新冠疫情打乱了部分"一带一路"建设项目的工期及相关经贸合作区的招商进程，复杂的国际形势使能源和通胀危机成为老挝发展的巨大挑战，对后疫情时代中老合作共建"一带一路"提出了更高的要求；二是中方企业在老挝投资的项目往往面临周期长、资金需求大的问题，但老挝本地银行仅有4家，资金实力、外债偿还能力尚且不足，使中方企业在老挝融资难度较大、外汇储备紧张，急需推动配套的金融服务体系建设；三是老挝劳动力数量和质量总体上也难以满足项目建设和运营需要。老挝劳动人口多、成本低廉，但大多信奉佛教、心态平和、工作积极性不高，导致企业常常出现"用工荒"；且老挝劳动力的素质普遍不高，缺少技能熟练的劳动力和专业技术人员。另外，部分中资企业没有充分融入地方制度文化、未与老挝本地企业建立生产联系，不利于中国企业在老挝的品牌价值及市场形象的提升，部分中资企业需更注重企业社会责任。

参 考 文 献

财政部："2022年9月1日起我国给予多哥等16国98％税目产品零关税待遇"，2022年8月31日，

http：//www. gov. cn/xinwen/2022-08/31/content_5707617. htm。

陈伟、叶尔肯·吾扎提、熊韦等："论海外园区在中国企业对外投资中的作用——以柬埔寨西哈努克港经济特区为例"，《地理学报》，2020 年第 6 期。

陈艳华、张虹鸥、黄耿志等："中国-老挝境外经贸合作区的发展模式与启示——以万象赛色塔综合开发区为例"，《热带地理》，2019 年第 6 期。

光明网："中老铁路今日开通运营，全线 1035 千米美景无限"，2021 年 12 月 3 日，https：//m. gmw. cn/baijia/2021-12/03/1302704355. html。

《昆明日报》："跨境电子商务对话会在昆举办"，2022 年 10 月 31 日，https：//www. km. gov. cn/c/2022-10-31/4565677. shtml。

老挝国立大学："2019 年内赴中国留学的老挝大学生增长至 10 000 人"，2020 年 6 月 19 日，https：//www. sohu. com/a/401904693_100245588。

刘卫东、姚秋蕙："'一带一路'建设模式研究——基于制度与文化视角"，《地理学报》，2020 年第 6 期。

刘盈："中老战略命运共同体：进展、挑战及强化路径"，《亚太安全与海洋研究》，2021 年第 2 期。

人民网："中老铁路开通一年，折射出怎样的合作前景?"，2022 年 12 月 7 日，http：//www. people. com. cn/n1/2022/1207/c32306-32582460. html。

宋周莺、姚秋慧、胡志丁等："跨境经济合作区建设的'尺度困境'——以中老磨憨-磨丁经济合作区为例"，《地理研究》，2020 年第 12 期。

宋周莺等："中老铁路"，载刘卫东等著：《"一带一路"建设案例研究：包容性全球化的视角》，商务印书馆，2021a 年。

宋周莺等："中老磨憨-磨丁经济合作区"，载刘卫东等著：《"一带一路"建设案例研究：包容性全球化的视角》，商务印书馆，2021b 年。

新华社："中老铁路开通一年交出客货齐旺'成绩单'"，2022 年 12 月 2 日，https：//baijiahao. baidu. com/s? id=1751110748119328678&wfr=spider&for=pc。

新华网：《中国共产党和老挝人民革命党关于构建中老命运共同体行动计划》，2019 年 5 月 1 日，http：//www. xinhuanet. com/politics/2019-05/01/c_112440753. html。

袁菊莲："中老-万象赛色塔综合开发区建设现状与发展对策调查报告"，云南财经大学，2014 年。

中国日报网："中国向老挝援助新型冠状病毒灭活疫苗 42.32 万剂"，2022 年 2 月 18 日，https：//baijiahao. baidu. com/s? id=1725084442059938244&wfr=spider&for=pc。

中华人民共和国商务部："老挝水电资源及其开发情况调研报告"，2010 年 11 月 25 日，http：//la. mofcom. gov. cn/article/ztdy/201011/20101107267580. shtml。

第十三章　中国电建加纳水电站项目[①]

摘　　要

　　共建绿色丝绸之路是"一带一路"倡议高质量发展的重要方向，也是中国政府助力全球可持续发展的主动作为。中国是水电大国，形成了以中国电建[②]等企业为代表的水利水电建设产业。自 2013 年以来，中国水电建设企业积极参与"一带一路"建设，开展了大量海外工程实践。水电属于资本密集型产业，大型水电站工程建设通常需要较大的前期投入，这制约了很多水能资源丰富的发展中国家的开发计划。大型水利水电工程建设可能因工程导致流域生态环境变化或工程建设征地、拆迁移民等环境和社会问题，引发外界关注。因此，如何在水电开发过程中践行绿色理念，是绿色丝绸之路建设不可回避的议题。本章以中国电建在加纳的工程建设为例，透视中国企业在海外推动共建绿色丝绸之路的具体实践。

　　加纳是共建"一带一路"国家之一。本章作者基于在加纳的实地调研，辅以中英文文献和档案资料，结合加纳自独立以来的经济社会发展计划和能源挑战，回顾了中国电建进入加纳市场的过程，聚焦于 2016 年正式建设完成的布维水电站工程，包括其背景、合同约定、实施过程、利益共享和环境社会管理实践，分析了加纳正式加入"一带一路"倡议后中国电建在加纳的工程实践及面临的外部挑战。研究表明，中国电建在加纳的工程建设和业务探索呈现了一系列自下而上、与"包容性全球化"理念不谋而合的具体尝试，为佐证"包容性全球化"的实践性提供了典型案例。在不断推进绿色丝绸之路建设的大背景下，研究认为，中方和东道国的核心利益相关方应以围绕大型基础设施建设的战略耦合为切入点，以资金和技术为抓手，推动多方、多角度的"共商共建共享"，并提倡以微观管理和工程后续支持为依托，促进发展"小而美"的利益共享和民心相通，落实此类工程建设的民生效

---

　　① 本章作者：韩笑、刘卫东、施国庆、李京东、Richard Twum Barimah Koranteng。
　　② 即中国电力建设集团有限公司，2011 年在原中国水利水电建设集团公司（以下简称"中国水电"）、中国水电工程顾问集团公司等大型国有企业的基础上正式成立。除特别标明处，本章也以电建指代 2011 年前的中国水电。

用。而针对大型水利水电工程可能造成的环境与社会影响，中方宜与东道国和国际社会不同人群积极对话、充分沟通，在尊重东道国政策法规和国家战略的大前提下，扬长避短，参与工程的环境与社会管理工作。最后，鉴于近年国际处于百年之未有的大变局时期，活跃在绿色丝绸之路海外工程实践一线的中国企业应密切关注外部条件变化，加强风险防控和应急管理工作。

第一节 加纳概况

加纳国土面积约 23.8 万平方千米，海岸线长约 562 千米，首都位于南部沿海的阿克拉。属热带气候，沿海平原和西南部阿散蒂高原属热带雨林气候，沃尔特河谷和北部高原地区属热带草原气候，旱雨季分明。本节从国家与社会治理、宏观经济与产业发展以及能源格局与基础设施开发三个方面介绍加纳概况。

一、国家与社会治理

1. 政治体制与权力机关

原英属"黄金海岸"于 1957 年宣布独立，并于 1960 年 7 月 1 日正式成立加纳共和国（简称"加纳"），是撒哈拉以南非洲地区第一个独立的前殖民地国家。加纳自成立以来已经历了十余届政府，首任总统为非洲民族解放运动先驱、被誉为"加纳国父"的恩克鲁玛。恩克鲁玛政府于 1966 年被军事政变推翻后，加纳政局陷入动荡，政权更迭频繁，直至 1981 年罗林斯政变上台。加纳于 1992 年开始实行多党制。同年底，罗林斯当选总统，实现由军政府向民选政府的过渡。

加纳现行《宪法》于 1993 年 1 月起生效。《宪法》规定：加纳是一个民主国家；总统是国家元首、政府首脑和武装部队总司令；内阁由总统任命，议会批准；议会需在通过法案并得到总统同意后方可行使制宪权；司法独立，有解释、执行和强制执行法律的权力。加纳于 1992 年 5 月开放党禁后，形成了三大政党派系，即以主张政治民主化和经济私有化为主的罗林斯派，主张实行政治多元化和市场经济的丹夸-布西亚派，以及主张实行混合经济的恩克鲁玛派。目前，执政党为丹夸-布西亚派的新爱国党，最大在野党则为以罗林斯支持者为主的全国民主大会党。

加纳由总统执掌行政权，总统为国家元首和海陆空三军总司令，由 4 年一度的普选产生，限两个任期，有权任命副总统。该国实行一院制，议会是国家最高权力机构，有立法和修宪的权力。议员经全国选举产生，任期 4 年。加纳司法机构分为司法系统和公共法庭系统。最高法院为终审法院，由首席法官和 6 名以上法官组成，首席法官任院长。为了确保"人民参加司法程序"，各级公共法庭于 1982 年建立，而全国公共法庭为终审法庭。加纳还存在传统法庭，由酋长根据习惯法处理当地民事纠纷。

2. 行政区划与人口特征

目前，加纳全国共分 16 个地区（图 13-1），分别是大阿克拉地区、阿散蒂地区、博诺省、中部地区、西部地区、东部地区、沃尔特地区、上东部地区、上西部地区、北部地区、萨瓦纳地区、东北地区、阿哈福地区、博诺东部地区、奥蒂地区和西北地区，地区下设 138 个县。首都为阿克拉，其他主要城市包括库马西、特马、塞康第-塔科拉迪等。

图 13-1　加纳地图

根据 2021 年人口普查数据，加纳总人口约 3 100 万人。阿肯族是最主要的部族，约占全国一半人口，其他部族包括莫西-达戈姆巴族、埃维族和加-阿丹格贝族等。加纳的官方语言为英语，另有 70 余种民族语言。加纳近七成民众信奉基督教，主要分布在南部地区；约 15.6% 的民众信奉伊斯兰教、8.5% 的民众信奉传统宗教，主要分布在北部农村地区。

3. 对外交往

（1）外交概况

加纳是不结盟运动的创始国之一，也是"非洲联盟"前身"非洲统一组织"创始国之一。该国奉行"积极中立"的外交政策，重视开展经济外交，已与 91 个国家建立了外交关系，设立了 57 个驻外使馆、高专署及领事馆。

加纳与周边国家保持睦邻友好关系，反对通过违宪途径获取政权，在调解地区冲突、促进地区和平与稳定中发挥重要作用。与非洲各国团结合作，积极推动西非和非洲地区经济的一体化进程。与美、英、日等发达国家均保持较好关系，以寻求政治、军事支持和经济援助。重视与中国、印度等发展中国家开展互利合作。重视参与国际维和行动，积极参与联合国安理会改革。2021 年 6 月，加纳当选 2022—2023 年联合国安理会非常任理事国。

（2）与中国的关系

加纳在其成立后的第四天（1960 年 7 月 5 日）与中国建交，是撒哈拉以南地区第二个与新中国建交的国家。恩克鲁玛执政期间，中加两国关系密切。然而，1966 年政变后，军政权单方面同中国断交，至 1972 年两国复交。建交以来，中方援助并承担了加纳国防部办公楼、医院、外交部办公楼、海岸角体育场、打井供水等项目，目前正在实施渔港综合设施等项目。经贸方面，中加签有经济技术合作协定、贸易协定和保护投资等多项协定，设有经贸联委会。

2018 年，时任加纳总统阿库福-阿多在参加中非合作论坛北京峰会期间，与中国国家主席习近平在人民大会堂举行会谈并表示，加纳愿不断深化两国关系，积极参与共建"一带一路"，为两国合作注入新的动力。会谈后，在两国元首的共同见证下，双方签署《中华人民共和国政府与加纳共和国政府关于共同推进丝绸之路经济带和 21 世纪海上丝绸之路建设的谅解备忘录》。

近年来双边关系深入发展，经贸交往频繁，中国已成为加纳第一大进口来源地和重要的贸易伙伴。2012 年，中加贸易额首次突破 50.0 亿美元。2013 年，中国自加纳进口开始明显增长。2014 年，中加贸易额达 55.9 亿美元。至 2021 年，中国与加纳双边货物进出口额已达 95.7 亿美元，中国对加纳出口商品总值约 81.0 亿美元，从加纳进口商品总值约 14.7 亿美元。据中国海关统计，中国对加纳出口商品主要为机电设备、钢铁、车辆等类别的工业制品；从加纳进口商品则主要为矿物燃料、沥青物质、木材、木炭、可可等。

4. 与外商投资相关的政策与法规

吸引外商投资是加纳政府经济政策的重点之一。投融资方面，当地企业和外国企业均可向加纳境内各商业银行申请融资。融资条件与中国国内商业银行相关要求类似，但境内各家商业银行贷款利率相差较大。申请银行贷款者需向银行提供相应财产抵押或担保，如企业投资可向银行提供土地或房产等实物抵押担保；政府项目须由加纳政府财政部门出具政府担保，方可获得银行贷款。有关融资细节可由企业与商业银行双方协商确认。

工程承包方面，加纳当地工程承包项目大体上可分为政府项目和私人项目两种。政府项目可分为国内招标项目、国际招标项目和议标项目。国内招标项目的工程规模较小，只有在加纳注册且加纳人持有50%以上股份的当地企业才能参加投标。国际招标项目需通过各方面的综合评定确定中标企业。项目资金基本上来源于国外援款或世界银行、非洲开发银行等的优惠贷款。一般情况下，外国公司都可以参与投标，当地企业在评标过程中可享受7.5%左右的价格优惠。议标项目资金基本上来源于承包商，即带资承包，经加纳采购委员会及加纳财政部指定的价格评估公司进行价格评估后方可执行。私人项目一般根据双方协商条件处理，没有特别规定。

劳动力及工薪方面，加纳适龄劳动人口数占总人口数过半，但较缺少技术工人和管理人才。劳动力价格处于非洲地区较低水平。2019年起，加纳政府、员工组织和雇主三方委员会宣布将最低日工资标准提高至10.65加纳塞地（约2美元）。总体上，加纳政府向外国人发放工作签证的条件较为严格，对外国员工的开放持谨慎态度并进行各种限制。根据加纳《投资促进法》等相关规定，外国公司只能根据投资额确定的移民配额安排相应数量的外国员工。

环境保护方面，加纳目前的法规主要有：《环境保护法》《环保事务局法》《环境评估条例》等。1992年颁布的《宪法》规定加纳公民必须保护并保卫环境。《环保事务局法》规定了环保事务局的主要权利及责任。《环境评估条例》主要对环境评估相关内容、审定、听证、管理等做出规定。在加纳承揽工程项目一般需要进行环境评估，时间为半年至一年半，费用数万美元不等。按照规定，环境评估一般由推动项目的业主单位承担。业主可以指定评估机构，评估结果需要业主签字认可。

土地方面，加纳《宪法》承认传统土地和私有土地的合法性，但除了传统体制下家庭成员之间的转让之外，不允许土地自由转让。因此，严格意义上，加纳不存在土地所有权转移。外国投资者可以通过租赁获得土地使用权，租期最长为50年，期满可续约。加纳人和在加纳注册的公司可获得长达99年的租约。加纳土地事务管理由土地资源部下属的土地委员会负责，但酋长在土地权属方面拥有绝对权力。租赁人需与酋长沟通，对土地做出勘察评估，可就此议价并签署协议。

二、宏观经济与产业发展

自 20 世纪 90 年代罗林斯执政起至 21 世纪初，加纳宏观经济基本保持稳定。2008 年以来，加纳经济受国际金融危机等不利因素影响而陷入困境。2009 年起采取了一系列稳定政策。2011 年，加纳 GDP 增长率达到 15%，成为世界上增长最快的经济体之一。但 2014 年以来，加纳经济增长放缓。近年，加纳货币贬值加速，通货膨胀率一路攀升，国际货币基金组织警告加纳经济面临崩溃的危险。作为应对，加纳政府采取了加强外汇管制、增加税收等措施，以期改善财政状况、遏制经济衰退。

2017 年阿库福-阿多政府执政以来，以促进经济复苏作为第一执政要务，大力推进经济转型和工业化进程，出台多项减税和就业刺激政策，并力图整顿金融业，改善营商环境。加纳政府于 2018 年出台国家七年发展规划，加快推进"一县一厂""一村一坝"等政策；启动多个新石油区块招标，油气产量大幅上升；提出以建设"摆脱援助的加纳"为引领，努力改变传统受援模式，吸引外国投资，力图将加纳打造成西非经济和金融枢纽。

2020 年以来，受新冠疫情等因素影响，加纳经济增长放缓，债务拖欠，汇率大幅下跌，通胀飙升（表 13-1）。2022 年 12 月，国际货币基金组织与加纳政府达成协议（International Monetary Fund，2022），该组织将为加纳提供为期三年、价值约 30 亿美元的信贷，并通过结构性改革，推动和巩固加纳政府有关宏观经济稳定性与债务可持续性等政策措施的执行。

表 13-1　2017—2021 年加纳宏观经济情况

年份	GDP（亿塞地）	GDP（亿美元）	GDP 增长率（%）
2017	2 628.0	604.1	8.1
2018	3 085.9	673.0	6.2
2019	3 565.4	683.4	6.5
2020	3 919.4	700.4	0.5
2021	4 591.3	775.9	5.4

资料来源：世界银行及加纳统计局。

分部门来看，就经济产值而言，加纳以服务业为主，产值约占 GDP 的 1/2，雇佣了约 30% 的劳动力；就劳动力分布而言，加纳以农业为主，农业吸纳了该国约 60% 的劳动人口（图 13-2、图 13-3）。加纳工业发展较为薄弱，工业产值约占 GDP 的 1/3。值得注意的是，加纳拥有丰富的黄金、钻石、铝土矿等矿产资源。2018 年，加纳政府通过立法成立了加纳联合铝业发展公司，希望进一步开发其巨大的铝土矿矿藏并推动全产业链发展（GIADEC，

2023)。目前，石油、黄金、可可仍为加纳的前三大出口创汇产业。

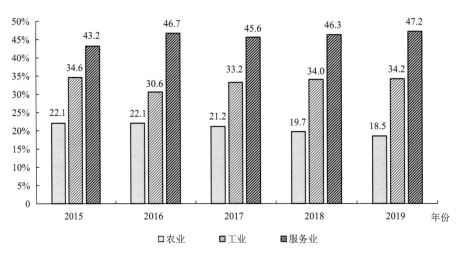

图 13-2　各部门在加纳 GDP 中的占比

资料来源：加纳统计局。

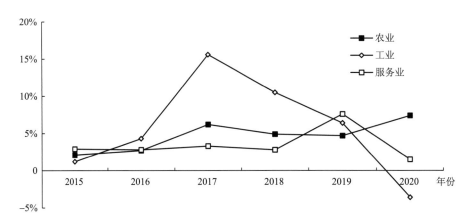

图 13-3　各部门总增加值增长率变化趋势

资料来源：加纳统计局。

　　此外，南北发展不均衡长期困扰加纳的经济社会发展。加纳南部的经济和社会发展水平相对发达，北部的发展较为落后，几乎所有发展指标都落后于南部。缩小南北部差距，已成为加纳乃至国际机构的发展共识。为此，加纳议会于 2010 年通过了 805 号法案，在世界银行和联合国开发计划署的共同支持下，成立了萨瓦纳地区加速发展局，旨在促进该地区乃至北方地区的经济社会发展，缩小其与南方的差距。据加纳经济和人口发展数据估计，其全国大约 60%的最贫困人口位于三个北部地区，到 2030 年该国南部的贫困可能会消除，但北部地区约 40%的人口将继续处于贫困之中。

三、能源格局与基础设施开发

1. 能源格局

能源是经济和社会发展的基础。西非第二大河流沃尔特河水系覆盖加纳大部分地区，自北向南贯穿加纳全境，在该国境内有 1 100 千米，流域面积 15.8 万平方千米，约占总流域的 40.67%，占加纳总面积的逾六成，水电开发潜力巨大。自建国起，加纳积极开发利用沃尔特河流域的水电资源，分别于 1965 年和 1982 年建成阿科松博和凯鹏水电站，由能源部下辖的沃尔特河管理局为责任主体；于 2013 年底启用布维水电站，能源部下辖的布维电力管理局为责任主体；于 2020 年启动帕鲁谷水电工程（表 13-2）。

表 13-2　加纳主要水电工程

名称	装机容量（兆瓦）	建成时间	现状	责任机构
阿科松博	1 020	1965 年	运行	沃尔特河管理局
凯鹏	160	1982 年	运行	沃尔特河管理局
布维	404	2013 年	运行	布维电力管理局
帕鲁谷	60	2025 年（预期）	在建	沃尔特河管理局

资料来源：沃尔特河管理局、布维电力管理局。

直至 21 世纪初，水电都是加纳最重要的能源来源。例如，2000 年，水电占加纳总电力装机容量的 73%。之后，水电占比不断下降。据加纳能源部统计，截至 2018 年底，加纳全国总电力装机容量达到 4 888.6 兆瓦，但水电仅占 32.4%；同年，加纳共计发电 14 069 千兆瓦时，其中水电约占 39.2%。而以原油、天然气和柴油为燃料的热电发电总装机为 3 266.0 兆瓦，约占 66.8%。太阳能、沼气等其他可再生能源总装机为 42.6 兆瓦，仅占 0.9%。目前，沃尔特河管理局仍是加纳最重要的电力部门机构，拥有并运营该国过半装机容量（约 2 532 兆瓦）的电力设施。

因全国性电网体系发展不均，加纳东部在地方电力供应紧张时会从邻国科特迪瓦进口电力。在电力富余时，也会向西往多哥、贝宁以及向北往布基纳法索出口电力。目前，加纳正着力扩建电网，目标在于完成全国各地输电线路和相关设施的建设，并增加对邻国的电力出口能力。

2. 沃尔特河计划：以水电带动铝工业化的发展"梦"

沃尔特河计划是恩克鲁玛的重要政治经济遗产（Miescher，2022）。恩克鲁玛担任"黄金海岸"政府总理时，成立了沃尔特河计划筹备委员会。该委员会于 1956 年形成了包括水坝（东部）-铝土矿（中部）-冶炼厂（东南部）-港口（东南部）四个模块的初步计划（Preparatory Commission for the Volta River Project，1956）。1960 年，加纳政府首次为沃尔特大坝建设进行招标，意大利企业英波基洛中标。次年，加纳议会通过《沃尔特河开发法案》，成立了由恩克鲁玛担任主席的沃尔特河管理局，以负责沃尔特河流域的开发，包括大坝、水库、发电站和输电网络的建设，以及相关的渔业、交通、通信和水库移民搬迁安置事宜。

　　在世界银行、美国和英国政府的支持下，加纳政府于 1961—1965 年在沃尔特河下游修建了主坝高达 141 米的阿科松博大坝（又称"沃尔特大坝"）及装有 4 台水电机组的水电站。除了英波基洛之外，美国企业凯撒提供了施工监理服务，来自奥地利和加拿大的企业分别提供了水轮机和水电机组等设备，由加纳工人承担工程主体建设。随后，凯撒向沃尔特河管理局提交了阿科松博扩建项目书，于 1972 年在水电站新增 2 台水电机组。至此，阿科松博水电站总装机容量达到 912 兆瓦。1977 年，在世界银行等机构的资金支持下，加纳在阿科松博大坝下游 24 千米处修建了 18 米高的凯鹏坝和装机容量 160 兆瓦的径流式水电站。该工程建设合同由英波基洛牵头的联营体获得。

　　沃尔特河计划的核心在于利用水电促进加纳的铝矿开发和加工。1960 年，作为阿科松博大坝施工监理方的凯撒（持股 90%）联合利益相关的数家西方企业，在加纳港口城市特马注册了沃尔特铝业公司。美国历史学家考据称，恩克鲁玛政府于 1962 年"被迫"接受了其在沃尔特铝业公司"零所有权"的现实（Miescher，2014）。沃尔特铝业公司与加纳政府约定，承建和运营沃尔特河计划中的冶炼厂，并承诺购买至少三成由阿科松博水电站生产的电力，为期 30 年。沃尔特铝业公司于 1967 年开始运营冶炼厂，但该公司于 21 世纪初陷入困境，相继关闭其所有的四条生产线，其外国股东纷纷将其股权售予加纳政府。2008 年，沃尔特铝业公司成为加纳政府的全资企业。至此，加纳的铝工业化仍以沃尔特铝业公司的初级生产为主，延伸到有限的半成品制造和小规模的成品生产。

　　阿科松博大坝建设还淹没了沿岸土地，形成世界最大的人工湖之一的沃尔特湖（又称"沃尔特水库"）。近年来，随着加纳国内、国际环境研究和人文社会科学的发展，沃尔特河计划的实施引起了学界对大坝工程在环境和社会影响方面的争论。例如，加纳学者乔-博凯（Gyau-Boakye，2001）指出，阿科松博大坝工程在地震活动强度、沉积物负荷、河流形态变化和小气候变化等方面产生了物理意义上的负面影响，在水生植物繁殖、介水传染病①等方面也造成了生物意义上的负面影响。此外，大坝和电站建设的用地需要，导致了 740 个村

---

　　① 指通过饮用或接触受病原体污染的水而传播的疾病，包括霍乱、痢疾、伤寒等肠道传染病，肝炎等病毒性疾病，以及血吸虫病、阿米巴痢疾等寄生虫病。

庄、涉及 9 个族群的约 88 000 的移民搬迁安置，随后凯鹏坝建设也导致了约 6 000 人的移民搬迁安置。沃尔特河管理局基于有限的资金和经验组织了这些移民搬迁安置工作，并将之宣传为"开发性"活动。然而，回顾性研究表明，阿科松博和凯鹏的移民搬迁安置活动在产权认定、补偿机制及文化保护等方面耗费了巨大的社会经济成本，并导致了不容忽视的遗留问题（International Water Management Institute，2009）。作为回应，沃尔特河管理局于 1996 年成立了专门的信托基金，以促进 52 个水库移民社区可持续发展。

3. 电力危机与应对

沃尔特铝业公司将其历史上的运营困境归因于不稳定的电力供应。事实上，沃尔特河管理局在 20 世纪 80 年代末期就发现阿科松博水电站运营中的安全隐患和效率低下问题（Mielke et al.，2005）。经加拿大埃克斯公司研判，由世界银行等机构资助，沃尔特河管理局在 20 世纪 90 年代逐步将几份有关水电站机械检修和设备升级的合同授予北美与欧洲公司。这些工作在 2006 年完成，耗资 1.26 亿美元，将水电站装机容量提高至 1 020 兆瓦。

为了应对水电站危机，满足国内社会经济发展的电力需要，加纳政府于 21 世纪初确立了以火电开发为导向的能源开发战略，以应对人民日益增长的电力需求。[①] 加纳通过沃尔特河管理局参与投资（持股 16.3%）的西非区域天然气管道项目于 2007 年竣工，并达成了由尼日利亚向加纳的供气约定，为期 20 年。然而，受环保和安全问题制约，来自国外的天然气供应并不稳定。此外，2007 年起，几内亚湾加纳海域发现油气资源。加纳于 2010 年起开发其中的朱比利油田，于 2011 年设立全国石油委员会，以加强监管、促进发展。

4. 小结

加纳在独立之初，提出并积极落实旨在以水电带动铝工业化的沃尔特河计划。尤其是，在西方多国的巨大资金和技术支持下，建成了阿科松博大坝和凯鹏坝。数十年来，这两座大坝不断发挥着防洪、发电、灌溉、航运等功能。然而，加纳为落实沃尔特河计划而实践的国际合作，却处处透着政治经济角力的印记。例如，1966 年恩克鲁玛政权被暴力终结的背后，难逃冷战时期地缘政治斗争的影子（Telepneva，2019）。除了施工建设之外，阿科松博和凯鹏水电站的运营状况不甚理想。那么，加纳是否可以通过修建新的水电站来应对电力危机、促进发展呢？

第二节　布维水电站工程建设实践

加纳现有的第二大水电站是于 2007 年开工建设、位于沃尔特水库上游约 150 千米处的

---

① 根据国际水电协会数据，加纳国内电力需求 2008—2018 年增加了 52%。

布维坝。布维水电工程总预算（不含增资）约 6 亿美元，主要由中国进出口银行优惠贷款和出口买方信贷资助，是当时中国在加纳投入资金最大的项目，是电建在欠发达地区实施的第一个混合贷款工程项目，也是阿科松博水电站建设以来加纳政府接受的最大一笔外国资金。2013 年 4 月，布维水电站首台机组并网发电。

一、工程背景

在布维峡谷开发水电资源的构想，最早于 1925 年由英国地质学家基德森提出。基于前殖民地政府的部分工作，恩克鲁玛政府在苏联的技术支持下启动了该工程的准备工作。1966 年政变发生后，苏联人员撤离，相关工作陷入停滞。随后数十年间，多个西方国家的援助机构和企业先后对布维水电开发进行了研究和前期工作。1980 年，加纳政府委托澳大利亚雪山公司准备布维水电站工程可行性研究报告等文件，并向世界银行提交了融资申请。然而，由于欠缺资金，加纳政府未能启动大坝和水电站的施工建设。

1999 年，时任加纳政府对外宣布再次重启布维水电站工程。沃尔特河管理局与一个西方公司联营体签署了为期两年的谅解备忘录，拟于 2001 年开始施工。然而，以世界银行为首的国际金融机构认为加纳在水电开发领域存在法规不完善、机制不健全、机构不协调等问题。同时，随着世纪之交国际反坝运动愈演愈烈，世界银行因其曾资助的工程导致了严重的环境和社会负面影响而备受批评。21 世纪初，世界银行调整政策，宣布取消或停止对发展中国家大型水电工程提供融资。在此背景下，加纳未能筹措足够的资金以满足工程预算，导致上述备忘录失效。尽管如此，曾为阿科松博大坝检修项目提供技术咨询的埃克斯公司仍在 2001 年向加纳政府提交了一份针对布维水电开发的环境影响调查报告。

加纳政府认为，必须进一步开发利用国内的水能资源，以减少对进口燃油或天然气作为发电基本燃料的依赖。加纳《国家能源战略规划 2000—2025》指出，开发和实施布维水电站工程将提高国内可再生资源的利用水平，并减少加纳能源领域对进口燃油的依赖。2003 年，加纳政府组织了 11 家企业现场考察布维峡谷，但未能觅得满意的开发商（Fink，2006）。加纳数十年试图建设布维工程的曲折历史表明，一定程度上，以世界银行为代表的西方主导的国际机构决定了这样的大型基础设施工程是否能够顺利实施。然而，东道国在尝试获得国际融资的过程中，不断投入可观的交易成本和沉没成本，包括为西方咨询企业提供业务机会，甚至寻租空间——曾于 2001 年提交布维水电开发环境影响调查报告的埃克斯公司，因贿赂问题，于 2002 年被世界银行处以罚款并被列入黑名单。

二、合同约定

在加纳积极寻求布维工程资金和合作方的同时，中国不断深化实施"走出去"战略。2004—2008年，中国电建在信用保险机构的支持下，也积极争取布维水电站项目并逐步推动其落地（表13-3）。电建集团下辖70余家成员企业，其中电建国际公司作为集团的国际业务总部，负责牵头开展布维项目的前期工作、多方统筹以及"中国电建""中国水电"等品牌管理。

表 13-3　达成布维工程合同的关键时间点

年份	进　　展
2004	中国商务部获悉加方有意建设布维水电站；电建技术人员实地考察
2006	中非合作论坛北京峰会期间，电建和加纳能源部签署布维水电站合作协议，被写入中加联合公报
2007	1月，加纳政府完成布维工程前期研究和听证，授予环境许可； 4月，中国电建与加纳能源部正式签署加纳布维水电站总承包合同； 8月，加纳政府成立布维电力管理局，为布维水电站责任机构； 中国进出口银行和加纳财政部签署布维水电站项目出口买方信贷贷款协议
2008	中国进出口银行和加纳财政部签署布维水电站项目优惠贷款协议； 中国出口信用保险公司（简称中信保）保单生效

资料来源：Hensengerth（2014）；现场访谈。

工程方面，加纳于2007年通过法案，成立了布维电力管理局，以接替沃尔特河管理局，作为业主单位负责布维水电站项目的开发和运营。电建以"中国水电"品牌与加纳政府签订了布维水电站工程的设计-采购-施工（EPC）合同，负责项目的工程设计、材料和设备采购以及现场施工。电建集团内部也进行了分工，具体由西北勘测设计院（以下简称"西北院"）负责水电站设计（E）；由水利水电第八工程局公司（以下简称"水电八局"）负责工程的采购（P）和现场建设（C），包括主坝和相关结构的土建施工、金属结构制作安装、输变电线路、机组安装以及现场劳务雇佣等。与此同时，布维电力管理局则聘请为该项目更新了可行性研究的法国柯因公司（Coyne et Bellier）为第三方监理，以协助其监督和确保中国电建作为承包商的工作进度与质量。

融资方面，中国电建积极协助加纳政府联系中国融资机构，尤其是在中信保的协助下不断推进加方与中国进出口银行的融资协商——中国电建于2001年在伊朗以EPC方式承建的伊朗塔里干水利枢纽工程亦是中国进出口银行的首个大型出口信贷项目，也是中信保的首个大型出口信用保险项目（薛德升等，2018）。中国进出口银行于 2007 年更新了《中国进出口银行贷款项目环境与社会评价指导意见》，对其贷款的中国境外项目影响评价提出了要求。在银行的要求下，加纳政府委托英国伊尔姆环境资源管理咨询公司（Environmental Resources Management，以下简称"伊尔姆"）完成布维工程《环境和社会影响评估报告》《环境和社会管理计划》以及《移民规划框架》，并提交给加纳环境署以获得环境许可，以满足中国进出口银行的融资要求。此后，在加纳主权担保的基础上，中国进出口银行批准并与加纳财政部于 2007 年签署了价值 2.92 亿美元的买方信贷协议，并于次年签署了价值 2.7 亿美元的优惠贷款协议（表 13-4）。为了确保顺利还款，这两份融资协议还各配套了一份担保协议——一份中方企业与加纳政府签订的可可豆购买协议和一份布维项目业主与加纳电力公司签订的电力购买协议（Habia，2010）。受全球价格变动和部分工程改动的影响，最终，布维工程的总成本达到了 7.9 亿美元。

表 13-4　布维水电站工程融资概况

类型	资方	金额（亿美元）	占比（%）	还款宽限期
买方信贷	中国进出口银行	2.92	90	5 年
优惠贷款	中国进出口银行	2.70		5 年
配套资金	加纳政府	0.60	10	—
合计	—	6.22	100	—

资料来源：Hensengerth（2014）。

三、工程实施

布维坝址位于加纳中北部与科特迪瓦交界处，主坝为 108 米高的碾压混凝土大坝，并建有含 3 台混流式发电机组、总容量 400 兆瓦的坝后式厂房。以下梳理工程组织与实施的实践，探讨工程建设实践中存在的挑战以及中方的应对策略，总结相关经验。

1. 人员管理与培训

落实合同约定后，水电八局牵头在加纳组建了布维项目部，包括组织和聘用项目人员。在施工高峰期，中国电建对加纳外派了 300 余名中方员工，带领 100 多名巴基斯坦员工和 2 200 多名加纳员工进行布维水电站建设（图 13-4）。在加纳雇员方面，项目部形成了以一年一签雇佣合同的方式减少人员流动，提升人事工作效率和劳务管理的稳定性，并支持当地雇员建立加方工会组织。项目部还注意加强与当地政府、酋长和加纳工会组织的联系沟通，以确保工程顺利实施。

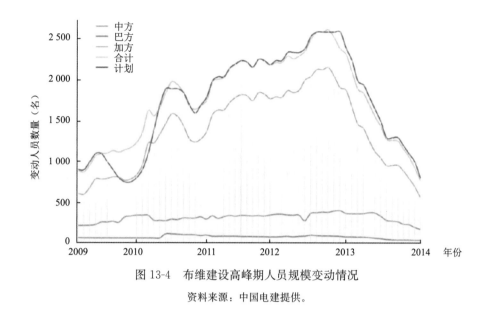

图 13-4　布维建设高峰期人员规模变动情况

资料来源：中国电建提供。

中加双方在布维合同中约定了该工程实施期间必须以加纳本地员工为主，雇佣的中国和第三国员工合计不得超过 500 人。该约定旨在缓解加纳国内就业压力并依托布维项目为加纳培养工程人才。然而，加纳建成阿科松博大坝和凯鹏坝后，20 余年间未再开工建设大型水利水电基础设施，其本土缺少工程领域的熟练技术工人。因此，如何破解施工生产需要和技能工人力量严重不相匹配的矛盾成了中国电建面临的一大问题。

在合同协商阶段，中加双方已经意识到新成立的布维电力管理局欠缺相应的电站运营管理的技术人员和组织机构，因此，在合同中明确约定了中国电建将对业主单位运营人员提供技术培训。一方面，布维项目部立足本土化，通过招聘加纳当地管理人员，对其进行理论和实践的专业与技能培训，再由其带领后续人员，对当地员工进行安全、操作技能、行为规范等全方位培训。同时，中方人员在施工中也对员工进行教育培训。另一方面，项目部聘用了100 多名曾经在巴基斯坦受聘于电建项目、已有一定技能的第三国员工，协助对当地员工展开"传帮带"工作。项目部累计培训了 6 000 多名当地雇员，每年开展技能比赛，对优胜员工进行晋级、加薪等激励。

在布维工程实施初期，曾因加方员工薪资和工作条件问题引起加纳工会联盟的关注。在芬兰工会团体的资助下，加纳工会联盟派人于 2012 年赴布维施工现场调研并发表研究报告（Otoo et al.，2013）。该报告指出，2008 年，布维工地的加纳员工并未获得基于合同的雇佣关系，大多以薪资日结的方式参与项目施工。出于工作不安全感等原因，布维现场的一些加纳工人成立了工会，并与加纳工会联盟建筑工人分会建立了隶属关系。随后，加纳工会联盟建筑工人分会代表布维加方工人工会，与中国电建项目部签订了《集体协议》。中方承诺编制并分发《员工手册》以充分告知加纳雇员其责任和义务。报告在结论中指出，总体上，以布维为代表的中方提供融资并组织施工的工程建设为加纳提供了大量的就业机会，相关企业也通过与加方工会合作，在工资设定（表13-5）、员工福利和住宿条件等方面不断提升其劳资工作；中国驻加纳大使馆也在督促中企更好地遵照加纳员工标准和尊重当地习俗方面发挥了积极作用。

表 13-5　加纳最低工资水平和布维员工最低薪资水平　　　　　单位：塞地

年份	加纳最低工资要求	布维员工最低薪资水平
2008	2.25	3.00
2009	2.65	4.25
2010	3.11	5.10
2011	3.73	6.00
2012	4.48	7.50

资料来源：Otoo et al.（2013）。

2. 技术与安全管理

工程实施过程中，中国电建项目部制定并执行了多重策略以应对实践中遇到的技术和安全管理挑战。日常工作涉及中方承包商、加方业主和法方监理等主体，但各方在设计理念、工程建设经验和技术标准等方面存在认知差异。这种差异增加了各方人员的日常工作量，经常导致设计审批滞后等问题，增加了沟通成本。此外，布维处于疟疾疫区，一定程度上导致中方和监理方较为频繁的人员流动，对施工进展造成实质性影响，也对中方按期履约构成风险，进而涉及工期索赔问题。中国电建总结认为，相对于国内业务，承建布维这类海外大型基础设施工程，中方人员不仅要具备扎实的生产技术管理能力和语言能力，还需具备良好的与设计单位、业主和监理公司的沟通、协调能力。

在安全方面，布维项目部围绕职业安全和健康安全展开工作，避免因工伤和工资待遇、宗教信仰、风俗习惯、政局变化等可能引起的罢工。工程所在地自然气候恶劣，是疟疾、盘尾丝虫病、霍乱等多种传染病的重灾区，对建设者的生命安全构成巨大的威胁。电建结合工地实际，提炼并推广了"把安全深入到每一位员工，渗透到每一道工序，落实到每一个细节，吸取到每一次教训，整改到每一个位置"的安全文化，并通过编制分发《员工手册》、举办安全知识演讲和抢答赛等方式加强宣传教育，增强员工的安全意识与自我防范意识。此外，项目部还加强突发事件应急管理，包括危险源辨识、隐患排查、应急预案制定、模拟突发罢工事件应急演练等，积极落实中方管理人员安全监督职责，促进项目安全生产。

3. 采购与物资管理

布维水电站采用法国阿尔斯通公司的发电机组，由其在中国的合资公司生产，从天津港发货海运至加纳。电建结合业主要求、性能指标等，在设备定制过程中，与各方保持密切沟通，在技术、付款、进度等方面，保证与项目现场的各项实际指标相吻合。此外，项目部还从美国西屋公司和瑞士艾波比公司等技术领先的西方企业采购了部分先进设备。

物资运输和保障是布维工程实施过程中的一大挑战。大量水泥、粉煤灰、钢筋等建材，以及近 2 000 台/套设备和电站 3 台机组结构件等，都要进入布维工地。绝大部分物资均需从中国或第三国进口加纳，需经过计划、采购、海运、清关以及办理免税、免检手续等一系列步骤，在加纳南方港口入关后，再由陆路运输约 600 千米至布维现场。整套流程的最短周期约 6 个月。然而，因码头拥堵导致无法及时卸船、清关困难等情况，曾多次导致物资长期滞港问题。加之在当地采购的物资运输，在建设高峰期，项目部每天需安排 40 多辆卡车在途，以保障工程物资运输。

随着工程建设进展，中国电建也不断调整策略，在集团层面，建立采购信息管理系统，提升项目部与后方对接部门的协作效率，加强对采购状态与质量的信息管理；在项目部层面，结合现场情况，精准编制计划，预留时间给后方采购部门选材。在理念上，项目部改变前期分批分别找加纳海关办理免税清关的思路。在积极沟通的基础上，通过业主发函，得以一次性办理全年进口免税货物清单。同时，项目部还加强了运输过程物资流失、油料消耗、司机选配以及车辆调度维修等一系列管控，有效保障了项目工程物资的供应。

第三节 布维水电站工程的效益及环境与社会管理

布维水电站工程是以防洪、发电为主，水产养殖、灌溉、旅游等综合效益的大型水利水电枢纽工程。以下梳理该工程建成后的运营效益、环境社会影响，包括其评估、应对措施与现实效果。

一、工程的效益与利益共享

1. 发电与输电

技术上，布维水电站年发电量可达 10 亿千瓦时。作为较新成立的政府机构，布维电力管理局欠缺监督水电站建设所需的技术能力。因此，电建项目部在工程实施过程中，在电站运维、检修等方面培养了业主指定人员的技术和管理能力，也与当地政府、工会组织建立了良好的关系。按照合同约定，水电站移交业主后，其运营由业主单位布维电力管理局负责。当业主提出其自身技术能力不足以完成水电站的运营和维护工作时，电建项目部也特别安排专业运维人员对布维电力管理局的技术和管理人员进行培训，并协助水电站进行常规检修工作。目前，电建与布维电力管理局签订了 3 年的运维合同，促进中方技术人员与加纳方面共同展开该水电站运营和维护工作。

除了电站本身之外，中国电建也承建了毗邻布维水电站的输变电系统，以确保布维生产的电力能够并入由加纳电网公司运营的电力网络，以促进周边及目标地区的发展。布维输变电系统包括一个 161 千伏的开关站和 4 条输电线路，以将布维电力输送到相对欠发达的北部地区，最终将布维电力送达上西部省。

2. 后续工程开发

根据布维电力管理局年报，2019 年布维水电站发电量达到了 10.34 亿千瓦时，是电站运营以来的最高年平均水平（Bui Power Authority，2020）。据估算，一年发电 10 亿千瓦时时，布维水电站创造的电力收入可达近 1 亿美元。然而，水电站实际发电量受制于上游来水量，季节变化明显。加纳旱雨季分明，枯水期时水库水位下降，导致布维水电站的三台水电机组难以同时运行。因此，电建向布维电力管理局提议开发水光互补项目，并于 2017 年开始项目准备，拟在水电站旁新建 250 兆瓦的利用太阳能发电的光伏电站，光伏电站发出的电力通过线路接入水电站，与水电站发出的电力捆绑接入电网，以期实现发电的日调节，即白天由光伏多发电而水电少发电，晚上光伏无法发电时由水电多发电；同时，有利于发电的季调节、年调节，即在枯水期由光伏多发电、水电少发电，在丰水期则光伏少发电、水电多发电。

布维水光互补项目现场工作于 2019 年启动，以 50 兆瓦为单位分步实施，包括陆上光伏和水上光伏的发电设施。2021 年 4 月，该项目首期 50 兆瓦设施建成，其发出的电力成为首次并入与加纳国家电网的利用太阳能所发电力。据悉，中国电建未参与此项目，而中国民营企业福星晓程则促成了项目开发。福星晓程曾通过加纳分公司于 2012 年起在中部省全额投资约 3 000 万美元建设一座 20 兆瓦太阳能电厂，2016 年已并网发电。

尽管电建未充分参与布维工程后续开发，但不可否认，是其将"水光互补"技术理念引入加纳，启发了业主单位。同时，布维电力管理局也计划通过风能开发，以扩大布维及周边地区的可再生能源发电能力。作为水电站的配套工程，加纳政府还提出了一项灌溉计划，并委托一家荷兰咨询公司进行可行性研究，拟对 5 000 公顷的玉米、高粱、山药、木薯等农作物灌溉做出初步规划。

3. 人才培养

布维工程施工过程中，累计 9 000 余人次直接参与了建设（加方 8 000 余人次，中方 700 余人次，巴方 130 余人次）。该水电站的建设，培养了大量的加方工程技术及项目管理人员，为推动加纳发展和电建开辟非洲市场提供了人力支持。

布维工程实施期间，电建对业主进行了中国国内培训和布维现场培训。中国国内培训围绕理论和实际操作展开，由专业水电培训机构实施，并组织加方学员到国内水电站观摩、学习。现场培训由电建自行实施，由项目部工程师带领业主运营人员在工程现场教学，针对电站内各个部位逐一讲解，详细传授操作方法。为确保培训质量和水电站良好运转，工程移交后，考虑到加方相关人员大多欠缺运营管理的实际操作，项目部继续安排人员为业主运营工作提供电厂管理的技术支持和指导。

此外，数千名加纳员工通过参与布维水电站建设积累了工程施工技能，其中一些工人还担任了工长等职务，成为懂技术、会管理的综合人才。约50名原项目加方技工和管理人员，被布维电力管理局招聘到电厂工作。而另30余名技工则继续与电建签约，在电建驻加纳办公室或其他工程现场工作。

二、工程的环境与社会管理

大型水利水电工程建设会产生一些负面的环境和社会影响。例如，水库淹没和大坝修建等活动会打破原本的河流生态系统，影响水质和生物多样性，以及因水库移民改变人们生产生活方式和状态，并长期伴随移民群体致贫风险等方面的担忧（Cernea and Mathur，2008）。以下从环境与社会管理的格局，环境与社会影响的识别、应对和结果等方面，探讨布维水电站工程的环境和社会管理实践，透视中方在其中的角色。

1. 工程环境与社会管理架构

布维水电站工程的环境与社会管理实现了多主体参与的格局（图13-5）。首先，该工程以布维电力管理局代表加纳政府作为业主，由中国进出口银行提供资金、中国电建提供工程总承包服务，因而形成了该工程开发的三方基本格局。其中，根据融资合同，中国进出口银

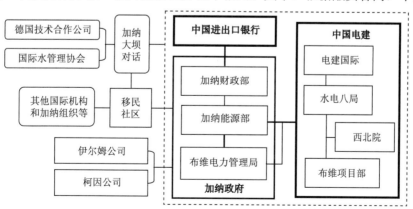

图 13-5　布维工程环境与社会管理架构

行依据其《项目环境与社会评价指导意见》及相关政策要求对工程的环境与社会管理做出要求和监督。根据 EPC 合同，中国电建不参与布维水电站运营，也不负责水库移民相关工作。作为业主，布维电力管理局是布维水电站工程的最终责任者，需要满足资方和当地法律法规的条件与约束，并负责水库移民搬迁安置的规划、管理与实施。

其次，以伊尔姆公司和柯因公司为代表的西方咨询机构自工程前期准备至实施阶段也参与了工程的环境与社会管理，在三方架构的基础上提供技术服务。在项目合同落实之前的准备阶段，加纳政府为了满足中国进出口银行融资审批的要求，委托伊尔姆展开了布维水电站工程的环境与社会影响评估。后者遵循加纳环境署和世界银行等权威机构相关政策，完成了布维工程的《环境和社会影响评估报告》《环境和社会管理计划》以及《移民规划框架》。在这些报告和公开听证的基础上，加纳环境署批复了布维工程的环境许可。在电建履约期间，柯因公司受雇于布维电力管理局，为业主提供独立监理服务，协助业主确保 EPC 工作顺利执行。

最后，国际机构和加纳环保组织也积极参与了布维项目的环境与社会管理。例如，在德国技术合作公司的资助下，加纳大坝对话于 2006 年成立，旨在扩大大坝项目的发展效益。加纳大坝对话的主要工作是针对加纳的水电开发，主要是布维工程，定期召开会议以形成环境社会管理方面的外部决策（Koranteng，2022）。在技术方面，国际水管理协会在加纳首都阿克拉设立了秘书处，为加纳大坝对话提供技术咨询，协助展开多利益相关者协商和公众参与活动。其他国际机构和加纳当地组织也促成或直接参与了布维的环境与社会管理活动。例如，2012 年，联合国开发计划署通过全球环境融资小额赠款项目赠款 33 万美元，加纳环保组织 Green Shepherd Ghana 配套 13 万美元，设立了联合专项，以促进布维地区生态多样性保护和社区生计发展（UNDP-Small Grants Programme，2012）。

2. 工程环境与社会影响的识别和应对策略

伊尔姆公司的前期研究识别了布维工程潜在的环境与社会影响，涉及布维国家公园、河流上下游地区，以及部分村庄、农场和相关社区，具体体现在工程建设与卫生安全、野生动植物、水体环境和泥沙沉降等方面（表 13-6）。

在此基础上，电建与业主、第三方监理审慎研究，形成了应对工程环境与社会影响的计划。例如，在项目具体选址时，充分考虑生态敏感性和脆弱性要素，并形成了从野生物种救助、水环境变化和生态多样性等方面应对潜在环境影响的指导性策略（表 13-7），实施从经济发展、社会变化和公共卫生等方面应对项目潜在社会影响的指导性策略（表 13-8）。

表 13-6　布维水电站项目潜在的环境和社会影响

主题	可能的影响形式
水库淹没	永久性淹没 4 个村庄以及一些私人土地；需要组织征地和搬迁安置，不充分的补偿及不恰当的移民安置可能导致社会不公，甚至引发贫困
	永久性淹没布维国家公园部分区域；缩减园内河马、水牛、羚羊、鳄鱼、巨蜥等野生动物的栖息地面积
	永久性淹没布维国家公园及河流沿岸的部分热带雨林；一些鸟类和昆虫失去栖息地
水环境变化及次生影响	水库建设将改变原来环境生态，上游变得接近于湖泊。相比于蓄水前，水库产鱼量将大幅增加；下游水流则变得湍急，一定程度上影响鱼类栖息以及周边渔民的可持续生计
	水库蓄水可以促进养殖业发展，但可能造成水体富营养化、含氧量下降、硫化发臭等问题
	蓄水后，水库的正常使用会受泥沙沉降影响；沿岸农业和伐木业会造成水土侵蚀与泥沙沉降；水流流速降低，河口处可能形成三角洲或其他支流
	下游水流受到水库蓄水和电站运营影响，因而影响地下水和沿岸居民取水
施工影响	施工期间，噪声、粉尘以及料场的操作可能导致暂时性影响
公共安全	水库形成蚊虫滋生的环境；大量工人的涌入和聚居可能因介水传染病等造成区域性公共卫生及安全威胁

资料来源：Environmental Resources Management（2007），现场访谈。

表 13-7　布维水电站项目环境影响应对策略

主题	策　略
野生物种救助	野生动物保护专员常规巡视需要救援的动物群，包括受伤及（水库中）困在岛上的动物，注意观察河马族群的迁移
水环境变化	水库设计方面，尽量减少对下游居民的不利影响
	施工管理方面，应做好现场的废水废弃物管理，尽量减少因施工活动带来的环境损失；安装废水处理设施；安装油水分离等环保设备；在旱季，应有限开挖河床泥沙
	水库淹没方面，确保布维国家公园范围内 30 千米长的河岸不受水库淹没的影响；在蓄水前，注意清理水库中的植被；周期性观测周边社区的水井情况
	水库运行方面，运营期注意季节性地补充放水；做好运营管理，避免下游流速过快；持续监测下游水流；持续监测水库水质，清除富氧物质及妨害的植被；在蓄水后的 2 年内，持续监测附近社区水井的地下水水位和水质
生态多样性	与环保组织及布维国家森林公园委员会联合调研，评判地区的自然承载力

资料来源：Environmental Resources Management（2007），现场访谈。

表 13-8　布维水电站项目社会影响应对策略

主题	策　略
经济发展	水电站附近社区的居民将受到直接影响。水电站建设和运营可能为之创造就业机会，或开拓新的经济活动，如旅游业。工程建设附带的道路等将为社区居民提供交通等基础设施，从物流等角度促进周边种植业发展
人员与社会变化	工程建设会直接或间接地创造当地人口的工资性收入，一定程度促进人口流动，以及改变附近居民的生计模式。合理的劳务关系和移民搬迁安置活动可能促进周边社区的发展
卫生与安全	在工程选址和水坝设计中，减少发生致命性热带疾病（如疟疾和血吸虫病等介水传染病）的风险

资料来源：Environmental Resources Management（2007），现场访谈。

3. 工程环境与社会影响的应对实践和结果

首先，作为工程的承包方，电建就水电站选址和工程设计与布维电力管理局充分协作，工程对布维国家公园自然环境的影响降到最低。布维水库最终淹没了国家公园近 1/4 的土地，但工程建筑物也为河马与其他水生野生动物创造了合适的栖息地。建设期间，项目部在工地现场设有医务室，配备常规药品和专用急救车，以最大限度地保证现场员工的健康和安全。项目部还通过与约 30 家当地企业合作，分包建设移民安置社区的房屋、道路等建筑和设施，包括一家医院。

布维电力管理局与加纳负责管理国家公园的野生动物保护署合作，以提供资金和物质的方式参与布维国家公园内的动物救助和其他环境管理工作。布维电力管理局重新安置了野生动物保护署在公园受影响区域进行日常保护工作的 36 户人家和相关设施，包括办公和居住场所，并购置了履带车等必要工具以便动物保护人员日常巡逻。布维电力管理局还提供后勤服务、药物等以满足动物救援相关事务的需要。布维电力管理局还提出"森林资源增强计划"，通过重新种植树木，以恢复布维地区近 1.62 平方千米被工程建设破坏的植被，并组织当地社区参与该计划，种植有药用价值的本土树种。

移民搬迁安置方面，加纳政府汲取了阿科松博大坝水库移民工作中欠缺规划的问题，数十年来以设立布维国家公园的方式控制该地区的人口增长和流动。在启动本轮工程准备时，时任政府依托伊尔姆公司进行了水库移民相关研究和规划，希望通过建立良好的社区关系以落实设计的利益共享机制。最终，除了合计为 100 人的国家公园保护人员及其家属外，布维搬迁安置工作涉及了 8 个社区的 1 116 人，合计影响了 1 216 名移民。

移民补偿以现金支付、土地住宅农业设备补偿、交通补贴及公共设施置换等形式展开。布维电力管理局试图通过工程建设导致的重新安置来改善居民的生活条件。搬迁前，绝大多数受施工影响的家庭都居住在茅草屋中，而管理局统一规划了较为现代化的安置社区，每户配有厕所、浴室和厨房等设施，并且基于移民户原有的房间数量，免费新增一个房间。管理局还利用搬迁安置的机会，升级了相关社区公共设施，通水通电，修建道路及公共厕所，提供基础教育和医疗服务，并配备了专用救护车。在安置社区建设阶段，管理局也鼓励受施工影响的民众直接参与安置社区的建设，以获得工资性收入。布维电力管理局还制订了企业社会责任计划，按年度为水库移民分配发展预算，主要以学生奖学金计划的形式发放。

然而，水库移民搬迁安置导致一些农民失去或远离了曾经耕种的土地，而一些渔民则因安置社区的交通条件限制而难以继续以捕鱼维持生计。就此，布维电力管理局与夸梅·恩克鲁玛科技大学的研究人员合作设计了一项移民生计改善计划，以帮助移民和受工程影响的社区更好地从事牲畜饲养、罗非鱼养殖和蔬菜种植等工作。该计划包括给予每位移民 100 塞地（约 10 美元）的一次性补助和给予每个农户 50 塞地（约 5 美元）的农场恢复补助。由于一期移民的土地已完全被征收，管理局还为每户提供两英亩土地，其每户的 50 塞地资金主要用于农作物种植。此外，还提供为期一年、每月 100 塞地（约合 10 美元）的临时性收入津贴，以帮助移民户在安置初期更好地适应新社区环境、重建生计。

考虑到地方特征，该计划具体围绕农民、渔民、小商贩和牧民四类人群提出指导性扶持政策。其中，对于在移民前从事农业的群体及搬迁后有意愿从事农业的移民群体，分配足够的土地及相应的农业设备以支持其务农；对于渔民的安置，优先将渔民安置在近水体的区域，应保证其拥有不低于搬迁前的鱼塘面积，并成立渔业协会帮助渔民增强技能，包括营商技能培训；对于小商贩的安置，帮助其重建人际网络、适度改变原有的商品储存和定价习惯，承诺在安置后的 6 个月内帮助他们重建小型经营性设施等；针对牧民等其他人群，保证牧民重新拥有不低于安置前标准的牧场，保证猎户拥有与安置前类似的捕猎环境，保证伐木工人拥有类似安置前的森林作业环境。

然而，尽管布维电力管理局对工程的社会与环境管理工作进行了较为周密的规划设计，但其实践结果却难尽如人意。外部批评主要来自加纳和国际学界，集中在水库移民相关方面。例如，基于与水库移民的 43 个访谈和 11 个小组讨论，杨克森等指出，尽管布维电力管理局没有为贫困户或接入电网的移民家庭提供额外补贴，水电站建设在安置社区电力供应方面共享了利益——大多数移民搬迁前没有用电经验，搬迁后也无力购买家电，但在新家之中，大多也已使用电灯（Yankson et al.，2017）。然而，布维水电站工程建设还是对移民的生计产生了不容忽视的负面影响：水库淹没削弱了受影响家庭粮食自给自足的能力，大量施工人员的涌入也导致当地粮价上涨，而安置社区远离河流和森林，导致移民社区失去了免费获取丛林肉类和木炭等的渠道，也未能从因兴建水库而繁荣的捕鱼业之中获益——尽管布维电力管理局曾规划相关培训，但实际上并未为受项目影响人群提供必要的捕鱼技能培训，也未能为移民提供参与渔业的装置。反而，移民社区之外、从布基纳法索等邻国辗转而来的职业渔民，则因其渔业技能和资金，而从布维水库形成渔业资源中获得更多收益。威尔森等则指出，水库移民多样化的生计方式及不同人群的经历是难以被技术性预测和统一管理的，而布维安置社区差强人意的生计结果反映了相关权力机构在多样化移民风险预测和环节策略有效性方面的不足，在更深层次上对"管理主义式"移民搬迁安置乃至和社会治理提出现实挑战（Wilmsen et al.，2020）。

第四节　新时期的工程建设实践与外部挑战

布维水电站工程 EPC 项目合同于 2016 年正式关闭。其后，加纳总统阿库福-阿多于 2018 年 9 月参加中非合作论坛北京峰会期间，与中方正式签订了"一带一路"合作文件，还到访中国电建总部并见证了电建集团加纳"一揽子"路桥项目（一期）商务合同的签署。中国电建通过布维项目成功进入加纳工程市场，迄今已完成 9 个项目，总合同金额约 10.5 亿美元；目前在建项目 12 个，总合同金额 9.3 亿美元；已签约待生效项目 13 个，总合同金额 64 亿美元。就业务体量而言，电建是加纳市场中最大、最重要的中国建筑企业。

本节聚焦加纳正式成为共建"一带一路"国家后中国电建在该国"一揽子"路桥工程建设实践，并梳理新冠疫情发生以来引发的挑战及中方应对策略。

一、"一揽子"路桥工程建设实践

2017 年 6 月，经过多年的准备，中国电建策划了加纳副总统访问其北京总部并达成合作意向：由电建以"卖方信贷＋EPC"模式和加纳政府合作，推动实施约 20 亿美元的"一揽子"项目。之后双方签署"一揽子"项目独家合作谅解备忘录，拟分两期实施：一期包括 10 个路桥工程项目，分布在加纳全国各地；二期包括医院、工业与民用建筑、工业园区、农村电气化、垃圾发电、铝矾土开发配套基础设施项目等。

融资通常是此类大型基础设施开发项目能否落地的关键。2018 年，加纳内阁会议形成决议，确认与中国电建合作推动 20 亿美元的"优先基础设施一揽子项目"。其中，一期预算约 7 亿美元，二期预算约 13 亿美元。电建承诺采用"卖方信贷＋应收账款保理"方式解决该项目建设期资金来源问题。2019 年，电建与中国建设银行就该项目融资签署了应收账款转让协议。

随着资金逐步落实，"一揽子"路桥工程的施工建设于 2019 年底正式启动，一期 10 个项目中的 7 个已陆续落地。这些项目分布广泛，具体设计和施工工作由电建集团的水电八局与中南院、华东院、北京院和西北院联合承担。在施工高峰期，中国电建组建了由 200 多名中方员工组成的加纳"一揽子"（一期）各标段项目部群，分团队驻扎在各个标段现场，带领、指导加纳员工并参与施工工作。

作为加纳正式签订"一带一路"合作文件后的首个"大单"，中国电建在路桥项目履约过程中有策略地以物资采购、劳务雇佣和积极抗疫为抓手，不断推进项目属地化和本土化。首先，在物资采购方面，中国电建在保质保量的前提下，优先加纳本地采购施工材料。以已开工的总里程超过 500 千米、包含两座大型立交桥的建设部分为例，项目部在加纳本地采购了大量的碎石、沙、钢筋、模板等建筑材料，促进了当地市场的发展，提升了加纳相关行业的就业率和人员收入。其次，劳务雇佣方面，在施工高峰期，各项目合计雇佣了 2 000 多名加纳员工，包括多名自布维工程期间就为电建服务的加方人员（专栏 13-1）。

专栏 13-1

阿纳萨的电建故事

在布维工程建设高峰期，阿纳萨是项目部安全环保部门聘用的一名加方员工。至今，阿纳萨已在电建的加纳工程现场工作了 11 年。在布维工程结束后，他为电建在加纳上东部省近布基纳法索边境处的 330 千伏开关站建设项目担任司机，目前正在参与建设加纳路桥项目塔马利立交桥部分——该地区也是阿纳萨的家乡。

塔马利立交桥建设开工后不久，加纳建筑行业工会致函电建项目部，称在大部分当地工人的支持下，要求成立当地劳务工会。项目部中方经理表示认同：支持成立项目当地工会——既是遵循加纳法规要求，也是响应当地员工的呼声，并且万一未来产生劳资纠纷，工会也可能成为项目解决问题的有效途径。就此，中方经理与阿纳萨积极联系、坦率沟通，支持他和工友们带头成立工会。阿纳萨主动参加了工会委员竞选，并在不少参加过布维水电站建设当地员工的支持下，加之其为塔马利本地人的优势，成功竞选成为工会主席。

至今，阿纳萨已经担任工会主席两年多时间。当地员工与中方人员出现误会并产生劳资纠纷时，阿纳萨总是积极充当协调员并圆满解决问题。此外，塔马利立交桥项目位于加纳第三大城市塔马利市区，工地周边人员流动频繁，在施工过程中需要与当地百姓打交道时，阿纳萨也总是主动帮忙沟通和协调。同时，阿纳萨也利用安全环保部门工作时掌握的安全技能和防范意识，为保障该项目现场的人员和物资安全做出了贡献。可见，十余年的雇佣关系使阿纳萨熟悉中方的管理理念和工作方式，不仅建立了信任和理解，还搭建了沟通交流的桥梁，促进了日常微观形式的共商共建共享。

资料来源：水电八局。

二、疫情时期的外部挑战与中方应对

1. 工程实施层面

新冠疫情引发的外部条件变化对路桥项目建设造成一定影响。项目施工启动不久，新冠疫情开始蔓延，打乱了电建在中方人员安排和物资供应方面的计划，对施工进度造成负面影响。受疫情管控和航班熔断影响，常驻工程现场的中方员工大多长时间滞留境外，加之疫情影响的不确定性，导致其工作效率降低。相应地，计划由国内外派到加纳的人员也未能按期到岗，而随着现场施工进入高峰期以及不同标段施工逐步启动，这也导致现场技术人员和操作人员不足。

随着疫情不断发展，防疫隔离、注射疫苗间隔等政策要求也间接增加了项目人员流动成本，引发国内外人员轮岗、换岗困难等问题，而人员换岗周期的延长，也一定程度上影响了施工现场的进度和效率。在现场设备、物资和工程材料方面，项目施工生产所需的设备、物资及材料的生产厂家受疫情影响而停工停产，其延后开工复工等情况导致了部分设备和材料不能及时到达现场。此外，部分设备及材料样品因无法及时报验确认，也导致了项目所需设备和材料的订货、进场安排延后，影响施工进度。

在面对因疫情导致的突发事件和外部条件变化时，电建通过购买加纳引进的各类疫苗展开现场防疫工作，对内组织、落实网格化精细管理，对外与业主和供货商保持积极沟通、协商，提议变通验收审批方式，在条件允许时采用网络视频等方式进行远程验收，推动施工进度。在加纳疫情最为严重的 2020 年，加纳一度进入全国紧急状态并关闭国境。鉴于此，电建通过加纳驻华使馆向加纳政府捐款一万美元，并依托各标段施工点在当地积极捐赠各类防疫物资，包括口罩、防护服、洗手液等。据估计，电建在加纳的累计捐赠额达近百万美元。

2. 业务探索层面

在推进"一揽子"路桥工程建设的同时，电建驻加纳团队也在推动帕鲁谷（Pwalugu）综合水利枢纽项目。该项目位于较不发达的加纳北部白沃尔特河上，是继布维水电站后由加纳政府计划开发的最大的水电站项目。因北方邻国布基纳法索在雨季时经常在上游泄洪，该地区持续被季节性的干旱和洪水问题困扰，长期无法积极有序发展支柱性的农业。本届加纳政府执政后，决定通过建设帕鲁谷水利枢纽项目，拟依托工程防洪、发电、供水、灌溉等功能的综合开发，带动加纳北部地区的社会经济发展（专栏 13-2）。

> **专栏 13-2**
>
> **帕鲁谷工程的发展要义**
>
> 时任总统阿库福-阿多在全国性讲话中指出，加纳北部地区转型的重点，就是通过建设基础设施，支持农业和以农业为基础的工业发展来实现，而灌溉基础设施建设正是实现粮食安全、消除贫困和创造农村就业机会的关键战略。他强调，加纳每年大量进口水稻，而帕鲁谷项目的实施将创造大量肥沃的土地，该地区每年可能增加近 120 万吨的水稻，可减少高达 16% 的进口量。同时，帕鲁谷水库可以容纳多达 12 万个网箱，将大大促进水产养殖和渔业的可持续发展。该项目同时也有助于实现农业产业化，助力落实本届政府提出的"一县一厂"政策，将成为发展该国农用工业的催化剂。此外，项目的建设将带动加纳当地消费、就业、材料加工和设备供货，加纳人民将因为帕鲁谷项目的建设而受益。

帕鲁谷工程的计划于 20 世纪 90 年代成形。最早由法国柯因公司于 1993 年完成可行性研究，表明该地区的地质条件利于水利工程实施。其后，在法国开发署的财政援助和世界银行的技术援助下，加纳政府于 2013 年启动了新一轮帕鲁谷工程可行性研究，并针对多功能大坝和灌溉综合开发进行了环境与社会影响评估，相关研究于 2018 年完成。目前，帕鲁谷综合水利枢纽项目主要分为大坝（含水电站）、光伏电站和灌溉工程三部分建设。其中，大坝及光伏电站部分项目业主为加纳能源部，具体管理单位是加纳沃尔特河管理局。灌溉部分项目业主为加纳食品与农业部，具体管理单位是加纳灌溉局。

在准备可行性研究的过程中，加纳政府主动联系了已完成布维水电站工程履约的中国电建团队。后者为进一步深化"走出去"、积极响应"一带一路"倡议，于 2017 年开始跟踪该项目，在实地考察和具体研判之后，于 2019 年向业主提交了技术建议书等技术资料。随后，中加约定电建将以 EPC 形式参与该项目，而加方将负责项目融资。2020 年初，加纳议会批准了帕鲁谷项目预算，为 9.93 亿美元。

然而，新冠疫情相关因素对工程实施造成了较大影响。一方面，2020 年初，因疫情管控，加方一度关闭边境、严格限制人员进出该国。中方人员最终于 2021 年 4 月进入项目现场，开始前期施工。另一方面，加纳政府陷入资金短缺困境，导致项目融资被迫搁置。受国际环境影响，加纳经济情况近两年加速恶化，不仅提高了加纳主权担保融资的难度，也严重影响了疫情之前项目预算的准确性。受制于加纳的融资困境，帕鲁谷工程的实施正面临严峻的形势——电建内部人士指出，尽管举办了开工典礼，但该项目一直未能"真正"开工，后续资金筹措变得越发困难。

第五节　结论与启示

中国电建自中国提出"走出去"战略到"一带一路"倡议，积极深化、落实海外基础设施工程开发实践。在加纳，电建已深耕近 20 年，参与了布维水电站工程、"一揽子"路桥项目等标志性和加纳国家级项目的开发建设。以下就电建在加纳的工程实践展开理论探讨，并就其对中资中企深入推进绿色丝绸之路建设的启示展开经验探讨。

一、理论探讨

"包容性全球化"是"一带一路"建设的核心理念，旨在基于重视政府的作用、认可发展道路选择的多样性、强调国家之间发展战略的对接、突出"共商共建共享"原则、遵循"和而不同"的观念等要点，以创新思维和模式推动全球可持续发展（刘卫东，2017）。在不断推进绿色丝绸之路建设的大背景下，中国电建在加纳的工程建设和业务探索呈现了一系列自下而上、与"包容性全球化"理念不谋而合的具体尝试，为佐证"包容性全球化"的实践性提供了典型案例。

首先，中国政府机构通过政策性融资和中国企业的积极协作，助力加纳政府建成了该国筹谋近百年的布维水电站工程，以工程实践实质化了中国与加纳两国发展战略的对接。其次，在工程的前期准备和合同约定的形成过程中，中加高层互访，相互尊重，充分沟通，并在工程实施过程中得以落实，突出了"共商共建共享"的原则。例如，在工程实施过程中，电建不断克服困难，与业主和西方监理公司积极互动，顺利履约；在总承包完成后，电建继续参与并支持水电站运营，在工程总承包的范畴之外，协助加方机构确保布维水电站这一"昂贵"的大型设施建而有用。而在东道国或某一工程相关的外部条件发生变化时，电建的业务实践也遵循了"和而不同"的观念指引。例如，电建虽然启发了加纳政府对布维工程以"水光互补"的形式展开后续开发，但也接受了加方选择其他企业落实具体建设的情况，不断推进新的项目合作。

最后，电建在中国资金和政府机构的支持下，与加纳政府部门沟通、协作，包括但不限于特定工程的业主单位、审批部门等，积极参与了布维水电站工程等在东道国长期未能实现的具有国家层面战略意义的开发性基础设施建设。在工程建设实践中，电建也与西方咨询公司、供应商保持合作的关系，并通过劳务雇佣、技能培训、分包等方式促进了工程所在地及周边社区人民的福祉。有关当地劳务工会组织，电建经历了一个认识的过程并形成了态度的转变——从带着抗拒思维的不解和避免，转为借力式的理解和支持。由此，中方不仅在工程乃至宏观战略意义上做到了"共商共建共享"，也在企业经营和日常工作互动中潜移默化建立互信，促进微观层面的"共商共建共享"。

此外，"水政治"（hydropolitics 或 water politics）这一概念通常指向与水相关（尤其是水资源开发利用）的政治争端与合作。国际上，批判地理学者和政治生态（political ecology）学者一般认为大型水利水电工程（例如大坝和大型水电站），作为复杂的技术、政治和经济复合体，构成了现代国家对其领土施展权力的特定方式（Menga and Swyngedouw，2018）。因中资和中企的参与而得以建成的布维水电站工程，从其提出到顺利运营历时近百年的开发轨迹，为学界透视和解读冷战以来国际"水政治"格局的变迁及其延续性和不稳定性，提供了一个经典案例（Han and Webber，2020）。本章涵盖了加纳独立初期提出的代表着以能源（水电）开发带动铝工业化的加纳式发展"梦"的沃尔特河计划、布维水电站工程以及当下正在施工建设的"一揽子"路桥工程建设相关内容；识别了不同时期参与这些计划和工程开发过程的利益相关者、参与形式及相互关联。抽象来看，本章的分析表明，作为过程，大型水电工程是各种有关该工程的构思、规划和施工建设行为的杂糅，承载了相关的权力、资本、物质和人力资源的流动，进而以一种持久但不固定的方式，将东道国政权和外部技术、资金利益相关者联系起来。这种联系以各方不同的政治经济利益为核心，依托物质载体（例如水电站实体）或象征性力量（例如加纳各方仍争论不断的铝工业"梦"）而持续存在。布维案例和加纳的水电开发轨迹还进一步表明，"水政治"的时空演变不仅受制于特定的利益群体及其关联性，也不可避免地受到"水"的环境社会嵌入性以及制度和行为层面路径依赖的影响（Han and Webber，2020）。

二、结论与讨论

共建绿色丝绸之路是"一带一路"发展的必然选择（刘卫东等，2019）。中国电建在加纳近 20 年的工程实践，从已完成的布维水电站工程到提出布维水光互补后续开发，再到正在探索实施的帕鲁谷工程，始终以可再生能源开发为核心，这在根本上与"一带一路"高质量发展和绿色丝绸之路建设所要求的绿色、可持续原则是吻合的，也为国内同行企业"走出去"提供了启示和经验参考。

一是以围绕大型基础设施建设的战略耦合为切入点，推动多元主体、多角度、全方位的"共商共建共享"。这种战略耦合大多以资金和技术为抓手，涉及的核心行动者包括但不限于中国政府和融资机构、中国企业、东道国政府机构、国际融资机构及咨询机构。中方相关机构和企业宜对特定工程的环境与社会事项评估及管理适度嵌入，尤其是对东道国与其相关的制度、政策要求、路径依赖和行为方式加强认识，在此基础上，将过程与结果并重，依托自身优势，扬长避短，开展工程实践，并以此为契机，在交流沟通中与特定机构和人群加深联系，为其在东道国或是地区性的长期业务探索奠定基础。以水电站工程为例，尽管大坝、水库和电站厂房建设构成了工程设计、采购、施工的主体，但其相关的综合管理和与各方沟通协商工作，亦为工程材料和机械设备的进出口、中方企业进一步嵌入全球价值链、中方机构与东道国和相关国际机构深化互信互惠、参与承担东道国工程运行管理服务等提供了机会。

二是以微观管理和工程后续支持为依托，促进发展"小而美"的利益共享和民心相通。一方面，在工程建设日常活动中，中方人员与当地雇员和员工长时间相处，因技能、语言和文化等方面的原因，大多需要一定的时间相互熟悉、理解和建立信任关系。员工与健康安全风险、社会环境和舆论风险是中国企业海外风险的多发领域（施国庆等，2020）。在中国企业"走出去"的初期，外界长期以批判的眼光关注中方在海外工程建设中劳动者权益方面可能存在的问题。一定程度上，布维水电站项目加方人员要求建立工会的诉求，也反映了国情的不同和中国企业在处理劳资关系方面还有进步空间。电建积极配合相关人员的诉求，尤其是在"一揽子"路桥工程施工中遇到类似情况时，主动联系并促成了项目层面加方工会的建立。对加方员工的技能培训、跨项目的长期雇佣与合作，都在细微处致力于促进中加民心相通。此外，电建布维项目部还通过雇用已相对熟悉的巴基斯坦员工，巧妙地在项目现场工作的组织和日常协调实践中构建了较为稳定的三方关系，在可能面临误解等问题时，形成缓冲，保证工程实施进度，同时也使加方员工实地感受中国企业的公司文化，了解努力工作可能带来的雇佣机遇。

三是水电站项目在支撑地区发展的同时，也具有破坏性（刘卫东、姚秋蕙，2020）。生态累积影响、移民恢复发展、社会效益共享等关键事项直接关乎水电项目的开发进程。东道国政策要求差异显著、环境社会管理内容难以逐一落实、环境社会风险应对手段不足是国内企业在"走出去"过程中普遍面临的实践困境（朱源等，2018）。加纳因其水系复杂，其能源部门一度仅依赖水电开发，并在战略层面将之与下游的采矿业和制造业相关联，也因此积累了一定的经验，形成了特定的技术官僚机构、利益集团及可能的受影响人群。对类似布维水电站工程和帕鲁谷水电站工程的基础设施建设项目而言，全过程、全方位的环境与社会管理显得尤为重要。电建以 EPC 建设模式参与布维水电站工程，一方面尊重了加纳政府作为工程业主的主导地位与责任，另一方面发挥了自身高效率组织实施工程建设的长处，避免了在工程征地和水库移民搬迁安置等时常引发争议的环境与社会事务中深度参与。反而，加纳政府基于其国情和职能，在国际机构指导下，支持并建立了多利益相关方的沟通机制和交流平台。在布维水电站工程的环境和社会管理过程中，不仅形成了由"东道国项目业主-中国承包商-第三国独立监理"的项目建设核心行动者网络，还在工程准备期由西方咨询公司在准备了环境和社会管理框架，并在工程实施期间和建成后依托东道国和国际环境与社会组织，通过专项等形式促进工程影响地区的生态保护和相关社区的生计恢复与发展。

　　最后，活跃在绿色丝绸之路海外工程实践一线的中国企业还需灵活应对国内国际新形势的变化。电建在近年来帕鲁谷工程的不断探索，加之 2022 年以来加纳严峻的经济形势，提醒相关的政府机构、企业和人员宜加强联系，协作加强外部风险防控和应急管理工作。

参 考 文 献

Assibey-Yeboah，M. Master project support agreement（MPSA）between the government of the Republic of Ghana and Sinohydro Corporation Limited for an amount up to two billion United States Dollars（US＄2.00 billion）for the construction of priority projects，Parliament of Ghana. 2018.

Bui Power Authority. Annual Report 2019. 2020.

Bui Power Authority. Bui Irrigation Scheme. 2021.

Bui Power Authority. Relocation Exercise. 2021.

Cernea，M. M.，Mathur，H. M. Can Compensation Prevent Impoverishment? Reforming Resettlement Through Investments. Oxford University Press，2008.

Environmental Resources Management. Environmental and Social Impact Assessment of the Bui Hydropower Project. 2007.

Fink，M. Integrating the World Commission on Dams Recommendations in Large Dam Planning Processes：The Case of Bui Ghana. 2006.

Ghana Integrated Aluminium Development Corporation（GIADEC）. Who we are. 2023. https://giadec.com/who-we-are.

Gyau-Boakye，P. Environmental impacts of the Akosombo dam and effects of climate change on the lake levels. *Environment，Development and Sustainability*，2001（3）：17-29.

Habia，J. K. The Bui Dam impact on Ghana-China relations：transparency，accountability and development outcomes from China's Sino Hydro Dam Project in Ghana. *Master，Massachusetts Institute of Technology*，2010.

Han，X.，Webber，M. Assembling dams in Ghana：a genealogical inquiry into the fluidity of hydropolitics. *Political Geography*，2020，78：102126.

Han，X.，Webber，M. From Chinese dam building in Africa to the Belt and Road Initiative：assembling infrastructure projects and their linkages. *Political Geography*，2020，77：102102.

Hensengerth，O. Interaction of Chinese institutions with host governments in dam construction：the Bui Dam in Ghana. In Scheumann，W.，Hensengerth，O.，*Evolution of Dam Policies：Evidence from the Big Hydropower States*，Springer，2014：229-271.

International Monetary Fund. IMF Reaches Staff-Level Agreement on a ＄3 billion，three years Extended Credit Facility with Ghana. 2022. https://www.imf.org/en/News/Articles/2022/12/12/pr22427-imf-reaches-staff-level-agreement-on-a-3-billion-three-years-ecf-with-ghana.

International Water Management Institute. Successes and challenges of the Akosombo and Kpong Resettlement Schemes：Lessons for the Bui Scheme. 1st Annual Meeting of Dam Affected Communities，

Akuse Club House Conference Room，Akuse. 2009.

Kitson，A. E. Outlines of the Mineral and Water-Power Resources of the Gold Coast，British West Africa with Hints on Prospecting with 13 plates，including One Map，Geological Survey，Gold Coast. 1925.

Koranteng，R. T. B. Sharing the Benefits of Hydropower Dams in Ghana：Review and Lessons Learned from Two Case Studies. Ph. D. thesis，Hohai University，2022.

Menga，F.，Swyngedouw，E. （eds.） *Water*，*Technology and the Nation-State*. London，Routledge. 2018.

Mielke，H.，Donnelly，R.，Bhan，K.，et al. *Refurbishment and uprating of the Akosombo Hydroelectric Power Plant*. Ontario，Canada：Hatch，2005.

Miescher，S. F. Nkrumah's Baby：the Akosombo Dam and the dream of development in Ghana，1952-1966. *Water History*，2014（4）：341.

Miescher，S. F. *A dam for Africa*：*Akosombo stories from Ghana*. Indiana University Press，2022.

Otoo，K.，Ulbrich，N.，Asafu-Adjaye，P. Unions Can Make a Difference：Ghanaian Workers in a Chinese Construction Firm at Bui Dam Site. Accra，Labour Research & Policy Institute，2013.

Preparatory Commission for the Volta River Project. The Volta River Project（I）Report of the Preparatory Commission. 1956. http：//ugspace. ug. edu. gh/handle/123456789/33908.

Telepneva，N. Saving Ghana's Revolution：The Demise of Kwame Nkrumah and the Evolution of Soviet Policy in Africa，1966-1972. *Journal of Cold War Studies*，2019，20（4）：4-25.

UNDP-Small Grants Programme. Community-based ecosystem management of Bui socio-ecological production landscape for biodiversity conservation and livelihoods development within the Banda Traditional Area. 2012. https：//sgp. undp. org/spacial-itemid-projects-landing-page/spacial-itemid-project-search-results/spacial-itemid-project-detailpage. html？view＝projectdetail&id＝30052.

Volta River Authority. 19th Annual Report and Accounts. 1980.

Wilmsen，B.，Adjartey，D. Precarious resettlement at the Bui Dam，Ghana-Unmaking the teleological. *Geographical Research*，2020，58（4）：331-343.

Yankson，P. W. K.，Asiedu，A. B.，Owusu，K.，et al. The livelihood challenges of resettled communities of the Bui Dam project in Ghana and the role of Chinese dam-builders. 2017.

刘卫东："'一带一路'：引领包容性全球化"，《中国科学院院刊》，2017 年第 4 期。

刘卫东、姚秋蕙："'一带一路'建设模式研究——基于制度与文化视角"，《地理学报》，2020 年第 6 期。

刘卫东等：《共建绿色丝绸之路：资源环境基础与社会经济背景》，商务印书馆，2019 年。

施国庆、何悠、孙中艮："海外大型工程社会风险及其管控"，《中国应急管理》，2020 年第 11 期。

吴上、施国庆："海外水电环境社会管理的实践困境及应对策略"，《环境影响评价》，2018 年第 4 期。

薛德升、万雅文、杨忍："中国对外建设水电站时空演变过程及影响机制分析"，《地理学报》，2018 年第 10 期。

朱源、施国庆、程红光等："'一带一路'倡议的环境社会政策框架研究"，《河海大学学报（哲学社会科学版）》，2018 年第 1 期。

第十四章　亚吉铁路可持续发展研究[①]

摘　　要

　　埃塞俄比亚和吉布提的自然地理条件决定了两个国家必然要形成紧密的社会经济联系，连接两个国家并为埃塞俄比亚高原打通出海大通道一直是重要的发展方向。2010 年，中国企业开始参与亚吉铁路（Addis Ababa-Djibouti Railway）的规划建设，2016 年亚吉铁路竣工通车，2018 年开始商业化运营。亚吉铁路位于埃塞俄比亚和吉布提，全长 751.7 千米，连接埃塞俄比亚高原的中心城市——亚的斯亚贝巴和亚丁湾的港口——吉布提港，为埃塞俄比亚打造了一条大容量的出海大通道。该铁路全部采用中国标准和中国装备建设而成，是中国企业在海外建设的第一条全产业链"走出去"的铁路，是"一带一路"建设的标杆性项目，也是中非合作的代表性项目，开启了中非合作的新样本。2019 年 4 月，第二届"一带一路"国际合作高峰论坛期间，亚吉铁路经济走廊及沿线工业园被写入了《第二届"一带一路"国际合作高峰论坛圆桌峰会联合公报》，是"由互联互通带动和支持的经济走廊"的第一个项目。全面总结亚吉铁路项目的有效模式与成功经验，对高质量组织实施"一带一路"项目建设具有重要的指导意义。

　　亚吉铁路是指由中土集团、中铁二局承建并负责运维的组合性项目。本案例研究主要采用实地考察、座谈调研、线上研讨等多种形式推动工作。课题组与中土集团、中铁二局、招商局集团等项目承建单位及关联企业，在埃塞俄比亚、吉布提、中国北京等地区组织召开了多次座谈会、研讨会，就亚吉铁路项目的建设过程、成功经验、问题教训及发展展望等内容进行了深入交流和研讨，获得大量的第一手资料。本章分析了埃塞俄比亚和吉布提国家概况以及亚吉铁路的建设过程与运营概况，全面考察了该项目对两个国家尤其是埃塞俄比亚的社会经济影响，并结合最新发展形势对亚吉铁路的发展情景进行了展望，最后总结了亚吉铁路

[①]　本章作者：王成金。

的成功经验和启示。

　　本案例研究发现，亚吉铁路的建设和运维过程虽然复杂并略有曲折，但总体状态良好，中方企业采取积极措施克服了项目初期存在的诸多问题，成功实现了铁路运营从"亏损"向"平衡"的转变并即将进入"盈利"的发展阶段，奠定了国土综合发展轴线的交通设施基础及产业基础，推动亚吉铁路从"单体项目"向"综合体"甚至"增长极"升级，对改变东非之角的社会经济结构发挥了重要作用。亚吉铁路项目为埃塞俄比亚和吉布提创造了积极的直接社会经济效应与不可估量的间接经济效益，该项目的建设和运维过程积极融入了绿色发展理念，实施了有效的本地化参与，承担了大量的社会责任。总体上，"建营一体"的项目实施模式和中方企业的责任精神是亚吉铁路项目建设顺利与安全运维的关键。该项目立足东道国国情，采用了"建营合一"模式，实施"输血造血共举"的组织模式，提高了项目的综合效益。"亚吉模式"为中非合作提供了一个新样本，也为央企开展国际经济合作创造了一种新模式。

第一节　埃塞俄比亚与吉布提国家概况

一、非洲之角的地缘环境

1. 非洲之角的地缘格局

　　非洲东部地区，简称东非，北起厄立特里亚，南迄鲁伍马河，东临印度洋，西至坦噶尼喀湖，通常包括埃塞俄比亚、厄立特里亚、吉布提、索马里、肯尼亚、乌干达、卢旺达、布隆迪、坦桑尼亚、塞舌尔。面积约 370 万平方千米，占非洲总面积的 12%。地形以高原为主，沿海有狭窄低地。由于埃塞俄比亚高原与东非高原属于独立的两个地理单元，东部非洲内部依此划分为两个地缘政治板块。断裂的高原、充沛的降水在高原西部及腹地造就了维多利亚湖、坦噶尼喀湖等大型湖泊，乌干达、肯尼亚、卢旺达、布隆迪、坦桑尼亚五国位于高原和湖泊之间，这些国家通常会使用"大湖地区"的标签来拉近彼此的地缘关系。依附埃塞俄比亚高原的埃塞俄比亚、索马里、厄立特里亚、吉布提四国，通常单独划为"东北非洲"或称为"非洲之角"。

　　非洲之角是非洲大陆最东的地区，扼守连接地中海、红海、印度洋的海上交通要道。该区域面积约 188 万平方千米，人口超过 1.5 亿并呈现持续的增长态势。埃塞俄比亚在非洲之角扮演着支配者的角色，集中了该地区 85% 的居民。非洲之角连年战乱，自然灾害频繁，成为世界上营养不良最严重的地区，并不断遭遇人道主义危机。尤其是 21 世纪以来，因反恐战争、国家内乱等地区热点问题激化升温,非洲之角成为世界的焦点。

埃塞俄比亚是"一战"开战前非洲仅有的两个独立国家之一,曾拥有超过 1 000 千米的海岸线,厄立特里亚曾是埃塞俄比亚的一个省。1869 年,苏伊士运河开通,引起意大利觊觎埃塞俄比亚,1889 年,埃塞俄比亚签订《乌西阿尔条约》,割让埃塞俄比亚所有沿海地区给意大利。1896 年,埃塞俄比亚击败意大利侵略,两国签订《亚的斯亚贝巴条约》,规定埃塞俄比亚和意属厄立特里亚边境恢复 1889 年的现状,承认意大利对厄立特里亚的殖民统治。1890 年意大利将占领的沿海地区合并为统一的殖民地,并命名为"厄立特里亚"。随后该地区曾一度被意大利侵占,但在"二战"期间光复。长久的分离造成沿海与内陆之间的关系愈加疏远。"二战"后,厄立特里亚由英国托管,自治意愿逐步增强。1950 年,联合国将厄立特里亚作为自治体,组建埃塞俄比亚-厄立特里亚联邦国家;1962 年,埃塞俄比亚强制取消厄立特里亚的自治权并改成省,该地区进入游击战的分裂阶段。1993 年,厄立特里亚进行公投,脱离埃塞俄比亚而独立,致使埃塞俄比亚从沿海国家变成内陆国家。截至目前,非洲之角仍处于不稳定的地缘状态;索马里一直缺少能够控制全国的中央政府而处于内乱状态;厄立特里亚因独立问题而与埃塞俄比亚长期交恶;埃塞俄比亚处于内乱状态。作为非盟总部所在地,埃塞俄比亚在非洲具有一定的政治号召力,通过出兵帮助索马里恢复秩序,也建立了一定的区域威望。

2. 非洲之角和平发展构想

2022 年,中国提出了"非洲之角和平发展构想"。该构想主要包括如下要点:支持地区国家摆脱大国地缘争夺的干扰,将命运掌握在自己手中;加强域内对话,克服安全挑战,建议地区国家召开非洲之角和平会议,形成政治共识,协调共同行动;加快区域振兴,克服发展挑战,做强并拓展蒙内铁路和亚吉铁路两条主轴,加快红海沿岸和东非沿岸开发,形成"两轴＋两岸"发展框架,提高自主发展能力;探求有效路径,克服治理挑战,支持非洲国家探索符合自身国情的发展道路,用非洲人的方式妥善处理民族、宗教、地域纠纷,构建团结、稳定、和谐的发展环境。该构想得到肯尼亚、埃塞俄比亚、吉布提等地区国家的积极响应。

二、两国概况

1. 埃塞俄比亚

埃塞俄比亚位于非洲东北部,为内陆国家。北部为厄立特里亚与吉布提,西部为苏丹与南苏丹,东部为索马里,南部为肯尼亚。国土面积 110.36 万平方千米,以山地高原为主,大部分属于埃塞俄比亚高原,东非大裂谷纵贯全境,高原面积占全国面积的 2/3,海拔较高，平均海拔近 3 000 米，素称"非洲屋脊"。埃塞俄比亚虽地处热带，但各地温度冷热不均，每年的 6—9 月为大雨季，10 月—次年 1 月为旱季，2—5 月为小雨季。境内河流湖泊较多，青尼罗河发源于此。水土热条件决定了埃塞俄比亚有着发展农牧业的适宜条件，奠定了国家经济的基本形态。

埃塞俄比亚分为 2 个自治区和 11 个民族州。2 个自治区为首都亚的斯亚贝巴市和商业城市德雷达瓦（Dire Dawa），11 个民族州为阿法尔州、阿姆哈拉州、本尚古勒-古马兹州、西南州、甘贝拉州、提格雷州、南方州、索马里州、奥罗米亚州、哈勒尔州、锡达玛州。截至 2022 年 10 月，埃塞俄比亚有 1.12 亿人口，是非洲第二人口大国，人口最多的州有奥罗米亚州、阿姆哈拉州和南方州。全国共有 80 多个民族，主要有奥罗莫族（人口占全国的40%）、阿姆哈拉族（30%）、提格雷族（8%）、索马里族（6%）、锡达莫族（4%）等，45% 的国民信奉埃塞俄比亚正教，40%～45% 信奉伊斯兰教，5% 信奉新教，其余信奉原始宗教。埃塞俄比亚宪法规定，各民族州有建立自治政府的权力，并拥有联邦中央政府保有权力以外的一切权力，包括立法、行政、司法及分离权。多数地区是某个少数民族的集聚地区，有着清晰的民族利益地域性，尤其是民族自治导致地方权力过大、具备与中央博弈对抗的法律基础。复杂的民族构成与集聚的分布决定了部族势力的存在和影响，并成为埃塞俄比亚基层社会经济的主要治理力量。

埃塞俄比亚的矿产资源与能源禀赋较为贫瘠，已探明的矿产资源主要有黄金、铂、镍、铜、铁、煤、钽、硅、钾盐、大理石、石灰石、石油和天然气，多数矿产资源的储量较少。支撑国家工业化进程尤其是基础原材料产业发展的矿产资源基础薄弱，这成为国家现代化发展的重要缺陷。水资源与水能丰富，河流湖泊较多，共有 12 条主要河流和 12 个大型湖泊，水域面积 10.4 万平方千米，青尼罗河流经，号称"东非水塔"。地势落差大，蕴藏着丰富的水能资源，有 9 条河流适合发展水力发电，蕴藏水力资源 4 500 万千瓦，但利用率不足 9%；截至 2017 年，水电装机规模 381.4 万千瓦，占全国发电容量的 90% 以上。大型水电站主要分布在奥莫河、青尼罗河、贝尔斯河、吉巴河和特克泽河等河流。风能资源相对丰富，总储量 30.3 亿千瓦，可装机规模 13.5 亿千瓦，2020 年装机仅为 32.4 万千瓦，已经建成阿什沟德（Ashegoda）风电场、阿达玛（Adama）风电场、阿伊莎（Aysha）I 风电场。太阳能资源较为丰富，单位面积太阳能辐射能量密度为 1 992.2 千瓦时/（平方米·年），太阳能总储量达 21.99 百万亿千瓦时/年。

埃塞俄比亚是世界最不发达国家之一，经济以农牧业为主，工业基础薄弱，2020 年GDP 达到 818 亿美元。农业是埃塞俄比亚国民经济和出口创汇的支柱，占 GDP 总量的50%。农牧民占全国总人口的 85% 以上，种植业以小农业为主，粮食作物主要是苔麸、小麦等谷物作物，广种薄收，粮食无法自给。经济作物主要有咖啡、恰特草、鲜花、油料等，咖啡产量居非洲前列,占世界产量的15%。埃塞俄比亚是畜牧业大国,适牧地占国土一半多,以家庭放牧为主,抗灾力低,产值约占GDP的20%,牲畜存栏总数居非洲之首、世界第十。工业门类不齐全,零部件、原材料依靠进口,仅建筑材料能够实现本国供应;制造业以食品、饮料、纺织与服装、皮革加工为主,集中于首都等少数城市,工业产值仅占GDP总量的9%。近年来,埃塞俄比亚加快推进工业化建设,在亚的斯亚贝巴、阿瓦萨(Hawassa)、德雷达瓦、默克莱等地区建设了一批工业园区。薄弱的工业体系与传统的农牧业基础,决定了埃塞俄比亚的工业化历程仍然较为漫长,并深刻影响着国家工业制度与工业体系的构建,影响着国际贸易货物的基本结构与方向。埃塞俄比亚的进出口贸易总量呈现逐年增长的态势,进出口严重不平衡是其基本国情,这是导致埃塞俄比亚缺少外汇的主要原因(表14-1)。出口商品主要有咖啡(35%)、豆类和油籽(24%)、皮革和皮革制品(8.3%)、花卉(5.7%)、黄金(3.6%),咖啡出口创汇约占埃塞俄比亚出口的24%,皮革是第二大出口产品,每年出口收入约5 100万美元;进口工程机械、农业机械、汽车、石油产品、化肥、化学品、医药化工、通信设备与电子产品等。主要贸易伙伴有中国、德国、日本、意大利、美国、印度、沙特阿拉伯等国家。

表14-1　埃塞俄比亚进出口贸易结构　　　　　　单位:亿美元

年份	进出口贸易总额	进口额	出口额	差额
2011	154.1	100.8	53.3	47.5
2012	196.6	137.0	59.6	77.4
2013	197.6	138.1	59.5	78.6
2014	226.5	161.8	64.7	97.1
2015	256.2	195.7	60.5	135.2
2016	259.2	201.2	58.0	143.2
2017	254.4	192.0	62.4	129.6
2018	263.0	192.4	70.6	121.8
2019	276.4	200.2	76.2	124.0
2020	258.4	181.7	76.7	105.0
2021	269.9	185.4	84.5	100.9

埃塞俄比亚的交通网络由铁路、公路和航空组成。公路是埃塞俄比亚最重要的交通运输方式,全国公路总长约11万千米,但柏油公路较少,仅占40%,其他均为砂砾路。公路运输占全国总运量的90%,吉布提港至亚的斯亚贝巴90%的货物由公路卡车运输。目前,埃塞俄比亚积极实施公路发展计划,对公路进行扩建改造。埃塞俄比亚的航运业与航空运

输业在非洲占有重要地位。该国家共有 40 多个机场，其中亚的斯亚贝巴、德雷达瓦和巴赫达尔为国际机场，亚的斯亚贝巴宝利国际机场为非洲年度最佳机场。埃塞俄比亚航空公司拥有 60 架飞机、70 多条国际航线和 30 多条国内航线，是非洲重要的航空公司。埃塞俄比亚航运因厄立特里亚的独立而成为离岸型的航运企业，为国有企业，但有着相对较大的航运网络。

2. 吉布提

吉布提地处非洲东北部亚丁湾西岸，扼红海进入印度洋的要冲曼德海峡，战略位置十分重要。吉布提国土面积 2.3 万平方千米，以高原和山地为主，主要属于热带沙漠气候，终年炎热少雨，全年分为凉热两季，4—10 月为热季，11 月—次年 3 月为凉季。自然地理环境决定了吉布提缺少国家产生与生存（例如农业种植）的基本物质基础，生产能力极其落后。在东非各国中需求生存环境—国际物流中转尤其是作为埃塞俄比亚的出海门户，是吉布提的重要发展方向。

2021 年，吉布提人口 100 万人，主要民族有伊萨族和阿法尔族，前者占 50%，后者占 40%。吉布提分为 1 个市和 5 个地区：吉布提市、塔朱拉地区、奥博克地区、阿里萨比耶地区、迪基勒地区和阿尔塔地区。2002 年开始，该国家实行多党制，政局相对稳定。

吉布提是世界最不发达国家之一。自然资源贫乏，主要资源为盐、石灰岩、珍珠岩和地热资源，盐矿总储量约 20 亿吨，主要分布在阿萨尔湖。经济规模较小，2020 年 GDP 达到 32.97 亿美元，工农业基础薄弱，95% 以上的农产品和工业品依靠进口。农业以畜牧业为主，可耕地面积仅 1 万公顷，第一产业约占 GDP 的 2.9%，牧民约有 10 万人，粮食不能自给，每年从欧盟国家、日本等接受约 1.3 万吨的粮食援助。渔业资源较为丰富，但捕捞业落后，主要采用手工作业捕鱼。第二产业占 GDP 的 9.2%，主要工业为电力、水利、房屋及公共工程、盐矿开发等。交通运输、商业和服务业（主要是港口服务业）占 GDP 的 80%。

吉布提实行自由贸易政策。港口转口贸易占有较高比重，多通过吉布提港转运至埃塞俄比亚和索马里。主要进口食品饮料、机械设备、电器、运输设备、石油、金属制品、纺织品和鞋类等产品，出口产品包括食盐、牲畜、皮张等。主要贸易伙伴为索马里、沙特阿拉伯、埃塞俄比亚、印度、中国、法国、也门、英国等国家。

吉布提的交通设施主要是港口、机场和铁路。吉布提有公路 3 067 千米，其中沥青路 415 千米。吉布提港是东非重要港口之一，为埃塞俄比亚的出海门户；埃塞俄比亚进出口货物的 85% 通过吉布提转运，利用该港口约 90% 的吞吐能力，每年向吉布提支付约 7 亿美元的港口使用费。吉布提港有四个港区，分别为吉布提老港、多拉雷集装箱码头、多拉雷油码头、多拉雷多功能新港。2014 年，老港散货吞吐量 427.3 万吨，集装箱吞吐量 7.1 万标箱。2008 年多拉雷集装箱码头开始运营，年吞吐能力 160 万标箱。多拉雷油码头在 2005 年建成，2013 年吞吐量 360 万吨。2017 年，多拉雷多功能新港开港，设计年吞吐散杂货 708 万吨、集装箱 20 万标箱。

位居苏伊士运河-红海运输通道的入口是吉布提最大的国家优势，奠定了其独特的国家地位。吉布提成为大国军事基地的集中布局地，有美军在非洲最大的军事基地、法军在海外最大的军事基地和中国人民解放军的保障基地。

三、两国共生关系

东非政局变动推动埃塞俄比亚从"沿海国家"变为"内陆国家"，外贸出海从厄立特里亚转向吉布提。自然条件和地理环境也促使吉布提严重依赖埃塞俄比亚的腹地支撑。两个国家形成了相互制约的空间关系，这为亚吉铁路的建设和运营提供了基础。

出海物流链关系。埃塞俄比亚是内陆国家和人口大国，各类物资需求量大，除少数空运货物外，其进出口贸易主要由吉布提港提供出海门户与国际中转，吉布提也将自己定位为埃塞俄比亚的通商口岸。亚的斯亚贝巴和吉布提港形成典型的区域"双核结构"，形成腹地出海的物流链关系。

水资源跨境供应关系。吉布提境内干旱少雨，水资源极度匮乏，年降雨量不足 150 毫米。水资源稀缺一直是困扰吉布提生活生产的重大难题，尤其是首都吉布提市周边降雨更少，生产生活用水严重依赖海水淡化，水质很差。而埃塞俄比亚水资源丰富，是青尼罗河的发源地。2012 年，吉布提和埃塞俄比亚签署引水谅解备忘录。2015 年 3 月，埃塞俄比亚至吉布提跨境供水工程开工建设，始于埃塞俄比亚 Shinile 地区的水源地，输水管道长 358.5 千米，设计供水能力为 10 万立方米/日。2017 年项目开始供水，解决了吉布提 75 万人口的用水问题。

石油供应链关系。长期以来，埃塞俄比亚的石油主要由吉布提港提供，并通过公路完成运输，培育形成了 1 000 台石油运输卡车的运输队伍。吉布提港口拥有原油码头，石油装卸量达到 2 500 吨/小时，有直径为 100～400 毫米的输油管供装卸使用。2012 年，吉布提与埃塞俄比亚、南苏丹就输油管道签署三国合作备忘录，随后签署三国跨境输油管道的协议。其中，埃塞俄比亚-吉布提石油天然气管道工程将石油和天然气资源从埃塞俄比亚输往吉布提。该项目扭转了石油资源的流向，改变了埃塞俄比亚和吉布提的石油供需格局。

能源供应链关系。长期以来，埃塞俄比亚利用水电资源向东非国家出口电力。埃塞俄比亚向吉布提提供电力供应，尤其是在临近吉布提的埃塞俄比亚所属地区，电力资源优先供应吉布提以换取外汇，而亚吉铁路的电力供应处于次要地位。埃塞俄比亚通过德雷达瓦-K12 的单回 230 千伏输电线路联网，每年向吉布提提供 7 万千瓦的电力。埃塞俄比亚建设复兴大坝的重要目的是为东非国家出口电力。

国家生存关系。吉布提恶劣的生存环境决定了其缺少国家生存和发展的基础，利用埃塞俄比亚的腹地资源始终是吉布提的生存基础。埃塞俄比亚需要吉布提港提供出海门户功能，以联通全球并融入全球经济贸易网络。

四、亚吉通道及空间结构

1. 交通经济带理论基础

交通经济带是以交通干线或综合运输通道作为发展主轴，以轴上或其吸引范围内的大中城市为依托，以发达的产业，特别是二、三产业为主体的带状经济区域。该带状经济区是一个由产业、人口、资源、信息、城镇、客货流等集聚而形成的带状经济组织系统，沿线各区段之间和各部门之间形成了紧密的技术经济联系和生产协作。交通经济带是大地域范围的空间系统，其形成和发展对区域、国家建设的意义重大。其中，交通基础设施是经济带形成发育的前提条件；产业特别是工业、商贸物流是经济带的主要经济活动；大中城市是经济带发展的依托基地。亚吉铁路将铁路物流通道与沿线资源开发、工业化、人口集聚和城镇化相结合，形成复合型的交通经济带。

交通经济带是一个经济和社会逐步发展、不断更新、日益完善的特殊空间系统。它的空间形态和产业结构随着区域经济成长而不断变化，表现为企业产业的空间再组织过程、产业结构的调整和升级过程、城镇体系格局的动态变化过程。从时间维度看，交通经济带从孕育到成熟大致形成五个演变阶段。①启动期：据点开发阶段。新兴产业或新的生产方式开始兴起，增长极不断发展壮大。沿线产业以矿产资源开发或农产品初加工为主，空间上以集聚布局为主。沿线地区的农村人口开始流向少数城市。②雏形期：从据点开发向沿线开发拓展。经济集聚与扩散同时推进，经济中心初具规模，沿线开始形成一批新兴的工业城镇，城市化建设加快推进。③形成期：各经济中心相继形成强大的经济实力，产业结构逐步高级化，对沿线及周围腹地的辐射作用不断增强。产业扩散继续进行，交通沿线地区形成大规模的开发态势，建设了一批工商业城市。城市化达到较高水平，人口集聚规模不断扩大。④延伸或连接期：以既有经济带为基础，沿交通集散线路向两侧腹地扩散产业，或沿着干线与纵深腹地的工业城市建立紧密联系，形成更复杂的交通经济区。⑤后工业化时期：交通经济带向更高层次的产业结构演进，成为高新技术产业的研究、试制基地。产业带作为区域产业集聚主体的地位下降，但在金融、信息、科研教育、商贸等方面的功能将继续保持主导地位。

2. 亚吉空间结构

埃塞俄比亚和吉布提均属于依附于埃塞俄比亚高原的国家。埃塞俄比亚高原平均海拔2 500～3 000米，为波状高原，俗称"非洲屋脊"，众多河流发源于此。东北—西南向裂谷斜穿埃塞俄比亚高原中部，宽40～60千米，是东非大裂谷的东支北段，形成济瓦伊、阿巴亚等湖盆。这促使埃塞俄比亚和吉布提两个国家在空间上形成自埃塞俄比亚高原向红海和亚丁湾地区呈现东北—西南走向的倾斜地势，形成0～2 500米的海拔落差。

双核结构是指某区域中由区域中心城市和港口城市及其连线所组成的空间结构现象。在双核结构中，一方是区域的政治、经济、文化中心城市，另一方是港口城市。这种空间结构广泛存在于沿海和沿江地区。埃塞俄比亚的国家内陆属性决定了"借港出海"的重要性，构建连接出海门户的大通道是埃塞俄比亚长期以来的发展战略，主要连接方向是连通厄立特里亚与吉布提。埃塞俄比亚和吉布提的国家海陆属性与地势地貌特征决定了两国之间形成"高原→沿海""内陆腹地→门户""中心城市→港口门户"的空间结构，腹地中心城市-亚的斯亚贝巴与门户港口-吉布提港形成双核空间组合。两个城市间构建主要物流通道和发展轴线是由该区域自然地理本底条件所决定的，亚吉铁路的建设和运行符合该地区的自然规律。

3. 亚吉大通道

历史上，埃塞俄比亚和吉布提已形成了出海物流通道-吉埃通道，主要由吉埃米轨铁路和1号公路组成。

（1）吉埃米轨铁路。埃塞俄比亚和吉布提曾是非洲较早拥有铁路的国家。亚的斯亚贝巴与吉布提之间原有米轨铁路相通，全长850千米，埃塞俄比亚境内长约660千米，吉布提境内长约194千米。1894年，瑞士工程师阿尔弗雷德·伊尔格提出修建埃塞俄比亚-吉布提铁路，得到孟尼利克二世的特许。1896年末，阿尔弗雷德和法国商人里昂成立了法国-埃塞俄比亚帝国铁路公司。1897年，吉埃铁路开始动工建设。该铁路的建设分为两个阶段，第一阶段通往德雷达瓦，第二阶段通往亚的斯亚贝巴，持续20年才完工开通。1902年，吉布提—德雷达瓦段完工，但公司面临严峻的财政困难；1904年公司破产，铁路建设暂时停工；1908年，在法国政府的资助下，新的铁路公司组建；1912年，该铁路重新启动建设。1915年德雷达瓦—亚的斯亚贝巴段完工；1917年吉埃米轨铁路正式全线通车。2006年，埃塞俄比亚和吉布提政府决定将吉埃米轨铁路私有化，交予南非的COMAZAR公司管理25年，但因设备老化，铁路货运量逐年下降。目前，吉埃铁路的多数路段已经废弃，仅有部分路段运营，但运输事故较多，2012年铁路除德雷达瓦至吉布提边境仍在运营外，其他段停运。

（2）1号公路。1号公路连接埃塞俄比亚和吉布提两个国家，是埃塞俄比亚高原最重要的公路干线与运输通道。该公路全长910千米，为双向单车道，公路技术标准较低。两国货运量的90%依靠这条公路由卡车完成运输，单程需要1周多的时间。

近些年来，亚吉通道开始逐步升级，交通设施载体发生了更新。重要变化是新铁路——亚吉标轨铁路的建设与运行。2016 年，亚吉标轨电气化铁路竣工，2018 年开始商业化运营。

第二节　亚吉铁路建设过程与运营

一、项目发展历程

亚吉铁路是非洲第一条中国标准跨国电气化铁路，是埃塞俄比亚和吉布提的重点工程之一，是中国支持非洲可持续发展的见证。该铁路是埃塞俄比亚国家铁路网一期工程项目的第一段，是"新五年计划"中的重点项目。该铁路全部采用中国标准和中国装备建设而成，全长 751.7 千米，是非洲大陆第一条，也是距离最长的跨国电气化铁路。亚吉铁路是中国企业在海外建设的第一条全产业链"走出去"的铁路，集设计标准、投融资、装备材料、施工建设、监理和运营管理等产业链各环节于一体。从合同签约、全线建成到中标运营权，亚吉铁路见证了中国铁路"走出去"的全过程，见证了从中国标准到引入运营理念的转变。

亚吉铁路线路位于埃塞俄比亚的中部高原，具体路线从亚的斯亚贝巴的瑟伯塔（Sebeta）出发，向南经阿卡基（Akaki）、比绍夫图（Bishoftu）、莫焦（Modjo）、阿达玛，再向东经梅特哈拉（Metehara）、阿瓦什（Awash）至米埃索（Mieso），途经奥罗米亚、阿法尔、索马里、德雷达瓦等地区，到达吉布提的吉布提市（图 14-1）。

1. 商谈阶段

亚吉铁路的酝酿、建设和运营经历了较长的时间。1981 年，埃塞俄比亚和吉布提两国联合成立吉埃铁路公司，接管吉埃米轨铁路运营。最初，吉埃铁路公司一直筹划重建吉埃米轨铁路，甚至在 2002 年纳入了法国国家发展署和欧盟委员会的资助议程，但最终由于主权问题而搁浅。在梅莱斯时期，埃塞俄比亚政府将中国中铁作为战略合作伙伴。2010 年，中国和埃塞俄比亚开始商谈亚吉铁路的规划建设问题，准备建设一条新铁路线。2010 年 9 月，埃塞俄比亚与中国中铁签订亚的斯亚贝巴-米埃索（全长 317 千米）中线路 1 区段的勘察设计合同。2011 年初，埃塞俄比亚邀请中土集团对项目第 3、4、5 三个标段［米埃索-达瓦利（Dawanle）段］进行报价和议标。依据勘察设计合同，2011 年 2 月，中铁提交了包含技术及融资在内的可行性研究报告。2011 年 3 月，双方就采用 120 千米/小时的速度目标值达成一致；同时，中铁提交新的技术建议书与报价。2011 年 9 月 19 日—10 月 7 日，双方就此技

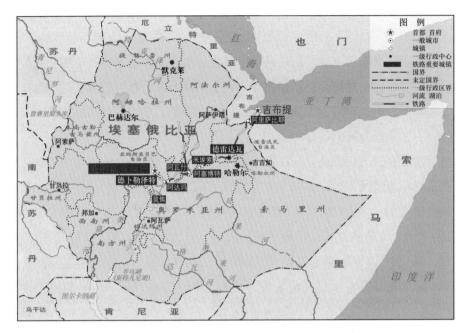

图 14-1 亚吉铁路路线分布

术方案进行谈判，达成一致并签订 EPC（Engineering Procurement Construction）[①] 建设合同。2011 年 12 月 16 日，中土集团与埃塞俄比亚铁路公司签署了埃塞俄比亚铁路项目 3、4、5 标段（米埃索-达瓦利）的 EPC 总承包合同，合同额 11.97 亿美元，承建路线全长 340 千米，后来又追加了合同额 2.04 亿美元，使本段合同额最终达到 14.01 亿美元。

在与埃塞俄比亚铁路公司谈判基本落定的同时，中土集团主动与吉布提政府进行沟通，建议启动从埃塞俄比亚边境达瓦利至吉布提港的铁路线建设。吉布提政府认为新建一条铁路是十分必要的，而埃塞俄比亚也有将铁路延伸到吉布提港口的强烈意愿。至此，中土集团成功获得了吉布提段铁路线项目。2012 年 1 月 30 日，中土集团与吉布提财政部签订了吉布提铁路项目 EPC 总承包合同，合同额 5.05 亿美元，路线全长 90 千米，包括正线 78 千米及 12 千米的港口支线，后又追加了合同额 0.73 亿美元，使吉布提段总合同额最终达到 5.78 亿美元（王成金等，2020）。

2. 建设过程

亚吉铁路的起点为埃塞俄比亚首都亚的斯亚贝巴，终点为吉布提的吉布提港（胡三勤等，2021）。亚吉铁路埃塞段的业主为埃塞俄比亚铁路公司。

---

① EPC 是指公司受业主委托，按合同约定工程建设项目的设计、采购、施工、试运行等实行全过程或若干阶段的承包。Engineering 包括设计工作、总体策划及建设工程实施组织管理的策划和具体工作；Procurement 指专业设备、材料的采购；Construction 包括施工、安装、试测、技术培训等。

（1）规划勘测阶段。2011年，亚吉铁路的设计、沿线地质水文勘测工作启动。2011年5月，中土集团的设计专家团队赴埃塞俄比亚，对米埃索-达瓦利段330千米线路进行考察，随后编制可行性研究报告。该段铁路线采用电气化、半自动闭塞系统，中铁二院负责路线设计。其中，瑟伯塔-阿达玛段为双线铁路，长度为113千米；阿达玛-吉布提港段为单线铁路，长度为638.7千米。2011年底，埃塞俄比亚段完成了总承包合同的签订；2012年初，吉布提段完成了总承包合同的签订。

（2）施工建设阶段。亚吉铁路全线采用中国二级电气化铁路标准，由中国铁建中土集团和中国中铁二局分段建设，由中国国际工程咨询公司担任工程监理。2012年2月，亚吉铁路项目正式开工建设；2014年5月，铁路开始铺轨；2015年7月，完成全线铺轨贯通；2016年10月5日，亚吉铁路埃塞俄比亚段建成通车；2017年1月10日，吉布提段举办通车仪式；2017年9月27日，亚吉铁路完成联调联试提速试验并达到开通运行要求；2017年12月31日，亚吉铁路EPC项目完成了竣工交验并取得接收证书，整个铁路正式移交（张磊，2020）。

在具体建设上，亚吉铁路共分为3个标段，埃塞俄比亚段形成2个标段，吉布提段为1个标段。瑟伯塔-米埃索为1个标段，具体由中铁二局承建，路线长329.1千米，其中有115千米为复线，沿线设置了10个车站。米埃索-达瓦利段为1个标段，路线长340千米，沿线设置了6个车站；达瓦利-吉布提港为1个标段，路线长80千米，沿线设置了3个车站，上述2个标段均由中土承建，共长422.6千米。

亚吉铁路全线采用中国二级电气化铁路标准，最小曲线半径在一般路段为1 200米，困难路段为800米，限制坡度为18.5‰，牵引类型为HXD1C机车，双机牵引质量为3 500吨，闭塞类型为站间自动闭塞（表14-2）。牵引变压器采用132kV/27.5kV三相V/V接线，

表14-2 亚吉铁路主要设计参数

参数类型	参数具体内容
设计速度	120千米/小时（客运）；80千米/小时（货运）
轨道类型	1 435毫米（标准轨距）
铁路等级	中国国铁Ⅱ级
正线数目	双线（瑟伯塔-阿达玛） 单线（阿达玛-吉布提多拉雷港）
最小曲线半径	800～1 200米
最大坡度	1.85%
动力方式	接触网供电：50赫兹，25 000伏

变压器安装容量为 2×（12.5＋12.5）MVA，接触网采用带回流线的直接供电方式、全补偿简单链型悬挂、导线正线采用银铜合金 CTAH120、承力索采用铜镁合金绞线 JTMH95。埃塞俄比亚段设置牵引变电所 18 座、3 座分区所，吉布提段设置牵引变电所 3 座。接触网线路建筑长度分别为双线段 114.72 千米、单线段 636.98 千米。

二、项目投融资结构

亚吉铁路的总投资约 40 亿美元（折合 267 亿元人民币），其中，亚吉铁路吉布提段投资约 5.5 亿美元，埃塞俄比亚段投资约 34.5 亿美元。亚吉铁路的建设资金来源主要分为两个方面：

（1）亚吉铁路的业主单位埃塞俄比亚铁路公司自筹 30％的资金，合计 5.52 亿美元。其中，21.99％以当地货币比尔进行支付，80.1％的资金以美元进行支付。

（2）铁路业主单位埃塞俄比亚铁路公司向中国进出口银行进行商业贷款 70％，总计 12.89 亿美元。

亚吉铁路埃塞俄比亚段全资属于埃塞俄比亚铁路公司。铁路吉布提段共计投资 5.5 亿美元，85％由中国进出口银行提供贷款，由于后来吉布提政府支付不起剩余预付款，中土集团改其中的 10％为股权，吉布提政府支付 5％的款项，所以，中土集团在吉布提段拥有 10％的股份。

三、运营模式

1. 铁路运营体

亚吉铁路的运营方是埃塞俄比亚、吉布提组成的铁路运营体公司。2016 年 7 月，亚吉铁路承建方中铁二局和中土集团组成联营体——亚吉铁路运维联营体，各占 50％的份额，由中土集团牵头。该联营体在国际招标中斩获亚吉铁路运营权。2016 年 7 月 28 日，在中国贸促会举办的"中非经贸合作交流会暨签约仪式"上，中土-中国中铁联营体正式与埃塞俄比亚铁路公司、吉布提财政部签署了亚吉铁路项目的六年运营和维护管理合同，确定了该铁路的中方承运权。亚吉铁路的运营机车和车辆均来自中国中车集团。2016 年 10 月，亚吉铁路通车。2018 年 1 月 1 日，亚吉铁路的商业运营开通仪式在亚的斯亚贝巴拉布站举行，正式投入商业运营，从中国制造向中国运营转型（张磊，2021）。

亚吉铁路运维联营体主要负责亚吉铁路运营与基础维护的管理与技术服务，并协助业主建立一个综合有效的铁路运输系统（包括行车组织体系、客运组织体系、货运组织体系、信息化管理系统），在合同运营期内，提供具有竞争力、安全和可靠的铁路货运和客运服务；对当地员工进行技术、管理培训，并安排适当岗位进行实际操作，在合同结束后使业主拥有完备的专业技术队伍，具备线路的独立管理能力。亚吉铁路业主与埃塞俄比亚政府按照运维联营体提出的安保需求，解决铁路运营的安全保障，提供铁路运营与维护所需的物资和设备以及各项运输生产费用，所有运营收入全部归亚吉铁路业主所有。

2. 运营基本情况

亚吉铁路的运输生产工作实行集中统一指挥，全线采用调度集中控制系统。2020 年，亚吉铁路全线共有 480 名中国员工和 2 800 余名本地员工。采用中国国铁管理模式：职能部门-生产站段-车间班组，实施三级管理。亚吉铁路全线共设计车站 45 座，初期开设 19 个车站。按业务类型差异，车站分客运站 3 座、客货运站 9 座、会让站 6 座（表 14-3）。

表 14-3　亚吉铁路沿线主要车站　　　　　　单位：千米

车站名称	里程	车站名称	里程
瑟伯塔站	2.0	拜克（Bike）站	391.1
亚的斯亚贝巴拉布（Labu）站	15.5	德雷达瓦站	461.5
亚的斯亚贝巴英杜德（Indode）站	34.2	阿拉瓦（Arawa）站	509.5
比绍夫图站	67.3	阿迪加拉（Adigala）站	571.5
莫焦站	91.3	阿伊莎站	622.1
阿达玛站	113.7	杜瓦莱（Dewale）站	663.1
费托站	154.3	阿里萨比耶（Ali Sabieh）站	690.7
梅特哈拉站	217.7	霍霍尔（Holhol）站	711.3
阿瓦什站	248.0	吉布提市纳加德（Nagad）站	743.9
锡尔巴昆库尔（Sirba Kunkur）站	280.2	吉布提多拉雷港（Port of Doraleh）站	756.1
米埃索站	323.7		

亚吉铁路使用 HXD1C 电力机车、25G 型客车。现有 35 台 HXD1C 型电力机车，包括 32 台货运机车、3 台客运机车，DF10DD 型内燃调车机有 6 台。亚吉铁路有 30 辆 25G 型客车，包括 20 辆硬座、4 辆硬卧、4 辆软卧、2 辆餐车；有 1 100 辆货车，包括 CW4 型敞车（110 辆）和 CW3 型敞车（20 辆），PW2 棚车（220 辆），KW2 型漏斗车（20 辆）和 KW3 型漏斗车（20 辆），NW5 型平车（20 辆）和 NW5 型平车（散件，530 辆），BW1 型冷藏车（10 辆），GW2 型罐车（110 辆），NW6 型平车（20 辆）以及 NW7 型双层小汽车运输专用车（20 辆）。亚吉铁路积极改进闲置车辆，提升生产力；截至 2020 年 3 月，经过改装、协调、试运、沟通、再改进等多个环节的改善，53 辆 CW4 型敞车投入运营。

亚吉铁路是以货运为主的客货共线铁路。如表 14-4 所示，由于货运需求不断增大，2018 年 7 月开始，每日开通的货运列车数量由 1 对增加到 2 对；货运设计时速 80 千米。客运设计时速 120 千米，票价当地人最远花费 1 008 比尔，外国人需花费 2 016 比尔。

表 14-4　亚吉铁路货车开行计划

年度	开行对数	运量（万吨）	备注
第一年	1～2	100～200	—
第二年	2～3	200～300	—
第三年	4	400	—
第四年	4～5	400～500	需要新购车辆方能满足
第五、六年	5～6	500～600	

四、铁路运输量增长

1. 列车发运次数

自商业化运行以来，亚吉铁路的列车发行次数逐步增长。如图 14-2 所示，2018 年，亚吉铁路共开行货车 821 列，日均开行 2.2 列；共开行客车 345 列，日均开行 0.95 列。2018 年开始，亚吉铁路开行货车数量呈现快速增长态势，2019 年增长到 1 099 列，2020 年达到 1 370 列，2021 年进一步增长到 1 469 列，日均开行 4 列。期间，亚吉铁路开行的客车数量呈现波动式的增长，2019 年略降至 316 列，尤其是新冠疫情影响导致开行列车数量大幅减少，2020 年为 123 列，但 2021 年开行列车数量迅速恢复，达到 449 列，日均开行 1.2 列。截至 2021 年 12 月 31 日，亚吉铁路共计开行客车 1 160 列、专列 47 列、6 列撤侨专列、临时列车 11 列；共计开行货列 4 759 列。预计，2023 年将实现日行 6 对货运列车，远期计划日开行 20 对列车。亚吉铁路逐步从最初的"单去双回"向"对开运输"进行转变，运行频次逐步提高，并逐步达到对开 7.5 对列车的设计能力。亚吉铁路实际运行时速达到 60 千米。

2. 货物运量增长

2018 年亚吉铁路开行以来，货物发送量不断增长，年均增幅超过 25%，增长效应显著。2018 年，亚吉铁路货物发送量达到 90.2 万吨，2019 年增长到 120.75 万吨，增长了 33.9%；2020 年进一步增长到 150.52 万吨，增长幅度达到 24.7%。2021 年，亚吉铁路货运发送量继续增长到 193.93 万吨，增长幅度达到 28.8%（图 14-3）。期间，亚吉铁路的集

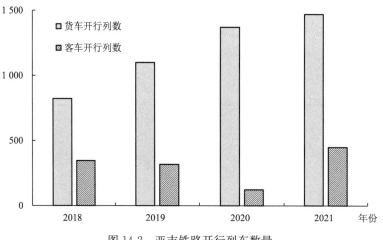

图 14-2　亚吉铁路开行列车数量

装箱发送量也呈现明显的增长态势：2018 年集装箱发送量达到 3.65 万标箱，2019 年增长到 5 万标箱，增长幅度达到 37％；2020 年发送量达到 6.62 万标箱，增长幅度略降为 32.4％；2021 年集装箱发送量增长到 7.74 万标箱，但增长幅度降至 16.9％。2018—2021 年，亚吉铁路的日均发送集装箱量从 100 标箱增长至 212 标箱，增长了一倍多。该铁路以进口货物为主，出口货物相对较少；进口货物主要是化肥、农药等农业生产资料，主要流向亚的斯亚贝巴周边的中央区，约占货运量的 75％；出口货物主要是服装、纺织等产品。2020 年 8 月 22 日，亚吉铁路开启了冷链运输服务，推动铁路运输组织方式多元化。

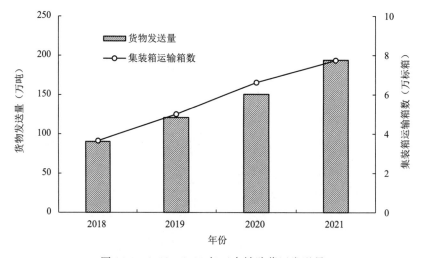

图 14-3　2018—2021 年亚吉铁路货运发送量

3. 客运与效益增长

受新冠疫情影响，亚吉铁路的客运量呈现波动式变化，但总体呈现增长态势。2018 年，亚吉铁路运送旅客 12.95 万人次，2019 年达到 9.36 万人次。受新冠疫情影响，2020 年旅客运输量进一步降至 2.14 万人次。但随着疫情形势的改善，2021 年亚吉铁路的客运态势明显好转，全年旅客发送量达到 13.91 万人次，高于 2018 年的运送量(图 14-4)。

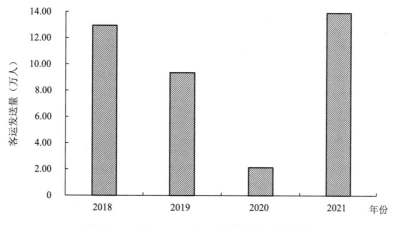

图 14-4　2018—2021 年亚吉铁路客运发送量

亚吉铁路的盈利能力逐步提高。截至 2021 年 12 月 31 日，亚吉铁路客运收入共计约 598.07 万美元，货运收入共计约 2.22 亿美元，客货运收入共计约 2.28 亿美元（图 14-5）。2018 年，亚吉铁路的客货总收入达到 3 251 万美元，2019 年增长 43%，客货总收入达到 4 650 万美元。2020 年客货总收入达到 6 263 万美元，增长率 34.7%；2021 年客货总收入达到 8 613 万美元，增长率 37.5%。其中，货运收入占亚吉铁路收入的主体，2018 年为 3 077

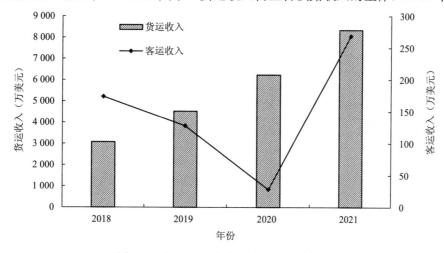

图 14-5　2018—2021 年亚吉铁路运输收入

万美元，2021 年增长到 8 344 万美元，增长了 1.7 倍。2021 年开始，亚吉铁路实现了运营收入和运营成本的现金流盈亏平衡，首次实现了创利。2022 年，货运年收入预计达到 1 亿美元，2023 年预计年度运营收入将达到 1.5 亿美元，年可盈利约 7 000 万美元。

第三节　亚吉铁路的社会经济效益

亚吉铁路是落实"一带一路"倡议和中非合作论坛约翰内斯堡峰会"十大合作计划"的早期收获，是中非"三网一化"和产能合作的标志性工程，被誉为"新时期的坦赞铁路"。

一、直接社会经济效益

1. 运输效率提升

亚吉铁路极大地提升了亚吉通道的综合运输效率。埃塞俄比亚是内陆国家，交通是阻碍该国经济发展的重要瓶颈。亚吉铁路改善了埃塞俄比亚与吉布提两国的交通基础设施现状和物流效率，为内陆国家埃塞俄比亚提供了更便捷、更高效的出海通道。公路曾是埃塞俄比亚最重要的交通运输方式。亚吉铁路开通之前，吉布提港至亚的斯亚贝巴的 90% 的货物只能通过公路卡车运输，单程需要 1 周多的时间，运输成本较高且运力严重不足。亚吉铁路的开通使得客货运输时间大幅缩减至 10 个小时，实现了"朝发夕至"，货物综合运输成本降低了 30%。这为旅客出行和货物运输提供了极大便利，取代了昂贵的航空运输和颠簸费时的公路运输，极大提高了运输效率，成为两国发展的经济生命线、运输生命线。

2. 经济效益回报

任何新建项目的效益回报都存在一个过程，2018—2022 年，亚吉铁路成功实现了从"亏损"向"平衡"的转变，即将进入"盈利"的发展阶段。2018 年，亚吉铁路的客运收入约 173.74 万美元，货运收入约 3 076.41 万美元，共计 3 250.15 万美元，总体为"亏损"状态。铁路运维企业坚持在生产端进行发力，开拓货源，合理组织车次，亚吉铁路的营运收入逐步增长，已基本实现了简单的盈亏平衡。2021 年开始，亚吉铁路实现运营收入和运营成本的现金流盈亏平衡，首次实现了创利。2022 年，亚吉铁路每天可为埃塞俄比亚带来 28 万美元的运营收入，预计年度运营收入达 1 亿美元，运营成本约 7 000 万美元。

二、间接社会经济效益

中国企业从铁路建设运营走向区域开发，从"输血"向"造血"转变，帮助埃塞俄比亚

"造血"，提高其国家发展能力。这使亚吉铁路不仅成为一条运输线，更成为一条经济走廊、一条繁荣之路。

1. 推动产业沿线布局

亚吉铁路的建设与运营加速促进了亚的斯亚贝巴-吉布提发展轴线的开发与培育。埃塞俄比亚政府制订了 2025 年发展规划，在全国规划了 14 个工业园区，8 个工业园区直接分布在亚吉铁路沿线地区；10 个已经建成，9 个已经开园，已经创造了 10 万多个就业岗位。部分园区如表 14-5 所示。2020 年，埃塞俄比亚政府已投资约 13 亿美元建设工业园区。亚吉铁路的产业集聚效应已显现，有力促进了产业园区和重大项目沿线布局，沿线产业园如雨后春笋般地迅速增多，电子、纺织、服装等产业逐步形成规模。2020—2021 年前 9 个月，工业园区的出口收入约 6.1 亿美元，创造了 89 000 个就业岗位（冉福林，2021）。亚吉铁路推动埃塞俄比亚的经济发展保持了平均每年约 10% 的增长。这促使亚吉铁路在埃塞俄比亚和吉布提之间架设起一条经济走廊，迅速提升了沿线地区的工业化水平，形成"建设一条铁路，带动一条经济带"，摸索出基础设施与经济带一体化建设的亚吉模式。

表 14-5　2015—2020 年埃塞俄比亚规划工业园区概况

产业园区名称	产业类型	位于沿线
阿瓦萨工业园区（Hawassa Industrial Park）	纺织服装	
肯博勒恰工业园区（Kombolcha Industrial Park）	纺织服装、食品加工	
阿达玛工业园区（Adama Industrial Park）	纺织服装、食品加工、车辆装配	★★★
德雷达瓦工业园区（Dire Dawa Industrial Park）	纺织服装、食品加工	★★★
德卜勒伯尔汉工业园区（Debre Birhan Industrial Park）	电子商务	
阿瓦什工业园区（Awash Industrial Park）	电子商务	★★★
克林图工业园区（Kilinto Industrial Park）	食品、制药、家具、电器、电子	★★★
安迪度工业园区（Andido Industrial Park）	电子商务	★★★
比绍夫图工业园区（Bishoftu Industrial Park）	电子商务	★★★
巴赫达尔工业园区（Bahir Dar Industrial Park）	纺织服装、食品加工	
阿伊莎工业园区（Ayisha Industrial Park）	—	★★★
阿雷蒂工业园区（Arerti Industrial Park）	—	★★★
默克莱工业园区（Mekelle Industrial Park）	纺织服装、食品加工	
季马工业园区（Jima Industrial Park）	纺织服装、食品加工	

亚吉铁路促进了外向经济的快速发展与规模壮大。埃塞俄比亚的对外贸易不断升级，咖啡、棉花、豆类等农产品的出口规模快速增长。为了配合埃塞俄比亚政府增加农产品出口冷链物流的国家战略，2022 年亚吉铁路开启了冷链运输服务，为埃塞俄比亚新鲜农产品打开了出海通道。同时，亚吉铁路成为吉布提港最重要的集疏运通道，扩大港口的生存空间，提高了其辐射范围、吞吐量和盈利能力，提升了吉布提港的国际地位。

2. 吸引外资开发沿线

通过持续完善铁路配套设施、改进物流服务、改善运营安全环境等措施，承建企业改善了亚吉铁路沿线地区的发展环境。越来越多的国际投资商在亚吉铁路沿线布局投资企业产业，这加速推动了埃塞俄比亚的工业化和经济发展。中国企业作为重要主体参与铁路沿线经济带开发与建设，积极与埃塞俄比亚在沿线合作建设了一批工业园区。中土集团参与了两国的工业园区投资开发和商贸物流等产业，承揽了阿瓦萨、阿达玛等 4 个工业园区项目，部分园区已完成投产，在吉布提帮助建设多拉雷新港，在亚迪斯贝巴进行商业地块开发，在德雷达瓦投资开发工业园区及钢构厂，在吉布提港建设商贸物流基地，形成"1＋N"的投资发展格局。多个中资企业在埃塞俄比亚投资建设或运营了工业园，如东方工业园、华坚国际轻工业城、阿瓦萨工业园二期、德雷达瓦工业园等，多以中国企业和产业为招商对象（梁泳梅、李钢，2019）。东方工业园是埃塞俄比亚政府"可持续发展与减贫计划"的重要组成部分，是中国民营企业在埃塞俄比亚创办的第一个国家级境外经贸合作区，协议规划面积 5 平方千米，已吸引 100 多家企业入驻，主要涉及建材、鞋帽、纺织服装、汽车组装和金属加工等行业，上缴埃塞俄比亚税费 8 200 万美元，解决就业 18 000 人。中铁等企业也以亚吉铁路为依托，积极参与沿线土地和矿产资源开发、自贸区建设、物流贸易等产业发展。这迅速提升了亚吉铁路沿线地区的工业化与城镇化进程。

三、企业社会责任与民生保障

1. 企业社会责任

亚吉铁路承包商与运营联营体承担了广泛的社会责任，项目开工之前就制订了社会责任规划。承建运维企业不仅关怀当地员工，尊重当地人的风俗文化和宗教信仰，积极做好中方员工与当地雇员之间的交流，更致力于造福当地社会，积极履行社会责任，与当地建立了良好的社区关系。亚吉铁路建设注重与沿线地区的本土文化相融合，车站设计融合了本地不同部族的代表性文化元素，成为本土文化的标志性建筑。亚吉铁路的建设运营及关联产业发展创造了大量的就业机会，为埃塞俄比亚、吉布提两国提供了近 5 万个就业岗位。项目劳务用工以使用当地人为主，中土集团累计在埃塞俄比亚雇佣当地员工 2.8 万人以上，在吉布提雇佣当地员工 5 000 人以上。除了普通劳务工人外，承建企业还雇佣了大量的当地高级雇员，如项目公关部长、人力资源主管、法律顾问、工程师、办公室文员等，在当地员工中的占比达到 10%。为保障员工权益和身心健康，承建运维企业还建立了符合当地实际的员工薪酬体系和工资增长制度，建立了职业健康安全管理系统，并保证其正常运行和持续改进。

铁路运营涉及人才培养问题，中方企业不仅授人以鱼，而且注重授人以渔，为两国员工提供从技术到管理的系统培训。亚吉铁路仅在埃塞俄比亚，就有 2 000 多名当地员工接受了铁路运营培训，包括乘务员、火车司机、技术人员等，系统学习并实际掌握各种知识。2018 年以来，运维企业共招聘 1 934 名当地员工，培训 888 人次，输送 34 人到中国学习列车驾驶，稳妥协助业主方推进铁路相关能力建设。中土集团还与天津铁道职业技术学院、吉布提工商学校等合作，在吉布提市创办了"吉布提鲁班工坊"，这是在非洲落地的第一家"鲁班工坊"。以此，运维企业负责培训当地运营团队，帮助当地建立成熟的铁路运营管理体系，达到"修建铁路，创造就业，提振经济，宣传中国标准，培养人才"的综合性目标。

在铁路建设和运营过程中，实现了与当地经济发展相协调。中方企业从当地采购水泥、油料等施工物资材料超过 100 多亿比尔，引进和培养了 20 多家当地分包商。在当地采购的产品主要有水泥、石头、石子、沙子、柴油及部分小型机具等生产用品，本地化服务主要有机械设备租赁、设备物资运输、进口物资清关服务等，本地化采购金额占比超过 35%。承建运维企业多次拜访了沿线地区的村庄酋长、长老和民众，赠送服装、学习用品及部分生活用品，倾听并尽量满足他们的诉求。承建企业在施工过程中力所能及地改善当地居民的生活生产条件，结合便道施工为当地村民修缮各类村道、便道 200 千米，向沿线村庄居民免费提供饮用水近 5 年。项目拔点后，沿线 10 余口水井全部免费移交给当地政府。承建企业还为沿线地区的学校和政府捐款、捐赠办公用品等。中方企业与亚吉铁路沿线建立了良好的社区关系，形成了相互支持的局面，时任埃塞俄比亚总理海尔马里亚姆赞赏说："没想到中土公司把这一带的社区关系处理得这么好，埃塞联邦政府未必做得到。"

2. 应急抗灾救灾

亚吉铁路有力保障了应急运输，被埃塞俄比亚和吉布提两国民众视为"通向未来的生命线工程"。尤其是，亚吉铁路对农业大国埃塞俄比亚的农业应时生产资料供应发挥了巨大作用。2015 年，埃塞俄比亚遭受 50 年来最严重的旱情，1 000 多万人面临饥荒，承建企业紧急启动亚吉铁路临时运输，利用基本完成的铁路线，运输救灾物资超过 10 万余吨，并为其他救援物资腾出了公路运输空间。亚吉铁路还承担了 2018 年埃塞俄比亚从吉布提撤侨等重大应急任务。在新冠蔓延的情况下，亚吉铁路运维团队遣散 1 200 余名本地员工，中方员工取消休假，并制定了全面细致的上岗作业防疫流程，全力保障集装箱和散杂货运输，确保化肥、粮食、药品和其他民生保障物资的运输，为埃塞俄比亚的经济生产提供了基础保障。

3. 疫情期间保障民生

疫情期间，亚吉铁路切实发挥了"运输生命线"和"民生保障线"的重大作用。期间，亚吉铁路共开行货运列车 588 列，运送集装箱 3.84 万个，发送货物 73 万吨，特别是农忙种植期间协助埃塞俄比亚从吉布提港口抢运了 14 万吨的化肥和小麦等急需物资，将超过 150 万吨的生活必需品、防疫物资、工业原料等从吉布提港运到埃塞俄比亚，有力保障了埃塞俄比亚的企业生产需求和民生供应。埃塞俄比亚出现首个新冠确诊病例后，一批困在东部城市的大学生亟须集中返回亚的斯亚贝巴，亚吉铁路的中方运维团队科学筹划调度，开行两列临时旅客列车，将 1 267 名大学生迅速撤离德雷达瓦，为埃塞俄比亚防疫工作做出了积极贡献。

四、生态环境应对措施

1. 生态保护

为了保护沿线地区的动物及生境，亚吉铁路全线共设立了 700 余个涵洞，平均每千米设有 2 个涵洞，为野生动物提供通道。部分涵洞扩大了尺寸，成为专设的大型野生动物通道，可供铁路沿线牛羊等家畜和骆驼等野生动物自由迁徙通过。亚吉铁路经过阿瓦什国家公园时，充分结合地形地质条件、生态系统等自然地理环境，开展了大量的技术经济比较，重视行车安全和动物保护，建立了许多动物"立交桥"，让沿线野生动物自由迁徙穿行。同时，根据阿瓦什国家公园管理机构提供的动物频繁活动区域，精准增设了一批动物通道，尽可能减少对动物生活环境的干扰与影响。亚吉铁路通过东非大裂谷的高原台地时，会遇到许多低洼地，雨季容易形成大量积水，考虑到这些水源是当地居民的生活和农业用水，承建企业实施了特殊设计，以兼顾铁路运行安全和保护水源两种需求。

2. 地形地貌保护

亚吉铁路建设项目在保证施工进度和质量的同时，坚持贯彻尊重自然、适应自然、保护自然的绿色环保理念，坚持"工程项目"与"自然环境"相协调，尽可能减少沿线地形地貌的改变，减少对自然环境的干扰。承建企业对亚吉铁路设计和采用了双机牵引技术及设施配置，线路限制坡度采用 18.5‰，很好地适应了沿线地形地貌的变化，避免大量的深挖高填，减少对沿线地表的大量扰动，降低了对当地生态环境的影响。在亚吉铁路建设过程中，承建企业采取严格按照取土场征地界限进行取土、污水定点排放、疏通河道等措施，降低对沿线生态环境的影响，减少工程占地。同时，承建企业在相关区段施工结束后，对工程取土场、弃渣场开展了绿色复垦及绿化工作，恢复了自然环境系统。

3. 碳减排

亚吉铁路有着积极的降碳效应，一是铁路采用清洁水电作为驱动电力，二是替代了公路卡车运输而减少了石油消耗。对此，本研究采用下列方法进行降碳效应的模型评价。

根据学者们的研究成果，公路卡车运输的总二氧化碳排放量计算公式如式 14-1 所示：

$$EC_{truck} = AD \times EF \tag{14-1}$$

式中，EC_{truck} 为卡车运输的总二氧化碳排放量，单位为吨二氧化碳（tCO_2）；AD 为柴油的燃料活动水平，单位为百万千焦（GJ）；EF 为柴油的二氧化碳排放因子，单位为吨二氧化碳/百万千焦（tCO_2/GJ）。

其中，柴油的燃料活动水平 AD 按公式 14-2 计算：

$$AD = NCV \times FC \tag{14-2}$$

式中，NCV 为柴油的平均低位发热量，单位为百万千焦/吨（GJ/t），具体根据《IPCC 2006 年国家温室气体清单指南 2019 修订版》确定为 43.33GJ/t；FC 为柴油的消费量，单位为吨（t）。

柴油的二氧化碳排放因子 EF 按公式 14-3 进行计算：

$$EF = CC \times OF \times (44/12) \tag{14-3}$$

式中，CC 为柴油的单位热值含碳量，单位为吨碳/百万千焦（tC/GJ），具体根据《IPCC 2006 年国家温室气体清单指南 2019 修订版》确定为 20.20×10^{-3} tC/GJ；OF 为柴油的碳氧化率，以％表示，具体采用 98％；44/12 为二氧化碳与碳的分子量之比。

2018—2021 年，亚吉铁路的货运量呈逐年上升趋势，由 90.2 万吨增长至 165.4 万吨，年均增长 20％。若以传统的卡车进行货物运输，将因化石燃料消费而产生大量的二氧化碳排放。本研究通过核算得出相应二氧化碳排放量（表 14-6）。

表 14-6 基于亚吉铁路货运量的卡车货运二氧化碳排放量折算

年份	铁路货运量（万吨）	卡车（辆）	柴油消费（吨）	EC（吨）
2018	90.2	22 550	4 978.9	15 659.3
2019	120.8	30 200	6 668.0	20 971.6
2020	150.5	37 625	8 307.4	26 127.7
2021	165.4	41 350	9 129.8	28 714.4
2018—2021	526.9	131 725	29 084.1	62 758.6

（1）经过折算，2018—2021 年，亚吉铁路的货物运输共替代了 131 725 辆载重 40 吨的卡车，年均替代 33 000 辆卡车。其中，2018 年替代了 22 550 辆开车运输，2019 年替代了 30 200 辆卡车，2020 年替代了 37 625 辆卡车，2021 年则达 41 350 辆卡车，运输替代效应

显著。

（2）进一步折算为柴油消费量，2018—2021 年，亚吉铁路的货物运输共减少柴油消耗 29 084 吨，年均降低消耗 7 300 吨。其中，2018 年减少柴油消耗 4 978.9 吨，2019 年减少 6 668吨，2020 年减少 9 130 吨，2021 年则达到 9 129.8 吨。

（3）继续折算为二氧化碳排放量，2018—2021 年，亚吉铁路的货物运输共减少二氧化碳排放 62 758.6 吨，年均减少 23 000 吨。其中，2018 年减少 15 659.3 吨，2019 年减少 20 971.6吨，2020 年减少 26 127.7 吨，2021 年则达 28 714.4 吨。综合来看，亚吉铁路的建设对埃塞俄比亚和吉布提的碳减排起到了重要作用，有着较好的降碳效益。

第四节　亚吉铁路发展展望

一、国家长远发展战略

在梅莱斯时代，埃塞俄比亚模仿中国早期经验，发展本国经济，被称为非洲"小中国"（汪汇源，2019）。21 世纪以来，埃塞俄比亚力图通过国家干预模式，积极实行以经济建设为中心、以农业和基础设施建设为先导的发展战略（周嘉希，2019）。埃塞俄比亚先后制订了三个五年计划。第一个五年计划开始于 2005/2006 年，结束于 2009/2010 年。2005 年以来，加大农业投入，大力发展新兴产业、出口创汇型产业、旅游业和航空业，吸引外资参与能源和矿产资源开发，经济保持 8％以上高速增长，联合国视埃塞俄比亚为实现千年发展目标的典范。其间，埃塞俄比亚曾发布《产业发展战略》《可持续发展与减贫计划（2002—2005）》《以消除贫困为目标的加速增长和可持续发展计划（2005—2010）》等政策文件。第二个五年计划是"增长与转型计划"（Growth and Transformation Plan，GTP），始于 2010/2011 年，结束于 2014/2015 年；加强水电、铁路等基础设施建设，加快制造业发展。在梅莱斯的支持下，一些标志性项目在前两个五年计划期间先后启动和完成，实现 11％的经济增长。

第三个五年计划是 GTP 二期。2016 年起实施第二个五年"增长与转型计划（2016—2020）"（GTP Ⅱ）。根据该规划，埃塞俄比亚的目标是：成为一个民主统治、良政和社会公正、人民自愿参与的国家；脱离贫困，成为一个中等收入的国家；实现现代高效的农业和工业起主导作用的经济，实现农业部门现代化，扩大以轻工业为主的工业经济，实现出口产业转变；扩大基础设施发展领域并提高质量，为 2025 年实现成为中等偏下收入国家的目标奠定基础。根据《埃塞俄比亚工业发展战略规划》，2025 年埃塞俄比亚要成为非洲领先的制造中心；制造业占 GDP 的 18%，出口占全部出口额的 40%，吸纳就业人数 200 万人。埃塞俄比亚政府制订了工业化的总体规划和顶层设计，2015 年颁布《工业园法》并制定了优惠政策，成立由总理亲自挂帅的投资理事会，下设投资局和工业园开发公司，计划在 10 万公顷土地上建设 2 000 万平方米厂房，提供优质配套基础设施和技能工人，推动工业园建设和发展（张磊，2019）。富有雄心的蓬勃发展意愿与有规则的发展规划制订实施，促使埃塞俄比亚成为东非乃至非洲最具发展潜力的国家。

二、大国发展潜力释放

埃塞俄比亚是非洲的大国，国土面积达到 114 万平方千米，人口超过 1 亿人，是非洲第二大人口国家，是世界人口最多的内陆国家。根据联合国的预测，埃塞俄比亚是人口增长最快的大国，2050 年从 1 亿人增长到 1.7 亿人。20 世纪 90 年代以来，埃塞俄比亚经济开始逐步发展。1991—2000 年是埃塞俄比亚政治经济发展道路的探索时期，从革命到经济建设、从计划经济到市场经济、从德格集团军政统治向议会多党制转变。2001—2017 年是埃塞俄比亚在发展型国家道路上实现经济超速发展的时期。如表 14-7 所示，2005—2011 年，GDP年均增长率接近 10%，贫穷人口的比例从 2005 年的 41.9% 下降到 2011 年的 29.6%。这得

表 14-7　1991—2018 年埃塞俄比亚 GDP 增长率　　　　　　　　　%

时　　期	农业	工业	服务业	实际 GDP
1991/1992—2015/2016	5.2	10.8	9.3	7.3
可持续发展和减贫计划的准备期（Pre-SDPRP）：1992/1993—1999/2000	2.4	6.3	7.5	4.2
可持续发展和减贫计划时期（SDPRP）：2000/2001—2004/2005	5.6	7.9	5.9	5.9
增速与可持续发展的减贫计划（PASDEP）：2005/2006—2009/2010	8.3	10.1	14.1	10.9
增长与转型计划（GTP）第一个五年计划：2010/2011—2014/2015	6.6	19.6	10.9	10.0
2015—2016	2.3	20.6	8.7	8.0
2017	—	—	—	8.5
2018	—	—	—	8.2

资料来源：根据埃塞俄比亚国家计划委员会和世界银行公布的数据整理。

益于埃塞俄比亚的发展战略和政策延续性。2010 年，埃塞俄比亚政府的发展理念发生变化，强调发展型政府在经济增长和结构转型中的中心作用，增长和转型五年规划旨在推动埃塞俄比亚经济从自给自足的农业向出口导向型工业转变（周瑾艳，2019）。GTP 提出，2025 年，投入运营的工业园将增加到 30 个，制造业就业岗位将增加到 200 万个。

人口众多促使埃塞俄比亚成为重要的工业品消费大国。埃塞俄比亚希望复制中国工业化模式，成为下一个全球制造业中心。英国专业咨询机构 Ernst & Young 连续五年推出的非洲国家投资吸引力指数（AAI）报告指出，埃塞俄比亚已取代尼日利亚成为非洲最具吸引力的投资目的国。2010 年，埃塞俄比亚政府启动 GTP，积极发展基础设施、能源和电信等基础性行业，大力建设以出口创汇为先导的工业园区；倡导以农产品加工为核心的农业现代化，大力发展咖啡、油料种子、鲜花、牛羊及皮革出口等优势产业，2050 年之前农业平均增长率为 3.6%。2010—2020 年，埃塞俄比亚的进出口总额从 154.1 亿美元增长到 269.9 亿美元；进口总额从 100.8 亿美元增长到 185.4 亿美元；出口额从 53.3 亿美元增长到 84.5 亿美元（图 14-6）。2021 年，埃塞俄比亚的主要出口国依次是索马里（12.2%）、美国（11.0%）、荷兰（10.6%）、沙特阿拉伯（7.8%）、德国（6.8%）、阿联酋（5.9%）、吉布提（4.3%）、比利时（4.1%），主要进口国依次是中国（26.8%）、印度（16.1%）、美国（7.2%）、马来西亚（5.1%）、土耳其（4.7%）和摩洛哥（4.1%）。

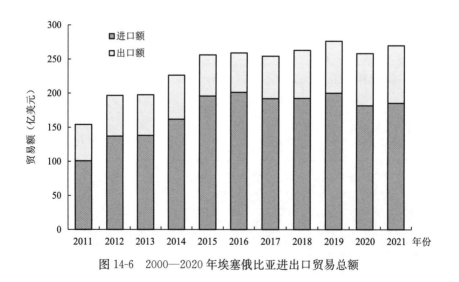

图 14-6　2000—2020 年埃塞俄比亚进出口贸易总额

三、能源开发与大宗货源

1. 能源瓶颈缓解

埃塞俄比亚的无电人口众多。埃塞俄比亚全国发电装机容量仅为 470 万千瓦，全国平均通电率不足 1/2，2019 年人均用电量为 153 千瓦时，不足世界人均水平的 1/20；仅有 17％的人口能用上电，农村地区几乎没有电力供应，电气化率仅为 6％，即使在亚的斯亚贝巴，仅有 33％的居民实现电力供给。能源短缺成为各行业发展的重要瓶颈。这对亚吉电气化铁路形成较为明显的负面影响，电力供应不足且不稳定，经常发生停电现象。

埃塞俄比亚有丰富的清洁能源资源，境内有 9 条河流适宜开发水电资源，全国蕴藏水力资源为 4 500 万千瓦，占非洲总量的 1/5；同时拥有丰富的风能、太阳能、地热能等可再生能源。截至 2019 年，埃塞俄比亚电力装机容量为 470 万千瓦，以可再生能源发电为主，其中水电装机容量为 406.8 万千瓦，风电装机容量为 32.4 万千瓦，地热装机容量为 0.73 万千瓦，生物质电厂装机容量为 15.5 万千瓦，柴油发电厂装机容量为 15 万千瓦（乔苏杰等，2021）。截至 2020 年，水电资源开发率仅 9％左右，风电开发量不足 1％，开发程度较低，未来开发前景广阔。埃塞俄比亚政府对电力开发一直保持积极的态度，GTP Ⅱ 提出 2037 年发电总装机要达到 3 500 万千瓦的目标，但必须有充足的资金且要解决水权争议。相关电力项目如表 14-8 所示。埃塞俄比亚风能资源储量为 30.3 亿千瓦，潜在开发量为 15.99 亿千瓦，风电可装机规模为 13.5 亿千瓦；太阳能辐射强烈，太阳能辐射密度为 1 992.2 千瓦时/（平方米·年），太阳能总储量达 21.99 百万亿千瓦时/年。

目前，埃塞俄比亚积极推动一系列项目的实施。中国国家电网承担埃塞俄比亚输配电网络的改善工程。埃塞俄比亚政府制订计划，将建设 9 000 千米的配电线路和 19 600 千米的输电线路，并将 60 吉瓦的可再生能源作为未来 15 年增长和转型计划的基石，2025 年将发电能力提高到 1730 万千瓦，并在水力、风力、地热和生物质能等部门建设发电项目。2018 年埃塞俄比亚政府公布了 17 个项目，其中 14 个是供电项目，其余 3 个是交通建设项目。

复兴大坝是埃塞俄比亚推进水电开发、缓解国内能源供应紧张局面与赚取外汇的重要途径。复兴大坝由梅莱斯在 2011 年提议立项。该电站位于尼罗河上游青尼罗河，具体位于埃塞俄比亚本尚古勒-古马兹州，装机容量达到 600 万千瓦，设计高度 170 米，宽 1.8 千米，投资 47 亿美元，建成后将是非洲最大的水力发电设施，将使埃塞俄比亚的发电量翻五番。2020 年 7 月，复兴大坝开始蓄水。2022 年 2 月，该电站正式宣布开始发电。

表 14-8 埃塞俄比亚已建电力项目   单位：兆瓦

类型	项　　目	所在州	装机
水电	特科泽（Takeze）水电站	提格雷州	300
	贝莱特（Beles）水电站	阿姆哈拉州	460
	提斯阿贝 2（Tis Abay 2）水电站	阿姆哈拉州	73
	提斯阿贝 1 水电站	阿姆哈拉州	11
	科卡（Koka）水电站	奥罗米亚州	43
	阿莫提奈舍（Amerti Neshi）水电站	奥罗米亚州	95
	芬恰（Fincha）水电站	奥罗米亚州	134
	阿巴萨姆尔（Aba Samuel）水电站	奥罗米亚州	7
	阿瓦什 2 水电站	奥罗米亚州	32
	阿瓦什 3 水电站	奥罗米亚州	32
	吉格吉贝 1（Gilgel Gibe 1）水电站	奥罗米亚州	184
	吉格吉贝 2 水电站	南方州	420
	梅尔卡韦克纳（Melka Wakena）水电站	奥罗米亚州	153
	格纳莱达瓦 3（Genale Dawa 3）水电站	奥罗米亚州	254
	吉格吉贝 3 水电站	南方州	1 870
	小计		4 068
柴油发电	小型柴油机站	提格雷州	57
	德雷达瓦柴油发电站	德雷达瓦	44
	阿瓦什 7 柴油发电站	奥罗米亚州	35
	卡利蒂（Kaliti）柴油机站	奥罗米亚州	14
	小计		150
风力发电	艾希戈达（Ashegoda）风力电站	提格雷州	120
	阿达玛 1 风力电站	奥罗米亚州	51
	阿达玛 2 风力电站	奥罗米亚州	153
	小计		324
地热发电	阿鲁托朗加诺（Aluto Langano）地热电站	奥罗米亚州	7
其他	小计		155
合计			4 704

2. 大宗货源开发

截至目前，埃塞俄比亚的石油主要由吉布提港提供，石油运输将成为亚吉铁路的大宗运输货物。根据规划，吉布提油码头、油品专用线及阿瓦什、杜克姆油品卸油专用线等配套专线建成投入使用后，亚吉铁路可承担埃塞俄比亚约 40% 的进口石油的运输任务，运量达到160 万吨/年，形成"铁路干线长途＋公路短途"的组合运输模式，通过亚吉铁路将石油产品从吉布提港的地平线（Horizon）油码头运至埃塞俄比亚的阿瓦什油库及杜克姆油库，再采用汽车配送至各销售点。同时，亚吉铁路将承担临港炼油厂油品运输，通过管道将油品从临港炼油厂输送至铁路油罐组，通过专用线发送至阿瓦什油库，年运能达 80 万吨/年。

埃塞俄比亚以农业经济为主，有着丰富的农产品资源，发展农资散货运输与冷链物流有着巨大的潜力。埃塞俄比亚每年通过吉布提港进口 300 万吨小麦和化肥及其他农资货物，亚吉铁路能够承担 25% 甚至更高比重的运输任务，这是亚吉铁路的稳定货源。目前，限于亚吉铁路的棚车数量、装卸自动化缺失和农业部规定的运输时间，每年只能承运 30 万吨左右，未来增长空间巨大。农产品进出口冷链物流逐步发展，并成为新兴货源；2020 年 8 月，亚吉铁路开发了冷链物流班列，成为非洲大陆首条提供冷链运输服务的铁路。这填补了埃塞俄比亚冷链运输产业的空白，社会经济效益高。

铁路与产业园区的无缝连接和高效集疏运体系将更加完善。亚吉铁路在沿线产业园区规划布局和建设一批无轨站，打通了铁路站到门运输的"最后一公里"，扩大了铁路辐射范围，实现各产业园区原材料和产品的高效运输，提高了铁路客货源（王玉戈，2021）。同时，各站点的列车发行次数逐步增多，尤其是针对内陆旱港的列车发行次数增长迅速（叶杉，2022）。2018 年，港前站-莫焦旱港的列车发行次数达到 821 列/年，2019 年增长至 1 099列/年；2020 年，集装箱码头-莫焦旱港、多拉雷多功能码头-英杜德、多拉雷多功能码头-阿达玛等发行次数达到 1 162 列/年，2021 年增长至 1 206 列/年；未来，集装箱码头-莫焦旱港、多拉雷多功能码头-英杜德、多拉雷多功能码头-阿达玛、油码头-阿瓦什的发行频率将提高到 6 列＋/天。产业园区"最后一公里"的逐步实现与发行列车次数的逐步增长将有力壮大亚吉铁路的货源规模。

四、亚吉发展轴线培育

1. 工业化建设与产业布局

埃塞俄比亚是世界最不发达的国家之一，工业基础薄弱，未经历过工业化，以工业增长为主导的经济体系尚未建立起来。铁路是推动工业化的主要支撑要素，是工业化国家迈向现代化国家的重要标志。亚吉铁路沿线地区具有很大的发展潜力，覆盖埃塞俄比亚 30% 的人口和土地、吉布提 70% 的人口，连接了东非之角的两大中心城市。埃塞俄比亚有着巨大的市场潜力，是"东南非共同市场"（Common Market for Eastern and Southern Africa, COMESA）以及"非洲、加勒比和太平洋地区国家集团"（Group of African, Caribbean and Pacific Region Countries, ACP）的成员，享受美国《非洲增长与机遇法案》（African Growth Opportunity Act, AGOA）和欧盟"除武器外全部免税"（Everything but Arms Scheme）关于非洲产品免关税、免配额的政策。埃塞俄比亚基于自身国情，广泛吸纳了韩国、新加坡、中国、越南、毛里求斯和尼日利亚等国家的经验，创建具有自身独特的工业园模式和政府主导的工业化战略（周瑾艳，2019）。新世纪以来，埃塞俄比亚视工业化为国家发展的必由之路，积极推行一系列的重大战略，力图从农牧业国家向现代化国家转变，愿景是成为非洲下一个全球制造业中心；相关产业政策如表 14-9 所示。埃塞俄比亚力图以亚吉铁路为依托，建立"一体两翼"的经济走廊架构，"一体"为亚吉铁路经济走廊，"北翼"为亚的斯亚贝巴到默克莱的铁路经济走廊，"南翼"为亚的斯亚贝巴到阿瓦萨的铁路经济走廊。埃塞俄比亚政府制订了 2025 年发展规划，将工业园区作为工业化战略的重要依托，在全国规划 14 个工业园区，有 8 个园区直接分布在亚吉铁路沿线；联邦政府及外商企业建立的许多工业园区均分布在亚吉铁路沿线及两侧地区，如博勒莱米（Bole Lemi）、阿达玛、德雷达瓦、阿瓦萨等，轻工、纺织、服装、现代物流等外向型产业沿着亚吉铁路逐步形成规模（张磊，2019）。未来 20 年，亚吉铁路的产业集聚效应将加速显现与释放，进一步促进园区和重大项目布局，亚吉交通走廊、贸易走廊、产业走廊加速形成并升级完善，这将大幅提升沿线

表 14-9 埃塞俄比亚的产业政策举措

产业政策	具体举措
选择优先部门	在国家发展计划中选定优先部门，包括皮革、纺织、农产品加工、金属、化工、建筑、医药等
扩大"工业官僚机构"	建立协调产业政策的政府机构，包括埃塞俄比亚投资委员会、工业园开发公司和埃塞俄比亚工业投入开发公司
提供信贷	国有银行：埃塞俄比亚开发银行和埃塞俄比亚商业银行
促进出口	提供信贷、税收、土地使用等优惠政策，鼓励出口发展。
进口替代	对埃塞俄比亚重点扶植的产业部门的进口制成品征收高额关税。
吸引外商直接投资	完善基础设施（例如工业园区和铁路建设），见面关税，提供土地使用优惠，为外商投资提供一站式服务
基础设施建设	重点投资电力和交通基础设施建设，例如亚吉铁路沿线经济走廊
工业园区建设	从吸引外资到注重本地企业与外资企业的相互学习，注重全产业链的引进

地区的工业化水平，并发展成为东非之角的主要发展轴线，为两国的社会经济发展注入强大动力，带动两国融入全球产业链与价值链。

2. 人口增长与城镇化布局

非洲的城市建设虽然较早，但城镇化发展较晚且缓慢。近些年来，非洲的城镇化建设进入了快速发展时期，被称为"全球最后的发展前线"。近几年来，非洲之角的国家以 4.68% 的城市化速度快速推进，城市人口显著增加，但仍然面临城市化水平较低、城市发展不均衡等问题。2020 年埃塞俄比亚人口总数为 11 496.4 万人，比 2019 年增长了 288.5 万人，人口增长率为 2.5%；与 2010 年人口相比，人口数量增长了 2 732.4 万人，年均增长 270 万人。按照发展趋势，2050 年左右埃塞俄比亚人口数量将超过 1.7 亿人。如图 14-7 所示，2020 年埃塞俄比亚的城镇化率 21.7%，城镇人口 2 494.1 万人，比 2019 年增长了 115.2 万人，相比 2010 年增长了 976.3 万人，年均增长 98.0 万人；农村人口 9 002.2 万人，占总人口比重为 78.3%。如果按照 55% 的城镇化率（2020 年的全球平均水平）进行粗略计算，2020—2050 年，埃塞俄比亚将有 6 800 万人进城，形成巨大的人口红利时期，城镇化有巨大的发展空间。这为埃塞俄比亚的城镇建设与经济转型带来巨大机遇。

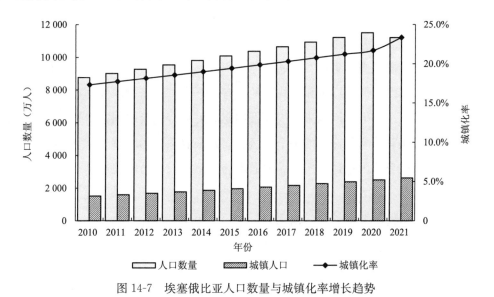

图 14-7　埃塞俄比亚人口数量与城镇化率增长趋势

五、东非铁路互联互通

1. 中远期东非铁路建设情景

非洲各国的发展水平较低，但因其特殊的殖民地历史，其铁路建设开端较早甚至早于中国。19 世纪中期至 20 世纪中期，欧洲国家在非洲大陆修建铁路，主要功能是掠夺资源与输入工业品。20 世纪中期到新世纪初期，非洲各国相继独立，资源富集国家为了推动经济发展，力图实施一系列包括铁路在内的建设计划，但囿于政治动荡、技术手段、资金匮乏等制约，铁路建设缓慢。而且由于宗主国的退出、经济发展的低迷、运维资金与铁路技术及人才的缺乏，许多铁路段被废弃或掩埋。21 世纪初期开始，非洲铁路建设迎来第二次热潮。南非、西非、东非等区域跨国铁路项目陆续形成一体化的规划蓝图，部分铁路线已经建设完工并运营，例如亚吉铁路和蒙内铁路，许多铁路项目进入了施工阶段，部分铁路项目列入设计议程。非洲各国的铁路建设规划如能按期实施，2050 年左右铁路覆盖国家将拓展至 48 个，总里程将达到 23.03 万千米，其中南非铁路里程最高，达到 2.09 万千米，刚果（金）、苏丹、尼日利亚均超过 1 万千米，安哥拉、坦桑尼亚、阿尔及利亚、喀麦隆均超过 8 000 千米。这将会形成未来非洲铁路网的全新格局。非洲铁路的逐步成网、覆盖范围扩大和路网加密及技术标准统一，将促使非洲铁路的规模经济、范围经济等各类效益不断显现，将逐步提高亚吉铁路的连通性与效益，促使亚吉铁路从埃塞俄比亚和吉布提的两国运输拓展到埃塞俄比亚高原的局域连通、最终实现非洲大陆的全域通达，由此带来规模效益、范围效益。由此判断，在非洲铁路建设进程的宏观背景下，亚吉铁路的建设和运营有着较高的效益预期。

2. 多门户战略意图持续显现

埃塞俄比亚为了摆脱内陆劣势、连通全球，积极修建以吉布提港为出海口的亚吉铁路通道。亚吉铁路的修建促使厄立特里亚的战略地位有所下降，吉布提取代厄立特里亚而成为红海沿岸的重要中转枢纽。但长期以来，埃塞俄比亚对厄立特里亚的国家情结并没有改变，始终认为厄立特里亚是其埃塞俄比亚的一个地区省，并采取系列的政策与斗争力图收回。在这种格局下，埃塞俄比亚努力构建多门户、多通道的出海格局，力图规避单一出海口与出海通道的潜在风险。

埃塞俄比亚积极修筑北部铁路，南起阿瓦什，北至默克莱，全长 618 千米，力图实现与厄立特里亚的铁路连接。该铁路连通埃塞俄比亚的北部经济带，南段由土耳其运输基本设施公司（Yap Merkezi）承建，北段由中交建承担。该铁路以货运为主、客货兼顾，为 Ⅱ 级单线铁路，主要运输矿石、咖啡等货物。尽管该铁路因各种问题而暂停，但该行动反映了埃塞俄比亚的战略意图。两个国家的民族关系与亲属关系，促使两国重新开放边界，开放德拜西马（Debaisima）-布雷（Bure）口岸、塞尔哈（Selha）-扎拉姆贝萨（Zalambesa）口岸，分别直通港口阿萨布（Assab）和马萨瓦（Massawa）。未来，这将在一定程度上对亚吉铁路运输形成分流与冲击。

同时，埃塞俄比亚在各方向加强与周边国家的合作，力图有效利用更多的海港，形成多门户格局。GTP（2010/11—2014/15）提出埃塞俄比亚在周边国家港口的货物分配方案：

吉布提港 60％、伯贝拉港 30％ 和苏丹港 10％。近年来，埃塞俄比亚政府聚焦索马里西北部的伯贝拉港、苏丹的苏丹港和肯尼亚的蒙巴萨港，重新评估这些港口的利用可能性及潜力。其中，亚的斯亚贝巴与苏丹港的距离为 1 881 千米，与蒙巴萨港的距离为 2 077 千米，而与伯贝拉港的距离为 964 千米。埃塞俄比亚对伯贝拉港有着极大的兴趣。未来亚的斯亚贝巴-伯贝拉港通道的规划与建设及运营，将对亚吉铁路的货运量及发展前景形成潜在的挑战。

第五节　结论与经验

一、"建营一体"成为中国铁路"走出去"的有效模式

"一带一路"沿线国家的国情表明，在许多国家，重大基础设施工程缺少稳定运营与可持续发展的必要环境与配套体系。但这些国家投资建设基础设施的最终目的是运营和管理基础设施。在此背景下，中国企业"走出去"经历了从"劳务承包"到"工程分包"、再到"项目总承包"的逐步转变，形成了从"承建"到"投资承建"、再到"投资承建运营"的组织模式升级，让中国铁路在海外实现了从"中国建造"向"中国运营"的转型。中国铁路"走出去"，要根据东道国的具体国情，改变过去长期坚持的 EPC 模式，长远考虑，统筹近期建设、中期运营、远期交接与指导，采用"有建必营，逐步退出"的基本模式，将重大基础设施项目的规划设计、建设施工、装备采购、运营管理、培训监督、技术指导等各类关联业务进行总承包，形成项目闭合（刘卫东、姚秋蕙，2020）。此外，要围绕重大基础设施项目，积极谋划建设完善的配套系统与服务系统，尽快实现项目的盈利回报并形成综合性效益，以此提振东道国的信心与动力。

二、输血造血共举推动东道国发展

重大项目布局建设要与东道国的国家长期发展战略紧密结合，尤其要与东道国的工业化、农业化、城镇化发展战略相结合。要立足项目上下游关系，依托项目工程，推动关联产业与配套产业的培育与发展壮大，打造区域发展"小生境"，帮助东道国培育形成新增长极，并助力推进其工业化和城镇化进程。中方企业要从过去"单一性"的"工程承包商"向"综合性"的"区域开发商"的方向进行转变，充分利用中国央企的技术优势与资金优势，实施"工程项目＋"战略，直接参与上下游项目的布局与产业发展，建设运营产业园区、城市基础设施、土地开发、物流产业等关联产业与配套服务，促进产业、企业家、劳动力、资金等

资源要素实现集聚发展、融合发展。以此，实现"输血"和"造血"融合发展，推动重大项目从"单体项目"向"综合体"甚至向"增长极"转变和升级。亚吉铁路不仅是一条运输线，更是一条经济走廊、一条繁荣之路，开创了"建设一条铁路，打造一条通道，拉动一条经济带"的亚吉模式（郑军，2016）。

三、项目建设与东道国"水土相宜"

"一带一路"沿线国家的社会经济发展水平较低，财力有限，许多国家尚未经历过完整的或系统的工业化与城镇化发展过程，缺少基本的工业体系与制度文化环境。中方企业在承建重大项目工程时，坚持与东道国社会经济发展水平相适应，要为东道国提供水平适宜的技术标准和国情适宜的经营组织方式。中方企业要充分考虑东道国的政治经济制度、社会文化环境及宗教信仰、民族关系、部族结构，根据东道国的"土壤"推行适宜的项目工程运营模式（刘卫东等，2017）。在此基础上，围绕项目方案、工程设计、投融资、装备材料、建设施工、运营管理等各环节各方面，确定中国标准的进入模式、进入深度及范围与层次。中方企业不能完全照搬中国标准与中国模式，要根据东道国国情实施"水土相宜"的优化调整。

四、多方联动投资，深度融合发展

海外项目建设与经营要深入融合东道国的中远期发展战略，围绕核心工程，联动多元化的市场因素与市场主体，构建多元化的投资结构，形成综合性的发展效益。亚吉铁路是亚吉经济带的核心设施，中方企业立足亚吉经济带，围绕线性铁路设施，发挥铁路运输功能，积极扩大自己的投资范围，拓展到产业、物流、园区、土地开发等各领域，形成"1＋N"的多元化投资，降低投资风险。同时，中方企业发挥龙头引领作用，吸引本国（中国）、东道国（埃塞俄比亚与吉布提）或其他国家的企业，开展亚吉经济带和东道国的关联产业、关联领域的投资建设与运营，形成联动投资与协同发展。招商局集团重点投资了亚吉经济带的门户港-吉布提港，埃塞俄比亚航运与物流服务公司投资建设了莫焦旱港，吉布提石油公司优化了地平线油专线，巴林和科威特石油公司积极响应杜克姆油库和油专线方案，陕西延长石油公司、招商局集团达成80万吨成品油炼化基地的建设协议，中土集团与中外运联合成立了短倒物流公司，解决"最后一公里"问题。

五、积极实施低碳绿色建设与发展

亚吉铁路建设项目有着较高的生态环境效益，是低碳绿色发展的示范性项目。亚吉铁路的项目设计与工程施工，始终坚持尊重自然和保护自然的理念，沿线开设了大量的野生动物通道，保障了野生动物的繁衍、迁徙。铁路途经重要生态功能区与自然保护区时，路线布局与建设尽量减少改变沿线地区的地形地貌，减少对动物生活环境的影响，维持自然地理环境的原始性。亚吉铁路是电气化铁路，能源驱动方式为电力驱动，所用电力为清洁水电，其运营有着显著的降碳效应。亚吉铁路的货运功能替代了亚吉通道上的公路卡车运输，2018—2021年共替代了13.2万辆载重40吨级的卡车运输，减少了柴油消耗量2.9万吨，相当于减少碳排放9.15万吨。

六、因地制宜妥善解决困难与问题

亚吉铁路在建设过程中和运营初期遇到了许多困难与问题。但中方企业坚持积极负责的态度，发挥中国央企的引领和示范作用，采取了各类措施，有效化解了多数问题与困难，实现了亚吉铁路的稳步建设与安全运营。中方企业针对埃塞俄比亚资金困难的问题，自己垫付资金以保证项目按期建设运营；围绕线路安全问题，在沿线地区的各部族开展铁路安全宣传，加强安保力量组织与应急能力建设；针对初期货源培育，实施了关联投资，沿线建设了一批产业园区，培育补充了铁路的货源；积极吸引中国和其他国家的企业开展各类投资，采取建设旱港、推行"散改集"和组建短倒物流公司等各类集疏运措施，促进增运增收，努力实现铁路达能创收。综合来说，项目承建企业坚持的中国央企责任与精神是亚吉铁路成功建设与运营的关键。

致　谢

本章在数据收集、实地调研、座谈及撰写过程中得到了中国土木工程集团有限公司郑军、冯超的大力协助与交流，对完善和提升相关结论发挥了重要作用，特此表示感谢。

参 考 文 献

胡三勤、张润贤、陈仙丽："中非经贸合作下非洲基础设施建设的现状与挑战——以亚吉铁路建设为例"，《无锡职业技术学院学报》，2021年第1期。

梁泳梅、李钢："中资企业在非洲投资对当地包容性增长的影响——以埃塞俄比亚为例"，《全球化》，2020年第6期。

刘卫东、Michael Dunford、高菠阳："'一带一路'倡议的理论建构——从新自由主义全球化到包容性全球化"，《地理科学进展》，2017 年第 11 期。

刘卫东、姚秋蕙："'一带一路'建设模式研究——基于制度与义化视角"，《地理学报》，2020 年第 6 期。

乔苏杰、陈长、范慧璞："埃塞俄比亚可再生能源和电力发展现状及合作分析"，《水力发电》，2021 年第 11 期。

冉福林："中国企业在埃塞俄比亚建设新工业园区"，《北京皮革》，2021 年第 7 期。

汪汇源："2019 年埃塞俄比亚经济概况"，《世界热带农业信息》，2019 年第 11 期。

王成金、谢永顺、陈沛然等："铁路技术跨越式转移的制度-经济-文化适应性——基于亚吉铁路的实证分析"，《地理学报》，2020 年第 6 期。

王玉戈："亚吉铁路海铁联运管理模式分析"，《工程建设与设计》，2021 年第 3 期。

叶杉："'一带一路'背景下埃塞俄比亚莫焦陆港发展策略"，《交通企业管理》，2022 年第 1 期。

张磊："从亚吉铁路经验看企业国际化经营模式创新"，《国际工程与劳务》，2019 年第 3 期。

张磊："海外基础设施项目商业模式创新研究——以亚吉铁路为例"，《铁道建筑技术》，2020 年第 5 期。

张磊："亚吉铁路'投建营一体化'创新实践"，《施工企业管理》，2021 年第 7 期。

郑军："亚吉模式"，《中国投资》，2016 年第 10 期。

周嘉希："埃塞俄比亚的国家发展与'一带一路'实践"，《和平与发展》，2019 年第 5 期。

周瑾艳："作为非洲道路的民主发展型国家——埃塞俄比亚的启示"，《文化纵横》，2019 年第 3 期。

第十五章　埃塞俄比亚工业园区研究[①]

摘　要

非洲国家是"一带一路"建设的积极参与者。"一带一路"倡议下中非合作的新模式和新路径，体现了包容性全球化的理念。工业化是实现传统农业发展模式向现代化转型的最重要途径之一。发达国家大多是通过工业化道路实现了经济结构转型，再逐步迈向更高级的后工业化阶段。后发国家通过向发达国家学习先进技术和创新制度实现跨越式发展。20世纪最成功的工业追赶发生在东亚，尤其是在日本、韩国、新加坡和中国。

埃塞俄比亚过去十多年在推进工业化进程上采取一系列激励措施，工业化建设取得积极进展。"一带一路"倡议提出以来，中国企业加快了走出去的步伐，尤其是中国民营企业纷纷出海，前往埃塞俄比亚等非洲国家开发建设工业园，这些企业在参与推动埃塞俄比亚工业化的过程中，将中国开办工业园的经验、技术和资金带到埃塞俄比亚，产生了一批由中国工业园开发模式演变而来的埃塞俄比亚工业园集群。受新冠病毒全球肆虐的影响，叠加内战频发，美国取消埃塞俄比亚享受《非洲增长与机遇法案》（AGOA）等问题，埃塞俄比亚在过去十年间建立起来的工业基础有付诸东流的危险。面临当前逆全球化趋势以及地缘冲突引发不确定的国际局势和时代背景，2022年8月，研究团队成员前往埃塞俄比亚，以埃塞俄比亚工业园为主要考察对象，对10所工业园进行了实地走访和调研，围绕埃塞俄比亚工业化发展的历史沿革、建设现状和发展态势开展研究；尤其针对埃塞俄比亚工业化进程中中国工业园开发建设面临的问题和挑战进行了分析，并就埃塞俄比亚在未来如何继续深入推进工业化建设提出了对策建议。

20世纪60年代，非洲国家在取得独立以后便开始按照西方发达国家的经验和知识，探索实现工业化和现代化的道路，但取得的成效十分有限。中国在现代化道路上取得的成功，

---

① 本章作者：翁凌飞、刘卫东、刘英、李阳。

给非洲国家带来新的希望和选择。非洲"2063 愿景"提出，通过工业化和制造业发展打造一个"基于包容性增长和可持续发展的繁荣非洲"。加强"一带一路"倡议与非洲"2063 愿景"的对接，积极落实"中非工业化合作计划"，为非洲在新时期实现工业化和现代化提供了重要的发展平台。

埃塞俄比亚政府视工业化为国家发展的必由之路。大力发展基础设施建设、加速实现工业化，成为埃塞俄比亚政府的优先发展战略。为加快推动工业化进程，埃政府于 2010 年和 2015 年分别制订了"增长与转型计划"，目标是到 2025 年成为中等收入国家。"一带一路"倡议的提出，为埃塞俄比亚工业化的需求与中国企业"走出去"的诉求进行对接提供了合作平台。近十年来，中国企业广泛参与埃塞俄比亚工业园区的开发建设，满足了埃塞俄比亚政府学习中国工业园区和经济特区建设经验的需要。可以说，埃塞俄比亚的工业园区，特别是中国企业开发建设的园区，是"一带一路"倡议在非洲落地的重要成果，也是打造"中非命运共同体"的重要成果。本章在赴埃塞俄比亚实地调研的基础上，回顾了该国工业园发展历程，分析了其中的中国工业园发展态势，指出了中国工业园建设存在的问题，并提出了相关建议。

研究表明，中国过去 40 年来的工业化道路为埃塞俄比亚工业化建设提供了经验借鉴，但仍需要考虑如何将中国发展经验与埃塞俄比亚实际所处的发展阶段相对应，因地制宜，摸索出一条满足埃塞俄比亚发展需求的工业化路径。未来，将有越来越多的中国企业走出去，对于迫切想要学习中国经验以实现工业化的埃塞俄比亚来说，需要埃政府借助外部的投资开发和建设管理，激发其内生动力，通过政府治理、制度和政策创新，才能实现经济的起飞。对于中国企业来说，无论是参与园区建造，还是投资建设和运营，只有在充分了解当地发展需求的前提下开发建设工业园，为当地发展带来实在的利益，实现真正的合作共赢、利益共享，才能推动"一带一路"建设高质量发展。

第一节　埃塞俄比亚历史沿革

埃塞俄比亚位于非洲东北部，东与吉布提、索马里毗邻，西同苏丹、南苏丹交界，南与肯尼亚接壤，北接厄立特里亚。埃塞俄比亚国土面积 110.36 万平方千米，其中高原占全国面积的 2/3，平均海拔近 3 000 米，素有"非洲屋脊"之称。埃塞俄比亚是有着 3 000 年文明历史的古国。从阿拉伯半岛南部移入的闪米特人是最早的居民。埃塞俄比亚国家建立的历史沿革主要分为以下五个阶段。

第一阶段，公元前 975 年孟利尼克一世称王。公元前 8 世纪建立努比亚王国；公元 1 世纪至 976 年，在北方的阿克苏姆建立埃塞俄比亚帝国，又称阿克苏姆王国；12 世纪至 1270 年，建立札格维王朝；13 世纪，阿比西尼亚王国兴起。第二阶段为西方殖民主义入侵时期。自 16 世纪开始，葡萄牙、奥斯曼帝国和英国、意大利相继入侵埃塞俄比亚；直到 1889 年，绍阿国王孟尼利克二世称帝，统一全国，建都亚的斯亚贝巴，奠定现代埃塞俄比亚疆域；1896 年，孟尼利克二世在阿杜瓦大败意军，意大利被迫承认埃塞俄比亚独立。第三阶段为 1916—1974 年，海尔·塞拉西登基为国王，埃塞俄比亚进入长达 60 年的塞拉西皇帝统治时期。1974 年 9 月，一批少壮军官发动政变推翻塞拉西政权，废黜帝制，成立临时军事行政委员会。1974 年，埃塞俄比亚革命战争爆发，推翻塞拉西皇帝统治，被认为是埃塞俄比亚历史上极具突破性的事件。新成立的临时军事行政委员提出"埃塞俄比亚第一"和建设"埃塞俄比亚社会主义"的口号，同年发表《埃塞俄比亚社会主义宣言》，宣布在全国开展"通过合作、启蒙和劳动获得发展的运动"。1976 年 4 月，埃塞俄比亚军政府发表《民族民主革命纲领》，提出"彻底消灭封建主义、官僚资本主义和帝国主义"，并为"向社会主义过渡"奠定了政治基础。

1977 年 2 月，门格斯图·海尔马里亚姆中校发动政变上台，自任国家元首，埃塞俄比亚进入门格斯图独裁时期。1991 年 5 月，以"提格雷人民解放阵线"为主的埃革阵军队进入亚的斯亚贝巴，推翻门格斯图政权，7 月成立过渡政府，埃革阵主席梅莱斯任总统。1995 年 5 月举行全国大选，8 月 22 日，埃塞俄比亚联邦民主共和国成立，梅莱斯以人民代表院多数党主席的身份就任总理。埃塞俄比亚成为联邦制国家，进入长达 20 年的经济飞速增长期，成为非洲"发展型政府"的典范。2012 年，梅莱斯病逝，海尔马里亚姆·德萨莱尼出任埃革阵党主席和总理。2018 年 2 月，埃塞俄比亚奥罗米亚州多地爆发民众游行，罢工罢市。海尔马里亚姆随即宣布辞去执政党埃革阵党主席和政府总理职务。阿比·艾哈迈德·阿里当选埃革阵主席和总理。

一、国家治理结构

根据《埃塞俄比亚联邦民主共和国宪法》，埃塞俄比亚为联邦制国家，实行三权分立和议会制（图 15-1）。总统为国家元首，任期 6 年。总理和内阁拥有最高执行权，由多数党或政治联盟联合组阁，集体向人民代表院负责。各民族平等自治，享有民族自决和分离权，任何一个民族的立法机构以 2/3 多数通过分离要求后，联邦政府应在 3 年内组织该民族进行公决，多数赞成即可脱离联邦。各州以本族语言为州工作语言。联邦议会由人民代表院和联邦院组成，系国家最高立法机构。人民代表院系联邦立法和最高权力机构，负责宪法和联邦法律的制定与修订，由全国普选产生，每 5 年改选一次，一般不超过 550 个议席。联邦院拥有宪法解释权，有权决定民族自决与分离，解决民族之间纠纷，联邦院成员任期5年，由各州议会推选或由人民直选产生，每个民族至少可以推选出1名代表，每百万人口可增选1名代表。

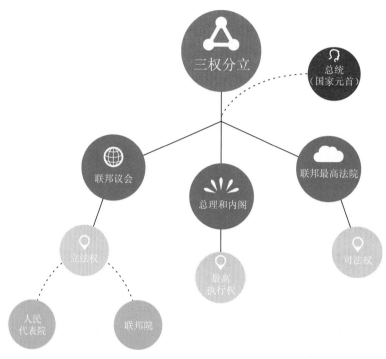

图 15-1　埃塞俄比亚国家治理结构

资料来源：笔者结合调研访谈整理，由孙荐制图。

埃塞俄比亚全国目前约有70多个注册政党。其中，主要政党为埃塞俄比亚人民革命民主阵线（埃塞俄比亚执政党，简称"埃革阵"）和团结民主联盟党。埃革阵决策机构是由36名成员组成的执行委员会，对内积极推行多党议会制民主和市场经济政策，尊重各民族自决权；对外主张在平等、相互尊重和不干涉内政的基础上加强与世界各国的合作，推行地区大国战略。团结民主联盟党为主要反对党，由原反对党联盟团结民主联盟的4个成员党于2005年合并而成，在本届人民院中没有席位，反对现行联邦制度，主张土地私有化，反对政府在埃（塞俄比亚）厄（立特里亚）边界问题上的立场。

二、行政划分与民族分布

埃塞俄比亚全国分为2个自治区（首都亚的斯亚贝巴市和商业城市德雷达瓦）和11个民族州。11个民族州分别为：奥罗米亚州、阿姆哈拉州、阿法尔州、本尚古勒-古马兹州、甘贝拉州、哈勒尔州、索马里州、南方州、提格雷州、西南州和锡达玛州。首都亚的斯亚贝巴位于国土中心，面积约 540 平方千米，人口约 400 万。全国第一大城市亚的斯亚贝巴是全国政治、经济和文化中心，也是联合国非洲经济委员会和非洲联盟总部的所在地，有"非洲政治首都"之称。作为国家首都的亚的斯亚贝巴，民族种类也非常多，主要民族有阿姆哈拉人（48.3%）、奥罗莫人（19.2%）、古拉格人（17.5%）和提格雷人（7.6%），其他民族占人口比重的 7.4%。城市 82% 的人口信仰东正教，12.7% 信仰伊斯兰教，3.9% 信仰新教，0.8% 信仰天主教，还有 0.6% 的民众信仰其他宗教，如印度教、犹太教、巴哈伊教等。德雷达瓦是埃塞俄比亚第二大城市，是两个特别行政区之一，辖区面积约 1 213.2 平方千米，其中城镇面积占 2.27%，农村土地面积占 97.73%。辖区人口约 39 万人，其中农村人口占 67.5%，城镇人口占 32.5%；城镇人口主要从事商业和工业，农村人口主要从事农业、畜牧业和养殖业。埃塞俄比亚其他主要城市有阿瓦萨、阿达玛、贡德尔、季马、哈勒尔、巴赫达尔、默克莱和吉吉加等。

埃塞俄比亚是一个多民族国家，全国约有 80 多个民族，主要包括奥罗莫族（40%）、阿姆哈拉族（30%）、提格雷族（8%）、索马里族（6%）和锡达莫族（4%），其他较大的民族还包括阿法尔族、古拉格族和沃莱塔族等。值得一提的是，埃塞俄比亚有不少跨国民族，如索马里族、阿法尔族和提格雷族等。索马里族主要居住在索马里，但埃塞俄比亚境内欧加登地区（今索马里民族州）的居民基本上是索马里人。阿法尔族主要分布在埃塞俄比亚、吉布提和厄立特里亚三国境内，其中以埃塞俄比亚为主。提格雷族主要分布在厄立特里亚，但埃塞俄比亚提格雷地区也以提格雷人为主。埃塞俄比亚约 45% 的居民信奉埃塞正教，40%～45% 信奉伊斯兰教，5% 信奉新教，其余则信奉原始宗教。阿姆哈拉语为联邦工作语言，通用语为英语，主要民族语言有奥罗莫语、提格雷语等。

埃塞俄比亚是非洲第二人口大国。世界银行数据显示，2021 年，埃塞俄比亚人口增长率 2.5%，总人口数接近 1.2 亿人，男女比例基本持平。0～14 岁的人口占 39.56%，15～64 岁的人口占 56.87%，64 岁以上的人口占 3.57%。全国适龄劳动力人口占 47.42%，这类群体主要包括 15 岁及以上在特定时期内为生产商品和服务提供劳动力的人群。其中，20～24 岁的女性占 10.12%，男性占 10.29%；25～29 岁的女性占 8.50%，男性占 8.65%。联合国世界人口展望的最新数据显示，埃塞俄比亚是世界人口增长最快的前五个国家之一，另外一个非洲国家是尼日利亚。到 2050 年，1/4 的世界人口都将是非洲人，而非洲也将成为世界上最年轻的地区。

三、主要自然资源

埃塞俄比亚水资源丰富，清洁水资源覆盖率超过 60%，享有"东非水塔"之称。境内河流湖泊较多，青尼罗河发源于此，但利用率不足 5%。根据《巴黎协定》，埃塞俄比亚承诺到 2030 年碳排放量减少 64%，已投入数十亿美元用于水电大型项目，埃塞俄比亚复兴大坝建成后将成为非洲最大的水力发电设施。埃塞俄比亚有 1 220 亿立方米可再生地表水资源，25 400 亿立方米可再生地下水资源，580 万公顷可灌溉土地。除此以外，埃塞俄比亚有着巨大的可再生能源发电潜力，水力发电能力约 45 000 兆瓦，风能约 1 000 兆瓦，地热能 5 000～10 000 兆瓦，太阳能约 5.5 千瓦时/平方米。在埃塞俄比亚已经探明的资源中，水电、地热能、木质、天然气、煤炭和页岩油气等资源禀赋均相当丰富，除木质资源外，大量能源资源都尚未开发。

相比于其他非洲国家，埃塞俄比亚是非洲典型的内陆型国家，埃塞俄比亚自然资源丰富，但勘探开发技术水平相对滞后，成为当前阶段经济发展的制约因素之一。埃塞俄比亚已探明的矿藏有黄金、铂、镍、铜、铁、煤、钽、硅、钾盐、磷酸盐、大理石、石灰石、石油和天然气。其中，黄金储量约 900 吨，钽铌矿储量约 1.7 万吨，天然气储量约 249 亿立方米。埃塞俄比亚也是非洲唯一的猫眼石生产国、主要的黄金出口国、新兴石油以及天然气开采国。目前，埃塞俄比亚已吸引不少国际投资者的注意，中国、加拿大、马来西亚、沙特阿拉伯、英国、苏丹和约旦等国的企业在埃塞俄比亚进行矿产资源开发，这为上下游经营活动提供大量投资和就业机会。

埃塞俄比亚旅游资源丰富，发展潜力巨大，但配套设施不发达。埃境内文物古迹及野生动物公园较多，有 7 处遗迹被联合国教科文组织列入《世界遗产名录》。近年来，阿比总理领导的埃政府重点打造埃塞俄比亚旅游服务业，已采取扩建机场、简化签证手续等措施促进旅游业发展，力争将埃塞俄比亚打造成为非洲十大旅游国之一。

四、主要经济结构

埃塞俄比亚是世界最不发达国家之一。埃塞俄比亚的国民经济以农牧业为主；工业发展基础薄弱，工业门类不齐全，结构不合理，工业产值只占国内生产总值的 26.7% 左右，主要为纺织、皮革加工、食品饮料、金属加工、家具制造、轮胎制造和建筑材料等。埃塞俄比亚工业发展面临缺乏技术、熟练的劳动力以及工业生产所需原材料等问题，导致当地的工业基础薄弱，因此，埃政府十分重视工业园区的发展并给予其大力支持。

埃塞俄比亚经济发展主要经历了经济探索时期（1991—2000）和经济增长时期（2001—2019）两个阶段。1991 年，埃革阵执政后，埃塞俄比亚进入从革命到经济建设、从计划经济到市场经济的探索时期，实行以经济建设为中心，重点恢复被毁的基础设施，重振制造业企业。1994 年，埃塞俄比亚首次提出农业发展带动的工业化（ADLI）战略，旨在从以农业和基础设施建设为先导的发展战略，向市场经济过渡，这一期间经济实现年均增长7%，经济恢复较快。1998年埃（塞俄比亚）厄（立特里亚）边界冲突爆发后，经济发展受挫。2001年，以埃（塞俄比亚）厄（立特里亚）和平进程取得进展为契机，埃塞俄比亚政府将工作重心转向经济建设。2001—2004年，政府实施"可持续发展和减贫计划"，先后采取修改投资和移民政策、降低出口税和银行利率、加强能力建设、推广职业技术培训等措施，获国际金融机构肯定。2005年，埃塞俄比亚政府实施"可持续发展的五年减贫计划"和"以农业为先导的工业化发展战略"，加大农业投入，大力发展新兴产业、出口创汇型产业、旅游业和航空业，吸引外资参与埃塞俄比亚能源和矿产资源开发，经济保持8%以上增长。

埃塞俄比亚将"民主发展型国家"作为国家发展战略，在提升国家治理能力、促进经济发展的同时巩固国家民主化建设。20世纪90年代以来，埃塞俄比亚大力推行发展型国家模式，以农业和工业化为战略重点，大型公共基础设施投资被列为埃塞俄比亚国家发展战略的优先议程。发展型国家模式的确立使得埃塞俄比亚实现经济的快速增长。2011—2016年，埃塞俄比亚GDP年均增长9%以上；其中，服务业贡献率占GDP增长率的41%，工业贡献率占34%，农业贡献率占25%。埃塞俄比亚农业是国民经济和出口创汇的支柱，约占GDP的40%。农牧民占总人口的85%以上，以小农耕作为主，主要从事种植和畜牧业，有少量渔业和林业。其中，主要经济作物咖啡产量居非洲前列，年均产量33万吨左右，占世界产量的15%，出口创汇占埃塞俄比亚总出口额的24%。自2004年起，埃塞俄比亚的农业产量取得了显著提高。现代技术的使用，农业生产规模的扩大，伴随技术而来的种子改良是农业生产效率提高的重要推动力。

2004年以来，埃塞俄比亚已连续15年保持10%以上的GDP增长，长期位居全球经济增长最快的前10个国家之列。尽管如此，过去20多年来，埃塞俄比亚政府积极推动经济结构从农业向制造业和服务业转型的成效却十分有限。埃塞俄比亚劳动力并没有从农业生产转移到其他生产领域。2012年以前，埃塞俄比亚的经济增长更多依赖于国内投资，特别是公共投资在农业、基础设施建设和服务业等重点领域的投资。其中，基础设施建设方面的公共投资占GDP的20%左右（约60亿美元），资金主要来自官方发展援助和海外汇款。2010年，埃塞俄比亚海外直接投资快速增长，埃政府提出国家增长转型计划GTPⅠ（2010—2015），强调海外投资在推动国家经济转型中起到的积极作用。根据GTPⅠ规划，到2025年，埃塞俄比亚将建成30个工业园区。埃政府将工业园区的开发建设作为推动其工业化的主要政策工具。2012年，埃塞俄比亚成为东非吸引对外投资第一大国，60%的FDI流向制造业领域，而投资目的地则主要集中在工业园区内。

埃塞俄比亚海外投资的持续增长与实施相关的产业政策以推进工业化密切相关，表明埃政府通过开发工业园，吸引海外投资进入制造业领域，推动埃塞俄比亚经济结构转型以实现可持续发展的产业政策正在发挥作用。新任总理阿比·艾哈迈德上台，继续推行内生经济改革计划，力求通过改善营商环境，缓解宏观经济失衡问题，着力发展私营经济，通过国企私有化和开放更多领域来吸引海外投资。然而，受新冠疫情、蝗灾、洪水和提格雷州军事冲突等因素叠加的共同影响，埃塞俄比亚面临经济增速放缓、外汇严重短缺、物价高企和失业率升高等问题。2020 年，埃塞俄比亚计划与发展委员会还制订了十年发展规划（2021—2030），未来十年，埃塞俄比亚将实现年均 10.2% 的经济增长率。优惠的招商政策、丰富的人口红利、低廉的营商成本和巨大的市场潜力将不断吸引外国投资者前来投资。

五、主要投资政策法规

埃塞俄比亚遵循大陆法系，主要法律根据民事、商业、刑事及其他法典制定。宪法是埃塞俄比亚最高法律。宪法以下是由议会决议通过的公告，由部长理事会制定的各种条例，以及由部委或机构决议通过的实施指令。所有公告和条例都在政府公报上发布。埃塞俄比亚主要投资法案有如下几个特征：

从投资目标看，埃塞俄比亚的投资目标旨在通过实现快速、包容和可持续的经济与社会发展，提高埃塞俄比亚人民的生活水平。具体包括：①通过促进有利于生产等相关部门的投资，提高国民经济的竞争力；②为埃塞俄比亚提供更多更体面的就业机会，促进国家发展所需要的知识、技能和技术转让；③加大鼓励国家出口产品和服务的数量、种类，提高出口产品质量来增加外汇收入；④通过在当地生产进口替代品以节省外汇支出；⑤加强私营部门在推动国家经济发展中的作用；⑥积极开发和转化国家自然、文化和其他优质资源；⑦通过加强部门间和中外投资联系促进经济一体化；⑧鼓励投资有利于社会发展和环境保护的项目。

从投资领域看，任何投资者均可从事埃塞俄比亚任何投资领域，违反法律、道德、公共卫生和安全的除外。另外，与埃塞俄比亚政府、国内投资者、境内投资者联合投资的投资领域按投资法相关规定执行；除部分保留的投资领域外，所有投资领域均向外国投资者开放；董事会可根据实际需要，必要时修订投资领域清单。

从投资形式看，投资可在下列企业之一进行：①个人企业；②在埃塞俄比亚或国外成立的企业；③根据有关法律成立的公共型企业；④依据有关法律成立的合作型企业。另外，任何形式的投资都应当按照《埃塞俄比亚商法典》或其他适用法律进行注册登记；在埃塞俄比亚注册的企业受《埃塞俄比亚商法典》和其他适用于企业的法律予以监管。

从投资管理机构看，埃塞俄比亚投资管理机构主要由埃塞俄比亚投资董事会、埃塞俄比亚投资委员会、埃塞俄比亚联邦政府和区域投资委员会以及依据法律设立的投资管理机构组成。投资董事会由总理担任主席，副主席由总理任命，其余八位成员分别由负责贸易、工业、服务、金融、税务、农业、能源和其他部门的官员担任，另外两位成员由私营部门的代表担任；埃塞俄比亚投资委员会委员和董事会秘书处负责处理日常事务；必要时总理可提名其他人员参与董事会决策。除此以外，董事会可以根据实际需要成立投资咨询委员会，委派任务并指定主席和委员会人员构成。

为建立现代化的投资制度和投资政策的法律、监管和行政框架，确保投资制度与国家发展目标以及投资政策方向的优先事项上保持一致，2020年，埃塞俄比亚国会通过新的《投资法案》。新法案侧重于为海外投资提供更加具有吸引力和竞争力的宏观投资环境，制定有针对性的激励措施，吸引外国投资者进入埃塞俄比亚对外开放的行业领域进行投资，采用促进投资、提升售后服务的最佳实践，建立投资者友好型的投资管理制度，其中就包括一站式服务，以及更高效透明的投资者申诉处理机制；确保投资制度与该国加入非洲大陆自由贸易区（AfCFTA）和世界贸易组织（WTO）的承诺保持一致。

第二节　埃塞俄比亚工业园发展历程

一、历史沿革

埃塞俄比亚的工业化发展始于20世纪初。这一时期，强大中央政府的建立，铁路建设带来的城市扩张以及对外关系的加强，刺激了埃塞俄比亚对进口制造业商品的需求；反过来又激励了埃塞俄比亚发展进口替代型产业，20世纪20年代，现代制造型企业开始涌现。20世纪50年代，在"二战"时期中断的制造业又出现新的发展势头，带动产生了一批对国民经济发展做出重大贡献的新兴产业。自此，一系列刺激和引导国家工业和经济发展的计划随之启动。随着国家政权的更迭，埃塞俄比亚产业政策可分为三大主要阶段：①20世纪50年代初至1974年，帝国政权下的进口替代和私营部门主导型战略；②1974—1991年，德格政权下的进口替代和国家主导型战略；③1991年以来，埃塞俄比亚人民革命民主阵线（EPRDF）领导下的出口导向和私营部门主导型战略。

埃塞俄比亚政府从20世纪50年代中期开始有意识地刺激工业增长并制订了第一个五年计划（1958—1962）。该计划通过发展进口替代轻工业来实现工业发展，为埃国内市场提供消费品。外国直接投资被视为进口替代产业的重要资金来源，因此，埃政府出台了一揽子措施鼓励国外私人资本对制造业的投资，包括通过高关税和禁止部分进口、财政激励、提供信贷等方式来保护国内产业。该计划还提出了促进埃塞俄比亚工业发展的其他投资领域，比如基础设施建设、人力资本开发，以及对特定行业的直接投资，尤其是高资本行业，如炼油、水泥、糖业和纺织等。1963—1973 年，埃政府又陆续推出了第二、第三个五年计划。政府加大了吸引外国投资者的激励措施，并通过对制造业的直接投资，继续加强其在经济活动中的影响力。这些举措的实施吸引了外国投资者，一定程度上推动了埃塞俄比亚的制造业发展。然而，到第三个五年计划期结束时，该国的整体工业基础仍然薄弱，呈现出由初级阶段的小规模手工业和现代中大型制造业构成的二元结构，其中外资企业占据埃塞俄比亚中大型制造企业的 65% 以上。总体而言，帝国政权下的产业政策偏向于进口替代、资本密集和外国投资主导的工业活动。

1974 年，第四个五年发展计划时期，埃塞俄比亚革命战争爆发。德格政府将大多数现代中大型制造企业国有化，并宣布实施"社会主义经济政策"。埃政府成为主要的经济参与者，私营部门被排除在外。最典型的表现是私人投资被限制在 50 万比尔（约 25 万美元）以内，劳动力市场受到高压管制，进口商品面临数量限制和征收高关税的制约。1984 年，埃政府成立中央规划机构并制订了十年远景规划。这一时期工业发展计划的重点是促进进口替代和劳动密集型产业。公共部门投资是埃塞俄比亚工业化建设中的主要推动力。埃政府对国有企业给予特殊待遇，并通过提供资金、设置配额和关税壁垒保护它们免受外国竞争。国有化和继续限制私营部门从事主要经济活动，导致充满活力的新兴产业部门只能发展成为小微型制造型企业。1985—1986 年，即革命战争爆发十年后，国有企业占所有企业投资份额的95%，提供给埃塞俄比亚 93% 的就业机会。尽管国有企业所占份额最大，但其财务状况越来越弱，不得不依靠政府补贴来满足其营运资本要求。另外，由于外汇、原材料供应和运营资金短缺等限制，制造业发展受到严重制约；大多数企业无力运营，生产的产品质量差，无法满足当地需求，更不具备国际竞争力。德格政权末期，埃塞俄比亚经济再次急剧下滑。其间，制造业受到的影响最大，大中型制造业的企业数量从 380 多家减少到约 275 家，就业人数大幅度减少。针对私营部门的限制性政策、公共部门效率低下，叠加埃塞俄比亚国内面临的冲突加剧，这些都成为埃塞俄比亚经济下滑的主要原因。

埃革阵掌权后重新制定了振兴国家经济发展的政策框架，宣布该国将遵循市场主导的经济发展政策。埃革阵执政后的第一个十年（1991—1999）出台了一系列促进竞争、开放经济和激励私营部门投资的政策措施，采用市场机制配置资源的方式来吸引外国投资。通过限制国家在经济活动中的作用，促进更多的私人资本参与投资。1996 年，埃塞俄比亚与国际货币基金组织达成了为期三年的强化结构调整贷款安排，继续深化埃塞俄比亚经济改革，政府承诺在稳定的宏观经济环境下进一步加强自由化措施，实现广泛的经济增长。这一时期，政府的产业发展政策制定和实践以民营企业为主导，以市场经济为导向，以出口导向型和劳动密集型产业为重点，通过能力建设、提供经济奖励和优惠信贷等政策有针对性地支持优先发展的行业。经济改革方案实施后，埃塞俄比亚实现了两位数的经济增长。2003—

2010 年，埃塞俄比亚 GDP 年均增长约 10.6％，包括工业在内的所有主要部门均增长了 10％以上，但其经济结构基本保持不变。工业增加值占 GDP 的比例相对稳定，在过去十年中保持在 10％～14％。

为真正实现工业化经济转型，埃塞俄比亚政府于 2002 年提出第一个"工业发展战略"，确定了埃塞工业化战略的主要原则与方向，包括：出口导向原则，该原则认为拉动出口有利于弥补国内市场过小的局限，推动国内工农业发展，特别是通过出口提升企业的生产率与竞争力并获取国家急需的外汇；劳动力密集型产业优先原则，旨在充分发挥埃塞俄比亚劳动力丰富的相对优势，同时实现扩大就业、削减贫困的目的；吸引外资原则，旨在发挥外资企业在资金、技术、管理及全球市场网络方面的优势，创造有利的投资环境（包括保护私有产权）以吸引外资注入；公私合作原则，强调私人部门是经济发展的引擎，应创造良好的营商环境并积极扶持企业特别是中小企业的发展，同时又强调政府要发挥积极的监管职能，以弥补市场失灵带来的风险。在上述原则指导下，埃塞俄比亚政府制定了具体措施，包括将工业园区开发建设作为推动埃塞俄比亚工业化战略实施的抓手，选择优先发展产业（皮革、纺织、花卉和农产品加工等行业），推动多种类型工业园的发展等以带动出口，将埃塞俄比亚打造成为非洲的制造业枢纽中心。

二、埃塞俄比亚工业园定义与分类

工业园一般是指"根据综合规划开发并分为若干地块的一片土地，提供道路、交通和公用事业服务，部分园区配备有公共设施，以供制造商群体使用"。基于不同政策和发展目标，工业园区的形式较为多元，包括自由贸易区、出口加工区、经济特区、高新科技区、自由港和企业区等。1975 年至今，全球已建成 5 000 多个工业园区，遍布 147 个国家。亚洲地区仍然是当今全球工业园区数量最多、占比最大的地区，仅中国就有 2 500 多个主要园区。

2012 年，埃塞俄比亚政府颁布的《投资法案》对工业园区进行了界定，《投资法案》提出，"工业开发区"是指由适当机构指定，共同发展相同、相似或相关的产业，具有明确边界的区域，或基于基础设施规划，包括道路、电力和水利等多方面产业发展，以减轻环境污染的影响，通过系统规划和运营管理来促进国家发展。2015 年，埃塞俄比亚政府颁布《工业园法案》（第 886/2015 号公告），进一步从立法层面确立工业园区建设为埃塞俄比亚工业化战略的重要手段，并对埃塞俄比亚工业园的概念做了更全面的界定和阐述。《工业园法案》提出，"工业园区"是指具有明确边界的区域，由适当机构指定，根据基础设施和配套服务（如道路、电力和水）的计划实现，开发综合或选定的功能，一站式服务和特别激励计划，旨在实现有计划和系统性的工业发展、减少污染对环境和人类的影响以及城市中心的发展，包括投资委员会指定的经济特区、技术园区、出口加工区、农产品加工区和自由贸易区等。开发建设工业园区的主要目标有：①规范工业园区的设计、开发和运营；②促进国家技术和工业基础设施的发展；③鼓励私营部门参与制造业相关投资；④提高国家经济发展的竞争力；⑤创造更多就业机会，实现经济可持续发展。

埃塞俄比亚首部《工业园法案》颁布后，2016年，埃塞俄比亚最大的工业园阿瓦萨工业园竣工运营，开启了埃政府加快推进政府主导工业园建设的步伐。通过实地走访调研，目前，埃塞俄比亚全国共有20个工业园区在规划建设或运营中，园区布局在全国各地，产业类型覆盖农业生产和加工业、制造业和物流运输业等（图15-2，表15-1）。通过与埃政府工业园区规划建设和管理运营的相关负责人以及开发建设工业园的中资企业负责人进行访谈，结合《工业园法案》对于工业园的概念界定，本研究将埃塞俄比亚工业园分为以下三类：①政府主导型工业园；②企业主导型工业园；③自由贸易区。除以上三类工业园外，2019年，非洲开发银行与联合国工业发展组织等机构提出在埃塞俄比亚四个地方州建设综合农业加工产业园，通过利用咖啡、小麦和畜牧等具有天然优势的农产品吸引海外投资，在创造就业、扩大出口的同时，推动埃塞俄比亚实现经济结构转型。笔者在埃塞俄比亚调研期间实地

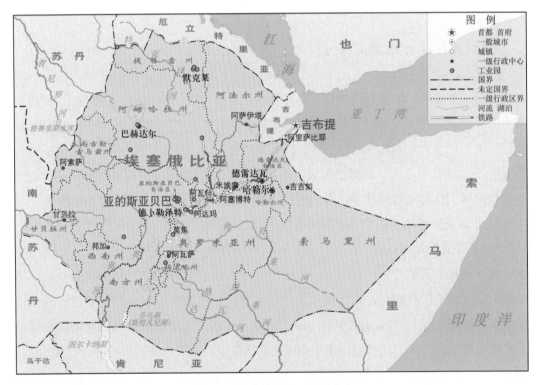

图 15-2　埃塞俄比亚工业园分布

资料来源：笔者结合调研访谈整理，由窦文涛制图。

表 15-1 埃塞俄比亚工业园布局与分类

园区类别	园区名	地理位置	主要产业	园区面积	工人数量
政府主导型工业园	博勒莱米工业园Ⅰ期	亚的斯亚贝巴市	纺织服装和皮革制品	约177公顷	约18 000人
	博勒莱米工业园Ⅱ期	亚的斯亚贝巴市	纺织服装和皮革制品	约176公顷	—
	阿瓦萨工业园	南方州	纺织服装	约300公顷	约32 000人
	阿达玛工业园	奥罗米亚州	纺织服装	约102公顷	约5 000人
	肯博勒恰工业园	阿姆哈拉州	纺织服装	约100公顷	约2 000人
	默克莱工业园	提格雷州	纺织服装和皮革制品	约75公顷	约3 000人
	巴赫达尔工业园	阿姆哈拉州	纺织服装	约100公顷	约10 000人（计划）
	ICT工业园	亚的斯亚贝巴市	信息产品、生物制药	—	—
	季马工业园	奥罗米亚州	纺织服装和农产品加工	约75公顷	约10 000人（计划）
	德卜勒伯尔汉工业园	阿姆哈拉州	纺织服装	约100公顷	约10 000人（计划）
	塞梅拉工业园	阿法尔州	纺织服装、皮革制品、棉花	约50公顷	
	克林图工业园	亚的斯亚贝巴市	制药业	约279公顷	
自由贸易区	德雷达瓦自贸区	德雷达瓦市	多个行业（纺织服装、机械、化工、设备等）	约150公顷	约10 000人（计划）
企业主导型工业园	华坚工业园	亚的斯亚贝巴市	纺织服装和皮革制品	约138公顷	约7 000人
	乔治鞋工业园	亚的斯亚贝巴市	皮革制品	约86公顷	—
	东方工业园	亚的斯亚贝巴市	混合行业	约400公顷	约14 000人
	Vogue工业园	提格雷州	纺织服装	约178公顷	约10 000人
	DBL工业园	提格雷州	纺织服装	约78公顷	约4 000人
	中国交建阿雷蒂工业园	阿姆哈拉州	建筑材料和家电	约100公顷	—
	中国土木德雷达瓦工业园	德雷达瓦市	纺织服装、轻工、电器电子、物流	约1 000公顷	约89 000人（计划）

资料来源：埃塞俄比亚投资委员会，结合笔者调研访谈。https://www.investethiopia.gov.et/index.php/investment-opportunities/other-sectors-of-opportunity/overview.html。

走访布勒布拉（Bulbula）综合农业工业园区，通过与园区运营管理的负责人座谈发现，目前还没有中资企业入驻布勒布拉综合农业加工园区。一家中资企业于 2019 年计划以其中一家农业加工产业园为平台，实施畜牧产业全产业链开发计划，提高农畜产品附加值，但至今未取得实质性进展。鉴于本研究报告主要针对以制造业为主的工业园区，埃塞俄比亚农业加工园不在本研究范围之列。

埃塞俄比亚现有政府主导型工业园 13 个，企业主导型工业园 7 个（图 15-3）。2022 年，德雷达瓦工业园升级为自由贸易区，成为埃塞俄比亚第一个自由贸易区。政府主导建设的工业园区中，一部分由埃塞俄比亚政府出资，中国企业参与园区建设，例如博勒莱米工业园。一部分园区中国企业既参与规划建设，也参与前期运营，例如阿瓦萨工业园；与此同时，还有一部分园区中方仅参与规划建设，园区投资和运营则由埃塞俄比亚政府负责，如阿达玛工业园、肯博勒恰工业园等。与埃塞俄比亚政府主导型工业园不同，企业主导型工业园主要由中国企业自主开发建设。中国企业全程参与园区的投资、规划和建设，并负责园区的管理运营，最具代表性的工业园包括东方工业园和华坚国际轻工业城。另外，埃塞俄比亚-湖南工业园项目是中国省级政府层面主动对接"一带一路"倡议，在非洲推动建设的首座样板工业园。随着越来越多的中国企业出海，一些资金实力雄厚，管理经验丰富的大型民营企业相继前往埃塞俄比亚投资建设工业园，例如江苏阳光、浙江金达等国内纺织行业龙头企业。

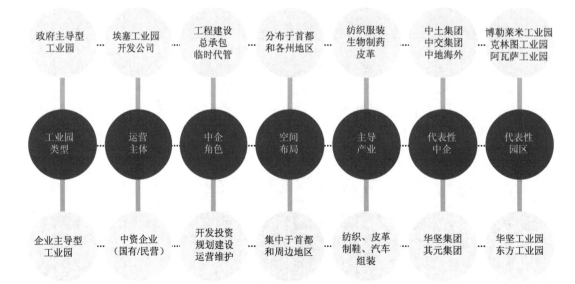

图 15-3　埃塞俄比亚工业园类型

资料来源：笔者结合调研访谈整理，由孙荐制图。

三、埃塞俄比亚工业园运营管理结构

埃塞俄比亚政府致力于推动埃塞俄比亚实现工业化，发展目标是到 2025 年，将埃塞俄比亚打造为非洲主要投资目的地之一，并跻身中等收入国家地位。为实现这一目标，埃塞俄比亚制订了工业化发展总体规划和顶层设计，成立由总理任主席的投资理事会，下设投资委员会（EIC）和埃塞俄比亚工业园开发总公司（IPDC）（图 15-4）。

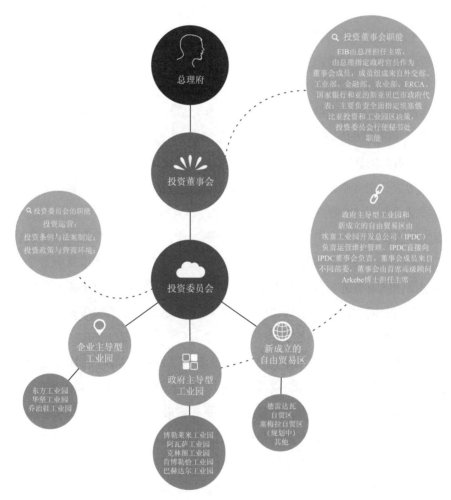

图 15-4　埃塞俄比亚工业园运营管理结构

资料来源：笔者结合调研访谈整理，由孙荐制图。

埃塞俄比亚投资委员会作为一个自主联邦政府机构，拥有法人资格，委员会主任委员和副主任委员由总理任命，向总理负责。作为工业园开发建设的核心管理机构，埃塞俄比亚投资委员会自成立以来经历了多个阶段的发展演变。1993年，埃塞俄比亚人民革命民主阵线夺取政权后成立了最早的投资促进机构，该机构由埃革阵领导，以第15/1992号投资公告为立法依据。随后，根据第37/1988号公告，第280/1994号和第471/1998号公告，埃塞俄比亚投资促进机构改名为埃塞俄比亚投资局，并多次进行机构改革和职能调整；最终在2014年8月，根据部长理事会条例第313/2014号公告，埃塞俄比亚成立投资委员会。埃塞俄比亚投资委员会由五个主要部门组成，自成立以来，投资委员会经历了不同形式的问责制，由最初向投资董事会负责，调整为向贸易和工业部以及工业部部长办公室负责，目前向总理办公室负责。

埃塞俄比亚投资委员会的目标是营造有利的投资环境以吸引海外投资，同时建立一个透明高效的投资管理体系。其中，主任委员作为投资委员会的首席执行官，主要负责执行投资董事会的决策，指导和管理投资委员会的活动，部分权力和职责下放给委员会其他工作人员。为协调管理联邦政府和州政府之间的投资合作，成立联邦政府和州政府投资理事会，总理担任理事会主席，各州州长，直辖市市长（亚的斯亚贝巴市和德雷达瓦市），以及相关政府部门的主要负责人担任理事会成员，必要情况下由总理任命其他成员加入理事会。决策委员会通过发布指令，确定整体工作方案，提交审议事项以及做出决定或建议解决方案的程序。总理办公室行使理事会秘书处职能。

埃塞俄比亚投资委员会与各州设立的投资管理机构紧密合作，在全面协调合作关系的指导方针下，建立统一高效的国家投资管理体系。投资委员会下设地区投资服务平台，该平台致力于推动埃塞俄比亚各地区间的投资活动，协调投资过程中的行政事务，加强地区参与投资管理的力度；与此同时，它们还将在投资前后提供一站式、全流程服务，为投资者在投资过程中遇到的瓶颈和问题提供解决方案。

埃塞俄比亚投资委员会受埃塞俄比亚投资董事会（EIB）监督，EIB由总理担任主席，总理指定政府官员作为董事会成员，成员主要包括来自外交部、工业部、金融部、农业部、埃塞俄比亚税务海关总署、国家银行和亚的斯亚贝巴市政府代表，主要履行全面制定埃塞俄比亚投资和工业园区决策，投资委员会行使秘书处职能。地方层面，各地区成立投资机构以推动区域投资；区域投资机构与埃塞俄比亚投资委员会密切合作，协调和促进投资便利化。

埃塞俄比亚投资委员会主要负责园区投资运营和政策制定，以及园区营商环境优化和工业园区管理条例制定等职能；通过实施以科学研究为依据的投资促进政策，提供一站式服务和便利化措施，以满足生产高质量和高附加值产品的投资者需求，增加工业园区出口贸易额。其中，一站式服务是埃塞俄比亚投资委员会推出的以服务外国投资者为导向的工业园管理措施，分别在EIC总部及各个工业园区内设有分支机构。

埃塞俄比亚工业园开发总公司是大多数工业园区的运营主体，根据第326/2014号部长理事会条例，IPDC 成立于 2014 年。IPDC 效法中国开发区模式，以公司模式统筹负责全国工业园区的规划编制和战略执行，属于国家全力支持的公有制企业。工业园区开发主要遵循专业化原则，即围绕某一特色产业发展上下游产业链，利用产业集聚效应提高生产效率。埃塞俄比亚 IPDC 主要职能包括：①开发和管理工业园区或外包管理合同，必要时通过销售租赁已开发土地，租赁和转让制造棚，根据国家总体发展规划编制详细的工业园区总体规划，依照与地区政府的协议作为国家工业园区土地库；②为工业园区开发商提供必要的基础设施；③按照财政部发布的指令和政策指南，广泛推广工业园区的生产经营效益，吸引海外投资者入驻园区。

四、埃塞俄比亚工业园的投资政策法规

为加速制造业发展和经济结构转型，埃塞俄比亚政府实施了第一个为期五年的《增长与转型规划》（2010—2015 年），根据第一个《增长与转型计划》，埃政府正式将工业园区开发建设列为国家级发展战略。2011 年，埃塞俄比亚政府宣布启动建设联邦政府产业园；2012 年，埃塞俄比亚颁布的《投资公告》（Investment Proclamation No. 769/2012）就对埃塞俄比亚工业开发区投资制定了相关措施。《投资公告》（2012）第八章指出，工业园区开发由联邦政府主导，必要时可由政府和私营部门共同投资建设。工业园区投资管理机构主要由埃塞俄比亚各相关部门，以及由法律规定的各地行政机关组成理事会。其中，投资董事会是部长级理事会中最高级别的管理机构。尽管该投资公告从法律层面围绕工业园区开发建设制定了一系列政策法规，但是并没有就埃塞俄比亚工业园区的开发运营管理体系机制等进行全面系统的界定。

2015 年，《工业园法案》（Industrial Parks Proclamation 第 886/2015 号）正式出台，旨在鼓励私营部门参与制造业相关的投资，以提供更多就业机会，增强国家竞争力，实现经济的可持续发展。该法案围绕埃塞俄比亚工业园区的建设、开发、经营和管理等方面予以立法保护，从法律层面赋予工业园区以经济特区的重要地位，弥补了埃塞俄比亚工业园区开发管理缺少法律制度保障的空白。《工业园法案》主要针对园区投资、开发和建设过程中的一般性事务进行规范和管理；以确保在不可预见性的情况下保障工业园区管理的灵活性。其中，具体事务例如从园区选址建设到企业退出则依据埃塞俄比亚二级立法（以部长条例为依据）和三级立法（以埃塞俄比亚投资委员会行政指令为依据）实施。

《工业园法案》的出台被视为埃塞俄比亚推进工业化、规范化与制度化的里程碑。《工业园法案》就工业园区投资开发相关利益方涉及的核心权益问题进行了明确规定，包括工业园区的开发建设标准；私营部门或政府投资建设的工业园，以及政府和私营部门的合作伙伴关

系；工业园区开发商、经营者、园区内企业、园区工人等的权利和义务保障等；此外，《工业园法案》还从国民待遇、产权保护以及外汇计划等方面对工业园区投资者的权益提供保障，以便吸引海外投资者参与工业园区的开发建设。2020 年发布的《投资公告》（第 1180/2020 号）强调，埃塞俄比亚工业园区应充分考虑社会和环境可持续性，严格遵守环境保护规定并打造较为舒适的工作环境。

第三节　埃塞俄比亚中国工业园建设概况

历史上，非洲在殖民地时期经历过短暂的工业化。非洲国家独立后继续探索工业化发展道路，但除了南非、埃及等极少数国家之外，其他国家均没能通过工业化开启现代化进程。随着全球化进程的推进，非洲一度成为全球工业发展格局中的"局外之地"，被《经济学人》杂志评为"没有希望的大陆"。不参与工业生产并不意味着非洲不参与全球工业大循环，这反而强化了非洲作为资源供应地和产品倾销地的地位并形成路径依赖，非洲依靠自身很难实现突破，只有打破这种徘徊在全球工业化供应链之外的命运，才可能获得发展的内生增长动力。

早在 20 世纪 70 年代，部分非洲国家就率先设立以出口加工区为主要类型的工业园区。尽管如此，非洲现有的 240 个工业园区中，约 40％的工业园区占用率不到 25％，仅有 15％的园区实现了满负荷运转。非洲工业园的经营表现与国际水平相比仍然存在较大差距，而历史上同为工业追赶的后发国家和地区，亚洲"四小龙"（中国香港、中国台湾、新加坡和韩国）先后在 20 世纪 60—90 年代完成了工业化进程。这些国家和地区的发展模式为非洲国家实现工业化提供了借鉴和参照。20 世纪 90 年代中国工业化道路的成功，使得部分非洲国家加强了与中国的工业化战略对接，积极参考中国工业园的发展经验和路径。通过吸引全球工业投资和工业产能的集聚，与非洲自身具有的自然资源和劳动力优势相结合，在满足非洲市场需求的同时，享受美国、欧盟和其他国家提供的税收优惠政策，将产品出口到世界其他地区，激发由外部"输血"到自身"造血"的内生增长动力，是非洲大多数国家通过工业发展实现追赶和现代化的可行道路。

一、中非工业园建设的历史沿革

中国改革开放以来，在国内各个地区建立了约 500 个国家级产业园区。其中，颇具代表性的深圳和苏州等地工业园区不仅为经济增长和制度创新做出了贡献，也推动了社会整体发展，被誉为中国经济增长的奇迹。中国深圳经济特区的成功吸引了发展中国家，尤其是非洲国家的学习和效仿，中非双方开启了以工业园开发建设为载体的双边合作。1994 年，埃及政府为寻求中国自改革开放以来的发展经验，多次访华并希望中国能在经济特区建设方面提供帮助和指导。1995 年，中共中央召开改革援外工作会议，提出要将中国改革开放的经验用于援助发展中国家的发展，帮助发展中国家建立类似于深圳、厦门等经济开发特区，通过推动发展中国家的经济结构转型实现经济和社会的全面发展。2000 年，中非合作论坛成立，第一届部长级会议通过了《中非合作论坛北京宣言》和《中非经济和社会发展合作纲领》两份历史性文件。《中非经济和社会发展合作纲领》明确指出，中国愿意同非洲国家分享在推动建设经济特区和自由贸易区以吸引外国投资的发展经验，支持和鼓励有实力的中国企业到非洲投资，建立契合当地发展需要的高质量合作项目。2005 年，中国政府提出建立境外经贸合作区的举措。2006 年，中非双方在中非合作论坛北京峰会上确定了"推动非洲工业发展、加强非洲生产和出口能力"的目标，中国政府承诺 3 年内在非洲国家建立 3～5 个境外经贸合作区。随后，中国商务部批准在非洲设立 7 个境外经贸合作区，其中就包括埃塞俄比亚东方工业园。

中非合作论坛北京峰会为中非共同开发建设工业园揭开了序幕。这一时期中国企业陆续前往非洲国家投资，涌现了一批纺织、机械制造、物流、建材工业园和农产品加工合作区等不同类型的工业园区。2015 年，《愿景与行动》也明确指出："我们应探索新的投资合作模式，共同建设海外经贸合作区和跨境经济合作区等多种形式的产业园区，促进产业集群发展"。2015 年，中国政府发布的《中国对非洲政策文件》阐明了新形势下中国对非洲政策新理念、新主张和新举措，以指导未来中非在各领域的交流与合作。《中国对非洲政策文件》指出，"支持非洲国家建设经济特区、工业园区和科技园区；引导、鼓励和支持中国企业在非洲共同建设经贸合作区，作为推进中非产能合作的重要平台。"与此同时，中国政府还设立首批 100 亿美元"中非产能合作基金"，以鼓励更多中国企业到非洲投资，促进产业转移和技术转让，加强双方工业园区合作。2018 年，中非合作论坛北京峰会提出"八大行动"；其中的"产业促进行动"再次提及中国将致力于发挥园区的产业聚集和辐射作用，支持新建和升级一批经贸合作区；中国企业在非洲投资建设和运营的各类工业园区，成为中国企业对非投资合作的主要载体。截至 2020 年，中国成为非洲建设工业园区的最大投资来源国。

鼓励企业到非洲开发建设工业园区得到了中国政府强有力的支持，形成一揽子优惠政策以激励境外园区发展，中非双方政府以高层对话形式构建新型互利共赢的合作模式。中国商务部为工业园建设项目设立竞争性招标程序，中标者将有资格获得包括 2 亿～3 亿元赠款和高达 20 亿元长期贷款在内的多项贷款。中非双方以合资建设工业园为主要方式，多数非洲国家政府以土地出让和融资等形式获得部分股权，少部分由当地政府以公私合营的模式进行投资，中方承担设计规划、建设和招商引资等工作，吸引中国企业参与运营管理，部分园区还成立了中非双方共同负责的管理委员会。企业层面，中国企业开发建设非洲工业园以"政府为主导，企业为主体，市场化经营"为主要原则，借助国家政策红利，以"抱团出海"取代传统的"单打独斗"方式集体走出去。除此以外，中非发展基金以建立合资公司的形式参与投资和园区经营，与在非洲的中国企业共同持有多个园区股权。据商务部官方统计，中国企业在非参与规划、建设和运营的各类产业园区超过 50 个，控股园区 25 个，覆盖 16 个非洲国家。

二、埃塞俄比亚中国工业园建设历程

1970 年 11 月 24 日，中国和埃塞俄比亚正式建交。建交初期，埃塞俄比亚政府就表示，希望学习和借鉴中国改革开放和经济建设的道路和经验。中埃塞双边贸易与产能合作始于 1971 年签订的《中华人民共和国政府和埃塞俄比亚帝国政府贸易协定》。1996 年 5 月，中埃塞两国政府在亚的斯亚贝巴签署了《中华人民共和国政府和埃塞俄比亚联邦民主共和国政府贸易、经济和技术合作协定》，根据两国现行法律法规，双方政府提出要努力发展两国贸易和经济关系，并鼓励各自国家的大中型企业和其他经济组织，在贸易、经济、投资和技术等领域开展合作。

随着中埃塞双边合作的不断深入，两国签署了一系列国家间、地方间以及企业间的合作协定和谅解备忘录，中埃塞双边产能合作也进一步向多领域、多元化转变（图 15-5）。2014 年 5 月，中埃塞两国政府签署《中华人民共和国政府和埃塞俄比亚联邦民主共和国政府关于中国-埃塞俄比亚经济贸易合作区的协定》，协议的签署对于推动两国产能合作，尤其是合作开发建设工业园区起到了积极的促进作用。《2021 年度中国对外直接投资统计公报》显示，2020 年中国对埃塞俄比亚直接投资流量为 3.10 亿美元，截至 2021 年末投资存量为 28.10 亿美元，中国成为埃塞俄比亚最大的贸易伙伴。两国重点投资合作领域主要集中在工业园建设、纺织服装、皮革制造、农产品加工、医药和建筑业等。中国企业在埃塞俄比亚承揽的工程项目主要集中在铁路、公路、通信、电力、建筑和水利灌溉等领域。

20 世纪 80 年代，埃塞俄比亚建立亚的斯工业村，埃塞俄比亚工业园初现雏形。20 世纪 90 年代至今，埃塞俄比亚政府为大力推进区域产业的集群化发展，以及大量吸收外国资本和先进技术以发挥自身优势，促进本国制造业乃至经济发展，在参考借鉴东亚国家工业化道路的发展经验基础上，通过工业园区开发建设或经济特区来吸引外国投资并推进该国工业化发展。埃塞俄比亚寻求吸引外国直接投资以加速其制造业发展，特别是通过经济特区或工业园区的发展模式，中国则寻求通过输出以工业园区为代表的发展模式，以使其劳动密集型的生产活动本土化，两国的战略发展目标不谋而合，形成工业化合作的良性互补。

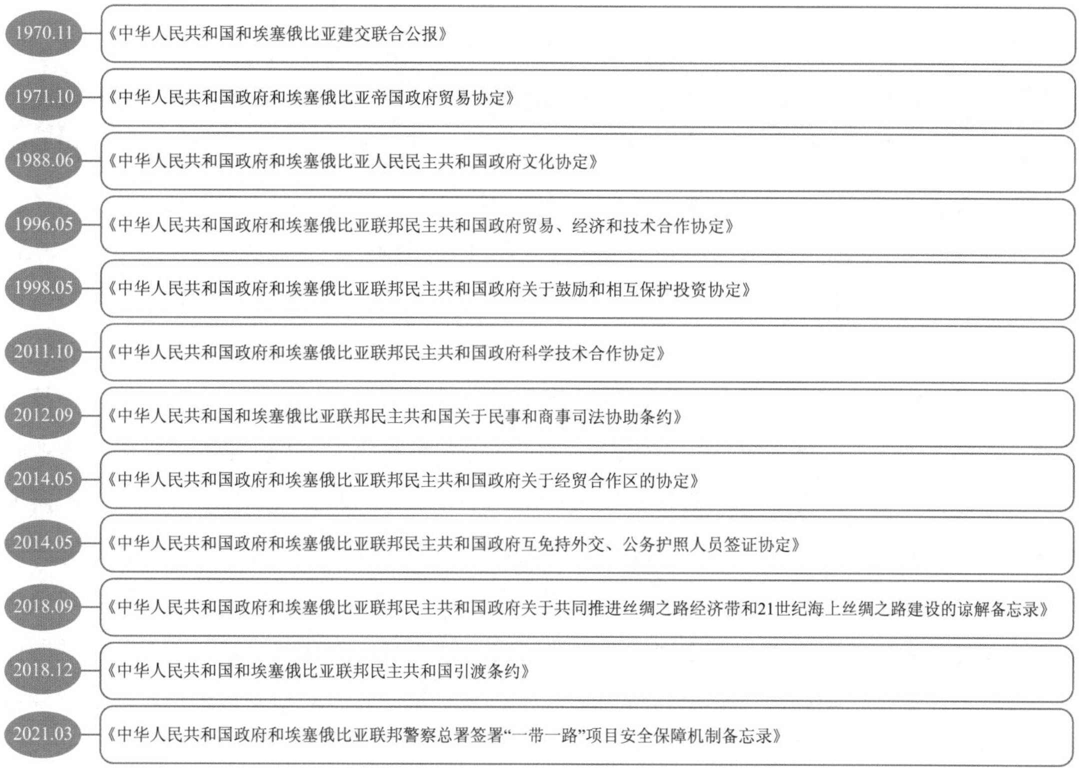

1970.11	《中华人民共和国和埃塞俄比亚建交联合公报》
1971.10	《中华人民共和国政府和埃塞俄比亚帝国政府贸易协定》
1988.06	《中华人民共和国政府和埃塞俄比亚人民民主共和国政府文化协定》
1996.05	《中华人民共和国政府和埃塞俄比亚联邦民主共和国政府贸易、经济和技术合作协定》
1998.05	《中华人民共和国政府和埃塞俄比亚联邦民主共和国政府关于鼓励和相互保护投资协定》
2011.10	《中华人民共和国政府和埃塞俄比亚联邦民主共和国政府科学技术合作协定》
2012.09	《中华人民共和国和埃塞俄比亚联邦民主共和国关于民事和商事司法协助条约》
2014.05	《中华人民共和国政府和埃塞俄比亚联邦民主共和国政府关于经贸合作区的协定》
2014.05	《中华人民共和国政府和埃塞俄比亚联邦民主共和国政府互免持外交、公务护照人员签证协定》
2018.09	《中华人民共和国政府和埃塞俄比亚联邦民主共和国政府关于共同推进丝绸之路经济带和21世纪海上丝绸之路建设的谅解备忘录》
2018.12	《中华人民共和国和埃塞俄比亚联邦民主共和国引渡条约》
2021.03	《中华人民共和国政府和埃塞俄比亚联邦警察总署签署"一带一路"项目安全保障机制备忘录》

图 15-5　中国和埃塞俄比亚两国签署的重要协定

资料来源：笔者结合调研和官方文件整理。

2000 年中非合作论坛成立，中国与非洲国家开始共建产业园。2006 年，中非合作论坛北京峰会大大推动了中非共建产业园的进程。中国与埃塞俄比亚两国政府将经济特区模式作为未来深化中国与埃塞俄比亚合作的基础。2008 年，中资企业开发的东方工业园成为埃塞俄比亚首个中国工业园区。此后，埃塞俄比亚政府决定积极借鉴中国工业园区的开发模式，大力推进埃塞俄比亚工业园区建设。埃塞俄比亚政府推出一系列工业园区投资优惠政策，吸引包括中资企业在内的一大批外国投资者入驻工业园。埃塞俄比亚政府借助中国企业在埃塞俄比亚工业园区等领域的投资，为该国年轻劳动力创造大量就业机会，并借此促进技术转移，为该国带来外汇收益。

2013 年，习近平主席提出"一带一路"倡议，非洲成为实施"一带一路"倡议的重要地区，埃塞俄比亚成为中非产能合作先行先试的示范型国家。埃塞俄比亚处于经济结构由农业向制造业转型的关键时期，中非产能合作契合埃塞俄比亚经济结构转型，以及推进工业化的发展需求。中国过去 40 年的工业化发展经验对于非洲工业化发展进程扮演了至关重要的角色，"一带一路"倡议的提出为加快中非产能合作，进一步推进非洲工业化提供了契机。早在 2014 年 5 月 4 日，时任总理李克强访问埃塞俄比亚时指出，"中方支持埃塞俄比亚建设经济特区和工业园区的努力，愿毫无保留地同埃方分享经验，向埃方转移适合当地需要的优势产业和技术，拓展制造业、轻工业等产业合作"。2023 年 1 月 9 日，新任国务委员兼外交部部长秦刚新年首访埃塞俄比亚，再次巩固了埃塞俄比亚在落实"一带一路"倡议和中非发展合作中的重要地位，也表明中埃塞全面战略合作伙伴关系将进一步得到深化。

在领袖外交和国家顶层战略的指引下，越来越多的中国企业走出去，成为"一带一路"倡议的践行者；除此以外，学术界也积极开展"一带一路"倡议的相关研究，通过与各国学术界的交流和思想碰撞，倡导多方共同参与，共同推进"一带一路"倡议的高质量践行，已加强了沿线国家对我国"一带一路"倡议的认识和理解。2015 年 12 月，中国主办了一场大型会议，题为"工业园区与全球化：中国与非洲的经验分享"，旨在梳理中国过去的工业化发展经验，探讨中非产能合作的最佳实践。2021 年 1 月，中国科学院地理科学与资源研究所主办了"首届'一带一路'高质量发展学术论坛"，中国科学院地理科学与资源研究所副所长刘卫东结合沿线各国参与推进"一带一路"倡议建设的最新进展发表主旨演讲，他表示，当前"一带一路"建设面临更加复杂、严峻的国际环境，加强"一带一路"学术共同体建设已经迫在眉睫，亟须政府管理部门、学术界、智库和企业更加紧密地团结在一起，营造更加有利的建设环境和话语权。

20 世纪 60 年代开始，亚洲"四小龙"利用发达国家（地区）向发展中国家（地区）转移劳动密集型产业的机会，实行出口导向型策略；通过设立经济特区的方式吸引大量外资和技术进行工业园的开发建设，利用本地人口众多且廉价的劳动力优势，重点发展劳动密集型加工产业，融入全球价值链，从而实现了经济快速增长。亚洲"四小龙"的工业化经验表明，工业园区或经济特区的模式有效实现了资本、技术、人力以及制度的聚集。非洲若想实现工业化，需要从依靠农业或资源转向附加值更高的制造业。历史经验表明，外国直接投资被视为解除限制因素的一种方式，工业园区作为重要载体，对于吸引海外投资发挥重要作用。

"一带一路"倡议有力地推动了埃塞俄比亚工业化进程，埃塞俄比亚成为"一带一路"倡议和中非产能合作的重要合作伙伴。作为全球低收入国家，埃塞俄比亚经济仍处于落后阶段、工业基础薄弱、劳动力丰富但失业率高，埃塞俄比亚政府迫切希望借助中国工业园建设团队的力量摆脱目前工业园区零散分布的现状，建立像中国深圳经济特区模式的产业集聚开发区。埃塞俄比亚轻型制造业的发展潜力巨大，但在土地获准、基础设施建设、贸易物流、海关法规和技术水平等方面距离实现该国的工业化发展目标还存在不小的差距。为此，埃塞俄比亚政府多次派遣高级官员赴华，前往江苏昆山、深圳和重庆等城市开展调研，分析中国发展经验对于推动埃塞俄比亚发展的适用性，在结合埃塞俄比亚国情的基础上，引入中国工业园开发建设模式，制订适合埃塞俄比亚国情的工业园区规划和发展策略。

三、埃塞俄比亚中国工业园发展态势

工业园区开发是承载埃塞俄比亚工业化战略的核心载体。20 世纪 90 年代以来，埃塞俄比亚政府主导的经济发展模式对于该国多个经济领域的发展起到了积极推动作用。与此同时，埃塞俄比亚政府意识到以政府主导发展经济的模式难以为继，为保持埃塞俄比亚经济的高速增长，埃塞俄比亚政府提出了基于以制造业出口为导向的工业化战略，增强私营部门在经济中发挥的作用；与公共部门在建设基础设施、稳定宏观经济等职能形成互补。埃塞俄比亚政府鼓励私营部门和外国资本共同参与工业园的投资建设，由政府、私营部门或政府和私人投资者共同建设和开发，以促进埃塞俄比亚工业发展、创造更多外汇和就业机会。与此同时，埃塞俄比亚开始到全球各国进行考察学习工业化的发展经验，以找到适合埃塞俄比亚工业化的发展路径。2014 年起，时任埃塞俄比亚总理特别顾问的阿尔卡贝博士先后前往中国深圳、重庆、杭州、苏州和昆山等地深入考察和调研。通过调研发现，改革开放初期的中国和埃塞俄比亚目前所处的发展阶段极为相似，包括农业到工业化的经济结构转型，拥有庞大的人口红利和低廉的人力资源成本，但又面临工业生产技术水平低下和配套基础设施匮乏，更为重要的是，埃塞俄比亚是以农业为主导的发展中国家，工业发展基础几乎空白，埃政府更没有发展工业化的制度设计和决策制定的能力和经验，这些都为埃塞俄比亚学习中国工业化的政策经验提供了契机。

纺织服装业是埃塞俄比亚工业化的支柱产业之一。埃塞俄比亚政府把纺织服装作为优先发展产业，以专项工业园为依托、多种激励政策为重点内容的发展思路有利于建立出口导向性产业，力争在 2025 年达到出口纺织服装 300 亿美元的目标。为实现这一目标，埃塞俄比亚政府希望通过一系列的激励措施吸引中国大型纺织服装企业到埃塞俄比亚投资，其中，埃塞俄比亚政府将江苏、浙江、广东、福建和山东五个中国重要的纺织服装省份作为重点招商地区。2015—2017 年，中国纺织工业联合会（以下简称"中纺联"）先后三次率团赴埃塞俄比亚访问，组团成员包括纺织服装行业协会、地方协会领导以及业内知名企业。考察期间，中纺联与埃塞俄比亚投资委员会签订合作备忘录，双方通过建立磋商和协调机制，加强信息交流，分享投资红利。2017 年，中纺联与埃塞俄比亚投资委员会联合撰写《埃塞俄比亚纺织业投资机遇白皮书》，进一步提振中国纺织企业到埃塞俄比亚投资的信心，对推动中埃塞两国纺织行业合作起到了积极作用。在中纺联推动下，国家发展改革委在《"十三五"国际产能合作专项指引》中将埃塞俄比亚列为纺织业国际产能合作的重点国别。截至 2022

年，中国成为埃塞俄比亚纺织行业最大的海外投资国来源地之一，逾 30 家中国纺织企业在埃塞俄比亚投产运营，累计投资约 4.5 亿美元，雇佣本地员工 1.3 万余名，为埃塞俄比亚扩大就业、增加税收和出口外汇等发挥积极作用。自中国纺织行业将埃塞俄比亚作为在非洲建厂扩能的首选国别以来，经过近 10 年的发展，中国纺织企业在埃塞俄比亚的市场已具备相当规模，这为完善上下游产业链配套，整合中埃塞两国优势资源，实现互补打下良好基础。

除优先发展现代纺织服装业外，埃塞俄比亚政府将皮革业、农产品加工、制药和电子产品等列为重点发展行业，并制定了一系列优惠政策，以吸引更多中资企业进入埃塞俄比亚投资。2015 年，埃塞俄比亚工业园法案正式出台，根据园区法案，工业园开发享受 10～15 年的所得税免税期，具体取决于园区所在位置，例如在亚的斯亚贝巴或环亚的斯亚贝巴奥罗米亚特许区的为 10 年，在其他地区的为 15 年。除此以外，埃塞俄比亚政府针对从事制造业的企业也提供了一系列优惠政策，其中就包括制造业企业可以享受最长 10 年的企业所得税免税期。根据不同投资领域，企业可享受长达 6 年的免税期。其中，出口占 80％及以上的工业园区内企业额外享受 2～4 年免税期。出口占 60％的企业额外享受 2 年免税期。投资不发达地区时，还可以连续 3 年减税 30％。

受埃塞俄比亚政府优先发展的政策支持以及优惠政策的激励，工业园建设进入到高速发展时期，前往埃塞俄比亚投资建厂的中国企业呈现井喷式增长。埃塞俄比亚在建或运营的工业园区中，无论是政府主导型工业园，还是企业主导型工业园，中国企业贯穿于埃塞俄比亚工业园投资、规划设计、施工建造和运营维护的整个过程，或者参与不同的建设阶段，扮演不同的角色。中国企业对推动埃塞俄比亚工业化进程起到了至关重要的作用。2022 年 8 月，研究团队成员前往埃塞俄比亚，以埃塞俄比亚工业园为主要考察对象，通过对埃塞俄比亚 10 所工业园进行实地走访和调研，我们对埃塞俄比亚中国工业园的建设主体、建设动机、使命定位、施工设计和运营管理进行了归纳分析，以期对更多中国企业走出去，到非洲国家投资建设工业园带来一定的借鉴和启示，也为"一带一路"倡议在非洲的高质量建设和中非产能可持续发展合作提供一手数据支撑和经验依据（图 15-6）。

作为工业园建设主体，中国企业既是园区的投资商，也是园区的开发商和运营维护商。从表 15-1 可以看到，埃塞俄比亚的中国工业园多由中国民营企业开发建设，企业主导型工业园有 4 家为民营企业开发建设。最早建成的东方工业园由江苏其元集团开发建设；华坚国际轻工业城由华坚集团开发建设。另外，阿达玛工业园内的浙江金达（埃塞俄比亚）亚麻工业园由浙江金达集团开发建设，江苏阳光（埃塞俄比亚）工业园由江苏阳光集团开发建设。"一带一路"倡议提出以后，一些国营企业积极响应国家提出的"走出去"号召，在埃塞俄比亚相继投资建设工业园。中国土木工程建设集团开发建设的德雷达瓦工业园是由中国铁建所属的中国土木集团在埃塞俄比亚从工程建造承包转型为建设、投资、运营一体化的首座工业园。埃塞俄比亚-湖南工业园是首座地方政府加快推动企业"走出去"的样板工业园，由中地海外集团负责施工，埃塞俄比亚工业园开发公司、长沙经开区管委会、中地海外集团、三一集团组成中埃合资公司进行运营管理。受疫情等因素影响，埃塞俄比亚-湖南工业园前期建设进展缓慢，尽管如此，中非经贸合作论坛将论坛地址永久设在湖南，可见湖南在推动中非贸易合作的重要地位和作用，随着国内疫情解封，埃塞俄比亚-湖南工业园建设有望取得新进展。

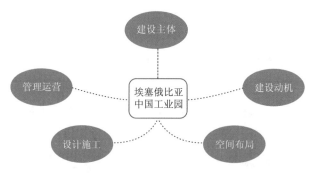

图 15-6　埃塞俄比亚中国工业园运营模式

资料来源：笔者结合调研资料整理。

从工业园的建设动机看，国内企业为应对贸易壁垒，享受关税优惠，发挥成本优势，实现企业结构升级调整，将过剩产能进行策略性转移，提高国际竞争力。中国民营企业在"走出去"的国家战略方针指导下，以"一带一路"倡议为契机，前往"一带一路"沿线国家，通过对外投资参与发展中国家的建设，分享这些国家的发展红利；因此，民营企业在埃塞俄比亚开发建设工业园更多是以商业盈利为动机。相比民营企业，国有企业到海外投资与中国国家利益息息相关。中国素有援助"第三世界"国家的历史传统，建国初期曾为非洲等发展中国家提供无偿援助。近年来，随着越来越多的国有企业到"一带一路"沿线国家投资，一些项目已经超出了纯粹的海外投资行为，上升到国家层面，承担保护国家海外利益安全的政治使命。埃塞俄比亚工业园的开发建设既有国有企业，也有民营企业的参与，不管中国企业在参与工业园开发建设的过程中扮演何种角色，这些不同类别的中国企业到埃塞俄比亚等非洲国家进行投资和贸易合作，通过海外投资将中国的经验、技术和发展模式带到埃塞俄比亚等非洲国家，进而提升中国的国际地位、国际影响力和国际话语权。

从工业园的使命和定位看，一方面，中国企业通过参与埃塞俄比亚工业园区的开发建设和投资运营，帮助推动埃塞俄比亚的工业化进程，实现将埃塞俄比亚打造成为非洲制造业枢纽中心的发展目标。另一方面，中国企业作为国家"一带一路"倡议的主要践行者，通过参与埃塞俄比亚工业园的开发建设推动中非产能合作在非洲成功落地。埃塞俄比亚拥有大量年轻的劳动力，低廉的劳动力成本成为埃塞俄比亚发展劳动密集型产业的优势。鉴于此，工业园的开发建设能够将中埃塞两国的优势聚合，中国企业将技术、资金和管理经验带到埃塞俄比亚，发展埃塞俄比亚具有比较优势的产业，帮助埃塞俄比亚融入全球产业链的中低端，满足埃塞俄比亚当前处于工业化初级阶段的现实国情和发展需求，提升国际竞争力，加快推动埃塞俄比亚的工业化进程。

从工业园的规划设计和施工看，埃塞俄比亚工业园绝大多数由中国企业承建，这样，工业园从园区规划、方案设计到建筑施工，均以中国规划设计理念为参照，采用中国技术标准施工建造。例如，埃塞俄比亚政府主导型工业园阿达玛工业园，园区被划分为多个片区，且分属不同公司开发运营，园区不同片区的规划设计单位各不相同。其中，北部 IPDC 工业园由中国土木工程集团总承包、浙江金达工业园和阳光纺织工业园均由投资企业负责规划设计并外包给中国企业施工建设。企业主导建设的工业园区如华坚工业园和东方工业园，其规划设计则参照国内产业园区规划设计理念，由中国国内单位提供设计方案，建设过程中采用的施工标准均为中国标准。埃塞俄比亚-湖南工业园由中地海外集团总承包，埃塞俄比亚政府向中国进出口银行贷款，进行道路、水电、厂房、一站式服务中心、海关集中监管区等基础设施建设。此外，中国土木工程集团在中标阿瓦萨工业园区总承包项目时，就和埃塞俄比亚政府达成协议，工业园建设在园区布局、设计理念和厂房设计等方面均采用中国标准。阿瓦萨工业园区为美国企业 Philips-Van-Heusen（PVH）集团牵头的产业链齐备的园区，为满足入园要求，园区中的部分消防、建筑结构、安全设施等方面均在中国标准的基础上进行了优化。总体而言，埃塞俄比亚工业园大多参照中国标准进行规划设计和施工建设，再根据实际施工情况和业主要求进行调整优化。

从工业园区的空间布局看，埃塞俄比亚工业园区基本形成以首都为核心，各州、市工业园联动均衡发展的集群格局。其中，埃塞俄比亚中国工业园多选择城市发展基础相对较好，交通相对便利，尤其是靠近港口和铁路等地理区位优越的地区，包括亚的斯亚贝巴、德雷达瓦、巴赫达尔、阿达玛、肯博勒恰、默克莱等城市。工业园区所在的州政府将工业园开发看作城市总体规划的一部分，推动建立相互关联的产业集群，工业园将获得充足的电力、水、信息通信技术、道路、污水处理系统和消防应急设施体系，并为这些企业提供一站式服务。埃塞俄比亚地方政府和城市管理部门在选定的城镇建设中等规模的工业园区，主要服务于国内投资者和企业家拥有的中小型产业，并针对那些中等规模的工业园区建立创新技术孵化中心。

从工业园区运营维护看，埃塞俄比亚积极向中国学习工业园区的运营管理模式，通过提供土地、多种税收优惠（企业所得税、消费税、物业税、营业税等）、机器和原料进口免税、"一站式"服务等多项优惠激励政策吸引外资入驻园区投资办厂，推动工业化建设。政府主导型工业园区由 IPDC 负责运营维护，每个园区设立一站式服务办公室。阿瓦萨工业园是埃塞俄比亚开发规模最大的工业园，也是政府运营规模最大的工业园。该工业园的中国承建方为园区提供三年运营管理服务，引入昆山经验，支持昆山等有经验条件的开发园区对埃塞俄比亚输出管理经验，立足本国情况形成发展工业园的"埃塞模式"，即"国家投资，中方承建，代管三年，全埃塞推广"。阿达玛工业园被分为多个片区，管理运营由不同公司负责，北部的 IPDC 工业园由 IPDC 直接管理运营，中部的金达工业园和阳光工业园分别由各投资企业负责管理和运营。企业主导型工业园严格遵守埃塞俄比亚政府制定的工业园法案进行工业园的开发投资，包括向 EIC 提出申请，到获得 EIC 投资许可，办理登记及许可手续成为园区开发商；再与开发商和 EIC 签署三方备忘录和运营管理协议，成为园区运营商。具体到工业园内部的管理运营模式，结合埃塞俄比亚的国情以及园区的规模、定位功能和主导产业，中国工业园在参照国内企业运营管理的模式上有所差异。

　　总体上，随着越来越多的中国企业走出去，中国也正以不同的方式将中国的发展理念与发展经验融入非洲国家例如埃塞俄比亚的发展进程中，助推埃塞俄比亚探索适宜本国国情的工业园区发展道路。其中，工程建造类企业更多以工程建造方参与园区的前期建设，大中型民营企业更多是以投资方参与园区的建设投资。尽管如此，中国企业的身份是不断变化和转换的，工程建造类企业在埃塞俄比亚建造工业园区以后，开始转型投资由企业主导的工业园，例如中国土木工程集团。民营企业作为入驻工业园投资的企业，经营一段时间后发展壮大，搬离原来的工业园区，并主导开发建设自己的工业园区，例如华坚工业园。值得注意的是，一些个体企业根据自身规模和体量，独立向 EIC 租赁土地，投资设厂，这一类厂区具备埃塞俄比亚工业园区的部分特征，但又不在工业园法案所界定的工业园概念范围以内，例如莫角的皮革工厂集群。这一类个体企业运营的厂区在埃塞俄比亚有逐渐增多的态势，这对于埃塞俄比亚工业园规范化和精细化的运营管理提出了更高的要求。

第四节　埃塞俄比亚代表性工业园

一、阿瓦萨工业园

1. 园区概况

　　阿瓦萨工业园位于埃塞俄比亚南部城市阿瓦萨，离距首都亚的斯亚贝巴约 275 千米。阿瓦萨工业园是由埃塞俄比亚政府主导投资的首个现代化工业园项目，是该国规划的最大、最具有旗帜性意义的生态友好型工业园，也是非洲第一个可持续发展的纺织和服装园区。园区采用污水液体零排放等生态技术，对该国工业园发展具有重要示范作用。

和埃塞俄比亚政府承诺的发展绿色经济一脉相承，阿瓦萨工业园是非洲大陆上首次采用零液体排放系统（ZLD）设施的工业园区。ZLD除了能最大限度地减少对周围土壤盐度、地下水污染和对河流生态的影响外，还有助于回收和重新使用纺织染色过程中使用的盐。为此，园区建造了超过32 700平方米宽的零液体排放设施以及超过1.5千米的污水线，13千米的循环水线，15千米的污水线和超过20千米的综合排水线。与此同时，阿瓦萨工业园采用最新技术处理和回收工业园100%的废水排放，以满足工业园90%的用水需求。

阿瓦萨工业园一期建设分两步进行，由埃塞俄比亚政府主导投资，中国土木工程集团有限公司承建，阿瓦萨工业园一期建设以不超过九个月的时间创纪录完成。2016年7月园区竣工，2017年1月企业陆续入园，目前已有50多栋标准厂房投入使用，18家企业正式投产，创造了6万个就业岗位。

2. 园区规划

阿瓦萨工业园区以现代纺织服装为主导产业，首期规划面积130万平方米，其中钢结构厂房52栋，建筑面积41万平方米，单体建筑面积19栋，建筑面积约3万平方米和其他辅助建筑，道路总长超过18.3千米，电力线超过21.5千米，另外还有长约15千米的电信线和23.8千米的淡水供应管道。园区规划是由北京首钢国际工程技术有限公司设计，园区零液体排放系统由印度企业（Arvind Envisol Private Limited）负责设计。在空间布局上，园区北部为工业集中区，南部为园区配套生活区，包括员工宿舍、商业中心、一站式服务中心等。园区规划中应用了生态园区的发展理念，在污水处理方面采用零排放设计，在园区的空间环境设计方面也充分注重绿色生态空间的布局。

阿瓦萨工业园区为总承包项目，在园区规划、设计理念、现场施工等方面均采用中国标准。阿瓦萨工业园区是由美国企业牵头的产业链齐备的园区，因而具有一定的特殊性，园区中的部分消防、电力、建筑结构、安全设施等方面则是在中国标准的基础上进行了优化，以满足入园企业的要求。

3. 管理运营

阿瓦萨工业园区招商引资模式为龙头企业带动产业链入驻的形式，在龙头企业入驻后，相关产业链的企业随之而来，因此在招商引资方面，阿瓦萨园区同埃塞俄比亚其他园区相比，困难较小。阿瓦萨工业园在运营前期由中国土木工程集团有限公司负责，运营公司精心选拔招聘了一批埃塞俄比亚本地员工并派驻到中国江苏省昆山市进行培训，学成后返回阿瓦萨工业园参与管理运营工作。阿瓦萨工业园虽借鉴中国开发区管理经验，设有一站式服务中心，对入园企业提供海关、税收、投资、法律等方面的咨询与服务，但运作效率相较中国国内园区管理水平来说，相对较低。

4. 园区企业现状

PVH 集团是阿瓦萨工业园区的龙头企业。PVH 集团拥有超过 130 年的历史，擅长打造美国知名传统品牌和业务，是世界上最大的服装公司之一。作为主要投资者之一，PVH 积极招募全球顶尖供应商前来投资，PVH 入驻阿瓦萨工业园起到了很好的带头示范作用。埃塞俄比亚政府对入驻园区的 18 家外国公司进行了精心挑选，以确保投资者之间的凝聚力和友好关系，提高园区的生产力和竞争力。2017 年 5 月，PVH 从该园区出口了第一批货物。其中有七家公司都向 PVH 提供上下游产品。尽管如此，AGOA 的取消对于园区企业带来非常大的影响，目前仅有 10 余家投资商仍留在园区，PVH 集团和上下游链相关企业已撤离阿瓦萨工业园。

二、华坚国际轻工业城

1. 园区概况

2011 年 11 月，时任埃塞俄比亚总理梅莱斯在广东东莞访问时，邀请华坚集团赴埃塞俄比亚考察，投资建厂。2012 年 1 月，华坚集团在考察后决定先在东方工业园建厂。2013 年，为积极响应"一带一路"倡议，华坚集团投资建设"华坚国际轻工业城（埃塞俄比亚）有限公司"。埃塞俄比亚-中国华坚国际轻工业城位于埃塞俄比亚首都亚的斯亚贝巴尼法斯尔科·拉夫图瓦瑞达 01 管理区拉布（Nefas Silk Lafto，Woreda 01，Labu），距离博莱国际机场约 15 分钟，距离亚吉铁路拉布车站 3 千米，地理位置优越，项目占地 137.8 公顷，项目计划总投资 20 亿美元，现已完成投资 1.2 亿多美元，建成厂房面积 17 万多平方米，解决当地员工就业 8 000 多个，鞋类累计出口创汇 1.83 亿美元，皮革鞋业出口占埃塞俄比亚国家出口总量的 67％，计划于 2020 年建成，建成后预计每年创汇 20 亿美元，提供 5 万～6 万个就业岗位，同时还将通过发展产业集群带动国内轻工业企业走出去。

华坚国际轻工业城是以轻工业制造为主、集出口加工、商贸、服务等功能于一体的产业园区。华坚国际轻工业城历经七年发展，目前各项建设正在有序进行，部分标准厂房建设、全区土地平整与建设前期工作已完成，路网骨架等已基本形成。目前建成的厂房已入驻企业并投入生产和运营。入驻华坚国际轻工业城的 6 家华坚集团所属企业包括：华坚国际轻工业城、华坚国际鞋城、长恒服装、长弘服装、友邦鞋业和吉马鞋业。其他 7 家企业包括：清洁用品与婴儿卫生用品有限公司、以色列埃斯麦医疗器械公司、格林福德物流公司、中电装备、念晨瓶标签公司和中材国际工程公司、上海 Beconnected labeling & printing 商标印制厂。

2. 园区规划

华坚国际轻工业城相关规划由华坚集团委托中国国内规划设计单位编制。园区规划用地包括工业用地、商贸与服务用地、居住用地以及生态景观用地。工业园规划建筑面积 150 万平方米，其中园区工业用地规划建筑面积共 50 万平方米，已建成建筑面积 17 万平方米，其中厂房 13 万平方米在使用中，园区配套基础设施 128 兆瓦变电站和日处理量 1.5 万吨的污水处理系统正在建设中，这些基础建设对园区的发展具有积极作用。

除园区工业用地外，商贸服务用地、居住用地以及生态景观用地主要位于园区东部，规划建筑面积共计 100 万平方米。园区主要功能分区包括工业生产区、居住区（别墅、公寓等）和商贸服务区（办公楼、学校、医院、酒店、商业等）。华坚国际轻工业城相关规划由中国国内规划设计单位编制，参照国内产业园区规划理念，施工建设由中方工程技术人员主导负责，园区规划和建设所采用的技术标准均为中国标准。

3. 园区管理运营

华坚集团一方面是轻工业城的投资开发公司，另一方面还是园区管理运营公司，负责管理和维护园区的日常运转，并对园区的生产环境、生活环境等进行优化和完善。在对员工的管理方面，华坚集团已探索出一条行之有效的方法，即选送埃塞俄比亚员工赴中国接受系统的培训（包括语言、鞋业制造技术和管理技能等），再返回公司担任高级技术工人或管理人员，以这些本地技术骨干、管理干部为培训和管理员工的桥梁，落实华坚特色的军事化管理机制，这对提升园区的管理效率及促进中方高管与本地员工的融洽沟通、管理和技术向本地有效转移具有重要的作用。

4. 园区企业现状

华坚国际轻工业城是埃塞俄比亚 100％出口创汇的工业园。受新冠疫情以及 2020 年 11 月之后埃塞俄比亚持续内战的影响，2022 年 1 月埃塞俄比亚被美国取消《非洲增长与机遇法案》（AGOA）优惠资格，工业园内的出口企业停工停产。2022 年 8 月疫情减缓，华坚企业陆续复工复产，服装厂复工开始生产代工少量本地订单的牛仔服，鞋厂复工生产代工少量本地订单的鞋底材和样鞋打版。

美国取消埃埃塞俄比亚《非洲增长与机遇法案》的优惠资格，给华坚轻工业园企业的出口创汇带来了巨大的挑战。为此，华坚集团通过与埃塞俄比亚政府协商，政府仅同意部分商品转为内销，允许的期限仅有 6 个月，这远远解决不了投资企业的生存和发展困境。目前，华坚集团仍在保持与埃塞俄比亚政府沟通之中，期待埃塞俄比亚政府能与美国政府达成一致意向，恢复埃塞俄比亚在 AGOA 取得的优惠资格；期望埃塞俄比亚政府能站在有利于该国经济大局走出困境，有利于投资企业走出生存发展的困局等双赢立场，出台切实对企业有帮助的激励和优惠政策。一方面，要尽快批准《埃塞俄比亚经济特区法公告》草案，从税费优惠方面激励投资企业在经济特区法律框架下，以免除更长年限的营业所得税和关税减免优惠来促进外国人投资产品出口、替代性进口（内销）等制造业；另一方面，允许外国人以平等国民待遇从事贸易、从事房地产开发和销售，支持外国人投资优质的科技和职业技术教育，支持外国人投资医疗产业和健康养老育幼产业，投资新能源和再生能源等新兴产业，共同促进埃塞俄比亚经济社会发展和"一带一路"建设行稳致远。

三、东方工业园

1. 园区概况

埃塞俄比亚东方工业园是中国在埃塞俄比亚唯一的国家级经贸合作区，由中国江苏其元投资有限公司投资开发和建设。工业园区位于奥罗米亚州杜卡姆市，距离首都亚的斯亚贝巴和博莱国际机场约30千米，北侧紧靠连接亚的斯亚贝巴和吉布提的亚吉铁路以及由亚的斯亚贝巴到阿达玛市的高速公路，距离吉布提港约850千米。从地理区位上看，东方工业园落地于埃塞俄比亚首都亚的斯亚贝巴所在的奥罗米亚州，位于亚吉铁路沿线，距吉布提港湾约730千米。为实现基础设施建设同产业园区和物流发展的良性互促，埃塞俄比亚政府加强了沿亚吉铁路建设工业园区和临港工业园区的布局和规划。

埃塞俄比亚政府将工业园建设作为国家"持续性发展及脱贫计划"（SDPRP）的一部分，是工业发展计划中重要的优先项目，尤其强调从制造业增长中受益。2007年，埃塞俄比亚东方工业园中标中国商务部境外经贸合作区，成为中国民营企业在埃塞俄比亚创办的首个国家级境外经贸合作区，也是埃塞俄比亚境内首个建成且已正式运营的工业园区。园区以建筑材料和轻工业为主导，包括纺织、化工、电子以及制药等行业，多为劳动密集型和资源密集型产业，预期将向外向型制造加工业转型发展，逐步形成集工商贸为一体的综合功能区。

2. 园区规划

埃塞俄比亚东方工业园规划设计由江苏省城市规划设计研究院负责编制。工业园总规划面积为5平方千米，一期已开发2.33平方千米，二期规划面积1.67平方千米。规划形成居住用地、商贸用地、工业仓储用地、道路用地、市政公用设施用地和绿化用地六大类布局。在产业定位上，东方工业园以外向型制造加工业为主，集聚冶金、建材、机电、加工、商贸、物流运输等产业，形成生产加工、仓储物流、商品展示和行政服务等配套区。在功能定位上，东方工业园是以加工贸易为主的综合经济区域，并有进出口贸易、资源开发、保税仓库、仓储分拨等功能，逐步形成集工业、商务、居住和娱乐等多行业、多功能发展的工商贸综合功能区。展望未来，东方工业园的发展目标是生态环境良好、景观形象凸显的工业园区，以及投资环境优越、非洲领先的示范园区。

3. 园区管理运营

东方工业园的管理与运营由江苏其元投资有限公司全面负责。东方工业园采用"总体规划、分期实施；建设与招商同步、开发与使用同步；以园养园、滚动式发展"的市场化运作模式。管理运营公司每月召开企业例会，在会上进行总结和检查，同时企业提出要求与问题，管理运营公司则尽力解决。园区内成立了投资企业协会，以促进园区企业之间的交流。园区提供的服务包括出租厂房、供水供电、污水处理、固体垃圾清运、绿化、安保、道路设施等，园区管理机构负责出面与埃塞俄比亚政府接洽。此外，园区内设立了一站式服务中心，为企业提供各项咨询和业务服务。截至目前，已有 80 余家企业入驻园区，分别从事冶金、建材、制鞋、制药、汽车组装、电力装备和纺织服装等行业。同时，东方工业园已解决当地就业 14 700 人，并累计上缴税收 8 000 万美元，形成了良好的经济效益和社会效益。

4. 园区企业现状

东方工业园为埃塞俄比亚吸引海外投资、引进制造业设备、人员和技术转移提供了良好的平台，园区企业所生产的产品缓解了埃塞俄比亚对于进口的依赖，也为工业园周边居民提供了大量就业岗位，显著带动了园区周边的城镇建设和服务业的集聚，园区及周边地区正逐渐开发建设新城。尽管如此，园区从建成至今已过去 10 余年，部分设施老化，产能亟待更新升级。东方工业园Ⅱ期已完成前期建设，但埃塞俄比亚政府要求东方工业园企业生产的商品全部出口的政策为园区招商引资带来压力。另外，受外汇短缺、通货膨胀等因素影响，工业园的水电等租金价格上调，部分企业选择整体搬迁至其他工业园，例如，上海东方纺织集团搬离至博勒莱米工业园；还有一些企业则转移到其他非洲国家开拓新市场。作为中国在非洲私营工业园区的代表，东方工业园的开发对中国私营企业参与海外工业园区建设发展具有重要的借鉴意义。

第五节　结论与启示

埃塞俄比亚作为第二大人口的非洲国家，具备充足的适龄劳动力，水电成本低廉和免关税、免配额进入国际市场等一系列吸引海外投资优势。经过近 10 年的高速发展，埃塞俄比亚工业化取得了一系列瞩目成就。尽管如此，工业园区具有高风险、高回报的特点，投资回报周期比较长；随着近年来国内外形势动荡，埃塞俄比亚经济发展受挫，工业园的后期招商、运营维护等后续配套政策与基础设施供应均面临挑战。2020 年，新冠疫情在全球蔓延，叠加 2016 年爆发的埃塞内战以及俄乌冲突，埃塞俄比亚面临的国际国内局势加剧紧张。其中，对于外资企业的最致命一击是美国取消了埃塞俄比亚享受 AGOA 的优惠政策，导致一批中国企业开始撤离埃塞俄比亚，埃塞俄比亚推进工业化进程速度减缓，工业园建设和发展过程中积累的问题逐渐显现，埃塞俄比亚工业园未来发展趋势面临严峻挑战与考验。

一、埃塞俄比亚工业园面临的挑战

国际局势动荡引发的不确定性。俄乌冲突、新冠疫情给埃塞俄比亚经济发展带来了不利影响，引发了外资撤离、出口额减少等一系列问题。埃塞俄比亚的出口贸易主要享受《非洲增长与机遇法案》（AGOA）、"除武器外全部免税"、东南非共同市场（COMESA）以及中国对非洲最不发达的 25 个国家提供进入中国市场的免税配额等税收减免的优惠政策。其中，AGOA 为埃塞俄比亚提供了自由贸易出口的最惠国待遇。2022 年初，美国将埃塞俄比亚移出 AGOA 受益名单，使得埃塞俄比亚出口到美国的产品不再享受免税等贸易优惠福利。AGOA 的取消使得产品生产出口到美国的园区企业撤离埃塞俄比亚，未撤离的部分企业也停工停产，外贸出口额减少进一步加剧埃塞俄比亚外汇短缺，而外汇短缺恰恰是吸引外商投资最大的制约因素。

地区矛盾叠加内战冲突。政局稳定是影响中资企业是否愿意继续投资的主要因素之一。埃塞俄比亚民族、宗教乃至地区矛盾等问题较为突出。近些年，埃塞俄比亚社会矛盾不断发酵，大规模骚乱、游行示威活动不断，严重打击投资者的信心。由少数族裔提格雷人主导的埃塞俄比亚人民革命民主阵线仍面临着政治紧张与对立等重大而棘手的难题。埃塞俄比亚人口占多数的奥罗莫人与阿姆哈拉人认为其被边缘化，希望加大在国家权力层面的代表性。这正是近年来埃塞俄比亚多地发生示威活动的深层次原因。埃塞俄比亚内战冲突对园区企业投资的可持续性产生消极影响，一些企业不得不到其他非洲国家寻找投资机会，开拓商业市场。

工业基础薄弱，政策激励缺乏连续性。埃塞俄比亚农业生产占比高，未经历工业化过程，更未形成从农牧业国家向现代化国家转变的制度和文化储备，缺少工业化所形成的产业体系、法律法规、政治制度与社会文化。为吸引外商到沿线工业园区进行投资，埃塞俄比亚政府制定了一系列税收优惠政策，但也制定了一些政策来保护本国的利益，例如埃塞俄比亚政府为了增加外汇储备，要求入驻工业园企业的产品全部对外出口，致使一些中资企业无法保证全部出口，只能选择退出工业园。埃塞俄比亚政府制定的企业招商优惠政策不连续，随意征税，笔者在调研期间，埃塞俄比亚联邦政府部长理事会就批准了一项引入社会福利税的法规，以资助其在冲突频发地区的五年恢复项目。优惠激励政策减少，税额和税种增加，成为外国投资者最担忧的问题。

人力资本薄弱，能力建设亟待加强。随着埃塞俄比亚工业园规模不断扩大，园区产业逐步升级，加大对人才的需求。而埃塞俄比亚现有的教育和职业技能培训严重落后，劳动力受教育及劳动技能水平较低，且受制于当地的文化习俗等，劳动力的纪律性较低，这很大程度上削弱了其低成本劳动力的优势。埃塞俄比亚劳动生产率低于其他低成本制造业目的地，同时本土人才也难以适应产业升级对技能的要求。

政府运营经验与执行力不足。尽管埃塞俄比亚中央政府具有强烈的发展意愿，但地方政府和下层机构缺乏创造一个良好商业环境的能力。目前园区的建设、招商及管理主要依靠联邦政府，地方政府参与的积极性与能力都较低。埃塞俄比亚园区布局更多体现了州政府之间的博弈和利益平衡，地方政府虽也大力招商引资，但缺乏工业园运营的经验，此外，缺少专业技能培训、技术落后、资金不足、外汇短缺等也导致园区开发政策制定和实施的不一致，以至于工业园建成后，后续运营管理乏力，园区可持续开发建设受挫。

二、埃塞俄比亚工业园区开发建设的中国经验与理论探讨

埃塞俄比亚自建立联邦政府以来将推进工业化作为优先发展战略，就如何实现工业化这一战略，埃塞俄比亚政府借鉴中国工业园区开发建设的模式，在布局规划、特区立法、制度设计、技术开发和能力建设等方面与中国展开合作，以此吸引海外投资，尤其是来自中国的企业投资。中国过去40年来工业化道路为埃塞俄比亚工业化建设提供了经验借鉴和参考。首先，工业园建设作为产业政策的一项重要工具，应被纳入国家发展战略这一高度，并予以高度重视和关注，也就是说，政府高层的政治意愿，再根据设定的工业化目标科学谋划，统筹布局，这些因素将决定工业园发展的成败。其次，要建立起规范高效的法律监管体系和管理体制，需要政府强有力的政治承诺，自上而下的有效推行。再次，要在园区内建设更加友好和谐的营商环境。中央和地方政府以及相关部门需要采取激励措施推动当地以及周边居民参与工业园区的建设与开发，促进该地经济、社会、环境、教育等方面的全面发展；另外，园区建设除了需要确保供水、供电和道路交通等完善的基础设施以外；重视技术转让和员工技能水平的提升对于园区的可持续运营也至关重要。最后，工业园区的发展应当与当地社会的发展建立更加紧密的联系，为当地百姓提供更多的福利和民生保障。

随着中非合作的深入推进，非洲国家愈发重视中国发展经济特区的经验与模式，越来越多的非洲国家对中国经济发展的模式感兴趣。工业园带动的海外投资和产业集群有利于集中资源，增强工业发展竞争力，有效帮助后发国家解决市场失灵问题，克服基础设施发展瓶颈，大大加快工业化步伐，这种由中非政府协商主导，中国企业投资建设工业园区和经济特区的发展模式不仅在非洲得到了大力推广，还运用到了印度尼西亚、柬埔寨和老挝等其他发展中国家。历史发展经验一再表明，不存在普适的工业化道路。埃塞俄比亚的工业园区和经

济特区建设在多大程度上为中埃塞双方带来共赢，还有待观察。中国的发展经验和模式为非洲国家带来了一定的借鉴和参考，但仍然需要研究中国如何针对非洲不同国家调整其发展合作战略和优先次序，以及如何让中国战略与当地发展需求相对接。未来，越来越多的中国企业走出去，对于迫切想要实现工业化，学习中国经验的非洲国家来说，无论是参与园区建造还是投资建设和运营，如何在充分了解当地发展需求的前提下开发建设工业园，为当地发展带来实在的利益，实现真正的合作共赢，利益共享，这才是中国在埃塞俄比亚和其他非洲国家建立工业园的题中之义。非洲的工业化战略需要借助外部的投资开发，激发其内生动力，只有通过政府的治理、制度和政策创新，才能实现非洲国家的工业化道路，也才能实现"一带一路"倡议在非洲的落地。

截至笔者完成本报告之时，埃塞俄比亚传来新的好消息，2022 年 11 月，埃塞俄比亚联邦政府与"提人阵"在非盟的牵头调停下，在南非达成协议，宣布"永久停火以结束埃塞俄比亚北部持续约两年的冲突"。此外，埃塞俄比亚申请恢复进入美国的 AGOA 优惠法案的名单也在谈判中，很大概率再延长 10 年以上，欧盟的"除武器外全部免税"准入短期内也不会对埃塞俄比亚取消。埃塞俄比亚内部局势趋于稳定，国际市场税收优惠政策向好，海外投资尤其是中国企业在国内疫情解封后将继续加大在埃塞俄比亚的投资力度，未来，埃塞俄比亚的工业化进程必将继续推进。

致　谢

感谢刘卫东老师提供的宝贵学习机会和平台。研究在 2022 年全球疫情持续蔓延，国内疫情封控的严峻形势下，顶住压力，如期推进。在埃塞俄比亚调研期间得到了中国驻埃塞俄比亚大使馆领导及众多中资企业朋友的支持和帮助。大家不仅牵线搭桥，积极帮忙联系各方工业园负责人，开展座谈交流，更是毫无保留地分享资料和数据。要感谢的人实在太多，缺少了他们任何一个人的帮助，这项研究都无法完成。篇幅有限，在这里无法一一列出。所有的帮助和支持都铭记在心，化作我们在中非研究这条路上前行的动力。道长且阻，行则将至。中非研究，大有可为！

参 考 文 献

Brautigam，D. *The Dragon's Gift*：*The Real Story of China in Africa*. Oxford：Oxford University Press. 2011.

Chang，H. J. *Globalization*，*Economic Development and the Role of the State*. London：Zed Books. 2003.

Ethiopian Investment Commission. *Ethiopian Investment Report*. EIC with the support of the World Bank. 2017.

Ethiopian Investment Commission. *Ethiopian Investment Report*. EIC with the support of the World Bank. 2019.

Oqubay，A. *Made in Africa*：*Industrial Policy in Ethiopia*. Oxford University Press. 2015.

Oqubay，A.，Lin，J. Y. F. *The Oxford Handbook of Industrial Hubs and Economic Development*. Oxford University Press. 2020.

奥克贝：《非洲制造：埃塞俄比亚的产业政策》，社会科学文献出版社，2016年。

李智彪："非洲工业化战略与中非工业化合作战略思考"，《西亚非洲》，2016年第5期。

刘卫东："'一带一路'：引领包容性全球化"，《中国科学院院刊》，2017年第4期。

刘卫东、姚秋蕙："'一带一路'建设模式研究——基于制度与文化视角"，《地理学报》，2020年第6期。

刘卫东等：《"一带一路"建设进展第三方评估报告（2013—2018年）》，商务印书馆，2019年。

刘卫东等：《"一带一路"建设案例研究：包容性全球化的视角》，商务印书馆，2021年。

曾智华："经济特区对发展中国家工业化的作用和影响"，《开放导报》，2020年第4期。

张夏准等：《富国陷阱：发达国家为何踢开梯子?》社会科学文献出版社，2009年。

中国驻埃塞俄比亚使馆经商参处："2019—2020年埃塞俄比亚承包工程市场国别综述"，《国际工程与劳务》，2021年第3期。

第十六章　魏桥集团几内亚铝土矿项目[①]

摘　　要

随着共建"一带一路"不断推进，中国积极拓展国际矿业合作。铝是仅次于铁矿的国际航运第二大宗散货资源，中国的铝矾土60%依赖进口。几内亚铝土矿资源丰富，储量在400亿吨以上，约占全球铝土矿资源的2/3，并可露天开采，品位高，氧化铝含量45%～60%。但由于基础设施落后，几内亚境内铝土矿一直未能实现大规模开发。2014年埃博拉疫情开始肆虐，外资一度纷纷撤离，几内亚境内铝土矿开发陷入停滞。在此背景下，2015年，山东魏桥创业集团的关联公司中国宏桥集团与新加坡韦立集团、中国烟台港集团、几内亚UMS（United Mining Supply）公司组成"三国四方"联合体"赢联盟"（SMB Winning Consortium），快速实现了几内亚铝土矿资源开发。

赢联盟响应"一带一路"倡议走进非洲，采用"采矿＋河运＋海运"的"本地功能一体化"（local functional integration）模式，仅用了四个月就搭建了一条从几内亚境内，经过好望角、印度洋、马六甲海峡、南海，到魏桥创业集团国内工厂，并集多式联运于一体的铝土矿产业完整链条，也是经跨三大洋的新兴铝土矿海运航线，形成了中国至几内亚、几内亚至中国的双向物流运输通道。在2016年之前，我国从几内亚国内进口的铝土矿可谓是少之又少。但在2016年，来自几内亚的铝土矿就达到了1 500万吨，2017年超越澳大利亚成为我国最大铝土矿来源国。这一方面有效地满足了我国发展铝工业的需求，更加强了我国的海外资源供给能力，促进铝工业健康发展；另一方面，快速推进中国企业海外资源利用项目，带动了中国制造、中国装备一同出海，打造从非洲至中国的铝产业完整链条，为21世纪海上丝绸之路沿线的国际合作打造了新样板。

对几内亚而言，赢联盟项目极大地带动了几内亚矿业开发的繁荣，使其成为世界第一大

---

①　本章作者：程汉、宋涛、孙曼。

铝土矿出口国，改写了世界铝业的力量格局。根据国际货币基金组织的估计，该项目对几内亚 GDP 的贡献率超过 10％，带动直接就业 10 000 多人，间接就业 30 000 多人。根据几内亚政府部门的评估，一个在赢联盟就业的几内亚人，可以支撑起 10~15 个几内亚人的生计。赢联盟项目为 10 万~15 万几内亚人提供了生活保障，是几内亚最大的劳动就业项目之一。赢联盟创造的稳定美元税收，改善了几内亚的外汇收支状况，拉升了几内亚货币几郎的币值，增强了国际组织对于几内亚经济和外汇收入的信心，因而吸引和带动更多企业和投资者进入几内亚，从事矿业、基础设施建设、农业等领域，为几内亚经济发展注入了动力。

第一节　几内亚概况

一、国家概况

几内亚位于非洲西部，西濒大西洋，北邻几内亚比绍、塞内加尔和马里，东与科特迪瓦接壤，南与利比里亚和塞拉利昂接壤，海岸线长约 352 千米，国土面积 245 857 平方千米。全国划分为首都科纳克里（Conakry）专区和 7 个行政大区，2021 年人口 1 350 万人。几内亚全国有 20 多个民族，其中富拉族（又称颇尔族）约占全国人口的 40％以上，马林凯族约占 30％，苏苏族约占 20％。在几内亚的华人有 2 万~3 万人，主要集中在首都科纳克里和博凯地区。全国约 85％的居民信奉伊斯兰教，5％信奉基督教，其余信奉拜物教。官方语言为法语。

几内亚是世界上最不发达国家之一。2021 年 GDP176 亿美元，人均 GDP1 303 美元，GDP 增长率 6.0％，通货膨胀率 12.6％。几内亚是一个生产和消费完全依赖外贸的国家。主要出口产品为黄金、铝矾土、钻石等，主要出口目的地为中国、阿联酋、加纳、瑞士等。主要进口商品为食品、烟草、化工产品、机械设备、石油制品等，主要来自中国、印度、日本、比利时等。

几内亚经济以农业、矿业为主，工业基础薄弱，制造业不发达，粮食不能自给。全国农业人口约占总人口数的 61.9％，可耕地面积 630 万公顷，其中 80％未开垦，粮食作物主要有大米、木薯、水稻、玉米、花生、甜薯、马铃薯等。几内亚自然资源丰富，有"地质奇迹"之称。矿产资源品种多、储量大、分布广、开采价值高、开发潜力大。铝、铁矿储藏大、品位高，其中铝矿探明储量居世界第一。此外还有钻石、黄金、铜、铀、钴、铅、锌等。矿业是几内亚国民经济的支柱，也是其财政和外汇收入的最主要来源。

二、政治环境

几内亚实行总统制，总统兼国家元首和政府首脑。作为曾经的法国殖民地，几内亚于1958年10月2日宣布独立，成立几内亚共和国；独立初期为一党制，后转变为多党制，在60余年中主要经历了三位领导人的统治。1958—1984年，塞古·杜尔领导的几内亚民主党是当时的唯一政党，无其他政党存在。1972年4月，几内亚从一党制走向党国一体化，并于1982年5月以法律的形式将党国合一写入宪法。1984年，几内亚进入兰萨纳·孔戴统治时期，并于1992年4月开始实行多党制。塞古·杜尔和兰萨纳·孔戴的统治随着个人逝世而结束后，几内亚发生了政变。第三任领导人阿尔法·孔戴（2008—2021）也于2021年9月5日在任时被军事政变推翻。尽管政变在几内亚政治发展中时常出现，但其至今并没有出现过严重的持续性武装冲突。政变发生后，往往迅速形成过渡政府，形式上的"民选政府"也随之而来。目前，几内亚有包含人民联盟、几内亚民主力量同盟、统一进步党、共和力量同盟以及进步复兴联盟等主要政党在内的124个合法政党。

1958年，几内亚公投脱离了"法兰西共同体"，并于10月2日宣布独立，成为第一个独立的法属非洲殖民地。然而，戴高乐政府随即对几内亚发起严厉制裁，将法国殖民机构、资本和基础设施全部撤出，几内亚经济几近崩溃。与法国的关系破裂使得几内亚不得不在失去法国援助的情况下勉力改善经济状况，以维持政权稳定。在此背景下，塞古·杜尔在几内亚独立初期大力推行国有化、计划经济等措施；给予铝土矿业多种优待措施，并仍然保留了大量的外国资本控制。实现平稳过渡后，几内亚亟须取得其作为合法国家的国际承认。在美苏争霸的背景下，塞古·杜尔采取了"积极中立"的政策，并以铝土矿业为媒介与双方国家建立经济联系，进而建立政治和外交联系。在这一阶段，几内亚接受苏联贷款援建的企业SBK进入铝土矿生产领域，借以偿还独立时从苏联获得的贷款和服务；同时也得到了美国的大量援助，其中包括4亿美元用于发展其铝土矿产业的贷款。

1984年3月26日塞古·杜尔逝世，陆军副总参谋长兰萨纳·孔戴于4月3日通过军事政变夺权，任共和国总统。1991年苏联解体，国际环境动荡，几内亚亟须在短期内改善经济形势并稳固政权。为此，兰萨纳·孔戴在国际货币基金组织的建议下，通过采矿业的自由化改革，得以实现经济增长并维持政权合法性。兰萨纳·孔戴以铝土矿业为基础，获得稳定收入以满足军事开支、加强军队建设，抵御2000年初的叛军袭击，并克服叛乱后面临的经济困难，最终得以维持政治政权稳定。

2008年12月22日兰萨纳·孔戴病逝，部分军人发动政变并于2009年1月组建过渡政府。2010年，几内亚军政权宣布还政于民，阿尔法·孔戴于当年12月宣誓就职，并承诺对抗全球矿业巨头的控制，以改善几内亚民众的生活。阿尔法·孔戴上台伊始，推行了较为强硬的资源民族主义政策，导致外国投资大受影响。然而，该政策持续时间不长。很快，几内亚为保障矿业的稳定发展，与矿产公司协商，采取减税、提高探矿权证面积、降低矿产特许经营权的资金要求等措施，总体上实现了铝土矿业支持政策的延续。可以看出，在几内亚政权的多次更迭之中，当权者对于铝土矿业的支持存在一定共识。即使在 2021 年 9 月 5 日政变后，几内亚领导人在声明中依旧明确承诺铝土矿开采和出口的稳定。

　　长期以来，几内亚"不稳定"的政治环境中存在"稳定"的矿业发展诉求，铝土矿业成为其政权稳定的基础。从独立到现在，无论政权和党派结构如何变换，当权者一直利用铝土矿业来加强其自身实力，对内避免大规模的武装冲突，对外是参与国际交流的筹码，从而保障其政权稳定（Diallo，2020）。由于铝土矿业相对稳定的收入是几内亚巩固政权的一项基本资源，因此，在几内亚独立后的不同时期，尽管国家发展面临差异化的国际与国内环境，当权者对于铝土矿业发展的政策实际均在尽力维护铝土矿业的稳定。

三、治理机制

　　几内亚政府由中央和地方各级政府组成。中央政府包括总统府、总理府和各部委。经济工作由总统府统管，总理府牵头，经济、财政和计划部，预算部，能源、水利和油气部，矿业和地质部，基础设施和交通部以及渔业和海洋经济部等职能部门具体执行。2021 年政变发生后，过渡政府总统马马迪·敦布亚任命穆罕默德·贝阿沃吉为过渡政府总理，对内阁进行精简，并对若干部门进行重组。几内亚地方政府由 7 个大区和首都特别市组成，包括金迪亚区（Région Kindia）、拉贝区（Région Labé）、马木区（Région Mamou）、博凯区（Région Boké）、康康区（Région Kankan）、恩泽勒科勒区（Région Nzeregore）、法拉那区（Région Farana）和科纳克里市（Conakry）。三级行政首长全部由总统任命，各职能部委在地方政府设有代表机构，负责行使相关职能。目前地方政权基本交由军方人员接管。

　　几内亚的矿业主管部门是矿业和地质部，其主要职能是代表国家制定矿产资源和地矿产业政策，颁布和执行矿业法规，并通过政策导向、矿业执法进行全国矿业的监督和管理；进行全国基础地质调查、环境地质调查和研究、矿产资源总量调查和评价研究，为引导矿业投资提供信息和咨询服务。几内亚新任矿业和地质部长穆萨·马加苏巴依照总统指示，延续采矿业作为几内亚经济发展重要支撑的地位，集中治理采矿业中存在的管理不善、腐败和违反采矿公约等行为；重审矿业公约，撤销所有休眠和不活跃的采矿许可证，清理采矿地籍，确保矿业资源的持续化管理。

　　目前，几内亚关于矿业勘察开发、投资、进出口的法律法规主要包括 2011 年颁布的

《几内亚共和国采矿法》（2013 年曾进行修订，以下简称"《采矿法》"）以及《新贸易法》《几内亚共和国海关法》《几内亚共和国投资法》《税务总则》《关税总则》《财政法案》《国家预算法》等相关税收法律。几内亚矿业于 1980 年采用了第一个投资准则，随后于 1983 年在世界银行的资助下制订了新的矿产计划。兰萨纳·孔戴上台执政后，在世界银行和国际货币基金组织的支持下，采矿业的自由化得到了进一步推进。1986 年，几内亚通过了第一部《采矿法》，并于 1991 年更新了采矿政策，重点开放采矿业和吸引投资者。

总体而言，几内亚采矿立法的演变包括以下四个阶段。1958—1986 年为第一阶段，采矿合同主要由公司管理，没有共识性的立法框架；大多数矿业公司都属于公私合资企业，国家资本参与率设定为 49％～50％。1986 年基于世界银行和国际货币基金组织建议的《采矿法》的颁布标志采矿立法进入第二阶段，重点是增加私营部门在采矿业中的作用，创造一个足够有吸引力的环境，以增加投资者数量并减少国家参与。其中，对授予勘探活动、采矿权、持有人的权利和义务以及利益相关者（主要是矿业公司和国家）之间的关系做出了重要规定。然而，这一阶段的《采矿法》仍然存在缺陷，包括国家与投资者关系之间缺乏透明度、开采权问题以及缺乏有吸引力的税收制度等。第三阶段开始于 1995 年 6 月 30 日几内亚通过的 1995 年《采矿法》，受新自由主义思想影响，规定国家资本参与率降至 15％，国家活动仅限于监管，而非直接参与矿业公司管理。平均而言，在 20 世纪 80 年代和 90 年代初期，采矿业贡献了几内亚大约 41％ 的国家总收入；然而，2000—2008 年，这一比例降到 24％（BCRG，2015）。有学者认为，采矿业贡献的减少是由于为吸引私人投资者而实施的税收减少、1995 年《采矿法》的实施以及该行业的外国投资收入增加。显然，国际货币基金组织和世界银行在几内亚实施的改革未能改善几内亚经济；到 2008 年，更多民众认为采矿收入没有使他们受益。与此同时，非洲资源民族主义出现上升趋势，促使几内亚在 2011 年对《采矿法》再次修订，要求在铁矿石和铝土矿项目中，政府可以获得矿业公司 15％ 干股，并通过购买的方式另外获得不超过 20％ 的股份，标志进入采矿立法的第四阶段。

根据现行《采矿法》规定，采矿业的业权持有人仅在开采时才能获得地下及地表土壤内任何物质的所有权，包括铝土矿和铁矿、钻石、宝石、铂族金属和贵金属、其他贱金属、非金属物质、放射性物质、矿泉水和地热矿床。《采矿法》中规定的采矿权包括：①勘探许可证。许可证持有人能够对周边矿物获得开采证或采矿特许权，但任何筹集必要资金的技术合作伙伴都必须获得部长批准。一个人最多拥有三份铝土矿和铁矿许可证（面积 1 500 平方千米以下），最多拥有五份其他物质的许可证（工业和半工业面积 500 平方千米以下）；②开采许可证。授予搜寻、探明、开发、开采和自由处置开采矿物的所有权。许可证期限为 15 年，若持有者履行义务，则可延期五年，持有者须在注册 18 个月内开展开发开采工作；③采矿特许权。与开采许可证相似，期限为 25 年，在原始特许权相同条件下并提交新的可行性研究报告，可续签 10 年，必须在两年内开始开发开采工作，且投资额必须达到 5 亿美元；④半工业勘探和开发许可证、手工开采许可证。仅授予几内亚国民、几内亚独资公司以及给予几内亚国民互惠国待遇的外国国民。另外，根据《采矿法》规定，任何采矿方法都必须考虑如何抵消其对环境的影响，采矿许可证持有人必须出资开设一个环境恢复和信托账户，保证环境恢复和关闭矿场，勘探许可证的《环境影响通知书》必须在工程开始前至授予所有权后六个月内提交。

四、国际关系

几内亚奉行睦邻友好、不结盟、全面开放和独立自主的外交政策，反对外来势力干涉非洲国家内政，积极推动非洲国家团结与合作，主张通过对话和平解决国际争端，强调非洲自身发展才能保证和平与民主。几内亚为联合国、世界贸易组织、不结盟运动、伊斯兰会议组织、法语国家组织、非洲联盟（非盟）、西非国家经济共同体（西共体）、冈比亚河流域组织、塞内加尔河流域组织、马诺河联盟等国际组织成员，同 110 多个国家建立了外交关系。主要援助国包括法国、美国、日本、德国，以及科威特、沙特阿拉伯等阿拉伯国家。其中，法国是几内亚最大援助国。主要国际援助机构为联合国系统、欧盟、国际货币基金组织、世界银行、非洲开发银行、伊斯兰开发银行、沙特基金和科威特基金等。

法国于 19 世纪 80 年代开始在几内亚建立殖民统治，并于 1891 年正式建立法属几内亚殖民地，直到 1958 年几内亚通过全民公投获得独立。20 世纪 70 年代后，几内亚开始缓和与法国的外交关系，并于 1975 年两国恢复邦交。此后两国关系才得到了长足的发展。法国多年来向几内亚提供了大量投资和援助，其援助涉及几内亚经济生活的各个方面，投资帮助几内亚修建高速公路，参与港口扩建协，修复水电站等。援助项目包括巴斯德医学研究所、传染病教学治疗中心、法国 Albert Camus 中学等。2014 年，埃博拉疫情在几内亚扩散，法国提供了 1.58 亿欧元的人道主义援助，以协助几内亚政府对抗疫情扩散、疫后重建。在经贸方面，目前有 80 家法国企业在几内亚有投资活动，主要有博罗莱集团、法国航空公司、Orange 电信公司、法国兴业银行、巴黎银行、道达尔石油公司、Veritas 监理认证公司、Castel 饮料酿酒公司、Laborex 医药批发公司。法国也是几内亚矿藏的主要开发国之一。

几内亚重视发展与美国的关系，并进行了多次的高层互访，美国也是最早进入几内亚铝矿产业的国家之一。此外，20 世纪 70 年代，几内亚与日本的关系开始提升。1972 年 12 月 27 日，几内亚在东京都建立大使馆，日本政府亦于 1976 年在科纳克里设立大使馆。此后两国关系基本稳定发展，高层互访不断。近年来，几内亚与日本的关系发展迅速。经贸合作方面，几内亚对日本主要出口铝土矿、铁矿砂等原材料及鱼类产品，而几内亚也从日本进口大型机械、橡胶制品及机车等工业产品。随着日本与几内亚两国经济交流的加强，两国间的文化交流和人员流动也更为频繁，日本的研究调查团多次前往几内亚的山地考察研究黑猩猩等灵长类生物；日本也为几内亚的柔道、空手道学校提供了免费教学器材及其他设备。

1959 年 10 月 4 日，几内亚与中国建立外交关系。建交后，两国高层互访不断，中国为几内亚援建了广播电视中心、人民宫、金康、丁基索和卡雷塔水电站、自由电影院、卷烟火柴厂、总统府、医院、体育场等大型工程项目。2014 年，几内亚暴发埃博拉疫情后，中国政府率先驰援，先后向几提供 4 轮物资、粮食、现汇等紧急人道主义援助，并用包机将抗疫物资第一时间送抵疫区。中方还派出公共卫生和医疗专家协助抗击疫情和培训当地医护人员。1960 年 9 月，中国与几内亚签订了贸易与支付协定，在 1988 年 7 月又签订了贸易协定。2021 年，中国与几内亚双边贸易额约为 49.54 亿美元，其中，中方出口 21.58 亿美元，进口 27.96 亿美元。中国主要出口机电产品、鞋类、摩托车，进口铁矿砂、铝矿石、木材。在文化交流方面，中国和几内亚签有文化合作协定。两国文化艺术团组多次互访，中国自 1973 年起开始接收几内亚奖学金留学生。

几内亚几乎全部的外汇收入都来自铝土矿的出口，然而本国却缺乏独立的矿业开发能力。长期以来，几内亚铝土矿开采被美国铝业公司（Alcoa，以下简称"美铝"）、力拓加铝（Rio Tinto Alcan）、俄罗斯铝业联合公司（UC Rasul，以下简称"俄铝"）等国际铝业巨头组成的先驱者所占据，也成为几内亚与相关国家进行经贸往来的主要领域。其中，美铝是全球最大的铝土矿生产商，也是最早进入几内亚的国际矿业公司。1963 年，由美铝主导并联合加铝和德国 DADCO 铝业成立的 Halco 财团与几内亚政府成立合资公司几内亚铝矾土公司（CBG，Halco 持股 51％，几内亚政府持股 49％），专门开发桑加雷迪及其周边地区的高品位铝土矿。俄铝在 2002 年进入几内亚并获得弗里圭亚（Friguia）铝土矿—氧化铝综合体，这也是几内亚唯一一座氧化铝厂，但其因 2012 年 4 月尖锐的劳资对立和持续罢工原因关停；俄铝还在 2002 年和 2014 年分别获得金迪亚（Kindia）铝土矿和博凯大区（Dian Dian）铝土矿的开采权。根据几内亚地矿部报告，截至 2022 年 2 月底，在几内亚实际投产开采铝土矿的外国矿企共有 9 家，除了美铝 CBG、俄铝在金迪亚省的铝土矿 CBK 和俄铝在博凯大区的铝土矿 COBAD 外，还包括英国 ALUFER Mining、阿联酋环球铝业集团 GAC、河南国际矿业 CDM Chine、赢联盟 SMB、中国铝业 CHALCO 和国电投 SPIC。

第二节　项目建设过程与合作模式

一、项目建设背景

1. 中国海外矿产资源投资开发不断推进

中国是制造业大国，消耗大量矿产资源，但部分矿产品种资源禀赋条件相对较差，不能满足中国城市化和工业化的快速发展对矿产品的需求。以铝矿为例，中国工业铝需求量持续上升，而铝矿石的自给率偏低，需要靠进口来弥补巨大的需求缺口，资源依存度较高。随着资源性产品在全球范围内配置的趋势越来越明显，资源安全对国家社会经济发展的保障作用越来越突出。海外矿产资源投资开发有利于保障资源供应安全。除此之外，自"一带一路"倡议开启中国矿业企业新时期"走出去"的序幕，海外矿产资源投资开发成为经济市场化程度加深背景下矿业企业保障供应稳定性的重要方向。尤其是在新冠疫情在全球蔓延扩散、逆全球化趋势抬头的背景下，供应波动将影响企业整条生产线的运行。为了掌握更多的资源主动权，提高海外自有资源权益比重，维护产业链的安全稳定运行，中国企业不断开展国际化经营布局，在海外进行资源投资开发。矿产资源投资开发的方式也更加丰富，投资方式主要包括全资收购、参股成为股东并获得协议矿供应量、与矿产生产商组建合资公司开发矿山、战略层面参股但并不一定直接获得协议量等。

2. 中国是几内亚的重要经贸合作伙伴

中国与几内亚自 1959 年建交以来始终保持经济合作的平稳发展。自 2010 年以来，几内亚经济形势受到局势动荡的影响持续恶化，亟须进行矿产资源开发和基础设施建设。与此同时，伴随着"一带一路"建设稳步推进，中国致力于与沿线各国加强合作、共谋发展。中几两国经贸合作进一步深化，并将矿产资源投资开发和基础设施互联互通作为主要着力点。2017 年，几内亚公布的《2016—2020 年国民经济和社会发展规划》与"一带一路"倡议和中非合作战略构想全面对接。此外，中国与几内亚之间的产业互补性强，中国对几内亚出口的工程机械、日常日用品都很好满足了几内亚人民生产和生活的需要；几内亚也是中国矿产资源的重要来源地，为维护中国产业链稳定发挥着非常重要的作用。据中国国家统计局和世界银行数据显示，2017—2021 年，中国与几内亚进出口商品总值逐年上升。中国对几内亚出口的主要商品有纺织品、服装、鞋帽、箱包、日用品、小五金、搪瓷用品、蚊香、医药、电脑、通信设备、轮胎、小型农机具、拖拉机、发电机、建材等；主要进口商品为海产品、木制品、铝矿产品等。

表 16-1　2017—2021 年几内亚与中国贸易情况

年份	几内亚从中国进口商品贸易额（万美元）	占几内亚进口贸易总额比重（%）	几内亚向中国出口商品贸易额（万美元）	占几内亚出口贸易总额比重（%）
2017	124 060	35.61	151 573	32.99
2018	135 343	39.97	219 712	55.23
2019	171 758	49.50	245 940	62.34
2020	191 241	51.31	247 569	27.72
2021	215 839	52.82	279 572	26.78

资料来源：中国国家统计局、世界银行。

3. 魏桥几内亚铝土矿项目的历史背景

山东魏桥创业集团有限公司位于鲁北平原南端，紧靠济南空港、青岛海港和胶济铁路、济青高速公路，濒临黄河，是一家拥有 12 个生产基地，集纺织、染整、服装、家纺、热电等产业于一体的特大型企业，拥有 11 个子公司、1 个参股公司。魏桥集团最早由邹平县第五油棉厂发展而来。1992 年成立中外合资企业；1993 年企业更名为魏桥棉纺织厂；1998 年组建了山东魏桥纺织集团有限责任公司；2002 年建设邹魏一园、邹魏二园、威魏工业园三个纺织工业园区，魏桥纺织成为全球最大的棉纺织企业；2003 年企业更名为山东魏桥创业集团有限公司，魏桥纺织在香港联合交易所主板挂牌上市。经过几十年的发展，魏桥集团已经成为一家实力强劲的民营企业，自 2012 年连续 11 年入选世界 500 强。

中国宏桥集团有限公司是魏桥创业集团的关联企业，1994 年成立，是中国最大的民营铝电集团，2011 年于香港联交所主板上市，是一家集热电、采矿、氧化铝、液态铝合金、铝合金锭、铝合金铸轧产品、铝母线、高精铝板带箔、新材料于一体的全产业链特大型企业，打造了从上游到下游一体化的铝产业链。旗下有山东宏桥新型材料有限公司、山东魏桥铝电有限公司、印尼宏发韦立氧化铝有限公司等子公司。拥有总资产 1 815.31 亿元、员工 4 万多名，是全球特大型铝业生产企业和全球领先的铝产品制造商。

中国经济的腾飞带动了有色金属行业的发展，形成了从上游资源到下游制造业加工的完整产业链。铝的应用日益广泛，中国的铝土矿资源储量相对不足，有赖于国际铝土矿资源的供应，尤其是适用于低温冶炼工艺的三水铝矾土。2013 年之前，中国铝土矿资源进口的主要来源只有 3 个国家，分别是印度尼西亚、澳大利亚、印度。印度尼西亚运距较短，平均一周的船期即可到达中国主港，且印度尼西亚铝土矿大多为三水铝土矿资源，2014 年前中国接近 70%～80% 的铝土矿进口来源于印度尼西亚。中国宏桥集团在 2012 年 12 月，投资大约 10 亿美元在印度尼西亚建立氧化铝厂，该氧化铝厂由中国宏桥集团占股 56%、印度尼西亚政府矿业占股 30%、新加坡韦立集团（Winning International Group）作为船运提供商占股 9%，以及山东魏桥铝电有限公司占股 5% 共同投资而建，设计氧化铝年产能为 200 万吨。这是印度尼西亚国内第一家冶金级氧化铝厂，同时中国宏桥集团成为中国铝工业企业第一个走出国门进行海外氧化铝厂建设的公司（李娅，2020）。

2013 年底受环保因素影响，且印度尼西亚作为资源东道国，急需发展本国铝工业的生产发展。印度尼西亚政府决定缩小及停止国内铝土矿出口，规定 2014 年 1 月 1 日起将正式禁止铝土矿原矿出口。这一政策的发布使得中国宏桥集团的子公司山东魏桥铝电在产能持续扩张战略方面陷入困境，可持续发展阻力凸显。中国宏桥集团拥有配套氧化铝产能 1 650 万吨且满产运行，关键原材料铝土矿 100% 依赖于进口，魏桥共有 7 家电解铝分公司分布在山东省内，其中滨州境内是主产区。除面对国内进口铝土矿使用商资源的争夺竞争外，同时也面临着国际铝工业企业对三水铝土矿需求的争夺竞争，如俄罗斯铝业、阿联酋环球铝业集团等。因而，如何确保进口原材料资源的长期稳定性供应，开辟新的资源，实现资源供应的多元化，成了中国宏桥集团亟待解决的问题。

几内亚作为世界上三水铝矾土资源储量最大的国家，一直有把铝土矿出口或者就地冶炼的计划，以带动本国经济和当地人民生活水平的提高。但是，限于投资环境、海运物流成本的约束，铝土矿大规模出口到中国，或者建设氧化铝冶炼厂的愿望一直无法实现。特别是2014 年和 2015 年埃博拉疫情的暴发，更加打击了外部投资者的意愿。而中国宏桥集团作为山东省最大且 100% 依赖进口铝土矿资源的企业，在面对资源供应不稳定的问题上，急需把握资源供给的主动权，由此确立了转向几内亚投资铝土矿资源的战略。中国宏桥集团于2013 年下半年正式踏上西非几内亚探矿之路，前期与政府企业沟通交流，考察与调研铝土矿资源投资开发可行性研究，包括实地考察资源开发形式、物流对接模式、港口选择等。考虑到海外投资的风险等因素，宏桥集团主动发起成立国际战略联盟，与联盟伙伴共同开发建设几内亚铝土矿资源供应新链条，并最终与几内亚联合矿业供应公司、中国烟台港集团和新加坡韦立国际集团三家企业共同成立了"赢联盟"。

二、项目合作历程

2010—2013 年，酝酿多时的赢联盟几内亚铝土矿项目终于正式提上日程（图 16-1）。通过多方面信息搜索，赢联盟对几内亚的铝土矿资源分布状况、矿业法要求、矿业开发与出口情况有了深入了解，并开始寻找在几内亚的合作伙伴，探索一种适合几内亚国情的开发模式。

2013 年下半年中国宏桥集团对几内亚境内铝土矿资源项目投资开发进行可行性初步研究。2013 年 6 月，韦立集团高层拜会几内亚政府部门和企业，并考察诺尼兹河（Rio

Nunez）两岸资源、建港条件、河流通航条件，形成了基本的矿山开发、物流运作概念。2013 年 11 月底，第一支工作考察组对几内亚的资源、港口进行了实地考察（图 16-2）。

图 16-1　魏桥集团几内亚铝土矿区位

2014 年 8 月，第一支资源勘探小组对诺尼兹河两岸 1 400 平方千米内的资源进行勘探、评估。同年 10 月，赢联盟高级代表团向几内亚矿业部、矿业资源公司和商业界介绍该项目。通过不懈努力，终于在 2014 年 11 月取得了在几内亚境内的第一个铝土矿资源探矿权。

1. 评估决策阶段

通过 2013—2014 年对几内亚的资源分布、河流水文分析，联盟认为利用诺尼兹河的通航条件，从矿山陆路运输矿石到河边码头，用驳船运送到卡姆萨海上锚地，用浮吊装载到大船，是一个可选择的模式。这一模式能够打通几内亚铝土矿海运物流瓶颈，快速实现几内亚铝土矿资源开发和海运，与最大的中国用户市场连接，促进经济发展，人民福祉增长。由此确定了"采矿＋河运＋海运"的自主开发铝土矿资源方案。

根据多次严格评估后的可行性研究报告，进行联盟模式设计，由中国宏桥集团做开矿主导，新加坡韦立集团负责海上物流，中国烟台港集团在几内亚进行码头建设以及国内烟台港接卸转运货物至工厂，几内亚联合矿业 UMS（法国在几内亚投资企业）负责当地政企关系以及矿区卡车物流运输至码头工作而组成的"三国四方"的产业链国际战略联盟应运而生。

2015 年 1 月 19 日，中国宏桥集团几内亚铝土矿一期项目拿到探矿许可，投资 2 亿美元，随即开始了为期 6 个月的环境与社会影响研究，并进入项目筹备阶段。同年 2 月，赢联盟代表团第三次到几内亚，拜见几内亚政府高层，得到政府对于开发和物流模式的认可，完

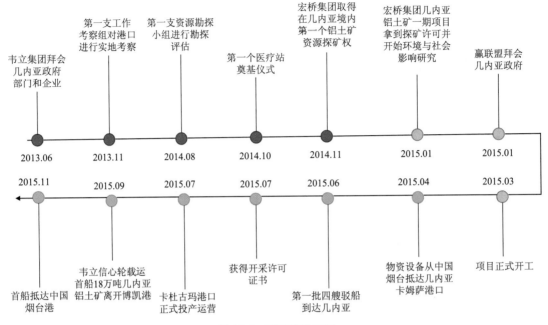

图 16-2 项目建设历程

成法律程序。同年 3 月，该铝土矿资源投资开发项目正式开工。

2. 设备物资调遣阶段

在上述调研和法律手续准备的同时，赢联盟几内亚博凯铝土矿项目施工、监理、测量陆续开始进行，继而兴建矿区、码头、公路等基础设施。由韦立集团主导，开始大规模调遣设备物资去几内亚，为矿山、港口建设、海上物流、生产、生活提供保障与补给。

2015 年 2 月 13 日，泰安口轮运送浮吊、拖轮到达卡姆萨（Kamsar）锚地。3 月 26 日，博凯港奠基仪式举行。4 月 10 日，韦立集团 Winning Integrity 轮从中国烟台载运的设备物资抵达几内亚卡姆萨港口。在锚地用韦立集团的浮吊、租用的驳船，卸下物资设备，开始运送到诺尼兹河，通过趁潮水抢滩的方式，经由临时建造的简易码头往岸上搬运物资设备，首批物资也于 8 天后登岸。2015 年 6 月 5 日，韦立集团的第一批四艘驳船，从上海出发，经过三个月的海上拖带，安全到达几内亚卡姆萨锚地。6 月底第一台从德国采购的装货用怪手到达几内亚科纳克里港，并从港口经陆路运送到一号港区。2015 年 7 月 7 日，成功拿到具有历史意义的开采许可证书。

2015 年 7 月 20 日，经过 100 天的建设，卡杜古玛港口（Katougouma）正式投产运营，赢联盟举行了几内亚铝土矿首装船仪式。赢联盟的铝土矿，经由陆路运输，从矿山运送到码头堆场，用怪手装船机装运到驳船，沿着诺尼兹河由拖轮拖带到博凯外海锚地，用浮吊 Boke Winning Star 号，装上韦立信心（Winning Confidence）轮。2015 年 9 月 25 日，韦立信心轮载运首船 18 万吨几内亚铝土矿离开博凯港，并于 11 月 14 日抵达烟台港。由此开创了中资企业进行几内亚矿产资源科学环保开发并出口到中国的先河，具有重要战略意义。

三、项目合作模式

1. "三国四方"的合作共赢模式

赢联盟本身不是一个经济实体，是企业间的一个联盟组织。由中国宏桥主导开矿，新加坡韦立集团负责海运，烟台港集团负责铝土矿港口运输，几内亚 UMS 运输公司负责陆地运输，快速实现几内亚铝土矿资源开发和海运。结合各方优势，赢联盟形成了一条从几内亚境内，经过好望角、印度洋、马六甲海峡、南海，到魏桥创业集团国内工厂，并集多式联运于一体的铝土矿产业完整链条，也是经跨三大洋的新兴铝土矿海运航线，形成了中国至几内亚、几内亚至中国的双向物流运输通道。

这个"三国四方"的联合体具备了从矿山到厂家全程物流产业链条的各个环节。在下游，宏桥集团是中国最大的民营铝电集团。在中间环节，烟台港是中国的主要大型港口、铝土矿接卸港口，位于渤海湾，山东半岛北岸，地理位置优越，接近主要氧化铝生产企业。新加坡韦立国际集团是一家总部设在新加坡，专注于提供海运、物流方案，为中国有色金属等行业提供专业化服务的海运企业。在上游，几内亚 UMS 公司，全称"联合矿业供应公司"，其创始人和总裁瓦兹尼先生（Mr. Fadi Wazni）是几内亚知名的企业家，2016 年 10 月底曾作为随行企业家代表团成员陪同孔戴总统访华。

赢联盟的形成建立在魏桥集团与新加坡韦立国际集团、烟台港集团长期友好稳定的战略合作关系之上，三家企业都是各自领域的佼佼者，可以实现强强联合、优势互补。魏桥创业集团生产规模庞大、资金实力雄厚，可以保证铝土矿销售的稳定。而新加坡韦立集团是国际航运巨头，具有丰富的国际航运经验。烟台港集团具有港口建设和运营的优势，烟台港集团早就在内陆与魏桥集团开展全程物流合作，成为魏桥铝土矿的主要运输商，恰好可以成为连接各个环节最稳固的"桥头堡"。再加上几内亚 UMS 公司对当地社会和商业环境十分熟悉，是打开几内亚大门不可缺少的一枚"钥匙"。赢联盟联合体按照几内亚共和国法律程序，遵照企业法和矿业法，在几内亚注册成立了两家几内亚法人企业，分别为赢联盟博凯矿业公司（Société Minières de Boké，SMB）和赢联盟非洲港口公司（Winning Africa Port，WAP）。上述两家公司在几内亚企业分别承担起矿山开采建设、港口建设运营以及社区建设管理工作。

由此，一条从几内亚矿山到国内终端厂家用户、集多式联运为一体的完整铝矾土矿全产业链条全面构建完毕。魏桥创业集团牵头组成了三国四方的赢联盟，在几内亚博凯地区开拓了全新的铝土矿供应基地，同时带动了中国制造、中国装备一同出海，为 21 世纪海上丝绸之路沿线企业国际合作打造了新样板。

2. 区域连通模式的本土化创新

虽然几内亚是全球主要铝土矿生产国之一，但在赢联盟之前，中国企业与几内亚在铝土矿的合作一直没有大的突破。这主要是受限于几内亚的基础设施条件、运输条件及物资条件，很多物资和材料都需要从国内运到几内亚，且几内亚缺乏公路设施、铁路和港口，电力供应也不足。另外，几内亚自然条件较差，施工作业难度大。气候炎热，当地夏季高温持续较长时间。同时，几内亚雨季时间较长，连续下雨严重影响施工进度。

针对上述挑战，赢联盟最大的创新点和突破点是运输模式的创新。与固有的"铁路＋海港"的高成本运营模式相反，赢联盟开创的由码头、驳船、浮吊组成的水上物流系统成为其核心竞争力。修建铁路和深水海港，投资大、周期长，赢联盟大胆尝试的河港接驳外海锚地的运输方式，实现了矿石依靠 20 万吨级大吨位货轮快速运输出海。目前，70 多条大船在这条航道上穿梭不断，平均每一天半时间，就有一条来自几内亚的铝土矿船从几内亚博凯地区驶往中国烟台港。通过长时间的深入考察和调研，赢联盟探索出了一种适合几内亚国情的开发模式，其开辟的海上矿石之路让几内亚迅速成为全球铝土矿出口第一大国。

赢联盟从初期侧重于矿山、港口物流配套等生产性硬件建设，逐步转向运营与管理体系，港口管理职能等软件系统和辅助作业配套系统的建设与完善。其中包括全面深入展开新矿山和社区建设，以及推动博凯国际商业港口申请，把博凯港建成为几内亚的主要港口，完善港口管理职能、开放公共港口服务功能。赢联盟也建设了卡姆萨船员中心、物流管理中心、国际酒店，使卡姆萨成为船员培训、休闲、物流与港口调度、航道与锚地安全监控、应急救援指挥以及国际商务旅客居住休闲的中心，服务于博凯和卡姆萨地区的港口、海事、渔业、商务、旅游等活动。此外，开展了达必隆港区海关建设，为海关入驻提供办公、住宿、交通等便利，促进海关监管工作，并围绕达必隆港区，开展以港兴市工作。

自 2015 年投产以来，赢联盟在几内亚博凯铝矾土矿项目取得了骄人的业绩，实现了赢联盟与几内亚的互利共赢。2015 年，魏桥通过赢联盟进口的博凯矿区铝土矿大约 100 万吨，2016 年上升到 1 150 万吨，2017 年达到 3 150 万吨，2018 年 4 200 万吨。自 2018 年达产后，至今每年出货量仍保持在 4 000 万吨左右，赢联盟几内亚项目成为世界第一大铝土矿开发项目。

第三节　项目对当地社会经济文化的影响

一、带动地区产业发展

赢联盟矿业、港口及物流项目的成功运营，给几内亚国家创造了税收来源，依法缴纳矿业资源税，每年为几内亚缴税约1.3亿美元。根据国际货币基金组织的估计，赢联盟项目对几内亚GDP增长的贡献率6%～7%。此外，赢联盟出资500万美元，赞助了几内亚矿业部提出的几内亚矿业资源的全面普查项目，帮助几内亚政府更全面准确地掌握国家的资源状况。推动博凯港成为几内亚和博凯大区货物吞吐量最大的多用途综合性港口，在国际海事组织（IMO）下属的全球综合船舶信息系统（GISIS）中注册成为国际港口。参与"几内亚2040年"城市改造大型计划，并联合知名大学对几内亚政府官员进行人力资源培训和职能培训。赢联盟项目的成功运作，吸引和带动了更多企业和投资者进入几内亚，从事矿业、基础设施建设、农业等领域，为几内亚经济发展注入了动力。

与此同时，赢联盟协助几内亚进行多元化经济发展和招商引资。与新加坡大型专业城市规划公司提出经济特区概念，引起几方的热烈反响和赞誉。2017年5月4日，孔戴总统颁布总统令，创建博凯经济特区，目前此项目已经被中国和几内亚两国列为国家重点关注项目。赢联盟与当地企业家合作，共同发展博凯地区矿业并扶植当地企业。连年成功组织举办中几圆桌经济论坛，增加亚洲企业家到几投资的兴趣和机会，促进亚洲与几内亚的经济往来。此外，为配合几内亚政府的农业发展规划，借助几内亚天然丰富的农业资源，赢联盟也将农林种植（腰果、大米种植及水产养殖等领域）作为后期发展方向之一，并吸引中国最大的果汁加工企业汇源果汁及其他领域的企业在几内亚投资发展。

夜间灯光指数是遥感科学领域度量社会经济发展水平的重要指标之一，与经济发展程度具有极大相关性，可以利用其对城市建设的速度以及城市扩张驱动力进行监测。本研究采用夜间灯光遥感影像数据开展几内亚铝土矿建设对当地社会经济影响的相关分析，以几内亚铝土矿为中心，对其周边30千米缓冲区的夜间灯光指数进行统计研究。夜间灯光总值由2014年的390.90增长至2020年的2 218.46，增长近5倍，夜间灯光均值由2014年的0.03增长至2020年的0.16，表明项目开发建设极大地拉动了当地经济发展（图16-3）。

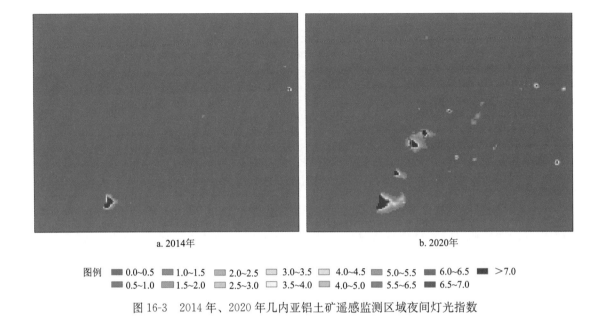

a. 2014年　　　　　　　　　　　　b. 2020年

图例 ■ 0.0~0.5　■ 1.0~1.5　■ 2.0~2.5　■ 3.0~3.5　■ 4.0~4.5　■ 5.0~5.5　■ 6.0~6.5　■ >7.0
　　　■ 0.5~1.0　■ 1.5~2.0　■ 2.5~3.0　■ 3.5~4.0　■ 4.0~5.0　■ 5.5~6.5　■ 6.5~7.0

图 16-3　2014 年、2020 年几内亚铝土矿遥感监测区域夜间灯光指数

二、创造多样化就业机会

赢联盟扶持年轻人就业，在员工招聘流程中优先从周边社区选聘。在建设与运营期间，从矿业勘探、矿业开采许可，到矿业建设与运营、劳动就业和管理等方面，大力开展开放化和本地化经营，吸纳本地化人才参与管理、招聘雇拥本地人参工就业、公平对待本地分包商参与工程和服务。遵循国际化、透明化的基本原则，采用国际标准的招投标机制和公开透明的选择机制。

截至目前，赢联盟在几内亚本地直接雇员人数超过 6 000 人；专门服务于赢联盟的分包商、服务商人员超过 5 000 人，加上间接就业机会，赢联盟至少为几内亚创造了 15 000 个就业机会。赢联盟雇用的当地人有 400 美元以上的稳定月薪。根据几内亚政府部门的评估，一个在赢联盟就业的几内亚人，可以支撑起 10~15 个几内亚人的生计。因此，赢联盟项目为 15 万~20 万几内亚人提供了生活保障，是几内亚最大的劳动就业项目之一。

赢联盟严格按照几内亚法律法规要求，致力于推进本地化进程，在各层级、岗位使用更多的本地合格人才，逐步减少外籍员工比例。在不统计建设板块临时派出的中方建设人员的情况下，几内亚本地员工在雇员总人数中的占比已经超过 90%。赢联盟不断细化针对本地优秀员工的培训和培养计划，各板块为不同岗位挑选有潜力的本地员工，量身定制有针对性的培训和培养计划，用两到三年的时间，培养出一批能胜任的本地岗位能手，逐步接替关键岗位和主要管理岗位。

三、促进社区可持续发展

从几内亚项目伊始，赢联盟就进行了社区建设规划，安排人力、财力落地执行，有规模、有计划地促进社区可持续发展。赢联盟在社区工作、社会责任、财务税务管理、货物检验等各方面严格遵守几内亚矿业法及其相关法律，聘请国际高级专业顾问公司对项目的运营体系、培训管理等各方面进行规范和提高。每年在社区建设方面的实际支出远超《几内亚矿业法》规定的"营业额的 0.5%"的社区费用预算，提高了博凯地区人民的生活水平。为加强与社区沟通，赢联盟专门设立社区团队，每年制订社区计划，覆盖周边 200 个村庄，辐射5 万人口。

1. 教育

赢联盟在卡杜古玛地区开展扫盲培训，建立扫盲培训中心，以便让未受过教育的人员享受教育培训，先后培训结业 300 余人。在卡菲尔（Kafere）地区修建了含三间教室的小学，重修了卡博伊·埃玛瑞亚（Kaboye Amaraya）小学，并继续维修和扩建卡库（Kakoui）和科罗雅（Korera）等地区数座小学校舍。在博凯市建立青年职业培训学校，为博凯市青年培养技术技能，配合博凯经济特区建设，培养未来建设所需的技术人才，拓展青年人未来就业的门路。与江苏海事职业技术学院合作，在几内亚成立"江苏海事职业技术学院韦立船员学院"，面向几内亚甚至整个西非共同体培养年轻海员。目前已有 20 名海员经过培训学习，获得了在韦立物流的船舶上工作的机会。

2. 医疗

2015 年，在埃博拉疫情猖獗期，赢联盟捐赠 50 万美元，为几内亚援建了一座医疗站，并在后续运行期间向该医疗站捐赠了价值 10 余万美元的药品和医疗器械。为所有几内亚当地雇员免费提供医疗服务，并为员工直系家属提供医疗服务。为员工免费安排年度体检，并开展诸如艾滋病、性病防治等宣传培训。从新加坡专门采购数台喷雾灭蚊设备运送到几内亚现场，加大灭蚊效果，为控制和减少疟疾发病率发挥了明显作用。

3. 交通

当地道路以土路为主，养护不到位、路面条件差。赢联盟致力于改善当地交通状况，先后修整养护了超过 40 千米的社区、村庄道路，以便民众通行以及货物（农产品和手工艺品）运输。现已为当地村民新建 6 千米长、6 米宽并附建涵洞的村庄道路，连接通行不便的村庄并避开运矿道路。赢联盟技术人员从中国专门订制专用零件和工具，历时三个多月，把通往博凯地区的年久失修的 KORREA 铁桥修缮一新。特别是，赢联盟一次性出资约 700 万美元，捐助了周边村庄通往博凯城区的 16.5 千米社会道路，并采用连锁块进行路面硬化，彻底解决村民雨季出行的难题。

4. 民生

赢联盟遵守几内亚法律，尊重当地人民的文化和风俗习惯。各个矿山作业板块均严格遵守社区补偿标准，及时对项目涉及村庄及村民进行法定经济补偿。为回馈社区，并鼓励村民与赢联盟项目和谐共处、共享发展成果，赢联盟创造性地向周边社区推出"和谐发展奖励"计划，对连续三个月没有堵路等干扰赢联盟生产活动的行为的村庄给予大米、白糖、食用油等实物奖励。

为帮助社区实现社区粮食自给自足，赢联盟在卡杜古玛开垦了 37 公顷农田，用于各类农作物种植，尤其是大米（社区基本粮食）。与数个非政府组织合作，为周边村庄开辟和整修更多的农田、菜地等项目，鼓励和扶持当地村民自主就业、创造收入，实现可持续发展。为解决周边村民的饮水困难问题，先后为周边社区打水井 60 多口，并对原有的 30 多口故障水井进行了维修。向周边村庄捐赠了约 40 座太阳能路灯，改善村庄的夜间照明。赢联盟致力于融入社区、共同发展，按当地习俗在节假日向社区赠送大米、牛羊等礼物，积极参与和资助当地村民的婚丧嫁娶仪式以及宗教祭祀活动。与此同时，赢联盟也关注河流航道沿线的渔民捕鱼及河道安全，走访沿线村庄、了解渔民意见和想法，并提供相应资助。为减少渔民在河道捕鱼活动，确保河道航行安全，向渔民捐赠了两艘出海捕鱼船，并根据渔船运行效果，继续实施该项捐赠。

针对本地青少年对足球运动的热爱，赢联盟先后为周边村庄和社区修建了数十座小型足球场地，为青少年提供训练和娱乐场所。赞助并组织了"博凯城区青年足球联赛""赢联盟杯社区足球赛"，并赞助了瓦卡亚（Wakarya）职业足球队、卡姆萨足球队等。为方便青年人观看欧洲杯、世界杯等国际比赛转播，赢联盟出资在十余个村镇设立户外大屏幕电视，并提供电力支持，方便村民观看赛事节目。赢联盟还计划在博凯建设"青年活动中心"，为青年人提供娱乐活动和文化交流场所。

此外，赢联盟也资助青年创业，鼓励当地有志青年开展适合当地发展水平、有市场前景的小型示范性项目，引导青年人通过自身努力，创造社会价值。重点资助青年、妇女的创业计划，开展诸如电器维修、缝纫、餐饮等适应当地发展阶段、有一定前景的服务业及小型生产项目，引导青年和妇女通过努力，实现可持续发展、创造社会价值。

未来计划继续组织资助足球比赛、捐赠机动艇、救生衣、翻修清真寺、赠送大米和牛羊、太阳能灯维修、修建道路指示牌、赠送收音机、协助政府运营农田等社区可持续发展计划。

第四节　项目对当地生态环境的影响

一、生态环境保护措施

　　赢联盟严格遵守几内亚矿业法、环境法等相关法律和当地事务条例规定，在环保、安全标准化方面，采用国际一流的安全与环保标准和严格的执行机制。在开矿的同时，时刻将保护当地环境作为首要任务，进行大面积复垦、道路洒水整治扬尘、修建硬化村间道路等工作。结合几内亚当地条件与国际先进开矿模式综合创新形成绿色环保的开发理念，在符合所有几内亚法律及矿业标准的前提下，进行低消耗、低排放、环境友好的高效开发模式。

　　在项目从发现到关闭的整个生命周期中，赢联盟按照国际公认的最佳惯例，最大限度地减少和缓解对环境的不利影响。为响应几内亚矿业部关于实行《促进几内亚矿业透明发展公约》的号召，赢联盟积极加入此公约，进一步规范和履行赢联盟的生态环境保护法律责任，达到国际一流矿业公司的标准。聘请 PWC 国际专业法律审计公司作为公司结构及合规顾问，定期审核并复查所有税务、法律、合规和生态环境保护等相关问题，不断提高公司构架及管理的合理性和规范性。聘用 SGS/CCIC 等国际认可的专业检验机构进行货物监督和质检，确保所有货物流程符合国际先进标准和要求。聘用 CAMEN 顾问公司进行专业的环境影响评估、可行性研究、社区补偿等工作，做到公平、公正、合理地补偿，受到当地群众的认可和信任。聘请法国顶尖的顾问公司对矿业公司的生态环境保护和企业社会责任进行规划和评估，拥有强大的顾问团队对社会责任及企业管理提供支持。

　　与此同时，对矿区生态的恢复保护也是赢联盟的重点工作。赢联盟不断加大复垦力度，对开采过的矿块进行了土壤回填及腰果种植，并在结出果实之后，将管理权交给当地村民，让复垦后的矿区变成金山银山。投资建设铁路基础设施，由公路运输转为铁路运输，节能减排、保护环境。2019 年，"非洲投资论坛暨颁奖典礼"（AIFA）授予赢联盟"最佳矿业项目"奖，以表彰其在铝土矿开采、保护生态环境、履行社会责任和社区建设方面做出的突出贡献。此外，赢联盟正在尝试超越矿业的发展模式，即以矿业来带动可持续发展，促进非矿业项目的投资与发展，比如农林种植、工业加工与生产、旅游等，发挥比较优势，破除单纯围绕矿业发展相关产业的局限，探索绿色环保的包容性经济发展路径。

二、生态环境影响评价

1. 矿区植被生长时序监测

为了研究 2014—2022 年几内亚铝土矿开发建设对周边植被的影响，本研究选取 2014 年（项目建设前）和 2022 年（项目建设过程中）的两期 Landsat 8 影像，计算矿区周边 500 米、1 千米、2 千米、5 千米和 10 千米缓冲区的植被覆盖度，统计结果如表 16-2 所示。2014 年、2022 年几内亚铝土矿遥感监测区域植被分布情况如图 16-4 所示。

表 16-2　2014 年、2022 年几内亚铝土矿矿区 500 米和 1 千米、2 千米、
5 千米、10 千米缓冲区不同植被覆盖度的面积及其占比

缓冲区范围	监测年份	植被覆盖度区间	0～0.2	0.2～0.4	0.4～0.6	0.6～0.8	0.8～1.0	合计
500 米	2014	面积（平方千米）	2.5722	1.7964	0.7110	0.0738	0.0009	5.1543
		占比（%）	49.9040	34.8525	13.7943	1.4318	0.0175	100
	2022	面积（平方千米）	3.3399	1.5138	0.2466	0.0540	0.0000	5.1543
		占比（%）	64.7983	29.3697	4.7844	1.0477	0.0000	100
1 千米	2014	面积（平方千米）	5.1516	4.3794	2.3220	0.6057	0.0189	12.4776
		占比（%）	41.2868	35.0981	18.6093	4.8543	0.1515	100
	2022	面积（平方千米）	6.0066	4.5540	1.5471	0.3699	0.0000	12.4776
		占比（%）	48.1391	36.4974	12.3990	2.9645	0.0000	100
2 千米	2014	面积（平方千米）	14.3307	12.4902	8.3106	1.2483	0.0216	36.4014
		占比（%）	39.3685	34.3124	22.8304	3.4293	0.0593	100
	2022	面积（平方千米）	15.6321	12.0465	8.0631	0.6597	0.0000	36.4014
		占比（%）	42.9437	33.0935	22.1505	1.8123	0.0000	100
5 千米	2014	面积（平方千米）	49.3335	79.8237	48.6657	4.7520	0.0252	182.6001
		占比（%）	27.0172	43.7150	26.6515	2.6024	0.0138	100
	2022	面积（平方千米）	50.2614	66.0456	61.6608	4.6323	0.0000	182.6001
		占比（%）	27.5254	36.1695	33.7682	2.5369	0.0000	100
10 千米	2014	面积（平方千米）	105.6231	248.4450	191.4534	25.7994	0.0927	571.4136
		占比（%）	18.4845	43.4790	33.5052	4.5150	0.0162	100
	2022	面积（平方千米）	114.0687	200.1978	226.4337	30.6720	0.0414	571.4136
		占比（%）	19.9625	35.0355	39.6269	5.3677	0.0072	100

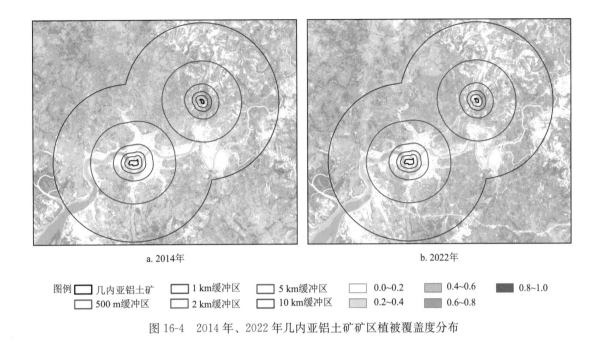

a. 2014年　　　　　　　　　　　b. 2022年

图例 □ 几内亚铝土矿　　□ 1 km缓冲区　　□ 5 km缓冲区　　□ 0.0~0.2　　▨ 0.4~0.6　　■ 0.8~1.0
　　 □ 500 m缓冲区　　□ 2 km缓冲区　　□ 10 km缓冲区　　▨ 0.2~0.4　　▨ 0.6~0.8

图 16-4　2014 年、2022 年几内亚铝土矿矿区植被覆盖度分布

如表 16-2 所示，几内亚矿区附近植被覆盖度整体不高，2014 年和 2022 年区间在 0.8～1.0 的面积最少。与 2014 年相比，2022 年几内亚铝土矿矿区 500 米、1 千米、2 千米、5 千米、10 千米缓冲区内植被覆盖度为 0.8～1.0 各区间的植被面积均有所减少，而且减少非常明显，除 10 千米缓冲区外，2022 年其他缓冲区范围内植被覆盖度在 0.8～1 区间的面积均为 0；2022 年矿区 500 米、1 千米、2 千米缓冲区内在 0.4～0.6 区间的植被面积较 2014 年略有下降，而在 5 千米、10 千米缓冲区内植被面积有所增加；2014 年和 2022 年矿区 500 米、1 千米缓冲区内的植被覆盖度大部分在 0～0.2 区间内，2 千米、5 千米缓冲区内的植被覆盖度大部分在 0.2～0.4 区间内，而在 10 千米缓冲区内的植被覆盖度大部分在 0.4～0.6 区间内；随着矿区缓冲区距离的增加，总体的植被面积也随之增长，距离矿区越远的区域，植被覆盖度越高，生态环境状况较好，这说明在几内亚铝土矿开发建设时期，仅对周边生态环境产生了一定影响，但对当地整体生态环境没有造成破坏性扰动；建设过程中也注重对矿区生态环境的保护，采用了绿色施工的方式，不仅没有对矿区的生态环境造成破坏，而且还对几内亚铝土矿矿区及周边区域进行了生态恢复。

2. 矿区土地利用变化监测

铝土矿矿区高分遥感影像目视解译结果如表 16-3、表 16-4、图 16-5 所示，2014 年为矿区投入建设前，2022 年为投入建设后。

表 16-3　2014 年、2022 年斯托克（Stock）铝土矿土地利用状况

土地利用类型	监测年份	2014	2022	2014—2022 年变化
辅助生产用地	面积（平方千米）	0	0.020740	0.020740
	占比（%）	0	11.5958	11.5958
露天采矿场	面积（平方千米）	0	0.033717	0.033717
	占比（%）	0	18.8515	18.8515
排土场	面积（平方千米）	0	0.010714	0.010714
	占比（%）	0	5.9902	5.9902
铝工业生产区	面积（平方千米）	0	0.073978	0.073978
	占比（%）	0	41.3615	41.3615
矿区污染场地	面积（平方千米）	0	0.005286	0.005286
	占比（%）	0	2.9556	2.9556
植被	面积（平方千米）	0.118840	0.008687	−0.110153
	占比（%）	66.4718	4.8567	−61.6200
建筑用地	面积（平方千米）	0	0.003990	0.003990
	占比（%）	0	2.2307	2.2307
道路	面积（平方千米）	0.000161	0.019147	0.018986
	占比（%）	0.0902	10.7054	10.6200
裸地	面积（平方千米）	0.059781	0.002598	−0.057183
	占比（%）	33.4380	1.4526	−31.9900
合计	面积（平方千米）	0.178782	0.178857	0
	占比（%）	1	1	0

表 16-4　2014 年、2022 年卡杜古玛铝土矿土地利用状况

土地利用类型	监测年份	2014	2022	2014—2022 年变化
码头运输区	面积（平方千米）	0	0.009252	0.009252
	占比（%）	0	1.3371	1.3371
水利设施用地	面积（平方千米）	0	0.002851	0.002851
	占比（%）	0	0.4121	0.4121

续表

土地利用类型	监测年份	2014	2022	2014—2022 年变化
辅助生产用地	面积（平方千米）	0	0.06265	0.06265
	占比（%）	0	9.0537	9.0537
露天采矿场	面积（平方千米）	0	0.105926	0.105926
	占比（%）	0	15.3077	15.3077
排土场	面积（平方千米）	0	0.023474	0.023474
	占比（%）	0	3.3923	3.3923
铝工业生产区	面积（平方千米）	0	0.128375	0.128375
	占比（%）	0	18.5517	18.5517
矿区污染场地	面积（平方千米）	0	0.046861	0.046861
	占比（%）	0	6.7720	6.7720
土地复垦区	面积（平方千米）	0	0.085001	0.085001
	占比（%）	0	12.2836	12.2836
植被	面积（平方千米）	0.057712	0.006277	−0.051435
	占比（%）	8.3398	0.9072	−7.4326
耕地	面积（平方千米）	0.403939	0	−0.403939
	占比（%）	58.3719	0	−58.3719
水域	面积（平方千米）	0.023694	0.004410	−0.019284
	占比（%）	3.4239	0.6373	−2.7866
建筑用地	面积（平方千米）	0	0.005298	0.005298
	占比（%）	0	0.7656	0.7656
道路	面积（平方千米）	0.004999	0.103995	0.098996
	占比（%）	0.7224	15.5513	14.3061
裸地	面积（平方千米）	0.201665	0.107613	−0.094053
	占比（%）	29.1420	15.5513	−13.5907
合计	面积（平方千米）	0.692010	0.691995	0

对于斯托克铝土矿区，由于 2014 年铝土矿还未开展建设，因此，该生态监测区域不存在矿区以及其他用地类型。在开展建设后，铝土矿在 2014—2022 年各土地利用类型面积出现较大变化，随着开采力度的加大，露天采矿场的面积不断增加，2022 年，露天采矿场的面积为 33 717.40 平方米，占比 18.85%；排土场达到 10 713.99 平方米，占比达到 5.99%；铝工业生产区达到 73 928.20 平方米，占比达到 41.36%。露天采矿场和铝工业生产区这两

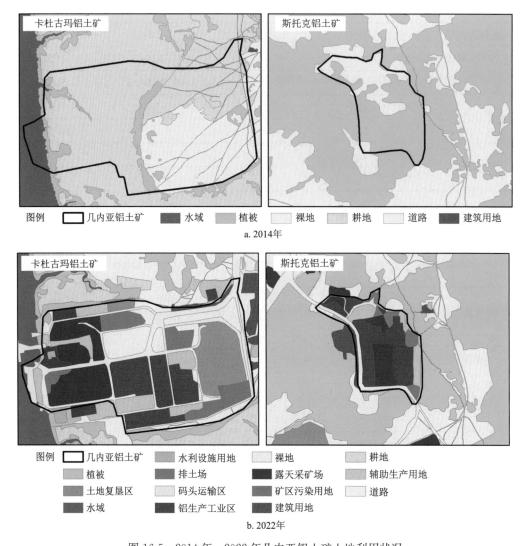

图 16-5 2014 年、2022 年几内亚铝土矿土地利用状况

个类型是主要的土地利用类型，矿区污染场地达到 5 286.33 平方米，占比 2.96%；辅助生产用地达到 20 740.01 平方米，占比达到 11.60%；建筑用地达到 3 989.77 平方米，占比 2.23%。而相对于 2014 年，2022 年道路面积变为 19 147.47 平方米，占比达到 10.71%，增加了 10.61%；裸地面积变为 2 598.02 平方米，占比下降 31.99%；植被面积变为 8 686.61 平方米，占比下降 61.62%。主要的土地利用类型由原来的植被和裸地变为了露天采矿场、铝工业生产区和道路，这主要是矿区开发之后对于生态资源有一定的占用，矿区开采的力度加大，由此导致采矿场的面积增加，进而导致了矿山污染场地面积的增加，对矿区周围生态环境产生了一定的破坏；但是道路和工业生产区的增加对于当地经济也有一定的推

动作用，充分利用了当地的矿产资源。

对于卡杜古玛铝土矿区，由于 2014 年铝土矿还未开展建设，因此该生态监测区域不存在矿区以及其他用地类型。在开展建设后，铝土矿在 2014—2022 年各土地利用类型面积出现较大变化，而且该矿区是有水域和码头运输区的，所以土地利用类型较之斯托克要多水域和码头运输区。2022 年，码头运输区面积达到 9 252.34 平方米，占比 1.34%；露天采矿场面积 105 926.90 平方米，占比 15.31%；排土场面积 23 474.42 平方米，占比 3.39%；铝工业生产区面积 128 374.66 平方米，占比达到 18.55%；矿区污染场地面积 46 861.12 平方米，占比 6.77%；土地复垦区面积 85 000.90 平方米，占比 12.28%；辅助生产用地面积 62 650.23 平方米，占比 9.05%；建筑用地面积 5 298.11 平方米，占比 0.77%。而相对于 2014 年，2022 年道路面积变为 103 994.53 平方米，占比达到 15.03%，增加了 14.31%；裸地面积变为 107 612.73 平方米，占比下降 13.59%；植被面积变为 6 277.51 平方米，占比下降 7.43%。主要的土地利用类型由原来的耕地和裸地变为了露天采矿场、铝工业生产区和道路等矿区土地利用，这主要是矿区开发之后对于生态资源有一定的占用，对矿区周围生态环境产生了一定的破坏；但是码头运输区、道路和工业生产区的增加对于当地经济也有一定的推动作用，充分利用了当地的水域资源和矿产资源。

3. 矿区生态资源变化监测

为定量化认知铝土矿项目对当地生态资源的影响，本研究以铝土矿区为中心，在矿区周边建立遥感监测区域，利用 30 米 Landsat 8 遥感影像，解译铝土矿生态资源的分布状况，其中生态资源类型划分为植被、裸地、水域以及矿区用地。2014 年为铝土矿尚未开展时期，2022 年为项目建设时期，两个不同时期的矿区生态资源遥感监测结果如图 16-6 所示，矿区在不同建设时期各类型生态资源面积及其占比如表 16-5、表 16-6 所示。

2014 年整体上斯托克铝土矿区以植被和建筑用地类型为主导，面积为 31.7205 平方千米、18.0198 平方千米，占比分别达到了 58.3227%、33.1320%，分布相对较为集中，成片出现；裸地面积为 3.8646 平方千米，占遥感监测区域总面积的 7.1056%；在遥感监测区域中，水域资源面积为 0.783 平方千米，占遥感监测区域总面积的 1.4397%。而到了 2022 年投入建设后，矿区生态资源主要以建筑用地、裸地资源为主，面积分别为 18.3015 平方千米、25.9128 平方千米，占比分别达到了 33.6711%、47.6744%，建筑用地变化不大，但是裸地较 2014 年增加了 22.0482 平方千米，主要是由于矿区动工造成的；植被资源面积达到了 9.2925 平方千米，占比 17.0964%，较 2014 年减少了 22.428 平方千米，占比下降 41.2264%；水域面积变化也不大。

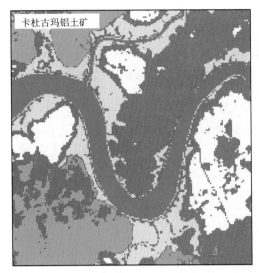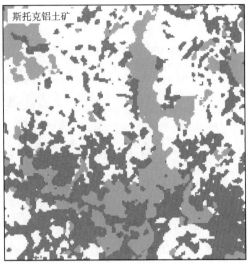

a. 2014年

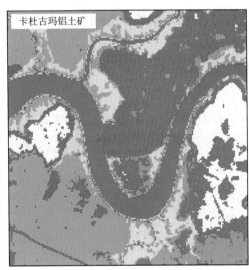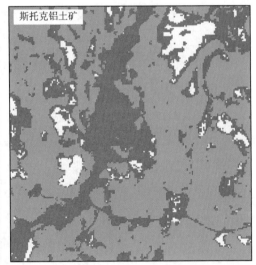

图例 ▇植被 ▇水域 ▇建设用地 ▢裸地 ▨耕地

b. 2022年

图 16-6　2014 年、2021 年几内亚铝土矿生态资源分布

表 16-5　2014 年、2022 年斯托克铝土矿遥感监测区域生态资源状况

年份	类型	植被	水域	建筑用地	裸地	合计
2014	面积（平方千米）	31.7205	0.7830	18.0198	3.8646	54.3879
	占比（%）	58.3227	1.4397	33.1320	7.1056	100
2022	面积（平方千米）	9.2925	0.8469	18.3015	25.9128	54.3537
	占比（%）	17.0964	1.5581	33.6711	47.6744	100

表 16-6　2014 年、2022 年卡杜古玛铝土矿遥感监测区域生态资源状况

年份	类型	植被	水域	建筑用地	裸地	耕地	合计
2014	面积（平方千米）	9.9387	5.7024	19.9008	5.5080	6.8886	47.9385
	占比（%）	20.7322	11.8952	41.5132	11.4897	14.3697	100
2022	面积（平方千米）	18.6534	5.7024	13.789	4.0410	5.7537	47.9395
	占比（%）	38.9103	11.8905	28.7633	8.4294	12.0020	100

2014 年整体上卡杜古玛铝土矿区以植被和建筑用地类型为主导，面积分别为 9.9387 平方千米、19.9008 平方千米，占比分别达到了 20.7322%、41.5132%，分布相对较为集中，成片出现；裸地面积为 5.508 平方千米，占遥感监测区域总面积的 11.4897%；在遥感监测区域中，水域资源面积为 5.7024 平方千米，占遥感监测区域总面积的 11.8952%。而到了 2022 年投入建设后，矿区生态资源还是以植被、建筑用地资源为主，面积分别为 18.6534 平方千米、13.789 平方千米，占比分别达到了 38.9103%、28.7633%，建筑用地减少了 6.1118 平方千米，但是植被较 2014 年增加了 8.7147 平方千米，主要是由于矿区动工造成生态资源被破坏之后，更加注重对于生态资源的保护和修复；耕地面积达到了 5.7537 平方千米，占比 12.0020%，较 2014 年减少了 1.1349 平方千米；裸地面积达到了 4.041 平方千米，较 2014 年减少了 1.467 平方千米，但水域面积变化不大。

两个矿区是近些年开发的矿区，所以需要继续对其土地利用类型的变化进行监测，在不同建设时期对于矿区生态资源的利用和恢复都是有比较大的差异的，对于矿区污染场地、排土场等，后续需要修复和治理，尽量减少对生态环境的影响，但值得肯定的是在有水域资源的矿区，对于水域资源的利用是很合理的，虽然利用的是裸地或者耕地资源，但是道路、建筑用地等的开发，对当地经济起到了促进作用。

第五节　结论与启示

一、理论探讨

魏桥几内亚铝土矿项目的案例充分说明，产业链功能完整对企业的长期可持续运行至关重要。产业链建立在产业内的分工协作中，其功能完整性、功能协同性十分关键。当企业在面临东道国本地市场不完善、本地产业链功能不完整的投资环境时，投资产业链中某一环节的单个项目将面临较高风险。这种情况下，企业可以通过投资涉及产业链上下游及产业配套的一揽子项目，

实现产业链运转所需功能，提升产业链韧性和项目整体收益。张雅婧（2022）将该投资模式称为"本地功能一体化"。"本地功能一体化"投资模式是组合式投资，强调企业在东道国主动构建产业链所需的多种功能，包括产业链上下游功能整合、产业配套功能升级，或两者兼具。

"本地功能一体化"投资既包括纵向产业链各个环节一体化，也包括横向各产业链相关环节的产业配套功能一体化。具体而言，纵向"本地功能一体化"可由拟投资的核心环节向产业链上下游进行延伸，实现产业链上下游不同环节功能，降低由于本地市场不完善而导致的产业链断裂风险；另一方面，横向"本地功能一体化"可通过投资目标产业环节及其必要的产业配套，保障产业环节与上下游之间的衔接通畅，降低由于产业配套能力较弱而导致的产业链断裂风险。由此可见，"本地功能一体化"投资模式的目的在于保障产业链各个环节以及配套功能的完整性，增强产业链韧性和抗风险能力。

在横向"本地功能一体化"方面，中远海运围绕希腊比雷埃夫斯港的一系列投资是该模式的具体案例。针对比雷埃夫斯产业配套能力较弱的情况，中远海运围绕比雷埃夫斯港分阶段开展了"航运-港口-铁路"本地功能一体化投资。阶段一：获取比雷埃夫斯港二号、三号集装箱码头的特许经营权，实现"航运-码头"功能整合；阶段二：收购比雷埃夫斯港务局，投资运营整个港口，实现"航运-港口"功能整合；阶段三：布局港口后方铁路集疏运，实现"航运-港口-铁路"本地功能一体化投资。中远海运的"本地功能一体化"投资起到了降低产业链断裂风险、提升项目综合效益的作用。一方面，使得集装箱码头的货运量攀升、财务指标好转；另一方面，比雷埃夫斯港转变成为综合型枢纽港。这种多元化、分散式的投资行为使得比雷埃夫斯港务局更好地抵御了新冠疫情带来的风险，大量船舶滞留带来修船业务在新冠疫情暴发初期的大幅增长，这便是"本地功能一体化"多元化投资分散风险的体现。此外，中远海运发挥比雷埃夫斯港后方的铁路运输优势，在疫情暴发期间确保了"航运-港口-铁路"功能的畅通运营，打造了稳定的产业链。

与之相比，魏桥集团几内亚铝土矿项目则拓展了纵向"本地功能一体化"投资模式：组成产业链联盟、在第三方市场实现合作开发。赢联盟"三国四方"联合体的纵向"本地功能一体化"投资模式具备从矿山到厂家全程物流产业链条的各个环节。一条从几内亚矿山到国内终端厂家用户、集多式联运为一体的完整铝矾土矿全产业链条要素全面构建完毕，在几内亚博凯地区开拓了全新的铝土矿供应基地。同时也带动了中国制造、中国装备一同出海，为21世纪海上丝绸之路沿线企业国际合作打造了新样板。其中，在几内亚本地市场不完善、交通基础设施供给不充分、配套服务缺失的情况下，赢联盟改变过去资源为先的思维定式，以突破运输瓶颈为先导，发挥港口、物流企业优势，采用河港接驳外海锚地的运输方式，实现了矿石依靠20万吨级大吨位货轮快速运输出海。这也是几内亚近20年来首次出现的新型铝土矿出口路径，体现了"本地功能一体化"投资模式的资源整合优势。

与此同时，赢联盟将"本地功能一体化"与第三方市场合作进行有机结合，通过中国企业与新加坡企业合作，共同在发展中国家第三方市场开展投资经营活动，实现多方参与、共同受益的目标。第三方市场合作已经成为共建"一带一路"的重要内容，可以较好地贯彻执行"共商共建共享"原则，是中国企业"走出去"的创新方式。赢联盟的形成建立在魏桥集团与新加坡韦立国际集团、烟台港集团长期形成的友好稳定的战略合作关系之上，三家企业均为各自领域的佼佼者，协同几内亚当地企业，实现强强联合、优势互补。赢联盟几内亚项目的成功实施，不仅让博凯港和烟台港这两个相距 10 000 千米的港口连接起来，也促进了几内亚经济繁荣发展，实现矿业合作多方共赢。这一模式堪称中非矿业合作的新范本，对"一带一路"国际矿业合作具有示范引领作用。

二、总结与讨论

现有"一带一路"建设项目案例研究多针对单一"点式"项目投资模式，鲜有对一体化、多元化的一揽子项目投资模式的研究。随着"一带一路"建设项目越发由单一专业化项目向一揽子项目合作延伸，亟待对这种投资模式新趋势加强剖析。中国企业往往面临东道国本地市场不完善、本地产业配套能力不充分的情况，可采取"本地功能一体化"投资模式，投资产业链上下游或相关产业配套，从而实现产业链的完整功能，打造抗风险能力强、稳定可持续的产业链。总的来说，"本地功能一体化"投资模式主要有以下六个特征：

第一，"本地功能一体化"投资兼具产业组织和空间组织的双重特征。可以理解为企业在当地产业组织不完善或不高效时，以投资的形式，在企业内部或是以战略联盟的形式构建更为有效的产业组织。从空间组织视角出发，"本地功能一体化"投资是指在一定背景条件下，投资区域范围内具有产业关联、地理邻近的多个项目，构建整体长期可持续并具有盈利收益的产业空间组织。这一过程既涉及产业组织，也涉及空间组织。

第二，"本地功能一体化"投资重视整体功能的实现，而不是资产所有权。"本地功能一体化"投资是指通过投资各种资产（可以是机器、设备、运输设施等有形资产，也可以是知识产权等无形资产），来实现产业链运转所需功能。在"本地功能一体化"投资过程中，通过对资产的使用来实现并完善产业链功能。"本地功能一体化"投资并不要求企业必须拥有资产所有权，只要求企业能够使用或控制资产以实现对应功能。

第三，"本地功能一体化"投资的实施主体一般为单个企业或是多个企业形成的战略联盟。可以是单一企业将产业链所需的多种功能整合于企业内部，也可以是多个企业之间形成战略联盟，由牵头企业（lead firm）带领其他企业共同完成。通常情况下，牵头企业占据主导地位，该模式要求投资主体之间的风险与利益诉求一致。因此，"单独利益体"与"利益捆绑"是"本地功能一体化"投资主体的关键特征。

第四，"本地功能一体化"投资能够从多方面防控风险。通过投资产业链上下游环节及相关产业配套，使得产业链运转所需的各种功能更加完善，增强产业链稳定性，降低产业链断裂风险。防范由本地市场不完善或产业配套不充分所导致的产业链断裂风险是开展"本地功能一体化"投资的出发点之一，降低产业链断裂风险有助于经济要素与非经济要素在产业链各环节顺畅流通，从而提高产业链的运转效率，提升产业链的整体效益。

第五，"本地功能一体化"投资具有阶段演进性。通常是先投资某一环节，实现产业链所需的某一功能，然后由该功能逐渐向其他功能延伸，循序渐进，逐步形成"本地功能一体化"的投资格局，将产业链所需的各种功能从不完善到完善、从低效到高效演化。其实质是企业拓宽现有功能，为打造长期可持续的区域产业链，实现多项区域内产业链功能来完善市场条件与产业配套能力，逐步、分阶段构建具有多项功能的组合式投资。

第六，"本地功能一体化"投资具有纵向、横向、多元化的一体化方向。纵向"本地功能一体化"是指企业沿着产业链上下游环节进行功能延伸，投资的各个项目形成环环相扣的链式结构。横向"本地功能一体化"是指企业在现有功能环节上拓宽规模，该模式侧重于完善或增强企业在产业链的特定环节功能。多元化"本地功能一体化"是指企业投资产业链外部的其他项目或行业，例如投资服务于产业链的产业配套。

本章所使用的"本地功能一体化"概念是基于对一揽子投资模式的理论思考。企业经济活动不是单独存在的，而是与其产业链上下游环环相扣的，产业链功能的完整性和协同性十分关键，对企业投资的长期可持续收益至关重要。"本地功能一体化"投资模式是企业对外投资过程中面临东道国本地市场不完善、产业配套能力较弱时的可选模式。随着"一带一路"建设项目越发出现一揽子投资新趋势，该投资模式的选择及其与项目所在地特征的关系以及背后作用机制是值得进一步研究的理论议题。

致　谢

感谢魏桥集团在提供相关资料方面的帮助与支持。

参 考 文 献

Banque Centrale de la République de Guinée（BCRG）. Statistique，Tableau des Opérations Financières de l'Etat（1974-2008）. Conakry：BCRG. 2015.

Diallo，P. *Regime Stability，Social Insecurity and Bauxite Mining in Guinea：Developments Since the Mid-Twentieth Century.* London：Routledge，2020.

李娅："中国宏桥集团产业链国际战略联盟模式研究"（博士论文），北京交通大学，2020年。

张雅婧："中国企业对外投资的本地功能一体化模式研究——以希腊比雷埃夫斯港为例"，中国科学院地理科学与资源研究所，2022年。

第十七章　中国土木尼日利亚互联互通项目[①]

摘　要

　　基础设施是经济社会发展的重要支撑，是现代化建设的重要内容。设施联通是"一带一路"建设的优先领域。重大基础设施项目对所在国家社会经济发展具有变革性作用，同时也是风险高发领域。习近平总书记在第三次"一带一路"建设座谈会上明确强调："一带一路"建设要坚持共商共建共享原则，以高标准、可持续、惠民生为目标，聚焦重点国别、重点区域、重点领域、重点项目，抓紧抓实各项工作任务。要把风险防控作为重中之重，建立健全制度和机制，加强对重大项目的动态监测和风险预研预判，织密扎牢风险防控网络。因此，如何聚焦重点国别，总结聚集重点项目经验，成为当前理论界和实践界高度关注的话题。

　　尼日利亚地处西非东南部，自然资源丰富，市场规模大，政局基本稳定，是非洲最大的发展中国家，在非洲具有重要影响力，是共建"一带一路"重要的战略合作伙伴。"一带一路"倡议提出以来，在两国元首的亲自关心和战略引领下，双方政治互信显著增强，合作机制不断完善，互利合作成果丰硕。尼日利亚已成为中国在非洲的第一大工程承包市场、第一大出口市场、第二大贸易伙伴和主要投资目的国。两国教育、文化和健康等人文合作领域空前活跃。中国土木工程集团有限公司是我国改革开放初期最早进入国际市场的四家外经企业之一，目前已发展成为以交通基建为主业，设计咨询、投资开发、运营维护、工业园、贸易物流等多业并举的大型企业集团，业务分布全球110个国家和地区。尼日利亚是其重要的海外市场。

　　在与中土尼日利亚公司5次座谈会（4次在北京线下举行，1次视频会议）及相关人员4次专题访谈基础上，结合中国土木年鉴和其他公开资料，本章首先介绍尼日利亚的国家治理结构和经济与基础设施规划；然后从政策沟通、经贸畅通、承包工程和劳务合作、人文合

---

　　① 本章作者：刘志高、余金艳、贺婉钰。

作等角度探讨尼日利亚与中国共建"一带一路"总体情况；接下来以中土为例研究中国企业在尼日利亚的建设过程和重大项目，评估其对推动尼日利亚实现现代化发展贡献；最后进行案例总结与理论探讨。研究发现：以中国土木为代表的中国工程承包企业通过交通基础设施建设、产业园区运营和人才培养等，已成为推动尼日利亚利亚现代化发展的重要力量；不同于新自由主义，"一带一路"倡议倡导包容性全球化发展理念，能给共建国家带来巨大利好；设施联通是一个系统工程，需要政策沟通、贸易畅通、资金融通和民心相通密切配合。

第一节　尼日利亚概况与治理结构

尼日利亚联邦共和国（简称"尼日利亚"）位于非洲大陆西部，面积广阔，人口众多，自然资源丰富，是西非地区的"领头羊"，非洲第一大经济体，政局基本稳定。但由于历史和现实等原因，尼日利亚社会经济发展也面临众多挑战，如宗教极端势力的蔓延、贫富差距巨大、地区发展不平衡严重、政府治理能力不足、工业基础薄弱和基础设施落后。

一、自然资源与社会经济概况

地处西非东南部，面积广阔。尼日利亚南濒大西洋几内亚湾，北靠尼日尔，东与喀麦隆毗邻，东北与乍得接壤，西与贝宁为邻。全国陆地国土面积92.38万平方千米，边境线总长约4 047千米，海岸线长853千米。尼日利亚属热带草原气候，总体高温多雨，地势北高南低，北部为豪萨兰高地，平均海拔900米，面积占全国的1/4；中部为尼日尔-贝努埃河谷地；南部为低山丘陵，海拔多为200～500米；索科托盆地和乍得湖湖西盆地分别坐落于西北与东北。河流众多，主要河流为尼日尔河及其支流贝努埃河。

自然资源丰富，土地肥沃。已探明的76种矿产中有44种具备商业开采价值，主要有石油、天然气、金、铅、锌、锡、铌、钽、铁、煤、石灰石、大理石和铀等。其中，已探明高品位铁矿石储量超过30亿吨，天然沥青储量840亿吨，大量矿产资源尚未得到大规模开采。尼日利亚已探明的石油储量约375亿桶，日均产油量达200万桶以上，是非洲第一大产油国、世界第十大石油生产国及第七大原油出口国；已探明天然气储量达5.8万亿立方米，天然气储量非洲第一；优质煤矿预测储量11.34亿吨，是西非唯一的产煤国。尼日利亚地处赤道附近，光照充足，土地非常肥沃，可耕地面积高达6 800万公顷，适合大规模地种植粮食和棕榈、棉花、花生等经济作物。

人口众多，是多民族多宗教国家。尼日利亚是非洲第一人口大国，人口分布不均衡，民族众多。全国人口约 2.06 亿人，劳动力总数约 6 224 万人（占总人口的 30.2%）。人口主要聚集在南部沿海地带和三角洲地区，中部地区人口稀少。共有 250 多个民族，是世界上民族最多的国家之一。其中，最大的 3 个部族是北部的豪萨-富拉尼族、西南部的约鲁巴族和东部的伊博族，分别占全国人口的 29%、21% 和 18%。主要宗教是伊斯兰教（约占全国人口的 50%）、基督教（占 40%）和原始拜物教（约占 10%）。北部信奉伊斯兰教，南部信奉基督教，西南部则是两大宗教信徒混杂。由于历史的原因，尼日利亚部族之间隔阂较大。近年来，种族冲突加剧。官方语言为英语，主要民族语言有豪萨语、约鲁巴语和伊博语。

非洲第一大经济体。凭借着丰富的石油资源，20 世纪 70 年代以来，尼日利亚经济发展势头良好，2013 年经济总量超过南非，成为非洲大陆第一大经济体（李文刚等，2021）。2020 年 GDP 4 323 亿美元，人均 GDP 2 097 美元；2021 年 GDP 4 408 亿美元，人均 GDP 2 085 美元。油气产业和农业是重要产业。其中，油气产业是最重要的产业，贡献了绝大部分的外汇收入和财政收入。80% 以上的石油产量来自壳牌、埃克森美孚、道达尔能源、雪佛龙和埃尼五大跨国石油公司。农业一直是尼日利亚最大的就业部门，雇佣了全国 36% 以上的劳动力，贡献了 25% 的 GDP。

尼日利亚设立联邦、州和地方三级政府。全国分为 1 个联邦首都区（阿布贾）、36 个州和 774 个地方政府。主要城市为拉各斯、卡诺、伊巴丹和阿布贾等。阿布贾是全国的政治、文化和地理中心，地处中部尼日尔河支流古拉河畔。拉各斯位于尼日利亚国境西南端，几内亚湾沿岸，是尼日利亚最大的港口城市、撒哈拉以南非洲地区最大的城市。卡诺是尼日利亚著名历史古城，原为西非同北非、东非进行驼队贸易的交通要塞，现为尼日利亚北部工商业重镇和文化、交通中心。

二、国家治理结构

尼日利亚历史悠久，是非洲重要的文明古国。公元 8 世纪扎格哈瓦游牧部落建立了卡奈姆-博尔努王国。1472 年葡萄牙入侵，16 世纪中叶英国入侵，1914 年沦为英国殖民地。1960 年 10 月 1 日宣布独立并成为英联邦成员国。1963 年 10 月 1 日成立尼日利亚联邦共和国。独立的尼日利亚经历了多轮军人政府和文官政府的更迭，直到 1999 年奥卢塞贡·奥巴桑乔民选政府上台执政。奥巴桑乔 2003 年蝉联总统。2007 年 5 月至 2010 年 5 月，总统为奥马鲁·亚拉杜瓦（任内去世）。2010 年 5 月至 2015 年 5 月，古德勒克·乔纳森任总统。现任总统穆罕默杜·布哈里 2015 年 5 月当选，2019 年 2 月连任。

从 1999 年开始，尼日利亚实行三权分立的政治体制，立法权、司法权和行政权相互独立、相互制衡。总统、国民议会均由直接选举产生，总统任期 4 年，连任不得超过两届。尼日利亚联邦政府各部部长由总统提名，经参议院批准后由总统任命。国民议会由参、众两院组成，议员由直接选举产生，任期 4 年。尼日利亚政党众多，2019 年注册政党高达 91 个。其中，人民民主党和全体进步大会党为两大主要政党。人民民主党曾在 1999 年、2003 年、2007 年和 2011 年大选中连续获胜并执政，对尼日利亚北部、中部和东南部影响较大。全体进步大会党现为执政党。传统的酋长制是尼日利亚地方政府行政体制的重要补充，对尼日利亚政治和社会生活有着重要的影响。

尼日利亚是有工会运动传统的国家，工会力量比较强大。主要的工会组织有尼日利亚劳工大会、尼日利亚工会大会、尼日利亚工会联盟等。其中，尼日利亚劳工大会是最大的工会组织，由 42 个行业工会组成，会员近 300 万人。近年来，为争取工会会员权益，尼日利亚劳工大会组织举行多次全国性的大罢工。

值得注意的是，尽管当前政局总体稳定，经济保持良好发展势头，但由于长期受殖民统治、经济结构单一、地缘政治博弈激烈等因素的影响，尼日利亚社会经济发展还面临众多挑战。一是民族矛盾和宗教问题更加复杂，宗教极端主义不断蔓延（李文刚，2019）。"博科圣地"组织影响范围逐渐从尼日利亚东北部扩散至整个北部和中部地区，严重影响尼日利亚社会稳定。二是经济社会发展不平衡。由于经济结构畸形，制造业和服务业不发达，加上官员腐败，导致贫富差距不断扩大，地区发展不平衡。三是政府治理能力不足、工业基础薄弱、基础设施落后制约尼日利亚社会经济发展（李文刚，2020）。

第二节　尼日利亚经济与基础设施规划

尼日利亚是一个传统的农业国家。独立以来，逐步形成了以石油工业为支柱的国民经济体系，但高度依赖石油出口拖累了国民经济发展和制度变革，导致尼日利亚出现了"荷兰病"，加上国际油价的波动和国际竞争的加剧，严重影响了尼日利亚社会经济发展。为此，进入 21 世纪后，历届民选政府制订了各种发展规划，大力推行改革措施，开展经济多元化改革，加快推进工业化和基础设施建设，积极发展农业、制造业、服务业，力图改变以石油产业为支柱的单一经济结构。

一、经济发展规划

奥巴桑乔民选政府执政后，调整内外政策，不断完善政治体制，倡导民族和解，缓和社会矛盾，先后于 2000 年和 2004 年出台了《1999—2002 年尼日利亚经济发展规划》和

《2003—2007年尼日利亚加强和发展经济战略》。其经济规划的核心：推行自由经济、私有化改革，鼓励发展农业、制造业、固体矿产业和旅游业，加强石油、天然气、矿产等的开发和基础设施建设（Marcellus，2009）。这两个规划将农业列为最优先发展领域，加大对石油和天然气产业的财政投入，积极发展制造业，鼓励私人对交通部门以及公路、铁路和港口建设等基础设施的投资等，出台了发展农业、制造业、固体矿产业和旅游业的具体措施，大力发展中小企业，创造更多就业机会（王磊，2007）。在奥巴桑乔政府的领导下，尼日利亚政局逐步稳定，经济出现好转（表17-1）。

表17-1　2000—2022年尼日利亚经济发展主要指标

指标	2000年	2003年	2007年	2010年	2015年	2020年
GDP（亿美元，现价）	694.49	1 049.12	2 756.26	3 614.57	4 868.03	4 322.94
GDP增长率（%）	5.02	7.35	6.59	8.01	2.65	−1.79
人均GDP（美元，现价）	567.93	795.39	1 883.46	2 280.44	2 687.48	2 097.09
人均GDP增长率（%）	2.42	4.66	3.82	5.16	−0.03	−4.26
城镇人口增长率（%）	4.05	4.83	4.80	4.74	4.45	4.10
通货膨胀（%）	6.93	14.03	5.39	13.72	9.01	13.25
官方汇率（1美元的本币单位）	101.70	129.22	125.81	150.30	192.44	358.81
外国直接投资净流入（亿美元，现价）	11.40	20.05	60.36	60.26	30.64	23.85
货物和服务进口（亿美元，现价）	90.09	236.93	498.90	638.34	519.24	—
货物和服务进口占GDP比重（%）	12.97	22.58	18.10	17.66	10.67	—
制造业增加值（亿美元，现价）	96.77	126.53	231.56	236.86	458.98	547.60
制造业增加值占GDP比重（%）	13.93	12.06	8.40	6.55	9.43	12.67

资料来源：世界银行数据中心。

2007年5月亚拉杜瓦继任总统后，提出《七点计划》[1] 作为施政纲领，重点发展电力能源、基础设施、粮食安全、财富创造（实现多元化经济）、土地改革、安全环境和国民教育七大领域。亚拉杜瓦继承了前任奥巴桑乔总统提出的"2020—20目标"（到2020年把尼日利亚建设成为世界20个最大经济体之一），于2009年9月出台了《2020年国家远景发展规划》[2]。但由于亚拉杜瓦过分强调"法治"和"法定程序"，加上个人疾病缠身，导致《七点计划》无一兑现（吴传华，2010）。

---

[1]　《七点计划》（The Seven Point Agenda）具体内容见 https：//www.nigeriahc.org.uk/pdf/seven_point_agenda.pdf。
[2]　《2020年国家远景发展规划》（Nigeria Vision 20：2020）具体内容见 http：//extwprlegs1.fao.org/docs/pdf/nig187296.pdf。

2010 年 5 月 5 日亚拉杜瓦病逝后，代总统乔纳森接任（2010—2015）。乔纳森秉承亚拉杜瓦的执政理念，积极寻求经济转型，继续推进电力、炼油、民航、基础设施等领域的投入，重点关注经济社会面临的挑战和优先发展方面，如促进就业、经济进步、减贫和应对安全挑战等。同时，在借鉴中国、巴西等国的工业化经验的基础上，乔纳森政府结合本国实情制订了《工业革命计划》①。该规划通过加强电力和交通基础设施建设，重视技术和职业技能的发展，重视发展工业创新，加大对农业和中小企业的投入，推行经济私有化改革等措施，将制造业对 GDP 的贡献从 4％提高到 10％以上。

为应对国际油价持续大幅下跌带来的经济危机、新冠疫情等危机，布哈里总统（2015年至今）执政后，先后出台了《经济复苏与增长计划（2017—2020）》②（重点在于维护宏观经济的稳定和经济结构的改革），《2021—2025 年中期国家发展计划》③（侧重于大规模投资海运和铁路等基础设施，确保宏观经济稳定，改进投资环境，改善社会指标和生活条件），《2020 年经济可持续发展计划》④（主要为应对新冠疫情导致的经济衰退，重点在于保障粮食安全和就业，保护弱势群体），《2050 年尼日利亚议程》⑤（计划到 2030 年 1 亿人口摆脱贫困）。

二、基础设施规划

铁路作为国家的重要基础设施，是国家综合交通运输体系的骨干，是衡量一个国家基础设施水平的重要标志。尼日利亚铁路始建于 19 世纪末 20 世纪初英国殖民主义时期。早在1898 年，英国殖民当局便开始修建拉各斯至阿贝奥库塔铁路。1901 年，拉格斯至依巴丹铁路（长 193 千米）正式运营（Ayoola，2016）。截至 1965 年，尼日利亚铁路线路全长 3 505千米（绝大部分为窄轨单线铁路），形成了由南向北修建的东西两条干线组成的"H"形路网，建立了内陆与拉各斯和哈尔科特两大港口间的联系。1960 年国家独立后，尼日利亚政府全面接管全国铁路系统，由尼日利亚国有铁路公司独家负责铁路运营。由于体制机制僵化、设施维护不善、管理效率低下等原因，进入 20 世纪 90 年代后，设备严重落后，运输能

---

① 《工业革命计划》（Nigerian Industrial Revolution Plan）具体内容见 https：//www.nipc.gov.ng/ViewerJS/？♯../wp-content/uploads/2019/03/nirp.pdf。

② 《经济复苏与增长计划（2017—2020）》（Economic Recovery and Growth Plan 2017-2020）具体内容见 https：//statehouse.gov.ng/policy/economy/economic-recovery-and-growth-plan。

③ 《2021—2025 年中期国家发展计划》（Medium Term National Development Plan 2021-2025）具体规划内容见 https：//voiceofarewa.ng/medium-term-national-development-plan-mtndp-2021-2025/。

④ 《2020 年经济可持续发展计划》（Nigeria Economic Sustainability Plan 2020）具体规划内容见 https：//nesp.gov.ng/。

⑤ 《2050 年尼日利亚议程》（Nigeria Agenda 2050）具体规划内容见 https：//guardian.ng/category/news/nigeria/。

力小、运输效率低。虽然 1995 年后对国内铁路系统进行修复，但因路网不完整，既有铁路为窄轨，标准低、能力小，依然满足不了国民经济及社会发展的需要（中国驻尼日利亚使馆经商处，2011）。

进入 21 世纪后，为振兴铁路运输，民选政府开始了一些探索。以推动和主导尼日利亚现代化进程著称的尼日利亚奥巴桑乔政府于 2002 年邀请德国 JuliusBerger 公司为尼日利亚铁路公司制订了发展规划，目标是通过战略投资和政策支持把其改变成一个充满活力的企业。2006 年 8 月，奥巴桑乔政府批准了由中国铁道第一勘察设计院完成的《尼日利亚铁路 25 年战略设想》，宣布 25 年内完成铁路现代化改造，把尼日利亚建设成拥有世界级交通系统的中西部非洲的中心。该战略设想以建设四大中心（西部拉各斯、东部哈尔科特、北部卡诺、中部联邦首都区阿布贾）及重要州府所在地为主要路网节点，构成"三纵三横"路网主骨架，总里程约 7 300 千米（薛新功，2007）。在国内缺乏建设资源的情况下，尼日利亚向外寻找资源发展铁路，这为中国铁路企业在尼日利亚的发展提供了机遇。

为解决交通基础设施差对经济的制约问题，乔纳森政府在 2014 年出台了《2014—2043 国家综合基础设施总体规划》①。规划将交通、能源、住房、供水和通信等基础设施列为重点发展领域，同时也将推动农业、采矿、社会服务、人口登记和安全等设施的完善（表 17-2）。规划细分为 3 个十年战略规划和 6 个五年操作规划，预计总投资额约 2.9 万亿美元。第一个五年（2014—2018 年），尼日利亚基础设施投资计划从每年 90 亿～100 亿美元（占当年 GDP 的 4%～5%），提升至每年 250 亿美元，但政府为基础设施项目总计拨款远未达到这个数。

表 17-2　尼日利亚国家综合基础设施总体规划

部门	发展规划		
	2018 年	2023 年	2043 年
公路	优化路况比较好的高速公路，提高经济中心间的连通性，拓宽全国公路	改造主要道路，重建 70% 的联邦与州道路	改造所有南北路线，改造所有东西路线，重修所有的联邦与州道路
铁路	改造铁路网络，重视铁路客运与货运衔接	继续再建与扩建铁路网络，提高铁路服务商业效益	修建主要城市间高速铁路网络，修建连接邻国铁路网
航空	改造现有的机场，新建 4 个候机楼，提高机场与航线的安全性	升级、扩建国际机场，提高航空安全性	将尼日利亚建成西非地区航空枢纽

---

① 《2014—2043 国家综合基础设施总体规划》（National Integrated Infrastructure Master Plan 2014-2043）具体内容见 https://www.nipc.gov.ng/product/national-integrated-infrastructure-master-plan/。

续表

部门	发展规划		
	2018 年	2023 年	2043 年
航海	提高内陆水道的运输能力，提高沿海港口的性能与竞争性	提高港口生产力，提高港口的竞争性，建立完全由私有部门参与的港口管理模式，提升港口安全性能	将尼日利亚建成西非地区港口枢纽，所有的水道实现通航
城市交通	研发、运营与维护城市交通控制体系，形成维护与不断提高交通服务质量的能力	提高所有城市土地使用规划与交通运输规划的综合性，建立城市轨道交通基地，100 万人口以上的城市中引入城市轨道交通	所有主要城市中运营城市交通，所有人口达到 100 万以上的城市实现城市铁路网络

资料来源：根据尼日利亚国家规划委员会网站整理。

无论是《尼日利亚铁路 25 年战略设想》还是《国家综合基础设施总体规划》，都目标远大。例如，后者试图用 30 年时间填补尼国内巨大的基础设施缺口，保障经济可持续发展。面临巨大的基础设施建设资金缺口，尼日利亚政府鼓励私人部门和外资企业投资基础设施建设领域。尼日利亚市场规模大，政局相对稳定，高度重视基础设施发展，且两国友好关系不断巩固，这为中国土木、中国能建、中国交建、中国电建等中国工程承包公司和华为、中兴等中国科技公司提供了巨大的市场机遇。

三、经济特区规划

通过成立经济特区推动经济发展和工业化进程是尼日利亚工业化战略的重要内容。早在 1992 年，尼日利亚就成立了第一个经济特区——卡拉巴尔自贸区。为推动经济特区建设和发展，尼日利亚政府于 1992 年出台《出口加工区法》①，并在工业贸易和投资部下设出口加工区管理局，专门牵头负责经济特区规划建设。截至 2022 年 10 月，尼日利亚出口加工区管理局已批准 46 个园区（包括工业城、出口加工区、自由贸易区、保税区、物流园区、科技园、旅游度假中心等各种形式的园区），其中 19 个在运营，5 个已建。② 正式运营的经济特区分布在联邦首都区、拉各斯州、卡诺州和奥贡州等 10 个州或联邦首都地区，其中拉各斯州最多，有 9 个。

---

① 《出口加工区法》（Nigeria Export Processing Zones Act）具体内容见 https://nms.ng/files/nig_export_process_zones_act_2004.pdf。

② 尼日利亚经济特区概况见 https://nepza.net/free-zones/operational-zones/。

特区经济是近年来尼日利亚政府经济多元化发展战略的重要组成部分。2014 年，时任总统乔纳森签署颁布了《尼日利亚工业改革计划》[①]，作为尼日利亚工业发展五年规划。其中，将经济特区建设作为重点工作之一。2017 年启动的《经济复苏和增长计划》也将经济特区确定为加速实施尼日利亚工业革命计划的主要战略工具。为了实现这一战略目标，工贸投部和出口加工区管理局制定了《尼日利亚制造和出口鼓励措施》[②]，以通过经济特区建设将尼日利亚打造为撒哈拉以南非洲的制造业中心。据尼日利亚出口加工区管理局统计数据，截至 2022 年 10 月，已入园企业总共 580 多家，累计吸引外商直接投资 300 亿美元，提供 2.5 万多个就业岗位。[③]

根据《1992 年出口加工区第 63 号法令》《尼日利亚制造和出口鼓励措施》等有关法律法规，任何个人或企业，均可向尼日利亚出口加工区管理局申请建设、运营、管理综合自贸园区/出口加工区。在经济特区的企业可享受免除各级政府税费、进口原材料关税、增值税等有关税收；外资可 100% 控股，外资自由汇出；签证配额不受限制；产品可自由销往全国各地；所有进出口无须政府许可；雇佣外籍员工无配额限制；禁止罢工；工厂建设期前 6 个月免土地租金、"一站式"审批简化服务等。[④] 但实际执行过程中，因海关、财政部、出口加工区管理局等政府部门间缺乏协调配合，加上官员腐败，很多优惠政策难以落地。

第三节　尼日利亚与中国共建"一带一路"概况

尼日利亚雄踞非洲战略要地，自然资源丰富，市场规模大，政局基本稳定，是非洲最大的发展中国家。"一带一路"倡议提出以来，在两国元首的亲自关心和战略引领下，双方政治互信显著增强，合作机制不断完善，互利合作成果丰硕。尼日利亚已成为中国在非洲的第一大工程承包市场、第一大出口市场、第二大贸易伙伴和主要投资目的国。教育、文化和健康等人文合作领域空前活跃。尼日利亚是"一带一路"在非洲重要的战略合作伙伴。

---

① 《尼日利亚工业改革计划》（The Nigerian Industrial Reform Plan）具体内容见 https://www.nipc.gov.ng/ViewerJS/？#../wp-content/uploads/2019/03/nirp.pdf。

② 《尼日利亚制造和出口鼓励措施》（Manufacturing and Exports Incentives In Nigeria）具体内容见 https://indus-ren. com/incentives-and-guarantees/manufacturing-and-exports-incentives-in-nigeria/。

③ https：//nepza. net/redesign/free-zones/free-zones-performance/.

④ https：//nepza. net/redesign/investors/new-investors/#incentives.

一、政策沟通

自 1971 年 2 月 10 日中国与尼日利亚建交以来，双边关系稳定发展。2005 年，中尼两国元首就双方建立"政治上互信、经济上互利、国际事务中互助"战略伙伴关系达成共识，2009 年两国举行首次战略对话。近年来，在习近平主席和布哈里总统的共同关心与引领下，中尼关系发展顺利、迅速，双边高层交往频繁，政治互信不断加深，尼日利亚政府坚定奉行一个中国政策，中方积极支持尼日利亚维护国家和平稳定以及谋求经济社会发展的努力。2015 年 9 月，国家主席习近平在出席联合国成立 70 周年系列峰会期间会见尼日利亚布哈里总统。同年 12 月，习近平主席在南非出席中非合作论坛约翰内斯堡峰会期间会见布哈里总统。2016 年 4 月，布哈里总统来华进行国事访问，习近平主席同其举行会谈。

"一带一路"倡议提出以来，在两国元首的亲自引领和推动下，两国政府不断加强政策沟通，相继签署了互免持外交/公务护照人员签证、航空运输、双向投资、科学技术等领域合作协定。2017 年 1 月签署《中华人民共和国政府与尼日利亚联邦共和国政府联合声明》。2018 年 4 月，中国人民银行与尼日利亚中央银行在北京签署了中尼双边本币互换协议。同年 9 月 9 日中非合作论坛北京峰会期间，在习近平主席和布哈总统的共同见证下，两国签署共建"一带一路"谅解备忘录。与此同时，双边建设工作推进机制与平台运行良好。截至 2022 年 10 月，中国-尼日利亚经济、贸易和技术合作联合委员会已举行七届会议，有力增强了两国友谊和双边经贸关系。

二、双边贸易

"一带一路"倡议提出以来，中国与尼日利亚双边贸易额尽管受埃博拉疫情冲击在 2014—2016 年有所下降，但总体呈增长趋势。2013 年双边贸易总额为 135.9 万亿美元，在 2019 年达最高点 192.7 万亿美元。两国双边贸易总额在中国与非洲贸易总额中的比重不断提高，从 2013 年的 6.5% 提高到 2020 年的 10.3%。2020 年，尼日利亚成为中国在非洲第一大出口市场，第二大贸易伙伴（仅次于南非）。但由于两国资源禀赋和产业结构等差异，中国出口尼日利亚远远大于进口。中国是尼日利亚第一大贸易伙伴，第一大进口来源国，第五大出口目的地。根据尼日利亚国家统计局数据，尼日利亚主要进口目的地为中国（2020 年占尼日利亚进口总额的 28.72%）、美国（9.07%）、印度（9.07%）、荷兰（7.82%）和比利时（3.78%），主要出口目的国是印度（2020 年占尼日利亚出口总额的 15.04%）、西班牙（10.86%）、荷兰（8.57%）、南非（7.62%）和中国（5.01%）。

就贸易结构而言，中国对尼日利亚主要出口机电、服装等工业制成品，主要进口矿产、农产品等初级产品。具体而言，中国对尼日利亚出口商品主要类别包括：①电机、电气、音像设备及其零附件；②锅炉、机械器具及零件；③服装及衣着附件；④化学纤维长丝；⑤车辆及其零附件；⑥钢铁制品。中国从尼日利亚进口商品主要类别包括：①矿物燃料、矿物油及其产品；②矿砂、矿渣及矿灰；③铜及其制品；④铝及其制品；⑤含油子仁及果实；⑥生皮（毛皮除外）及皮革；⑦盐、硫黄、土及石料、石灰及水泥；⑧铅及其制品等（中国商务部，2021）。这主要是由于尼日利亚农、林、矿产品等资源丰富，但基础设施落后，制造业基础薄弱，需要大量进口工业制成品。

三、中国对尼日利亚直接投资

中国对尼日利亚的投资比较晚，且与欧美国家相比投资规模偏小。北美和欧洲一直是尼日利亚外资的主要来源地。根据尼日利亚国家统计局数据，2020 年，尼日利亚吸收外资规模达 96.8 亿美元，其中，直接投资 10.26 亿美元（占 10.60%）。前五大投资来源国分别是英国（占 43.1%）、阿联酋（9.3%）、荷兰（9.2%）、南非（9.0%）和美国（7.7%）。2001 年 8 月两国政府签订相互促进和保护投资协定。"一带一路"倡议提出以来，中国对尼日利亚直接投资先降后升（表 17-3），尼日利亚是中国在非洲的主要投资目的地。根据中国商务部统计，2020 年中国对尼日利亚直接投资流量 3.1 亿美元。截至 2020 年底，中国对尼日利亚直接投资存量为 23.7 亿美元。

据估计，有 1 000 多家中国企业在尼日利亚开展业务，其中有 120 余家大型中资企业在中国驻尼日利亚大使馆经济商务处备案。从备案企业类型看，工程承包企业有 70 多家，投资企业 40 多家，贸易企业 30 多家（部分企业既是工程承包型又是投资型和贸易型）。投资领域主要包括石油开采、经贸合作区建设、建材、医药、陶瓷、日用化工、电子、农业、农副产品加工、包装印刷材料、纺织服装等。主要企业包括中国土木、中地海外、中石化国际石油勘探开发有限公司、中海油、华为、中兴通讯、上海宝耀钢铁有限公司、轻骑摩托车制造有限公司、海尔尼日利亚有限责任公司、河南巩义仓西实业公司、河南思达高科技有限公司、东风塑料厂、上海友翔五金公司、京衡塑钢窗有限公司等。[①]

---

① https://www.maigoo.com/news/645437.html.

表 17-3　中国与尼日利亚经贸合作主要指标

年份	中国与尼日利亚双边贸易				中国对尼日利亚直接投资				中国在尼日利亚承包工程		中国在尼日利亚劳务合作	
	总额（万美元）	中国出口（万美元）	中国进口（万美元）	双边贸易占中非贸易比重（%）	投资流量（万美元）	占中国对非洲比重（%）	投资存量（万美元）	占中国对非洲比重（%）	年度完成额（万美元）	占中国对非洲比重（%）	年末在外人数（人）	占中国对非洲比重（%）
2012	105.7	93.0	12.7	5.3	33 305	13.23	194 987	8.97	499 481	12.23	1 836	4.84
2013	135.9	120.4	15.4	6.5	20 913	6.20	214 607	8.20	427 352	8.92	1 647	3.58
2014	181.0	154.4	26.6	8.1	19 977	6.24	232 301	7.18	453 165	8.55	1 633	2.65
2015	149.4	137.0	12.4	8.3	5 058	1.70	237 676	6.85	348 172	6.35	1 993	2.89
2016	106.2	97.1	9.1	7.1	10 850	4.52	254 168	6.37	261 276	5.08	2 882	4.27
2017	137.8	121.6	16.2	8.1	13 795	3.36	286 153	6.61	310 383	6.06	3 921	7.05
2018	152.7	134.1	18.6	7.5	19 470	3.61	245 349	5.32	404 785	8.29	3 908	6.13
2019	192.7	166.2	26.5	9.2	12 327	4.56	219 400	4.94	459 559	9.99	4 479	7.18
2020	192.3	167.8	24.5	10.3	30 894	7.31	236 754	5.46	351 036	9.16	2 291	10.17

资料来源：中国海关总署（http://www.customs.gov.cn/）、《2020 年度中国对外直接投资统计年报》。

四、承包工程与劳务合作

基础设施互联互通是"一带一路"建设的重点领域，也是尼日利亚政府近年来的优先发展方向。在中国政府的政策支持下，中国工程承包企业抓住市场机遇，使尼日利亚多年保持中国在非洲的第一大承包工程市场地位。2013 年，中国对尼日利亚承包工程完成营业额为427 352万美元，占中国对非洲承包工程完成营业额的比重为 8.92％。尽管 2015—2017 年，承包工程完成营业额所有波动，但近两年来，中国对尼日利亚承包工程完成营业额占中国对非洲承包工程完成营业额的 9％以上。承包工程业务带来劳务合作。2013 年中国对尼日利亚劳务合作年末在外人数为 1 647 人，2019 年增至 4 479 人，2020 年由于疫情影响下降至2 291人。

中国企业积极参与尼日利亚基础设施建设，合作推动尼经济社会发展和民生改善。除了轨道交通建设项目（主要是中国土木承接，见本章第四节）外，中国企业在尼日利亚还积极参与公路、机场、港口、水电站、园区等项目建设，如中国电建承建了尼日利亚最大水电站（宗格鲁水电站，总装机容量 700 兆瓦）、广东新广国际集团建设运营的奥贡广东自贸区、中国能建承接的尼日利亚阿比亚州至阿南布拉州 330 千伏输电线路项目、中国能建签约的波多350 兆瓦燃气电站、中国港湾参与投资和建设的莱基深水港。莱基深水港是尼日利亚首个现代化深水港项目，是中国港湾首个以投资、建设、运营一体化模式实施的境外港口项目和第一个控股港口投资项目。项目采用港口建设-拥有-经营-转让（BOOT）模式，特许经营期45 年（含建设期 3 年），由控股股东中国港湾（占股 52.5％）与新加坡 Tolaram 公司（占股22.5％）、尼日利亚港务局（占股 5％）、拉各斯州政府（占股 20％）合资开发，总投资10.44 亿美元，中国国家开发银行提供 6.29 亿美元商业贷款。

五、人文交流

人文交流是双边关系的重要组成部分。"一带一路"倡议提出以来，中国和尼日利亚在教育、文化与医疗等人文领域的交流不断拓展和加深。截至 2022 年 4 月，中国已设立两所孔子学院和十多个汉语教学点。依托孔子学院和汉语教学点，举办了多场"汉语桥"中文大赛，增加了尼日利亚学生学习汉语、了解中国文化的途径。两国高等院校也保持着友好交流与合作，苏州大学同尼日利亚拉各斯大学结成合作伙伴，并帮助拉各斯大学设立了中国学专业；天津中德应用技术大学、天津铁道职业技术学院与阿布贾大学合作，开设鲁班工坊，围绕电气电子、机械、土木等专业为尼日利亚培养实用型人才。2019 年以来，华为通过"未来种子"等项目，为尼日利亚云计算、人工智能、移动网络和大数据等领域发展培养人才。中国土木资助尼日利亚成立交通大学。目前，尼日利亚在华留学生人数达到 6 800 余人，位居非洲第一。

尼日利亚是唯一同中国互设文化中心的非洲国家。尼日利亚中国文化中心于 2013 年 9 月 18 日建立。文化中心通过"欢乐春节庙会""妇女文化日""尼日利亚世界太极日""中国文化周""云游中国"等特色文化活动以及定期汉语教学活动传播中国文化，极大地促进了中国和尼日利亚文化交流。2022 年 1 月成立中国和尼日利亚政府间委员会文化和旅游分委会，并召开了第一次会议。面对新冠疫情，中国政府提供了多批医疗物资援助，派遣相关医护和技术人员，及时同尼日利亚分享疫情防控经验。中国企业和民间机构捐赠大量医疗物资和设备，帮助尼方抗击疫情。2022 年 8 月 19 日，中尼双方签署《中国国家卫生健康委员会与尼日利亚卫生部关于建立对口医院合作机制的意向书》，并就加强中尼医疗卫生领域合作等交换意见。

第四节　中国土木在尼日利亚

一、中国土木在尼日利亚概况

中国土木工程集团有限公司（以下简称"中国土木"）1979 年成立，前身是中国铁道部援外办公室，是我国改革开放初期最早进入国际市场的四家外经企业之一。2003 年 9 月，整体并入中国铁道建筑集团（以下简称"中国铁建"）。目前已发展成为以交通基建为主业，设计咨询、投资开发、运营维护、工业园、贸易物流等多业并举的大型企业集团。在全球 110 个国家和地区设有常驻机构或开展相关业务，经营范围遍及亚洲、欧洲、非洲、美洲、大洋洲。自 20 世纪 60 年代组织援建中国最大的援外项目坦赞铁路开始，中国土木先后成功实施了土耳其安伊高铁（中国在海外首个高铁项目）、尼日利亚阿卡铁路（中国在海外首条中国标准铁路）、亚吉铁路（中国在海外首条全产业链电气化铁路）、尼日利亚阿布贾城铁（西非首条城市轻轨）、尼铁现代化项目（首条按照中国铁路技术标准修建的现代化铁路）等项目，是中国铁建"海外优先"战略重要外经平台。连续多年入选美国《工程新闻纪录（ENR）》"全球最大 250 家国际承包商"名录，2022 年排名全球第 10。

尼日利亚是中国土木成立以来最早进入的市场之一。1981 年中国土木在尼日利亚设立办事处，开始承接小型承包工程（打井），开展劳务派遣合作。办事处最初设在拉各斯，90 年代末随尼日利亚政府迁都至阿布贾。1995 年签署尼日利亚铁路修复改造及机车车辆供货合同。该项目高质量的完成赢得了尼日利亚政府的信任，为中国土木扩展在尼日利亚的业务奠定了良好基础。1996 年正式注册成立中国土木尼日利亚有限公司（以下简称"中国土木尼日利亚公司"），相继承揽了运动员村、通讯委员会大楼、四镇公路等工程项目。这些工程项目承包业务使中国土木熟悉了尼日利亚市场，积累了丰富的项目管理经验，取得了较好的经济效益，为日后跨越式发展奠定了坚实的基础。

2003 年，中国土木尼日利亚公司开始区域化经营战略。2003—2006 年，相继成立了西南、阿布贾、东南和北部四个区域经理部，逐步形成了以总部"统揽全局"、各地区经理部"实施项目、开拓州政府市场"的区域化经营格局，业务范围由单一部委扩大至负责基础设施建设的 6 个部委，由两三个州扩展至 29 个州。2006 年后，中国土木尼日利亚公司进入快速发展阶段。2006 年 8 月，尼日利亚政府批准《尼日利亚铁路 25 年战略设想》。同年 10 月 30 日，中国土木与尼日利亚政府签署了尼日利亚现代化铁路项目（全长 1 315 千米，后期改为分段实施）。与此同时，启动莱基自贸区建设。后相继签约了阿布贾城铁（全长 60.7 千米）、阿布贾新航站楼、卡杜纳-卡诺铁路等一批重大项目。

经过 41 年的发展，中国土木在尼日利亚历经"做项目""做市场""做品牌""做文化"等重要发展阶段，已由工程承包商转为助推尼日利亚现代化的重要力量，其经营模式从设计采购施工总承包模式转变到包括投资、建设和运营的综合发展模式，并为尼日利亚现代化发展提供了宝贵的人才、经验、技术等关键要素。目前，中国土木尼日利亚公司已成长为尼日利亚乃至西非地区最大的建筑承包商，具有尼日利亚政府工程承包最高等级资质（A 级），形成了以交通基础设施和承包工程为主的业务格局，业务已覆盖尼日利亚 36 个州中的 29 个州。经营范围不仅涵盖了铁路、公路、桥梁、市政、房建、水工等各类工程的施工总承包、工程承包、项目管理及咨询，还涉及实业投资、物流贸易、房地产开发、铁路运营、房地产和园区开发等多个领域。结合首都阿布贾城市定位、发展规划和产业布局，中国土木在阿布贾打造了西非首个"干线铁路＋城市轻轨＋城市航空＋城市公交"立体交通体系，推动形成了陆空融合、空地一体、互联互通、高效便捷的交通体系。与此同时，参与拉伊铁路和拉各斯轻轨运维服务，并建设了莱基自贸区、车辆组装厂、尼日利亚交通大学等项目（表 17-4）。

表 17-4　中国土木在尼日利亚部分重大项目类型

项目类型	案例项目
铁路	尼日利亚铁路修复改造和机车车辆购置、尼日利亚铁路现代化项目（包括阿布贾-卡杜纳段、拉各斯-伊巴丹段、卡杜纳-卡诺段）、拉各斯轻轨蓝线和红线、阿布贾城铁、中线铁路、东线铁路修复改造、沿海铁路等

续表

项目类型	案例项目
公路	十字河州四镇公路、达迈 132 千米高速公路、阿夸依博州 AKA14 千米公路、拉各斯巴达格瑞高速公路、奥贡州 OGTV10 千米公路、巴耶萨州奥博罗马 38 千米路、尼日利亚阿夸依博州埃科特 23.3 千米路、卡诺-卡齐纳公路、阿巴 41 千米公路、巴耶萨 20 千米公路、卡杜纳州 19 条市政道路新建及改造等
桥梁项目	拉各斯奥科塔大桥、奥约州莫克拉立交桥、尼日利亚索科托州里基亚/卢金桑博立交桥
房建项目	运动员村，通讯委员会大楼，中央银行阿萨巴分行项目，卡齐纳体育场改造，中央银行哈尔科特大学精英中心，阿布贾、拉各斯、卡诺、哈尔克特四个航站楼项目，埃基蒂机场
港口（水工）	拉各斯防波堤、拉各斯防波堤、拉各斯海军基地码头
产业投资	莱基自贸区、尼日利亚拉各斯市皇庭佳苑
运营项目	铁路运营（阿布贾城铁、阿卡铁路、拉伊铁路）
能力建设促进项目	尼日利亚交通大学、卡焦拉车辆组装厂

资料来源：《中国土木尼日利亚有限公司社会责任报告（2020—2021）》。

二、轨道交通建设重大项目

　　轨道交通建设是中国土木在尼日利亚市场的主营业务，对尼日利亚现代化建设具有变革性作用（刘卫东、姚秋蕙，2020）。中国土木在尼日利亚的轨道交通建设项目起步于 1995 年承揽实施的尼日利亚既有线修复改造项目。2006 年签约贯穿南北拉各斯至卡诺的尼日利亚铁路现代化项目，2014 年签约横跨东西拉各斯至卡拉巴的尼日利亚沿海铁路项目（西起拉各斯，东至卡拉巴，横跨 10 个沿海州），2019 年签约阿布贾-伊塔克佩铁路，2021 年签约东线铁路修复改造项目（连接该国第二大港口哈尔科特港和北部城市迈杜古里，途经 12 个州）。此外，还实施了阿布贾城铁、拉各斯轻轨工程、奥贡州城际铁路和卡诺市轻轨等项目（表 17-5）。

表 17-5　中国与尼日利亚铁路基础设施合作项目

项目		里程（千米）	签约时间	实际开工时间	竣工时间
铁路修复改造项目		3 288.00	1995.12	1999.06	1998.06
尼日利亚现代化铁路项目	阿布贾-卡杜纳段	186.50	2009.10	2011.02	2016.07
	拉各斯-伊巴丹段	156.80	2012.08	2017.05	2021.06
	卡杜纳-卡诺段	204.00	2016.08	2021.07	预计 2023.07
	伊巴丹-卡诺段	790.52	2016.08	未开工	—

项目		里程（千米）	签约时间	实际开工时间	竣工时间
阿布贾城铁项目	一期	45.24	2007.05	2009.5	2017.12
	二期	32.54	2017.05	未启动	—
拉各斯轻轨工程	蓝线	27.52	2009.04	2010.07	2022.12
	红线	39.00	2020.02	2021.04	2022.12
奥贡州城际铁路		334.00	2015.04	未开工	—
卡诺市轻轨项目		74.30	2017.02	未开工	—
尼日利亚中线铁路修复改造项目		535.00	2017.09	未开工	—
沿海铁路项目		1 402.00	2014.11	未开工	—
米纳-阿布贾铁路		127.00	2020.02	未开工	—
阿布贾-伊塔克佩铁路和瓦里港项目		—	2019.10	未开工	—
东线铁路修复改造项目		—	2021.04	未开工	—

1. 尼日利亚铁路修复改造项目

1995 年，尼日利亚政府将复兴铁路的计划付诸实施。经过对欧美、日韩、印度等多家方案比较及对坦赞铁路现场考察后，尼日利亚交通运输部于 1995 年 10 月与中国土木签署《尼日利亚铁路修复改造及机车车辆供货合同》。合同主要内容包括四个方面：①既有铁路正线、站线修复改造勘测设计；②对尼日利亚铁路修复改造，包括道床整修，部分降坡和小半径曲线改造、信号更新、桥梁维护等；③设备供应，包括 50 台机车、150 辆客车、400 辆货车、100 辆守车；④提供铁路运营管理、机车车辆维修、信号系统运营、铁路员工技术培训等服务。工程约 3 505 千米，共 180 个车站，几乎遍布尼日利亚全境（吕旭民，2001）。合同额 5.28 亿美元，合同期限 30 个月，是当时我国在非洲承揽的最大的承包工程单体项目。

该项目采取工程总承包建设模式，业主单位为尼日利亚铁路公司，尼日利亚联邦政府提供资金。项目于 1996 年 6 月开工，1998 年 6 月竣工。该项目完成后，尼日利亚铁路公司机车由 19 辆增加到 41 辆，部分恢复了放弃多年的哈科特港、阿博库塔-卡诺、拉各斯-伊多戈站点的服务，以及拉各斯公共交通和其他郊区通勤服务。通过该项目的组织和实施，中国土木不仅赢得了尼日利亚政府的信任，同时也积累了自身在尼日利亚从事大型铁路建设的经验。尼日利亚铁路修复改造项目对中国土木提高企业海外管理水平，拓展尼日利亚市场有重要意义。

2. 尼日利亚铁路现代化项目

2006 年 10 月，尼日利亚交通运输部与中国土木签订了尼日利亚铁路现代化项目建设合同。该项目是"三纵四横"国家铁路干线网规划以及西非共同体"互联互通"铁路网的主要组成部分，南起最大城市、经济中心拉各斯，北至北部最大城市、工业中心卡诺，线路全长1 300多千米，沿线途经包括阿布贾在内的8个州及首都区。后因受政府换届、金融危机、石油价格波动等影响，2008年尼日利亚政府宣布暂停实施尼日利亚铁路修复改造项目。经过反复磋商，双方同意保留尼铁现代化项目原合同，以分段实施的方式展开建设。

阿布贾-卡杜纳段和拉各斯-伊巴丹段分别于2009年10月和2012年8月签订项目合同，并都已正式运营。卡杜纳-卡诺段项目合作于2016年8月签署，2021年7月开工，预计2023年完成。卡卡铁路南起卡杜纳，经扎里亚通向北方重要城市卡诺，项目为EPC总承包合同，双（单）线标准轨距，正线全长约204千米，设计最高时速150千米。伊巴丹-卡诺铁路合同于2018年5月签署，主线全长616千米，支线81千米，参照中国铁路I级标准，标准轨距，设计最高时速150千米，合同工期48个月。因建设资金未落实，截至2022年10月还在筹备中。

尼日利亚铁路现代化项目第一段是阿布贾-卡杜纳铁路（阿卡铁路）。阿卡铁路协议于2009年10月26日签订，为EPC总承包合同，总长度约186.50千米。2011年2月20日正式开工，2014年12月1日全线铺轨贯通。2016年7月28日，以尼日利亚铁路公司为运营主体、中国土木提供运营技术服务的模式，正式运营通车。阿卡铁路按中华人民共和国I级铁路标准设计（同时不低于西方国家采用的同等国际标准），标准轨距，设计时速150千米，是海外首条中国标准铁路，为中国铁路标准走出去积累了宝贵经验。

尼日利亚铁路现代化项目第二段是拉各斯-伊巴丹铁路（拉伊铁路）。该项目于2012年8月28日签署协议，2016年12月签署了补充协议（新增阿帕帕港口支线工程）。拉伊铁路线路正线全长156.08千米，支线（阿帕帕港口支线）长6.51千米，采取中国I级铁路标准，双线标准轨距，设计时速150千米。2017年5月开工建设，2021年6月10日正式开通商业运营，历时四年建成。该线的开通将拉各斯至伊巴丹的车程缩短至2小时内，有助于增强拉各斯中心城市对东北部地区的辐射效应，助推拉各斯港发展壮大，促进沿线城市的经济发展。

3. 阿布贾城铁

阿布贾城铁是西非地区开通的首条城市铁路，位于尼日利亚首都阿布贾城，项目分三段组成，全线采用中国铁路技术标准，设计最高时速100千米，总长77.78千米，分阶段实施。一期工程项目合同于2007年5月25日签订，合同为EPC总承包合同。项目业主为尼日利亚联邦首都地区部。2009年5月28日开工，2017年12月竣工，2018年7月正式运营开通。城铁一期的开通，实现了阿布贾市中心、阿布贾-卡杜纳铁路（阿卡铁路）、首都阿布贾国际机场以及KUBWA卫星城的互联互通，构建了首都"干线铁路＋城市轻轨＋城市航空＋城市公交"立体交通网络，实现了较好的社会效应。

2017 年 5 月 23 日，中国土木与尼日利亚联邦首都地区部签订阿布贾城铁一期动车组和车辆段设备采购（12 列内燃动车组、车辆段设备和 3 年的动车组维护保养服务）、一期运营管理服务（5 个月筹备期和 36 个月正式运营期）、二期工程三个合同。这进一步巩固了中国土木在尼日利亚城市轨道交通领域的市场主导地位，推动了"投建营一体化"全产业链战略的实现。阿布贾城铁二期工程将连接阿布贾主城区与周边的卫星城，全长 32.54 千米，工期54 个月。尼日利亚财政部已向中国进出口银行提交优惠贷款申请，目前本项目尚未启动。

4. 拉各斯轻轨

拉各斯市是尼日利亚经济首都和最大港市。近年来，经济的高速发展和人口的持续增长带动了周边城市的发展。2021 年，拉各斯市生产总值为 675 亿美元，占全国的 15.32%（2013 年为 644 亿美元，占全国的 14.14%），占非石油 GDP 的 50% 以上。2020 年拉各斯人口 1 301 万，占全国人口总数的 6.31%（2012 年为 1 100 万人，占全国的 6.62%）。为改善大拉各斯城市群基础设施和促进经济发展，拉各斯州于 2009 年开始与中国土木合作建设拉各斯轻轨项目。该项目是拉各斯州有史以来投资规模最大的基础设施工程，分六条线路组成。其中，蓝线、红线两线路已经开工建设。建成后将实现拉各斯内外部海、陆、空互联互通，极大缓解目前严重的城市交通拥堵问题，推动拉各斯城市群"半小时经济圈"形成，促进大拉各斯城市群社会经济发展，巩固拉各斯西非地区经济、交通及物流中心地位。

蓝线项目于 2009 年 5 月签约，业主为拉各斯州政府，资金来源为格拉斯州政府自筹。2010 年 7 月启动建设。2022 年 8 月 17 日全线架梁贯通，全长共 28 千米。红线项目于 2020 年初签署合同，2020 年 9 月新增机场方面延长线（6 千米），全长约 39 千米，工期 24 个月。2021 年 4 月启动一期建设，建成后，将连接同位于国际机场的巴士总站及拉伊铁路，促进拉各斯州"公铁航"立体交通网形成。

三、产业园区项目

尼日利亚莱基自由贸易区——中尼经贸合作区（以下简称"莱基自贸区"）是中国土木开发并运营的第一个海外园区，地处拉各斯莱基半岛，距离拉各斯市区 50 千米、阿帕帕港60 千米、拉各斯国际机场 70 千米。莱基自贸区是中国政府批准的第二批国家级境外经贸合作区，被定位为集工业制造、商贸物流、居住、旅游和娱乐为一体的综合性现代化工业临港新城。莱基自贸区的创建和发展促进了拉各斯经济多元化和莱基半岛开发，同时也扩大了中国土木在尼日利亚的影响，提升了中国土木在尼日利亚多元化发展的形象，为中国土木在非洲建立海外合作园区做了积极探索，为推动中国土木在尼日利亚实现"投建营一体化"战略积累了经验。

1. 建设历程

拉各斯是中国土木进入尼日利亚市场的最早落脚点。早在 1981 年中国土木就将其驻尼日利亚办事处设立在拉各斯市。2003 年并入中铁建后，中国土木对尼日利亚公司进行了实体化改革，赋予尼日利亚公司更多自主权和决策权。在此背景下，为了扩大经营规模和市场范围，中国土木尼日利亚公司开始设立区域经理部，并在拉各斯市设立西南地区市场经理部。为了扩展拉各斯州市场业务，加强与州政府合作，中国土木尼日利亚公司决定创建产业园区作为中资公司的设备维修、配件加工、仓储和物流基地，实现中资企业在尼日利亚"抱团发展"。这一想法得到尼日利亚时任总统奥巴桑乔和拉各斯州政府的支持。中国商务部、中国驻尼日利亚大使馆通过两年多的商务谈判，中非莱基投资有限公司的前身"中土北亚国际投资发展有限公司"与尼日利亚拉各斯州政府、莱基全球投资有限公司于 2006 年 1 月签署了三方合作协议，正式启动莱基自贸区项目。莱基全球投资有限公司是拉各斯州政府投资成立的，专门负责投资开发莱基半岛的企业。

2006 年 5 月，莱基自贸区开发公司在尼日利亚注册成立，负责莱基自贸区的开发、建设、运营和管理。2006 年 11 月中非合作论坛北京峰会期间，中国国家主席胡锦涛宣布，3～5 年内在非洲建立 3～5 个经贸合作区，以加强与非洲的合作。莱基自贸区正是其中之一。2006 年 12 月，莱基自贸区开发公司与尼日利亚联邦政府、拉各斯州政府达成协议，就莱基自由区在税收、贸易、土地等多方面的优惠条件进行法律程序的确认，并获得 30 平方千米土地证、州政府特许 50 年经营权和 99 年的土地使用权及一系列特惠政策。为了落实 2006 年中非合作论坛成果，江苏省与拉各斯州签署了《江苏省政府和拉各斯州政府友好合作备忘录》。2007 年 11 月，莱基自贸区被中国商务部批准为"境外经贸合作区"。2008 年，莱基自贸区被纳入拉各斯州政府致力发展的莱基新城总体规划，成为拉各斯政府重点建设的都市卫星城。2010 年 11 月，莱基自贸区通过商务部、财政部联合考核，获得国家发展改革委的境外投资核准批复。

莱基自贸区采取中国企业与尼日利亚政府以公私合营（PPP）模式合作开发建设。根据三方协议，中方投资主体中非莱基投资有限公司出资 2 亿美元现金，在莱基自贸区开发公司股权结构中占比 60%，尼日利亚拉各斯州政府以土地的 50 年特许经营权入股（占 20%，其中 15% 分给相关地方政府，5% 分给受拆迁的当地社区），莱基全球投资公司以现金出资（占 20%）。这一股权结构安排体现了中国土木植根当地、合作共赢的理念（袁立等，2019）。经过几次股权调整及资本金增资，2012 年 12 月后莱基自贸区中方管理公司中非莱基投资有限公司的股权结构为中铁建持股 57.3%、中非发展基金持股 22.9%、中国土木持股占 17.2%、南京江宁经济技术开发集团有限公司持股 2.6%。中铁建是中国土木的母公司，是全球最具实力、规模的特大型综合建设集团之一。中非发展基金设立于 2006 年，是由中国政府成立的专注于对非投资的股权基金，基金规模为 100 亿美元。南京江宁经济技术开发区是国家级高新技术工业园，代表江苏省政府参与莱基自贸区建设。

根据规划，莱基自贸区共占地 165 平方千米，分四期建设。一期为经贸合作区，规划面积 30 平方千米；二期为尼日利亚丹格特集团开发的丹格特炼油厂项目；三期、四期仍在规划中。通过对国内外产业园区（包括深圳、上海、北京等地开发区）发展的多轮考察，根据拉各斯国际大都市战略与莱基自贸区总体规划，莱基自贸区被定位为"综合性工业新城"，承载着建设成为拉各斯的都市卫星城、充满活力的商贸城、现代化的工业新城和环境优美的宜居城等目标。根据不同功能，莱基自贸区划分了商贸物流区、工业区、仓储与石油化工区、城市中心区、居住和旅游度假与服务区、创意产业园等六个功能区。产业重点发展方向为以装备制造、通信产品为主的高端制造业，以交通运输车辆和工程机械为主的产品装配业，以商贸石油仓储物流为主的现代物流业，以旅游、宾馆酒店、商业等为主的城市服务业与房地产业。

2. 发展现状

莱基自贸区的建设主要分为两个阶段，目前还处在一期 11.76 平方千米的建设阶段。莱基自贸区总投资额预计超过 20 亿美元。截至 2022 年 10 月，园区累计完成基础设施建设投资 1.54 亿美元，已实现园区内"四通一平"（水通、电通、路通、通信通、场地平整），建设了燃气发电站，实现了 24 小时不间断供电，配备了"一站式服务中心"、海关清关中心、标准化厂房和自贸区综合办公楼，基础配套服务功能基本完备（会展中心、招待所、员工营地、警察局和医院已建成）。目前已有华为、隆力奇集团、徐州工程机械集团、中国重汽集团等 174 家企业完成注册，其中 110 家企业签署入园投资协议，54 家企业实际运营，覆盖家具、服装、汽车组装、钢管、日用化工、商贸物流等领域。入园企业上缴尼日利亚政府税费 8 900 多万美元，实现总产值 4.47 亿多美元，实现进出口总额 9.17 亿美元，带动就业 2 000 人，解决当地就业 3 万余人，累计为当地培训 5 000 余名技术人员。

第五节　中国土木对尼日利亚现代化发展的贡献

一、助力交通基础设施建设，夯实现代化发展根基

交通基础设施是经济社会发展的基石，具有战略性、基础性和先导性作用。各国现代化建设历史经验表明：基础设施是实现现代化发展的重要物质基础，是现代化经济体系发展的

重要引擎。现代经济发展理论,如罗丹的"平衡增长大推进"理论,罗斯托的经济成长阶段理论,纳克斯的贫困恶性循环理论,分别强调了基础设施是经济起飞关键因素,需要政府优先发展。大量研究表明,基础设施建设不仅具有"投资拉动"作用、逆周期调节作用,而且有助于在部分领域促进企业生产率的提升,为经济的持续增长提供动力。进入 21 世纪后,尼日利亚政府高度重视基础设施在社会经济发展中的作用,制订了雄心勃勃的经济发展规划和基础设施专项规划,但规划设计缺乏整体性,建设资金缺口大。

适度超前建设交通基础设施是中国改革开放以来经济快速增长的重要经验。中国工程承包企业利用中国基础设施规划和建设经验,借助中国政府提供的政策性开放性金融工具,积极参与尼日利亚基础设施建设,助力尼日利亚交通基础设施互联互通,为尼日利亚夯实现代化发展基石做出了重要贡献。中国土木积极参与尼日利亚交通主动脉建设(拉各斯-卡诺现代化铁路项目),并坚持基础设施互联互通和立体建设思想,探索打造出涵盖铁路、公路、城铁、桥梁、港口等各类交通基础设施建设和相关服务体系,助力尼日利亚建设一体化、互联互通的交通基础设施,打造立体交通体系。在首都阿布贾,中国土木参与建设了阿卡铁路、阿布贾城铁和阿布贾国际机场新航站楼,并构建了西非首个"干线铁路+城市轻轨+城市航空+城市公交"立体交通体系(中国土木工程集团有限公司,2021),为阿布贾经济社会可持续发展奠定基础,为尼日利亚基础设施一体化建设提供了示范。

二、投资运营莱基自贸区,提供产业发展中国经验

尼日利亚在 1960 年独立前属于典型的殖民地经济,主要依赖农矿产品出口。独立后,为发展民族工业,尼日利亚政府开始实施进口替代工业化战略。1971 年尼日利亚加入石油输出国组织(欧佩克)后,尼日利亚进入石油繁荣和政治稳定时期,成为非洲最大的产油国。石油经济在推动尼日利亚经济高速增长的同时,也带来大量问题。由于忽视非石油经济的发展,传统农业不断萎缩,民族工业发展和基础设施建设缓慢,工业品高度依赖进口、贫富差距大。因此,在国际市场石油价格下跌影响下,尼日利亚经济增长放缓,外债负担加重,各种社会问题爆发(如失业率和通货膨胀率上升)。为此,进入 21 世纪后,历届尼日利亚政府都推进经济多元化政策。其中,经济特区是其重要的内容(见本章第二节)。但由于建设经验不足和资金短缺,尼日利亚经济特区建设出现了"热情高、进展慢"的现象。

在国家内部划出一定区域,实施较国内其他地区更加开放和灵活的特殊政策,即设立各种类型的特殊经济区,吸引投资和促进工业发展,是中国改革开放以来经济快速增长的重要经验。中国土木建团投资运营的莱基自贸区不仅成为拉各斯现代化临港新城,为当地创造了大量就业机会,还为尼日利亚提供了经济特区发展示范(见本章第二节)。借鉴中国产城融

合发展经验，结合莱基半岛各类基础设施联动的区位优势，中国土木坚持产业园区与片区发展融合发展的思路，充分发挥毗邻港口优势，定位"前港-中区-后城"的发展模式，重点发展制造业（家具、服装、汽车组装、钢管、日用化工）与商贸物流（包括跨境贸易、会展）等产业，着力打造综合性工业新城，助力了拉各斯经济多元化发展。作为中非合作境外经贸合作区的典范和尼日利亚本国先行试点，莱基自贸区已成长为拉各斯卫星城、充满活力的商贸城、现代化的工业临港新城和环境优美的宜居城，带动周边片区城镇化建设和工业发展（中国土木工程集团有限公司，2020）。通过分享发展经验和示范效应，莱基自贸区为尼日利亚政府推进经济特区建设提供了中国工业化发展经验，为尼日利亚通过经济特区带动产业和地方发展带来新希望。

三、大力加强当地人才培养，提升现代化发展内生动力

人才是国家现代化发展的第一资源。劳动力技能的提升是尼日利亚历届民选政府推行的结构转型和经济多样化政策的主要内容，也是决定其国际竞争力的重要因素。由于历史和现实原因，尼日利亚现代化发展所需要的人力资源，尤其是实用型人才非常短缺。为此，如何有步骤地实现属地化经营，不断培养人才，是中国工程承包公司实现海外项目降本增效、提升核心竞争力的关键要素。

在项目实施过程中，中国土木采取多种形式帮助当地员工提高技术能力和管理能力，为提升尼日利亚工程建设和运营水平做出了积极贡献。一是不断增加属地员工比例，最大限度地带动当地就业，提升项目周边居民的劳动技能和收入水平（表17-6），截至2021年底，属地用工比例达到93.8％（中国土木工程集团有限公司，2021）；二是创办尼日利亚交通大学，为尼日利亚培养铁路等交通工程领域的高层次人才；三是系统开展职业技能培训，提高员工职业技能。

中国土木通过"导师制"（导师一对一培养，全力帮助学员习得专业技能和业务素质）、跟踪培养制（即彩虹计划，以彩虹的七种颜色为每年的招聘计划命名，每七年为一个循环，跟踪员工发展），优秀员工在职学历教育（在尼日利亚完成3年的本科学习和在中国2年的深造之后，进入中国土木尼日利亚公司进行为期1年的社会实践）、鲁班工坊制（采用"一坊两中心"模式：与阿布贾大学合作建设轨道交通学历中心，与中国土木尼日利亚公司合作建设轨道交通培训中心）等形式，全方位培养工程施工、铁路运营、工业园运营等各岗位的人才培养，推进专业技术转移，为当地现代化发展培养人才。截至2021年底，已选派150名留学生赴中国长安大学和中南大学进行工程相关本科专业学习，为尼日利亚铁路施工建设领域和铁路运营储备人才。

表 17-6　中国土木在尼日利亚重大基础设施建设项目属地用工

重点项目	属地用工
阿卡铁路	施工期间累计直接雇佣当地员工 1.6 万多人； 投入运营后提供 1 万多个就业岗位
阿布贾城铁	施工高峰期直接带动当地就业超 2 万人； 属地员工占总员工数达 98%； 管理层中属地员工占比约 20%
拉伊铁路	施工高峰时期为当地创造直接就业岗位 1.2 万个
中线铁路	施工高峰期雇佣当地员工约 2 000 名； 属地员工占总员工数达 95%

资料来源：中国土木工程集团有限公司年鉴（2021）。

第六节　结论与启示

一、"一带一路"倡议不同于新自由主义，倡导包容性全球化发展理念

非洲是人类文明重要的发源地。16 世纪后，欧洲殖民者的入侵中断了非洲文明进程。经过长达五个世纪的欧洲殖民统治后，非洲国家在"二战"后纷纷实现了民族独立。从 20 世纪 60 年代开始，独立后的非洲国家开始探讨现代化建设道路。在经济上，尼日利亚等非洲国家大力实施了进口替代工业发展战略，并通过西方援助和借款掀起了基础设施建设高潮。经过短暂的高速发展，非洲国家普遍陷入债务危机，经济停滞不前，20 世纪 80 年代后非洲国家被迫进行以新自由主义为指导思想的结构性改革（Mold，2012；Wethal，2019）。但世界银行和国际货币基金组织在非洲推行的新自由主义并未给非洲国家带来经济繁荣、社会稳定（Mold，2012；Luiz，2010）。

进入 21 世纪以来，尼日利亚等非洲国家逐步认识到新自由主义的弊端，开始借鉴中国现代化发展经验。通过基础设施建设和产业园区建设，推动工业化和城市化，从经济全球化中获得发展机遇，是中国改革开放以来经济快速发展的重要经验（Liu et al.，2022；Liu et al.，2021）。与西方新自由主义思想不同，中国的"一带一路"倡议秉承古代丝绸之路精神，倡导"和平合作、开放包容、互学互鉴、互利共赢"，通过政策沟通、设施联通、贸易畅通、资金融通和民心相通，促进经济要素有序自由流动、资源高效配置和市场深度融合，推动包容性全球化发展（刘卫东，2015；刘卫东等，2017）。

"一带一路"框架下，中国与尼日利亚两国外长牵头建立了政府间委员会，统筹推进两国各领域互利合作，大力推进重点项目建设，助力尼日利亚工业化发展进程。中国企业是"一带一路"建设的重要主体。在"一带一路"倡议指引下，中国土木、中国港湾、中国电建和中国能建等中国企业坚持共商共建共享，遵循市场化原则，有序推动铁路、港口、能源和产业园区等重大项目合作，推进基础设施互联互通，成为推动尼日利亚国家现代化建设的重要力量（Foster et al.，2009）。

二、设施联通是一个系统工程，需要政策沟通、贸易畅通、资金融通与民心相通密切配合

基础设施是经济社会发展的重要支撑，是现代化建设的重要内容。近年来，大部分非洲国家大力实施基础设施引导型发展战略，制订了雄心勃勃的基础设施发展规划，非洲南北经济发展走廊计划、东非中央走廊计划、西非增长环走廊发展项目总体规划、2050 年南非国家基础设施计划、尼日利亚国家综合基础设施总体规划。但由于资金缺口大、规划建设经验不足，产业配合不齐全等原因，需要寻找外部支持。与此同时，国际组织、欧美和新兴国家也在非洲推出了各种基础设施合作计划。欧盟"全球门户"和七国集团"全球基础设施伙伴关系倡议"都"青睐"非洲。为对冲"一带一路"在非洲的影响，美国启动了对非新倡议，从奥巴马政府"电力非洲"倡议，到特朗普政府"繁荣非洲"倡议，到拜登"重建更美好世界"倡议。日本和印度也联合推出了"亚非增长走廊"计划。但是这些计划往往或是"新瓶装旧酒"或是"空头支票"。

基础设施互联互通是"一带一路"建设的优先领域，但离不开政策沟通、贸易畅通、资金融通和民心相通密切配合。尼日利亚案例研究表明：中国与尼日利亚两国政治互信，为中国企业在尼日利亚参与建设大量基础设施项目提供了重要保障，交通基础设施和产业园区等方面的政策沟通为项目的务实合作提供了政策支持；中尼两国贸易和投资合作的不断深化既彰显设施联通的经济效果，又为设施联通提供经济动力。中国进出口银行、国家开发银行为重点基础设施项目提供了资金。而当地人才的培养有助于提高尼日利亚现代化内生能力，小型民生工程建设增强了当地民众对"一带一路"的获得感，为重点项目的顺利实施奠定了坚实的社会基石。

参 考 文 献

Ayoola，T. A. Establishment of the Nigerian Railway Corporation. *Journal of Retracing Africa*，2016，1 （3）：21-42.

Foster，V. Butterfield，W.，Chen，C. *Building Bridges：China's Growing Role as Infrastructure Financier for Sub-Saharan Africa*. Washington：World Bank Publications，2009.

Liu，W. D.，Dunford，M.，Liu，Z. G.，et al. *Exploring the Chinese Social Model：Beyond Market and State*. Newcastle：Agenda Publishing. 2022.

Liu，Z. G.，Dunford，M.，Liu，W. D. Coupling national geo-political economic strategies and the Belt and Road Initiative：the China-Belarus Great Stone Industrial Park. *Political Geography*，2021，84（11）：102296.

Luiz，J. Infrastructure investment and its performance in Africa over the course of the twentieth century. *International Journal of Social Economics*，2010，37（7）：512-536.

Marcellus，I. O. Development planning in Nigeria：Reflections on the national economic empowerment and development strategy（needs）2003-2007. *Journal of Social Sciences*，2009，20（3）：197-210.

Mold，A. Will it all end in tears? Infrastructure spending and African development in historical perspective. *Journal of International Development*，2012，24（2）：237-254.

Nurkse，R. *Problems of Capital Formation in Underdeveloped Countries*. Oxford：Basil Blackwell，1953.

Rosenstein-Rodan，P. N. Problems of industrialisation of Eastern and South-Eastern Europe. *Economic Journal*，1943，53（7）：202-211.

Rostow，W. W. *Politics and the Stages of Growth*. Cambridge：Cambridge University Press，1971.

Wethal，U. B. Building Africa's infrastructure：reinstating history in infrastructure debates. *Forum for Development Studies*，2019，46（3）：473-499.

李文刚："'一带一路'背景下尼日利亚宗教格局及宗教风险分析"，《世界宗教文化》，2019年第2期。

李文刚："中国-尼日利亚共建'一带一路'：优势、挑战及前景"，《当代世界》，2020年第6期。

李文刚、闵方正、郑军：《中国与尼日利亚友好合作》，中国社会科学出版社，2021年。

刘卫东："'一带一路'战略的科学内涵与科学问题"，《地理科学进展》，2015年第5期。

刘卫东、Michael Dunford、高菠阳："'一带一路'倡议的理论建构——从新自由主义全球化到包容性全球化"，《地理科学进展》，2017年第11期。

刘卫东、姚秋蕙："'一带一路'建设模式研究——基于制度与文化视角"，《地理学报》，2020年第6期。

吕旭民："尼日利亚铁路修复工程不同病害的处理"，《上海铁道科技》，2001年第2期。

王磊："奥巴桑乔与尼日利亚现代化进程研究"（硕士论文），华东师范大学，2007年。

吴华华："逝于任上的尼日利亚总统亚拉杜瓦"，《西亚非洲》，2010年第9期。

薛新功："尼日利亚铁路发展规划及实施方案研究"，《中国铁路》，2007年第4期。

袁立、李其谚、王进杰：《助力非洲工业化——中非合作工业园探索》，中国商务出版社，2019年。

中国商务部：《对外投资合作国别（地区）指南·尼日利亚（2021年版）》，2022年，http：//fec. mofcom. gov. cn/article/gbdqzn/。

中国土木工程集团有限公司："中土尼日利亚有限公司社会责任报告（2020—2021）"，内部报告。

中国土木工程集团有限公司："中土尼日利亚有限公司社会责任报告（1981—2020）"，内部报告。

中国驻尼日利亚使馆经商处："尼日利亚铁路运营管理情况及面临的主要问题"，2011年，http：//nigeria. mofcom. gov. cn/article/ztdy/201103/20110307427482. shtml。

第十八章　中埃·泰达苏伊士经贸合作区[①]

摘　　要

埃及位于非洲东北部，具有丰富的石油和天然气。其境内的苏伊士运河位于欧亚非三洲交汇之处，汇通红海和地中海，连接大西洋和印度洋，是全球海上运输的重要枢纽。埃及主要出口矿物燃料（原油及其制品）、棉花、陶瓷、纺织服装等，进口机械设备、谷物、电气设备、塑料及制品等。国家治理主要体现在以下方面：一是埃及是以劳动人民力量联盟为基础的民主和社会主义制度国家；二是埃及总统既是国家元首，也是武装力量最高统帅、国防委员会主席和警察最高长官；三是经济上存在"国家所有制、合作社所有制和私人所有制"三种形式；四是人民议会是最高立法机关，法院组织体系主要分为普通法院和行政法院；五是在对外交往上，奉行独立自主、不结盟政策。社会结构治理则表现在人口过亿，国教为伊斯兰教，主要民族是东方哈姆族。

中埃·泰达苏伊士经贸合作区（以下简称"泰达合作区"）始建于2008年，是中国第二批国家级境外经贸合作区，由天津泰达控股和中非基金共同出资建设。作为"一带一路"中埃合作的标志性项目，泰达合作区不仅成为中国企业"走出去"的承接平台，而且促进了埃及工业化进程，被誉为"中埃合作桥梁"。

本章介绍了泰达合作区的发展历程、管理体制和发展策略，总结了泰达合作区的发展模式和对当地的影响。在发展历程方面，泰达合作区的发展经历了起步、成长和成熟三个阶段。在管理体制方面，泰达合作区采取了中埃合资经营、风险共担的"利益捆绑"机制，建立了"三级磋商机制"。在发展策略方面，侧重于园区提档升级，优化营商环境，整合优质资源。在发展模式方面，构建了产城融合的建设模式、多层立体的招商模式、以"客户"为中心的服务模式、基于生命周期的盈利模式、全面系统的风险防控模式、可复制的"泰达海

---

① 本章作者：孟广文、王淑芳、陈蒙、吴蝶。

外模式"。在当地影响方面，主要体现在经济、社会、文化和生态环境这四个方面。

泰达合作区发展的经验启示主要有三点：一是泰达合作区的成功部分受益于灵活的政策移动；二是泰达合作区遵循求同尊异、创新融合的理念；三是泰达合作区的可持续发展是一个不断探索、优化的过程。

本案例提炼两点共性理论知识：一是政策移动是一个"脱嵌"和"重嵌"的过程，需要根据政策类型灵活调整嵌入方式；二是文化适应是一个博采众长的过程，需要找到文化的契合点。

第一节　埃及概况与治理结构

阿拉伯埃及共和国（简称"埃及"），位于非洲东北部，北濒地中海，南邻苏丹，东临红海与沙特阿拉伯相望，西接利比亚。苏伊士运河位于欧亚非三洲交汇之处，汇通红海和地中海，连接大西洋和印度洋，是全球海上运输的重要枢纽，具有重要战略意义和经济意义。本节解析埃及的治理结构，从国家概况、国家治理结构和社会治理结构出发，分析泰达合作区项目建设和运营的地缘环境。

一、国家概况

埃及大部分位于非洲东北部，只有苏伊士运河以东的西奈半岛位于亚洲西南部。全境干燥少雨，面积 100.1 万平方千米，国土面积约 96% 的区域为沙漠，是典型的沙漠之国。埃及海岸线长约 2 900 千米，世界最长的河流尼罗河纵贯其南北（杰瓦顿丁，2009）。

埃及资源丰富，尤其是石油和天然气分居非洲国家第五位和第四位，是非洲最重要的石油和天然气生产国，并与以色列、塞浦路斯等国家签订了天然气输送协议，成为东地中海天然气论坛的创始成员国。2022 年，埃及已探明石油储量 48 亿桶，天然气 3.2 万亿立方米，磷酸盐约 70 亿吨，铁矿 6 000 万吨，平均原油日产量达 71.15 万桶，天然气日产量达 1.68 亿立方米，国内消耗的天然气数量占天然气总产量的 70%，其余 30% 供给出口（杨佳琪，2021）。

埃及交通建设近年来发展快速。陆上交通，共计 28 条铁路线路，总长 10 008 千米，公路总长约 49 000 千米。海路交通，有 7 条国际海运航线，内河航线总长约 3 500 千米，现有亚历山大、塞得港、杜姆亚特、苏伊士等 62 个港口，年集装箱吞吐总量 800 万标箱，总吞吐量 1.01 亿吨。航空运输，共有机场 30 个，其中国际机场 11 个，开罗机场是重要国际航空站。

　　埃及在对外贸易方面，进口额远大于出口额（表18-1）。政府为了减少贸易逆差，从限制进口和扩大出口入手，发展民族工业，生产更多的进口替代商品，限制消费性制成品的进口，扩大原油、原棉以外的非传统性商品的出口。目前埃及的主要出口产品是矿物燃料（原油及其制品）、棉花、陶瓷、纺织服装、铝及其制品、钢铁、谷物和蔬菜（表18-2），主要进口商品是机械设备、谷物、电气设备、矿物燃料、塑料及其制品、钢铁及其制品、木及木制品、车辆、动物饲料等（表18-3）。从2018—2020年埃及进出口情况来看，埃及的主要出口国家群是阿拉伯国家，亚洲国家是埃及最大的进口商品国家群，同时也是埃及产生最大贸易逆差的地域。

表 18-1　2018—2020 年埃及进出口情况　　　　　　　　单位：百万埃镑

国家群	2018 年			2019 年			2020 年		
	出口额	进口额	贸易差额	出口额	进口额	贸易差额	出口额	进口额	贸易差额
总计	523 834	1 464 816	−940 982	517 017	1 294 432	−777 415	446 055	1 105 404	−659 349
阿拉伯国家	170 116	232 381	−62 265	171 176	190 779	−19 603	164 592	147 026	17 566
中东国家	69 133	264 344	−195 210	68 778	228 690	−159 912	62 681	177 386	−114 705
西欧国家	143 636	359 236	−215 600	129 206	311 135	−181 929	89 619	283 369	−193 750
亚洲国家	62 076	386 586	−324 510	55 976	373 952	−317 976	54 700	325 208	−270 508
非洲国家	28 201	21 712	6 488	24 305	16 243	8 062	22 811	11 630	11 181
北美国家	32 771	106 958	−74 187	50 697	93 059	−42 362	36 261	85 285	−49 024
美洲中部国家	726	2 410	−1 684	822	1 670	−848	732	1 190	−458
南美国家	6 460	77 203	−70 743	5 760	67 180	−61 420	7 745	58 990	−51 245
大洋洲国家	740	13 220	−12 480	587	11 187	−10 600	3 872	8 798	−4 926
其他国家	9 974	765	9 209	9 710	537	9 173	3 042	6 522	−3 480

资料来源：埃及中央公众动员和统计局。

表 18-2　2015—2020 年埃及出口商品价值　　　　　　　　单位：百万埃镑

商品类别	2015 年	2016 年	2017 年	2018 年	2019 年	2020 年
总计	168 077	230 319	469 998	523 834	517 017	446 054
生鲜/动物	3 423	4 036	7 121	7 125	6 943	5 610
谷物和蔬菜	22 749	28 477	51 544	51 723	54 047	50 277
矿物燃料（原油及其制品）	948	1 614	2 951	2 151	3 416	4 174
食品饮料烟草	10 379	15 845	25 967	26 243	25 373	24 850

续表

商品类别	2015 年	2016 年	2017 年	2018 年	2019 年	2020 年
矿产	33 296	35 450	98 157	136 927	145 684	78 448
化工产品	16 365	25 547	58 045	70 342	59 248	55 473
塑料及其制品	11 389	12 778	29 007	33 914	36 144	29 766
皮毛、皮革	1 214	1 218	2 031	1 798	1 271	777
木制品	333	464	582	618	527	471
造纸材料	2 028	2 618	5 554	6 970	5 287	15 544
纺织品和纺织用品	22 633	26 810	51 957	56 886	54 628	46 868
水泥混合物	6 698	8 280	16 439	18 192	17 664	15 010
珠宝奢侈品	4 852	26 792	37 636	25 921	34 350	47 814
基础金属人造金属	11 563	14 987	35 135	41 371	29 958	30 260
机械设备电子零件	14 492	17 011	33 955	29 986	30 881	28 404

资料来源：埃及中央公众动员和统计局。

表 18-3　2015—2020 年埃及进口商品价值　　　　单位：百万埃镑

商品类别	2015 年	2016 年	2017 年	2018 年	2019 年	2020 年
总计	568 963	708 289	1 187 063	1 464 816	1 294 433	1 105 403
生鲜/动物	27 074	30 122	49 401	58 734	62 012	54 758
谷物和蔬菜	55 133	68 579	123 500	143 503	151 075	146 947
矿物燃料（原油及其制品）	5 722	14 680	24 951	24 405	20 447	23 014
食品饮料烟草	24 046	32 604	45 924	45 197	38 966	32 900
矿产	94 869	114 669	227 067	279 213	203 591	131 832
化工产品	50 812	64 519	116 319	136 268	134 475	123 263
塑料及其制品	32 708	40 377	70 955	86 688	77 031	65 986
皮毛、皮革	738	725	959	1 378	1 236	767
木与木制品	13 325	14 636	23 455	28 113	23 224	19 171
造纸材料	11 852	14 764	25 955	32 583	27 487	24 370
纺织品和纺织用品	32 290	33 668	62 071	78 371	71 670	57 679
水泥混合物	3 694	3 743	7 163	9 291	8 079	6 324
珠宝奢侈品	1 414	885	3 310	6 822	3 011	4 363
基础金属人造金属	62 099	79 181	133 584	177 736	138 560	107 750
钢铁及其制品	85 626	113 548	188 648	238 371	224 028	191 283

续表

商品类别	2015 年	2016 年	2017 年	2018 年	2019 年	2020 年
运输设备	52 363	64 272	57 159	87 479	79 601	86 650
光学设备	7 529	10 072	16 522	18 274	17 601	17 447
武器弹药零件	285	37	83	530	169	59
杂项	5 614	5 795	8 048	9 261	9 806	8 900
艺术品、古董	13	4	7	3	10	2

资料来源：埃及中央公众动员和统计局。

从 2013 年起，中国连续 8 年成为埃及的第一大贸易伙伴。2020 年，埃及对外贸易总额 888 亿美元，中埃双边货物进出口额 145.7 亿美元，占比 16.4%。根据中国驻埃及大使馆提供的数据，2021 年前三季度，中埃货物贸易总额达 147.7 亿美元，同比增长 44.9%。其中埃及对中国出口同比增长 70.3%。半个多世纪以来，埃及作为中国在阿拉伯世界和非洲地区最重要的战略合作伙伴，在发展中阿和中非友好关系上发挥着独特且重要的作用。中埃两国友好的贸易伙伴关系为中国投资埃及奠定了良好的基础，中国已成为近年来对埃投资最活跃、增长速度最快的国家。[①]

二、国家治理结构

1971 年 9 月 11 日，埃及公民投票通过宪法。宪法规定埃及是"以劳动人民力量联盟为基础的民主和社会主义制度的国家"，经济上有"国家所有制、合作社所有制和私人所有制"三种形式；人民议会是最高立法机关，议员由普选产生，任期 5 年，负责提名总统候选人，主持制定和修改宪法，决定国家总政策，批准经济和社会发展计划及国家预算、决算，并对政府工作进行监督；埃及法院组织体系主要分为普通法院和行政法院两大系统。普通法院系统分简易法院、初级法院、上诉法院和最高法院四级，行政法院有权废除政府官员颁布的非法的、随心所欲的、滥用职权的政令，有权审理行政机关之间的纠纷和公民对行政机关的指控，检察机构包括总检察院和地方检察分院。埃及议会实行一院制，设有 596 个席位，任期 5 年；阿拉伯社会主义联盟于 1962 年 10 月成立，为埃及唯一合法政党，纳赛尔任主席。1977 年开始实行多党制，2011 年颁布新政党法，现有政党及政治组织近百个，其中经国家政党委员会批准成立的政党约 60 个，而主要政党是自由埃及人党、祖国未来党和新华夫脱党。

---

① "埃中合作助力埃及经济复苏"，https://www.setc-zone.com/system/2022/03/01/030012728.shtml。

2018 年 3 月，埃及举行新一轮总统选举，塞西以 97.08％ 的得票率再次当选埃及总统，新一届政府成立。2019 年 12 月，埃及内阁改组，组建了 33 个部委。其中，投资和国际合作部分拆为"国际合作部"与"投资和自由区管理总局"，两者均直接对内阁负责。自 2014 年塞西总统执政以来，埃及逐渐稳定国内政治局势，实行浮动汇率、削减补贴、开放市场、吸引外资等全方位的经济改革，成效显著。

埃及总统既是国家元首，承担和行使行政权，也是武装力量最高统帅、国防委员会主席和警察最高长官。埃及的武装部队最高委员会是国防事务最高决策机构，成员包括国防部长、武装部队参谋长、各军种司令及各军种下支二级部部长等。埃及武装力量由正规部队、准军事部队、预备役部队组成，正规部队有陆军、海军、空军和防空军四个军种，总数约 47 万人，被认为是阿拉伯世界中规模最大、实力最强的军队。埃及军队不仅担负着维护国家主权和领土完整，捍卫国家安全，打击恐怖主义等重要职能，同时也在国家政治、经济生活中发挥着重要作用。

埃及在阿拉伯、非洲和国际事务中均发挥着重要作用。在对外交往上，埃及奉行独立自主、不结盟政策，主张在相互尊重和不干涉内政的基础上建立国际政治和经济新秩序，加强南北对话和南南合作。突出阿拉伯和伊斯兰属性，积极开展和平外交，致力于加强阿拉伯国家团结合作，推动中东和平进程，关注叙利亚等地区热点问题。反对国际恐怖主义，埃及倡议在中东和非洲地区建立无核武器和大规模杀伤性武器区。重视大国外交，积极发展同新兴国家关系。截至 2022 年 9 月，埃及已与 165 个国家建立了外交关系。

1956 年 5 月 30 日，埃及成为阿拉伯和非洲国家第一个同新中国建交的国家。1999 年，两国建立面向 21 世纪的战略合作关系，双边关系的发展进入到一个新阶段。2006 年 6 月，两国签署关于深化战略合作关系的实施纲要。2007 年 5 月，中国全国人大和埃及人民议会建立定期交流机制。自 2007 年 1 月 27 日起，中埃两国互免持中国外交和公务护照、埃及外交和特别护照人员签证。2014 年 12 月，中埃两国建立全面战略伙伴关系。2016 年 1 月，两国签署关于加强全面战略伙伴关系的五年实施纲要。随着苏伊士运河走廊开发、新行政首都建设、可再生能源建设等国际项目合作以及埃及"2030 愿景"同中国"一带一路"倡议的深度对接，中埃传统友谊和务实合作不断深化，推动中埃全面战略伙伴关系迈上新台阶。

三、社会治理结构

截至 2021 年 5 月，埃及人口超过 1 亿人，集中分布在尼罗河三角洲和沿岸地区。国教为伊斯兰教，其教规是共和国立法的主要依据。信徒主要是逊尼派，占总人口的 84％，科普特基督徒和其他信徒约占 16％。穆巴拉克总统多次发表讲话强调，埃穆斯林、科普特人和犹太人均为享受平等权利的公民，享有宗教信仰自由，在社会地位和就业方面并无区别。

埃及的主要民族是东方哈姆族（埃及阿拉伯人、科普特人、贝都因人和柏柏尔人），占总人口的99％，努比亚人、希腊人、亚美尼亚人、意大利人后裔和法国人后裔占1％。埃及的主要居民是阿拉伯人，官方语言为阿拉伯语。

埃及主要节日有：宰牲节、伊历新年、埃及建军节（10月6日）、国际劳动节（5月1日）、埃及国庆日（7月23日）、科普特教圣诞节（1月7日）、西奈解放日（4月25日），以及踏青节、斋月、尼罗河涨水节和穆罕默德生日（伊历4月12日）等重要的宗教与民间节日。埃及实行每周5天工作制，每周五、六为公休日。每周五埃及人开展"主麻日聚礼"，在清真寺内做集体礼拜。教民遵循每日五次礼拜的教规：晨礼、晌礼、哺礼、昏礼、宵礼。

为了促进外国投资和外国援助，1974年6月，埃及政府颁布第一部《投资法》。2014年下半年以来，埃及经济局势逐步趋稳，投资环境得以改善。2014年外国对埃及直接投资总额约180亿美元，位居非洲国家第一。2017年6月，埃及颁布新《投资法》，在土地出让模式、所得税减免、投资保障、本地雇员数量等方面提供优惠政策，有利于吸引外国投资。美国是埃及的主要援助国，向埃及提供援助的国家和国际组织还有德国、法国、日本、英国、意大利等国家及世界银行、国际货币基金组织和阿布扎比发展基金等。

第二节　泰达合作区概况

泰达合作区始建于2008年，位于苏伊士亚非欧三大洲的金三角地带，"一带一路"与"苏伊士运河走廊经济带"的交叉点，距埃及首都开罗120千米，距苏伊士城40千米，距离新首都60千米，距离世界上第三大港的因苏哈港口仅2千米（图18-1）。泰达合作区是中国第二批国家级境外经贸合作区，由天津泰达控股和中非基金共同出资建设。从荒芜的戈壁滩到7.34平方千米的现代化产业城，经过十几年的发展，泰达合作区已成为中埃两国企业投资合作的良好平台，其经济和社会效益均非常显著。作为"一带一路"中埃合作的标志性项目，泰达合作区不仅成为中国企业"走出去"的承接平台，而且促进了埃及工业化进程，被誉为"中埃合作桥梁"。新冠疫情发生以来，泰达合作区高度重视园区人员健康安全，表现出强烈的人道主义关怀。面对疫情，泰达合作区借鉴中国防疫经验，确保生产正常进行，实现了合作区常态化疫情防控和高质量发展双战双赢，得到驻埃及使馆和驻在国政府的认可。

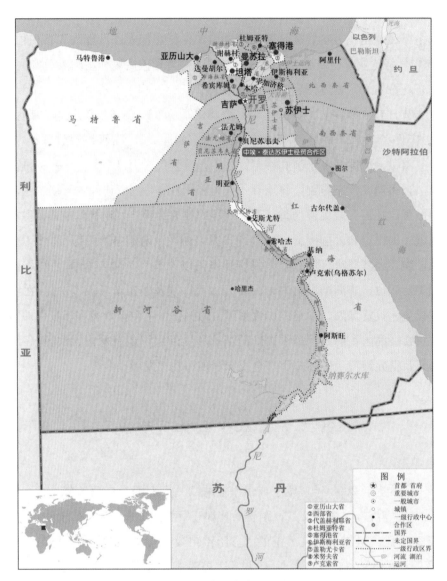

图 18-1 泰达合作区区位

资料来源：中华人民共和国外交部。

一、合作区发展历程及现状

1994 年，埃及总统穆巴拉克访问中国，惊叹于深圳经济特区的高速发展，表示希望中国帮助埃及建一个开发区。1994 年 10 月与 1996 年 5 月，埃及政府在江泽民主席和朱镕基副总理出访埃及时提出，希望在埃及苏伊士地区划出一块土地交由中方规划使用，帮助埃及建立一个经济自由区。1997 年 4 月，埃及总理詹祖里与中国总理李鹏就中国帮助埃及建设苏伊士自由区事宜签署了两国政府谅解备忘录，两国商定"中方将在提供经济特区建设经验，鼓励中方企业参与经济特区建设等方面与埃方合作"。1998 年初，中国国务院正式决定，由天津泰达开发区代表中国承担帮助埃及建设苏伊士西北经济区的任务（马霞、宋彩岑，2016）。

1. 合作区发展历程

泰达合作区的发展主要经历了起步、成长和成熟三个阶段（表 18-4）。

表 18-4　2007 年以来泰达合作区发展历程

发展阶段	主要内容
起步阶段 （2007—2012 年）	2007 年，泰达在中埃苏伊士经贸合作区项目的全国公开招标中中标； 2008 年，埃及泰达、中非泰达成立，主导泰达合作区投资、运营； 2009 年 5 月，泰达合作区确认为国家级境外经贸合作区； 2011 年，巨石项目入驻泰达合作区； 2012 年，丰尚（牧羊）项目入驻合作区，泰达合作区四星级酒店 TEDA Swiss-Inn Plaza Hotel 营业
成长阶段 （2013—2016 年）	2014 年 12 月，中埃签署《中埃关于建立全面战略伙伴关系的联合声明》，强调双方在两国经贸合作框架下需要更加努力推动泰达合作区加快发展； 2013 年 4 月，时任埃及总理赴泰达合作区见证扩展区 6 平方千米项目土地合同签约； 2015 年，埃及泰达特区开发公司成立，主导扩展区建设、招商； 2016 年 1 月，中国国家主席习近平与埃及总统塞西为泰达合作区扩展区项目揭牌，建立中埃政府间三级磋商机制
成熟阶段 （2017 年至今）	2017 年 11 月，泰达合作区作为案例被《习近平谈治国理政》第二卷收录并出版发行； 2018 年 3 月，十三届全国人大一次会议记者会上，泰达合作区被中国商务部作为境外合作区样板推介； 2018 年 8 月，泰达海外模式已经走出埃及，在非洲其他地区得到借鉴或复制

资料来源："泰达合作区历史沿革"，https://www.setc-zone.com/system/2017/03/16/011258909.shtml。

（1）起步阶段（2007—2012 年）

2007 年，天津经济技术开发区（Tianjin Economic-Technological Development Area，TEDA，以下简称"泰达"）在中埃苏伊士经贸合作区项目的全国公开招标中中标。在国家指定泰达负责苏伊士经济特区建设后，2008 年，埃及泰达、中非泰达成立，主导泰达合作区投资、运营，从基础设施建设、配套设施建设、生活服务配套建设、商业性设施建设等方面进行了工程建设，与开发区管委会"两个牌子、一套人马"的泰达控股前身天津开发区总公司也就理所当然地承担起了具体的建设工作，在苏伊士地区复制天津的"泰达模式"。2008 年启动的泰达合作区采取了集中优势兵力重点建设的方针，在 3 号区块中选择了 1.34 平方千米作为起步区先行建设。2009 年 5 月，经商务部、财政部考核，正式予以确认成为第一家由国家领导人授牌的境外经贸合作区——泰达合作区全面启建，亮相国际展会，同时园区展开内部和外部招商。2011 年，巨石集团入驻泰达合作区；2012 年，丰尚（牧羊）项目入驻合作区，泰达合作区四星级酒店 TEDA Swiss-Inn Plaza Hotel 营业。大型跨国企业入驻合作区保障了合作区的可持续发展。

（2）成长阶段（2013—2016 年）

2013 年 4 月，泰达合作区 6 平方千米的扩展区项目土地合同签约，标志着合作区全面升级，进入高速发展阶段。2014 年，合作区年产值 12 264 万美元，较 2013 年的 4 502.6 万美元增长了 172%，实现经济跨越式增长。2014 年 12 月，中埃签署《中埃关于建立全面战略伙伴关系的联合声明》，强调双方在两国经贸合作框架下需要更加努力推动泰达合作区加快发展。2015 年，埃及泰达特区开发公司成立，主导扩展区的建设和招商，扩展区占地 6 平方千米，分三期建设开发，规划设计由南至北包括产业地产、商业地产及住宅地产，预计开发建设 2.3 亿美元（图 18-2）。中国和埃及两国都重视合作区发展，为保障园区快速发展平稳进行，2016 年共同发表《中华人民共和国和阿拉伯埃及共和国关于加强两国全面战略伙伴关系的五年实施纲要》，并签署《中华人民共和国商务部和阿拉伯埃及共和国苏伊士运河经济区总局关于埃及苏伊士经贸合作区的协议》，明确了在中埃经济、贸易和技术合作混合委员会框架下，中埃两国有关部门成立泰达合作区"三级磋商机制"，协调解决合作区建设运营中出现的问题，双方共同为泰达合作区的建设、招商和运营提供支持和便利。2016 年 1 月，中国国家主席习近平与埃及总统塞西为泰达合作区扩展区项目揭牌，泰达合作区已成为中国企业布局"一带一路"和"苏伊士运河走廊经济带"的新阵地。

（3）成熟阶段（2017 年至今）

园区内部发展趋于稳定，配套设施完善，逐渐摸索出适合于泰达海外园区的发展模式，开展海外咨询服务，将泰达发展模式推广到全球。2017 年 11 月，泰达合作区作为案例被《习近平谈治国理政》第二卷收录并出版发行。2018 年 3 月，十三届全国人大一次会议记者会上，泰达合作区被中国商务部作为境外合作区样板推介。2019 年，泰达合作区已完成土地平整、污水处理、通水、通电、通路、通邮、通信、通燃气等，实现每天给水 13 500 吨，通电 20 兆瓦时，每小时通燃气 5 000 立方米，道路 300 000 平方米，能够每天处理污水 10 000 吨等，具备了企业发展的必备条件，成为当地唯一完成全方位配套的、可以让企业直接入驻的工业园区。

泰达合作区在经营过程中形成独具特色的"泰达海外模式"，在自身良好发展的同时追求"从1到N"的跨区域复制，努力将"泰达海外模式"的经营分享给其他地区或国家。2018年8月，根据中央广电总台国际在线报道，该模式已相继在缅甸皎漂工业园区、肯尼亚蒙巴萨自贸区、吉布提自贸区、加纳库马西工业园区、摩洛哥穆罕默德六世科技城等项目中得到不同程度的应用。"泰达模式"已成为"一带一路"倡议的有益探索和成功样本，中非泰达管理人员表示未来将向更多的"一带一路"沿线国家输送泰达的管理标准和品牌模式。

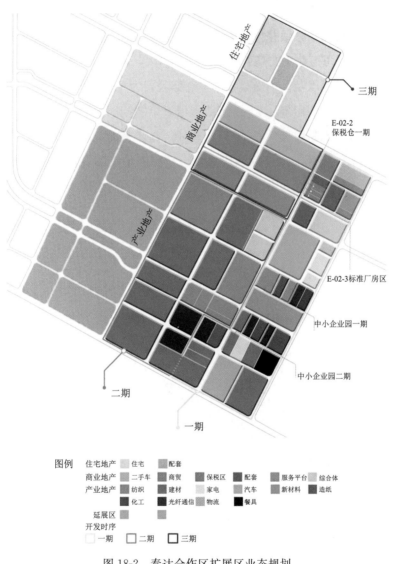

图 18-2　泰达合作区扩展区业态规划

资料来源：中非泰达投资股份有限公司提供。

2. 合作区运营现状

截至2021年底，泰达合作区共吸引123家企业入驻，实际投资额超13亿美元，累计销售额超 26 亿美元，缴纳税费超 1.9 亿美元，直接解决就业 4 000 余人，带动就业 4 万人（张凡，2022）。合作区凭借其综合环境优、国内和国外企业投资密度大等特点，成为我国企业"走出去"开辟全球市场的优质平台。

泰达合作区起步区面积 1.34 平方千米，累计投资约 1.42 亿美元，基础设施建设已完成。截至 2019 年，合作区入驻企业 99 家，包括巨石集团、丰尚（牧羊）集团、西电集团等大型项目，吸引协议投资额近 10 亿美元，实现年销售额 1.8 亿美元，进出口额 2.4 亿美元，已初步形成以宏华钻机和国际钻井材料制造公司（IDM）为龙头的石油装备产业园区，以西电 Egemac 高压设备公司为龙头的高低压电器产业园区，以巨石（埃及）玻璃纤维公司为龙头的新型建材产业园区，以及以丰尚（牧羊）仓储公司为龙头的机械制造类产业园区在内的四大产业布局（图 18-3），并带动上下游产业入区，以"抱团出海"的方式快速形成产业集群效应，实现经济效益不断增长（表 18-5）。此外，起步区的配套设施完善，内部拥有建筑面积近 813 万平方米，其中，19 栋标准厂房及小型服务中心和餐饮供应场所的中国小企业孵化园已建成并投入使用，成为中国小企业"走出去"发展的孵化器和生长地。

图 18-3   起步区主要产业布局

资料来源：中非泰达投资股份有限公司。

表 18-5　2021 年泰达合作区的建设与经营情况

	起步区	扩展区	总体情况（起步区＋扩展区）
面积（平方千米）	1.34	6.00	7.34
累计投资（亿美元）	1.4200	0.8972	2.3572
主要产业	新型建材、石油装备、高低压设备、机械制造四大主导产业	乘用车、纺织、建材、化工、电工电气、白色家电、钢铁铸造七大主导产业	新型建材、石油装备、高低压设备、机械制造、纺织、家电、乘用车七大主导产业
累计吸引投资（亿美元）	8.8434	3.8430	12.6864
销售额（亿美元）	—	—	30.9596
年进出口额（亿美元）	—	—	4.7108
贡献税收（亿美元）	—	—	1.8533
企业入驻（个）	99	24	123
提供就业机会（人）	3 545	669	直接就业约 4 000 人；产业带动就业 4 万余人

资料来源：中非泰达投资股份有限公司。

　　基于起步区的建设成果，6 平方千米的扩展区计划投资 2.3 亿美元，吸引 150～180 家企业，投资额 20 亿美元，实现销售额 80 亿～100 亿美元，提供就业机会约 4 万个。2019 年 4 月，扩展区二期 2 平方千米已完成土地移交，并同步启动相关配套设施建设，优质的投资环境成功吸引了美的、浙江彩蝶等多个国内知名企业签约入驻。截至 2021 年底，合作区扩展区已有 24 家企业入驻，协议投资超 2 亿美元，形成乘用车、防治、建材、化工四大产业集群，这些项目吸引着上下游配套企业入驻，推动扩展区的产业聚集不断加快，目前汽车产业园、纺织服装产业园、生活家居产业园、建材产业园正逐渐形成。

　　除了起步区和扩展区的硬性基础设施建设以外，泰达合作区还辅助园区开展了柔性服务体制建设，为园区内的企业提供信息咨询服务、运营管理服务、物流管理服务和突发事件应急服务。园区内共有中外方的配套服务机构 72 家，包括苏伊士运河银行、法国兴业银行、中海运公司、韩进物流、阳明海运、苏伊士运河保险公司、广告公司等机构。此外，园区还设有中餐厅和面包房，并增设了健身房、员工俱乐部和图书馆等设施，以丰富入驻企业员工的业余文化生活。泰达合作区致力于建立集生产和生活于一体，高品质高效率综合发展的优质海外投资平台，打造中埃乃至世界的境外经贸合作示范区。

二、合作区管理体制与发展策略

1. 管理体制

（1）股权结构

泰达合作区采取了中埃合资经营、风险共担的"利益捆绑"机制。2008 年 7 月，由天津泰达投资控股有限公司（持股 75％）、天津开发区苏伊士国际合作有限公司（持股 5％）和埃及埃中合营公司（持股 20％）合资组建埃及泰达投资公司，作为合作区项目开发、建设、招商和管理的实施主体。埃及泰达注册资本金 8 000 万美元，中方持股 80％，埃方持股 20％。为加快推动合作区建设步伐，泰达控股与中非发展基金友好合作，并经商务部批准，双方于 2008 年 10 月成立中非泰达投资股份有限公司，注册资本金 4.2 亿元人民币，其中中非发展基金投资 2 400 万美元，并由中非泰达替换泰达控股，成为埃及苏伊士经贸合作区的境内投资主体。[①] 这种合作方式既可以壮大合作区承办企业的资金实力，又可以使中埃双方共同承担经营风险，实现互利共赢（戚洪波，2020）。

（2）运营管理

为了解决园区在建设和运营过程中遇到的诸多风险问题，中埃政府针对合作区搭建了两国商务部门、地方政府、企业之间的"三级磋商机制"（图 18-4），提升沟通效率，方便园区内产业发展，完善园区规则及机制。国家层面，由商务部、天津市人民政府与埃及苏伊士

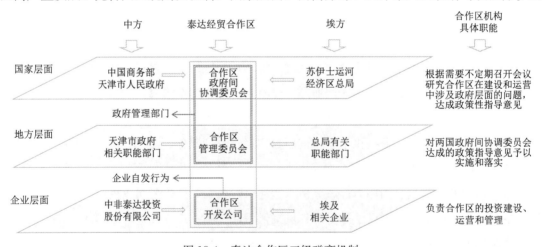

图 18-4   泰达合作区三级磋商机制

资料来源：根据杨剑等（2019）发表的文章绘制而成。

---

① "中国埃及苏伊士经贸合作区：'一带一路'上的新绿洲"，西北大学丝绸之路研究院，https://isrs.nwu.edu.cn/info/1038/1114.htm。

运河经济区总局成立政府间合作委员会，牵头签订有关优惠政策的框架协议；地方层面，由天津市人民政府有关职能部门与埃及苏伊士运河经济区总局有关职能部门成立合作区管理委员会，积极落实顶层关于两国政府间协调委员会达成的政策指导意见，对合作区在建设、管理和运营中的具体问题协商解决措施，并向合作区政府间协调委员会提出建议或报告；企业层面，中非泰达投资股份有限公司与埃及有关企业组成的合资公司作为合作区开发公司，负责合作区的投资建设、运营和管理。从国家、地方政府和企业三个层面进行磋商，意味着双方在法律层面确立了泰达合作区的地位，可以通过该机制推动各级协助解决合作区及其入区企业所面临的困难，保障园区经营的稳步前进与企业的合法权益。

2. 发展策略

（1）推动合作区高质量发展，园区提档升级

为积极落实中埃两国领导人对泰达合作区建设的指示要求，服务国家改革开放大局，深化天津市与埃及经贸合作，积极推动泰达合作区创新升级工作。泰达合作区将继续落实新发展理念，加快推进合作区高质量发展，在"十四五"期间圆满完成提档升级任务，将合作区升级为基础设施完善、生产生活配套服务体系齐全、产业链完整、辐射和带动能力强、可持续发展的绿色现代化工业新城。

（2）打造国际营销服务平台，优化营商环境

当前，合作区的优化工作正在从提升营商环境、加快产业聚集、拓展园区功能、推进双区联动、完善金融服务和促进人文交流六大层面开展。在优化营商环境层面，泰达合作区将高质量完成扩展区工程建设，不断优化配套服务设施建设和软服务，达到国际经贸合作区一流水准。在加速产业聚集层面，合作区将继续加大招商力度，"产业集群""园中园"等招商模式已成型，实现龙头企业及其上下游配套企业在合作区聚集。在拓展园区功能层面，以打造中国二手车和建材在中东北非的贸易和物流集散地和桥头堡为目标，以各业务板块商业模式成型和完成平台打造为核心，积极推进园区职能拓展，提升本区域的吸引力。在推动双区联动层面，利用天津自由贸易试验区的资源和政策优势与泰达合作区的区位优势和发展基础，推动滨海新区与埃及苏伊士运河走廊建立双区联动。在完善园区金融服务方面，推进人民币国际化，拓展融资渠道，创新融资方式。在促进人文交流方面，以合作区为平台加强中埃两国的人文交流，助力埃及培养当地人才。园区加强基础设施和服务配套能力建设，关注企业的同时关注个人发展，从多方面发力共同拓展企业发展空间，为我国境外企业聚集发展提供重要公共服务平台。泰达合作区在六大层面的园区升级工作，有利于加快推进合作区扩大规模、创新升级、实现高质量发展，为企业在后疫情时代求生存和再发展营造具备极强适应性的政商环境，也为我国新发展格局的形成发挥更加积极的作用。

（3）搭建境外园区联合体平台，整合优质资源

中非泰达正积极与多个产业平台资源对接，2021年6月中非泰达应邀成为亚信实业家委员会成员单位并参加会议发言。2021年上半年，中非泰达顺应国家"国内外双循环战略"，应邀与中国-上合组织地方经贸合作示范区一起，探寻国内外园区的联动，助力国家"双循环"战略实施。双方商定从物流、贸易以及产能双向投资等领域实现境内外园区的互动，共同开拓"一带一路"沿线市场。基于此，中非泰达将积极推广"泰达海外模式"，通过咨询及托管方式，助力境外经贸合作区，逐步实现境外产业园区资源整合及优化配置。随着"一带一路"高质量建设及"双循环"战略的推进，中非泰达应邀承接了多家"一带一路"沿线国家产业园区咨询工作，泰达海外模式受到诸多政府与企业的认可。泰达合作区作为"一带一路"上中国方案与智慧的成果结晶，将为更多中国境外园区发展建设提供更加强大的支撑。

第三节　泰达合作区发展模式

一、产城融合的建设模式

产城融合的基本内涵可理解为"以产促城，以城兴产，产城融合"。境外经贸合作区在建设过程中往往只注重产业发展，忽视了城市功能的搭载，从而形成低效率的产城分离形态。产城融合规划理念是解决产业园区中产业结构和功能结构单一、产城脱节等问题的新思路，致力于将生产性和生活性服务有机融入园区的发展中，实现居住与就业的融合，生产功能和生活服务功能的融合，从而建设多元功能复合共生的新型产业园区乃至城市新城（高吉成，2016）。

产城融合的发展理念强调产业与城市互相为对方注入发展活力，产是园区核心竞争力的体现，城是园区生存活力的象征，二者不断牵引互动，促进创新升级，从而实现整个区域的均衡发展。泰达合作区产城融合的建设模式从天津经济技术开发区引入而来。天津开发区在发展过程中由最初完全的产城分离阶段（Meng，2003），到邓小平南巡讲话以及《天津市滨海新区城市总体规划（1994—2010）》提出后，将投资重点转向城市配套设施和工业投资并行（孟广文、杜英杰，2009）的产城初步融合阶段，最终发展为现在的规划更统一、土地和空间资源更集约、基础设施配套与周边区域更和谐的产城融合阶段，天津开发区在一步步实践着产城融合理念。基于天津开发区的建设经验，泰达合作区延续了天津泰达产城融合的路径，经过多年的开发，合作区建成了包括公寓、餐厅、体育馆、健身房、员工俱乐部、图书馆、游乐园等设施在内的综合配套服务中心，丰富了入驻员工的业余文化生活，提升了园区

的商业价值。因此，基于起步区的建设成果，扩展区在建设之初就以"四生一体"（生产、生活、生态、生命）为理念进行园区规划，将四生要素集中在一起，相互依存、相互融合、相互平衡、相互促进，实现产业与城市无缝对接和深度融合，最大限度地满足人们就业、生活、休闲和发展的个性化需要（王红梅，2018）。在规划中，泰达合作区大量应用了可再生新能源设计、节能环保建筑设计、生态自我修复设计，实现环境与人类友好相处。在空间和功能摆放上，尊重产业发展规律和以人为本的核心理念，物流保税与出口加工、高端制造在空间和功能上连为一体，便于第二产业经由2.5产业向第三产业梯次过渡；将现代金融、国际商贸、现代商务、新一代主题游乐园和高端居住形成有机整体，把现代服务业融入邻里、社区和城市的每一个单元，创造出360度和谐、便捷城市生活。由此来看，泰达合作区扩展区不仅是一个重视产出的产业基地，更是一个注重自我发展、自我修复、自我调节的有机生命体。

对境外合作区而言，单纯追求专业产业型合作区的建设，难以实现可持续发展，产城分离的空间链形态注定会被淘汰。近年来，中国海外园区的建设发展更注重与当地城市规划和城市建设发展功能需求相融合，按照新型城市的要求进行园区建设，这将是中国境外产业园区从单纯的工业园区、制造型园区向具有产业支撑的城市发展形态转变（刘佳骏，2019）。产城融合应当是我国境外经贸合作区发展的最高阶段，也是最前沿的趋势。泰达合作区产城融合模式的运用已使一个多元功能的现代化产业新城初现端倪，其建设成效也将为埃及的产城融合发展提供经验和借鉴。

二、多层立体的招商模式

泰达合作区的招商经历了由随机招商到立体招商的转变。在开发初期，因体量不够、知名度小、企业不信任等原因，主要依靠政府搭桥、合作区邀请等方式举办展会、宣介，开展"随机式招商"，以吸引有意愿到海外投资的企业。此时，由于合作区招商可选择的空间较小，被迫引入了一些规模偏小且自身发展水平不高的企业入园，这些企业长期占据合作区资源却不能为合作区带来效益。后续随着合作区各种设施的不断发展以及国际招商竞争的加剧，合作区开始着手建立专业化的立体招商体系，从而减少合作区招商资源的浪费，提升招商效率。

中非泰达的立体招商体系包括内部招商和外部招商两大部分（张凡，2022）。其中，内部招商是由中非泰达内部成立的专业化招商管理团队进行的招商，该团队下属中非泰达产业研究部，主要在内部招商的产业研究、方案规划方面提供后方支持。外部招商为合作区委托代理服务机构进行的招商，在境内负责龙头企业产业链分析、龙头企业上下游配套企业招商等工作；在境外负责旅行接待、投资考察、签证代办、语言培训、翻译咨询等增值服务。此外，中非泰达与埃及使馆经参处、中非发展基金、天津市商务委、天津市外经协会、各行业协会等多方合作，以保障招商信息的来源和渠道畅通。

在具体的招商过程中，泰达合作区坚持以市场需求为导向，从埃及自身优势和产业结构出发，结合中国产能转移、国内劳动力紧缺与劳动力成本上涨、能源的关联度、规避反倾销、辐射欧美市场等 11 个维度对招商产业进行研究，明确具体的优先产业。合作区依据优先产业对招商项目进行遴选，将招商重点放在相关产业的龙头企业及其相关配套企业，选择真正适合园区发展的企业入驻，这样"以点带群"，形成系统、稳定的产业链，实现规模化、集约化的发展。中非泰达在招商工作开展过程中提出了"先龙头、后配套""横向成群、侧向成链"的招商理念，园区逐渐形成集群式产业发展的氛围，为入园企业的快速发展提供了良好环境。

三、以"客户"为中心的服务模式

"给客户家的感觉"是中非泰达企业文化中的服务宗旨，在泰达海外模式金字塔中，位于最顶端的就是客户，客户是企业发展的引导者，满足客户需求也是企业发展的重要目标。

泰达合作区将与自身利益相关的群体都归结为自己的客户，为他们提供优越的服务，使合作区成为一个多方受益的合作体。对于入驻企业来说，海外投资过程中最棘手的是对投资国的政策、法律、办事规则、文化、环境等不熟悉而带来的投资风险。为解决企业疑虑，帮助企业适应东道国环境，泰达合作区秉承"服务是天职、投资者是帝王"的服务宗旨，为入区企业提供"一站式""一条龙"企业配套服务（图 18-5），包括投资服务、职业培训服务、法律咨询服务、涉外手续服务、经营代理服务、物流保税服务等，使入区企业享受便捷、高效的服务，从而尽快在园区扎根、成长、成熟。

除入区企业外，中非泰达将合作区的员工、战略合作伙伴等也视为客户服务群体。对于员工，中非泰达对国内员工实行岗位轮换制，对中方员工进行动态更替，使他们轮流回国休息，以保证其生活和工作质量；给予埃及员工高于合作区外的工资薪酬，以调动当地员工工作的积极性，同时对他们进行定期专业技能培训，并提供相对舒适的工作环境，在管理方面充分尊重当地员工的文化习俗，提升埃方员工的归属感。对于合作区的战略合作伙伴，在项目合作中，中非泰达秉承"让利于合作伙伴"的原则，给予其一定时期的协议排他权，并对合作优秀的合作伙伴给予额外奖励等，以确保合作伙伴能够获得合理收益；注重与合作伙伴共享有益资源，在合作初期，通过向合作伙伴学习提升自身的专业化水平，合作中后期，与合作伙伴共同研究和探讨，促进双方能力的共同提升。

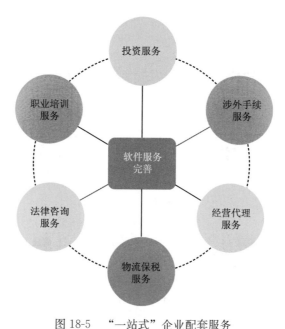

图 18-5　"一站式"企业配套服务

资料来源：泰达合作区，https://www.setc-zone.com/。

2019 年初，中非泰达董事长刘爱民在各个会议上多次强调要"坚持以客户为中心，以客户需求为导向，持续为客户创造价值"，并提出"客户需求是泰达合作区不断提升的动力"的工作原则。通过为客户提供优质的服务，帮助客户更好地成长，促进彼此相互成长，形成一个互利共赢的利益共同体，使泰达合作区的发展更具活力。

四、基于生命周期的盈利模式

海外园区的建设与发展有自己的生命周期，在不同的阶段有不同的盈利模式。从最初的规划起步，到后期的成熟运营，园区的盈利模式从低级阶段叠加或升级，逐步发展到高级阶段盈利模式。基于埃及国情和天津开发区经验的双重考量，中非泰达投资公司在合作区开发建设方法和途径方面，既未采取埃及其他工业区直接出售工业用地的开发方式，也摒弃了中国开发区惯常实行的"资本循环模式"，而是借鉴泰达公司在天津开发区较为成熟的建设、运营与管理经验，探索海外经济特区开发的全生命周期盈利模式（图 18-6）。

在园区规划阶段，战略规划、产业研究、产品研发和建筑规划设计等是泰达合作区的主要任务，根据这些前期的研究工作制订出适合园区发展的最佳方案。在此阶段，泰达合作区并没有形成较为合适的盈利模式，也不追求直接的利润收益，而是通过科学、创新性的研究和规划打造出性价比更高的园区这一"产品"，从而为后期运营的盈利奠定基础。

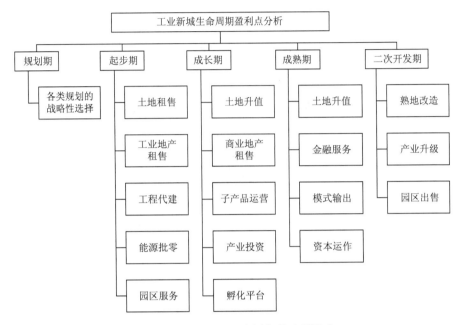

图 18-6　基于园区生命周期的盈利模式

资料来源：综合马霞、宋彩岑（2016）以及田恒睿（2018）的论文内容绘制而成。

在园区起步阶段，泰达合作区开始根据前期的规划进行开发建设工作，完成"三通一平"等基本的生产必备条件以及公寓、写字楼、酒店等工程，从而实现土地的升值。同时，园区的招商工作逐步开展，一些企业陆续入驻，园区内的生产经营活动在这一阶段开始正常运转。在起步阶段，泰达合作区的盈利主要通过土地的开发增值实现，其方式主要有：原有土地的出租出售、工业厂房和仓库的出租出售、承揽入园企业的建筑工程进行工程代建等。

在园区成长阶段，入园企业产生示范效应，合作区的聚集效应也开始显现，企业的数量和经营质量提升，呈现出快速增长与发展的态势，同时企业的各类生产、生活需求也随之增加。为满足企业的需求，园区加快开发建设速度，生产、生活配套类业态开始大量聚集。此时，商业地产的出租出售，餐饮、教育、医疗、酒店等生活配套的建设，以及为集聚产业而承建的商贸、物流、展会和住宅地产的开发等使园区完成土地的又一次升值；同时，物业服务和商业服务体系的建立成为这一阶段泰达合作区新的盈利点。在这一阶段，合作区的运营商能根据自身的实力和战略方向，选择以产业投资的方式获取新的收入；也能以资金或管理等形式入股企业，为小微企业搭建孵化平台，扶持企业成长，在延伸产业链条的同时拓展新的盈利渠道。

在园区成熟阶段，合作区的产业体系基本完备，入园企业基本饱和，生产经营稳定，生产和生活类配套设施完善，并与入园企业的需求相匹配，园区运营整体呈平稳发展的态势。

在成熟阶段，园区在保持原有盈利模式的同时，开始通过金融、资本的运作来发展新的盈利模式，例如通过为园区内企业开展贷款、担保、投资等业务实现资本增值，或将工业园区的土地、房产等通过资产证券化、资产信托等方式进行管理和处理，获得收益。此外，智力输出、BOT 园区承建等也是这一阶段园区拓展盈利点的方式。泰达合作区经过多年深耕提炼出的"泰达海外模式"已为其他境外园区提供了各种研究、规划类的服务（马霞、宋彩岑，2016）。

泰达合作区盈利模式经历了不断摸索的过程，在不断的实践、总结、深化和创新中最终形成基于生命周期的盈利模式。相比于其他模式，泰达合作区更专注于"园区"这个产品，从园区最初的规划，到开发建设、后期的运营管理，其盈利模式中涉及境外经贸合作区的关键共性盈利模式，可为其他类似园区所借鉴或分享，但其他个性化盈利模式则需结合各个经贸合作区的具体条件进行开发。

五、全面系统的风险防控模式

泰达合作区在埃及面临内部和外部双重风险。内部风险包括其自身的战略决策风险、业务经营风险、资源管理风险等。在防控时，泰达合作区首先从制度方面开展防范，推行现代企业管理制度，完善董事会和监事会等公司机构框架，确保战略决策的科学性和内部监督的有效性。其次建立规范的授权体系，对内业务和外包业务都采用逐级合理授权的管理方式，并通过内部监督机制严格管控，做到权利和责任界限清晰、事权对等、程序合法合规。最后，将风险意识融入合作区战略发展、业务经营和管理活动的各个层面，将风险管理纳入全体员工的培训和工作考核中，增强全体员工的风险意识和风险责任感（王颖飞，2017）。

外部风险主要包括东道国的政治风险、法律风险、经济风险、汇率风险、社会风险等。在外部风险防控方面，泰达合作区与有关方开展合作，积极建立和完善风险防范体系，最大限度地保障合作区的安全。2010 年和 2011 年，中国商务部境外经贸合作区办公室先后发布了《关于加强境外经贸合作区风险防范工作有关问题的通知》《合作区风险防控和安全防范的政策依据和基本要求》，成为我国境外经贸合作区进行海外风险防范的基本政策文件。2011 年，埃及发生动乱，经济发展一蹶不振，营商环境急剧恶化，早期入园的中小企业纷纷撤离，大型企业停产歇业，此次动乱对泰达合作区是一次非常大的考验，动乱过后，合作区也总结了一套应对危机和风险的方法。[①]

首先，在组织方面，合作区成立了危机领导小组，由埃及泰达的负责人出任组长，合作

[①] 袁继英："移植'泰达模式'探索境外经贸合作区开发运营管理之道"，http://fangtan.china.com.cn/zhuanti/2014-09/15/content_33513874.htm。

区生产型企业负责人任副组长，当危机发生时，领导小组作为"园区大脑"，负责整个园区的突发状况处理。其次，编制《中埃·泰达苏伊士经贸合作区突发事件应急预案》及相关制度，并印刷成册，分发给区内所有企业，定期组织培训，提高风险防范和安全意识。再次，依据政策文件开展相应的突发事件应对演练，包括撤离路线、车辆安排及后期储备等，做到一旦险情爆发能够科学应对。最后，积极寻求埃及当地的多方力量来保护合作区：一是与当地政府建立良好关系，将合作区纳入政府层面的安全保障工作中；二是与专业安保公司和当地贝都因人合作，为合作区配备安保人员 24 小时巡逻执勤，在合作区员工公寓、酒店、综合投资服务中心等重要地点实施专业安全检查。此外，合作区与中信保联达成政策性合作，通过风险分析和管理，共同创建了"境外经贸合作区企业统一承包"的新保险模式，承保区内企业海外投资因汇兑限制、政治动乱及政府违约等风险造成的损失，进一步完善了苏伊士经贸合作区的风险解决机制。泰达合作区注重风险的全面防控，凭借专业的安全防范系统，在历经埃及两次政治动荡过程中，实现了园区和入驻企业人员、财产双双"零伤害"。

六、可复制的"泰达海外模式"

天津经济技术开发区是国内众多开发区发展的样板，得益于国家优惠政策的引导、外资与先进科技的引进、各国优秀管理经验以及科学技术的学习借鉴，其成功和开发经验逐渐成为其他自由贸易区的典范（Meng and Sachs，2005），泰达海外模式是对天津泰达园区开发建设理念的继承。通过泰达合作区的实践探索，中非泰达公司结合其多年开发区建设及运作的经验，总结了"泰达海外模式"。泰达海外模式包括"金字塔模型"与"飞雁模型"，分别对应园区开发管理及园区可持续性发展。"金字塔模型"涵盖境外合作区开发运营的所有板块内容。"飞雁模型"是在"金字塔模型"的基础上结合区域发展相关要素，以平台生态思维构建的境外合作区可持续性发展模型，由园区身、政策头、产业翼、金融翼和文化尾五大部分组成，涵盖境外合作区由产商住协同进而实现产城融合可持续性发展的关键要素。

1. 泰达海外模式 1.0 版——金字塔模型

泰达海外模式源于天津泰达，通过在埃及不断探索、总结海外经验，形成了最初的金字塔模型（图 18-7）。这一模式分为六个层级，覆盖了海外园区建设全产业链体系。最顶层是客户，即企业发展的引导者。第二层是公司盈利模式和社会责任模式，盈利模式是企业可持续发展的重要支撑，社会责任也是企业发展模式的重要板块。第三层是业务模式，在金字塔中起承上启下的关键作用。第四层是管理模式，管理制度是企业运作的重要环节，只有这些方面的管理高效运行，才能确保泰达海外模式这一巨大金字塔的牢固。金字塔的最后两层分别是公司战略和管理哲学，两者是企业发展的航标灯，引领着泰达海外模式的正确方向。

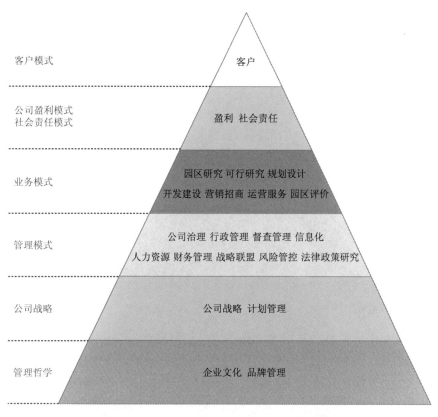

图 18-7　泰达海外模式 1.0 版——金字塔模型

资料来源：泰达合作区，https://www.setc-zone.com/。

2. 泰达海外模式 2.0 版——飞雁模型

随着"一带一路"建设深入实施，推进所在国政府对境外合作区在促进经贸合作、带动经济发展等方面的诉求越来越多。结合合作区发展中普遍面临的难点、痛点，原来的金字塔模型逐步演化出了两翼和一尾，形成了泰达海外模式 2.0 版——飞雁模型①（图 18-8）。

"一头"：园区＋政府、政策，对接"一带一路"倡议之政策沟通。由中国相关政府部门以"一带一路"倡议作为指引，与当地政府顶层对接，建立协调磋商机制，明确合作区的法律地位，从宏观政策到具体事务为境外合作区提供政府服务和沟通渠道，制定扶持政策，从政治和政务层面降低园区和入区企业的风险。

"一身"：园区开发商、运营商，对接"一带一路"倡议之设施联通。以其专业的角度和能力负责国别研究、园区选址、产业定位、产业规划、园区规划、法律建议、开发建设、运

---

① "泰达打造出境外合作区可复制模式"，《国际商报》，http://epaper.comnews.cn/xpaper/news/44/527/2663-1.shtml。

营管理、企业服务等，打造好产能合作对接的平台。

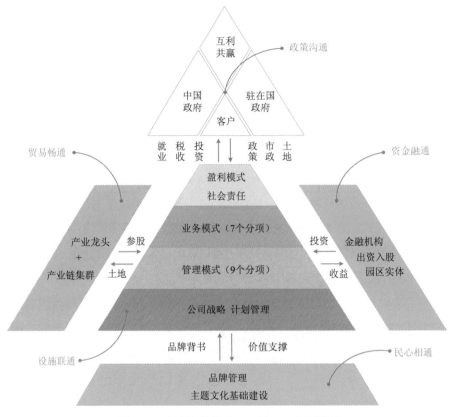

图 18-8　泰达海外模式 2.0 版——飞雁模型

资料来源：泰达合作区，https://www.setc-zone.com/。

　　"两翼"："金融翼"是园区＋金融机构、服务机构，对接"一带一路"倡议之资金融通，主要在园区的资金投入上与专业基金叠加，解决园区融资难问题。"产业翼"是园区＋产业联盟、配套联盟，对接"一带一路"倡议之贸易畅通。园区的招商与服务构建"双循环"叠加，与中国各产业龙头、产业联盟及各配套企业联盟进行合作。根据国家产能合作规划实现园区的集群式招商，有针对性、有目标地打造专业化的园区，一方面为中国产能转移提供平台，另一方面促进园区集群式招商，加快园区的开发建设步伐。

　　"一尾"：园区＋文化，对接"一带一路"建设之民心相通。以园区为载体和平台，融合文化交流、民间交流、公益交流等内容，与鲁班工坊、孔子学院、国内的技工教育等进行结合，传播中国文化，开展技能培训。境外产业园区是公益和慈善的平台，承担社会责任，把产业园区建成中埃两国文化交流的阵地、民心相通的绿洲。

　　"泰达海外模式"引领下的泰达合作区是我国现有的境外经贸合作区中产业链条完整、

产业集群效应显著的典型案例，值得其他境外经贸合作区学习借鉴。2015 年以来，泰达集团已陆续承接了招商局吉布提项目、尼日利亚莱基项目、中信缅甸皎漂港项目和中国路桥肯尼亚蒙巴萨自贸区咨询项目，为其提供各种咨询服务，成功实现了泰达海外模式的"走出去"。2021 年，中非泰达正式接手并启动了中沙泰达园项目，泰达集团将运用"泰达模式"以及园区综合运营的成功经验，在资本融合、管理模式、服务配套等方面提供投资指引服务及园区运营服务，为入园企业在园区的投资发展保驾护航。此外，中非泰达还与上合组织、亚信组织等国际合作组织开展了深度对接与合作，不断输出园区模式。未来，这一平台将承载更多的中外企业，利用模式合作出海，促进世界经济一体化和全球贸易自由化的进程，造福"一带一路"沿线国家，带动全球各个地区经济的平衡发展。

第四节　泰达合作区对当地的影响

一、经济影响

经过多年的发展，泰达合作区已成为埃及园区建设的领航者，园区每年吸引中国投资占中国对埃及投资额的七成以上。在泰达合作区的助力下，从 2012 年开始，中国超越美国成为埃及第一大贸易伙伴和第一大进口来源国。泰达合作区占地面积 7.34 平方千米，仅占埃及国土总面积的 0.00073%，却为当地带来了良好的经济效益。自建成以来，合作区有力地推动了埃及进出口贸易的增长，合作区进出口总额占埃及国家进出口总额的比例从 2011 年的 0.037% 增至 2020 年的 0.667%（图 18-9），增长了 17 倍，尤其在"一带一路"

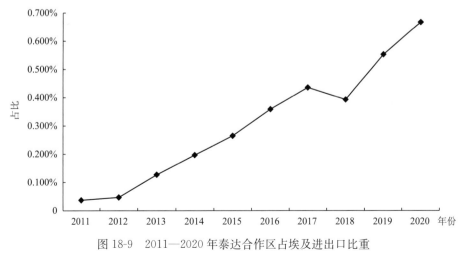

图 18-9　2011—2020 年泰达合作区占埃及进出口比重

倡议提出并实施以后，这一比例增加得更为明显，对埃及出口加工贸易产生了积极的拉动作用。同时进出口贸易的增长保障了合作区强劲的创收能力，截至 2021 年底，泰达合作区为埃及创造税收超 1.9 亿美元，累计产值超 26 亿美元，其运营发展取得了一定的经济效益（表 18-6）。

表 18-6　2011—2020 年泰达合作区与埃及的年度进出口总额

指标	2011 年	2012 年	2013 年	2014 年	2015 年	2016 年	2017 年	2018 年	2019 年	2020 年
合作区（万美元）	3 446	4 540	12 093	19 910	24 048	28 835	40 176	43 412	60 293	58 081
埃及（百万美元）	93 685	96 809	95 000	100 955	90 908	80 500	92 200	110 400	109 100	87 100

资料来源：中非泰达内部资料，商务部国别（地区）指南。

此外，泰达合作区为埃及带来经济效益的同时，也提升了埃及相关产业的技术水平。如由埃及石油部与中国四川宏华公司投资合作生产出的石油钻井设备，不仅提升了埃及石油机械工业水平，还填补了整个中东和非洲地区的市场空白；又如巨石埃及玻纤公司，作为一家高技术现代化企业，巨石不仅在就业、税收等方面贡献突出，而且使当地对"中国制造"有了全新的认识，更填补了北非地区玻璃纤维生产的空白，让埃及一跃成为世界第三大、非洲第一大玻璃纤维生产国。

然而需要指出的是，虽然合作区的核心产业已经建立，但是国际市场订单数量不足，且主要产品如机电设备和纺织品在埃及国内的占有率也较低。同时在技术转让方面，合作区的技术转让较为随机、零散和不成系统，对于增强埃及整体的自主创新能力并提升其工业化智能制造水平方面较为薄弱。

二、社会影响

泰达合作区在实现经济效益的同时，社会效益也逐渐显现。在就业方面，合作区帮助缓解就业压力、提升当地劳动力的收入水平以及技能与素质。埃及 2003 年颁布的《统一劳动法》中有关聘用外国员工比例的规定，雇佣中埃员工的比例为 1∶9，同样 2017 年颁布的《投资法》及其实施细则也规定，投资项目中，外籍员工比例不超过员工总数的 10%。因此，泰达合作区从中国聘请了数量有限的管理人员以及技术人员，其余合作区员工则从当地雇佣。埃方就业人数从 2011 年的 675 人增长到 2021 年的 3 903 人，工资收入由 1 495 美元增长至 6 887 美元（表 18-7），这对缓解埃及当地的就业压力和增加居民收入起到了一定积极作用。同时，泰达合作区还十分重视人才属地化建设。合作区建立了泰达学堂致力于人才专业化、队伍属地化培养，还经常举办各种培训，并组织埃方优秀员工、管理者来华参观学习，通过直观体验提升本土员工的管理水平，增强服务理念，这极大地提高了埃方员工的技能与素质。截至 2021 年底，合作区员工属地化率超 90％，中高层管理人员属地化率达 80％以上（图 18-10）。

表 18-7　2011—2021 年泰达合作区埃方人员就业情况

指标	2011 年	2012 年	2013 年	2014 年	2015 年	2016 年	2017 年	2018 年	2019 年	2020 年	2021 年
合作区就业人数（人）	711	1 227	1 565	1 945	2 034	2 324	3 546	3 607	3 793	3 726	4 214
埃方就业人数（人）	675	1 052	1 316	1 741	1 806	2 199	3 360	3 268	3 559	3 540	3 903
埃方人员报酬（美元）	1 495	1 510	1 600	2 991	4 900	3 675	4 523	5 653	6 232	6 536	6 887

资料来源：中非泰达内部资料。

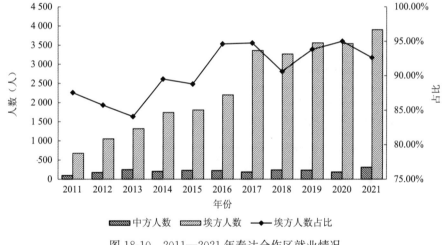

图 18-10　2011—2021 年泰达合作区就业情况

在公益方面，泰达合作区积极参与当地公益活动，捐助兴建清真寺，为当地学校购置教学设施，捐赠助学基金，赞助孤儿福利院等。2016 年 1 月，标志着埃及泰达的公益行动走向规模化和稳定化的"泰达公益基金"正式启动，其首次捐赠公益善款为 20 万埃镑，捐赠给马赫迪·雅库巴心脏救治基金会，用于救助埃及心脏病患儿。同年斋月期间，泰达合作区与其他机构共同举办了"斋月献爱心"社会公益慈善活动，为泰达合作区内的蓝领工人分发斋饭，也向埃及孤儿发放斋月礼品。2017 年，合作区组织员工访问了一家完全依靠社会捐助维持运转埃及儿童医院，员工们为患儿们购买了礼物，并自发捐款以帮助孩子们早日康复。泰达合作区用行动诠释着"成就他人，成就自己，奉献世界"的企业观，其公益之举展现出了强烈的社会责任感。①

三、文化影响

合作区在发展过程中需要与当地进行文化交流，促进文化融合，从而增加彼此的理解与信任。泰达合作区在中心地段修建了埃及第一个亲子乐园，即泰达欢乐谷（TEDA Fun Valley），并划分为不同的主题，如侏罗纪公园、空间站、水上乐园等。在埃及当地网络媒体看来，泰达主题乐园将西方娱乐方式与中国文化结合到一起，丰富了当地居民的文娱生活，使沙漠中的园区成为苏伊士省城的旅游休闲目的地。泰达合作区是实现中埃两国文化交流、民心相通的重要载体。每年泰达合作区都会与中国驻埃及大使馆联合举办风筝节、中国脸谱、杂技表演、美食节等多种方式的文化活动，为当地居民带来丰富文化盛宴，也让埃及员工更加了解中国，认可企业文化，促进中埃文化交流与融合。此外，泰达合作区成立了孔子学院培训中心，面向合作区企业，为埃及员工开展公共汉语、专业汉语和中国文化培训等。同时与埃及当地的苏伊士运河大学合作，对埃及学生进行汉语培训，并为学习汉语的学生提供在园区内的实习和就业机会，传播了中国文化，加深了中、埃文化交流，使双方人员的关系更加密切，促进了中埃友谊发展。泰达合作区作为开罗文化中心指定的"中国文化之家"合作单位，将在"一带一路"倡议指导下，一如既往致力于中国文化传播，发挥中埃两国人民文化融合、民心相通的平台作用。

四、生态环境影响

境外经贸合作区不仅是推动东道国贸易和经济增长的引擎，而且在促进经济、环境和社会的可持续性发展和助力东道国实现可持续发展目标方面具有潜力。环境问题一直是中国境外经贸合作区建设的关注重点。2019 年《中国"一带一路"境外经贸合作区助力可持续发展报告》显示，86％的中国境外经贸合作区有专职专业人员或团队负责环境方面的工作，92％的合作区采取了一定措施以减少对生物多样性的影响。② 埃及比较注重环境保护，作为一个发展中国家，其工业污染较少，生活污染较多。根据埃及环境保护法律规定，生产性企业在获得生产许可证前应进行环境影响评估，对企业生产中产生的污染进行治理，只有治理

---

① "境外园区秘籍：泰达海外模式之社会责任"，依米带路网，https://baijiahao.baidu.com/s? id＝16093723528861939976&. wfr＝spider&for＝pc.

② "境外合作区如何助力'一带一路'来看联合国这份报告的结论"，中国一带一路网，https://www.yidaiyilu. gov.cn/ghsl/hwksl/92767.htm. 2019-06-04。

符合标准后才能排放。埃及居民对工业污染非常敏感，投资污染性较大的行业，不仅要了解当地环保及生态标准，做好预防及治理污染措施，还要与当地居民进行沟通。埃及曾经发生因化肥厂污染，受到居民强烈反对而中止建设的案例。因此，泰达合作区十分注重园区的绿色发展。2021年10月，中非泰达投资股份有限公司受邀参加国家发展改革委举办的"一带一路"绿色典型项目研讨会，并分享了合作区绿色化发展经验。泰达合作区在推进绿色基础设施建设、优化绿色产业投资等方面取得的成效，赢得了与会嘉宾的认可。

绿色产业投资方面。首先，在招商引资过程中，泰达合作区将绿色环保作为准入门槛之一，优先引进低碳环保、环境友好型企业，并协助入驻企业与埃及环评机构对接标准，避免埃及走"先污染，后治理"的老路。例如，2019年首家环保型造纸类港企——鸿海浆纸入驻泰达合作区，作为再生资源产业，该项目的落地有利于促进泰达合作区的可持续发展，也适应了全球日益重视环保的时代要求。2022年7月，天津东疆综保区与泰达合作区双区联动，首批新能源出口车源顺利完成车辆转移、环保检测及海关通关等相关程序，运往泰达合作区。新能源汽车出口不仅是激发我国汽车市场活力，腾出国内新车及新能源车市场空间，促进汽车产业健康发展的重要途径，而且其节能环保特性对埃及当地环境的健康发展也具有重大意义。其次，企业入驻后，区内企业的环境治理工程，均与其生产装置同时设计、同时施工、同时建成投产，例如降低水电气热消耗、加强固体废物的污染防治等，自企业落地之初就需着手谋划。

绿色基础设施建设方面。首先，在开发与设计理念上，泰达合作区始终坚持建设绿色生态的产业园区理念，致力于打造"生产、生活、生态、生命"四生一体的国际产业新城。其中，生态是指改造和适应，通过培育室内外生态环境，形成人与环境的高度融合、共生，而"生态＋生命"则是为生态环境注入生命力。四生一体理念让合作区建筑风格和生产、生活系统与所处环境进行融合的同时，也让生命元素贯穿于整个合作区建设运营过程。其次，在理念的实践上，一方面，泰达合作区内部建立了适合埃及沙漠环境的独特的生态系统，通过植入风道、客土种植、绿色建筑、水循环、清洁能源等技术手段的应用，使合作区与区外沙漠环境相互对比也彼此映衬，而再生水回用加工业艺术化造景真正实现了园区生态的特色化与本土化。另一方面，园区外部建立了占地1.5万平方米的泰达苗圃公园，园区景观优美、绿草如茵，一定程度上提高了园区整体的绿化率。为积极推动当地的绿色低碳可持续发展，在泰达合作区扩展区一期2平方千米项目内的主干道全部安装了"风能＋太阳能"路灯。其中，太阳能路灯以太阳能光电转换提供电能，无污染、无噪声、无辐射、绿色环保、安装简便，为园区基础设施的建设带来明显可利用的优势，使泰达合作区成为埃及第一座大规模使用绿色能源路灯的园区。同时，埃及政府在泰达合作区投资建立了污水处理厂项目，该项目是专为园区内企业提供污水处理的配套设施，也是埃及苏伊士运河特区管理总局落实塞西总统要求执行的基础设施和公用事业项目之一。项目于 2019 年 5 月启建，共分三期建设，第一期污水处理能力为 10 000 吨/天，全部建成后，三期合计处理能力 35 000 吨/天，届时能有效保护当地水环境。泰达集团正积极探索"海水淡化"和"沙漠绿化"的属地化商业应用，力图让低碳可持续发展理念和中国优秀企业为埃及当地的绿色发展提供帮助。

此外，泰达合作区还致力于在社会活动中践行低碳环保理念。为传播"节能"自行车的低碳文化，传递"激情"泰达的企业理念，合作区举办了泰达自行车赛事，让参赛者身体力行体验低碳出行新风尚，感受泰达激情拼搏的文化理念，在酣畅淋漓的竞赛同时，尽享泰达合作区"沙漠绿洲"的魅力。

泰达合作区在生态环保方面的举措不仅符合"一带一路"倡议为沿线国家的可持续发展做出贡献的愿景，而且还符合中国政府对合作区和海外企业的总体要求。然而由于合作区所处干旱的沙漠环境以及当地有关能源资源的缺乏，能源的梯级利用、水资源的循环利用、废物的交换利用、土地的节约集约利用等节能环保措施仍是泰达合作区未来的关注重点。

第五节　结论与启示

一、合作区发展的问题与建议

1. 问题与挑战

营商环境较差，制约了泰达合作区的发展。一是埃及政府机构办事效率不高，缺乏合作与服务的理念，存在相互推诿的现象，导致入园企业注册、建设等手续流程烦琐，耗时费力，为泰达投资公司的运营带来不便。二是埃及法律政策不完善、不稳定，不少税费政策随时调整，影响了泰达合作区入区企业以及自营业务。2002 年，埃及政府颁布的《83 号特区法》和与之相配套的《实施条例》以及 2014 年贸工部颁布的摩托车整车进口禁令的相关内容冲突，该国海关总署无法选择具体的执行标准，造成入区企业（如大运摩托）的产品无法在埃及当地市场销售。三是薄弱的基础和配套设施影响了泰达合作区的招商引资。截至 2020 年，扩展区一期电力供给尚存在缺口，二期项目能源设施建设更无任何举措。同时，泰达合作区周边公共交通、学校、医院、警察局等公共市政和社会服务配套设施缺失，给区内企业的生产生活带来不便（范平平、陈明，2020）。

开发资金短缺，掣肘了合作区的提档升级。合作区的基础设施开发和前期建设投资巨大，运营商对资金的需求量大，面临着资金短缺、融资渠道不足等问题（杨剑等，2019）。泰达经贸合作区在起步区的开发中已投资 1.42 亿美元；扩展区已投入 8 972 万美元，尚处于基础设施开发阶段。虽然合作区建成后有大量固定资产，但是这些资产在海外难以抵押获得国内金融机构的贷款。海外资产风险较大，对固定资产的灵活处理和使用受到限制，国内金融机构较少接受企业的海外资产抵押，融资渠道有限。泰达合作区是中国商务部认定的国家级境外经贸合作区，中央财政虽对合作区的公共基础设施建设给予30％的补贴，但补贴数额与合作区的建设需要相差甚远（戚洪波，2020）。总之，土地销售分期回款、境内外金融机构融资条件严苛、境外资产无法盘活、海外疫情影响经营等多种因素，造成泰达合作区的现金流紧张。

新冠疫情反复，加大了泰达合作区的经营风险。由于海外新冠疫情反弹，泰达合作区防疫难度大，经营受到一定程度波及。一是由于泰达合作区人员较多，存在聚集性风险，疫情防控呈常态化高压态势；二是由于航班熔断机制、回国各项检测及隔离成本导致意向客户对投资持观望情绪，纷纷推迟赴埃计划；三是海运、物流成本急剧增加，当地市场需求萎靡，导致入区企业生产经营受到较大影响。

2. 对策建议

启动政府间磋商机制。在埃及新冠疫情较为严重的情况下，建议在中埃两国经贸混委会框架下通过视频会的形式召开第一层级的政府间协调委员会，启动政府间的磋商机制，共同商议合作区营商环境改善的问题。

获得我国政府的政策和资源支持。境外经贸合作区是我国重大战略实施的跨境平台，需要获得从中央到地方长期、系统的政策支持。当前合作区最为迫切的是获得政府间接性的优惠政策、适度的政策倾斜以及协助接洽投资方。一是恢复或尽快出台新的对于境外经贸合作区的支持政策。建议协调针对发展情况较好、有能力"升级迭代"的境外重点合作区给予贷款贴息补助、境外展览、招商奖励等间接性优惠政策支持；成立相关园区开发基金及产业投资基金，以资本金形式注入企业，通过股权投资整合和撬动信贷资金的投入，增强企业综合竞争力。二是政府政策及资源向高质量发展合作区适度倾斜。援外、"两优"贷款等资源能向泰达合作的基础设施和公共服务适度倾斜；适当放宽境外投资项目类型的限制，允许合作区内投资资金回笼快、回报高的配套性住宅等项目。三是协调对接投资方，增加园区开发企业的竞争力。协调园区开发企业与政策性基金以及有意于"一带一路"布局的央企等接洽，推荐有实力的战略投资人参与企业混合所有制改革。

加大常态化疫情防控资金支持，改善医疗条件。建议针对海外重点园区疫情防控物资采购、园区诊所或医院建设、核酸检测等常态化疫情防控予以资金支持，协调派驻专业的医疗团队，保证中方人员得到及时有效的治疗。

二、合作区发展经验启示

泰达合作区案例表明，我国与"一带一路"沿线国家在政治体制、经济发展水平、社会文化习俗等方面存在巨大差异，使得中国境外经贸合作区在嵌入东道国时出现"水土不服"的窘境，产生制度和文化的冲突。为此，合作区无论在政策还是文化上都要调整并适应东道国新的环境，以确保投资经营的顺利开展。

1. 泰达合作区的成功部分受益于灵活的政策移动

政策是在特定的社会、政治、经济和文化条件下制定出来的，有其特定的培育"土壤"，而且各国的软硬环境各不相同，这些特定的条件并不能完全复制或重现，因而无法提供一个普遍适用的政策模板。任何组织、国家和地区的政策都不是一成不变的，在借鉴成功的政策时需要根据不同的"土壤"做出适当的调整（王淑芳等，2022b）。泰达合作区的政策移动包括了政策移植、政策调试和政策创新（图 18-11）。其中，规划建设经验、人才政策和环保政策等不受地域限制，实施难度小，直接进行了政策移植；发展模式和文化政策受国家经济环境、产业环境与文化环境影响较大，因而依据埃及的发展条件与文化背景进行了政策调试；晋升、法律和优惠政策的制定则进行了政策创新。

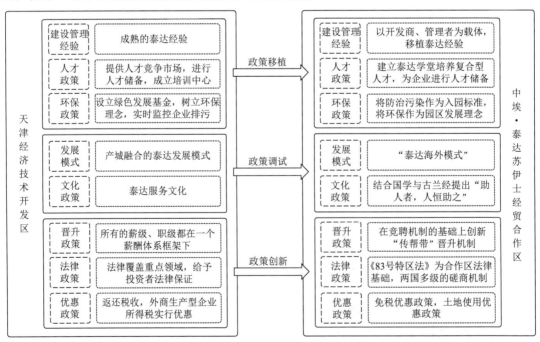

图 18-11　天津经济技术开发区和泰达合作区之间的政策移动

2. 泰达合作区独创了"新泰达文化"

泰达合作区遵循求同尊异、创新融合的理念，通过技术引领、行动示范、联合培训、机制调试、企业精神理念重塑等举措，创新出独具特色的"新泰达文化"，为合作区注入了新的灵魂，推动了其适应当地文化土壤的步伐（图 18-12）。在物质文化适应性方面，泰达合作区的建筑外观和标识采用中、埃两种元素；园区规划遵循国际化工业园区的标准，形成产业与生活兼备的现代化新城；工作环境上，注重引进中国特色的生态理念和先进技术。在行为文化方面，合作区以强大的执行力发挥了示范作用，成立了联合培训中心，开展文化交流活动。在制度文化方面，建立薪酬体系、竞聘机制、"传帮带"机制和三级磋商机制。在精神文化方面，创建"新泰达文化"，践行社会责任，契合中埃双方战略利益。

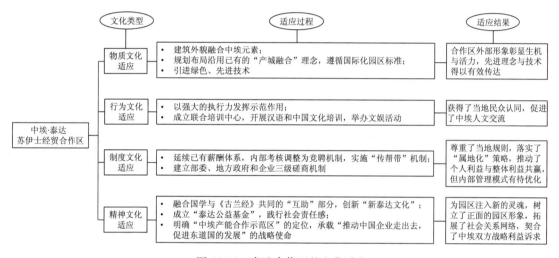

图 18-12　泰达合作区的文化适应

3. 泰达合作区的可持续发展是一个不断探索、优化的过程

泰达合作区的可持续发展主要体现在先进的规划设计理念、发展模式的演化升级以及开放与共享的发展经验这三个方面。先进的规划设计理念是园区可持续发展的前提。依据荒漠戈壁的现实外部环境，泰达合作区用改革创新理念统筹策划合作区，用节能减排增效、循环经济绿色环保理念布局生产园区，用人文自然和谐理念规划建设生产、生活合一的新城市，产城融合、"四生一体"等先进理念的引入使泰达合作区，使其不再是冰冷的工业制造区，而是彰显生机与活力的沙漠新绿洲。

海外园区的发展以国内为依托，并在此基础上不断精进和演化。正如中非泰达董事长刘爱民所说："园区是一个具有明显生命特征，不断随着环境变化而自我调整和演进的生命体。"首先，园区有其自身的生命周期，从最初的起步，到成长、成熟甚至衰落阶段，不同阶段有不同的建设与运营模式，其发展是一个不断探索、优化的过程，泰达合作区开发的全生命周期盈利模式则是一个有力印证。其次，同一发展模式在不同历史时期，不同国家和地区是需要与时俱进、不断完善的。依托于天津泰达，发起于埃及，逐步走向成熟的泰达海外模式所经历的八年探索与提炼则验证了这一演化过程。2007—2021 年，泰达经历了从"开发商和管理商"演进成一个现代化新城的"开发运营商＋模式输出商"的角色，合作区也从一个典型的工业园逐渐变成了一个现代化新城。

开放与共享的发展经验是海外园区可持续发展的秘籍。当前我国开发区模式正走出国门，呈现出抱团出行、聚集效应、带动区域发展等特点，受到越来越多友好国家的重视，推动中国开发区模式输出成为落实"一带一路"构想的有效工具之一。泰达合作区从前期投资硬输出到后期运营软输出，是一个输出与分享的过程，当前主要以"投资开发建设"的硬输出为主。随着由 30 年的国内经验和十年海外经验凝练而成的"可复制的泰达海外模式"的提出与实践，泰达合作区在经验、技术、建园理念、思路、方案、设计、园区招商及建成后运营管理等方面的软输出也更加凸显。软输出的模式是泰达合作区价值链由低端走向高端跃迁的必由之路。泰达合作区文化的核心是"助人者，人恒助之"，泰达始终用实际行动证明其开放、互助精神，与走出海外的企业与园区携手共赢，共同助推"一带一路"高质量发展。

三、理论探讨

海外投资项目的地域嵌入程度越高、"破坏性"越大，就越要重视制度和文化差异，而境外经贸合作区是"地域嵌入程度居中"和"'破坏性'有时较大"的项目，因此制度与文化对其高质量持续发展有重要影响（刘卫东、姚秋蕙，2020）。"一带一路"沿线国家在语言、宗教和习俗上存在较大差异，易引发冲突，抑制合作的动力和意愿。合作区不管在组织模式还是人员管理方面，均需要积极适应东道国制度和文化环境。

1. 政策移动是一个"脱嵌"和"重嵌"的过程，需要根据政策类型灵活嵌入

合作区的政策移动包括政策移植、政策调试和政策创新（图 18-13）。政策移植是指将某一政策从一个园区直接移植到另一个园区进行使用。境外园区建设的过程中，国内园区政策背后的理念、实践经验等适用性较强，对"土壤"的要求不高，而不同的"土壤"对这些政策兼容性也较强，因此可以直接移植到境外经贸合作区中，帮助园区少走弯路，促进园区健康发展。政策调试是指为适应新"土壤"在政策移植的基础上对政策进行调整，以适应东道国整体的环境差异。政策的移动是社会、政治、文化等在空间上的交叉，受到区域本身的属性、区域上的组织以及区域之间关系等因素的影响（McCann and Ward，2012）。因此，一些政策受到地区与国别影响较大，在移动过程中要考虑到政策产生的"土壤"与政策即将

生存"土壤"间的关系与差异而做出适当调试。政策创新是指移植过来的政策进行调试后，仍不能适应新"土壤"，因此政策的具体内容与理念内涵需要创新。由于合作区建设在国外，与国内的园区本身就存在开发建设环境、管理运营背景上的差异。因此，在移动过来的政策框架下需要根据东道国具体的政治、经济和文化对部分政策进行创新（王淑芳等，2022b）。

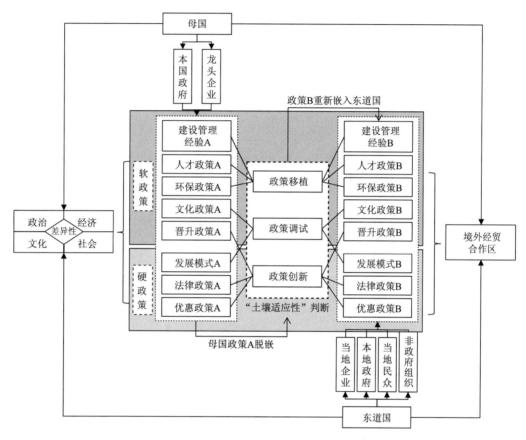

图 18-13　境外经贸合作区发展中的政策移动

2. 文化适应是一个博采众长的过程，需要找到文化契合点

合作区的文化适应需要与当地的文化交流、文化融合和公益文化相结合，扩大其在当地的影响力。根据文化层次理论，文化可分为物质文化、行为文化、制度文化和精神文化。在境外经贸合作区中，物质文化涉及设施设备、建筑、布局和生产生活环境等；行为文化表现为经营、管理、培训及开展活动时以行为形态展现出来的文化现象；制度文化体现在领导体制、组织机构和管理制度等方面；精神文化包含园区价值观念、经营哲学、企业精神、道德规范及追求的目标、愿景和使命等（王淑芳等，2022a）。四类文化有各自的属性与特征，不同类别的文化差异产生的文化冲突程度不同。随着全球一体化的发展，产品、服务、厂房设

施设备等越来越趋于国际化标准，物质文化差异在某种程度上呈逐渐减小的态势，由此引发的冲突相对较低；而宗教信仰、价值观等层次较深、根深蒂固的精神文化给合作区带来的困扰和冲击则较为剧烈。因此，合作区的文化适应不能一概而论，需要首先识别文化类型，然后明确各类文化的属性与特征，最后选择恰当的文化适应路径与方式（图18-14）。物质文化入乡随俗的同时要与时俱进，与国际化同步；行为文化可塑性强，可通过言传身教得到相互认同；制度文化有长期定向性，需在原有制度体系上做调整、补充和创新；精神文化有刚性特征，需寻找共性，利用双方的契合点进行调试与创新。合作区在四类文化方面的有效适应，可凝聚成推动其嵌入东道国"土壤"的文化合力，并转换成其持续发展的后续动力，以实现境外园区的高质量发展。

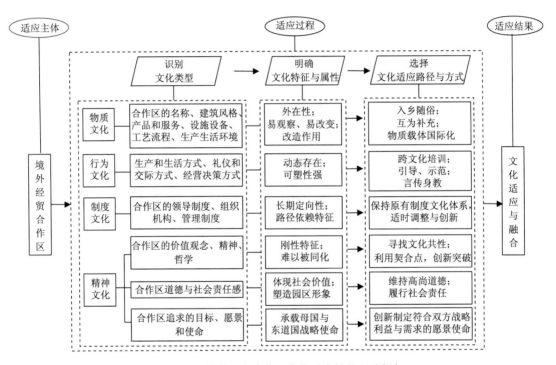

图18-14　境外经贸合作区文化适应性的理论框架

参 考 文 献

Meng，G. W.，Sachs，K. Achievements and problems of modern free economic zones of TEDA. *Die Erde*，*Germany*，2005，136（3）：217-244.

Meng，G. W. *The Theory and Practice of Free Economic Zones*：*A Case Study of Tianjin*，P. R. *China*. Peter Lang，2003.

McCann，E.，Ward，K. Policy assemblages，mobilities and mutations：toward a multidisciplinary conversation. *Political Studies Review*，2012，10（3）：325-332.

范平平、陈明："中国境外经贸合作区存在的问题与对策建议——以中埃泰达苏伊士经贸合作区为例",《对外经贸实务》,2020 年第 6 期。

高吉成："基于产城融合的产业园区发展路径研究"（硕士论文）,西北大学,2016 年。

杰瓦顿丁："悠久的历史 伟大的文明——走进阿拉伯埃及共和国",《中国穆斯林》,2009 年第 4 期。

刘佳骏："'一带一路'沿线中国海外园区开放发展趋势与政策建议",《发展研究》,2019 年第 8 期。

刘卫东、姚秋蕙："'一带一路'建设模式研究——基于制度与文化视角",《地理学报》,2020 年第 6 期。

马霞、宋彩岑："中国埃及苏伊士经贸合作区：'一带一路'上的新绿洲",《西亚非洲》,2016 年第 2 期。

孟广文、杜英杰："天津滨海新区建设成就与发展前景",《经济地理》,2009 年第 2 期。

戚洪波："中非工业园区合作的得失与影响研究"（硕士论文）,南京大学,2020 年。

佘莉："中埃苏伊士经贸合作区：背景、成效、发展机遇",《国际经济合作》,2018 年第 7 期。

田恒睿："经贸合作区模式下中国企业海外投资风险管理研究"（硕士论文）,天津财经大学,2018 年。

王红梅："中埃·泰达苏伊士经贸合作区产城融合发展路径研究"（硕士论文）,天津师范大学,2018 年。

王淑芳、陈蒙、刘玉立等："中国境外经贸合作区的文化适应性研究——以中埃·泰达苏伊士经贸合作区为例",《人文地理》,2022a 年第 4 期。

王淑芳、闫语欣、孟广文："中国境外经贸合作区的政策移动研究——以天津经济技术开发区和中埃·泰达苏伊士经贸合作区为例",《地理科学》,2022b 年第 7 期。

王颖飞："'一带一路'战略下我国境外经贸合作区发展研究"（硕士论文）,辽宁大学,2017 年。

杨佳琪："埃及天然气枢纽建设",《国际研究参考》,2021 年第 7 期。

杨剑、祁欣、褚晓："中国境外经贸合作区发展现状、问题与建议——以中埃泰达苏伊士经贸合作区为例",《国际经济合作》,2019 年第 1 期。

张凡："中埃·泰达苏伊士经贸合作区：着眼全生命周期 打造海外园区建设运营范本",《中国贸易报》,2022 年 2 月 10 日第 4 版。

第十九章　中韩（盐城）产业园[①]

摘　要

作为中韩两国领导人亲自倡议和推动的重点合作项目，中韩（盐城）产业园是"一带一路"框架下中韩产业园"两国双园"建设模式的组成部分，成为深化中韩经贸合作、共建"一带一路"的空间载体。推动中韩（盐城）产业园建设既顺应了中韩经贸合作发展新趋势，也有助于构建两国更高层次、更宽领域合作新平台，将在更大范围促进要素流动和优化配置，探索区域经济合作新模式，为推进东亚经济合作、促进产业链供应链稳定安全发挥积极作用。

五年以来，中韩（盐城）产业园建设成效明显，已形成汽车、新能源装备、电子信息三大主导产业。以东风悦达起亚公司为龙头，产业园内集聚了韩国摩比斯、美国德纳、法国佛吉亚等400多家企业，建成开放了江苏新能源汽车研究院、中汽中心试验场、华人运通全球首条"智路"等产业载体，形成了围绕汽车产业、配套一批零配件和相关上下游产业链的产业集群，初步构建了产业链供应链联动发展体系，全面提升了盐城市对外开放合作水平，有力带动了盐城市外贸外资和地方经济发展，社会经济效益显著。同时，中韩（盐城）产业园也为入园韩资企业提供了跨国发展平台，增强了韩资企业产品的国际竞争力，提升了韩资企业在全球产业链的分工地位，深化了中韩在重点产业链上的合作广度和深度，为维护全球产业链供应链稳定畅通、探索区域经济合作新模式提供了更多可能性和潜在路径。

在深度全球化的今天，新国际产业分工塑造出具有高度复杂性、交互性和嵌套性的全球价值链和生产网络体系。本研究认为：中韩（盐城）产业园通过中韩"两国双园"建设模式，为园区内外资企业"遮风避雨""排忧解难"，助力园区内企业安心生产经营，为入园企业提供产业链配套体系和跨国发展平台，特别在当前国际政治经济充满不确定性等背景下，

---

① 本章作者：陈伟、Jaecheon Lee、刘卫东。

为带动区域发展、促进中韩合作、共建"一带一路"提供重要平台和抓手。面对国际环境风云变幻，中韩（盐城）产业园犹如在多方共同呵护下不断成长的"温育室"（Incubator in Production），通过多尺度耦合和空间孵化嵌入到全球经济和生产网络体系中，成为应对全球性挑战、升级经贸合作方式、开拓国际合作新模式的重要尝试，在维护全球产业链供应链网络体系中起到了"稳定器"的作用。

第一节　中韩产业园与共建"一带一路"

一、韩国概况

1. 政治制度

韩国，全称为大韩民国，面积 10.329 万平方千米，位于亚洲大陆东北部，朝鲜半岛南端。陆地边界约 250 千米，北与朝鲜接壤，西与中国隔海相望，东部和东南部与日本隔海相望，海岸线长约 5 259 千米，是三面临海的半岛国家。

1948 年，大韩民国在朝鲜半岛南部建立，实行民主共和制。总统享有国家元首、政府首脑和武装力量总司令的权力，由国民直接选举产生，任期 5 年。政府设 18 部、5 处、18 厅，总统兼任政府首脑，国务总理辅助总统工作，主要行政部门包括企划财政部、教育部、科学技术信息通信部、外交部等。国会是立法机构，主要职能包括审议各项法案、审议国家预决算、监察政府工作、批准对外条约等，共有 300 议席，议员任期 4 年。司法权由大法院和大检察厅掌握，大法院是最高审判机关，院长由总统任命，须征得国会同意，任期 6 年，不得连任；大检察厅是最高检察机关，检察总长由总统任命，无须国会同意。韩国的主要政党包括共同民主党、国民力量党、正未来党、民主和平党、正义党等，上述党派占据国会 95% 的席位，拥有主要法案的协商权、国会主要日程磋商权和相关国会专门委员会委员长人选提名权等。其中，国民力量党为现任执政党，共同民主党为最大的在野党。韩国现任总统为尹锡悦，国务总理为韩德洙。

外交方面，韩国长期以对美外交为主，并与美国建立了军事同盟关系。20 世纪 70 年代初，韩国开始推行门户开放政策。1988 年卢泰愚政府上台后，韩国大力推行"北方外交"，发展与社会主义国家之间的友好外交关系。此后，历届政府均推行积极的外交政策，但与邻国朝鲜长期处于政治对立、军事对峙、经济隔绝状态。目前，已基本形成了以韩美同盟为基轴、加强美中日俄四大国外交、积极参与地区与国际事务的多层次、全方位外交格局。截至 2022 年 10 月，韩国已与 191 个国家建立了外交关系，驻外外交机构 166 个。

2. 社会文化环境

（1）人口与宗教

根据韩国国家统计局数据，2021 年，韩国总人口 5 174 万，相较于上一年减少约 0.2%。韩国人口性别比接近 1:1，男性人口约 2 585 万，女性人口约 2 589 万。韩国人口年增长率逐渐降低，并已于 2021 年出现负增长，其中，0～14 岁儿童组和 15～64 岁成年组人口逐年减少，而 65 岁以上老龄人口呈现增长态势，2021 年老龄人口占比高达 16.8%，老龄化态势严峻。韩国人口分布不均，集中在以首尔为中心的首都圈（首尔、仁川和京畿道），2020 年，这一区域人口高达 2 604 万，约占全国的 50.2%，并呈现增长趋势。

韩国为单一朝鲜民族国家，目前在韩国华人华侨约 89.5 万人，主要分布在仁川、釜山、首尔等地区，在韩国的其他国家公民约 165 万人。韩国官方语言为韩国语，主要宗教有基督教新教、佛教、罗马天主教等，50% 左右的人口信奉宗教。

（2）行政区划

韩国行政区划分为道（特别市、广域市、特别自治市）、郡（自治区、自治市）、洞（面、邑）三级。一级行政区划设有 1 个特别市（首尔）、1 个特别自治市（世宗）、6 个广域市（釜山、大邱、仁川、光州、大田、蔚山）及 9 个道（京畿道、江原道、忠清北道、忠清南道、全罗北道、全罗南道、庆尚北道、庆尚南道、济州特别自治道）。其中，首尔是韩国首都，面积约 605.3 平方千米，2020 年人口约 958.6 万，下设 25 个区、424 个洞。各区域面积和人口分布如表 19-1 所示。

表 19-1　2020 年韩国各区域面积及人口分布

地区	面积（平方千米）	人口（万人）
首尔特别市	605.3	958.6
釜山广域市	764.4	334.9
大邱广域市	884.5	241.1
仁川广域市	994.1	294.5
光州广域市	501.4	147.8
大田广域市	539.8	148.8
蔚山广域市	1 057.1	113.5
世宗特别自治市	465.2	35.4
京畿道	10 130.9	1 351.2
江原道	16 613.5	152.2

地区	面积（平方千米）	人口（万人）
忠清北道	7 431.4	163.2
忠清南道	8 600.5	217.7
全罗北道	8 054.6	180.3
全罗南道	12 073.5	178.9
庆尚北道	19 025.9	264.5
庆尚南道	10 520.8	333.3
济州特别自治道	1 848.3	67.1

资料来源：2020 年韩国国家统计局数据。

3. 投资与贸易

韩国是东北亚的重要国家，整体营商环境较好。其主要特征可大致归纳为：地理位置优越，交通条件良好；国内政局平稳，社会稳定，民族矛盾和宗教冲突较少；人口规模大，劳动力素质高，但老龄化相对严重；制造业实力雄厚，高新技术产业发达；与全球主要国家均签署了自由贸易协定，深度融入国际经济体系，汇率稳定；外商投资政策优惠力度大。根据世界银行《2020 年营商环境报告》，韩国的营商便利度在全球 190 个国家和地区中位列第五。

韩国对外开放程度较高，是 WTO 成员及《政府采购协议》缔约方，与中国、东盟、美国、日本、欧盟等经济体或国家签署了双边及多边自由贸易协定。截至 2021 年 4 月，韩国已与 57 个国家（地区）签署自由贸易协定。目前，韩国已生效的自由贸易协定有 17 个，正在谈判或等待签署的自由贸易协定有 7 个，对外开放格局不断扩大。特别是《全面与进步跨太平洋伙伴关系协定》（CPTPP）对韩国生效后，能够帮助其提升在全球产业链供应链中的地位，并降低对外贸易风险。

在商品贸易方面，韩国是世界商品贸易大国和强国。2020 年，从贸易伙伴国来看，韩国与中国、美国、日本、越南等国家贸易往来较为密切（表 19-2）。但受到新冠疫情、国际贸易壁垒和金融危机等影响，韩国对外贸易面临的潜在风险增高，与部分主要贸易伙伴国之间的贸易额有所下降。从出口商品结构来看，韩国主要出口商品均为资本或技术密集型产品，如半导体、显示器、车辆等，其中，石化产品的出口额有所下降，而光盘等存储介质的出口额大幅上升，同比增长 104.8%（表 19-3）。从进口商品结构来看，受产业结构和资源禀赋影响，韩国主要进口商品多为集成电路、半导体、电子零部件等资本或技术密集型产品，以及石油、天然气、铁矿石等能源或矿产资源（表 19-4）。

表 19-2   2020 年韩国前十大贸易伙伴（国家/地区）

国家/地区	贸易额（亿美元）	同比（%）	占比（%）
中国	2 414.5	−0.8	24.6
美国	1 316.1	−2.7	13.4
日本	711.2	−6.4	7.3
越南	690.9	−0.2	7.0
中国台湾	343.0	9.3	3.5
中国香港	321.9	−4.4	3.3
德国	302.6	5.7	3.1
澳大利亚	249.0	−12.6	2.5
沙特阿拉伯	192.8	−24.5	2.0
新加坡	182.7	−6.0	1.9

资料来源：韩国关税厅。

表 19-3   2020 年韩国十大出口产品排名

商品名称	出口额（亿美元）	同比（%）	占比（%）
集成电路	828.8	4.8	16.2
载人机动车辆	356.3	−11.9	7.0
石油及沥青油（原油除外）	232.1	−40.9	4.5
电话机等发送接收数据设备	179.4	0.5	3.5
客运或货运船舶	165.2	−3.4	3.2
机动车辆零附件	157.6	−16.9	3.1
用于 HS8469-8472 机器的零件	132.8	16.6	2.6
光盘等存储介质	107.0	104.8	2.1
制造半导体器件的机器装置	84.1	7.2	1.6
HS8525-8528 所列设备零件	79.2	−22.2	1.5

资料来源：韩国关税厅。

表 19-4   2020 年韩国十大进口产品排名

商品名	出口额（亿美元）	同比（%）	占比（%）
石油原油	444.6	−36.7	9.5
集成电路	402.8	12.8	8.6
石油气及其他烃类气	189.2	−21.7	4.0
制造半导体器件的机器装置	154.8	71.3	3.3

续表

商品名	出口额（亿美元）	同比（%）	占比（%）
石油及沥青油（原油除外）	127.4	−25.9	2.7
电话机等发送接收数据设备	121.4	−5.5	2.6
主要载人机动车辆	120.6	8.5	2.6
煤及煤制成的固体燃料	95.0	−32.6	2.0
自动数据处理设备及部件	75.7	13.0	1.6
铁矿砂及其精矿	69.3	−0.3	1.5

资料来源：韩国关税厅。

在服务贸易方面，韩国占世界的比重整体呈波动上升态势，主要服务贸易伙伴为美国、中国、日本及欧盟、东盟部分国家。2020 年，韩国服务贸易呈逆差 161.9 亿美元，其中出口 901.1 亿美元，进口 1 063.0 亿美元。服务贸易顺差行业包括建筑业、运输业、金融服务、通信信息服务业、个人闲暇服务业等，逆差行业包括其他业务服务（研发、专门领域和经营的咨询、技术和贸易等服务）、加工服务、旅游、知识产权使用、维修、政府服务、保险服务等。

在外商投资方面，韩国具有良好的投资环境和较强的投资吸引力。从投资软环境来看，韩国经济发展态势总体良好，市场消费潜力较大，政府鼓励利用外资，并出台了一系列有利于外商投资的政策与措施；从投资硬环境看，韩国三面环海，并拥有密集的公路和铁路交通网，信息化程度高，具有便捷的国内外交通和通信条件。但仍存在一些制约外资流入的因素，如半岛局势不稳定、韩国工会较为强势、对于核心技术转移控制严格等。具体而言，相较于外资流入，韩国的对外投资更为发达，2020 年对外直接投资数额排名全球第九，是对外投资大国。根据联合国贸发会议（UNCTAD）《2021 年世界投资报告》，2020 年韩国吸收外资和对外投资流量分别为 92.24 亿美元和 324.80 亿美元，都较 2019 年有所下降，但吸引外资和对外投资存量均保持上升态势，于 2020 年末分别达到 2 649.20 亿美元和 5 009.01 亿美元（图 19-1、图 19-2）。

二、"一带一路"与中韩发展战略对接

1. 中韩政治关系变化

中韩自 1992 年建交以来，两国的政治关系进展顺利，两国在地区及国际事务中总体保持着友好合作与紧密协调。两国领导人的相互访问及其在国际多边活动中的频繁会晤，增进了两国之间的相互理解和信任，双方政治关系在波动中实现良好发展。1998 年，时任韩国

总统金大中访华，中韩双方建立面向 21 世纪的全面合作伙伴关系，两国关系迈出历史性一
步。2003 年，时任韩国总统卢武铉访华，中韩关系升级为全面合作伙伴关系。2008 年，时
任韩国总统李明博访华，双方宣布建立中韩战略合作伙伴关系，两国关系再次升级。2014
年 7 月，习近平主席访问韩国，双方宣布中韩将努力成为实现共同发展的伙伴、致力地区和
平的伙伴、携手振兴亚洲的伙伴、促进世界繁荣的伙伴，进一步充实和深化了两国战略合作
伙伴关系。2015 年，时任韩国总统朴槿惠出席中国人民抗日战争暨世界反法西斯战争胜利
70 周年纪念活动，中韩关系进入历史最好时期。

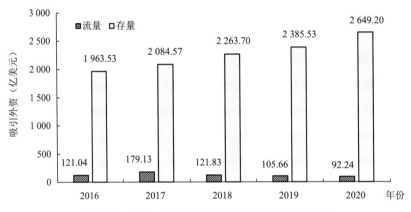

图 19-1　2016—2020 年韩国吸引外资流量和存量

资料来源：联合国贸发会议《世界投资报告》。

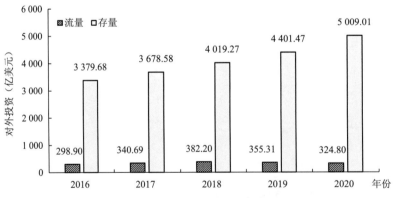

图 19-2　2016—2020 年韩国对外投资流量和存量

资料来源：联合国贸发会议《世界投资报告》。

建交以来，受到"萨德"问题、朝鲜半岛局势、中美经贸摩擦等方面影响，中韩关系曾
一度趋紧，但总体呈稳步健康发展，两国在区域安全、社会人文等领域不断开展合作，推动
两国政治关系行稳致远。在区域及安全领域，面对朝核问题，两国在半岛无核化、维护朝鲜

半岛和平与稳定方面达成重要共识，均主张通过对话以和平方式解决分歧。在社会人文领域，中韩两国积极开展人员互访，建设并完善两国之间的交通通道，客货往来日益紧密。1992—2016 年，中韩互访人员数量由 13 万人次增加到 1 303 万人次，增长约 100 倍（图 19-3）；往返两国的航班数量由 218 班增长至 135 174 班，航线数量由 3 条增至 84 条，中韩客货运输大通道逐渐形成。[①]

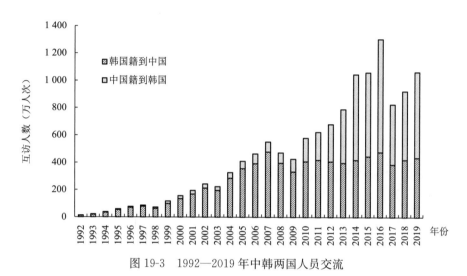

图 19-3　1992—2019 年中韩两国人员交流

资料来源：中国旅游统计年鉴、中国文化文物和旅游统计年鉴、韩国法务部出入境及滞留外国人统计。

2. 中韩经贸合作态势

中国与韩国建交 30 年以来，双边经贸合作不断深化和加强，通过一系列经贸协定的签署，两国在双边贸易和对外投资方面获得了稳步、健康和快速的发展。1992 年建交后，中韩双方签订了一系列政府间合作协定，包括《中韩政府贸易协定》《鼓励和相互保护投资协定》《海运协定》《成立中韩产业合作委员会的协定》《避免双重征税和防止偷漏税的协定》《渔业协定》等，逐渐消除了两国开展经贸合作的障碍和壁垒，并降低了合作成本。2001 年中国加入 WTO，中韩两国开始在 WTO 的规则和框架下开展经贸合作。随后，中韩两国又相继签署了《关于民事和商事司法协助条约》《关于输韩劳务人员的谅解备忘录》《关于促进和保护投资的协定》等双边协定，进一步促进了双边经贸合作和技术交流。2015 年，《中韩自贸协定》正式生效，协定范围涵盖货物贸易、服务贸易、投资和规则等 17 个领域，包含电子商务、竞争政策、政府采购、环境等议题，中韩经贸合作步入新阶段。2022 年，《区域全面经济伙伴关系协定》（RCEP）的生效为中韩经贸合作注入新动力。

中韩两国建交后，双边贸易实现了跨越式发展。在商品贸易方面，从贸易规模来看，两

---

① 韩国国土交通部《航空统计》《交通统计年报》以及韩国外交部报道资料（https://bit.ly/3YhEIR0）。

国双边贸易额由 1992 年的 50.3 亿美元增长到 2021 年的 3 622.5 亿美元，年均增速高达 15.9%（图 19-4）。其中，中国作为全球第一大贸易顺差国，却一直对韩国保持着较大规模的贸易逆差，逆差额在 2018 年达到最高值 959.2 亿美元。目前，中国已成为韩国的第一大贸易伙伴国、出口市场和进口来源国，韩国也成为中国的第六大贸易伙伴国和第四大出口市场。从商品结构来看，随着两国生产能力、产业结构和经济发展水平的变化，中韩贸易商品结构随时间发生重构。建交初期，中韩两国出口商品的种类竞争较少，贸易互补性强，中国大力发展制造业的需求和韩国进行产业结构调整升级的需求相吻合，部分劳动密集型产业由韩国向中国转移，并形成了中国从韩国等周边国家和地区进口中间产品，并向以欧美为主的世界市场出口最终产品的贸易格局，中韩两国之间形成了垂直互补的经贸合作关系。近年来，随着中国经济的快速发展，中韩产业结构逐渐趋同，经贸互补性相对减弱，两国间水平分工逐渐取代垂直分工，由以劳动密集型产品贸易为主向以资本密集型产品为主转变，产业内贸易的特征逐渐显现，其中，中国对韩国出口和从韩国进口的商品均主要集中在机电音像设备、贱金属及其制品、化工产品等产品类型。在服务贸易方面，步入 21 世纪以来，中韩双方在服务贸易领域合作不断深化，其中，中国对韩国服务出口的主要类别为制造服务、旅游、运输、建筑等，而中国从韩国进口的服务类型主要为运输、旅游、保险和养老服务、知识产权使用费等。相较于商品贸易，中韩服务贸易合作起步较晚，随着两国产业结构和消费结构的升级，双边服务贸易存在较大的发展潜力。

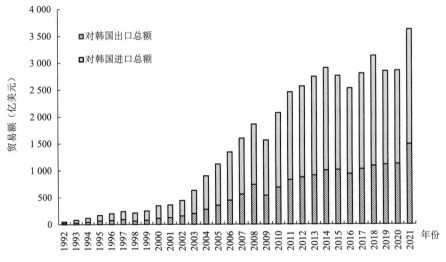

图 19-4　1992—2021 年中韩商品贸易进出口规模

资料来源：中国统计年鉴。

近年来，中韩双边投资总体平稳，彼此是对方重要的投资来源国和对象国。从投资规模来看，韩国对中国的直接投资流量远高于中国对韩国的直接投资流量（图 19-5），中国已成为韩国企业最大的投资目的国，而韩国市场相对封闭，一定程度上提高了中国资本进入韩国的门槛和壁垒。从投资行业结构来看，韩国对华投资主要集中在制造业，并随着中国产业结构的调整升级和生产技术的进步，由最初的以劳动密集型产业为主转向以资本和技术密集型产业为主，目前重点关注电子、机电、信息技术、工程等产业。中国对韩投资主要集中在制造业、批发和零售业、金融业、房地产业、餐饮业等。

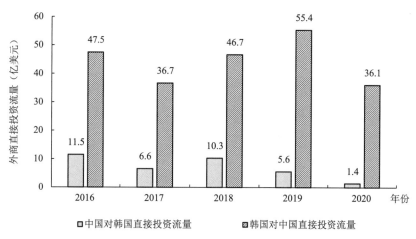

图 19-5　2016—2020 年中国与韩国双边外商直接投资流量

资料来源：《2020 年度中国对外直接投资统计公报》《世界投资报告》。

3. 中韩两国共建"一带一路"

自 2013 年中国提出"一带一路"倡议以来，韩国政府及社会始终对其保持高度关注。2013 年 10 月 18 日，时任韩国总统朴槿惠提出"欧亚倡议"发展战略，旨在通过与欧亚国家的经济合作扩大韩国对外贸易，并消除朝鲜半岛的紧张局势，形成"团结的、创造性的、和平的大陆"，以实现欧亚地区的可持续繁荣与和平。2015 年 1 月，在北京举行的中韩经济部长会议上，两国达成共识，将对"一带一路"与"欧亚倡议"之间的合作进行研究与讨论。2015 年 10 月 31 日，中韩两国签署《关于在丝绸之路经济带和 21 世纪海上丝绸之路建设以及欧亚倡议方面开展合作的谅解备忘录》及一系列相关文件，标志着中韩共建"一带一路"由构想迈向实际，双方将共同挖掘"一带一路""欧亚倡议"与两国自身发展的契合点，共同推进双方在政策沟通、设施联通、贸易畅通、资金融通、民心相通等领域的合作，实现共同发展、互利共赢。

中韩两国之所以能够就共建"一带一路"快速达成共识，是因为"一带一路"与韩国自身战略具有较高的契合度，符合韩国自身发展利益。自 2013 年提出以来，"欧亚倡议"便与

"一带一路"在区域、理念、内容等方面具有相似之处。在区域方面，欧亚倡议的主要合作对象是中国、俄罗斯、蒙古、土耳其等国家，与"一带一路"建设的中蒙俄经济走廊和新亚欧大陆桥所覆盖区域高度重合。在理念方面，欧亚倡议旨在通过欧亚各国间的经贸合作实现该地区的长久繁荣与和平，与和平合作、开放包容、互学互鉴、互利共赢的丝路精神具有共通之处。在内容方面，欧亚倡议强调通过构筑交通物流、能源基础设施、技术文化交流网络，促进欧亚经济圈的形成，与"一带一路"的设施联通、民心相通等重点建设领域具有相互补充、相互促进的作用。2016 年，随着"萨德"问题的出现，中韩关系趋紧，两国共建"一带一路"步伐停滞。2017 年 5 月，韩国派代表团参加"一带一路"国际合作高峰论坛。之后，时任韩国总统文在寅提出"新北方政策"和"新南方政策"，作为对"欧亚倡议"的改进和延续，并将参与"一带一路"建设作为其核心内涵之一，中韩共建"一带一路"的进程重启。2018 年 2 月，在第 15 次中韩经济部长会议上，双方决定将对接中方"一带一路"与韩方"欧亚倡议"的谅解备忘录修改为对接"一带一路"与"新北方政策·新南方政策"。"新北方政策"和"新南方政策"的重点合作对象分别为俄罗斯、蒙古、哈萨克斯坦等国家以及印度和东盟成员国，其中大部分为参与共建"一带一路"国家，为战略对接提供接口。

　　共建"一带一路"，一方面有利于构建和平稳定的东北亚局势，另一方面对于扩大中韩两国经贸合作具有重要意义。但受半岛局势、中美关系、韩国内政等多因素影响，中韩两国共建"一带一路"具有相对较高的不稳定性，面临一定挑战。为了实现"一带一路"与韩国发展战略的对接，推动中韩加快共建"一带一路"，需要两国加强重点领域的合作。一方面，两国需要加强基础设施互联互通，对接综合交通物流体系，利用高速铁路、高速公路、油气管道、航运线路、互联网等建设多维、多向的交通、通信、能源网络。另一方面，两国需要进一步加强经贸合作，通过相互投资和合作投资解决融资问题，并在服务、能源、技术等领域开展高水平、多元化合作，从而实现产业结构的优化升级。而产业园区作为开展经贸合作、集聚优势资源、培育新兴产业的重要空间载体，能够提供完善的基础设施、优惠的投资政策和良好的营商环境，是国家间开展多方位合作的重要承载平台。因此，以产业园区作为抓手，不仅有利于实现中韩两国发展战略的深度对接与合作共赢，也为两国探索经贸合作新模式提供重要平台。在此背景下，中韩产业园被列入中韩两国共建"一带一路"框架下的重点项目，成为推进中韩共建"一带一路"的重要空间载体。

三、中韩产业园与"两国双园"合作概况

　　中韩产业园是中韩两国领导人亲自提出和推动的中韩对接发展战略的重点项目，成为中韩两国共建"一带一路"的重要空间载体。2015 年 12 月，中韩两国签署《中韩自由贸易协

定》，明确指出双方同意在指定产业园的设立、运营和发展方面加强合作，包括知识分享、信息交换和投资促进，双方应致力于推动指定产业园内企业的相互投资。2017 年 12 月，习近平主席与来访的韩国总统文在寅就共同建设中韩产业园达成重要共识，中国国务院正式对外发布《国务院关于同意设立中韩产业园的批复》，同意在江苏省盐城市、山东省烟台市、广东省惠州市分别设立中韩产业园。盐城、烟台和惠州分别地处长三角经济圈、环渤海经济圈和珠江三角洲经济圈，在开展对外经贸合作方面具有独特优势，能够促进产业园发挥各自优势，形成区域平衡的对韩合作布局，有利于北、中、南实现良性互动和协同发展。除了中国的三个园区，中韩产业园还包括韩国的新万金产业园，形成了"两国双园"的合作新格局。

1. 中韩（盐城）产业园概况

中韩（盐城）产业园地处长三角核心区，位于长江经济带和海岸经济带的交汇处，是"一带一路"倡议对接韩国"新北方政策·新南方政策"等战略的重要平台。产业园所在的盐城市是中韩产业园建设重点合作城市、韩国在华投资发展产业集聚基地、韩国对华贸易物流集散基地、中韩友好交往窗口城市以及韩国游客首选目的地城市。20 世纪 90 年代以来，盐城先后与韩国 12 个城市缔结友好城市及友好交流城市关系，目前已有现代起亚、摩比斯、SKI、LG 等 1 000 多家韩资企业在盐城投资，总投资额突破 100 亿美元。

中韩（盐城）产业园总体规划面积 50 平方千米，由产城融合核心区和临港产业配套区两大片区构成。其中，产城融合核心区规划面积为 42 平方千米，主要依托国家级盐城经济技术开发区建设；临港产业配套区规划面积 8 平方千米，主要依托大丰港一类开放口岸和大丰港保税物流中心（B 型）建设，分为北部区、中部区和南部区。

为充分发挥对韩合作综合优势，中韩（盐城）产业园依托产业园、空港、海港和特色小镇，打造各具特色的功能平台：①韩资工业园，规划面积 15 平方千米，重点发展汽车零部件、健康医疗、文化创意、人工智能等产业；②盐城综合保税区，规划面积 5 平方千米，重点发展信息技术、智能制造、跨境电商产业，致力于打造全国领先的区域性商贸物流中心和先进制造业基地；③光电产业园，规划面积 4 平方千米，重点发展光伏、光照明、光显示三大产业；④新能源汽车产业园，规划面积 3 平方千米，是集新能源汽车整车、智能网联汽车和关键零部件的研发、制造、试验、检测、推广于一体的创新型产业基地，重点发展新能源汽车、汽车关键零部件、汽车服务等产业；⑤智尚汽车小镇，规划面积 3.91 平方千米，致力打造江苏汽车智慧产业发展集聚区、全国知名的汽车产业特色小镇；⑥盐城空港，是国家一类开放口岸，已开通连接北京、上海、首尔等地的 30 多条境内外航线；⑦盐城海港，大丰港是国家一类开放口岸，已开通连接釜山、海参崴、长崎等地的 27 条航线。依托以上功能平台，结合盐城的基础优势和韩国的优势产业，中韩（盐城）产业园重点发展汽车产业、电子信息产业、新能源装备产业、临港产业和现代服务业五大产业，以期能够推动对韩合作持续深化，促进主导产业链式集聚，加快投资贸易便利化改革，打造中韩经贸合作典型样板、推动共建"一带一路"高质量发展。

2. 中韩（烟台）产业园概况

中韩（烟台）产业园地处环太平洋经济圈和东北亚经济圈的交汇处，其所在的烟台市是环渤海经济圈南翼中心城市，是中国与韩国开展经贸往来的主要门户。从地理位置来看，烟台是距离韩国最近的中国城市之一；从交通条件来看，烟台港是中国十大港口之一，与韩国仁川、平泽、釜山有定期客货班轮往来，蓬莱国际机场是国家一类开放口岸，已与首尔、釜山等韩国主要城市建立了航空联系；从对韩交流基础来看，烟台与韩国经贸往来密切，是中韩双边经贸合作的前沿城市，现代汽车、LG 电子、浦项、大宇造船等韩国企业已在烟台投资，形成了与韩国本土优势产业高度契合的机械制造、电子信息、食品加工、现代化工等支柱产业。优越的地理位置、良好的交通条件以及深厚的对韩交流基础，使得中韩（烟台）产业园成为对接中韩发展战略、进行贸易和投资合作的先行区。

中韩（烟台）产业园总规划面积 80.4 平方千米，依托烟台国家级经济技术开发区、高新技术产业开发区的政策优势和烟台空港、烟台港西港区等重大交通设施，规划两个核心区和两个拓展区。四大园区功能定位各不相同，核心区的主要功能是带动产业园快速发展，依托现有优势，创新推进与韩国的全方位合作，推动现有企业转型升级，大力引进承接新项目；而拓展区的主要功能是为产业园长远发展拓展优质空间，从科学合理的产业规划和土地利用规划出发，配套完善基础设施，有效利用各种资源，做到硬件高起点建设、项目高水平引进、服务高质量供给。

具体而言，核心区（西区）规划面积 37.5 平方千米，位于烟台经济技术开发区管辖范围内，主要功能和发展定位为发挥制造业等传统产业优势，重点发展高端装备制造、新一代信息技术、医药健康、智能制造、新能源汽车、节能环保等新兴产业和配套生产性服务业，打造中韩先进制造领航区和战略性新兴产业共生区。核心区（东区）规划面积 10.4 平方千米，位于烟台高新技术产业开发区，主要功能和定位为抓住山东半岛国家自主创新示范区建设机遇，重点发展高新技术、数字经济、生物医药、总部经济、科技研发、金融保险等产业，打造中韩高新技术产业合作引领区、高端服务合作示范区和创新创业集聚区。拓展区（西区）规划面积 22.5 平方千米，位于烟台经济技术开发区管辖范围内，邻近烟台蓬莱国际机场，依托海港、空港及未来烟台保税港区整体置换、自由贸易港申建，将重点发展现代物流、保税加工、跨境电商、精细化工等产业，逐步建成海陆空统筹发展、结构合理、功能完善的东北亚国际航运物流枢纽，最终将打造成为韩国产品进入中国的物流中转中心和集散中心。拓展区（东区）规划面积 10 平方千米，位于牟平区沁水韩国工业园，依托周围自然资源和文化底蕴，将重点发展生命科学、节能环保、新能源、新材料、文化创意、休闲旅游、养生养老等产业，打造中韩产业合作新高地、健康服务新标杆和文化产业合作新亮点。

依托现有产业发展基础，中韩（烟台）产业园确定了六大重点产业：①新一代信息技术产业。依托富士康、浪潮乐金、乐金显示、帕特仑电子等骨干企业，重点围绕新一代网络与通信、三网融合、大数据、高性能集成电路等技术领域，着力打造国际电子信息产业集聚区。②医药健康业。依托绿叶制药、荣昌生物、东诚药业、石药集团等骨干企业，围绕医疗器械、药品研制、康复医疗、美容整形、健康体检、养老养生等领域，加强与韩国相关领域的协会组织及延世大学附属医院等医疗机构和企业的合作，着力打造国际医药健康创新示范区。③新能源汽车研发制造业。依托现代新能源汽车研发中心、海德新能源汽车等骨干企业，重点提升新能源汽车驱动电机、动力电池等核心部件的研发和产业化，加快发展专业维修、汽车租赁等汽车服务业，培育产业集群，着力打造国际新能源智能汽车研发制造示范区。④高端服务业。重点发展研发设计、金融保险、现代物流、电子商务、文化创意等产业，推动产城融合，着力打造国际高端服务业融合区。⑤高端装备制造业。依托大宇造船、斗山工程机械等骨干企业，发展重型装备制造、海工装备制造等产业，建设国际化高端装备研发和生产制造基地。⑥新材料产业。发挥万华化学、汉高乐泰、正海磁材等骨干企业的支撑引领作用，着力打造国际新材料产业研发区。

3. 中韩（惠州）产业园概况

中韩（惠州）产业园地处粤港澳大湾区核心区域，其所在的惠州市是"21世纪海上丝绸之路"的重要节点城市，具有建设中韩产业园的交通和产业优势。在交通方面，惠州空港、海港、高铁、高速公路齐备，与广州、深圳、香港等周边城市拥有便捷的交通连接。在产业方面，惠州产业基础雄厚，仲恺高新区是全国重要的电子信息产业基地，已初步形成移动智能终端、智能汽车电子、超高清视频、新型LED、新能源电池五大产业集群，具有较强的石油炼化能力和乙烯、芳烃等化工产品的生产能力，并拥有LG化学、东进世美肯、可隆等百余家韩资企业，能够与韩国在石化能源新材料、电子信息、生命健康等产业领域开展深入合作。

中韩（惠州）产业园核心组团规划面积94.1平方千米，分为仲恺高新区高端产业合作区及潼湖生态智慧城、大亚湾化工及海港保税区、惠州空港经济产业园、惠城区高新科技产业园、罗浮新区康养国际合作园五大片区。至2020年底，核心组团五大片区累计引进各类项目116个，其中外资项目17个（中韩合资项目5个）、投资10亿元人民币及以上项目29个，计划总投资约1 546亿元人民币。①

---

① 《开放型经济｜中韩（惠州）产业园》，广东省情网，2022年6月12日，http://dfz.gd.gov.cn/sqyl/gmjj/content/post_3948466.html。

依托已有产业基础，中韩（惠州）产业园确定了电子信息、石油化工、汽车与装备制造、清洁能源四大支柱产业，并将基于已有的电子信息和石油化工产业基础，重点发展电子信息产业集群，打造世界级石化产业基地。除此以外，中韩（惠州）产业园还将推动先进智能制造产业、汽车与装备制造产业、节能环保产业和海洋产业等战略新兴产业在园区集聚发展，并进一步提升金融服务业、现代物流产业、健康养生业、文化创意产业和旅游业等现代服务业的发展水平。

4. 韩国新万金产业园概况

新万金开发项目是韩国国家级重点建设项目，横跨全罗北道群山市、金堤市、扶安郡，通过围海造地，打造集经济、产业和旅游于一身的东北亚经济中心、符合生态环境标准的"全球化精品新万金"。新万金产业园区是新万金开发项目的重要组成部分，规划面积41.7平方千米，占项目总面积的14.3%。作为韩国唯一的中韩产业园区，新万金产业园区在引领新万金地区发展、推动新万金地区融入黄海经济圈、参与国际分工等方面发挥着重要作用。该产业园致力于打造创新型绿色产业中心，成为国家支柱产业、新兴产业和相关研究设施的集聚区，并计划展开一系列海洋、航空、能源、核技术等高新技术行业的试验和研发。城市服务功能是新万金产业园区的重要功能，通过学校、住宅、文化中心、邻里生活设施等的布局，实现产城融合发展。目前，新万金产业园被划分为9个板块，正在依次填海造陆。

第二节　中韩（盐城）产业园发展过程

中国和韩国既是友好近邻，也互为重要的经贸合作伙伴。中韩两国经济发展契合度高，产业产能互补性强，强化中韩企业合作交流和贸易往来对推动双方经贸合作具有重要意义。自建交以来，中韩两国各领域交流和合作取得显著发展，政治互信不断加深，经贸合作日益深化，人文交流持续深化。作为中韩两国战略对接、共建"一带一路"背景下的重点合作项目，中韩（盐城）产业园的设立和发展经历了由两国领导人达成共识、双边政府积极响应以及企业市场化运作等发展阶段，为强化中韩经贸合作、探索区域经济合作新模式提供了潜在路径和载体。

一、中韩（盐城）产业园设立背景

2015年6月，中韩自贸协定正式签署，盐城成为中韩产业园地方合作城市。早在2004年，中韩两国宣布启动中韩自贸区民间可行性研究；2006年，双方又宣布启动政府主导的官产学联合研究；2012 年 5 月，中韩双方认为条件基本成熟，正式启动了中国-韩国自由贸易协定谈判。在随后的两年半时间里，中韩双方经过艰苦的 14 轮正式谈判和若干次磋商。在中韩自贸谈判协定过程中，两国领导人多次表达了强烈的政治意愿，对完成谈判起到了巨大的推动作用。2014 年 11 月 10 日，习近平主席与时任韩国总统朴槿惠在北京举行会晤，双方谈判团队就全部实质性内容达成一致，共同宣布结束中韩自贸区实质性谈判。在两国领导人共同见证下，时任中国商务部部长高虎城与时任韩国产业通商资源部部长尹相直分别代表两国政府签了结束实质性谈判的会议纪要。2015 年 2 月 25 日，中韩双方完成了货物贸易、服务贸易、投资、金融、电信、环境、电子商务等全部 17 个领域、22 个章节的文本确认，并草签了上述协定。至此，中韩自贸区谈判全部完成。2015 年 6 月 1 日，时任中国商务部部长高虎城与时任韩国产业通商资源部部长尹相直分别代表两国政府，在韩国首尔正式签署了《中华人民共和国政府和大韩民国政府自由贸易协定》（以下简称《中韩自贸协定》）。

为落实中韩自贸协定内容、深化中韩经贸合作，2015 年 10 月 31 日至 11 月 2 日，时任总理李克强访韩期间，中韩两国正式签署了《中国商务部与韩国产业通商资源部关于在自贸区框架下开展产业园合作的谅解备忘录》，双方确定两国在中国的山东烟台、江苏盐城以及广东惠州和韩国的新万金地区共建中韩产业园。自此，盐城正式被确定为"一带一路"框架下中韩产业园重点合作城市。

二、中韩（盐城）产业园建设过程

2017 年 12 月，国务院正式批复同意设立中韩（盐城）产业园。为落实中韩自贸协定有关规定，2017 年 12 月，习近平主席与来访的时任韩国总统文在寅就共同建设中韩产业园达成重要共识。随后，国务院正式对外发布了《国务院关于同意设立中韩产业园的批复》（国函〔2017〕142 号），批复在江苏省盐城市设立中韩（盐城）产业园，在山东省烟台市设立中韩（烟台）产业园，在广东省惠州市设立中韩（惠州）产业园。上述 3 个产业园依托现有经济技术开发区、高新技术产业开发区建设，具体实施方案分别由所在地省级人民政府制定。自此，作为长三角地区韩资企业最集聚的城市，盐城成为对韩全方位合作的重点城市，也是长三角地区唯一一个对韩合作的国家级载体平台。中韩（盐城）产业园成为中韩两国对接发展战略、共建"一带一路"、深化贸易和投资合作的先行区。

2018 年 9 月，江苏省政府编制印发《中韩（盐城）产业园建设实施方案》。按照国务院批复要求，围绕国家商务部和江苏省政府有关部署，江苏省人民政府于 2018 年 9 月 27 日正式印发《中韩（盐城）产业园建设实施方案》（苏政发〔2018〕121 号），明确了中韩（盐城）产业园建设的总体要求、功能布局、主要任务和保障措施。同时，江苏省政府成立了中韩（盐城）产业园发展工作协调小组工作机制，多次召开会议研究重点推进事项；江苏省商务厅与盐城市政府建立了厅、市联席会议工作制度，召开了多次会议，及时会商协调有关重大事项。随后，江苏省办公厅出台《关于支持中韩（盐城）产业园发展的若干意见》，从规划、产业、金融、财政、组织领导等方面给予 20 条政策支持，并设立了 20 亿元的中韩（盐城）产业园发展母基金。此外，盐城市还成立了中韩（盐城）产业园建设领导小组，集聚各方资源要素共同推进园区建设，印发了《关于加快中韩（盐城）产业园发展的意见》，明确了支持园区发展的 20 条政策措施。

2020 年 3 月，中韩（盐城）产业园获批为江苏省第一批国际合作园区。为充分发挥江苏省开发区的品牌效应、扩大对外开放和国际合作水平，2020 年 3 月，江苏省商务厅发文认定了 9 家开发区为江苏省第一批国际合作园区。其中，中韩（盐城）产业园成功获批并获得授牌，成为苏北唯一一家获批的产业园区，为进一步深化国际合作、打造中韩经贸合作高地奠定基础。

2021 年 6 月，中韩（盐城）产业园获批中国（江苏）自贸试验区联动创新发展区。为高标准建设中国（江苏）自由贸易试验区联动创新发展区，江苏省政府印发了《关于推进江苏自贸试验区贸易投资便利化改革创新的若干措施的通知》（苏政发〔2022〕38 号），中韩（盐城）产业园被确定为中国（江苏）自由贸易试验区联动创新发展区，标志着中韩（盐城）产业园在推动高水平开放、促进高质量发展上又迈出坚实一步。

2021 年 6 月，盐城经开区组织编制完成了《中韩（盐城）产业园"十四五"发展规划》。为加强对中韩（盐城）产业园建设的谋划布局和发展规划，盐城市经济技术开发区组织专家队伍于 2021 年 6 月正式编制完成了《中韩（盐城）产业园"十四五"发展规划》，该规划阐明"十四五"时期园区经济社会发展的总体要求、发展目标、重点任务和政策取向，为将园区打造成为中韩开放合作标杆、树立国际合作园区"典型样板"提供了行动指南（图 19-6）。

三、中韩（盐城）产业园发展优势

1. 地理区位优越

盐城，紧邻上海，与韩国隔海相望，"海空走廊"便捷，是江苏首家、全国第十家同时拥有空港、海港一类开放口岸的城市，已形成集高速公路、城市内环高架、铁路、航空、海运为一体的现代交通网络，是江苏沿海和淮河经济带对外开放的重要门户。盐城南洋国际机场是国家一类开放口岸，已开通首尔、北京、上海、广州、深圳、台北等 30 条境内外航线。

盐城港是江苏省沿海区域性重要港口，是上海国际航运中心的喂给港和连云港港的组合港。以大丰港区、滨海港区、射阳港区、响水港区为依托的"一港四区"发展格局基本形成。新长铁路贯穿南北，实现客货两运，可直通哈尔滨、北京、兰州、成都、南京等地。正在推进通往北京、上海、杭州、南京、青岛方向和高铁综合枢纽的"5＋1"高速铁路网建设，两年后到上海只要 1 个小时、到北京只要 4 个小时、到杭州只要 100 分钟，全面融入上海"一小时经济圈"和北京"一日商务圈"。高速公路四通八达，城市内环高架、综合交通枢纽加快推进，构成了环绕大市区、贯穿全市域的现代公路交通体系。

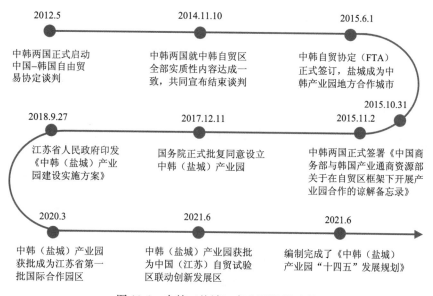

图 19-6　中韩（盐城）产业园发展过程

2. 经贸往来活跃

盐城与韩国地缘相近、人缘相亲、文缘相通，是中国较早开展对韩经济合作、韩资最为密集的城市之一。从 20 世纪 90 年代初第一家韩资项目落户至今，盐城市已拥有现代起亚、摩比斯、瑞延理化、京信电子、伟巴斯特东熙、现代综合特殊钢、新韩银行等韩资企业近千家，韩国已成为盐城最大的外资来源国和重要的贸易伙伴国。截至 2021 年，盐城市已累计批准设立 904 个韩资项目，总投资突破 130 亿美元，累计设立 1 000 万美元以上韩资项目 141 个，累计设立 3 000 万美元以上韩资项目 47 个，韩资汽车整车和零部件企业有 800 多家；合作领域愈加宽泛，韩资在盐投资领域遍及一二三产业。

3. 人文交流广泛

自中韩（盐城）产业园上升为中韩两国合作共建园区，盐城先后与韩国 12 个城市缔结友好城市及友好交流城市关系，盐城所有县（市、区）均与韩国城市缔结友好关系。盐城相继与现代起亚、三星、LG、SKI 等韩国百强企业建立起非常紧密的合作关系。大街小巷醒目的韩文标识，完善的韩国社区、邻里中心、高尔夫球场，随处可见的韩国餐馆、服装店、饰品店，营造出家一般的生活氛围，1 万多名韩国人常年在盐城工作生活，盐城已经成为韩国友人的第二故乡。

4. 自然资源独特

盐城是太平洋西岸、亚洲大陆东部最大的海涂型湿地，集森林、湿地、海洋三大生态系统于一体，是为数不多的"生长土地"的地方之一，空气质量位居全国前列。湿地保护区内有国家珍禽、麋鹿两个保护区，为联合国人与自然生物圈成员，有"仙鹤神鹿世界"的美誉。盐城黄海湿地在 2019 年被列入《世界遗产名录》。

四、中韩（盐城）产业园建设模式

中韩产业园是中韩两国对接发展战略、深化经贸合作的重点项目，通过联合中国境内产业园与韩国新万金经济自由区等产业园合作，协同推进中韩产业园建设的各类经贸促进活动，积极探索"两国双园"建设新路径。中韩产业园旨在围绕两国优势产业项目深化合作，面向全球布局产业链，坚持高端产业集聚、高端研发引领、高端人才支撑、高端资本密集、高端品牌经营，培育参与国际经济技术合作与竞争新优势，促进互利共赢、共同发展。

随着经贸合作深入发展，盐城与韩国之间全方位合作交往愈加密切，先后与韩国 12 个城市缔结友好城市及友好交流城市关系，盐城所有县（市、区）均与韩国城市缔结了友好关系，盐城与韩国友城在经济、文化、旅游等多方面建立了稳定的合作交流关系。盐城市先后与韩国新万金开发厅、开发公社形成合作备忘录，与韩国产业通商资源部、大韩贸易投资振兴公社等建立常态化合作交流机制，主动融入国际经济大循环。此外，中韩（盐城）产业园已建立省市推进协调机制。江苏省政府成立了中韩（盐城）产业园发展工作协调小组，深入研究建设实施方案明确的重点工作任务；省商务厅与市政府建立厅、市联席会议制度，有序推进重点事项落实。

借助中国（江苏）自由贸易区联动创新发展区获批契机，中韩（盐城）产业园积极复制推广上海、苏州等地自贸区改革试点经验。建成投入使用中韩（盐城）产业园未来科技政务服务中心，开设项目审批服务绿色通道，提供企业开办、工程建设项目审批、外国人来华工作审批等全流程"一站式"服务。常态化实现企业开办 0.5 个工作日办结和一体化集成、"一网通办"服务。深入推进"一业一证"改革，优化工程项目许可服务，推行"清单＋告知承诺"改革、"三测合一"改革，扩大图审"自审承诺制"范围。建设外国人来华工作"一站式"服务专区，推进 24 小时自助服务系统建设，形成"全天候"政务服务新模式。在江苏省率先开展人民币跨境结算便利化试点，引进苏北首家外资银行新韩银行。

同时，中韩（盐城）产业园积极营造产业配套环境，已与韩国新万金等签订共建合作备忘录，建成了韩国创新社区、进口商品直销中心、跨境电商平台等功能载体。目前，中韩（盐城）产业园已成功获批国家跨境电商综试区、国家外贸转型升级基地、全省首批国际合作园区、首批中日韩（江苏）产业合作示范园区、中国（江苏）自由贸易试验区联动创新发展区。中韩文化客厅、中韩文化公园、中韩国际街区、中韩产业园未来科技城等重点载体项目加快建设，外国语学校、国际医院等载体不断提升，与韩国区块链研究教育院、人力公团、睿合博世共建中韩企业科技孵化（盐城）基地，园区承载功能更加完善。

第三节　中韩（盐城）产业园运营状况

2017 年 12 月以来，围绕国务院《关于同意设立中韩产业园的批复》、江苏省人民政府《中韩（盐城）产业园建设实施方案》、盐城市委关于中韩（盐城）产业园建设的目标定位和任务要求，结合盐城市发展基础和韩国的优势产业，中韩（盐城）产业园取得明显的建设进展，园区综合实力不断增强、外商投资稳步增长、科创能力持续增强、品牌效应日益凸显，目前已形成了汽车（包括新能源汽车、智能网联汽车）、新能源装备、电子信息三大主导产业，正在积极培育临港产业和现代服务业。

一、外商投资不断增长，综合实力稳步增强

截至 2020 年底，中韩（盐城）产业园产城融合核心区实现地区生产总值 317 亿元，一般公共预算收入 25.7 亿元，注册外资到账 3 亿美元，进出口总额 25.9 亿美元，规上工业开票销售 670 亿元，固定资产投资 205 亿元，其中工业投资 150 亿元，居民人均可支配收入 4.5 万元以上，注册运营各类企业 2 500 多家，其中外资企业 191 家，出口企业 125 家。临港配套区实现一般公共预算收入 12.17 亿元，规上工业定报企业开票销售 406 亿元，外贸进出口总额 14.7 亿美元，到账外资 6 000 万美元，为园区高质量发展奠定了基础。

在吸引外资方面，截至"十三五"末，中韩（盐城）产业园产城融合核心区累计完成固定资产投资 724 亿元、年均增长 11.8%，其中工业投资 530 亿元、年均增长 9.8%，超 1 亿美元或 10 亿元人民币项目开工 30 个、竣工 12 个。累计开工亿元项目、1 000 万美元以上项目 146 个，其中 10 亿元人民币或 1 亿美元以上项目 30 个。累计竣工亿元项目、1 000 万美元以上项目 120 个，其中 10 亿元人民币或 1 亿美元以上项目 12 个。摩比斯三电、法国佛吉

亚、天合光能、润阳光伏、韩国 SKI 动力电池、华人运通新能源汽车等一批重大项目竣工投产。

二、主导产业初具规模，科创能力持续增强

依托盐城优势产业，中韩（盐城）产业园重点发展汽车、新能源装备、电子信息三大主导产业，主导产业初具规模。以东风悦达起亚公司为龙头，集聚了韩国摩比斯、美国德纳、法国佛吉亚等 400 多家企业，建成开放了江苏新能源汽车研究院、中汽中心试验场、华人运通全球首条"智路"等产业载体（表 19-5）。到"十三五"末，汽车产业不断升级，DYK 产品结构持续优化，10 万元以上主销车型销售占比达 80%，整车综合单价由 6.2 万元/台提高至 8.8 万元/台。新能源整车及动力电池新军突起、行业龙头完成布局，SKI、华人运通顺利投产，北汽摩登、国新新能源汽车等项目加快建设。光电光伏产业初具规模，初步形成硅片、电池、组件以及导电浆、逆变器等关键材料和配件的全产业链，电池、组件、硅片产能分别实现 20GW、10GW、5GW。电子信息产业集聚效应初显，中国电子、光耀高端摄像头、iA 汽车半导体等一批产业项目落地，电子信息产业呈现快速发展态势。

表 19-5 中韩（盐城）产业园企业入驻名单（部分）

所在区域	企业名称
盐城综合保税区	耀崴光电、盈信通科技、英锐晶圆芯、光耀光学、高端显示模组、晤耀跨境电商等
韩资工业园	东风悦达起亚、摩比斯汽车零部件、京信电子、现代制铁、瑞延理化汽车饰件、利富高、斗天汽配、伟巴斯特东熙、韩技工汽车挂件、韩一模塑、斗源空调、海斯克钢材、大昌弹簧、东国注塑、龙山汽配、萨马瑞汽配等
光电产业园	天合国能光伏组件、天合国能光伏电池、阿特斯光伏电池、润阳光伏电池、台玻太阳能镜板、东芝三菱逆变器、硕禾电子材料、硕钻电子材料、新锐光电、米优光电、鸿佳电子、汉创电子等
新能源汽车产业园	奥新公司、中国普天、美国江森座椅、中航锂电、德昌电机、凌云汽配、东风伟世通、华人运通、平和精工、摩臣电子、禾望电气、新松机器人、软通动力、华生基因、艾克玛特、所罗门兄弟医学、华恒动漫等

资料来源：中韩（盐城）产业园投资环境评估报告。

"十三五"期间，中韩（盐城）产业园产城融合核心区正式获批国家级知识产权试点园区，获批国家高新技术企业 100 家。研发投入占 GDP 比重从"十二五"末的 2% 提高到 2.8%。省级示范智能车间认定数，位列全市第一。江苏新能源汽车研究院建成开放，华人

运通"智路"一期项目建成投运，中韩（盐城）产业园未来科技城、润阳光伏研究院、天合光能国家实验室正在加快建设。园区先后申请专利 1 000 多件，知识创新产出持续提高，科技创新能力不断提升。

三、产城融合不断推进，品牌效应稳步提升

中韩（盐城）产业园产城融合核心区学习借鉴韩国仁川松岛新城、苏州新加坡工业园区"科创引领、金融支撑、产城融合"的成功经验，积极推进园区产城一体发展，培育产城融合发展新优势。韩风国际文化名城"6＋1"项目包陆续挂牌上市，精心构建中韩（盐城）产业园未来科技城"一核四区"功能格局。到"十三五"末，总投资 10 亿元人民币的宝龙城市广场、高教公寓综合体建成开业，韩国社区、市妇幼保健院、北师大附校投入使用。启动编制产业园河东新城整合规划和开发区控规编制工作，与北师大合作设立盐城附校，建成开放了盐城外国语学校，启动盐城妇幼保健院内装工程，拟引进香港英诺医院、上海红房子医院和韩国首尔大学医院，力争年底前开诊。开工建设未来科技城、上海君庭创客城，打造集聚一流人才的国际化创新创业平台。

中韩（盐城）产业园坚持"走出去"与"引进来"相结合，先后与韩国新万金开发厅、大邱庆北经济自由区、釜山镇海经济自由区以及韩国保健福祉部、中小企业部建立了友好合作关系，推动悦达、国投、远景能源、金风科技、阿特斯等企业赴新万金考察，不断加强与现代起亚、三星、SKI、LG 等韩国大企业集团的合作，对韩合作内涵不断丰富。承办了中韩产业园合作协调机制第二次会议、中韩产业园合作交流会、"一带一路"商协会圆桌会议盐城峰会、中韩跨国公司领袖圆桌会议、中韩公共外交论坛，第一届和第二届中韩贸易投资博览会等活动，受到了新华社、《人民日报》、中央广播电视总台以及韩国《中央日报》《今日亚洲》等中韩主流媒体报道。与韩国《中央日报》《今日亚洲》等媒体建立合作关系，常态邀请韩联社、KBS 等主流媒体来盐宣传报道，不定期在韩投放专题宣传，园区对外影响力和知名度不断提升，品牌效应稳步凸显。

四、协调机制显著增强，营商环境持续优化

截至"十三五"末，中韩（盐城）产业园累计复制推广自贸试验区政策经验 104 项，审批时限缩减 60％以上，不见面审批率 100％。深化"放管服"改革，积极承接 220 项省级赋权。在全国首家推行"三书合一"，在全省除 13 个地级市外，第一家获得行使辖区内外国人来华工作许可审批权限，率先推进数字化多图联审、行政审批信用承诺制改革、不动产竣工

验收"三测合一"和便利化试点服务，建成"三测合一"公共信息服务平台，"2330"行政审批改革持续深化，"十三五"期间到账外资年均增长23.6%，外贸进出口呈"V"形走势、回稳向好。

近年来，中韩（盐城）产业园营商环境持续优化。一是体制机制全面优化。结合"三定"方案实施，成立行政审批局，实现了"一枚印章管审批"、审批服务"不出区"。整合全区9支执法力量，组建综合行政执法局，成立综合执法大队，市级7个部门执法权、处罚权下放至我区行使，基本实现"一支队伍管执法"。二是审批效能全面提升。在全省"3550"改革部署要求的基础上，全链承接220项上级赋权，在全省率先实现了"2330"改革目标。上半年成功实施征地工业项目"2330"案例2个，平均用时21天。建立了项目"代办员"体系，全面实施投资项目全程代办服务。三是积极开展先行先试。成功复制推广自贸区试点经验82条，在全市率先实施"三测合一"改革，建设开发区公共信息服务平台，实现了测绘事项"一次委托、按需测量、分编报告"的目标。率先开展企业登记简易程序试点，精简各类登记材料，平均缩减登记时限60%以上。积极开展环境影响评价改革省级试点、省级"不见面审批"改革试点和"三书合一"试点，项目审批时间和资料编制费用均减少50%以上。

第四节　产业园在中韩合作中的作用

作为中韩两国领导人亲自倡议和推动的重点项目，中韩（盐城）产业园成为国家重点支持的国际合作园区，也是目前长三角地区唯一一家对韩合作的国家级载体平台。自2017年12月国务院正式批复同意设立中韩（盐城）产业园以来，江苏省、盐城市及盐城市经济技术开发区等部门高度重视中韩（盐城）产业园建设，充分发挥已有对韩合作优势，全面推动对韩经贸合作工作，在中韩产业合作、经贸往来、人文交流、共抗疫情等方面取得了卓有成效的建设进展，中韩（盐城）产业园在深化中韩两国合作中扮演了重要作用，充分发挥产业园区在中韩经贸合作、维护产业链供应链稳定中的地位和作用，为全面打造中韩经贸合作典型标杆奠定了坚实基础。

一、产业合作

产业合作态势良好。五年以来，中韩（盐城）产业园重点聚焦汽车、新能源装备、电子信息三大主导产业，创新招商方式，提高招商成效，排出韩国前100强重点企业，落实专班专人专门跟踪对接。依托 SKI、华人运通等龙头企业开展产业链上下游招商。截至 2022 年 7 月底，中韩（盐城）产业园核心区已集聚韩资企业 399 家，总投资超 80 亿美元，世界 500 强韩国现代、摩比斯、SK 已有产业落户园区，为国内汽车、动力电池行业带来了新的技术路径和管理经验，推动新能源汽车实现"借道超车"。LG 集团已经签订战略合作协议，三星集团正在对接洽谈合作项目，园区对韩产业合作总体上呈现出体量大、特色明、效益好的蓬勃态势。

主导产业加速集聚。2022 上半年，产业园新签约工业项目 39 个，总投资 377.3 亿元人民币，其中 10 亿元人民币或 1 亿美元以上的项目 7 个，分别是总投资 85 亿元人民币的一汽悦达汽车项目、总投资 65 亿元人民币的磷酸锰铁锂电池正极材料生产项目、总投资 50 亿元人民币的锂电池湿法隔膜项目、总投资 50 亿元人民币的星恒动力电池项目、总投资 30 亿元人民币的昱辉 5GW 高效组件、2GWTopCon 电池和光伏材料项目、总投资 25 亿元人民币的双晶 25GW 大尺寸硅片项目、总投资 20 亿元人民币的汇锦异质结电池组件及新能源装备项目。目前，产业园正在加快推进 SKI 动力电池上下游产业链建设，尽快形成全球动力电池生产基地。

二、经贸往来

经济指标稳中有进。五年以来，中韩（盐城）产业园产城融合核心区——盐城经开区新增韩资企业 50 家，注册外资实际到账突破 21 亿美元、其中韩资 8.47 亿美元，实现外贸进出口总额 167.89 亿美元，完成对韩进出口总额 73.53 亿美元，外资外贸的稳步增长有力推动了 2021 年盐城全市外资外贸分别历史性突破 12 亿美元、170 亿美元大关。2022 上半年，核心区外资到账 5.3 亿美元，增长 74.3％，占全市 30％以上；外贸进出口 25.27 亿美元，增长 79.4％，总量全市第二；全区实际利用韩资同比增长 310.1％，对韩进出口同比增长 71.2％。

合作机制日益完善。2020 年，中韩经贸联委会第 24 次会议明确双方将继续扎实推进共建中韩产业园合作，打造地方合作新高地，支持两国积极组织各类经贸促进活动，搭建更多贸易平台，支持开展双向投资，支持中方有关省市创新方式、拓宽领域，深入推动与韩国经贸合作取得更多务实成果。五年来，中韩（盐城）产业园已成功举办三届中韩贸易投资博览会和"一带一路"商协会圆桌会议（盐城）峰会，成功举办新能源装备产业暨新兴产业投资环境推介会、华人运通新能源汽车量产交付仪式、中韩（盐城）产业园精品展销等专场活动，为中韩（盐城）产业园打响了品牌，擦亮了招牌。与韩国新万金开发厅、开发公社形成合作备忘录，与韩国产业通商资源部、大韩贸易投资振兴公社等建立常态化合作交流机制，全力畅通国际经济循环。立足于中韩贸易投资博览会的基础，第四届中韩贸易投资博览也成功举办，集中展示了盐城市和产业园区贸易投资高质量发展风貌。

三、人文交流

当前，全球正处于百年未有之大变局背景下，中韩两国又恰逢 2021 年"中韩文化交流年"启动之年，2022 年中韩建交 30 周年等关键机遇。2022 年，中韩（盐城）产业园正式设立五周年，中韩（盐城）产业园建设有力推进了中韩两国之间的文化艺术、体育、旅游等人文交流工作，增进了民众友谊。近年来，盐城市先后与韩国 12 个城市建立了友好城市和友好交流城市关系，韩国元素已经融入盐城的大街小巷。当前，产业园正在加快推进韩风国际文化名城"一中心四街区"建设，中韩文化客厅提前开业，城市配套水平持续提升。全面发挥中韩投博会平台优势，积极推动开展中韩书画作品展、文化旅游观光周、少年足球邀请赛等一系列对韩人文交流活动。

四、共抗疫情

从 2020 年开始，全球新冠疫情全面暴发，对世界各国均产生了深远影响。为抗击新冠疫情、推动企业复工复产、保障人民安全，中韩（盐城）产业园有关部门联合相关单位采取了一系列措施，帮助园区企业和人民渡过难关。主要措施如下：①制订方案，提前部署，明确复工标准和防疫要求。盐城经开区早组织、早行动，提前部署各部门工作，协调各方利益，建立"一企一册、一企一案"工作台账，制订《全区工业企业复工的工作方案》，落细落实属地监管责任和企业主体责任，完善企业防控联动工作机制，建立健全复工企业日报制度，引导企业有序复工。②制定政策，加强扶持，多方位援助复工企业。为帮助企业渡过疫情难关，盐城市出台《盐城市人民政府关于应对新型冠状病毒感染的肺炎疫情支持中小企业共渡难关的二十条政策意见》，提出帮扶企业的十九条措施，涉及加强金融信贷和财政支持、减轻企业税费负担、实施稳岗就业政策、强化重点企业扶持、服务企业持续发展等多方面（表 19-6）。2020 年 2 月 26 日，盐城市委书记戴源前往中韩（盐城）产业园韩国社区邻里中心，与在盐韩资企业负责人进行座谈交流，并要求各级政府尽快帮助解决韩资企业提出的员工返岗、原材料运输供应、资金周转等问题，积极服务韩资企业做好物资准备、台账整理、现场整顿工作，帮助韩资企业协调防疫物资，有力保证了韩资企业按时复工。此外，经济技术开发区人社局启动了 2020 年失业保险稳岗返还申报工作，鼓励企业不裁员、少裁员，并帮助企业渡过资金难关。③关注民生，切实保障企业员工的生命健康和收入来源。在复工复产的同时，产业园为保障企业员工，尤其是在盐韩国员工的生命健康和收入稳定，采取了一系列措施。2020 年 2 月 25 日，盐城以中韩双语发布通告，对各种原因来盐城、身体状况不一的韩国人士给出了不同的安排方案，其中，对于在中韩（盐城）产业园工作的韩籍人员，需要落实企业主体责任，由企业做好防控准备。对在经开区有住房或租房居住的韩国人，实行居家观察，落实服务措施，对在经开区工作但没有住房或租房的韩国人，以企业为主体落实观察措施。

表 19-6　盐城经开区支持中小企业应对疫情的十九条措施

总体措施	具体内容
加强金融信贷和财政支持	1. 强化中小企业信贷服务； 2. 稳定中小企业信贷供给； 3. 拓宽中小企业融资渠道
减轻企业税费负担	4. 减免城镇土地使用税和房产税； 5. 缓缴社会保险
实施稳岗就业政策	6. 实施援企稳岗政策； 7. 鼓励网上招聘人才； 8. 强化职工培训； 9. 支持困难企业
强化重点企业扶持	10. 强化对生产疫情防控用品企业扶持； 11. 强化对服务行业中小企业扶持； 12. 强化对物流企业扶持； 13. 强化对农副产品企业扶持
服务企业持续发展	14. 减免中小企业租金； 15. 强化企业信用修复； 16. 深化服务企业"双向选择"
其他事项	17. 简化兑付中小企业政策程序； 18. 适用范围：受疫情影响的区内所有企业均适用； 19. 强化监督落实

资料来源：中韩（盐城）产业园官网（https://www.yancheng.gov.cn/zhcyy）。

抗击新冠疫情期间，产业园区对在盐韩国人士给予"新市民"待遇，与韩国友人守望相助、同舟共济，让韩国人亲身感受到盐城的韩国元素和盐城人民的友好情谊，切实增强韩国人将盐城作为第二故乡的认同感，潜移默化间宣传盐城，推介盐城。同时，园区全力保障企业发展，全国地级市首家成功申请建立"中韩快捷通道"，累计办理邀请外国人来华近千人次。协助 DYK、SKI、LG 等重点项目申请"中韩快捷通道"和闭环管理 13 架次包机服务，有效助力区内 DYK、SKI 等重大外资企业的扩工增产技改等工作。疫情常态化防控背景下，全国地级市政府首家赴韩开展经贸交流活动，坚定了韩国企业投资的信心决心。

第五节　结论与启示

一、经验启示

作为中韩两国领导人亲自倡议和推动的重点合作项目，中韩（盐城）产业园是"一带一路"框架下中韩产业园"两国双园"建设模式的重要组成部分，成为深化中韩经贸合作、共建"一带一路"的重要空间载体。推动中韩（盐城）产业园建设既顺应了中韩双边经贸合作发展新趋势，也承载了中韩两国对深化经贸合作的期望，有助于推进中韩经济合作向创新合作、园区合作拓展，构建两国更高层次、更宽领域合作新平台，也有助于在更大范围促进要素流动和优化配置，探索区域经济合作新模式，为推进东亚产业合作、促进产业链供应链稳定安全发挥积极作用。

自 2017 年 12 月设立中韩（盐城）产业园以来，江苏省、盐城市及盐城经开区等部门高度重视中韩（盐城）产业园建设，依托盐城市发展基础和优势产业，全面推动对韩经贸合作工作，在中韩产业合作、经贸往来、人文交流、共抗疫情等方面取得了卓有成效的建设进展。目前，中韩（盐城）产业园重点发展汽车、新能源装备、电子信息三大主导产业，正在积极培育临港产业和现代服务业。以东风悦达起亚公司为龙头，集聚了韩国摩比斯、美国德纳、法国佛吉亚等 400 多家企业，建成开放了江苏新能源汽车研究院、中汽中心试验场、华人运通全球首条"智路"等产业载体。五年来，中韩（盐城）产业园综合实力稳步增强、外商投资不断增长、科创能力持续增强、品牌效应日益凸显、营商环境持续优化，中韩（盐城）产业园充分发挥了对韩经贸合作优势，在深化中韩两国合作中扮演了重要作用，为全面打造中韩经贸合作典型标杆、共建"一带一路"互利共赢奠定了坚实基础。

目前，中韩（盐城）产业园影响力和示范性持续提升，园区建设获得了韩国政府和客商的高度肯定和一致赞扬，但在对外开放的深度、科技创新的强度、产业发展的厚度等方面还有较大提升空间，在促进国际经贸合作、推动产业链条式发展和保障产业链供应链稳定等方面仍需要进一步增强。具体表现在：①对外开放深度不够。盐城与"一带一路"沿线地区和国家、RCEP 协定成员国的合作交流不够多，打造成为中日韩三国小循环的中心节点、国内国际双循环的战略链接配套城市的基础还有待巩固。②科技创新强度不足。韩资企业在盐设立的研发中心、科技孵化基地、采购中心、营销中心等功能性机构普遍较少，缺乏对韩国高层次创新人才和要素资源的吸引能力。③产业发展厚度不够。盐城与韩国产业的契合度与互补性还不够，在新一代信息技术、高端装备和智能制造、医疗健康、现代服务业、总部经济等重点领域的合作少。未来，中韩（盐城）产业园需要在"一带一路"倡议、中韩自贸协定、RCEP 协定等框架下，依托区域资源优势，扩大全方位对外开放水平，积极吸引科技创新和研发企业，推动高端生产要素集聚，发展具有国际竞争力的产业集群，打造"一带一路"国际合作示范窗口、中日韩自贸区示范区和亚太自贸区先行区。

二、理论总结

作为开展经贸合作、集聚优势资源、培育新型产业的重要空间载体，产业园区能够提供完善的基础设施、优惠的投资政策和良好的营商环境，是国家间开展多方位合作的重要承载平台。自"一带一路"倡议提出以后，国际合作园区或海外园区已成为促进中国与沿线国家开展经贸合作的重要载体，在"一带一路"建设中发挥着重要作用（刘卫东等，2019；陈伟等，2020）。在经济全球化时代，国际合作产业园区的发展经验表明，任何成功的产业园区都不能成为全球经济中的"孤岛"，既根植于本地网络，又镶嵌于全球网络，是多尺度要素耦合过程的产物（刘志高、王涛，2020）。作为中韩两国领导人亲自倡议和推动的重点合作项目，中韩（盐城）产业园是"一带一路"倡议、中韩自贸协定、RCEP 等自贸协定政策综合叠加区域，成为应对全球性挑战、升级经贸合作方式、开拓合作新模式的重要尝试。共建中韩（盐城）产业园，不仅有利于实现中韩两国发展战略的深度对接与合作共赢，也为两国探索合作新模式提供重要平台，成为推进中韩共建"一带一路"的重要抓手。

在"一带一路"框架下，中韩产业园采用了"两国双园"建设模式，在政府间以及多层级主体间的组织、协调和努力下，中韩产业园取得了卓有成效的建设进展。五年以来，中韩（盐城）产业园已形成汽车、新能源装备、电子信息三大主导产业。以东风悦达起亚公司为龙头，产业园内集聚了韩国摩比斯、美国德纳、法国佛吉亚等 400 多家企业，建成开放了江苏新能源汽车研究院、中汽中心试验场、华人运通全球首条"智路"等产业载体，形成了围绕汽车产业、配套一系列零配件和相关上下游产业链的产业集群，初步构建了产业链供应链联动发展体系，全面提升了盐城市对外开放合作水平，有力带动了盐城市外贸外资和地方经济发展，社会经济效益显著。同时，中韩（盐城）产业园也为入园韩资企业提供了跨国发展平台，促进了韩资企业在全球产业链的分工地位，增强了韩资企业产品的国际竞争力，深化了中韩在重点产业链上的合作广度和深度，为维护全球产业链供应链稳定畅通、探索区域经济合作新模式提供了更多可能性和潜在路径。

在深度全球化的今天，新国际产业分工塑造出具有高度复杂性、交互性和嵌套性的全球价值链和生产网络体系。中韩（盐城）产业园依托中韩"两国双园"建设模式，通过构建多层级协调机制、营造优越投资环境、发挥集聚经济效应，为园区内外资企业"遮风避雨""排忧解难"，助力园区内企业安心生产经营，为入园企业提供产业链配套体系和跨国发展平台，特别在当前国际政治经济充满不确定性等背景下，为带动区域发展、促进中韩两国经贸合作、共建"一带一路"高质量发展提供重要平台和抓手。面对国际环境风云变幻，中韩（盐城）产业园犹如在多方共同呵护下不断成长的"温育室"，通过多尺度耦合和空间孵化嵌入全球经济和生产网络体系中，在维护全球产业链供应链网络体系中起到了"稳定器"的作用。

参 考 文 献

陈伟、叶尔肯·吾扎提、熊韦等："论海外园区在中国企业对外投资中的作用——以柬埔寨西哈努克港经济特区为例"，《地理学报》，2020 年第 6 期。

刘卫东、姚秋蕙："'一带一路'建设模式研究：基于制度与文化视角"，《地理学报》，2020 年第 6 期。

刘卫东等：《"一带一路"建设案例研究：包容性全球化的视角》，商务印书馆，2021 年。

刘卫东等：《共建绿色丝绸之路：资源环境基础与社会经济背景》，商务印书馆，2019 年。

刘志高、王涛："中国境外政府间合作园区多尺度耦合建设机制——以中白工业园为例"，《地理学报》，2020 年第 6 期。

商务部国际贸易经济合作研究院等：《对外投资合作国别（地区）指南——韩国（2021 版）》，2022 年。

后　记

在《共建绿色丝绸之路：科学路径与案例》交付商务印书馆等待出版的那一刻，我的心情用"感慨万千"这四个字恐怕也难以形容。我们把几乎不可能完成的事完成了！这是在中国科学院"丝路环境"专项支持下，我们团队（以及联合其他团队）完成的最后一本书。前面几本分别是《"一带一路"建设进展第三方评估报告（2013—2018年）》、《共建绿色丝绸之路：资源环境基础与社会经济背景》（中英文版）和《"一带一路"建设案例研究：包容性全球化的视角》（中英文版）；这些都是由商务印书馆出版的。尽管当下的学术风气仍然是论文"包打天下"，但我们还是花了大力气、下了大功夫出版了这些著作，系统记录了五年来我们"一带一路"研究的成果，也从不同层面和侧面记录了"一带一路"建设的进展与实况。其实，完成一本言之有物的高质量著作，其难度可能超过撰写"高水平"论文，至少不亚于后者。不知读者们是不是这样认为？

如果说前几本书的研究和编写过程中我们团队成员感受到的是工作辛苦的话，特别是艰苦甚至是有些危险的海外调研，那么这一本的突出感受是因新冠疫情的影响而难以开展海外实地调研工作的焦虑。我一直坚持认为，深入的案例研究是了解"一带一路"建设真实面貌和总结有益经验的唯一途径。为完成《"一带一路"建设案例研究：包容性全球化的视角》，我们幸运地在新冠疫情暴发之前进行了近20个海外建设案例的调研工作。无法调研，又该如何完成这一本新书呢？在2021年上一本书出版后半年多的时间里，我一直未敢想象如何完成下一本基于案例研究的著作，因为当时疫情肆虐、无法出国调研。巧妇难为无米之炊！我们怎样才能完成在承担专项任务之初所承诺的研究任务呢？焦虑之后还是焦虑。

下定决心是在2022年初，主要考虑到以下五个因素。当然，首要因素是承诺的研究任务和考核指标，无论有多难也要设法去完成。第二，"丝路环境"专项已经执行了三年多，积累了一些研究案例，可以利用。例如，雷家强研究员牵头的哈萨克斯坦阿斯塔纳首都圈生态屏障建设，陈曦研究员牵头的咸海治理，张林秀研究员牵头的可持续生计示范项目，王成金研究员牵头的亚吉铁路研究（2019年曾做过详细的实地调研，但由于条件不成熟未纳入上一本案例研究著作之中），韩笑教授（我曾经的同事，后调到河海大学工作）所做的加纳水电项目等。第三，我们团队幸运地结识了一批在海外开展建设项目企业的管理人员，如中土集团、中水电、山东魏桥集团、天津泰达集团等。这些热心人士非常支持我们的研究工作，接受了形式不同的访谈，让我们不出国也大致了解了一些建设项目的来龙去脉和进展。第四，我们充分考虑了海外合作者的潜力，请他们协助进行了一些实地调研，也通过视频会议的途径与海外合作者和海外建设项目的利益攸关者进行了交流。第五，我们当时对疫情发展状况进行了比较乐观的估计，预计 2022 年夏天应该可以做一些海外调研工作。尽管事实上当时疫情仍未缓解，但有的团队成员还是克服重重困难去海外做了调研。例如，重庆大学的翁凌飞副教授在 2022 年 7 月去埃塞俄比亚进行了为期两周的调研；宋周莺研究员带队在 2023 年 2 月对中老铁路进行了补充调研。

决心已定，大家便"八仙过海各显神通"，开展各种形式的实地或远程调研、资料收集、视频访谈和科学研究，于 2023 年 2 月底最终完成了全书的初稿。需要说明的是，不同于上一本案例研究著作，本书并非全部基于案例研究撰写而成，大约三分之二的章节研究了具体建设项目或国别案例，并探讨了其中涉及的绿色发展议题。其他章节则从比较综合和宏观的视角研究了绿色丝绸之路建设的不同侧面，如重大资源环境问题、应对气候变化、减贫与可持续发展、跨国生产网络的资源环境效应等。总体上，本书从多个侧面总结了共建绿色丝绸之路的实践经验和理论知识。由于团队成员专业构成的原因，本书未能涉及灾害风险防控、生物多样性保护等领域；这不能不说是一个遗憾！

如前所述，本书的完成得到了众多机构和人士的帮助，超过以往我们完成的任何一本书。所以，我要代表大家感谢的人太多了，以下列举的仅仅是其中的一部分。

感谢：中国土木工程集团有限公司，尤其是中土研究院院长郑军、中国土木尼日利亚公司总经理张志臣和中土埃塞俄比亚公司总经理郭重凤；中国电建集团国际工程有限公司；山东魏桥创业集团非洲项目部总经理张振；中非泰达投资股份有限公司（特别是徐磊和曹雪）；江苏省发展改革委"一带一路"发展处；中国科学院中亚生态与环境研究中心；中国铁道工程建设协会前秘书长、中国土木工程集团有限公司高级顾问朱明瑞；中国驻埃塞俄比亚大使馆二等秘书张朝宇；昆明铁路局总经理徐安策、老中铁路有限公司总经理刘宏、中老铁路沿途各站站长；中国科学院昆明植物研究所朱卫东；盐城市发展改革委外资处、盐城市经济技术开发区以及中韩产业园管委会；华坚国际轻工业城（埃塞俄比亚）有限公司刘绪伦和梁博文；三圣集团埃塞公司王春光等。

感谢我们的海外合作者：哈萨克斯坦赛福林农业技术大学；乌兹别克斯坦科学院植物研Komiljon Tojibaev 院士、所长 Habibullo Shomurodov 研究员和副所长 Ziyoviddin Yusupov 研究员，水利部灌溉与水问题研究所所长 Ikhomjon Makhmudov 研究员和卡拉卡尔帕克斯坦分所 Sagit Qurbanbaev 研究员，教育部塔什干灌溉与农业机械工程大学 Alisher

Fatkhulloev 教授，水利部信息中心 Khaydar Durdiev 博士，塔什干灌溉与农业机械大学 Shamshodbek Akmalov 研究员，乌兹别克斯坦科学院遗传与植物实验生物学研究所所长 Adujalil Narimanov 研究员，乌兹别克斯坦 Asia ZF 公司王洪涛；老挝交通部、计划投资部和自然资源部相关负责人，琅勃拉邦省政府，磨丁经济特区和万象赛色塔开发区负责人；柬埔寨政府官员 Seng Marina；埃塞俄比亚贸易与工业部 Teka G. Entehabu，水利灌溉与能源部 Wondimu Tekle Sigo，贸易与工业部 Ayana Zewdie Workneh；澳大利亚墨尔本大学 Michael Webber 教授；本土生物多样性、研究与发展组织（Local Initiatives for Biodiversity，Research and Development，LI-BIRD）；农民种子网络等。

　　本书是数十位学者智慧和汗水的结晶。第一，感谢中央财经大学高菠阳教授、天津大学孟广文教授、河海大学韩笑教授、重庆大学翁凌飞副教授和北京第二外国语大学余金艳副教授的参与和贡献；第二，感谢"丝路环境"专项所属各项目的大力支持，特别是项目二（雷家强研究员）和项目四（陈曦研究员），分别贡献了一个值得铭记的案例研究；第三，感谢"地球大数据工程"先导专项的邬明权研究员，协助我们处理了若干环境变化的遥感数据；第四，感谢封志明研究员和张林秀研究员及其团队的大力支持，五年共同奋斗的经历，将永留我心间；第五，感谢我的团队成员们，包括刘慧、宋周莺、王姣娥、王成金、刘志高、宋涛、韩梦瑶、叶尔肯·吾扎提、陈伟、程汉、郑智和姚秋蕙，以及一批已毕业或在读的学生。没有你们的辛苦和汗水，就没有我们过去十年来在"一带一路"研究方面的成绩，衷心感谢！当然，绝不能忘记王志辉和王燕在编辑与排版工作中的辛勤付出，她们的贡献已经远远超出了这些简单的工作。

　　要与前几本书一样重复感谢的还有："丝路环境"专项首席科学家姚檀栋院士和专项办；"绿色丝绸之路建设的科学评估与决策支持"项目学术顾问孙鸿烈院士、李文华院士、秦大河院士、陆大道院士、姚檀栋院士和刘建司长（联合国环境规划署），以及项目监理刘纪远所长和秦玉才院长等专家。同时，特别感谢中国科学院原院长白春礼；白院长不但支持设立了"丝路环境"专项，还亲自为专项的系列出版物做了序（见本书的序，做于 2019 年）。

　　最后是看起来有点重复但是又是特别发自内心的感谢。感谢商务印书馆，特别是李平原总经理、李娟主任、姚雯编辑和魏铼编辑等。20 年多年来，我牵头在商务印书馆出版了 22 本书，包括近十年来的"一带一路"研究成果，每一本都是高质量的出版物。正如我此前多次提到过的，商务印书馆的编辑们每次都加班加点工作，全力保障按时、高质量出版。衷心感谢商务印书馆一如既往的支持！

　　当然，难以免俗却又最想说的话是，感谢妻子何群的理解和支持。多年来，我的研究工作占用了太多时间，分给家人的时间不多。但就像我以前多次写到的，家是我最温暖的港湾！

尽管我们克服新冠疫情肆虐的影响，如期出版了《共建绿色丝绸之路：科学路径与案例》，但是由于缺少大量实地调研以及"一带一路"建设的复杂性，这本书肯定存在缺陷和遗憾。恳请读者们不吝赐教，以便我们能够在今后的研究中更上一层楼。

刘卫东

2023 年 5 月 2 日

于中科院北京奥运村园区